中国轻工业"十三五"规划教材

轻化工过程自动化与信息化

（第三版）

Process Automation and Informatization for Light Chemical Engineering
（Third Edition）

刘焕彬　主　编

沈文浩　副主编

刘焕彬　沈文浩　汤　伟　李继庚　编　著

中国轻工业出版社

图书在版编目（CIP）数据

轻化工过程自动化与信息化＝Process Automation and
Informatization for Light Chemical Engineering（Third Edition）/
刘焕彬主编. —3 版. —北京：中国轻工业出版社，2021. 8

ISBN 978-7-5184-3581-4

Ⅰ.①轻… Ⅱ.①刘… Ⅲ.①化工过程-高等学校-教材
Ⅳ.①TQ02

中国版本图书馆 CIP 数据核字（2021）第 128917 号

责任编辑：林　媛

策划编辑：林　媛　　责任终审：滕炎福　　封面设计：锋尚设计
版式设计：霸　州　　责任校对：宋绿叶　　责任监印：张　可

出版发行：中国轻工业出版社（北京东长安街 6 号，邮编：100740）

印　　刷：北京君升印刷有限公司

经　　销：各地新华书店

版　　次：2021 年 8 月第 3 版第 1 次印刷

开　　本：787×1092　1/16　印张：31.25

字　　数：800 千字

书　　号：ISBN 978-7-5184-3581-4　定价：95.00 元

邮购电话：010-65241695

发行电话：010-85119835　传真：85113293

网　　址：http://www.chlip.com.cn

Email：club@chlip.com.cn

如发现图书残缺请与我社邮购联系调换

171509J1X301ZBW

前　言

在实现我国轻化工业现代化的过程中，必须坚持以信息化带动工业化，以工业化促进信息化，走新型工业化的道路。自动化是工业化和信息化之间的"桥梁"，是工业数字化、信息化和智能化的基础。从 20 世纪中叶开始，自动化技术广泛应用于制造业，使生产过程实现了自动化，显著提高了产品质量和生产效率。进入 21 世纪，自动化技术广泛应用于制造企业的生产管理和经营管理中，使企业的制造过程和资源计划管理的效率显著提高，成为提高企业竞争力的核心技术。

提高轻化工业过程自动化水平，不仅需要自动化工程技术人员的努力，而且需要轻化工工程技术人员的密切配合，协同创新。同时，安装在生产过程中的各种自动化装置和系统，如同生产设备一样，是供过程技术人员使用的工具。从事轻化工工程技术工作者应该学习和掌握生产过程自动化的基本知识，以适应技术集成创新和轻化工业现代化的需要。为此，全国高校轻化工工程专业都开设了过程自动化方面的课程。为了适应教学需要，中国轻工业出版社于 2009 出版了由刘焕彬教授主编的《制浆造纸过程自动测量与控制》（第二版），并列入了教育部普通高等教育"十一五"国家级规划教材。

进入 21 世纪以来，新一代信息技术飞速发展，新一轮工业革命方兴未艾，自动化技术与工业数字化、信息化和智能化技术相互融合，相互促进，涌现出了许多新的理念和技术。由于 2009 版教材《制浆造纸过程自动测量与控制》（第二版）中不少内容取材于 20 世纪中后期的技术，已不能反映快速发展的自动化、数字化、信息化和智能化的新技术现状与水平。而且在该教材中，自动化技术的应用对象和案例主要采用和依托于制浆造纸工业，而轻化工其他相关专业又缺乏和急需自动化和信息化的相关教材。为了适应这些新发展和新需要，编者在《制浆造纸过程自动测量与控制》（第二版）教材的基础上，增加了自动化、数字化、信息化和智能化的新技术内容及其在轻化工行业中的应用案例，拓宽了过程自动化技术在合成革制造过程、生化发酵过程等轻化工行业的应用内容，重新编写出版这本新教材，取名《轻化工过程自动化与信息化》（第三版）。

《轻化工过程自动化与信息化》（第三版）的编写目的是使读者通过学习掌握轻化工生产过程中主要变量的基本测量原理，正确地选用和使用有关测量仪表；运用自动控制的基本理论去分析简单控制系统，结合轻化工过程的要求，提出各工序的自动化方案，为自动化系统设计提供有关要求和数据；了解计算机集散控制系统、全厂自动化、全厂信息化以及智能制造等新技术在轻化工生产过程中的应用。

本书注重从应用的角度出发，深入浅出地介绍有关自动测量和自动控制的内容。在介绍过程变量测量时，重点放在各变量的特点、测量原理与方法以及仪表的选用，而仪表的结构只作一般的介绍。在介绍自动控制系统时，重点放在从设计和使用好简单控制系统这一实际问题出发，介绍自动控制系统的组成、基本原理和影响因素。在介绍自动控制系统在轻化工过程中的应用时，通过若干典型案例的分析，使读者能分析一个工段或车间的生产过程要求与自动化系统之间的关系和作用。

本书内容采用模块结构，由四个（四篇）内容模块组成：第一为过程参数自动测量与控制模块，重点介绍自动控制系统的有关概念，过程变量自动测量和过程简单自动控制系统的组成、原理和设计。第二为生产过程控制系统模块，重点介绍过程主要变量的控制系统以及复杂控制系统与智能控制系统典型方案。第三为全厂综合自动化系统模块，重点介绍计算机控制原理及全厂自动化的组成。第四为企业信息化与智能化技术模块，介绍工厂信息化与智能化的构建及其关键技术内容。由于本书采用模块结构，作为教材使用时各校可根据不同的教学要求和学时安排，采用不同的模块组合去组织教学。

本书分为十五章，其中第一、二、三、十五章由华南理工大学刘焕彬教授编写（其中汤伟教授参与了第二章部分内容的编写工作），第四、五、六、十二章由华南理工大学沈文浩教授编写，第七、八、九、十章由陕西科技大学汤伟教授编写，第十一、十三、十四章由华南理工大学李继庚研究员编写。全书主编为华南理工大学刘焕彬教授，副主编为华南理工大学沈文浩教授。

由于生产过程自动化、信息化和智能化的科学技术发展迅速，而且它们在轻化工生产过程中的应用日新月异，加上编者学识水平有限，因此本书存有不足之处，敬请读者批评指正。

编者

2021.3

目　　录

第一章　导　　论

自动化技术已广泛应用于制造业生产过程。以汽车、船舶、机床等机械装备制造为代表的离散工业制造过程和以石油、冶金、材料、造纸等重要原材料工业为代表的流程工业过程实现了自动化，显著提高了产品质量和生产效率。自动化技术还广泛应用于制造企业的经营管理和生产管理中，提高了企业的资源计划和制造过程管理的效率。从 20 世纪中叶开始，自动化技术与计算机技术的结合成为第三次工业革命的核心技术和推动力。自动化技术水平是实现工业、农业、国防和科学技术现代化的重要条件和显著标志。生产过程实现生产过程自动化，能提高产量，保证质量，减少原材料和能量的消耗，降低生产成本，改善劳动条件，确保生产安全，节能减排，保护环境，收到良好的经济效益和社会效益。因此，生产过程自动化成为工业现代化的主要趋势。自动化涉及人类活动的几乎所有领域，实现各类过程的自动化是人类永无止境的梦想和追求目标。

第一节　生产过程自动化发展概况

自动化（Automation）是指机器设备、生产过程、管理过程在没有人或较少人的直接参与下，应用自动检测、信息处理、分析判断、操纵控制等自动化技术，去实现人的预期要求和目标的总称。自动化技术（Automatic Technology）是指实现自动化的方法和技术，是涉及机械装置、微电子、计算机、信息处理、各种控制与优化算法等硬件和软件领域的一门综合性技术。实现生产过程自动化的主要技术是生产过程控制技术（简称过程控制技术，Process Control Technology）。组成对生产过程进行测量与控制的自动化技术工具总称为过程自动控制系统（简称过程控制系统，Process Control System，PCS）。

过程自动化技术的基础是自动控制理论，其形成与发展源于社会实践和科学实践，其发展具有两个特点：第一是生产发展的需要促进了自动控制理论的研究开拓，创新了自动化技术，进而促进了生产的发展，自动化理论、技术与应用三者相互推动、相互促进，三者间表现出清晰的同步性；第二是自动化技术是一门综合性技术，是由被控制过程的相关学科、自动控制学科、信息学科、计算机学科等交叉集成形成的综合技术。如图 1-1 所

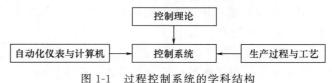

图 1-1　过程控制系统的学科结构

示，过程控制系统学科的结构是由控制系统为主体、控制理论为基础、自动化仪表与计算机和生产过程与工艺相关学科为二翼组成的。

一、自动控制理论的发展概况

自动控制理论从形成发展至今已经历了 80 多年的历程，大体可分为三个发展阶段。第一阶段是以 20 世纪 40 年代兴起的控制原理为标志，以单输入单输出的 PID（Proportional Integral Derivative）控制系统为特征，称为经典控制理论阶段；第二阶段以 20 世纪 60 年代

后兴起的状态空间法为标志，以多输入多输出的最优控制系统为特征，称为现代控制理论阶段；第三阶段则是 20 世纪 80 年代兴起的基于知识的专家系统和基于信息论的智能控制为标志，称为智能控制理论阶段。

经典控制理论研究的主要过程多为线性定常系统，主要解决单输入单输出问题，研究方法主要采用以传递函数、频率特性、根轨迹为基础的频域分析法。它的控制思想是对系统（机器或过程）进行"控制"使之稳定运行，采用"反馈"的方式使系统按照人们的要求精确地工作，最终使系统按指定目标运行，完成指定任务。经典控制理论推动了自动化技术的发展与应用，经典控制理论最辉煌的成果之一要首推比例积分微分（sPID）控制规律。PID 控制原理简单、易于实现，对无时间延迟的单回路控制系统极为有效，直到目前为止，在工业过程控制中大部分控制系统还使用 PID 控制规律。本书从第二章至第四章，重点介绍经典控制理论和技术的基本概念与应用。

20 世纪 60 年代后，复杂大型化生产过程对控制提出了更高要求，经典控制理论已不能满足要求，从而促使了现代控制理论的发展。在这一时期，发展航天技术的需要以及生产向大型化、连续化方向发展，对非线性、耦合性和时变性的过程，经典控制理论已经不能满足要求，从而促进了控制理论从经典控制理论到现代控制理论的发展。现代控制理论研究的问题从单输入单输出系统推广到了多输入多输出系统，不仅可以研究线性系统，而且可以研究非线性系统。现代控制理论建立的数学模型，实现了从直接根据被控过程的物理特性的方法向建立一般化的变量估计与系统辨识理论的扩展。它以状态空间分析方法为基础，内容包括了以最小二乘法为基础的系统辨识，以极大值原理和动态规划为主要方法的最优控制和以卡尔曼滤波理论为核心的最佳估计等三部分。值得注意的是，现代控制理论在综合和分析系统时，已经从外部现象深入到揭示系统的内在规律性，从局部控制进入到一定意义上的全局最优，而且在结构上从单环扩展到适应环、学习环。与此同时，电子计算机的发展和普及为现代控制理论的应用开辟了道路，提供了十分重要的技术手段。

经典控制理论与现代控制理论被统称为常规（或称为传统）的控制理论。常规控制理论的共同特点是：各种理论与方法都是建立在过程的数学模型基础上的，或者说，常规控制理论的前提条件是必须能够在常规控制理论指定的框架下，用数学式严格地表述出被控制过程的动态行为。过程的数学模型可以是基于微积分理论、线性代数或矢量分析。因此我们可以把常规控制理论方法概括地称为"基于数学模型的方法"（Mathematical Model Based Techniques）。常规控制理论对能够得到准确数学表述的过程能进行有效地控制，适用于确定过程变量为过程的控制。

随着科学技术的不断进步和工业生产的不断发展，人们发现许多现代军事和工业领域所涉及的被控过程和过程都难于建立精确的数学模型，甚至根本无法建立数学模型，即使对有些过程和过程可以建立数学模型，但由于模型极其复杂，难于实现实时的高性能的有效控制。因此，基于数学模型的常规控制理论面临着强有力的挑战。常规控制理论遇到的最大困难是不确定性问题，即被控过程模型的不确定性和环境本身的不确定性。

到了 20 世纪 80 年代，常规控制理论已难于解决含有大量不确定性和难以建模的复杂系统的控制问题。人们开辟寻找新的控制途径：避开数学模型，直接用机器去模仿工程技术人员的操作经验，去实现对复杂过程的有效控制。因而，基于知识的专家系统、模糊控制、人工神经网络控制、学习控制和基于信息论的智能控制等应运而生，新一代控制理论——智能控制理论开始形成和发展。

智能控制是在常规控制理论基础上，吸收人工智能、运筹学、计算机科学、模糊数学、生理学等其他科学中的新思想、新方法，对更广阔的过程实现期望控制。其核心是如何设计和开发能够模拟人类智能的设备，使控制系统实现更高的目标。智能控制是常规控制理论的继承和发展。常规控制理论里的"反馈"和"信息"这两个基本概念，在智能控制理论中仍然占有重要地位，并且更加突出了信息处理的重要性。在智能控制系统中并不排斥常规控制理论的应用，恰恰相反，在分级递阶结构的智能控制系统中，面向生产的执行级，更强调采用常规控制理论进行设计。这是因为在这一级的被控过程通常具有精确的数学模型，成熟的常规控制理论可以对其实现高精度的控制。本书第五章、第十四章和第十五章介绍了现代控制和智能控制的概念与应用。

二、过程自动化技术发展概况

自动控制理论的发展，促进了其在各个应用领域自动化技术的发展。自动控制理论在生产过程应用中形成了过程自动化技术。过程自动化技术在工业中的应用大致可以分为四个阶段：

第一阶段，单变量检测阶段（20世纪40年代前）。它以人工现场操作，在设备附近安装过程变量（温度、压力、流量、液位等）的测量仪表为标志，有的还带有简单的报警和控制装置。操作人员通过检测仪表可以了解主要设备的运行情况，以便在必要时采取措施，保证产品质量，维持生产安全。

第二阶段，局部自动化（又称单机自动化）阶段（20世纪40年代到50年代）。它的重要标志是对单台设备（或简单过程）的主要变量进行自动测量和自动控制，以电子显示仪表和气动仪表为代表。

第三阶段，综合自动化阶段（20世纪60年代到70年代）。在这一阶段中，将几台设备或整个车间根据工艺过程连接起来，应用电动或气动单元组合仪表实现多个变量的自动测量和自动控制，20世纪70年代开始出现计算机直接数字控制系统（Direct Digital Control，DDC），继而出现了集散控制系统（又称为分布式控制系统，Distributed Control System，DCS），实现了生产过程集中控制。操作人员可以在控制室方便地监视和处理生产问题。但是开机、停机、事故处理以及附属设备的操作等还要人工去完成。

第四阶段，全厂综合自动化阶段（20世纪80年代以后）。在这个阶段采用高度集中的中央控制装置，突出的标志是计算机集成过程系统（Computer Integrated Production Systems，CIPS）的应用，这是综合自动化的更高形式。现场检测仪表测量的数据全部送入计算机，由计算机对变量进行自动控制，能自动开机、停机，预报和处理生产的异常状态。20世纪90年代以来，生产过程自动化与电子商务、现场总线技术相结合，出现了工业信息化技术（Industrial Information Technology），实现了企业管理和生产控制全厂自动化和信息化，使整个企业的生产和管理保持在高效率、低消耗、安全可靠的最佳状态之中。

随着科学技术的不断进步和生产过程需求的不断提高，过程自动化技术也在不断发展。当前自动化系统发展的主要特点是：过程优化受到普遍关注，综合自动化系统（CIPS）成为主要发展方向，逐步实现企业信息化和智能化。

第二节　企业信息化

自20世纪90年代初以来，由于计算机、互联网、数据处理等信息技术的高速发展，世界出现了信息化的潮流。近20年，工业企业在实现生产过程自动化的基础上，快速地向工业企业信息化发展。工业企业信息化是由工业自动化阶段向工业智能化阶段发展的过渡阶段，因此又被称为"工业3.5"阶段。

一、数据、信息与知识之间的演变

企业信息化的本质是企业在生产和管理过程中的各种数据、信息和知识之间的转化与应用。企业过程自动控制系统（PCS，例如DCS、CIPS系统）运行过程中有各种信号在流通，产生了大量数据。这些数据不仅可以用于控制过程，还可以通过赋予背景和数据处理等加工处理后变成"信息"，进而通过数据挖掘技术，提炼成规律，变成"知识"。这样，数据、信息和知识将在企业过程控制和企业管理等方面起到更多更大的作用。

图1-2　数据、信息和知识的关系及其演变

数据、信息和知识的关系及其演变过程如图1-2所示。在过程自动监测和控制运作过程中，产生了各种以"数据"形式表示的信号。例如，从某测量仪表输出了两个数据信号，分别为5和30。仅就数据而言，这两个数字没有具体的"信息"意义。但是，如果赋予了这两个数据的测量背景，例如，知道这两个数据是从A物料输送管道的流量计中输出的时间和流量信号，便可获得这样的"信息"：从流量计中测量出在5min时间段内流过了30m³的A物料。如果再经过数据处理，又可获取另一个"信息"：A物料在管道中的流量（流速）为6m³/min（数据处理：30m³/5min＝6m³/min）。如果再赋予另一种背景：A物料是加入某反应器的反应物A，该反应器加入的另一种反应物B的流量为12m³/min，A、B二者经反应后合成了生成物C，则又可从此背景中获取一个新的"信息"：进入反应器内反应物A与反应物B之间的流量比值为A∶B＝1∶2。因此，"数据"赋予不同的背景或经过数据处理可将得出不同的"信息"。数据加工处理过程就是数据变为信息的演变过程，也可以说是数据的"信息化"过程。信息也可认为是经过加工处理后的数据。

生产过程中积累的大量数据和信息，通过数据挖掘等技术又可以提炼出某些规律——"知识"。例如，如果上述反应器从大量数据和信息的统计与分析中发现，在其他条件稳定时，只要控制好A、B二种物料的比例为A∶B＝1∶2，生成物C（产品）的产量最高和质量最好，则从中可得出这样的规律（即得出新的知识）：其他条件稳定且反应物A物料和B物料的最佳流量比例为1∶2时，生成物的质量和产量最优。可见，经过数据挖掘和信息提炼，数据和信息可演变成知识。

数据、信息和知识之间的关系紧密，数据是产生信息和知识的基础。虽然新的原始数据本身也是信息，但是数据经加工后可得到比原数据本身更多的信息。数据与信息通常仅对受信者的决策行为产生即时或近期影响。而知识，作为沉淀下来的带规律性的信息，却能产生较长久的影响，即知识比数据和信息的有用时效更长。

数字化，即是将许多复杂多变的信息转变为可以度量的数字、数据，再以这些数字、数据建立起适当的数字化模型，把它们转变为一系列二进制代码，引入计算机内部，进行统一处理，这就是数字化的基本过程。

二、企业信息化的架构

生产过程自动化的着眼点是实现企业内部生产过程的自动控制，以提高生产率、提高产品质量、提高经济效益。然而，企业的效益不仅与生产过程控制有关，而且与企业管理（企业内部管理和市场供销管理）的各个环节紧密相关。如何把企业生产过程控制与企业管理有机地结合起来，进行企业综合控制，以更多地提高企业的经济效益，是企业要解决的新问题。随着自动化技术和管理技术的发展，特别是网络技术和数据处理技术为代表的现代信息化技术的发展，并通过它们之间的技术集成，企业信息化技术（Enterprises Informatization Technology）应运而生，促进了企业信息化的发展。

企业信息化（Enterprises Informatization）是指企业在生产过程、内部管理、市场经营、决策服务等各个层次和环节，集成和应用计算机、互联网、数据处理等现代信息技术，充分应用和开发企业内部和外部的各种数据、信息和知识等信息资源，逐步实现企业内外所有信息资源的共享和有效利用，不断提高企业的生产、经营管理、决策服务的效率和水平，进而提高企业经济效益和企业竞争力的过程。

企业信息化的具体内容不是固有的，也不是一成不变的。其内容与各行业各企业的不同类型性质、规模大小有所不同，并随着市场格局的变化以及管理科学和信息技术的不断进步而发生改变。企业信息化平台是实现企业信息化的技术手段。具有流程生产特点的制造业，其企业信息化平台大体都由过程控制系统（Process Control System，PCS）、制造执行系统（Manufacturing Executive System，MES）和企业管理（经营计划）系统（Enterprise Resource Planning，ERP）三个相互关联的系统组成，如图 1-3 所示。

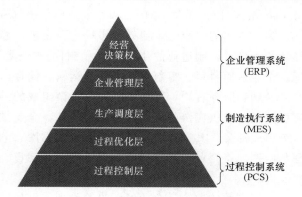

图 1-3　企业信息化平台结构

如图 1-3 所示，企业信息化平台的主要架结构和内容包括如下三个层次：

（一）过程控制系统（PCS）——过程控制的自动化与信息化

过程控制的自动化与信息化是流程制造业企业流水线生产方式信息化的关键环节。其主要内容就是综合利自动化技术、现代信息化技术、计算机技术实现对生产全过程的监测和控制，提高产品质量和生产（操作）效率，同时把各种数据信息化，并送往平台的制造执行系统，同时接受从制造执行系统发来的各种执行信息。自动化是信息化与工业现代化之间的桥梁。自动化也是信息化深入发展的内涵之一，因为信息系统的集成与优化，信息的管理与优化，信息的调控、处理的优化等都离不开自动化技术。生产过程控制的自动化与信息化的重点是生产过程的生产现场各种实时数据的采取、管理与控制。集散控制系统（DCS）、先进过程控制系统（Advanced Process Control System，APCS）、实时数据库管理系统等都属于这方面的内容。

（二）制造执行系统（MES）——制造执行的自动化与信息化

制造执行系统，连接着下游的过程控制系统（PCS）和上游的企业管理系统（ERP），具有承上启下的作用，是过程控制系统与企业管理系统之间的桥梁。有了制造执行系统，企业才能实现从产品的市场需求到产品的生产安排再到产品的交付客户这个全过程的管控并形成闭环，而只有形成了闭环才能实现企业全厂信息化，才能帮助企业提高生产效率。

制造执行系统在企业信息化系统中起到关键作用。其主要作用包括三个方面：第一，承上启下作用，建立企业管理系统和过程控制系统之间的信息互通和系统集成的桥梁；第二，采集企业各类控制系统的信息，实现控制信息的集成，便于其他系统使用；第三，通过信息分析和过程优化，实现对制造过程的计划、物料、能源、质量、设备等信息的集中控制。

（三）企业管理系统——企业管理的自动化与信息化

企业管理的自动化与信息化是企业信息化建设中比重最大、应用最为广泛的一个领域，不仅涉及企业管理的各项业务及各个层面，而且涉及生产过程的有关业务。企业管理的自动化与信息化的主要内容是在规范管理基础工作、优化业务流程的基础上，通过信息集成应用系统去自动地、有效地采集、加工、组织、整合信息资源，提高管理效率，实时动态地提供管理信息和决策信息。企业管理系统包括如下三方面的内容：

第一方面的内容是企业内部的事务管理系统（TPS）、管理信息系统（Management Information System，MIS）、企业资源计划（ERP）、产品数据管理（Products Data Management，PDM）、办公自动化（Office Automation，OA）、文档管理系统（Document Management System，DMS）和安全防范系统（Securityand Protection System，SPS）等。

第二方面的内容是企业外部市场经营管理，称为企业供应链管理的信息化。在现代市场经济的条件下，制造业的生产不再是封闭的模式，企业的生产和管理活动发生了前伸和后延。企业从原材料、零部件的采购、运输、储存，到产品的生产制造，再到产品销售，最终产品送到和服务客户，形成了一条由上游组成的供应链。制造企业的生产、产品销售和管理流程受到这条供应链的制约和影响。因此，企业供应链管理的信息化是制造企业非常重要的一个组成部分。其重点是利用互联网、数据库、电子商务、第三方服务商及客户的信息化管理与协调，将企业内部管理和外部的供应、销售、服务整合在一起，提高制造企业的市场应变能力。

第三方面的内容是企业经营决策管理。例如，利用决策支持系统（DSS）为企业高管提供企业决策的建议和参考，这是经营管理系统的最高层面。

本书第十三章、十四章将重点介绍企业信息化的支撑技术和应用案例。

第三节　企业智能化

一、第四次工业革命

自 18 世纪末开启工业化以来，经历了三次工业革命，近几年正在孕育着第四次工业革命。如图 1-4 所示，18 世纪末开启的第一次工业革命（工业 1.0），其标志是工业进入了机械化阶段。19 世纪 70 年代开启的第二次工业革命（工业 2.0），其标志是工业进入了电气化的大规模流水线生产阶段。20 世纪 70 年代开启第三次工业革命（工业 3.0），其标志是工业进入了自动化阶段，近几年开启的第四次工业革命（工业 4.0），其标志是工业将进入智能化阶段。表 1-1 列出了从工业 1.0 至工业 4.0 发生的四次工业革命的时代划分、主要标志、生产模式、制造技术特点和制造装备及系统。

二、企业智能化的基本含义与组成框架

（一）企业智能化的基本含义

企业构建智能工厂，实现智能生产，其愿景是以最小成本、最小物料和能源消耗，获取

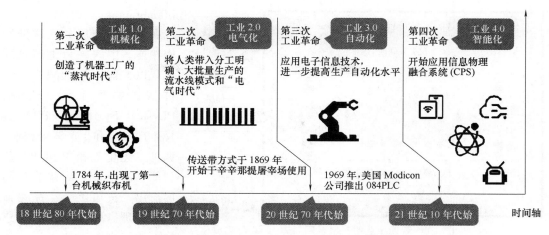

图 1-4　从工业 1.0 至工业 4.0 的 4 次工业革命

表 1-1　　　　　　　　　　　　　　不同工业革命时代的特点

工业 $x.0$	时代划分	主要标志	生产模式	制造技术特点	制造装备及系统
工业 1.0	蒸汽时代	蒸汽机动力应用	单件小批量	机械化	集中动力源的机床
工业 2.0	电气时代	电能和电力驱动	大规模生产	标准化 刚性自动化	普通机床 组合机床 刚性生产线
工业 3.0	信息化时代	数字化信息技术	柔性化生产	柔性自动化 数字化 网络化	数控机床、复合机床 FMS、CIMS
工业 4.0	智能化时代	新一代信息技术 (I-Internet，IoT，AI， BD，CC，etc.)	网络化协同大 规模个性化定制	人-机-物互联 自感知、自分析 自决策、自执行	智能化装备、增材制造 混合制造、云制造 赛博物理生产系统

最大生产率和利润。"智能工厂"和"智能生产"是实现企业智能化的密切关联的两个部分。"智能工厂"的重点是生产设施的智能化和生产过程的智能化。"智能生产"主要涉及整个企业的生产物流、信息、设备及人的互动互联，实现管理和决策的智能化。具有"智能工厂"和"智能生产"的企业称为智能企业，如图 1-5 所示。

（二）智能企业的基本组成架构

根据德国工业 4.0 理念，智能企业具有三层以信息技术为基础的架构，如图 1-6 所示。

图 1-5　企业智能化的基本含义与目标

从图 1-6 架构图中可知，顶层为管理决策层，把与生产计划、物流、能耗和经营管理相关的企业资源计划（Enterprise Resource Planning，ERP）、供应链管理（Supply Chain Management，SCM）、客户关系管理（Customer Relationship Management，CRM）、质量管理系统（Quality Management System，QMS）等，以及与产品设计技术相关的产品生命周期管理（Product Lifecycle

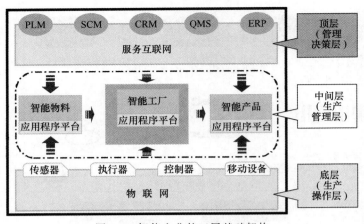

图 1-6　智能企业的三层基础架构

Management，PLM）系统放在一起并与服务互联网紧密相连。中间层为生产管理层，以智能工厂为核心，通过信息物理系统（Cyber-Physical System，CPS）实现生产设备和生产线的控制、调度、优化等相关功能。从智能物料供应，到智能产品的产出，贯通整个产品生命周期管理。底层为生产操作层，通过物联网技术完成各种传感、控制、执行任务，实现智能制造。应用信息物理系统（CPS）实现上述三层结构的融合。

综上所述，"智能企业"以新一代信息化技术为主导，实现工厂生产操作、生产管理、管理决策三个层面全部业务流程的闭环管理，继而实现企业全部业务流程上下一体化和业务运作决策执行的优化与智能化。本书第十六章将介绍智能企业中智能制造的相关内容。

实现企业信息化和智能化的基础是企业数字化。通过种类繁多的工业传感器布置于生产过程的各个部分，将工业过程各主要变量转化为按规定制式表达的"数字"。过程产生的大量工业数据，通过数字化技术变成了用"数字"表达的大量数据和信息，为智能化奠定数据基础。数字化的基本过程就是将许多复杂多变的数据和信息转变为可以度量的数字、数据，再以这些数字、数据建立起适当的数字化模型，把它们转变为一系列二进制代码，引入计算机内部，进行统一处理。实现企业数字化转型是实现企业信息化（网络化）和智能化的基础和条件。

思 考 题

1. 过程控制系统的学科结构包括哪些方面？
2. 过程控制系统的发展过程有哪些主要特点？
3. 简述企业自动化与企业数字化信息化和智能化之间的关系。

参 考 文 献

[1] 侯志林，潘永湘. 过程控制与自动化仪表 [M]. 北京：机械工业出版社，2006.
[2] 刘焕彬，主编. 制浆造纸过程自动测量与控制 [M]. 北京：中国轻工业出版社，2003.
[3] 邵裕森. 过程控制及仪表 [M]. 北京：上海交通大学出版社，1999.
[4] 刘树森. 现代制造企业信息化 [M]. 北京：科学出版社，2005.
[5] 安筱鹏. 重构：数字化转型的逻辑 [M]. 北京：电子工业出版社，2019.

第二章　简单自动控制系统

在工业生产过程控制中，现有的自动控制理论和控制系统的设计方法集中在保证闭环控制回路稳定的条件下，使被控变量尽可能自动地跟踪控制系统的设定值。简单自动控制系统是实现生产过程自动化的基础闭环控制回路。本章作为自动控制系统的知识基础，重点介绍自动控制系统的概念与基本原理，简单自动控制系统的组成，组成控制系统的控制器、执行器的特性与选用，过程控制系统的工程设计与投运等知识。

第一节　自动控制系统的概念

一、自动控制是人工控制的模仿与发展

图 2-1 是小型锅炉汽包液位人工控制的示意图。锅炉汽包内的液位是一个重要的工艺变量，液位高低将影响蒸汽质量和生产安全。因此，在生产过程中应严加控制汽包液位。当蒸汽用量与进水量相等时，汽包液位维持在规定值上，不需要控制（调节）进水阀门。当用汽量或给水量变化时，液位也会随之变化。为了维持液位在规定值上，操作人员要按下述三个步骤进行操作：

图 2-1　小型锅炉汽包液位的
人工控制

第一步"观察"。用眼睛观察液位计上液位的变化情况。

第二步"思考"。用大脑将观察到的液位值与要求的规定值进行比较得出两者之间的偏差值，并根据偏差值的大小和变化情况作出判断，做出如何控制给水阀门的决定（指令）。

第三步"执行"。根据大脑的指令，用手去操作给水阀门，直至液位恢复到规定值为止。

如果上述三个步骤是人工直接完成的，称为人工控制。如果用自动装置去完成上述三个操作步骤，便叫作自动控制。因此，自动控制是人工控制的模仿与发展。

二、自动控制系统的基本概念及特点

为了达到自动控制的目的，自动控制系统必须由如下四个基本部分组成：第一是被控制的生产设备，称为"过程"；第二是"变送器"，把被控变量测量出来并转换为信号发送，起"观察"作用；第三是"控制器"，它将从变送器送来的测量信号与规定值给定信号进行比较得出两者偏差值，再按预先设计好的控制规律计算后，发出控制信号指令"执行器"动作，起"思考"作用；第四是"执行器"，它根据控制器送来的控制信号改变阀门的开关程度，起"执行"的作用。图 2-2 是与图 2-1 对应的液位自动控制系统的组成。

为了更清楚地表示出一个自动控制系统各组成部分及其相互关系，常常用方块图来表

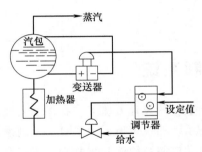

图 2-2 锅炉汽包液位的自动控制

示。图 2-3 是图 2-2 所示自动控制系统的功能图。图 2-3 所示的自动控制系统是单输入单输出的线性控制系统，称为简单自动控制系统（下称简单控制系统），是工业生产中用得最多，最基本的自动控制系统。

功能图中，用方块表示组成控制系统的环节，方块内注明该环节的作用；两个方块（环节）之间用一条有箭头的线相连表示相互关系和信号传递方向。线上的字母表示相互间的作用信号。每一个方块（环节）受其前面方块（环节）的影响而对其后面的方块（环节）施加影响。表 2-1 列出了有关自动控制系统的基本概念。

根据图 2-2 和图 2-3 可知，控制系统具有如下三个特点：

① 控制系统按照偏差 e 的大小进行控制。没有偏差，便没有控制作用。存在偏差，则控制器根据偏差的大小，按预定的控制规律去控制控制阀的开关，以增大或减少控制量，直至减少或消除偏差为止。

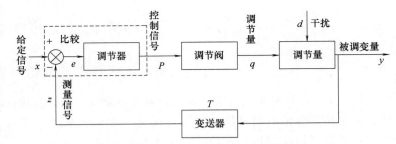

图 2-3 简单自动控制系统的组成功能图

表 2-1　　　　　　　　　　　自动控制系统的基本概念

	名称（对照图 2-3）	符号	物理意义及作用	实例（对照图 2-2）
过程	被控过程	P	被控制的生产过程或设备	锅炉汽包
	被控变量（被调变量）	y	过程中表示运行状况、需要控制的变量	汽包液位
	给定信号	x	被控变量的规定值	生产规定的汽包液位高度
	干扰	d	引起被控变量变化的外界影响因素	蒸汽用量的变化或者给水水压的变化等
	控制变量（调节量）	q	受控制阀直接控制的变量	进水量
仪表	变送器	T	测量被调变量值的仪表	差压变送器
	测量信号	z	变送器输出的表示被控变量值大小的信号	变送器输出的表示液位的信号
	给定值信号	x	表示给定值大小的信号	定值器的输出信号
	定值器		输出给定信号的仪表	定值器
	偏差信号	e	给定信号值 x 与测量信号值 z 之差 $e=x-z$	
	控制器（调节器）	C	计算出偏差值并根据偏差大小按预先设计好的控制规律计算和发出控制信号的仪表	控制器
	控制信号	P	控制器输出、用于控制执行机构的信号	控制器的输出信号
	执行器	V	根据控制信号带动阀门动作的机构	气动控制阀

② 控制系统由封闭回路（闭环）组成。即系统中信号沿着箭头方向前进，最后又回来到原来的起点。

③ 简单控制系统是负反馈的。把系统的输出信号引回到输入端的做法称为"反馈"。控制过程通过反馈向控制器反映被调变量的情况，为正确的控制作用提供必要的依据。在反馈信号与给定信号比较时，如果给定信号作为正值而反馈信号作为负值来考虑，则称为负反馈。在自动控制系统中都采用负反馈，不允许单独采用正反馈。

一个自动控制系统是否能克服干扰，消除偏差，使被控变量与给定值保持一致，取决于自动控制系统本身的特性，即由组成控制系统的控制过程、变送器、控制器和控制阀的特性，以及它们之间的配合是否恰当决定。因此，要设计和使用好自动控制系统，必须对组成自动控制系统的各个环节特性以及系统特性有所了解。这是本课程在以后章节中要重点介绍的内容。

三、简单控制系统的工作过程

简单控制系统是指由一个测量及变送器、一个控制器、一个执行器和一个被控过程所构成的一个闭环控制系统，因此也称单回路控制系统。

如图 2-4 所示为生产过程中某物料液位 L 的简单控制系统方案组成示意图，图中 ⊗ 表示测量变送器，LC 表示液位控制器，L_{sp} 表示液位的设定值。有关图形符号和字母代号详见本章第五节中有关工程设计中图例符号的统一规定。为了分析方便，将图 2-4 所示的简单控制系统用图 2-5 所示的功能图来表示。把控制阀、被控过程、变送器等环节归并在一起，称为"广义被控过程"，简称"广义过程"。因此，简单控制系统可简

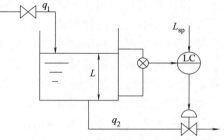

图 2-4 浆池液位的简单控制系统

化成由广义过程和控制器两部分组成的系统。

简单控制系统结构简单，所需自动化仪表工具少，投资低，操作维护也方便，而且一般情况下能够满足工艺对控制质量的要求。因此，简单控制

图 2-5 简单控制系统功能图

系统在生产控制中得到了广泛的应用，是所有过程控制系统中最简单、最基本、应用最广泛和成熟的一种，适应于被控过程滞后时间较小，负荷和干扰变化不大，工艺对控制质量要求不太高的场合。

以图 2-4 所示的液位控制系统为例分析控制系统的工作过程。该控制系统的被控变量为物料液位 L，流出料池的物料量 q_2 为控制量，通过改变流出量 q_2 去维持料池液位 L 稳定，以满足工艺的定值控制要求。物料的流入量和流出量分别为 q_1 和 q_2，正常生产时，系统处于平衡状态，即浆料流入量 q_1 等于流出量 q_2，液位 L 稳定在给定值上。当系统有干扰引入时，平衡状态将遭到破坏，液位将开始变化，于是控制系统将开始工作。假定由于干扰作用，使物料流入量增加，则 $q_1 > q_2$，于是液位 L 将上升，液位变送器发出信号送到控制器，

控制器将感受到正偏差（设定值未变，测量值增大）。在控制系统设计时，所选用的控制器是反作用的，所选用的控制阀是气关式的。于是当偏差增加时，控制器的输出将减小。由于控制阀是气关式的（控制信号小，则阀门开度变大），随着控制器输出信号的减小，控制阀将开大，这样流出量 q_2 将逐渐增大，液位 L 将慢慢下降，并逐渐趋于给定值，这时控制阀将处于一个新的开度上，使 $q_2 = q_1$，系统达到一个新的平衡状态。如果在平衡状态下，由于干扰作用，液位将下降，则控制器输出将增大，控制阀将关小，流出量变小，这样液位又会逐渐恢复到给定值而达到新的平衡。由分析可知，无论液位在何种干扰作用下出现上升或下降的情况，控制系统都可以通过变送器、控制器和控制阀等自动化工具，把液位调整到给定值上来。

简单控制系统之所以起到了克服干扰的作用，稳定被控变量，因为这是一个负反馈闭环控制系统。图 2-5 所示的控制系统中，设定值信号 x 是控制系统的输入变量，而被控变量 y 是控制系统的输出变量。输出变量 y 通过检测仪表（变送器）变成测量信号 z 又送回到控制系统的输入端，并与输入变量 x 进行比较，这种信号过程称为反馈，二者相加称为正反馈，二者相减称为负反馈，自动控制系统大多使用负反馈。输出变量的测量信号 z 与输入信号 x 相比较所得的结果称为偏差 $e = x - z$，偏差 e 是控制系统负反馈的结果。控制器根据偏差方向、大小或变化情况进行控制，使偏差减小或消除。发现偏差，然后去除偏差，这就是反馈控制的原理。利用这一原理组成的系统称为反馈控制系统，通常也称为自动控制系统。实现自动控制的装置可以各不相同，但反馈控制的原理却是相同的。由此可见，有反馈存在，按偏差进行控制，是自动控制系统最主要的特点。

简单控制系统设计的任务，就是正确选择组成控制系统的各个环节，不仅通过合适的控制阀气开气关方式的选择和控制器正反作用方式的选择保证系统是一个负反馈系统，而且要使系统具有良好的控制品质，即要有一定的稳定性、快速性和准确性。

第二节　自动控制系统的过程特性及控制质量指标

自动控制系统的过程特性通常用自动控制系统处在控制过程（又称为过渡过程）时系统的输出量与输入量之间的关系表示。自动控制系统的过程特性直接关系到自动控制系统的控制质量，即其稳定性、准确性和快速性。

一、自动控制系统的静态动态和过渡过程

如图 2-6 所示，在时间段 $(O-t_1)$，系统中被调变量 y 不随时间 t 的变化而变化，稳定在 x 值上，即系统处于平衡状态，这种平衡的过程称为系统的静态过程。当系统受外界因素的干扰，系统的平衡状态被破坏，系统的各组成环节的变量都将随时间变化，被调变量 y 也随时间变化，系统处于不平衡状态，这种处于不平衡状态的过程，称为系统的动态过程。一个静态系统受到干扰后变为动态系统，被控变量将偏离规定值，自动控制系统根据偏差大小去改变控制量，进而克服干扰作用，使被控变量达到新的平衡状态。例如，系统在时间段

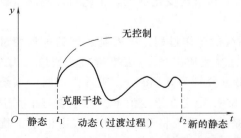

图 2-6　系统的静态过程、动态过程和过渡过程

（t_1-t_2）处于动态过程，被调变量 y 随时间 t 的变化而变化，通过自动控制作用使系统回复到新的平衡状态，这个从一个平衡状态受到干扰和控制过渡达相邻的新的平衡状态所经历的过程，称为系统的过渡过程，系统的过渡过程是动态过程。

用系统处在过渡过程时的输出量与输入量的关系去表征系统特性。系统特性取决于系统本身的特性和输入量（干扰或规定值）的变化形式。为了简化问题，通常给系统加入阶跃干扰输入量，即把输入量设定为恒定值，进而研究系统受到阶跃干扰后的过渡过程，从中得出系统特性。如图 2-7 所示，系统处于静态情况下，在 t_1 时刻，受到幅值为 a 的阶跃干扰，或者设定值增（减）幅值为 a 的阶跃，在以后的时间里保持这干扰量（设定值）不变，这种作用称为阶跃作用。

系统受到阶跃干扰后，由于系统特性的不同，有四种不同的过渡过程基本形式。图 2-8 所示为稳定系统的过渡过程。曲线 A 所示为单调的非周期过渡过程，曲线 B 所示为衰减振荡过渡过程。系统受到阶跃干扰后，被控变量在自动控制系统的作用下，通过单调的非周期过渡或衰减振荡过渡达到新的稳定（平衡）状态。受阶跃干扰后能恢复到新的稳定状态的系统称为稳定系统。图 2-9 所示为非稳定系统的过渡过程。曲线 C 和 D 所示为等幅振荡和发散振荡过渡过程。这两种过渡过程的共同点是系统受到阶跃干扰后，被调变量永远不能恢复到新的稳定状态，这类系统称为非稳定系统。

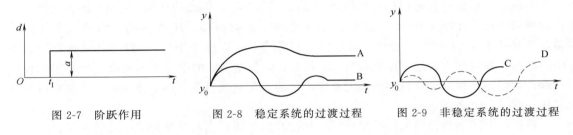

图 2-7　阶跃作用　　　　图 2-8　稳定系统的过渡过程　　　　图 2-9　非稳定系统的过渡过程

二、自动控制系统的控制质量指标

为了达到生产过程正常稳定高效运行，要求自动控制系统在系统受到干扰而不稳定时能使被控变量最快最好地恢复到新的稳定状态，要有好的控制质量。如图 2-10 所示为阶跃作用下的衰减振荡过渡过程响应曲线。自动控制系统控制质量的好坏，通常用自动控制系统衰减振荡过渡过程的四项指标去量度。

（1）最大动态偏差 A 与超调量 B

最大动态偏差或超调量是描述被控变量偏离设定值最大程度的物理量，也是衡量过渡过程稳定性的一个动态指标。最大动态偏差是指被控变量在衰减过程中的第一个幅值，如图 2-10 中的 A，表示系统的被控变量瞬时值偏离规定值 y_0 的最大程度，

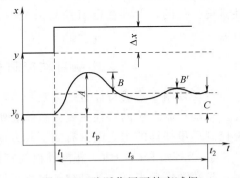

图 2-10　阶跃作用下的衰减振荡过渡过程响应曲线

这个数值的大小在生产上有明确要求。在决定允许的最大偏差值时，要考虑干扰的频繁性和偏差的叠加性，还要考虑安全系数，这就更需要限制最大动态偏差的允许值。因此，必须根据工艺条件确定最大动态偏差或超调量的允许值。最大动态偏差有时也用超调量 B 表示，

即第一个幅值 A 与新平衡状态的被调变量稳定值的残余偏差 C 之差：$B=A-C$。

（2）残余偏差 C

残余偏差，简称余差，是控制系统过渡过程终了时，设定值与被控变量稳态值之差，即被控变量的新平衡值与设定的工艺规定值 y_0 之差，图 2-10 中以 C 表示。余差是反映控制系统准确性的一个重要稳态指标，余差越小，控制质量越好，一般希望其为零，或不超过预定的允许变化范围。由于系统受到干扰后要经过很长的时间以后才能达到新的平衡状态。因此，当被控变量的波动范围在最后平衡值偏差的 5% 以内时，就可认为变量达到新平衡值了。

（3）过渡过程时间 t_s

过渡过程时间又称回复时间，表示控制系统过渡过程的长短，也就是控制系统在受到阶跃作用后，被控变量从原有稳态值达到新的稳态值所需要的时间，即图 2-10 中 t_s（$t_s=t_2-t_1$）。对于输入作用下的控制系统，被控变量进入生产工艺允许的稳态值所需要的时间作为回复时间。对于设定作用下的控制系统（即随动控制系统），被控变量进入稳态值附近 ±5% 或 ±3% 的范围内所需要的时间作为回复时间。回复时间短，表示控制系统的过渡过程快，系统抗干扰强度大，即使扰动频繁出现，系统也能适应。

（4）衰减比 n

衰减比是衡量过渡过程稳定性的动态指标，它的定义是第一个波的振幅与同方向第二个波的振幅之比。在图 2-10 中，若用 B 表示第一个波的振幅，B' 表示同方向第二个波的振幅，则衰减比 $n=B:B'$。显然，对衰减振荡而言，n 应恒大于 1。n 越小，意味着控制系统的振荡过程越剧烈，稳定度也越低。n 越大，则控制系统的稳定度也越高。根据实际操作经验，为保持控制系统有足够的稳定裕度，一般希望过渡过程有两个波左右，与此对应的衰减比 n 在 4～10 范围内。

根据以上所述的控制系统品质指标，描述控制系统控制品质常用三个特性表示：

① 由衰减比决定的控制系统的稳定性；

② 由最大偏差、超调量和残余偏差决定控制系统的准确性；

③ 由过渡过程时间决定控制系统的快速性。在这三个品质特性之中，控制系统的稳定性是第一位的，尤其在定值控制系统中，因为没有系统的稳定性，也就达不到定值控制的目的。

三、影响自动控制系统控制质量指标的主要因素

自动控制系统的特性直接影响到自动控制系统的控制质量，即其稳定性、准确性和快速性。自动控制系统的特性主要由系统各组成部分的特性及其相关性所决定。影响自动控制系统控制质量指标的主要因素有如下几方面：

① 被控过程的特性。被控过程的特性常用数学模型表示。工业生产中大多数被控过程用一阶数学模型表示，部分被控过程可以用一阶带时间滞后的教学模型表示。有关被控过程特性和数学模型的建立，将在本书第三章中介绍。

② 变量测量变送器的特性。被控过程中的被控变量，通过变量测量变送器测量出来并转变为标准信号送到控制器中，测量和信号变送的准确性和特性将直接影响控制系统的质量。大多数变量测量变送器的特性用比例式数模型表达。有关变量测量变送器及其特性，将在本书第四章等有关章节介绍。

③ 控制器的特性。控制器特性是影响自动控制系统质量的关键因素。在简单自动控制系统中，控制器的特性常用比例（P），比例积分（PI），比例—积分—微分（PID）的数学模型表达。有关 PID 控制器的特性将在本章第三节中介绍。对于复杂控制系统，其控制器应用不同的控制模型，将在本书相关章节中介绍。

④ 执行器（控制阀）的特性。执行器的特性常用比例数学模型表示。执行器的特性与选择将在本章第四节相关内容中介绍。

⑤ 自动控制系统设计的合理性与控制变量的整定。自动控制系统是由各个环节组成的系统，其特性除了与各组成环节的特性有关外，还与系统组成后各环节之间的相互影响有关，即与系统的综合特性有关。因此，组成高质量的控制系统还与其合理的工程设计和正确的变量整定紧密相关。本章第四、第五节将介绍简单控制系统工程设计和变量整定的基本知识。

第三节　PID 控制器特性与选用

一、控制器的基本组成

如图 2-5 简单控制系统方框图所示，控制器是控制系统的中枢。任何控制器都由如图 2-11 所示的两个部分组成：

① 比较部分。比较部分的作用是实现测量值（z）和给定值（x）之间的减法运算，得到偏差（e）：

$$e = x - z \qquad (2-1)$$

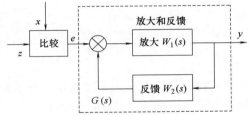

图 2-11　控制器的基本组成

② 放大和反馈部分。放大和反馈部分是控制器实现控制规律的主要组成部分。当放大部分的放大系数足够大时，控制器的特性决定于反馈部分的特性。例如，反馈部分是比例特性的，则控制器特性也是比例特性。因此，控制器设计的重点是反馈部分特性的设计。

二、控制器的特性

控制器的特性是指控制器的输出（控制作用）随输入（偏差）的变化规律。在简单控制系统中，常见的控制特性有三种：比例控制（P），积分控制（I），微分控制（D），三种特性的不同组合，设计出三种常用的控制器：比例控制器（P），比例积分控制器（PI）和比例积分微分控制器（PID）。

（一）比例（P）控制特征

1. 比例控制特征的数学模型

比例控制特征是指控制器的输出 P_p 与输入 e 之间成比例关系，式（2-2）为比例控制特征的数学模型表达式：

$$P_p(t) = K_p e(t) + P_s \qquad (2-2)$$

式中，$P_p(t)$ 为比例控制器的输出信号；$e(t)$ 为控制器的输入信号（偏差信号）；P_s 为控制器在偏差为零 $[e(t)=0]$ 时的输出信号；K_p 为控制器的比例系数（又称放大倍数）。

在控制过程中，我们经常关心的是存在偏差时控制器发出的信号 $P_p(t)$ 的变化值。因此，在以后章节中出现的控制信号 $P_p(t)$ 均是指控制器输出的变化值 $\Delta P(t)$：

$$P_p(t) = \Delta P(t) = P_p - P_s = K_p e(t) \tag{2-3}$$

因此，比例控制器的特征是由式（2-4）表达：

$$P_p(t) = K_p e(t) \tag{2-4}$$

当比例控制的输入信号 e 为阶跃变化 $e(0)$ 时，根据式（2-4）可得到图 2-10 所示的比例控制作用的特性曲线。

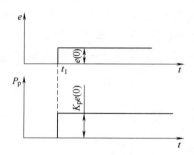

图 2-12　比例控制作用特性曲线

根据式（2-4）和图 2-12 可知，当比例控制器有偏差输入时，其输出立即有一个与 e 成正比的输出信号。输出信号的大小与偏差 e 的大小和比例放大系数 K_p 的大小有关。因此，可以通过调整比例放大系数 K_p 去获得合适的控制信号 $P_p(t)$，以满足生产过程的需求。

2. 比例度 δ 及其对控制过程的影响

在工业应用中，常常用比例度 δ 去表示比例控制作用的强弱。比例度 δ 是控制器输入变化量 e 与输出变化量 P 的比值并用百分比表示：

$$\delta = \frac{e(t)}{P(t)} \times 100\% \tag{2-5}$$

将式（2-4）代入式（2-5），可得：

$$\delta = \frac{1}{K_p} \times 100\% \tag{2-6}$$

比例控制作用的优点是控制作用与偏差成正比，控制快速，控制效果显著。但是，控制结果存在余差，起到"粗调"作用。

（二）积分（I）控制及比例积分（PI）控制特性

1. 积分（I）控制的控制特性

引入积分控制作用是为了消除比例控制作用存在的余差。

积分控制作用的特性是：其输出变化（控制作用）$P_i(t)$ 与输入偏差 $e(t)$ 的积分成比例。积分控制作用不仅与偏差或余差的大小有关，而且具有"积少成多"达到消除余差的作用。根据积分特性，只要存在余差，积分作用就一直起控制作用，直到完全消除余差为止。式（2-7）为积分控制特性的数学模型：

$$P_i = \frac{1}{T_i} \int_0^t e \, \mathrm{d}t \tag{2-7}$$

式中，$P_i = P_i(t)$ 为积分控制器的输出（控制作用）；$e = e(t)$ 为偏差或余差；T_i 为积分时间常数。

改变积分时间常数 T_i 可以调整积分控制作用的强弱，积分时间常数 T_i 越小，积分作用越强。当输入信号 e 为阶跃变化，即 $e(0)$ 为常数时，则由式（2-7）积分的从时间 t_0 到 t_i 的积分控制作用的特性曲线，如图 2-13 所示。

积分控制作用的特点是能消除余差，但控制作用的速度缓慢，起到"微调"作用。

2. 比例积分（PI）控制的控制特性

比例积分控制作用综合了比例控制迅速、效果显著的"粗调"作用和积分控制消除余差准确的"微调"作用，先"粗调"后"微调"，达到较好的控制作用，因此是工业中常用的一种控制作用。

式（2-8）为比例积分作用的数学模型：

$$P_{pi} = K_p \left(e + \frac{1}{T_i} \int e\, dt \right) \qquad (2\text{-}8)$$

式中，$P_{pi} = P_{pi}(t)$ 为比例积分控制器的输出；$e = e(t)$ 为偏差或余差；T_i 为积分时间常数；K_p 为比例系数。

图 2-14 所示是比例积分控制作用在输入为阶跃变化 $e(0)$ 为常数时，其输出的特性曲线。根据式（2-8）和图 2-14 可知，比例积分控制作用是由比例作用和积分作用叠加而成的。

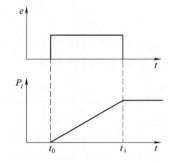

图 2-13　积分控制作用的特性曲线

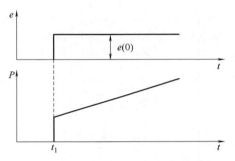

图 2-14　比例积分控制作用的特性曲线

3. 积分时间常数 T_i 对控制过渡过程的影响

积分时间常数 T_i 表示积分作用的强弱，T_i 越短，积分作用越强，有力消除余差。但是过强的积分作用，会使系统的振荡加剧。因此，要根据不同的过程，调整合适的积分时间常数 T_i 和比例系数 K_p 以达到好的控制作用。

（三）微分（D）控制特性和比例积分微分（PID）控制特性

1. 微分（D）控制特性

微分控制作用主要用来克服被控过程的滞后。用比例控制或比例积分控制规律去控制具有滞后特性的过程，往往难以达到好的效果。因微分控制作用具有"超前"作用，适于克服过程的滞后。

微分控制特性是其输出 P_d 与输入 e 的变化速度（微分）成正比，式（2-9）为其数学模型：

$$P_d = T_d \frac{de}{dt} \qquad (2\text{-}9)$$

式中，$P_d = P_d(t)$ 为积分控制器的输出；$e = e(t)$ 为偏差或余差，T_d 为微分时间常数。T_d 越大，微分作用越强。

2. 比例积分微分（PID）控制特性

比例积分微分控制特性是由比例控制、积分控制和微分控制三者的叠加而成，具有三者的特点。式（2-10）为其数学模型：

$$P_{pid} = K_p \left(\frac{1}{T_i} \int e\, dt + T_d \frac{de}{dt} \right) \qquad (2\text{-}10)$$

式中，$P_{pid} = P_{pid}(t)$ 为比例积分微分控制控制器的输出；$e = e(t)$ 为偏差或余差；K_p 为比例系数；T_i 为积分时间常数；T_d 为微分时间常数。

图 2-15 所示是比例积分微分作用在输入为阶跃变化 $e(0)$ 时，其输出的特性曲线。

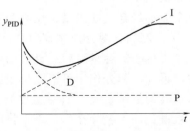

图 2-15　PID 控制动态特性曲线

三、PID 控制器的特性及选用

设计具有不同控制规律的控制器是为了适应不同的控制过程。表 2-2 列出了常见 PID 控制器的特性及其选用条件。

表 2-2   **PID 控制器的特性及其选用条件**

控制器名称	控制作用	数学表达式	适用过程特性			控制质量	适用被调变量
			纯滞后	负荷变化	时间常数		
比例控制器	控制作用与偏差的大小成正比	$\Delta P = K_p * e$	小	小	较大	控制迅速而稳定，但有余差。比例度 δ 越大，余差越大	液面、压力
比例积分控制器	控制作用不但与偏差的大小成正比，而且与偏差对时间的积分成正比	$\Delta P = K_p \left(e + \dfrac{1}{T_i} \int_0^T e\,\mathrm{d}t \right)$	中等或小	稍大	大、中、小	控制迅速，无余差。但积分作用太强会使系统振荡加强而不稳定	液面、压力、温度、流量、纸浆浓度等
比例微分作用	控制作用不但与偏差的大小成正比，而且与偏差变化速度成正比	$\Delta P = K_p \left(e + T_d \dfrac{\mathrm{d}e}{\mathrm{d}t} \right)$	中等或较大	小	大	控制迅速、超调量较小，存在余差。微分作用太强会使系统振荡加强而不稳定	温度
比例积分微分控制器	控制作用与偏差的大小、偏差对时间的积分、偏差的变化速度成正比	$\Delta P = K_p \left(e + \dfrac{1}{T_i} \int e\,\mathrm{d}t + T_d \dfrac{\mathrm{d}e}{\mathrm{d}t} \right)$	大、中、小	大、中、小	大、中、小	控制迅速、无余差、超调量小、控制时间短、控制质量高	可用于各种过程。但一般用于要求高的温度过程

常用基本控制器有比例控制器（P）、比例积分控制器（PI）和比例积分微分控制器（PID），选择原则如下：

① 比例控制器（P）。比例控制是最基本的控制规律。比例控制器的特点是反应速度快，控制及时，克服干扰能力强，过渡过程时间短，但过程终了时有余差。因此，它适应于控制通道滞后较小，负荷变化不大，允许被控变量在一定范围内变化的场合。如贮液槽液位控制、不太重要的压力控制等。

② 比例积分控制器（PI）。比例积分控制器的特点是具有比例控制特点的同时又具有积分作用消除余差的特点。因此，它适应于控制通道滞后较小、负荷变化不大、被控变量不允许有余差的场合。如流量、压力和要求较严格的液位控制系统。

③ 比例积分微分控制器（PID）。微分作用使控制器的输出与偏差的变化速度成比例，它对克服过程的容量滞后有显著的效果，在比例作用的基础上加上微分作用可增加系统的稳定性，再加上积分作用可消除余差。因此，它适应于负荷变化大、容量滞后较大、控制质量要求较高的控制系统，如温度控制、pH 控制等。但是，对纯滞后较小或噪声严重的系统，应尽量避免加入微分作用，否则将由于被控变量的快速变化引起控制变量的大幅度频繁振荡而影响系统的稳定性。

图 2-16 为某容器物料出口温度控制系统在分别采用 P、PI、PID 控制作用时的过渡过程曲线，从中可以看出各种控制作用对控制品质的影响。对温度控制系统来说，仅用比例控制，如曲线 1 所示，控制后的余差较大。应用比例积分控制时，如曲线 2 所示，控制后的余差小（或没有余差），但超调量较大。应用比例积分微分控制时，如曲线 3 所示，超调量小，无（小）余差，过渡过程时间短，控制过渡过程的稳定性、准确性和快速性都较高，控制效果最好。

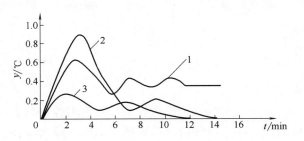

图 2-16　不同控制作用下的过渡过程

要达到较好的自动控制效果，除了合理设计和选用好 PID 控制器外，还要整定好控制器的比例度（δ），积分时间（T_i）和微分时间（T_d）等有关变量。控制器变量整定的有关内容将在本章第五节中介绍。

第四节　执行器的特性与选用

执行器在自动控制系统中的作用是根据控制器的指令改变控制量（被调介质）的流量，以达到稳定被调变量的目的。最常用的执行器是控制阀（又称调节阀）。

一、控制阀的构成与选择

控制阀由执行机构（又称驱动机构）和控制机构两部分组成。执行机构的作用是接受从控制器发出的控制信号并根据控制信号的大小变成相应的机械位移。控制机构是一个阀门，其阀杆与执行机构相接。控制机构的阀体与被调介质直接接触，在执行机构机械位移的推动下改变阀体中阀芯与阀座之间的流通面积，达到改变控制量（被调介质）的目的。

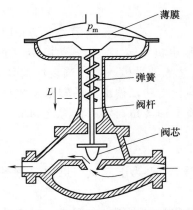

图 2-17　气动薄膜执行机构结构图

控制阀按其工作信号能源的不同分为气动控制阀、电动控制阀和液动控制阀三大类。由于气动控制阀具有结构简单、工作可靠、维护方便、防火防爆、价格低廉等特点，在造纸和其他化工工业中使用最多。电动控制阀具有控制精度较高的特点，在一些特殊的场合使用。在造纸和化工工业中很少使用液动控制阀。

（一）执行机构的构成和特性

1. 气动薄膜执行机构的构成和特性

气动薄膜执行机构应用最为广泛。气动薄膜执行机构按其作用方式分为正作用（型）和反作用（型）两种。如图 2-17 所示，气动薄膜执行机构由膜盖、膜片、弹簧和推杆阀杆等部分组成。从控制器发出的气动控制信号进入薄膜室时，在膜片上产生一个与气动控制信号成比例的推力，推力推动推杆向下移动并压缩弹簧，当弹簧受压所产生的反作用力与推力相平衡时，推杆稳定在一个新的位置上，推杆的位移量即为执行机构的输出量。

当气动薄膜执行机构处于平衡状态时，得到力平衡方程式：

$$\frac{L}{p_m} = \frac{A_m}{C_s}$$

$$P_m = p_0 A_m$$

$$L = \frac{A_m A_m}{C_s} p_0 = K p_0$$

(2-11)

式中，$p_m = A_m p_0$ 为膜头气室内由控制信号 p_0 产生的气体压力；A_m 为气室薄膜的有效面积；L 为弹簧的位移即执行机构的输出位移；C_s 为弹簧的刚度；K 为常数。

式（2-11）表示气动薄膜执行机构的静态特性。在稳定状态时，薄膜执行机构推杆位移 L 和输入信号 p_0 之间成比例关系。

2. 电动执行机构的构成和特性

电动执行器和气动执行器都是工业生产过程控制系统中常用的执行器。电动执行器由电动执行机构和控制机构（控制阀）两部分组成。电动执行机构的作用是根据控制器发出的电流信号（0～10mA DC 或 4～20mA DC 标准信号）成比例地转换成相应的角位移输出，去带动控制阀动作，实现自动控制的目的。

如图 2-18 所示，电动执行机构由伺服放大器（a）和电动执行机构（b）两大部分组成。

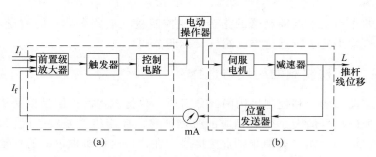

图 2-18　伺服放大器和电动执行机构的组成功能图
(a) 伺服放大器　(b) 电动执行机构

电动执行机构的工作原理是：来自控制器的输出控制信号 I_i 进入伺服放大器，作为伺服放大器的输入信号 I_i 在前置级放大器与位置反馈信号 I_f 相比较，所得偏差信号（$\Delta I = I_i - I_f$）经伺服放大器放大后，驱使伺服电动机转动，然后再经减速器减速，带动输出轴改变转角 θ。当偏差信号值为正时，伺服电机正转，输出转角增大；当偏差信号值为负时，伺服电机反转，输出转角减小。位置发送器将输出转角位移转换成位置反馈信号 I_f 回送到伺服放大器的输入端。当反馈信号 I_f 与输入信号 I_i 相平衡，即 $\Delta I = 0$ 时，执行机构伺服电机停止转动，输出轴的转角 θ 就稳定在与从控制器送来的输入信号 I_i 相对应的位置上。此时输出轴转角与输入信号之间成一对应的比例关系：

$$\theta = K I_i$$

(2-12)

式中，θ 为输出轴的转角，I_i 为输入信号（控制信号），K 为电动执行机构的静态放大系数。

式（2-12）表示电动执行机构的静态特性，输出轴转角与输入信号之间成一对应的比例关系并具有良好的线性度。

（二）控制机构的种类及其特点与选用

控制机构的种类很多，根据阀芯动作形式，可分为直行程式和转角式两大类。直行程的有直通双座阀、直通单座阀、角形阀、三通阀、隔膜阀等，转角式的有蝶阀、V 形球阀和 O

形球阀等。各种控制机构的结构和特性虽然相异，但其工作原理是相同的。它们都由阀体、阀座、阀芯和阀杆等部件组成。阀杆上端与执行机构相连接，下端与阀芯相连接。当执行机构带动阀杆移动或转动时，阀芯与阀座之间的流通面积（即阀门开度）将发生变化，从而使通过阀门的流体流量相应变化，达到控制流量的目的。下面简介常用控制阀的特点及应用。

1. 单座控制阀

直通单座控制阀阀体内只有一个阀芯和阀座，如图 2-19 所示。直通单座控制阀适用于管道直径不大、低压差和要求阀的泄漏量较小的场合。

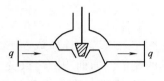

图 2-19　单座控制阀

2. 双座控制阀

直通双座控制阀的阀体内有两个阀芯和阀座，如图 2-20 所示。流体从一侧进入，经过上下阀芯汇合在一起后从另一侧流出。双座阀适合于大管道、大流量、高压差，允许泄漏较大的场合，不适用于高黏度、含纤维和固体颗粒的液体介质的控制。

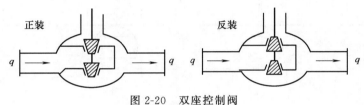

图 2-20　双座控制阀

3. 角形控制阀

角形控制阀除阀体为直角外，其他结构与单座阀相类似，如图 2-21 所示，其特点是流路简单，阻力小，稳定性好，不易堵塞，适合于高压差、高黏度、含有悬浮物和颗粒物质流体的控制，可避免结焦和堵塞，也便于自净和清洗。

4. 隔膜控制阀

隔膜控制阀是由用耐腐蚀衬里的阀体和耐腐蚀的隔膜代替阀芯和阀座组件，由隔膜产生位移起控制作用的，如图 2-22 所示。它的特点是结构简单，流路阻力小，流通能力较同口径其他阀大，无泄漏量，耐腐蚀性能好。隔膜阀适用于强酸强碱等强腐蚀性介质、要求泄漏量极小、高黏度及悬浮颗粒流体的控制。

图 2-21　角形控制阀　　　　　　　　　　　　　　　　图 2-22　隔膜控制阀

5. 蝶阀

蝶阀主要由阀体、阀板、曲柄、轴、轴承座等组成，如图 2-23 所示，通过改变蝶阀的旋转角度去改变阀门的流通面积，起控制流量的作用。其特点是结构简单，流路阻力小，转角小于 70° 时流量特性好（近似等百分比特性），具有自清洗作用，但泄漏量较大。蝶阀广

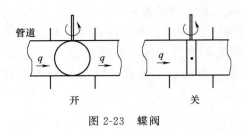

图 2-23 蝶阀

泛用于各种液体、气体、蒸汽及含有悬浮物颗粒和浓浊浆状流体，特别适用于大口径、大流量、泄漏量大、低压差的场合。

6. 球阀

球阀按结构不同分为 V 形球阀和 O 形球阀两种，如图 2-24 所示。球阀阀体的空圆球形内腔为阀座，在其中装上 V 形缺口球体或 O 形缺口球体作为阀芯。阀芯球体做成 V 形缺口时称为 V 形球阀。转动球体阀芯，V 形缺口与阀座之间形成的流体流通面积随之改变，达到控制流量的目的。阀芯球体做成 O 形缺口（圆孔）时称为 O 形球阀。转动 O 形球体阀芯，O 形缺口与阀座之间形成的流体流通面积随之改变，达到控制流量的目的。由于 O 形球阀在改变流通面积时具有剪切作用，特别适用于纸浆等含有纤维、固体颗粒悬浮液的流量控制。V 形球阀多用于纸浆的定量控制，O 形球阀多用于双位（开关）控制。

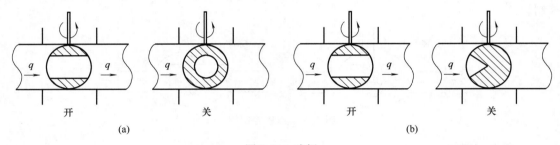

图 2-24 球阀

（a）O 形球阀 （b）V 形球阀

不同结构形式控制阀的特点及适用场合综合如表 2-3。

表 2-3　　　　　　　　不同结构形式控制阀的特点及适用场合

控制阀的结构形式	特点及适用场合
直通单座阀	只有一个阀芯,阀前后压差小,适用于要求泄漏量小的场合
直通双座阀	有两个阀芯,阀前后压差大,适用于允许有较大泄漏量的场合
角阀	阀体呈直角,适用于高压差、高黏度、含悬浮物和颗粒状物质的场合
隔膜阀	适用于有腐蚀性介质的场合
蝶阀	适用于有悬浮物的介质、大流量、压差小、允许大泄漏量的场合
三通阀	适用于分流或合流控制的场合
球阀	适用于纸浆等含有纤维、固体颗粒悬浮液的流量控制控制的场合

（三）控制阀的流量特性及其选择

控制阀的流量特性，是指流体流过阀门的相对流量（q/q_{max}）与阀门相对开度（L/L_{max}）之间的关系，如式（2-13）所示。

$$\frac{q}{q_{max}}=f\left(\frac{L}{L_{max}}\right)$$
（2-13）

式中$\dfrac{q}{q_{max}}$为相对流量，L/L_{max}为相对开度。

根据控制阀两端的压降，控制阀流量特性分为理想流量特性和工作流量特性。理想流量特性是控制阀两端压降恒定时的流量特性，又称为固有流量特性。工作流量特性是在工作状况下（压降变化时）控制阀的流量特性。控制阀出厂所提供的流量特性指理想流量特性。

控制阀的理想流量特性，取决于阀芯的形状。控制阀典型的理想流量特性有如图2-25所示四种。

控制阀特性的选择与被控过程特性紧密相关，因为控制阀也是广义过程中的一部分，其又有不同的流量特性可供选择，因此可以根据不同的被控过程特性选择不同的控制阀流量特性，使控制阀在被控过程或测量变送环节的特性发生变化时，起到一个校正环节的作用。选择哪一种制阀流量特性，要根据具体过程的特性来考虑，原则是希望控制系统的广义过程是线性的，即当工况发生变化，如负荷变动、阀前压力变化或设定值变动时，广义过程的特性基本不变，这样才能使整定后的控制器变量在经常遇到的工作区域内都适应，以保证控制品质。如果当工况发生变化后，广义过程的特性有变化，由于不可能随时修改常规控制器的变量，控制品质将会下降。

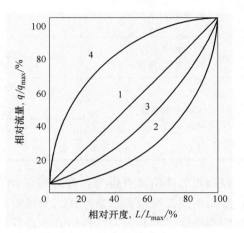

图 2-25　控制阀几种典型的
理想流量特性曲线
曲线 1—直线流量特性　曲线 2—等百分
比流量特性　曲线 3—抛物线流量
特性　曲线 4—快开流量特性

由于控制阀装在工艺管道和装备之间是整个控制系统的一个组成部分，控制阀的流量特性将影响整个控制系统的特性。因此，控制阀特性的选择应与被控过程特性紧密相关。在常规控制系统中，控制器的控制规律是线性的而且要求广义控制过程（含被控过程、测量变送器、控制阀三者综合称为广义控制过程）的特性也是线性的，从而达到较好的控制效果。因此，从控制系统整体角度看，控制阀特性的选择原则是：选择合适的控制阀特性使整个广义控制过程具有线性特性。如果在广义控制过程中，除控制阀以外其余部分的特性为线性时，则应选择线性特性的控制阀。如果在广义控制过程中，除控制阀以外其余部分的特性为非线性时，则应选择非线性特性的控制阀，使广义过程的特性接近线性。

一个理想的控制系统，希望它的放大系数在系统的整个操作范围内保持不变。但在实际生产过程中，操作条件的改变，负荷变化等原因都会造成控制过程特性改变，系统的放大系数随着外部条件的变化而变化。此时，适当地选择控制阀的特性，以阀门放大系数的变化来补偿被控过程放大系数的变化，可使控制系统总的放大系数保持不变或近似不变，从而达到较好的控制效果。例如，被控过程的放大系数随负荷的增加而减小时，如果选用具有等百分比流量特性的控制阀，它的放大系数随负荷增加而增大，那么，就可使控制系统的总放大系数保持不变，近似为线性。

常见自动控制系统中控制阀流量特性的选择见表 2-4。

表 2-4 控制阀流量特性的选择

控制系统及被调变量	波动（干扰）变量	控制阀流量特性选用
流量控制系统 被调变量:流量	阀门前后压力	等百分比特性
	给定值	直线特性
压力控制系统 被调变量:压力	阀前压力	等百分比特性
	阀后压力	直线特性
	给定值	直线特性
液位控制系统 被调变量:液位	流入量	直线特性
	给定值	等百分比特性
温度控制系统 被调变量:温度	蒸汽温度(压力)	等百分比特性
	受热物料量	等百分比特性
	进料温度	直线特性
	给定值	直线特性

控制阀的选用是否得当，将直接影响自动控制系统的控制质量、安全性和可靠性。因此，必须根据工况特点、生产工艺及控制系统的要求等多方面因素，综合考虑正确选用。控制阀的选择除了控制阀的结构形式的选择和控制阀的流量特性的选择外，还有控制阀的口径的选择及控制阀材质的选择。特别是控制阀流量特性和阀门口径的选择，要根据工艺要求和阀门特性，进行相关的计算，本书不作细述，有兴趣者可参看有关书籍。

二、变频执行器的控制原理与选用

变频执行器由变频器和由电动机驱动的泵或风机两个部分组成。应用变频执行器替代控制阀去控制被控变量的原理是：变频器直接接收控制器的输出信号，根据控制器输出信号大小改变电动机电源的频率，进而改变电动机的转速，再而改变由电动机带动的泵或风机的转速去改变管道中流体流量，以达到调整被控变量的目的。

（一）变频器的工作原理

变频调速技术的基本原理是根据电机转速与输入工作电源的频率成正比的关系，见式(2-14)。

$$n=60f(1-S)/P=Kf \tag{2-14}$$

式中，n 为电机转速；f 为输入电动机的电源频率；S 为电动机转差率；P 为电动机磁极对数。K 为比例常数。同一台电动机，电机磁极对数和电机转差是不变的，因此电动机的转速与输入电源的频率成正比，即可以通过改变电动机工作电源的频率达到改变电动机转速的目的。

变频器是应用交流—直流—交流电源变换技术、电力电子技术、微电脑控制等技术集成于一身的综合性电气产品，其作用是根据控制信号能按比例地改变输出电源的频率。

（二）变频器在过程控制中的应用

在轻工流程工业的生产过程中，大量使用泵和风机等作为流体的输运设备，而且泵和风机多数采用异步电动机直接驱动的方式运行。在应用控制阀门作为控制系统的执行器时，控制阀门都是安装在泵或风机的输送管道上，通过改变控制阀门的开度大小去改变管道的阻力，进而改变被控变量的大小，达到控制的目的。这种控制方法存在的最大缺点是在整个生产过程中，不论被控变量的大小，泵或风机的运转都不变，这样不仅控制精度受到限制，而且还造成大量的能源浪费和设备损耗。另外，常规的泵和风机电动机存在启动电流大、机械冲击、电气保护特性差等缺点，从而导致生产成本增加，设备使用寿命缩短，设备维护维修费用增加。然而，采用变频执行器通过改变电动机转速去控制被控变量，在达到精确控制被控变量的同时，又改变了电动机的能耗，从而达到节能的目的。

变频器产品中有专门适应风机和泵类负载使用的变频器型号。一般情况下，具有恒压频比（V/f）控制模式的变频器基本都能满足风机和泵类这类负载的要求，选择变频器的容量能保证其稍大于或等于电动机的容量即可。但在变频器功能变量选择和预置时应注意，要严格控制变频器的最高工作频率不要超过电动机额定频率，以避免出现电动机的过载现象。

在带动恒转矩负载的机械类负载时，如造纸机传动部分的变频调速控制，使用变频调速，主要是利用变频器进行电动机调速控制，基本上没有节能效果。

三、智能控制阀

智能控制阀是近年来发展的执行器，它是在控制阀主体的基础上加上相关的智能部件组装而成。智能控制阀的智能功能主要有：

① 控制智能。具有常规控制阀功能外，还可以修改控制阀的流量特性，实现 PID 控制和其他运算功能。例如，进行非线性补偿运算等。

② 通信智能。智能控制阀能通过数字通信方式与主控制室通信，主计算机可以直接对控制阀发出动作指令，允许对控制阀进行远程监测、整定、修改变量或算法等。

③ 诊断智能。智能控制阀具有自诊断功能，能根据配合使用的相关传感器通过微机分析判断故障情况，及时采取措施并报警。

智能控制阀是实现过程智能控制的重要智能装置。

第五节　过程控制系统的工程设计概述

一个自动控制系统能否具有好的稳定性、准确性和快速性，取决于其设计和运行是否合理。简单自动控制系统的设计是各类复杂控制系统设计的基础，掌握了简单控制系统的设计方法，懂得了系统设计的一般原则以后，就可以联系生产实际，去了解和掌握复杂控制系统的设计问题。因此，本节以简单控制系统为例，介绍自动控制系统的工程方案设计要点。

一、过程控制系统工程设计的内容

生产过程控制系统工程设计包括四部分内容：

（一）控制系统的方案设计

控制系统的方案设计是整个自动化工程中关键的一步，首先由工艺人员和控制人员共同研究，确定带检测、控制点的工艺流程图。对于已有与设计类似的控制过程，应深入现场调研，吸收成熟经验，并将其应用到设计中去。对于新的过程或过程单元，必须在掌握过程特性、了解单元操作特点及工艺要求的基础上，综合技术和经济指标，设计出合理的控制方案。

控制系统的方案设计主要考虑以下几个问题：a. 根据不同的被控过程和控制质量要求，选择合适的控制系统，能用简单控制系统的，就尽量不用复杂控制系统；b. 合理选择被控变量和控制变量；c. 选择合适的测量变送装置及信号传递方式；d. 选择合适的控制器；e. 选择执行器等。

（二）工程设计

控制系统的工程设计是在方案设计的基础上，面向施工和生产维护进行的设计，主要包括仪表的选型、控制室及控制盘设计、仪表供电供气系统设计、信号联锁保护系统设计和仪表的防护设计等，并相应完成表示工程设计的过程控制流程图和施工所需要的一系列图表。

（三）工程安装与调试

控制系统的正确安装是保证自动化仪表能发挥作用的前提，系统安装好后，还要在现场对每一台仪表进行单校，对每一个控制回路进行联校，这是自动控制系统投运前的必备工作。

（四）系统校验和控制器的变量整定

控制系统安装好后，控制器的变量整定是影响控制系统质量的关键，因此，要根据不同过程特性，整定好控制器的变量，使控制器变量与过程特性相配合，以保证控制系统达到最佳运行状态。

二、简单控制系统的方案设计

简单控制系统方案设计的内容主要包括：a. 合理选择被控变量和控制变量；b. 选择合适的测量变送装置及信号传递方式；c. 控制器和执行器的选型。

（一）被控变量的确定及其测量变送仪表的选择

在一个被控过程中，影响其正常运行的因素很多，但并非所有的因素都要加以控制。在设计控制方案时，设计人员首先必须深入生产实际，调查研究，熟悉和掌握被控过程工艺操作的要求，确定被控变量。

选择被控变量的一般原则是：首先，考虑选择质量指标（直接变量）作为被控变量，因为它直接反映了生产过程产品的产量和质量，以及安全运行状况。其次，当选择质量指标比较困难时，应选择与质量指标成单值对应关系的间接指标（间接变量）作为被控变量。此外，要保证所选被调变量具有足够的灵敏度及其可测量性。一般情况下，大多数以温度、压力、流量、液位为操作指标的生产过程，常常直接选用相应的温度、压力、流量、液位作为被控变量。

被控变量的确定是控制系统方案设计的核心问题，也是系统方案设计的第一步，它的正确选择对稳定生产过程、提高劳动生产率、改善生产条件等具有决定性的意义。被控变量确定后，要选择其相应的、合适的测量变送仪表，把被控变量的变化测量出来并转变为标准信号送到控制器。有关不同变量的测量变送仪表，将在本书第四章中介绍。

（二）控制变量及其控制阀的选择

当作为被控过程输出的被控变量确定后，影响被控变量变化的外部因素则是被控过程的输入变化，而且这种影响因素往往会有若干个。此时的被控过程实际上是一个多输入单输出的过程。确定控制变量的任务就是在影响被控变量的若干个因素中，即在被控过程的若干个输入变量中，选择其中一个对输出变量影响最大的输入变量作为控制变量，而其他输入变量看作是对系统起干扰作用的干扰量。

在生产过程中，干扰作用与控制作用同时影响着被控变量的变化。正确的控制系统设计是通过控制器的正反作用的选择，使控制作用的影响方向与干扰作用的影响方向相反。这样，当干扰作用使被控变量发生变化而偏离给定值时，控制系统的控制作用就自动去克服干扰影响，从而把被控变量调回到给定值。因此，在一个控制系统中，干扰作用与控制作用是相互对立而存在的，有干扰，就有控制，没有干扰就无须控制。

为了使控制系统的控制作用能有效地克服干扰影响，选择一个可控性良好的控制变量十分重要。由于在过程控制中，控制的手段大多是通过改变某一介质的流量（物料流或能量流）去克服干扰的影响，以达到控制的目的，因此被选定的控制变量应是生产中允许改变的变量。

如图 2-26 所示的换热器温度控制系统，当热物料出口温度为被控变量时，冷物料和加热蒸汽流量变化都会使被控变量（温度）发生变化。但是，从工艺合理性考虑，应选择加热蒸汽流量为控制变量。因为被加热物料流量一般为生产中需要的负荷（产量），如选其为控制变量，用它的变化去克服干扰，势必影响生产的负荷。而加热蒸汽是加热介质，选择加热蒸汽流量作为控制变量，不但不会影响生产的物料量负荷，而且控制灵敏度也会较高。又如图 2-27 所示的造纸生产过程中浆料浓度的控制，应选择稀释水流量为控制变量。

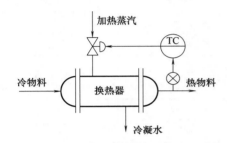

图 2-26　换热器温度控制系统

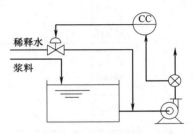

图 2-27　纸浆浓度控制系统

总之，在选择控制变量时，应保证控制变量具有可控性、工艺操作的合理性和经济性，应尽量避免选择生产过程的主物料量作为控制变量。

控制变量确定后，要选择其相应的、合适的执行器。有关控制变量的执行器（控制阀）的选择，在本章第四节中已有介绍。

（三）控制器的选择

当确定了被控过程、被控变量和测量变送器、控制变量和控制阀后，简单控制系统的广义过程就确定了，再配置上合适的控制器便可构成一个简单控制系统。控制器选择的重点是选择合适的控制特性和正确的作用方式。

① 控制器的控制特性应依据控制特性对控制系统质量影响、被控过程的特性及控制质量的要求来确定。常用基本控制特性的选择原则，在本章第三节已有介绍。

② 控制器正反作用方式的确定。控制器的正反作用方式的确定与控制阀的气开气关方式以及整个控制系统特性紧密相关，其原则是使整个控制回路构成负反馈系统。具体选择方法可参考有关书籍。

三、过程控制系统工程设计的图例与符号

过程控制系统工程设计的具体方案表示在图样上，称为过程控制流程图。由于过程控制流程图常常与过程工艺流程图合在一起，因此又称为过程工艺控制流程图。工程技术人员，不论是工艺人员还是自动化人员，都需要能读懂过程工艺控制流程图。

　　过程工艺控制流程图是在过程工艺流程图的基础上，用图形和文字符号表示自动测量和控制系统的安装和控制点、被控变量和控制变量等，表示方法用统一规定的图例和符号。这些图例、符号除了在过程工艺控制流程图中使用外，在其他自动控制系统的设计图样上也常常使用。为此，本节把我国标准《HG/T 20505—2014 过程测量与控制仪表的功能标志及图形符号》中的一些主要内容作简要介绍。

（一）仪表设备与安装位置图形符号

　　仪表设备与功能图形符号如表 2-5 所示。

表 2-5　　　　　　　　　　　　　　　　仪表设备与功能图形符号

序号	共享显示、共享控制		C	D
	A	B	计算机系统及软件	单台（单台仪表设备或功能）
	首选或基本过程控制系统	备选或安全仪表系统		
1	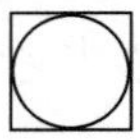 ◯	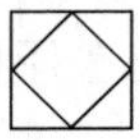 ◇	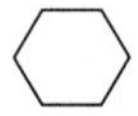 ⬡	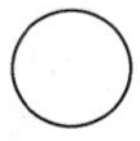 ◯
2	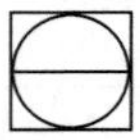 ⊖	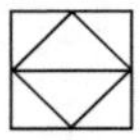 ◇	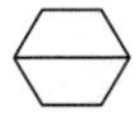 ⬡	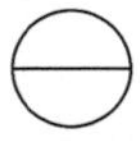 ⊖
3	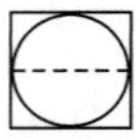 ⊝	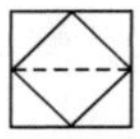 ◇	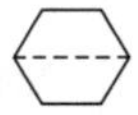 ⬡	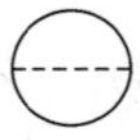 ⊝
4	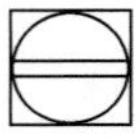 ⊜	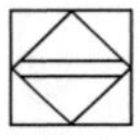 ◇	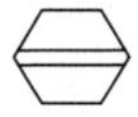 ⬡	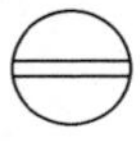 ⊜
5	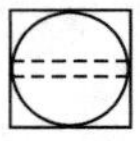 ⊜	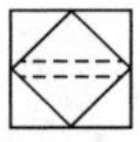 ◇	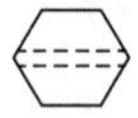 ⬡	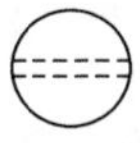 ⊜

　　1. 仪表设备图形符号

　　表 2-5 中，A 系列图形由细实线正方形与内切圆组成，表示基本过程控制系统仪表；B 系列图形由细实线正方形与内接菱形组成，表示安全仪表系统仪表；C 系列图形由细实线正六边形组成，表示计算机系统及软件；D 系列图形为细实线圆圈，表示单台仪表。

　　2. 仪表安装位置图形符号

　　表 2-5 中，序号 1 图形（在图形内没有直线）表示仪表位于现场，非仪表台、控制台安装。序号 2 图形（在图形内有一条实直线）表示仪表位于控制室、控制盘/台正面，显示器上可视。序号 3 图形（在图形内有一条虚直线）表示仪表位于控制室、控制盘背面（机柜内）显示器上不可视。序号 4 图形（在图形内有两条实直线）表示仪表位于现场控制盘/台正面，在盘的正面或视频显示器上可视。序号 5 图形（在图形内有两条虚直线）表示仪表位于现场控制盘背面（机柜内），在盘的正面或视频显示器上不可视。

　　3. 图形符号尺寸

　　细实线正方形边长或内切圆直径宜为 11mm 或 12mm。

（二）仪表与工艺过程的连接线图形符号

　　通用的仪表信号线均以细实线表示。仪表与工艺过程管线连接和仪表与工艺过程设备连接的通用连接线图形符号如图 2-28 所示，必要时也可用加箭头的方式表示信号的方向。

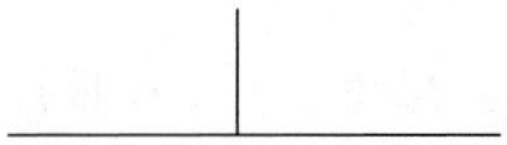

图 2-28　仪表与工艺过程的连接线

（三）最终控制元件（执行器）图形符号

执行器的图形符号是由执行机构和控制机构的图形符号组合而成。如图 2-29 所示，表示气动薄膜执行机构带直通阀的气动调节阀。其中（a）图为气关气式气动调节阀，（b）图为气开气式气动调节阀。

（四）仪表的功能与位号

在检测和控制系统中，构成回路的每一个仪表（或元件）都有自己应有的功能和位号，称为仪表回路号。仪表回路号由仪表的功能标志和仪表位号组成。

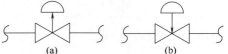

图 2-29 常用气动薄膜执行机构带直通阀
(a) 气关 (b) 气开

1. 仪表功能标志

仪表功能标志用英文字母表示，由首位字母和后继字母构成，首位字母表示被测或被控变量，后继字母表示仪表的功能。仪表功能标志的字母代号如表 2-6 所示。

表 2-6　　　　　　　仪表功能标志的字母代号

字母	首位字母 被控变量	后继字母 功能	字母	首位字母 被控变量	后继字母 功能
A	分析	报警	L	物位	指示灯
C	电导率（浓度）	控制	M	水分或湿度	
D	密度		P	压力或真空	连接或测试点
E	电压（电动势）	测量元件、一次元件	Q	数量	积算、累积
F	流量（比率）		S	速度、频率	开关或联锁
G	可燃气体和有毒气体	视镜、观察	T	温度	传送
H	手动（人工触发）		U	多变量	多功能
I	电流	指示	V	振动、机械监视	阀、挡板、百叶窗
J	功率	扫描	W	重量或力	套管、取样器
K	时间、时间程序（变化速率）	操作器	Z	位置、尺寸	驱动、执行的终端执行机构

2. 仪表位号

仪表位号用阿拉伯数字编号，置于表示仪表功能的英文字母代号后面，表示仪表回路所处的位置。仪表功能的英文字母与回路号数字之间用隔离符（-）隔离。

仪表位号应是唯一的，用以定义组成仪表回路的每一个设备和/或功能的用途。

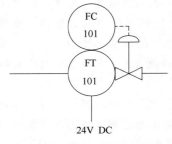

图 2-30 集变送器、控制器和调节阀于一体的仪表设备的图形符号示例

（五）带仪表功能和位号的图形符号示例

1. 集变送器、控制器和调节阀于一体的仪表设备的图形符号示例

图 2-30 所示为由变送器、控制器和调节阀组成的自动控制回路。在工艺管道现场装有气动调节阀。仪表功能与位号为 FT-101 的仪表，表示该仪表是安装在位号为 101 的流量（F）变送（T）器。仪表功能与位号为 FC-101 的仪表，表示该仪表是安装在位号为 101 的流量（F）控制（C）器。FT-101 和 FC-101 的图形符号内没有直线，表示这套自动控制系统是安装在生产现场的。图中标示 24V DC 表示 FT-101 为电

动仪表。

2. 现场总线系统设备和功能之间的通信连接信号线图形符号示例

图 2-31 所示为由现场总线系统控制的流量自控系统。该系统的仪表位号为 *01 号。仪

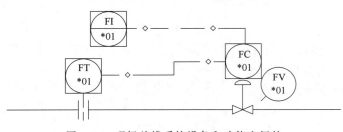

图 2-31　现场总线系统设备和功能之间的
通信连接信号线图形符号示例

表 FT-*01 为安装于生产现场
的流量（F）变送（T）器，仪
表 FC-*01 为安装于生产现场
的流量（F）控制（C）器，仪
表 FV-*01 为安装于生产现场
的流量（F）气动调节阀（V），
仪表 FI-*01 为安装于于控制室
的流量（F）指示（I）信号仪
表。图中信号连线为在细实线

上加有小菱形组成，表示现场总线系统设备和功能之间的通信连接和系统总线与高智能设备
的连接。

在阅读或编制过程控制系统工程设计的图例与符号时，还有许多具体的规定，可参见中
华人民共和国化工行业标准《HG/T 20505—2014 过程测量与控制仪表的功能标志及图形符
号》。

第六节　控制器的变量整定及简单控制系统的投运

在过程控制系统的设计结构合理、仪表和控制阀选型正确、现场安装无误和调校正确
后，过程控制系统投运前的最后一项工作是控制器的变量整定，控制器变量整定是系统投运
工作中的一个重要环节。

一、控制器的变量整定

控制系统的控制质量与被控过程特性、控制方案、干扰信号的形式和幅值及控制器变量
等密切相关。控制方案一经确定，广义过程特性也就确定了，这时系统的控制质量就只取决
于控制器的变量。所谓控制器变量整定，就是通过确定控制器的比例度 δ、积分时间 t_i 和微
分时间 t_d 的合理数值，使控制系统具有最佳的过渡过程。其实质就是用改变控制器的特性
去校正过程的特性，使控制系统达到最佳的控制质量。

最佳过渡过程就是控制系统达到最佳调整状态，此时控制系统质量最好。对于大多数生
产过程控制系统，当过渡过程的衰减比为 4：1 时，过渡过程不仅具有适当的稳定性、快速
性，而且又便于人工操作，因此，工程上习惯上把满足这一衰减比的控制器变量称为最佳变
量。下面介绍的几种工程整定方法，就是通过设定值扰动（阶跃扰动），找出过渡过程衰减
比为 4：1 时的控制器变量，又称为控制器变量整定过程。

控制器变量整定方法有理论计算法和工程整定两大类。理论计算法要求获得过程的精确
数学模型。由于工业过程的特性往往比较复杂，其理论推导和实验测定都比较困难，很难获
得实际过程的精确数学模型，其计算结果数据可靠性不高，还需到现场进行修正，因而工程
上很少采用。而工程整定方法是直接在系统中进行现场整定，方法简单，计算方便，容易掌
握。尽管是一种近似的方法，但相当实用，可以解决一般实际问题。

（一）经验法

用经验法进行控制器变量整定的要点是先将控制器的变量放在某一经验数值上，常用过程控制系统 PID 控制器的变量整定经验范围如表 2-7 所示，然后直接在闭环控制系统中通过改变设定值（施加扰动）实验信号，在记录仪表上查看被控变量的过渡过程曲线形状。如果过渡过程曲线的衰减比达不到 4∶1 的要求，则以比例度 δ、积分时间常数 t_i 和微分时间常数 t_d 对过渡过程的影响规律为依据，逐个改变 δ、t_i 和 t_d 数值对控制系统进行整定，直到过渡过程曲线的衰减比达到 4∶1 的要求，获得满意的控制质量为止。

表 2-7　　　　　　　　　　　　　PID 控制器变量整定经验范围

控制系统	变量范围		
	$\delta/\%$	t_i/min	t_d/min
液位	20～80	—	—
压力	30～70	0.4～3	—
流量	40～100	0.1～1	—
温度	20～60	3～10	0.3～1

PID 控制器变量整定的顺序有两种方法：一种是认为比例作用是基本的控制作用，因此，首先把比例度整定好，待过渡过程基本稳定，再加积分作用以消除余差，最后加微分作用来进一步提高质量。

① 比例（P）控制：将比例度 δ 放在较大数值位置，逐步减小 δ，观察过渡过程曲线，直到得到满意的曲线（衰减比为 4∶1）为止。

② 比例积分（PI）控制：置积分时间 $t_i=\infty$，先按纯比例作用整定好比例度 δ，然后将 δ 放大（10～20）%，将 T_i 由大至小逐步加入，直到获得 4∶1 衰减过程。

③ 比例积分微分（PID）控制：置微分时间 $t_d=0$，先按 PI 控制的顺序整定好比例度 δ、积分时间 t_i，然后将比例度 δ 降低到比原值小（10～20）% 的位置，t_i 也适当减小后，再把 t_d 由小至大逐步加入，直到获得满意的过渡过程为止。

（二）临界比例度法

临界比例度法又称稳定边界法，其整定要点是先让 PID 控制器在纯比例作用下，通过现场实验找到等幅振荡的过渡过程，记下此时的比例度 δ_k 和等幅振荡周期 T_k，通过简单的计算求出衰减振荡时的控制器变量。其步骤如下：

① 置 $t_i=\infty$，$t_d=0$，根据广义过程选一个较大的 δ 值，在工况稳定时将控制系统投入运行；

② 将设定值突加一个数值。观察记录曲线，此时应是一个衰减过程曲线，逐步减小比例度 δ，再作设定值干扰实验，直至出现等幅振荡为止，如图 2-32 所示，记下此时控制器的比例度 δ_k 和振荡曲线的周期 T_k；

③ 按表 2-8 计算衰减振荡时的控制器变量；

④ 按先比例，次积分，最后微分的顺序将计算值设置到控制器上，如不满意，稍加调整。

（三）衰减曲线法

衰减曲线法与临界比例度法的整定过程有点相似，其整定步骤如下：

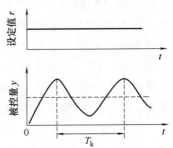

图 2-32　临界比例度实验曲线

表 2-8 临界比例度法变量计算表

控制器变量	控制规律		
	$\delta/\%$	t_i/min	t_d/min
P	$2\delta_k$	—	—
PI	$2.2\delta_k$	$0.85T_k$	—
PID	$1.7\delta_k$	$0.5T_k$	$0.13T_k$

① 置 $t_i=\infty$，$t_d=0$，在纯比例作用下，闭环控制系统投入运行，按经验法整定比例度，直到出现 4∶1 衰减过程为止。记下此时的比例度 δ_s 和操作周期 t_s，如图 2-33 所示；

② 按表 2-9 所列经验式，计算出 PID 控制器的整定变量 δ、t_i 和 t_d；

③ 在 PID 控制器上设置计算得出的变量 δ、t_i 和 t_d，观察过渡过程曲线，直到出现衰减比达到 4∶1 的衰减过程为止。

表 2-9 4∶1 衰减过程控制器变量计算表

控制器变量	控制规律		
	$\delta/\%$	t_i/min	t_d/min
P	δ_s	—	—
PI	$1.2\delta_s$	$0.5T_s$	—
PID	$0.8\delta_s$	$0.3T_s$	$0.1T_s$

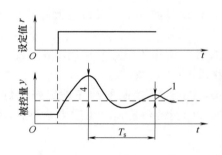

图 2-33 4∶1 衰减过程曲线

上述三种工程整定方法各有优缺点。经验法简单可靠，能够应用于各种控制系统，特别是干扰频繁，记录曲线不大规则的系统，其缺点是需反复凑试，花费时间较长，适合于现场经验丰富的人员使用。临界比例度法简便易于掌握，过程曲线容易判断，整定质量较好，缺点是对于临界比例度较小，或者工艺约束条件严格，对过渡过程不允许出现等幅振荡的控制系统不适用。衰减曲线法的优点较为准确可靠，而且安全，整定质量较高，但不适用于外界干扰强烈而频繁的系统。在实际应用中，要根据被控过程的情况和各种整定方法的特点，合理选择使用。由于衰减曲线法的优点较多，易为工艺人员掌握接受，因而应用较为广泛。

（四）自整定 PID 控制器

自整定 PID 控制器（STC，Self-tuning PID Controller）是在常规 PID 控制器基础上的改进。自整定 PID 控制器的主要特点是在常规 PID 控制器上增加了控制变量专家自整定功能，使得控制规律能够始终采用最佳的控制变量值，保证控制效果处于良好状态。自整定 PID 控制器，可以克服常规 PID 控制规律存在的控制器变量整定的繁复过程，控制质量与可靠性得到了提高。另外，为改善控制过程中给定值的跟踪效果，还引入了可调整的设定值滤波器。这些功能的实现都得益于微处理器在控制器中的应用。

二、控制系统的投运

过程控制系统的投运就是将设计安装和整定好的控制系统投入生产运行，其关键是把控制器从手动工作状态转到自动工作状态。它是控制系统投入生产、实现生产过程自动化的最后一个步骤。无论是控制系统安装整定完毕后的首次使用，还是生产设备停车检修后再开车运行，都要进行控制系统的投运。为了保证控制系统的顺利投运，以达到预期的效果，就必须掌握投运方法，严格做好投运的各项工作。

（一）做好投运前的准备工作

为了保证投运工作的顺利进行，必须做好投运前准备工作，主要包括：

① 熟悉与控制系统有关的工艺流程、设备性能、控制指标、介质特点、干扰因素及各变量间的基本关系等，以便在投运过程中发生意外时能果断分析与处理。

② 熟悉控制方案，全面了解控制系统的设计意图，了解控制回路的构成、各系统的关联程度，对测量元件和控制阀的规格、安装位置、工艺介质性质、管线走向布局等都要心中有数。

③ 了解控制系统所用仪表（包括测量元件、变送器、控制器、控制阀和显示器等）的工作原理、结构特性、调校方法及安装使用技术要求。

④ 综合检查，包括对电气线路、气动管线的检查，对组成控制系统的各个环节仪表要进行现场单校或联校，确保能正常工作无故障。

（二）投运过程

控制系统投运步骤大致如下：

① 检测系统首先投入使用，以便观察工艺变量状况。

② 确认控制阀的气开、气关作用，同时确认控制器的正、负作用地正确配置。

③ 现场先完成人工操作。生产现场的控制阀安装，如图 2-34 所示，在控制阀 4 前后装有截止阀 1 和 2，并在旁路管线上安装旁路阀 3。先关闭截止阀 1 和 2，开通旁路阀 3，用人工操作方式控制至工况稳定，测量仪表正常工作。

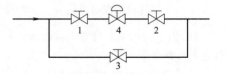

图 2-34　控制阀的安装

④ 换阀操作至手动遥控，即从人工现场操作过渡到控制阀手动遥控。用手操器调整作用于控制阀膜头上的控制信号 p 到一个适当数值，然后打开上游截止阀 1，再逐步打开下游截止阀 2，逐步关闭旁路阀 3，过渡到人工遥控，在切换阀门过程中，要注意平稳过渡以免引起被控变量的波动，待达到工况稳定。

⑤ 控制器由手动切换到自动。手动遥控使被控变量接近或等于设定值并工况稳定时，在控制器中将"手动"切换到"自动"，切换的基本要求是"平衡无扰动切换"。至此，初步投运过程完成。如果初步投运后，控制系统的过渡过程还不满足要求，则需要进一步调整控制器的 δ、t_i 和 t_d 三个变量，直至满足要求为止。

思　考　题

1. 人工控制和自动控制有什么共同点？有什么区别？

2. 何谓简单控制系统？简单控制系统由哪些部分组成？各部分起什么作用？

3. 什么是一个控制系统的控制过程、被调变量、给定值、控制作用、控制变量、控制介质？试举例说明？

4. 什么是控制系统的静态与动态？什么是自动控制系统的过渡过程？在阶跃扰动作用下，其过渡过程

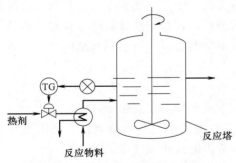

图 2-35　某反应器温度自动控制系统

有哪些基本形式？哪些属于稳定的过渡过程？哪些属于不稳定的过渡过程？

5. 控制系统的控制质量指标有哪些？什么叫衰减比？

6. 控制系统的被控变量和控制变量的选择原则是什么？如图 2-35 中所示是某反应器的温度自动控制系统。试指出该系统中的被控过程、被控变量、控制变量和干扰变量，画出该系统的方框图。

7. 气动执行器主要由哪两部分组成？控制阀的选择应考虑哪些问题？

8. 试总结控制器的 P、PI、PD 控制特性及其对系统控制质量的影响。

9. 如图 2-36 为烘缸自动控制系统组成方案图，试画出系统方框图，指出被控变量、控制变量和可能的干扰变量。

10. 如图 2-37 为一换热器，工艺上要求被加热物料出口温度恒定，该物料温度太低时，容易结晶。试设计一个温度控制系统，画出方案组成示意图和方框图。确定控制阀的气开、气关方式和控制器的正、反作用方式，并分析系统的工作过程。

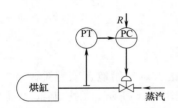

图 2-36　烘缸自动控制系统组成方案图

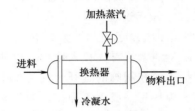

图 2-37　换热器工艺过程

11. 图 2-38 为某列管蒸汽换热器的工艺管道及检测控制流程图，试说明 FRC-203、P I-206 和 TRC-202 所代表的意义。

12. 控制器变量整定的目的是什么？常用的工程整定方法有哪几种？

13. 某控制系统用 4∶1 衰减曲线法整定控制器变量，已测得 $\delta_s = 50\%$，$T_s = 5\text{min}$。试计算出 PI 作用和 PID 作用时控制器的变量。

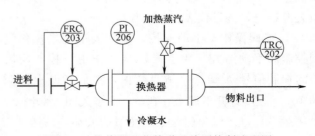

图 2-38　换热器工艺管道及检测控制流程图

参 考 文 献

[1] 王顺晃，舒迪前. 智能控制系统及其应用 [M]. 2 版. 北京：机械工业出版社，2005.

[2] 王再英，刘淮霞，陈毅静. 过程控制系统与仪表 [M]. 北京：机械工业出版社，2006.

[3] 胡寿松. 自动控制原理 [M]. 4 版. 北京：科学出版社，2001.

[4] 刘焕彬，主编. 制浆造纸过程自动测量与控制 [M]. 2 版. 北京：中国轻工业出版社，2009.

[5] 俞金寿，孙自强，编著. 过程自动化及仪表 [M]. 北京：化学工业出版社，2015.

第三章　过程特性及其数学模型的建立

要控制好一个生产过程，必须了解该过程的特性。过程特性的数学描述就称为过程的数学模型。自动控制系统的核心理论基础是动态系统的建模、控制与优化理论及其方法，核心技术基础是具有动态特性分析和控制功能的系统设计方法。自动化科学与技术始终围绕着建模、控制与优化三个基本科学问题开展研究。其中，数学模型的建立，包括被控过程的建模，控制装置的建模，是自动化技术发展的主要驱动力。本章介绍建立被控过程数学模型的理论方法、过程辨识方法，被控过程特性的数学模型及其变量表达。

第一节　机理分析法建立过程数学模型

自动控制系统的被控过程往往是生产过程，因此，"被控过程"又称为"被控生产过程"，或简称"过程"。被控过程特性是指当被控过程的输入变量发生变化时，其输出变量随时间变化的规律。被控过程的特性通常用其输出变量（因变量）与输入变量（自变量）之间的数学关系式表述。用于表述过程特性，即过程输出变量与输入变量之间关系的数学表达式称为过程数学模型（Process Mathematical Model）。应用相关知识从实际过程中抽象、提炼出自变量与因变量之间数学关系的过程称为过程建模（Process Modelling）。

过程数学模型的建立方法主要有机理分析法和实验归纳法两大类。本节介绍用机理分析建立数学模型的方法，实验归纳建立数学模型的方法将在第三节中介绍。

一、一阶过程的数学模型建立

（一）用机理分析法建模的基本原理

机理分析法过程建模是利用过程的物料平衡或能量守恒的基本定律去建立过程数学表达式的一种建模方法。用过程的物料平衡或能量守恒的基本原理所表示的过程状态变量（因变量）与不同自变量之间的数学关系式称为过程的状态方程，就是过程的数学模型。表述过程状态的变量，例如温度、压力、流量、浓度等，称为过程状态变量。

过程数学模型分为过程静态模型和过程动态模型两类。过程静态模型表示过程的状态变量不随时间的变化而变化时的数学表达式。过程动态模型表示过程的状态变量随时间的变化而变化，过程状态变量是时间函数的数学表达式。

1. 过程的静态模型

根据物料平衡和能量守恒定律，在过程静态条件下，输入过程的物料质量（m_{in}）或者能量（E_{in}）之和等于输出过程的物料质量（m_{out}）或者能量（E_{out}）之和，即物料和能量平衡，过程状态变量不变，如式（3-1）和式（3-2）所示：

$$\sum_i m_{i,in} = \sum_j m_{j,out} \tag{3-1}$$

$$\sum_i E_{i,in} = \sum_j E_{j,out} \tag{3-2}$$

式中，$\sum_i m_{i,in}$ 为输入过程的物料量之和；$\sum_j m_{j,out}$ 为输出过程的物料量之和；$\sum_i E_{i,in}$

为输入过程的能量之和；$\sum_j E_{j,\text{out}}$ 为输出过程的能量之和。

式（3-1）和式（3-2）是过程的静态模型的基本模型，是一个代数方程。

2. 过程的动态模型

（1）过程的物料动态模型

根据物料平衡定律，过程内物料量积存的变化率等于单位时间输入过程的物料量与过程内产生的物料量之和减去单位时间输出过程的物料量与过程内消耗的物料量之和。过程内物料量积存的变化率用导数表示。因此，根据物料平衡定律可得出如式（3-3）式（3-4）所示的过程物料动态数学基本模型：

$$\frac{\text{d}(\rho V)}{\text{d}t} = \frac{\text{d}(\rho Ah)}{\text{d}t} = \sum_i \rho_i q_{i,\text{in}} - \sum_j \rho_j q_{j,\text{out}} \tag{3-3}$$

或

$$\frac{\text{d}(c_A V)}{\text{d}t} = \sum_i c_{Ai} q_{i,\text{in}} - \sum_j c_{Aj} q_{j,\text{out}} + rV \tag{3-4}$$

（2）过程的能量动态模型

根据能量守恒定律，过程内能量积存的变化率等于单位时间输入过程的能量与过程内产生的能量之和减去单位时间输出过程的能量与过程内消耗的能量之和。过程内能量积存的变化率用导数表示，根据能量平衡原理有：

$$\frac{\text{d}E}{\text{d}t} = \frac{\text{d}(U+K+P)}{\text{d}t} = \sum_i \rho_i H_i q_{i,\text{in}} - \sum_j \rho_j H_j q_{j,\text{out}} \pm Q \pm W_s \tag{3-5}$$

式（3-3），式（3-4）和式（3-5）中：

$\text{d}(\rho V)/\text{d}t = \text{d}(\rho Ah)/\text{d}t$——过程总物料量随时间的变化率

ρ——过程总物料的密度

V——过程总物料的体积

A——容器截面积

h——液位

$\sum_i \rho_i q_{i,\text{in}}$——输入过程的物料量总和

$\rho_i q_{i,\text{in}}$——输入过程的第 i 种物料量

ρ_i——输入过程的第 i 种物料的密度

$q_{i,\text{in}}$——输入过程的第 i 种物料流量

$\sum_j \rho_j q_{i,\text{out}}$——输出过程的物料量总和

$\rho_j q_{j,\text{out}}$——输出过程的第 j 种物料量

ρ_j——输出过程的第 j 种物料的密度

$q_{j,\text{out}}$——输出过程的第 i 种物料流量

$\frac{\text{d}(c_A V)}{\text{d}t}$——过程物料 A 的物料量随时间的变化率

V——过程总物料的体积

c_A——过程内物料 A 的浓度

$\sum_i c_{Ai} q_{i,\text{in}}$——输入过程的物料 A 总量

c_{Aj}——第 j 股流出过程的浓度

H_i——第 i 股流入过程的物料的焓

H_j——第 j 股流出过程的物料的焓

U、K、P——过程内能、动能和势能

Q——单位时间内过程与外界交换的热量

W_s——单位时间内过程与外界交换的功

r——物料 A 的反应速率

根据化学工程原理，反应速率 r 可按式（3-6）计算：

$$r = K_0 c_A e^{-\frac{E}{RT}} \tag{3-6}$$

式中　K_0——动态常数

E——反应活化能

R——气体常数

T——反应温度

c_A——反应物浓度

根据化学工程原理，对绝热过程的传热量可用式（3-7）计算：

$$Q = K_r A_t (T_{st} - T) \tag{3-7}$$

式中　K_r——传热系数

A_t——传热面积

T_{st}——蒸汽温度

T——过程温度

上述方程式（3-3）、式（3-4）和式（3-5）是过程的动态模型的基本模型。

（二）一阶过程的典型数学模型

1. 用机理分析法建立一阶过程数学模型

例 3-1　图 3-1 所示为纸浆混合与加热桶，流量、温度和浓度分别为 q_1，T_1，c_{A1} 和 q_2，T_2，c_{A2} 的两种纸浆流入混合桶，经均匀混合和加热后，流出混合桶纸浆的流量、温度和浓度分别为 q_3，T_3，c_{A3}。混合桶的液位为 h，其横截面积为 A，加热量为 Q。试写出纸浆混合过程的物料与能量的动态数学基本模型。

（1）建立输出变量为液位 h 的过程动态数学模型

设纸浆的密度为 ρ 且是常数，根据物料平衡原理和式（3-3），得出纸浆混合桶液位 h 变化（液位 h 为因变量，流量为自变量）的动态基本模型：

$$A \frac{dh}{dt} = (q_1 + q_2) - q_3 \tag{3-8}$$

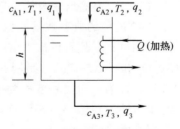

图 3-1　纸浆混合与加热桶

纸浆混合与加热池是自衡过程，根据流体力学原理，输出流量 q_3 的大小与液位 h 和管道阻力（含阀门阻力）R 有关，可用式（3-9）计算得出：

$$q_3 = h/R \tag{3-9}$$

式（3-9）代入式（3-8）得：

$$AR \frac{dh}{dt} + h = R(q_1 + q_2) \tag{3-10}$$

或写成：

$$T_p \frac{dh(t)}{dt} + h(t) = K_p [q_1(t) + q_2(t)] \tag{3-11}$$

$T_p = AR$ 为时间常数，$K_p = R$ 为放大系数。R 为输出管道及阀门的阻力，又称为液阻。其物理意义是：要使流出量 q_3 增加 $1\text{m}^3/\text{s}$，液位 h 应该上升多少米。

式（3-10）是纸浆混合与加热池，以液位 h 为输出变量时的过程物料动态数学模型。

（2）建立输出变量为浓度 c_{A3}，输入变量为浓度 c_{A1} 与 c_{A2} 时的过程动态数学模型

根据物料平衡原理和式（3-4），得出纸浆混合过程混合桶内物料浓度 c_{A3} 变化（浓度 c_{A3} 为因变量，流量和其他浓度为自变量）的动态模型：

$$Ah \frac{dc_{A3}}{dt} = (q_1 c_{A1} + q_2 c_{A2}) - q_3 c_{A3} \tag{3-12}$$

整理得：

$$T_p \frac{dc_{A3}}{dt} + c_{A3} = K_{p1} c_{A1} + K_{p2} c_{A2} \tag{3-13}$$

式中，$T_p = \dfrac{Ah}{q_3}$ 称为时间常数，$K_{p1} = \dfrac{q_1}{q_3}$，$K_{p2} = \dfrac{q_2}{q_3}$ 称为放大系数。

式（3-13）为输出变量为浓度 c_{A3} 时的纸浆混合与加热池过程物料动态数学模型。

（3）建立输出变量为温度 T_3，输入变量为 T_1、T_2 和 Q 时的过程能量动态数学模型

设纸浆的热容为 C_p，纸浆的密度为 ρ，且两者均是常数。根据能量守恒原理和式（3-5），得出纸浆混合与加热过程能量变化（桶内物料温度 T_3 为因变量）的动态模型：

$$\rho C_p Ah \frac{dT_3}{dt} = \rho c_p q_1 T_1 + \rho C_p q_2 T_2 - (\rho C_p q_1 + \rho C_p q_2) \, T_3 \pm Q \tag{3-14}$$

整理得：

$$T_p \frac{dT_3}{dt} + T_3 = K_1 T_1 + K_2 T_2 \pm K_3 Q \tag{3-15}$$

式中，$T_p = \dfrac{Ah}{q_1 + q_2}$，称为时间常数；$K_1 = \dfrac{q_1}{q_1 + q_2}$；$K_2 = \dfrac{q_2}{q_1 + q_2}$；$K_3 = \dfrac{1}{(\rho C_p q_1 + \rho C_p q_2)}$；$K_1$、$K_2$、$K_3$ 称为放大系数。

式（3-15）为输出变量为温度 T_3 时，过程能量动态数学模型。

2. 一阶过程的典型数学模型

由上例可见，用理论法求出的纸浆混合与加热过程物料与能量数学基本模型，式（3-11）、式（3-13）和式（3-15）均是用一阶微分方程表示的。可用一阶微分方程表达其动态数学模型的过程，称为一阶过程或称为一阶系统。

对于单输入单输出（SISO）过程的一阶过程典型模型，均可用式（3-16）所示的一阶微分方程表示：

$$T_p \frac{dy(t)}{dt} + y(t) = K_p X(t) \tag{3-16}$$

式中，$X = X(t)$ 是过程的输入变量，$y = y(t)$ 是过程的输出变量，T_p 为时间常数，K_p 为放大系数。

（三）用变量增量表达的一阶过程的数学模型

在研究自动化过程时，关心的是输入变量在静态条件下发生变化时（即产生差值时），输出变量的变化值（增量）状况。因此，用输出变量值与输入变量值与静态值的增量表达它们之间的关系更能表示过程的特性。

设一阶过程在静态条件下输出变量为 y_s，输入变量为 x_s，则有：

$$T_p \frac{dy_s}{dt} + y_s = K_p x_s \tag{3-17}$$

若在某一时刻 x_s 变化为 X，则 y_s 变为 y，则有：

$$T_p \frac{dy}{dt} + y = K_p X \tag{3-18}$$

式（3-18）减式（3-17）得：

$$T_p \frac{d(y-y_s)}{dt} + (y-y_s) = K_p (X-x_s)$$

$$T_p \frac{d\Delta y}{dt} + \Delta y = K_p \Delta x \tag{3-19}$$

式（3-19）为一阶过程输入变量 x 的增量（Δx）与输出变量 y 的增量（Δy）之间的数学模型。为了简化书写，在本书以后研究自动控制过程时，用到的数学模型中的变量值均用增量表示。即 Δy 用 y，Δx 用 x 表示，则式（3-19）写成：

$$T_p \frac{dy(t)}{dt} + y(t) = K_p x(t) \tag{3-20}$$

式中，y 为输出变量增量，x 为输入变量增量，K_p 为过程放大系数，T_p 为过程时间常数。

此时，式（3-20）与式（3-19）所表达的概念是不相同的，式（3-20）关心和表达的是输出变量增量与输入变量增量之间的关系。式（3-19）表示的是单输入（x）单输出（y）一阶过程用变量增量表达的数学模型（增量模型）。

（四）单输入单输出一阶过程数学模型及其动态特性曲线

过程动态特性可用数学模型表达，也可用其动态特性曲线表达，两种表达方式是可相互转换的。

例如，式（3-20）所示为单输入单输出（SISO）一阶过程数学模型，当输入变量 $x = \Delta x$ 为阶跃变化，即输入变量 x 是一个常数值，求出该微分方程的解，即为输出变量 $y(t)$ 的特性方程：

$$y(t) = K_p \times (1 - e^{-t/T_p}) \tag{3-21}$$

式中，t 为变化时间。从式（3-21）可得知在输入变量 x 为阶跃变化时，输出变量 $y(t)$ 随时间 t 的变化规律。

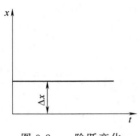

图 3-2　x 阶跃变化

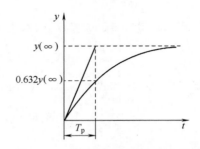

图 3-3　一阶过程的动态特性曲线

用变化曲线表示式（3-21）的变化规律，如图 3-3 所示，称该变化曲线为一阶过程的阶跃响应曲线，又称为过程的特性曲线。从图 3-3 中可知典型阶跃输入的一阶过程的动态特性曲线，有如下特点：

① 输入变量为阶跃变化 $x=\Delta x$ 时，输出变量 $y(t)$ 为一条飞升曲线。

② 当输出变量达到新的稳态时，其值为 $y_s=y(t=\infty)=K_p\Delta x$。

③ 从式中可知，当 y 达到 $0.98y_s$ 时（认为此时 $t=t_s$ 过程已达到了新的稳态），即在 $t_s=4T_p$ 时，可求出 y_s，同时可求出放大系数 $K_p=y_s/\Delta x$。

④ 当 $y=0.632y_s$ 时，对应的时间 t 等于时间常数 $t=T_p$。

因此，利用一阶过程动态特性曲线的上述特点，可从已知的过程特性曲线中，求出数学模型中的时间常数 T_p 和放大系数 K_p，这是在下面章节介绍的用实验法求数学模型的出发点。

二、二阶过程的数学模型建立

二阶过程是指可用二阶微分方程去表示其动态特性的过程。

（一）双容过程数学模型的建立

例 3-2 如图 3-4 为由二个串联的单容过程（槽）组成的过程，称为双容过程（过程）。

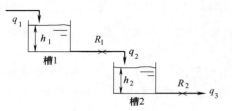

图 3-4 双容过程

试建立双容过程在输入变量（流入槽 1 的流量 q_1）变化时，过程的输出变量（槽 2 的液位 h_2）变化特性的数学模型。

由物料平衡原理和式（3-9）、式（3-10）可知，对槽 1：

$$A_1\frac{\mathrm{d}h_1}{\mathrm{d}t}=q_1-\frac{1}{R_1}h_1 \tag{3-22}$$

对槽 2：

$$A_2\frac{\mathrm{d}h_2}{\mathrm{d}t}=\frac{1}{R_1}h_1-q_3 \tag{3-23}$$

$$q_3=\frac{1}{R_2}h_2 \tag{3-24}$$

对式（3-23）和式（3-24）分别微分得：

$$A_2\frac{\mathrm{d}^2h_2}{\mathrm{d}t^2}=\frac{1}{R}\frac{\mathrm{d}h_1}{\mathrm{d}t}-\frac{\mathrm{d}q_3}{\mathrm{d}t} \tag{3-25}$$

$$\frac{\mathrm{d}q_3}{\mathrm{d}t}=\frac{1}{R_2}\frac{\mathrm{d}h_2}{\mathrm{d}t} \tag{3-26}$$

将式（3-23）、式（3-25）代入式（3-22）得：

$$A_1R_1A_2\frac{\mathrm{d}^2h_2}{\mathrm{d}t^2}+A_1R_1\frac{\mathrm{d}q_3}{\mathrm{d}t}=q_1-A_2\frac{\mathrm{d}h_2}{\mathrm{d}t}-q_3 \tag{3-27}$$

将式（3-24）和式（3-26）代入式（3-27）并简化得：

$$A_1R_1A_2R_2\frac{\mathrm{d}^2h_2}{\mathrm{d}t^2}+(A_1R_1+R_2R_2)\frac{\mathrm{d}h_2}{\mathrm{d}t}+h_2=R_2q_1$$

或

$$T_{p1}T_{p2}\frac{\mathrm{d}^2h_2}{\mathrm{d}t^2}+(T_{p1}+T_{p2})\frac{\mathrm{d}h_2}{\mathrm{d}t}+h_2=K_pq_1 \tag{3-28}$$

式中，$T_{p1}=A_1R_1$，$T_{p2}=A_2R_2$ 称为时间常数，$K_p=R_2$ 称为放大系数。

式（3-28）为图 3-4 所示双容过程以槽 2 的液位 h_2 为输出变量的数学模型。由于其特性是用二阶微分方程表达，因此称双容过程为二阶过程。

二阶过程动态数学模型的典型表达方程为：

$$T_p^2 \frac{d^2 y}{dt^2} + 2\xi T_p \frac{dy}{dt} + y = K_p x \tag{3-29}$$

式中，$y(t)$ 为过程的输出变量，$x(t)$ 为过程的输入变量，T_p 为振荡周期，K_p 为放大系数，ξ 为衰减因子或称阻尼因子。

（二）二阶过程的动态特性曲线

设图 3-4 中输入流量 q_1 有一阶跃变化（Δq_1），可求出方程（3-28）的解为：

$$h_2(t) = K_p q_1 \left[1 - \frac{1}{T_{p1} - T_{p2}} (T_{p1} e^{\frac{t}{T_{p1}}} - T_{p2} e^{\frac{t}{T_{p2}}}) \right] \tag{3-30}$$

方程式（3-30）所示的特性曲线，即二阶过程的特性曲线，如图 3-5 所示。从图 3-3 和图 3-5 中可知：一阶过程的特性曲线为飞升曲线，而二阶过程的特性曲线为 S 形曲线。

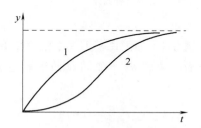

图 3-5　一阶过程与二阶过程的特性曲线
曲线 1——阶过程为飞升曲线
曲线 2——二阶过程为 S 形曲线

三、具有纯滞后特性的过程数学模型建立

有些过程，当其输入变量（x）发生变化时，其输出变量（y）并不立即变化，经过一段时间后才开始变化，这类过程称为具有纯滞后特性的过程。从输入变量发生变化到输出变量发生变化之间的时间差值称为滞后时间。

例 3-3　图 3-6 为一配浆混合过程，设稀释白水的流量 q_2 和浓度 c_2 为固定值，从成浆控制阀输入的成浆固形物总量发生变化时，要经过一段管道 l 的输送才能到达冲浆池混合，即输出冲浆池浓度 c 要经过一段时间差 τ 后才会发生相应的变化。输出变量变化与输入变量变化之间的时间差 τ，称为纯滞后时间。

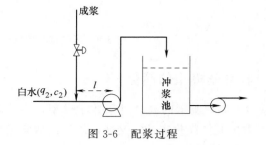

图 3-6　配浆过程

纯滞后时间 τ 与输送距离（管道长度）l 成正比，与纸浆流动速度 v 成反比：

$$\tau = \frac{l}{v}$$

如果控制阀靠近冲浆池，即 l 近似 0，则 $\tau = 0$，无滞后，由于冲浆池是一阶过程，此时过程的动态特性曲线为飞升曲线，如图 3-7 曲线 1 所示。对有纯滞后的过程，由于冲浆池仍是一阶过程，因此过程的特性是带有纯滞后时间 τ 的一阶过程，如图 3-7 曲线 1 所示，两条特性曲线的差异是纯滞后时间 τ。

如图 3-7，在无滞后时间时（曲线 1）过程输出变量为 $y(t)$，在有滞后时间时（曲线 2）过程输出变量为 $y_\tau(t+\tau)$，将有滞后输出变量 $y_\tau(t+\tau)$ 置换式（3-16）所示的无滞后一阶过程数学模型中，可得出一阶有纯滞后过程的数学模型为：

$$T \frac{dy_\tau(t+\tau)}{dt} + y_\tau(t+\tau) = KX(t) \tag{3-31}$$

同理，将有滞后输出变量 $y_\tau(t+\tau)$ 置换式（3-29）所示的无滞后二阶过程数学模型中，

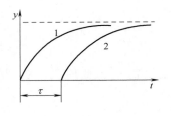

图 3-7 动态特性曲线

曲线 1—无滞后的一阶过程动态特性曲线

曲线 2—滞后时间为 τ 的一阶过程
动态特性曲线

可得出二阶有纯滞后过程的数学模型为：

$$T_{p1}T_{p2}\frac{d^2 y_\tau(t+\tau)}{dt}+(T_{p1}+T_{p2})$$

$$\frac{dy_\tau(t+\tau)}{dt}+y(t+\tau)=KX(t) \tag{3-32}$$

式（3-31）和（3-32）中，$x(t)$ 为输入变量在 t 时的变化值，$y_\tau(t+\tau)$ 为输出变量在滞后时间后，即在（$t+\tau$）时的变化值。

四、高阶过程的数学模型

高阶过程是指可用高阶微分方程去表示其动态特性的过程或过程。

例 3-4 如图 3-8 为三个贮槽串联的过程。若输入变量为物料的流入量 q_1，输出变量为第三槽的液位 h_3。如同双槽串联过程（图 3-4），我们可以推导出三槽串联过程的数学模型为：

$$T_{p1}T_{p2}T_{p3}\frac{d^3 h_3}{dt^3}+(T_{p1}T_{p2}+T_{p2}T_{p3}+T_{p1}T_{p3})\frac{d^2 h_3}{dt^2}+(T_{p1}+T_{p2}+T_{p3})\frac{dh_3}{dt}+h_3=K_pq_1 \tag{3-33}$$

当输入变量 q_1 为阶跃变化时，h_3 的动态特性曲线，如图 3-9 所示。

从图中可见，高阶过程的特性曲线与二阶过程的特性曲线相类似，即为 S 形曲线。

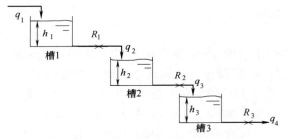

图 3-8 三个贮槽串联过程

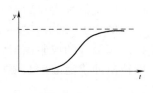

图 3-9 高阶过程特性曲线

五、二阶过程和高阶过程数学模型的简化

用式（3-29）所示的二阶过程数学模型和式（3-33）所示的高阶过程数学模型，不但表达繁复，而且难于用一般方法去求解。如果能寻求出既能简化表达，又便以求解的数学模型去近似表达繁复的高阶过程，对工程应用是十分有用的。

图 3-5 和图 3-9 分别表示的二阶过程和高阶过程的特性曲线均为 S 形，如果在 S 形曲线的拐点 C 作切线与横轴交于 B 点，与新的稳定值交于 G 点，如图 3-10 所示。此时，把以 B 为起点的曲线看成是一条飞升曲线，即看成是一阶过程的特性曲线。把 OB 时间段看成是纯滞后时间 τ，BG 线在 t 轴的投影看作等效时间常数 T_p。这样把 S 形的二阶或高阶特性曲线简化成有纯滞后 τ 的一阶特性曲线（即简化成图 3-7 中特性曲线 2）。同理，二阶或高阶过程的动态数学模型也可简

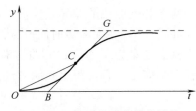

图 3-10 高阶特性曲线的简化

化成如式（3-31）所表达的一阶有纯滞后的数学模型：

$$T_p \frac{\mathrm{d}y_\tau(t+t_\tau)}{\mathrm{d}t} + y_\tau(t+\tau) = K_p X(t) \tag{3-34}$$

简化后的模型与真实模型之间的误差，在图 3-10 中表示为 OB 直线、BC 直线和 CO 曲线所围成的区域面积大小。这种误差在工业过程中是可允许的。

第二节　描述过程特性的参数

被控过程的特性可以通过过程数学模型去描述，在过程数学模型中，例如式（3-20）所示过程一阶模型中，要确切地描述过程的真实变化，除了要确定过程的输入变量 $x(t)$ 和输出变量 $y(t)$ 外，还要确定模型中的过程放大系数 K_p 和过程时间常数 T_p 两个参数，模型才能求解。过程模型中的放大系数 K_p 和过程时间常数 T_p 等参数的大小是由过程本身特性决定的，因而这些模型参数又称为过程特性参数。

一、过程负荷及自衡

（一）过程负荷

过程负荷是指被控过程的生产处理能力和运转能力，常指生产中进出过程的物料量或能量的大小。过程负荷的变化影响过程输出变量及其特性参数。

过程负荷的大小是由生产的需要决定的。过程（生产设备）的设计容量和能力称为过程负荷的极限值。当过程负荷在极限范围内运行时，就能控制过程正常运转。

由于生产需要改变输入变量或由于扰动而改变了过程负荷时，破坏了过程的平衡，引起了过程被控输出变量的变化。过程负荷变化越大，被控输出量变化也越大，有可能破坏自衡能力小或无自衡能力的过程控制系统的稳定性。过程负荷的变化还会引起过程特性参数的变化。

（二）过程的自衡

当过程的输入变量变化引起输出变量变化时，即系统的平衡被破坏后，如果在没有人为控制干预作用下，输出变量能自行趋于一个新的平衡状态，则该过程称为有自衡能力的过程。具有自衡能力的过程称为自衡过程。

例 3-5　如图 3-11 所示某单输入单输出的贮槽过程，在原平衡状态下，输入流量 q_1 等于输出流量 q_2。当进料阀开度增大，使输入流量 q_1 阶跃增加 Δq，此时输出流量 q_2 暂无变化，产生了输入流量与输出流量之差 Δq，则液位 h 上升。由于液位 h 上升，输出口处静压增大，根据流体力学原理，输出流量 q_2 随之增加，这样进出流量之差 Δq 逐渐减小，液位上升速度也逐渐变慢。经过一定时间后，输入量 q_1 和输出量 q_2 又重新趋于相等，液位也就重新稳定在一个新的位值上。过程的输出变量能在没有人为控制干预作用下自行趋于一个新的平衡状态的运行特性称为过程的自衡特性。在化工、轻工生产中大多数过程都具有自衡特性。

有自衡特性的过程便于控制，用简单的控制方案就能取得良好的控制质量。有自衡特性过程的反应曲线如图 3-12 所示。

不具有自衡能力的过程称为无自衡过程。

例 3-6　如图 3-13 所示的贮槽过程，当水槽的输入流量 q_i 阶跃增大 Δq_i 时，液位 h 随时间上升，由于输出流量 q_0 仅受泵的运行状况决定，不受液位影响，液位 h 上升输出流量

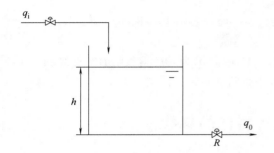

图 3-11　单输入单输出的贮槽过程

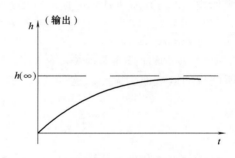

图 3-12　自衡特性过程的反应曲线

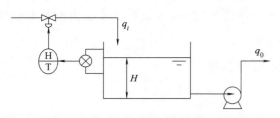

图 3-13　无自衡特性贮槽过程示意图

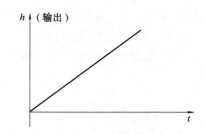

图 3-14　无自衡特性过程的反应曲线

q_0 不变，液位 h 将不断上升，直至水从水槽顶部溢出，平衡破坏。此类在受扰动后不能自动恢复平衡的过程称为无自衡特性过程。无自衡特性过程的反应曲线如图 3-14 所示。

二、过程的放大系数 K_p

过程的放大系数 K_p 是表征过程静态特性的参数。过程静态特性是指过程的输入变量在阶跃干扰作用下，输出变量发生变化并达到新的稳态值后，输出变量的变化量与输入变量的变化量之间的关系。如图 3-11 所示的贮槽过程，当输入变量 q_1 阶跃变化 Δq_1 时，输出变量 q_2 达到新的稳态并引起贮槽内液位 h 的变化量为 Δh 时，输出变量变化量 Δh 与输入变量变化量 Δq_1 的关系为：

$$\Delta h = K \Delta q_1 \tag{3-35}$$

式中，K_p 称为放大系数，其特性曲线如图 3-15 所示。

放大系数在数值上等于过程重新稳定时的输出变化量与输入变化量之比，用数学关系式表示为：

$$K_p = \frac{\Delta y(\infty)}{\Delta x_i} = \frac{输出变化量}{输入变化量} \tag{3-36}$$

放大系数 K_p 越大，在相同输入变化量作用下，输出变化量也越大，即输入对输出的影响越大，过程的自身稳定性越差，输入变量变化对被控（输出）变量变化的灵敏度越高。反之，K_p 越小，则过程自身稳定性越好，被控变量对输入量的变化的灵敏度越差。

三、过程的时间常数 T_p

过程时间常数 T_p 表征过程动态特性的参数。过程动

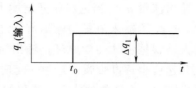

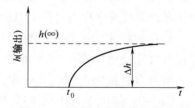

图 3-15　贮槽液位的特性曲线

态特性是指过程在受到输入变量变化作用后，被控（输出）变量如何随时间而变化的动态过程特性。过程时间常数 T_p 表示过程受扰动作用后，被控变量变化达到新稳定值的速度的快慢，也是过程的时间特性表征。

（一）时间常数 T_p 的物理意义

对图（3-11）所示单容贮槽过程，其过程特性可用一阶微分方程表示：

$$T_p \frac{\mathrm{d}h(t)}{\mathrm{d}t} + h(t) = K_p q_1(t) \tag{3-37}$$

设输入变量 q_1 为阶跃变化，在 $t \geqslant 0$ 时，$q_1 = A$，对式（3-37）积分求解，得到 $h(t)$ 在 $q_1 = A$ 时的解为：

$$h(t) = K_p A (1 - \mathrm{e}^{-t/T_p}) \tag{3-38}$$

根据式（3-38）可画出 $h(t)$ 随 $q_1(t)$ 变化的 $h-t$ 曲线，如图 3-16 所示。

由式（3-38）当 $t = \infty$，即达到新的稳态时得：

$$h(\infty) = K_p A$$

当 $t = T_p$ 时，由式（3-38）得：

$$h(T_p) = K_p A (1 - \mathrm{e}^{-1}) = 0.632 K_p A = 0.632 h(\infty) \tag{3-39}$$

由式（3-38）和图（3-16）可知，当过程受到阶跃干扰作用后，被控变量 $h(t)$ 变化达到新稳定态值的 63.2% 所对应的时间等于过程的时间常数 T_p。时间常数 T_p 越大，表示过程的被控变量变化越慢，被控变量达到新的稳定态值所需要的时间越长，表明过程的惯性越大。因此，具有这种特性的过程又称一阶惯性过程。

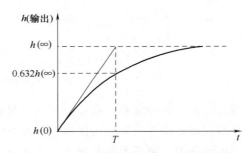

图 3-16　贮槽过程阶跃反应曲线的时间常数

时间常数 T_p 可在阶跃反应特性曲线上作图求取。如图 3-16，从上升曲线的初始点 $t = 0$ 作曲线的切线，并将此切线延长与新稳态值线 $h(\infty)$ 相交，从交点画垂直线与时间轴相交点所对应的时间就是时间常数 T_p 的数值。也可以从输出变量新稳态值的 63.2% 点处作一条水平线与其飞升曲线的交点所对应的时间就是时间常数 T_p。

（二）过程时间常数 T_p 对控制系统的影响

在分析和设计自动控制系统时，过程时间常数 T_p 的大小对过程的影响可从控制通道和扰动通道两方面来分析。就控制通道而言，希望时间常数尽量小，使被控变量变化比较快捷，控制过程比较灵敏。但 T_p 过小时，稳定性有所下降；而 T_p 太大时，控制过程又太缓慢，所以，需根据实际情况考虑适中的 T_p 值。对扰动通道而言，希望时间常数 T_p 越大越好，这相当于对扰动信号进行滤波，对系统的扰动作用变得比较缓和，有利于过程控制。

四、过程的滞后时间 τ

在工业生产过程中，有许多被控过程当输入量发生变化后，输出（被控）变量不是立即随之变化，而是要等一段时间后才开始发生变化，这种现象称为滞后现象。滞后时间 τ 是描述这种被控过程滞后现象的动态变量。

例 3-7 如图 3-17（a）所示，过程为用皮带输送机输送物料至溶解槽。当加料斗的加料量发生变化时，皮带输送机需经过一段时间把物料送至溶解槽中使溶液浓度发生变化。设皮带长度为 L，皮带移动线速度为 v，则传递滞后时间为 $\tau_0 = \dfrac{L}{v}$。过程浓度响应曲线如图 3-17（b）所示。

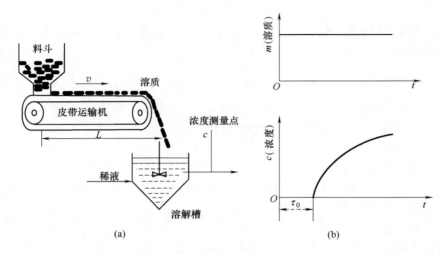

图 3-17　有皮带运输机的溶解槽及其浓度响应曲线
（a）有皮带运输机的溶解槽　（b）浓度响应曲线

滞后时间 τ 对控制系统有很大影响，滞后时间 τ 的存在对控制系统是不利的。对控制通道而言，控制系统在受到扰动作用后，被控变量变化不能立即反映出来或反应很慢，不能及时产生控制作用，使最大偏差增大，振荡加剧，控制系统的控制质量不高。

在设计控制系统时，对控制作用而言，应当尽量把滞后时间降到最小。减小滞后时间的方法是：选择合适的检测点，减小或缩短不必要的管线，使控制阀安装的位置尽量靠近过程，工艺上采用减少多容阻力等。化工轻工生产中，压力、流量、液位变量控制过程的滞后时间 τ 都不大，而成分、浓度和温度等变量控制过程的滞后时间 τ 较大。滞后时间 τ 较大的过程需要引入微分控制作用，才有可能改善控制性能。

第三节　传递函数法建立系统的数学模型

生产过程及其控制系统通常是由多个环节组成的大小不等的系统。如图 2-3 所示的简单自动控制系统，是由被调对象（过程）、变送器、控制器和控制阀等四个基本环节组成的系统，上述章节中介绍的这些简单环节都可建立用代数方程、微分方程或积分方程表达的环节数学模型。如何建立复杂环节，特别是复杂系统的数学模型？传递函数法是建立由多个环节组成的系统数学模型的一种非常重要的方法和形式。传递函数不仅可以表达系统的动态特性，还可以用来研究系统结构改变或变量变化对系统动态特性的影响，可以用来求解线性微分方程，是系统分析方法的基础。本节从应用的角度简介拉氏变换和传递函数的基本知识和常用函数的对应关系。

一、拉 氏 变 换

（一）拉氏变换定义

拉普拉斯变换（简称拉氏变换）的实质是把实变量的时间函数 $f(t)$ 变换成复变量 s 的函数 $F(s)$，其定义为：

$$L[f(t)] = \int_0^\infty f(t) e^{-st} dt = F(s) \tag{3-40}$$

式中，$L[f(t)]$ 意为对 $f(t)$ 进行拉氏变换；$f(t)$ 为原函数，即实变域的函数；$F(s)$ 为象函数，即复变域的函数。

经拉氏变换后，原函数 $f(t)$ 与象函数 $F(s)$ 之间存在单值对应关系。

以下是几种典型函数的拉氏变换式：

函数 $f(t)$ 的一阶微分式 $\dfrac{df(t)}{dt}$ 的拉氏变换式为 $sF(s)$；

函数 $f(t)$ 的二阶微分式 $\dfrac{d^2 f(t)}{dt}$ 的拉氏变换式为 $s^2 F(s)$；

函数 $f(t)$ 的一重积分式 $\int f(t)dt$ 的拉氏变换式为 $\dfrac{F(s)}{s}$；

函数 $f(t)$ 的二重积分式 $\iint f(t)dt$ 的拉氏变换式为 $\dfrac{F(s)}{s^2}$。

（二）拉氏反变换

由象函数 $F(s)$ 求原函数 $f(t)$ 的运算称为拉氏反变换。

由于原函数 $f(t)$ 与象函数 $F(s)$ 是单值对应关系，在实际应用时，不论是从原函数 $f(t)$ 通过拉氏变换求得象函数 $F(s)$，还是从象函数 $F(s)$ 通过拉氏反变换求原函数 $f(t)$，都可用表 3-1 所列常用函数拉氏变换对照表查表得到。

（三）拉氏变换性质和运算规则

若 $L[f(t)] = F(s)$，在 $t = 0$ 时，初始条件 $f(0) = 0$，拉氏变换的性质和运算规则如表 3-2 所示。

（四）用拉氏变换求解线性微分方程

用拉氏变换解线性微分方程的方法分三步：

第一步：对线性微分方程二边求拉氏变换；

表 3-1　　　　　　　　　　　常用函数的拉氏变换表

序号	原函数 $f(t)$	象函数 $F(s)$	序号	原函数 $f(t)$	象函数 $F(s)$
1	阶跃变化 $a(t)\begin{cases} t<0 & a(t)=0 \\ t>0 & a(t)=a \end{cases}$	$\dfrac{a}{s}$	5	$\dfrac{1}{T} e^{-\frac{t}{T}}$	$\dfrac{1}{Ts+1}$
2	时间滞后 $a(t-\tau)\begin{cases} t<\tau & a(t-\tau)=0 \\ t>\tau & a(t-\tau)=a \end{cases}$	$\dfrac{a}{s} e^{-\tau s}$	6	$\dfrac{1}{T} e^{\frac{t}{T}}$	$\dfrac{1}{Ts-1}$
3	T	$\dfrac{1}{s^2}$	7	$1 - e^{-\frac{t}{T}}$	$\dfrac{1}{s(Ts+1)}$
4	e^{-at}	$\dfrac{1}{s+a}$	8	$bt e^{-at}$	$\dfrac{b}{(s+a)^2}$

表 3-2 拉氏变换性质和运算规则

序号	定理	运 算 式
1	线性定理	$L[Af_1(t)+Bf_2(t)]=AF_1(s)+BF_2(s)$ （A、B 为常数）
2	微分定理	$L\left[\dfrac{\mathrm{d}f(t)}{\mathrm{d}t}\right]=sF(s)-f(0)$ $L\left[\dfrac{\mathrm{d}^2f(t)}{\mathrm{d}t}\right]=s^2F(s)-sf(0)-f'(0)$
3	积分定理	$L\left[\int f(t)\mathrm{d}t\right]=\dfrac{F(s)}{s}$ $L\left[\iint f(t)\mathrm{d}t\mathrm{d}t\right]=\dfrac{F(s)}{s^2}[t=0 \quad f(0)=0]$
4	位移定理	$L[e^{-\alpha t}f(t)]=F(s+\alpha)$（$\alpha$ 为常数） 原函数乘以 $e^{-\alpha t}$ 后,其象函数中 s 换为 $(s+\alpha)$
5	迟延定理	$L[f(t)]=F(s)$ $L[f(t-\tau)]=e^{-\tau s}F(s)$ $L[f(t+\tau)]=e^{\tau s}F(s)$
6	初值定理	$\lim\limits_{t\to 0}f(t)=\lim\limits_{s\to\infty}sF(s)$
7	终值定理	$\lim\limits_{t\to\infty}f(t)=\lim\limits_{s\to 0}sF(s)$
8	反变换线性定理	$L^{-1}[AF_1(s)\pm BF^2(s)]=AL^{-1}[F^1(s)]\pm BL^{-1}[F^2(s)]$

第二步：根据拉氏变换运算法则，对 $F(s)$ 表达式进行代数运算，整理成有理分式；

第三步：查表 3-1 求出拉氏变换式的反变换式即时间函数式，为该微分方程的解。

例 3-8 求解一阶线性微分方程

$$T\frac{\mathrm{d}y(t)}{\mathrm{d}t}+y(t)=Kx(t) \tag{3-41}$$

解：设初始条件 $t=0$ 时 $y(t)=0$，$x(t)=0$。

对等式两侧求拉氏变换式（查表 3-2），并整理得：

$$TsY(s)+Y(s)=KX(s)$$

$$Y(s)=\frac{K}{Ts+1}X(s) \tag{3-42}$$

查表 3-2，用拉氏反变换求得式（3-41）的解为

$$y(t)=\frac{Kx(t)}{T}\cdot e^{-\frac{t}{T}} \tag{3-43}$$

由上例可见，拉氏变换是求解线性微分方程有用而简便的方法。在线性自动控制理论中，用拉氏变换和传递函数，往往不必求解各环节的微分方程，可以用传递函数这种简便的方法去建立由各环节组成的系统的数学模型，分阶段研究系统的特性。

二、用传递函数法建立系统数学模型

（一）传递函数的定义

传递函数表示在线性（或线性化）的过程中，当初始条件为零时，过程输出函数和输入

函数的拉氏变换之比。在过程控制系统的分析研究中，常采用传递函数去表示各环节输入与输出的比值关系和系统的动态特性。用传递函数去表示过程或系统的动态特性，不仅简化了数学表达方式，而且便于求解。

定义：设过程的输入变量 $x(t)$ 的拉氏变换为 $X(s)$，输出变量为 $y(t)$ 的拉氏变换为 $Y(s)$，则过程的传递函数 $W(s)$ 表达为：

$$W(s) = \frac{Y(s)}{X(s)} \tag{3-44}$$

利用传递函数可方便地表示和求出过程的特性。若已知过程的传递函数为 $W(s)$，则由式（3-44）得出过程的输出函数 y 的拉氏变换：

$$Y(s) = W(s) \cdot X(s) \tag{3-45}$$

查表 3-2，对式（3-45）进行拉氏反变换，则可求出输出函数 $y(t)$ 的原函数数学模型。

例 3-9　已知某过程的数学模型为：

$$T\frac{\mathrm{d}y(t)}{\mathrm{d}t} + y(t) = Kx(t) \tag{3-46}$$

求该过程的传递函数。

解：设初始条件为零，对式（3-46）两侧进行拉氏变换，查表 3-2 则有：

$$TsY(s) + Y(s) = KX(s) \tag{3-47}$$

整理式（3-47）则得该过程传道函数为

$$W(s) = \frac{Y(s)}{X(s)} = \frac{K}{Ts+1} \tag{3-48}$$

（二）几种典型环节的动态模型及其传递函数

任何系统都是由若干基本环节有机组合而成的。表 3-3 所列是几种常见典型基本环节的动态特性方程（动态模型）及其对应的传递函数表达式。

表 3-3　　　　　　　　　　　　典型环节的数学模型及其传递函数

典型环节	过渡过程曲线	动态模型	传递函数
比例环节		$y(t) = Kx(t)$	$W(s) = K$
一阶惯性环节		$T\dfrac{\mathrm{d}y(t)}{\mathrm{d}t} + y(t) = Kx(t)$	$W(s) = \dfrac{K}{Ts+1}$
二阶振荡环节		$T^2\dfrac{\mathrm{d}^2 y(t)}{\mathrm{d}t^2} + 2\xi T\dfrac{\mathrm{d}y(t)}{\mathrm{d}t} + y(t) = Kx(t)$	$W(s) = \dfrac{K}{T^2 s^2 + 2\xi Ts + 1}$

续表

典型环节	过渡过程曲线	动态模型	传递函数
积分环节		$y(t) = K \int x(t) \mathrm{d}t$	$W(s) = \dfrac{K}{s}$
微分环节		$y(t) = K \dfrac{\mathrm{d}x(t)}{\mathrm{d}t}$	$W(s) = Ks$
滞后（延迟）环节		$Y(t) = x(t)(t - \tau)$	$W(s) = \mathrm{e}^{-\tau s}$

（三）环节连接的传递函数运算法则

一个自动控制系统或者一个生产过程往往是由多个如表 3-3 所列的典型环节通过串联、并联、反馈等基本连接方式而组成的系统。由多个环节组成系统的传递函数可由各组成环节的传递函数通过一定运算法则求得。

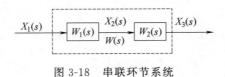

图 3-18　串联环节系统

1. 多个环节串联组成的系统

多个环节串联组成的系统的总传递函数等于各个组成环节的传递函数的乘积。

例 3-10　由两个环节串联组成的系统如图 3-18 所示。

其串联系统的传递函数为：

$$W(s) = \frac{x_3(s)}{X_1(s)} = W_1(s) \cdot W_2(s) \tag{3-49}$$

式中　　　　　$W(s)$——串联环节系统的传递函数

$W_1(s) = X_2(s)/X_1(s)$——环节 1 的传递函数

$W_2(s) = X_3(s)/X_2(s)$——环节 2 的传递函数

$\qquad\qquad X_1(s)$——环节 1 输入的拉氏变换，也是串联系统的输入拉氏变换

$\qquad\qquad X_2(s)$——环节 1 的输出拉氏变换，也是环节 2 的输入拉氏变换

$\qquad\qquad X_3(s)$——环节 2 的输出拉氏变换，也是串联系统的输出拉氏变换

2. 多个环节并联连接组成的系统

多个环节并联连接组成的系统的总传递函数等于各个组成环节传递函数的和（＋）或差（－）。

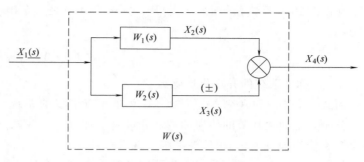

图 3-19 并联环节系统

例 3-11 由两个传递函数分别为 $W_1(s)$ 和 $W_2(s)$ 的环节并联组成的系统，如图 3-19 所示。

并联环节系统的传递函数 $W(s)$ 为：

$$W(s) = \frac{X_4(s)}{X_1(s)} = W_1(s) \pm W_2(s) \tag{3-50}$$

式中　　　　　　$W(s)$——并联环节系统的传递函数

$W_1(s) = X_2(s)/X_1(s)$——环节 1 的传递函数

$W_2(s) = X_3(s)/X_4(s)$——环节 2 的传递函数

　　　　　　$X_1(s)$——环节 1 输入的拉氏变换，也是并联系统的输入拉氏变换

　　　　　　$X_2(s)$——环节 1 的输出拉氏变换

　　　　　　$X_3(s)$——环节 2 的输出拉氏变换

　　　　　　$X_4(s)$——并联系统的输出拉氏变换

3. 反馈环节和主通道环节组成的系统

例 3-12 如图 3-20 所示反馈环节和主通道环节组成的系统，主通道第一个环节的传递

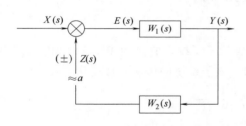

图 3-20 反馈环节系统

函数为 $W_1(s)$，输出为 $Y(s)$，$Y(s)$ 也是系统的输出。$Y(s)$ 通过第二环节 $W_2(s)$ 的传递，输出 $Z(s)$ 返回到第一个环节的输入端，与系统输入 $X(s)$ 相加（或减）得出 $E(s)$ 作为主通道第一个环节的输入，这种连接方式称为环节的反馈连接。当系统的输入 $X(s)$ 和反馈 $Z(s)$ 相加使第一环节的输入 $E(s)$ 大于 $X(s)$ 时称为正反馈，$X(s)$ 与 $Z(s)$ 相减，使 $E(s)$ 小于 $X(s)$ 时称为负反馈。

主通道的传递函数为：

$$W_1(s) = \frac{Y(s)}{E(s)} = \frac{Y(s)}{X(s) \mp Z(s)} \tag{3-51}$$

反馈通道的传递函数为：

$$W_2(s) = \frac{Z(s)}{Y(s)} \tag{3-52}$$

经整理得：

$$Y(s) = W_1(s)[X(s) \mp W_2(s)Y(s)]$$

$$W(s) = \frac{Y(s)}{X(s)} = \frac{W_1(s)}{1 \pm W_1(s)W_2(s)} \tag{3-53}$$

式（3-53）为由反馈环节组成的闭环系统的传递函数。

在图 3-20 中反馈信号的 a 处断开，则两个环节是一个串联的开环系统，此时其传递函数为：

$$G(s)=\frac{Z(s)}{E(s)}=W_1(s) \cdot W_2(s) \tag{3-54}$$

$G(s)$ 称为系统的开环传递函数。

由式（3-53）和（3-54）可知：由反馈环节组成的系统，其系统传递函数是一个分数式，分子是主通道环节的传递函数，分母是 1 加（＋）或减（－）该系统的开环传递函数。负反馈系统为加（＋），正反馈系统为减（－）。

从例 3-9，例 3-10，例 3-11 中可知：对一个由多个环节组成的复杂系统，可以利用不同环节连接的传递函数运算法则进行等效简化，得出与复杂系统等效的简化系统，从等效的简化系统中求出复杂系统的传递函数。

例 3-13　图 3-21 所示为由多环节组成的复杂控制系统功能图，方块内标明各环节的传递函数。把该复杂控制系统功能图化简为简单的等效功能图，并求出复杂控制系统的传递函数 $W(s)=\dfrac{Y(s)}{X(s)}$。

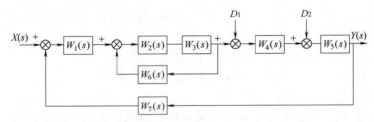

图 3-21　复杂控制系统功能图

复杂系统的化简分几步进行：

第一步，化简由 $W_2(s)$、$W_3(s)$ 和 $W_6(s)$ 组成的子系统，它是由 $W_2(s)$，$W_3(s)$ 串联和 $W_6(s)$ 负反馈组成，根据例 3-9，例 3-10 可知，该子系统的传递函数简化为：

$$W_a(s)=\frac{W_2(s)W_3(s)}{1+W_2(s)W_3(s)W_6(s)} \tag{3-55}$$

第二步：化简由 $W_4(s)$、$W_5(s)$ 串联而成组成的子系统，简化为：

$$W_b(s)=W_4(s)W_5(s) \tag{3-56}$$

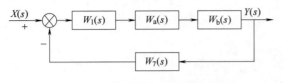

图 3-22　复杂控制系统的等效功能图

至此，图 3-21 可简化为图 3-22：

第三步：化简图 3-22 所示等效功能图系统，该系统是由 $W_1(s)$，$W_a(s)$，$W_b(s)$ 串联，再与 $W_7(s)$ 负反馈组成，复杂控制系统的传递函数可简化为：

$$W(s)=\frac{W_1(s)W_a(s)W_b(s)}{1+W_1(s)W_a(s)W_b(s)W_7(s)} \tag{3-57}$$

式（3-57）为图 3-22 和图 3-21 所示的复杂控制系统的数学模型传递函数表达式。

（四）典型自动控制系统方块图及其传递函数

典型的自动控制系统由被控过程、控制器、变送器和控制阀四个环节组成。在设计自动控制系统和对已有控制系统进行完善改进时，需要了解各个环节的特性，从而获得整个控制

系统的特性，进而研究分析控制过程的稳定性、灵敏性和控制质量。在建立了控制系统各组

成环节的用传递函数表示的数学模型后，经常应用例 3-12 所述的方块图传递函数简化方法去求出整个控制系统的传递函数。

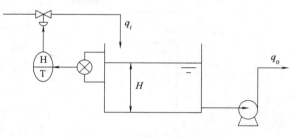

图 3-23　稳浆池自动控制系统

例 3-14　图 3-23 是一个稳浆池自动控制系统，目的是控制浆池内浆位 H 的稳定去保证出浆流量 q_0 的稳定。已知，各环节的传递函数为：

过程（稳浆池）：$W_p(s)$；变送器：$W_m(s)$；比例控制器：$W_c(s)$；控制阀：$W_v(s)$；干扰通道：$W_d(s)$。

求整个控制系统的传递函数。

首先，画出图 3-23 相应的控制系统功能图，如图 3-24 所示。

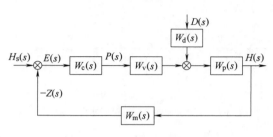

图 3-24　自动控制系统功能图

当过程处于稳（静）态时，稳浆池的液位等于给定值 H_s，流出稳浆池的浆流量（q_0）稳定，满足生产要求。如果干扰 D 作用于该过程，使浆液位 H 发生变化，影响 q_0 的稳定。此时，变送器把液位 H 的变化信号 Z 送到控制器与给定值 H_s 比较，存在偏差 E，控制器根据偏差大小并经过运算后发出控制信号 P，改变控制阀的开度，

进而改变进浆量去控制稳浆池内的液位，直至液位达到给定值，系统达到新的稳态。

对定值控制系统，即给定值不变，$H_s(s)=0$，系统的输入为 $D(s)$，输出为 $H(s)$，则闭环控制系统的传递函数为：

$$W_1(s)=\frac{H(s)}{D(s)}=\frac{W_d(s)W_p(s)}{1+W_m(s)W_c(s)W_v(s)W_p(s)} \tag{3-58}$$

对随动控制系统，干扰量 $D(s)=0$，系统输入为 $H_s(s)$，输出为 $H(s)$，闭环系统的传递函数为：

$$W_2(s)=\frac{H(s)}{H_s(s)}=\frac{W_c(s)W_v(s)W_p(s)}{1+W_m(s)W_c(s)W_v(s)W_p(s)} \tag{3-59}$$

式（3-58）和式（3-59）是用传递函数表达的图 3-23 和图 3-24 中自动控制系统的数学模型。

（五）复杂系统的传递函数模型建立

在生产过程中，许多较复杂的系统是由多个过程或环节组成的，其中有某些环节可以用机理分析法求得其数学模型，另一些环节则要用实验法去辨识出其数学模型。对这类较复杂的系统可以在分别得到各组成环节的数学模型后，用传递函数联接的方式去建立复杂系统的数学模型。

例 3-15　如图 3-25 所示为间歇蒸煮系统，在蒸煮过程中，蒸煮锅内蒸煮液的温度要求按一定的规律变化。锅内蒸煮液通过循环泵送到换热器由蒸汽加热到所需温度后回到蒸煮

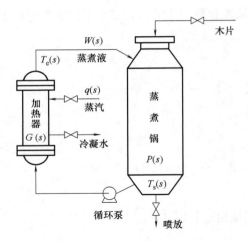

图 3-25　间歇蒸煮系统

锅，以保证蒸煮锅内蒸煮温度按所定规律变化。试求该系统的热力过程数学模型。

间歇蒸煮系统热力过程数学模型的建立步骤：

第一步：画出与间歇蒸煮锅的热力过程等效的传递函数方块图。

图 3-25 中的间歇蒸煮系统热力过程由加热器和蒸煮锅两大部分组成，可以用图 3-26 所示的传递函数方块图表示。

图 3-26 中：$G(s)$ 为加热器热力方程的传递函数，$L(s)$ 为蒸煮锅热力方程的传递函数。T_e 为出加热器进蒸煮锅的蒸煮液温度的拉氏变换。$Q(s)$ 为进入加热器蒸汽流量的拉氏变换，是系统的输入变量，$T_s(s)$ 为蒸煮锅内蒸煮液温度（蒸煮温度）的拉氏变换，是系统的输出变量。

第二步：建立各组成环节的传递函数模型。

加热器的热力模型可以从传热过程原理求出其机理模型。由化工原理知，加热器换热的热力学方程（机理模型）为：

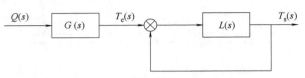

图 3-26　间歇蒸煮锅的热力过程方块图

$$q \Delta H = q_F c_f \Delta T \tag{3-60}$$

整理得：

$$\frac{\Delta T}{q} = \frac{\Delta H}{q_F c_f} \tag{3-61}$$

其传递函数为：

$$G(s) = \frac{\Delta T(s)}{Q(s)} = \frac{\Delta H}{q_F c_f} \tag{3-62}$$

式中，ΔH 为加热蒸汽的焓，q_F 为通过换热器的蒸煮液循环量，c_f 为蒸煮液的比热容，q 为进入加热器的蒸汽流量。$\Delta T = T_e - T_s$，是蒸煮液温度 T_s 经过换热器后增加的温度。

而蒸煮锅热力过程关系到蒸煮锅内液体和固体（木片）的热力过程，而且体积大，蒸煮液流动过程复杂，因此难以求得其理论模型。用实验法求得。通过实验和过程辨识方法得知蒸煮锅热力过程为具有滞后时间的一阶过程，其传递函数为：

$$L(S) = \frac{T_s(S)}{T_e(S)} = \frac{1}{1 + \frac{1}{K}S} e^{-\left(\frac{K_T}{q_F c_f} - \frac{1}{K}\right)s} \tag{3-63}$$

式中，K 为蒸煮锅内物料的传热系数；

K_T 为蒸煮锅内物料的总热容量；

$\tau = \dfrac{K_T}{W c_f} - \dfrac{1}{K}$，为滞后时间，与蒸煮锅物料的传热系数 K、总热容量 K_T、蒸煮液比热容 c_f 和循环量 q_F 有关。

第三步：建立蒸煮系统的热力过程传递函数模型 $W(s)$。

根据反馈环节传递函数算法，从图 3-26 可得出间歇蒸煮系统热力过程数学模型的传递函数表达式：

$$W(s)=\frac{T_s(S)}{Q(S)}=G(s)\times\frac{L(S)}{1-L(S)} \tag{3-64}$$

将式（3-62）和式（3-63）代入式（3-64）得图 3-26 所示的间歇蒸煮系统热力的传递函数模型：

$$W(s)=\frac{\Delta H}{q_F c_f}\cdot\frac{e^{-\tau s}}{1+\frac{S}{K}e^{-\tau s}} \tag{3-65}$$

$$\tau=\left(\frac{K_T}{q_F c_f}-\frac{1}{K}\right) \tag{3-66}$$

τ 为滞后时间。

第四节　用过程辨识法建立过程数学模型

本章第一节介绍了采用过程机理分析法建立过程数学模型，称为理论建模法。这种方法存在如下问题：a. 只能适应于了解过程机理的简单过程的建模，对比较复杂的过程有较大的局限性；b. 在机理建模过程中，常常要对研究的过程提出为了简化模型的假定，而假定使模型难以精确地描述过程特性；c. 有许多生产过程的机理尚不清楚，因此无法用机理法建模。为了克服机理分析法建模的困难，可用测试法辨识过程特性，进而建立过程数学模型，以适应复杂过程的建模，这种过程建模方法称为经验建模法。通常，把用机理分析法建立过程教学模型的方法称为"白箱"法，用实验测试法建立过程数学模型的方法称为"黑箱"法，把理论建模与实验建模两种方法混合起来建立过程数学模型的方法称为"灰箱"法。在过程建模中，常常把机理已知部分用理论方法建模，机理未知部分采用实验方法建模，充分发挥两种方法各自优点，取长补短。用过程辨识方法建立过程模型是建模中常用的方法，建立的模型又叫作理论-实验模型。

一、过程辨识建模的内容和步骤

（一）过程辨识建模的定义

过程辨识是在对被测过程进行现场实验测试，并得到大量被测过程的输入与输出相关数据的基础上，从一组给定（已知）的数学模型类别中选定一个类似模型，使选定的模型特性在某种准则下与所测过程特性等价，则所选模型作为被测过程的数学模型。过程辨识是一种建模方法，具有三大要素：一是能测量出适量的过程输入变量与输出变量之间对应的数据；二是要有已知的过程数学模型类集作类比；三是按等价规则确定过程数学模型中的变量，使所选模型特性与被测过程特性等价。辨识建模是一种实验统计的建模方法，所建立的过程模型只是与被测的实际过程外特性等价的一种近似模型。

（二）过程辨识建模的内容和步骤

过程辨识建模主要包括四个方面内容：

① 实验方法的设计与辨识实验的进行；

② 过程模型类型结构对比选择与辨识；

③ 过程模型内各参数的估值；

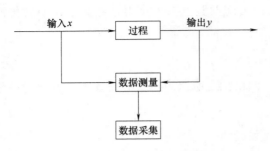

图 3-27 过程辨识实验装置

④ 过程模型检验。

实验设计包括实际装置及输入输出变量数据的取样及采集，图 3-27 所示是过程辨识实验装置。图 3-28 描述了辨识流程。

通过实验测量记录一系列被测过程的阶跃输入与输出变量相应的变化值，然后进行模型结构和模型参数的辨识。模型结构辨识，可根据对过程的已知知识，选定某一种模型，例如一阶模型或二阶模型。也可以用测得数据绘出过程的动态特性曲线，根据表 3-3 所列模型类别，选择一种相类似的模型。模型结构选定后，可以用图形法或最小二乘法等方法对模型参数进行估计。最后对模型进行检验，看是否与实验过程的误差在允许范围内，如果误差过大，则要反复实验和分析或改变模型结构或改变模型参数，直至达到要求为止。

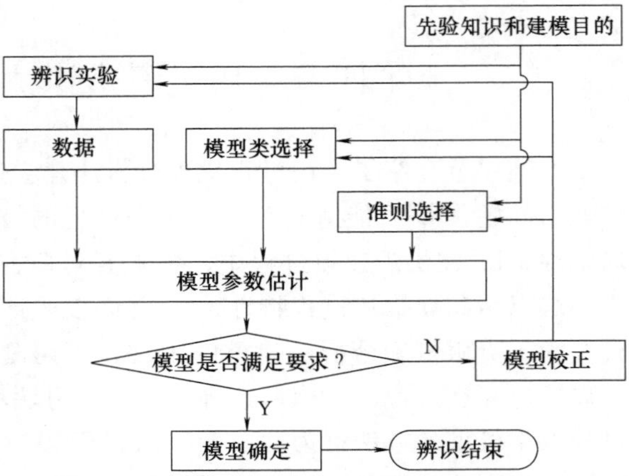

二、辨识过程模型结构和参数的简易方法

1. 阶跃响应法

阶跃响应法过程辨识的辨识步骤有五：

第一步：在需要辨识的过程中，装置遥控阀和被控变量记录仪。

图 3-28 过程辨识流程

第二步：实验并记录测量数据。先使生产工况保持平稳一段时间，然后使阀门作阶跃变化（变化 10% 以内）并保持一段时间，与此同时记录被控变量的变化数据，得到适量的测量数据量。

第三步：用辨识数据作广义对象的阶跃响应曲线图。

第四步：由阶跃响应曲线估定过程数学模型的种类并写出过程数学模型表达式。

第五步：由阶跃响应曲线推算出数学模型的参数值，得出过程辨识初步模型。

2. 阶跃响应法辨识过程数学模型结构和变量的案例

例 3-16 试用阶跃响应法辨识某过程的数学模型。

辨识步骤如下：

第一步：设置如图 3-27 所示的该过程实验装置。

第二步：在过程输入端输入单位阶跃变化 $X_0 = 1$，测出过程输出值 $y(t)$ 如表 3-4 所示。

表 3-4 过程辨识的测量数据

时间 t	0	1	2	3	4	5	6	7	∞
输入 $x(t)$	0	1	1	1	1	1	1	1	1
输出 $y(t)$	0	1.61	2.79	3.72	4.38	4.81	5.10	5.36	6.00

第三步：利用测量数据画出该过程动态特性曲线：用坐标纸或在计算机上准确画出该过程动态特性 $[y(t)-t]$ 曲线，如图 3-29 所示。

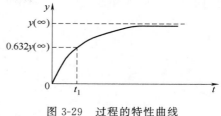

图 3-29　过程的特性曲线

第四步：根据过程动态特性曲线形状，对照表 3-3 可知，该过程数学模型为近似一阶模型，其微分方程表达式为：

$$T\frac{\mathrm{d}y(t)}{\mathrm{d}t}+y(t)=Kx(t) \tag{3-67}$$

传递函数表达式为：

$$W(s)=\frac{Y(s)}{Y(s)}=\frac{K}{Ts+1} \tag{3-68}$$

第五步：辨识该过程数学模型参数放大系数 K 和时间常数 T。

一阶过程放大系数 K 是过程达到稳定状态时输出值与输入值之比，即：

$$K=\frac{y(\infty)-y(0)}{x_0}=\frac{6.0-0}{1}=6$$

一阶过程时间常数 T 等于纵坐标为 $0.632y(\infty)$ 时对应的时间 t_1 值，从图中可得出 $T=3.1$。

经过上述辨识可得到该过程的数学模型为：

$$3.1\frac{\mathrm{d}y(t)}{\mathrm{d}t}+y(t)=6x(t) \tag{3-69}$$

传递函数表达式为：

$$W(s)=\frac{6}{3.1s+1} \tag{3-70}$$

例 3-17　对某过程输入单位阶跃变化 $X_0=1$ 后，测出过程的实验结果绘出的动态特性曲线如图 3-30 所示，试建立该过程的数学模型。

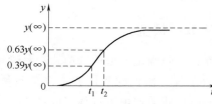

图 3-30　某过程动态特性曲线

辨识步骤如下：

第一步：根据图 3-30 过程动态特性曲线形状确定数学模型表达式。

该过程的动态特性曲线是 S 形的，对照表 3-3 可知，该过程数学模型为二阶模型，简化为带时间滞后的一阶模型表达：

$$y(t)=kx(t)(1-\mathrm{e}^{-\frac{t-\tau}{T}}) \tag{3-71}$$

传递函数表达式为：

$$W(s)=\frac{K}{Ts+1}\mathrm{e}^{-\tau s} \tag{3-72}$$

第二步：根据图 3-30 过程动态特性曲线数据求数学模型参数。

首先，求模型的放大系数 K：

$$K=\frac{y(\infty)-y(0)}{x_0} \tag{3-73}$$

其次，求模型的时间常数 T 和滞后时间 τ：

当 $y_1=0.39y(\infty)$ 时，所对应的时间为 t_1，

当 $y_2=0.63y(\infty)$ 时，所对应的时间为 t_2，

则有对应的方程为：

$$\begin{cases} y_1 = Kx_0(1-e^{-\frac{t_1-\tau}{T}}) \\ y_2 = Kx_0(1-e^{-\frac{t_2-\tau}{T}}) \end{cases} \tag{3-74}$$

令：

$$y^*(t_1) = \frac{y_1}{y(\infty)} = \frac{y_1}{Kx_0} = 0.39$$

$$y^*(t_2) = \frac{y_2}{y(\infty)} = \frac{y_2}{Kx_0} = 0.63 \tag{3-75}$$

则有：

$$\begin{cases} y^*(t_1) = \frac{y_1}{Kx_0} = 1-e^{-\frac{t_1-\tau}{T}} \\ y^*(t_2) = \frac{y_2}{Kx_0} = 1-e^{-\frac{t_2-\tau}{T}} \end{cases} \tag{3-76}$$

对式（3-76）两边取对数，并将 $y^*(t_1)=0.39$、$y^*(t_2)=0.63$、t_1 和 t_2 值代入得：

$$\begin{cases} \ln(1-0.39) = -\frac{t_1-\tau}{T} \\ \ln(1-0.63) = -\frac{t_2-\tau}{T} \end{cases} \tag{3-77}$$

可得出模型的时间常数 T 和滞后时间 τ 的计算式：

$$T = 2(t_2-t_1)$$
$$\tau = 2t_1-t_2 \tag{3-78}$$

把图 3-30 中有关数据代入式（3-73）和（3-78）可求出模型的放大系数 K、时间常数 T 和滞后时间 τ 的数值。

三、用最小二乘法辨识过程的数学模型

过程（或系统）建模，即过程（或系统）辨识的任务：一是确定模型的结构；二是确定模型结构中的参数（变量）值，又称参数估计。过程（或系统）辨识的常用方法也有两种：第一种方法是前面介绍的根据过程的输入输出连续时间响应曲线去辨识出过程（或系统）的连续时间模型，连续时间模型描述了过程的输入与输出随时间连续变化的过程特性，用微分方程或传递函数等数学方程表达。第二种方法是根据过程的输入输出离散时间数据去推算出过程（或系统）的离散时间模型来描述过程（或系统）特性，下面介绍的最小二乘法就是离散时间模型辨识简单而实用的方法。随着计算机控制技术的发展，由于计算机控制系统是一个离散时间系统，系统的输入变量与输出变量用两组离散序列表示，这时用离散时间模型来描述过程（或系统）特性更为合适与直接。

（一）最小二乘法辨识过程数学模型的特点

用离散时间模型差分方程和脉冲传递函数等数学方程表达。如果对过程的输入变量信号 $x(t)$、输出变量信号 $y(t)$ 进行采样，采样周期为 t_s，采样次数为 k，则可得到一组输入序列数据 $x(k)$ 和一组输出序列数据 $y(k)$，输出变量与输入变量关系用差分方程表示为：

$$y(k)+a_1y(k-1)+\cdots+a_ny(k-n)=b_0+b_1x(k-1)+\cdots+b_nx(k-n) \tag{3-79}$$

式中　　　　k——采样次数

$x(k)$——过程输入序列数据

$y(k)$——过程输出序列数据

$a_1 \cdots a_n$, $b_0 \cdots b_n$——常系数

n——模型阶次

式（3-79）是典型的过程（系统）离散时间模型，表达式是线性方程。

由于最小二乘法是利用过程的任意的输入变量和输出变量的离散数据进行过程辨识，因此可以利用安装在生产过程中的计算机系统去巡回检测出生产过程的实时数据，比较方便采集大量数据，并且利用计算机能快速精确地运算，方便地解线性方程，因此在辨识线性或非线性过程数学模型中得到广泛应用。

（二）最小二乘法辨识过程数学模型的基本步骤

用最小二乘法辨识过程数学模型有五个基本步骤。

第一步：根据对过程的认识或经验，假设被辨识过程的数学模型结构。大多数生产过程可用一阶微分方程或者二阶线性过程（可简化为一阶带滞后的微分方程）作为过程的数学模型结构。

第二步：用差分方程式近似地表达微分方程式。

例如，对一阶线性过程，其数学模型用一阶微分方程式表示为：

$$T_p \frac{dy(t)}{dt} + y(t) = K_p x(t) \tag{3-80}$$

式中　$y(t)$——过程输出变量

$x(t)$——过程输入变量

K_p——过程放大系数

T_p——过程时间常数

用差分方程近似地表示一阶微分式有：

$$\frac{dy(t)}{dt} \approx \frac{y(k) - y(k-1)}{t_s} \tag{3-81}$$

式中　$y(t)$——过程输出变量

$x(t)$——过程输入变量

k——数据采样的时刻点（次）

t_s——数据的采样时间周期

设在第 k 次采样的时间为 $t = kt_s$，则式（3-80）可近似写成：

$$T_p \frac{y(k)-y(k-1)}{t_s} + y(k-1) = K_p x(k-1) \tag{3-82}$$

简化式（3-82）得：

$$y(k) = \left(1 - \frac{t_s}{T_p}\right) y(k-1) + \frac{K_p t_s}{T_p} x(k-1) \tag{3-83}$$

$$= ay(k-1) + bx(k-1)$$

式中，$a = 1 - \frac{t_s}{T_p}$，$b = \frac{K_p t_s}{T_p}$。

式（3-83）为一阶过程的差分动态模型表达式。从式中可知：过程在本次（k）采样时的输出值 $y(k)$ 可以由上（前）次（$k-1$）采样时的输入值 $x(k-1)$ 和输出值 $y(k-1)$ 求得。式中 a、b 是模型变量（参数）。与过程的放大系数 K_p、时间常数 T_p 和采样时间周期

t_s 有关。

同理，对二阶线性过程，二阶过程微分方程表达的数学模型为：

$$T_p^2 \frac{d^2 y}{dt^2} + 2\xi T_p \frac{dy}{dt} + y = K_p x \qquad (3-84)$$

相应的二阶过程差分动态模型表达式为：

$$y(k) = a_1 y(k-1) + a_2 y(k-2) + b_1 x(k-1) + b_2 x(k-2) \qquad (3-85)$$

式中，a_1、a_2、b_1、b_2 是模型变量（参数），其值与过程的 T_p、K_p 和 ξ 有关。

第三步：利用图 3-27 中的过程辨识装置，或者直接在生产过程中，确定采样时间周期 t_s，用计算机测量和记录在各个 k_i 采样周期的输入值 $x(k_i)$ 和输出值 $y(k_i)$。

第四步：用最小二乘法对所测数据进行回归，求出差分模型中的模型变量（参数）值。

第五步：检验模型的准确度。常用均方误差的平方根值 σ_y（均方根差）去判断所得模型的准确度。判断准则是：所求得差分方程的均方根误差为极小值。若 σ_y 值比较大，即误差较大，表明该模型不能很好地反映过程的实际特性。这时，应改进模型结构，例如由一阶模型改进为二阶模型，或者重新用最小二乘法去确定模型变量，选用 σ_y 较小者为过程的模型。

例 3-18 用图 3-27 装置测量某过程，在过程处于静（稳）态运行时，采样时间周期 $t_s=1$ 引入输入信号 $x(k)$，相应的输出信号 $y(k)$ 记录如表 3-5。表中所列数据是以静态值为零时的差值。试用最小二乘法辨识该过程的数学模型。

表 3-5　　　　　　　　　　　　　　　　　　　**过程辨识数据**

取样点(k)	输入值 $x(k)$	输出值 $y(k)$	取样点(k)	输入值 $x(k)$	输出值 $y(k)$
$k<0$	0.0	0.0	8	0.0	0.430
0	1.0	0.0	9	0.0	0.361
1	0.6	0.5	10	0.0	0.302
2	0.3	0.9	11	0.0	0.253
3	0.1	0.91	12	0.0	0.212
4	0.0	0.866	13	0.0	0.178
5	0.0	0.732	14	0.0	0.149
6	0.0	0.612	15	0.0	0.125
7	0.0	0.513			

假定该过程属一阶模型，则有：

$$y(k) = a y(k-1) + b x(k-1) \qquad (3-86)$$

根据表 3-5 中测量数据用用最小二乘法可求出：

$a = 0.86$

$b = 0.57$

即该过程的一阶差分方程数学模型表达式为：

$$y(k) = 0.86 y(k-1) + 0.57 x(k-1) \qquad (3-87)$$

其辨识均方根误差为：

$$\sigma_y = \sqrt{P} = 0.04$$

如果用二阶模型结构去描述该过程，根据式（3-85）可得：

$$y(k)=a_1y(k-1)+a_2y(k-2)+b_1x(k-1)+b_2x(k-2) \tag{3-88}$$

根据表 3-5 中数据可求出：

$a_1=0.6$，$a_2=0.2$，$b_1=0.5$，$b_2=0.3$。

即该过程的二阶差分方程数学模型表达式为：

$$y(k)=0.6y(k-1)+0.2y(k-2)+0.5x(k-1)+0.3x(k-2) \tag{3-89}$$

其辨识均方根误差为：

$$\sigma_y=\sqrt{P}=0$$

通过两种方法对比可知用二阶模型描述该过程更为精确。

四、机理与经验的组合建模

由上所述可知，过程模型可以通过基于过程机理建立过程机理模型和基于过程的输入/输出实验数据建立过程经验模型。人们把机理模型称为"白箱"模型，把经验模型称为"黑箱"模型。把机理建模方法与经验建模方法两者结合把来，称为机理—经验组合建模方法，可兼采两者之长，补各自之短。用机理—经验组合建模法建立的过程模型称为机理—经验模型，又称为"灰箱"模型。

机理与经验组合建模方法主要适用于以下三类过程：

① 过程的主体模型可根据过程机理建立，得到过程的机理模型结构，但对机理模型中的部分参数要通过实验数据才能得到。例如，已知过程为一阶过程，其数学模型为一阶微分方程，方程中的放大系数 K 和时间常数 T 要通过实验数据求得。

② 通过机理分析，把过程的自变量适当组合，得出比较简易的数学模型函数形式。模型结构有了着落，自变量数减少，估计参数就比较容易了。

③ 由机理出发，通过计算或仿真，得到大量的输入/输出数据，再用回归方法得出简化模型。依据过程机理建模，原始数学方程的表述较为复杂，这些原始方程不能直接用作控制用的模型。因为自动控制用的数学模型需适应实时性的要求，必须相当简单，因此只能经计算或仿真得到数据，然后由这些数据回归出经验模型。这种方法建模既基于机理，又接近经验公式。

对于复杂系统和大系统生产过程的数学模型往往难以用上述三种方法建立，即使建起来了由于模型过于复杂而很难计算出来，或者即便是算出来了，也不一定适用和准确。因为用上述方法得到的模型和计算结果往往是建立在许多特定或假设条件下得到的，难以适应千变万化的、不确定的生产过程。用现有各种方法建立的过程"白箱"模型、"黑箱"模型和"灰箱"模型，在生产过程的应用时，出现的最大矛盾是已建立的过程数学模型的确定性与生产过程的不确定性之间的矛盾。因此，寻找建立能适应生产过程不确定性的过程模型是当前过程建模型的热点。

第五节　大数据建模概述

如何建立能适应生产过程不确定性的生产过程模型是实现生产过程自动和优化，特别是实现生产过程智能化的基础。随着新一代信息技术不断涌现，应用大数据、云计算、数据挖掘等技术和生产现场积累的大量生产数据，使在现场实时快速地建立能适应生产过程不确定性的过程模型成为可能，这种建模方法称为大数据建模。即使过程中千变万化，大数据建模方法应用新一代信息技术具有不断学习和分析的自学习能力，可以不断迭代提高，从而不仅有可能找到复杂大系统中隐含在海量数据里的各种规律，而且新一代信息技术还可以根据生产现场不断变化的大数据，对已经找到的规律（数学模型）进行完善和优化，不断实时接近生产实践，生产过程的实时优化和智能化功能就可以实现。本节简介大数据建模的一些基本概念。

一、工业大数据的特征及应用

（一）工业大数据的定义

1. 大数据的定义

近十多年来，由于通信宽带化、移动互联网、物联网、社交网络、云计算的大发展，催生了大数据，出现了大数据的概念，根据维基百科定义："大数据是指无法在容许的时间内用常规软件工具对其内容进行抓取、管理和处理的数据集合，大数据规模的标准是持续变化的，当前泛指单一数据集的大小在几十 TB 和数 PB 之间。"通过研究和实践发现，大数据的价值不在于数据量之大，而在于可从中挖掘出有用信息，基于大数据的智能分析对研发、生产、流通和社会管理等领域都将有重要影响，大数据是无形的生产资料，大数据价值的合理共享和利用将创造巨大的财富。当前大数据已经在通信、商务、金融、医疗、社会管理、科学研究等许多方面得了应用，取得了明显的效益。

2. 工业大数据的定义

工业大数据是指在工业领域中，围绕典型智能制造模式，从客户需求到销售、订单、计划、研发、设计、工艺、制造、采购、供应、库存、发货和交付、售后服务、运维、报废或回收再制造等整个产品全生命周期各个环节所产生的各类数据及相关技术和应用的总称。其以产品数据为核心，极大延展了传统工业数据范围，同时还包括工业大数据相关技术和应用。

工业大数据的主要范围与来源有三类：

第一类是生产经营相关业务数据。主要来自传统企业信息化范围，被收集存储在企业信息系统内部，包括传统工业设计和制造类软件、企业资源计划（ERP）、产品生命周期管理（PLM）、供应链管理（SCM）、客户关系管理（CRM）和环境管理系统（EMS）等。通过这些企业信息系统已累计大量的产品研发数据、生产性数据、经营性数据、客户信息数据、物流供应数据及环境数据。此类数据是工业领域传统的数据资产，在移动互联网等新技术应用环境下正在逐步扩大范围。

第二类是设备物联数据。主要指工业生产设备和目标产品在物联网运行模式下，实时产生收集的涵盖操作和运行情况、工况状态、环境参数等体现设备和产品运行状态的数据。此类数据是工业大数据新的、增长最快的来源。狭义的工业大数据即指该类数据，即工业设备和产品快速产生的并且存在时间序列差异的大量数据。

第三类是外部数据。指与工业企业生产活动和产品相关的企业外部互联网来源数据，例如，评价企业环境绩效的环境法规、预测产品市场的宏观社会经济数据等。

3. 工业大数据技术

工业大数据技术是使工业大数据中所蕴含的价值得以挖掘和展现的一系列技术与方法，包括数据采集、预处理、存储、分析挖掘、可视化和智能控制等。工业大数据应用是集成应用工业大数据系列技术与方法，对特定的工业大数据集进行处理，获得有价值信息的过程。工业大数据技术的本质目标是从复杂的数据集中发现和挖掘新的有价值的模式与知识，从而促进工业企业的产品创新、提升经营水平和生产运作效率以及拓展新型商业模式。

（二）工业大数据的特征

工业大数据除了具有一般大数据所具有的海量性、多样性等的特征外，还具有价值性、实时性、准确性、闭环性四个典型的特征。

① 价值性（Value）。工业大数据更加强调用户价值驱动和数据本身的可用性，包括：提升创新能力和生产经营效率，以及促进个性化定制、服务化转型等智能制造新模式变革。

② 实时性（Real-time）。工业大数据主要来源于生产制造和产品运维环节，生产线、设备、工业产品、仪器等均处于高速运转，在数据采集频率、数据处理、数据分析、异常发现和应对等方面均具有很高的实时性要求。

③ 准确性（Accuracy）。工业大数据更加关注数据质量，主要指数据的真实性、完整性和可靠性，以及大数据处理、分析技术和方法的可靠性。

④ 闭环性（Closed-loop）。工业大数据既关注包括产品全生命周期横向过程中数据链的封闭和关联，又关注智能制造纵向数据采集和处理过程中，需要对支撑状态的感知、分析、反馈、控制等闭环场景下的动态持续调整和优化。

除以上基本典型特征外，工业大数据还具有集成性、透明性、预测性等特征。

（三）工业大数据与一般大数据的异同

工业大数据技术基于大数据技术的基础。一般大数据是指商务等传统大数据，统称大数据。工业大数据应用是基于工业数据，运用先进的大数据相关思维、工具、方法，贯穿于工业的设计、工艺、生产、管理、服务等各个环节，使工业系统、工业产品具备描述、诊断、预测、决策、控制等智能化功能模式和结果。工业领域的数据累积到一定量级，超出了传统技术的处理能力，就需要借助大数据技术、方法来提升处理能力和效率，大数据技术为工业大数据提供了技术和管理的支撑。

工业大数据可以借鉴传统的大数据的分析流程及技术，实现工业数据采集、处理、存储、分析、可视化。例如，大数据技术应用在工业大数据的集成与存储环节时，支撑实现高实时性采集、大数据量存储及快速检索；大数据处理技术的分布式高性能计算能力，为海量数据的查询检索、算法处理提供性能保障等。其次，工业制造过程中需要高质量的工业大数据，可以借鉴大数据的治理机制对工业数据资产进行有效治理。虽然工业数据基于大数据技术的基础，但是在环节和应用上与传统大数据（商务大数据）存在的区别，如表 3-6所示。

表 3-6　　　　　　　　　　　　　　**工业大数据与商务大数据的区别**

环节和应用	商务大数据	工业大数据
数据采集	通过交互渠道（如门户网站、购物网站社区、论坛）采集交易、偏好、浏览等数据；对数据采集的时效性要求不高	通过传感器与感知技术，采集物联设备、生产经营过程业务数据、外部互联网数据等；对数据采集具有很高的实时性要求
数据处理	数据清洗、数据归约，去除大量无关、不重要的数据	工业软件是基础，强调数据格式的转化；数据信噪比低，要求数据具有真实性、完整性和可靠性，更加关注处理后的数据质量
数据存储	数据之间关联性不大，存储自由	数据关联性很强，存储复杂

续表

环节和应用	商务大数据	工业大数据
数据分析	利用通用的大数据分析算法；进行相关性分析；对分析结果要求效率不要绝对精确	数据建模、分析更加复杂；需要专业领域的算法（如轴承、发动机），不同行业、不同领域的算法差异很大；对分析结果的精度和可靠度要求高
数据可视化	数据结果展示可视化	数据分析结果可视化及 3D 工业场景可视化；对数据可视化要求强实时性，实现近乎实时的预警和趋势可视
闭环反馈控制	一般不需要闭环反馈	强调闭环性，实现过程调整和自动化控制

（四）工业大数据与智能制造

工业大数据是智能制造的关键技术。工业大数据主要作用是打通物理世界和信息世界，在智能化设计、智能化生产、网络化协同制造、智能化服务、个性化定制等产品全生命周期过程中都将发挥出明显的作用。在智能化设计中，通过对产品数据分析，实现自动化设计和数字化仿真优化；在智能化生产过程中，工业大数据技术可以实现在生产制造中的应用，如人机智能交互、制造工艺的仿真优化、数字化控制、状态监测等，提高生产故障预测准确率，综合优化生产效率；在网络化协同制造中，工业大数据技术可以实现智能管理的应用，如产品全生命周期管理、客户关系管理、供应链管理、产供销一体等，通过设备联网与智能控制，达到过程协同与透明化；在智能化服务中，工业大数据通过对产品运行及使用数据的采集、分析和优化，可实现产品智能化及远程维修，同时，工业大数据可以实现智能检测监管的应用，如危险化学品、食品、印染、稀土、农药等重点行业智能检测监管应用；此外，通过工业大数据的全流程建模，对数据源进行集成贯通，可以支撑以个性化定制为代表的典型智能制造模式。工业大数据的上述应用是要通过工业软件去实现的。

工业软件是指用于或专用于工业领域，为提高工业研发设计、业务管理、生产调度和过程控制水平的相关软件与系统。工业软件承载着工业大数据采集和处理的任务，是工业数据的重要产生来源。工业软件支撑实现工业大数据的系统集成和信息贯通。通过多系统的集成，实现工厂从底层到上层的信息贯通，推动工厂内"信息孤岛"聚合为"信息大陆"。工业软件承担着对各类工业数据进行采集、集成、分析和应用的重要功能，是工业大数据技术体系中负责优化、仿真、呈现、决策等关键职能的主要组成部分。工业软件中用到的许多模型，常常要用大数据建模方法去建立。

二、大数据建模的步骤

大数据建模，又称数据挖掘，其出发点是："数据中总含有模式"。例如，基于客户关系的数据挖掘项目，总是在大数据里存在着这样的模式：客户未来的行为总是和先前的行为相关，而且这些模式是有价值的。任何大数据都会存在模式，数据挖掘就是找出存在于数据中的信息和知识模式，又称大数据建模。

由欧盟机构 SIG 在 2000 年正式推出的 CRISP-DM（Cross-Industry Standard Process for Data Mining，数据挖掘的跨行业标准过程）是较有影响的数据挖掘和大数据建模的技术方法。CRISP-DM 把数据挖掘过程中必要的步骤都加以标准化。CRISP-DM 模型强调完整的数据挖掘过程，不能只针对数据整理、数据显示、数据分析以及构建模型，而应该将对企业的需求问题的理解，以及后期对模型的评价与模型的延伸应用都纳入到数据挖掘过程中。因此，CRISP-DM从方法学的角度强调了实施数据挖掘项目的方法和步骤，同时独立于每种具体数据挖掘算法和数据挖掘系统。

用CRISP-DM进行数据建模的基本步骤包括：业务理解、数据理解、数据准备、建立模型、模型评价、模型实施6个阶段，
如图3-31所示。

1. 业务理解（business understanding）

业务理解阶段的主要工作任务是要针对企业问题以及企业需求进行了解，确定业务目标，即确定建模目标。针对企业的不同的需求做深入了解，将企业需求转换成数据挖掘（建模）的问题，并拟定初步建模构想。确认业务目标是数据建模解决方案的源头，在此阶段中需要与企业各层次进行讨论，只有对要

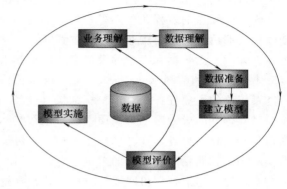

图3-31　CRISP-DM进行数据建模的基本步骤

解决的问题有了非常清楚而全面的了解，才能正确地针对业务目标拟定分析过程。建模目标必须是业务目标的映射，业务知识是业务理解的核心。

2. 数据理解（data understanding）

根据业务目标，即建模目标的需求，确定收集数据的范围，了解收集数据的含义与特性，并通过数据处理技术过滤出所有可能有用的数据，然后进行数据整理并评估数据的质量，建立相关数据库，必要时再将分属不同数据库的数据加以合并或整合。数据库建立完成后再进行数据分析，并找出影响最大的数据，进而判断是否有必要进一步收集更为详细的数据。数据理解阶段要应用业务知识去理解数据与建模目标的相关性，以及它们是如何相关的。

3. 数据预处理（data preparation）

数据预处理阶段和数据理解阶段是数据准备阶段的核心，是建立模型前的最后一步数据准备工作。数据预处理任务很可能要反复执行多次，并且没有任何既定的顺序，其目的是把各种不同来源的数据加以清理、整理和归并，以适合数据挖掘技术的使用要求。

数据预处理比数据建模的其他任何一个阶段都重要。数据获取和预处理是数据建模过程中最费力费时的事，其占用的时间达整个过程的 $50\%\sim80\%$ 。数据预处理的目的是把数据建模问题转化为格式化的数据，使得分析技术（如数据挖掘算法）更容易利用它。数据任何形式的变化（包括清理、最大最小值转换、增长等）意味着问题空间的变化，因此这种分析必须是探索性的。数据预处理本质是利用业务知识去塑造数据，使得业务问题可以被提出和解答。通过业务知识、数据知识、数据挖掘知识的交叉融合应用才能从根本上使得数据预处理更加方便。数据预处理的这些特点使得处理目标不能通过简单的自动化技术去实现。此外，即使经过了主要的数据预处理阶段，在创建一个有用模型的反复过程中，进一步的数据预处理也是必要的。

4. 建立模型（modeling）

建模是应用各种数据挖掘技术（算法）和预处理后的数据，建立分析或预测模型，同时

解释模型和业务目标之间的关系与特点，也就是说理解它们之间的业务相关。在这个阶段，面对同一个问题（目标），会有多种可供使用的分析技术，但是每种技术对数据都有不尽相同的要求，这时需要回到数据预处理阶段，重新转换数据为符合要求的格式。

大数据建模是基于这一观点：数据中总存在模式，因为在任何过程，例如生产过程，总会产生与过程特性相关的数据（数据又称为过程的副产品）。为了发掘隐藏在数据中的模式，必须从你已经知道的过程业务知识开始——利用业务知识发现模式。这又是一个反复过程，当新模式发掘后，又需要用业务知识去解释。在这种反复的过程中，开发者利用数据挖掘算法把业务知识、大数据和隐藏的模式之间连接起来。

5. 模型评价和解释（evaluation and explanation）

这一阶段的主要任务是对于挖掘结果（模型）加以评价和解释。从数据分析的观点看，上阶段已经建立的模型看似是高质量的，但在实际应用中，随着应用数据的不同，模型的准确率肯定会变化。另外，在考虑模型架构时有可能没有充分地考虑某些重要问题，以致使模型与实际场景预测精度有显著的差别。

在对新建模型进行评价时要注意的是，数据挖掘结果的价值不完全取决于模型的稳定性或预测的准确性。准确性和稳定性是预测模型常用的两个度量。准确性是指正确的预测结果所占的比例；稳定性是指当创建模型的数据改变时，用于同一口径的预测数据，其预测结果变化大小。但是，体现预测模型价值的有两种方式：一种方式是用模型的预测结果去改善或影响行为，例如过程优化或智能控制模型；另一种方式是模型能够传递导致改变策略的见解（或新知识）；例如智能管理模型。对于前者，其价值与其准确性和稳定性密切相关。对于后者，模型传递出的任何新知识的价值与其准确性的联系并不那么紧密，有时一个复杂的或者不透明的模型的预测结果具有高准确性，但传递的知识却不是那么有用。一个简单的低准确度的模型可能传递出更有用的见解。总之，预测模型的价值不能仅由技术指标决定。数据挖掘者应该在模型的业务理解适应业务问题要求的前提下关注模型预测的准确度、稳定性以及其他的技术度量，关注的不是直接的因果关系，而是相关关系。模型经评估后，确定下一步是发布使用所得模型，还是对数据挖掘过程进行进一步的调整，产生新的合用模型。

6. 模型发布实施（deployment）

模型建立并经验证后，有两种主要的使用方法。第一种是提供给分析人员做参考，由分析人员通过查看和分析模型后再提出行动方案建议；另一种是把此模型应用到过程的不同的数据集上，完成模型创建任务。一般而言，完成模型创建并不意味着项目结束，在实际应用中还要对模型进行日常监测和维护，不断监控它的效果，不断完善提高模型质量和应用效果。

数据挖掘发现的模式是我们（观测者和业务专家）从大数据中认知过程特性的一部分，是在用数据描述的过程真实世界与我们的认知之间建立的一个动态过程。因为我们的认知在不断发展和增长，明天的数据表面上看起来相似，但是它可能已经集合了不同的模式、不同的语义。分析过程时因受新的业务知识驱动，模式也会随着业务知识的变化而变化。基于这些原因，随着大数据的积累和业务知识的不断增长，数据挖掘发现的模式不是永远不变的。在大数据不断积累和我们的认知不断增长的双重驱动下，大数据建模有自学习、自完善的特点。

三、工业大数据建模的特点

与自动控制为目的的数学建模相比，工业大数据建模主要具有如下特点：

1. 工业大数据建模过程是大数据在迭代循环中形成知识和模型的过程

传统的数学建模是需求驱动的建模过程，如图3-22所示。根据业务需求，通过机理建模或实验建模方法确定模型架构，确定模型参数，通过测试检验后运行和维护。如果业务需求变更，则要重新变更请求，建立新的模型。

工业大数据数据驱动建模，如图3-33所示，是一个大数据在迭代循环中形成知识和模型的过程：提出需求问题，选择相关数据源，通过探索去识别模型模式和优化模型，在此基础上可提出新的假设和问题，采用新的数据源不断探索识别和完善优化模型，通过不断迭代去达到目标要求。

图3-34所示是利用大数据建立数据驱动的智能决策管理模型的过程。这是包括了从数据到决策形成和从决策到数据改善的循环迭代过程。

2. 数学建模强调的是因果关系，而工业大数据建模更加强调相关关系

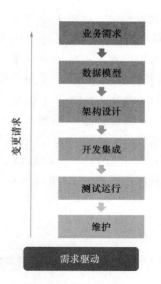

图 3-32 传统的需求驱动建模过程

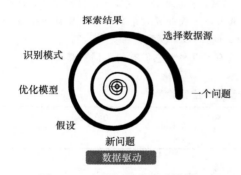

图 3-33 大数据数据驱动建模过程

根据生产过程的内部机制或者物质流的传递机理建立起来的数学模型，或者是以机理模型为背景的实验模型，其优点是模型的表达为数学方程式，模型参数具有非常明确的物理意义，所得的模型具有很强的因果关系。但数学模型往往需要大量的参数，这些参数如果不能很好地获取，也会影响到模型的模拟效果。数学模型本质上是各种过程机理、经验知识和方法的固化，更多是从业务逻辑原理出发，强调的是因果关系。

利用大数据技术建立的大数据模型，包括基本的数据分析模型（如对数据做回归、聚类、分类、降维等基本处理的算法模型）、机器学习模型（如利用神经网络等模型对数据进行进一步辨识、预测等）以及智能控制结构模型等，更多地是从数据本身出发，不过分考虑机理原理，更加强调相关关系。

3. 工业大数据模型便于搭建PaaS平台和微服务技术架构

工业大数据模型把技术、知识、经验、方法等固化成一个个数字化模型以微服务架构形式呈现在工业PaaS（Platform as a Service，平台即服务）平台上，构成一个

图 3-34 数据驱动的智能决策管理模型的建模过程

微服务池，采用工业微服务的方式实现对原有生产体系的解构，构建起富含各类功能与服务的微服务组件池，并按照实际需求来调用相应的微服务组件，便于进行高效率和个性化的面向用户的工业 App（工业应用软件）研发，形成以工业 App 开发为核心的平台创新生态，同时也能够为制造业用户提供以工业微服务为基础的定制化、高可靠、可扩展工业 App 或解决方案，形成以价值挖掘提升为核心的平台应用生态。

当把海量数据加入到 PaaS 平台上各种数字化模型中，进行反复迭代、学习、分析、计算之后，可以解决企业各类过程的四个基本问题：a. 状态感知——描述过程发生了什么；b. 实时分析——诊断过程为什么会发生；c. 科学决策——预测过程下一步会发生什么，决策该怎么办；d. 驱动执行——决策完成之后驱动过程执行。

思 考 题

1. 什么是过程的动态特性？为什么要研究过程的动态特性？什么是过程的数学模型？

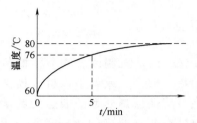

图 3-35　压力对象阶跃输入响应曲线

2. 建立过程数学模型有多少种方法？各有什么特点？

3. 描述过程特性的变量有哪些？这些变量对自动控制系统的影响是怎样的？

4. 图 3-35 所示为某过程在单位阶跃输入信号作用下，被控变量的变化曲线。试求该过程的放大系数、时间常数和滞后时间各为多少？建立该过程的数学模型。

5. 过程滞后形式有哪几种？它们有何不同？其大小对控制系统有何影响？

6. 某水槽水位阶跃响应实验为：

时间 T_p/s	0	10	20	40	60	80	100	150	200	300	400
液位 h/mm	0	9.5	18	33	45	55	63	78	86	95	98

其中阶跃扰动量 $\Delta\mu = 20\%$。

（1）画出水位的阶跃响应曲线；

（2）若该水位过程用一阶惯性环节近似，试确定其增益 K 和时间常数 T_p。

7. 何为过程辨识和变量估计？过程辨识的内容主要包括哪 4 个方面？

8. 工业大数据建模包括哪 6 个步骤？

9. 工业大数据建模有哪些特点？

参 考 文 献

[1] 涂序彦，王枞，郭燕慧. 大系统控制论——智能与控制系列教材 [M]. 北京：北京邮电大学出版社，2005.

[2] 黄坚. 自动控制原理及其应用 [M]. 北京：高等教育出版社，2004.

[3] 温希东. 自动控制原理及其应用 [M]. 西安：西安电子科技大学出版社，2004.

[4] 孙凡才. 自动控制原理与系统 [M]. 北京：机械工业出版社，1987.

[5] George Stepharopoulos. Chemical Process Control-An Introduction to Theory and Practice [M]. Englewood Chiffs, New Jersey，Prentice-Hall，Inc. 1984.

第四章 过程变量测量方法与信号变送

在轻化工生产过程中，既包含类似于一般化工过程常用变量（例如温度、压力、流量和液位等）的测量，同时又存在大量与本行业密切相关的特殊变量（例如纸浆浓度、打浆度、白度，黑液浓度、纸张定量、水分等）的测量。本章主要介绍这些过程变量的测量。

第一节 自动化仪表概述

在现代工业生产中，自动化工程是保证安全生产、保证产品质量、指导生产操作与管理的重要手段。在一个自动化工程项目中，一方面，对一些与产品质量、产量及安全生产运行起关键性作用的少量变量，要组成闭环自动控制系统予于保证；另一方面大量的变量也需要指示、报警、记录保存及积算等，以便操作人员随时了解工况、分析人员对数据进行质量分析及管理人员对生产进行优化管理等。所有这些都离不开变量信息采集这一基本环节，因此准确而及时地采集生产过程的信息，是实现工艺变量自动测量与控制必不可少的前提，而完成采集信息的装置统称为测量仪表。

近年来，随着检测技术的现代化发展，新技术、新材料、新工艺不断涌现，新的检测方法不断得到开发，随着集成电路、电子技术、数字化技术、微机技术的发展和应用，检测仪表也向集成化、数字化、智能化方向发展，相应的新型传感器、变送器不断涌现，尤其是在测量仪表中引入微处理器进行数据分析、计算、处理、校验、判断、储存及传输等工作，实现了原来单个仪表无法实现的许多功能，大大提高测量效率、测量精度、测量的可靠性、稳定性和操作的方便性。

在一个自动化项目的实施过程中，尤其在方案设计和工程设计阶段，由于变量类型、介质特点、测量方法千差万别，测量仪表类型各式各样，形式繁多。为了正确进行仪表选型，组成经济、实用、可靠的测量控制系统，必须掌握各种变量的测量原理及使用特点等。

一、自动化仪表的发展与分类

（一）检测仪表的基本组成

变量检测就是采用专门的技术工具，依靠能量的变换、实验和计算找到被测量的值，尽管不同的变量检测采用的方法原理和仪表结构形式不同，但从测量过程来看基本相同，图 4-1 所示为变量测量基本过程的示意图。

一个检测系统主要由被测对象、传感器、变送器和显示装置等部分组成，对某一个具体的检测系统而言，被测对象、传感器

图 4-1 测量的基本过程示意图

和显示装置部分总是必需的，而其他部分则因具体检测系统的结构而异。

传感器又称检测元件或敏感元件，它直接响应被测变量，经能量转换转化成与被测量成对应关系的便于传送的输出信号，如位移、力、电流、电压、电阻、频率或光信号等。有

时，传感器的输出可以不经过变送环节，直接送往显示装置显示，如测温热电偶可直接接显示仪表。

从控制的角度来看，由于传感器的输出信号种类多，而且信号往往很微弱，一般都需要经过变送环节进一步处理，把传感器的输出转换成如 $0\sim10$V DC、$4\sim20$mA DC 等标准模拟信号或特定标准的数字信号，这种仪表称为变送器。有时，检测元件和变送环节做成一体，如压力变送器。变送器的输出信号再送到显示装置显示或送到控制器进行控制。

显示装置可与传感器或变送器作在一起，可实现就地显示，一般来说检测、变送和显示可以是三个独立部分。值得提出的是，在目前的检测和控制系统中，除了如弹簧管压力表等就地显示仪表之外，传统的显示仪表更多地被数码显示仪表、光柱显示仪表、无纸记录仪表、计算机系统的 CRT 所替代。

（二）电信号传输及接线方式

对于模拟信号一般有直流电流信号或直流电压信号的传输。

1. 现场与控制室仪表之间采用直流电流信号

直流电流信号传输比电压更利于远传信息，如果采用电压形式传送信息，当负载电阻较小、距离较远、导线上的压降会引起误差，采用电流传输就不会出现这个问题。只要沿途没有泄漏电流，电流的数值始终是一样的，在低电压（一般 24V DC）电流传输中，即使采用一般的绝缘措施，泄漏电流也可忽略不计，所以接收端能保证和发送端有同样的电流。由于信号发送仪表输出具有恒流特性，所以导线电阻在规定的范围内变化对信号电流不会有明显的影响。

当然，采用电流传送信息，接收端的仪表必须是低阻抗的。如果有多个仪表接收同一电流信息，它们必须是串联的。串联连接的缺点是任何一个仪表在拆离信号回路之前先要把该仪表的两端短接，否则其他仪表将会因电流中断而失去信号。此外，各个接收仪表一般皆应浮空工作，否则会引起信号混乱。若要使各台仪表有自己的接地点，则应在仪表的输入、输出之间采取直流隔离措施，这对仪表的设计和应用技术提出了更高的要求。

2. 控制室内部仪表之间采用直流电压信号

由于采用串联连接方式使同一电流信号供给多个仪表的方法存在上述缺点，对比起来，用电压信号传输信息的方式在这方面就有优越性了，因为它可以采用并联连接方式，使同一个电压信号为多个仪表所接收。而且任何一个仪表拆离信号回路时都不会影响其他仪表的正常工作。此外，各个仪表既然并联在同一个信号线上，当信号源负极接地时，各仪表内部电路对地有同样的电位，这不仅解决了接地问题，而且各仪表可以共用一个直流电源。在控制室内，各仪表之间的距离不远，适合采用直流电压（$1\sim5$V DC）作为仪表之间互相联络信号。

必须指出，用电压传送信息的并联连接方式要求各个接收仪表的输入阻抗要足够高，否则将会引起误差，其误差大小与接收仪表输入阻抗及接收仪表的个数有关。

综上所述，电流传送适合于远距离对单个仪表传送信息，电压传送适合于把同一信息传送到并联的多个仪表，两者结合，取长补短。图 4-2 所示为控制系统仪表之间典型的连接方式，现场仪表与控制室之间采用电流信号（如 $4\sim20$mA DC）传输；在控制室内各仪表的互相联络采用电压信号（$1\sim5$V DC，由 250Ω 精密电阻 R 转换得到）。

3. 变送器与控制室仪表间的信号传输接线制

变送器是现场仪表，其传输信号送至控制室中，而它的供电又来自控制室。变送器的信号传输和供电方式通常有如下两种。

（1）四线制传输

供电电源和输出信号分别用两根导线传输，如图4-3（a）所示。图中的变送器称为四线制变送器。由于电源与信号分别传送，因此对电流信号的零点及元器件的功耗无严格要求。四线制仪表可采用220V AC供电或24V DC供电。

（2）两线制传输

变送器与控制室之间仅用两根导线传输。这两根导线既是电源线，又是信号线，如图4-3（b）所示。图中的变送器称为两线制变送器。两线制仪表一般采用24V DC供电。

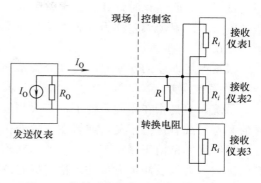

图4-2 控制系统仪表之间典型连接方式

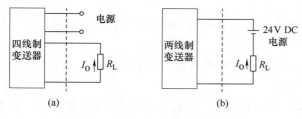

图4-3 四线制和两线制变送器的接线原理图
（a）四线制 （b）两线制

采用两线制变送器不仅可节省大量电缆线和安装费用，而且有利于安全防爆。因此这种变送器得到了较快的发展。

要实现两线制变送器，必须采用活零点的电流信号。由于电源线和信号线公用，电源供给变送器的功率是通过信号电流提供的。在变送器输出电流为下限值时，应保证它内部的半导体器件仍能正常工作。因此，信号电流的下限值不能过低。国际统一电流信号采用4～20mA DC，为制作两线制变送器创造了条件。

现在，除少量现场变送器采用四线制接线方式外，大多数现场变送采用两线制，因此，该类变送器在与显示、控制等仪表及数字系统采集模块连接时，要注意给现场变送器馈电。例如现在许多智能数字仪表都可以带24V DC馈电，西门子S7-300PLC模拟量输入模块，选用两线制时，可由模块直接给现场变送器馈电。如果接收仪表不能给现场变送器馈电，一般要通过加装配电器或带有配电功能的隔离栅来实现馈电。

值得提出的是，随着现场总线系统的发展，许多现场仪表都发展成为智能仪表，除了能够输出4～20mA DC模拟信号外，也能提供具有特定总线协议的数字信号，如HART、Profibus、CAN等通信协议数字信号，可直接与支持相应协议的上位智能装置相接。

当系统中所用仪表信号制不同时，可以应用信号转换器进行信号制转换。常见的信号转换器有电/气与气/电转换器、电气阀门定位器、电压/电流与电流/电压转换器、A/D与D/A转换、各种不同现场总线协议转换器等。

二、自动化仪表的技术性能指标

（一）测量误差及处理

测量过程是将被测变量与和它同性质的标准量进行比较的过程。测量结果可以用数值和测量单位来表示，也可以用曲线或图形来描述。

测量结果与被测变量的真值之差称为误差。任何测量过程都不可避免地存在误差。当被测变量不随时间变化时，其测量误差称为静态误差。当被测变量随时间而变化时，在测量过程中所产生的附加误差称为动态误差。在本书中所讨论的测量误差，只要未加特别说明，均指静态误差。

根据测量误差的性质，可将其分为系统误差、随机误差和粗差三类。

1. 系统误差

系统误差是指在相同条件下，多次测量同一被测量值的过程中出现的一种误差，它的绝对值和符号或者保持不变，或者在条件变化时按某一规律变化。

系统误差是由于测量工具本身的不准确或安装调整得不正确、测量人员的分辨能力或固有的读数习惯以及测量方法的理论根据有缺陷或采用了近似公式等原因所造成的。对于绝对值和符号均已知的系统误差，可以通过引进修正值的办法予以消除，亦即在测量结果中加上一个与该系统误差大小相同、符号相反的量值，以补偿系统误差对测量结果的影响。在测量过程中，人们还可以通过采取适当的测量方法，将系统误差尽可能地予以减小或消除。

2. 随机误差

随机误差又称偶然误差，它是在相同条件下多次测量同一被测量值的过程中所出现的绝对值和符号以不可预计的方式变化的误差。

随机误差主要是由于测量过程中彼此独立的各种随机因素（例如，电磁场微变、空气扰动、大地微震等）对被测量值的综合影响所造成的。

单次测量的随机误差的大小和方向都是不可预料的，因此无法修正，也不能采用实验方法予以消除。但是，随机误差在多次测量的总体上服从统计规律，因此可以利用概率论和数理统计的方法来估计其影响。

3. 粗差

明显地歪曲测量结果的误差称为粗差。这种误差是由于测量操作者的粗心（如读错、记错、算错数据等）、不正确地操作、实验条件的突变或实验状况尚未达到预想的要求而匆忙实验等原因所造成的。

含有粗差的测量值称为异常值或坏值。一般地说，所有的坏值均应从测量结果中剔除，但对原因不明的可疑测量值应根据一定的准则进行判断，方可决定是否应把该数值从测量结果中剔除。

一般用准确度、精密度和精确度来表示上述误差的大小。测量的准确度取决于系统误差的大小。系统误差反映了测量结果与真值的偏离程度，系统误差越小，则测量的准确度越高。测量的精密度取决于随机误差。因为随机误差反映了在相同条件下对同一被测量进行多次测量时，所得测量结果的离散程度。随机误差越小，测量结果的重复性越好，测量的精密度越高，反之亦然。测量的精确度反映了系统误差和随机误差的综合影响程度。只有系统误差和随机误差都较小时，才具有较高的精确度。因此，为了提高测量的精确度，必须设法消除系统误差，并采取多次重复测量来估计随机误差的影响，以求出测量结果的最可信赖值。

（二）仪表精确度等级

仪表在规定的参比工作条件下确定的误差称为基本误差。这里所谓的工作条件，是指仪表工作时所经受的条件，包括环境压力、环境温度、电磁场、电源变化、重力、倾斜、辐射、冲击、振动等。在参比工作条件下，只允许工作条件在很窄的一定范围内变化，以至其对测量的影响可忽略不计。

对于工业自动化仪表，常给出其基本误差的最大允许值，亦即基本误差限。在正常工作条件下，仪表测量范围内各处指示值的误差不应超过此限值。仪表的基本误差限是定量地描述仪表精确度的重要指标。

仪表基本误差限可以用绝对误差、相对误差或引用误差来表示。

1. 绝对误差

绝对误差指的是仪表指示值与被测变量的真值之间的代数差，即

$$\Delta X = X - X_0 \tag{4-1}$$

式中　ΔX——绝对误差

　　　X——仪表指示值

　　　X_0——被测变量的真值

当仪表指示值大于被测变量的真值时，绝对误差为正；反之，绝对误差为负。显然，绝对误差是一种与被测值同单位（量纲）的误差。

式（4-1）中真值通常用约定真值或一系列测量结果的算术平均值来代替。一般情况下，被测变量的真实数值（理想真值）是未知的。在工程上，常用更高一级标准仪器的测量值来代替真值，称之为约定真值。例如，采用标准压表来校验普通的工业用压力表时，被校验压力表所指示的被测值与标准压力表的示值之差，即为绝对误差。

2. 相对误差

相对误差为测量的绝对误差与被测变量的约定真值（实际值）之比，通常用百分数表示。

与绝对误差相比较，相对误差更能说明测量结果的精确程度。例如，用温度仪表测得某反应器内的温度为 123℃，而此时锅内的实际温度为 125℃，则测量的绝对误差为 -2℃，相对误差为 -1.6%，然而，若反应器内的温度为 32℃，测量的绝对误差仍为 -2℃，则相对误差为 -6.25%，显然此时的相对误差要比前者大得多。

用相对误差描述仪表基本误差限的表达式如下：

$$\delta = \pm \frac{\Delta X}{X_0} \times 100\% \tag{4-2}$$

式中　δ——仪表在 X_0 处的相对误差

3. 引用误差

引用误差是为工程上应用方便而引出的一种简化、实用的相对误差。

引用误差定义为绝对误差 ΔX 与仪表量程 S 之比，用百分数表示。用引用误差表示仪表基本误差限为：

$$\gamma = \pm \frac{\Delta X}{S} \times 100\% = \pm d\% \tag{4-3}$$

式中　γ——用引用误差表示的基本误差限

　　　d——常数

式（4-3）中，量程 S 定义为测量范围上限值与下限值的代数差（所谓测量范围是指被测变量可按规定精确度进行测量的范围）。例如，某温度测量仪表的测量范围为 -20℃～100℃时，其量程为 120℃；当其测量范围为 0℃～100℃时，量程就是 100℃。

如前所述，我们可根据仪表的基本误差限来判断其精确度。根据国家颁布的有关标准规定：由绝对误差表示基本误差限的仪表，直接用基本误差限的数值来表示其精确度，不划分精度等级。工业自动化仪表通常根据引用误差来评定其精确度等级。例如，若某压力表的基本误差限引用误差表示为 ±1.5%，则该压力表的精确度等级即为 1.5 级。根据规定，仪表的精确度等级已经系列化，只能从以下系数中选取最接近的合适数值作为精度等级，即

0.1；0.2；0.5；1；1.5；（2）；2.5；4.0

其中，括号内的精确度等级不推荐采用。必要时，亦可采用 0.35 级的精确度等级。特别精密的仪表，可采用 0.005；0.02；0.05 的精确度等级。在工业生产过程中常用 1.0～4.0 级仪表。

（三）仪表的主要特性指标

除了用仪表精度等级表示仪表的精确度以外，下面再介绍几个主要的静态特性指标。

1. 灵敏度

灵敏度 K 是指仪表或装置在到达稳态后，输出增量与输入增量之比，即

$$K = \frac{\Delta y}{\Delta x} \tag{4-4}$$

式中　K——灵敏度

　　　Δy——输出变量 y 的增量

　　　Δx——输入变量 x 的增量

对于带有指针和标度盘的仪表，灵敏度为单位输入变量所引起的指针偏转角度或位移量。

当仪表的"输出—输入"关系为线性时，其灵敏度 K 为一常数。反之，当仪表具有非线性特性时，其灵敏度将随着输入变量的变化而改变。

2. 线性度

一般说来，总是希望仪表具有线性特性，亦即其特性曲线最好为直线。但是，在对仪表进行校准时人们常常发现，那些理论上应具有线性特性的仪表，由于各种因素的影响，其实际特性曲线往往偏离了理论上的规定特性曲线（直线）。在检测技术中，采用线性度这一概念来描述仪表的校准曲线与规定直线之间的吻合程度。校准曲线与规定直线之间最大偏差的绝对值成为线性度误差，它表征线性度的大小。

3. 回差

在外界条件不变的情况下，当输入变量上升（从小增大）和下降（从大减小）时，仪表对于同一输入所给出的两相的输出值不相等，二者（在全行程范围内）的最大差值即为回差，通常以输出量程的百分数表示。

回差是由于仪表内有吸收能量的元件（如弹性元件、磁化元件等）、机械结构中有间隙以及运动系统的摩擦等原因所造成的。

4. 漂移

所谓漂移，指的是在一段时间内，仪表的输入—输出关系所出现的非所期望的逐渐变化，这种变化不是由于外界影响产生的，通常是由于仪表弹性元件的时效、电子元件的老化等原因所造成的。

在规定的参比工作条件下，对一个恒定的输入在规定时间内的输出变化，称为"点漂"。发生在仪表测量范围下限值上的点漂，称为始点漂移。当下限值为零时的始点漂移又称为零点漂移，简称零漂。

第二节　常规变量的测量原理与信号变送

一、压力的测量

压力是工业生产过程中的重要变量，制浆造纸生产过程中许多工艺设备的压力要求进行

测量与控制。例如蒸煮锅压力、纸机烘缸蒸汽压力、泵的出口压力及蒸发器的真空度等。对这些工艺设备的压力测量与控制是保证生产过程正常进行，达到优质高产、降低消耗和安全生产的重要方面，并且，在工业过程测量中，许多工艺变量（如温度、流量、液位等）测量是通过压力的测量来进行的。

压力 p 是指均匀垂直作用在单位面积 A 上的力 F，即

$$p = \frac{F}{A} (\text{N/m}^2) \tag{4-5}$$

压力的标准单位为帕斯卡，简称帕（Pa），即 $1\text{Pa} = 1\text{N/m}^2$。工程上一般用兆帕（MPa）表示，$1\text{MPa} = 10^6\text{Pa}$。

在工程上，压力通常有绝对压力、表压、负压（或真空度）之分。以绝对压力零线作为起点计算的压力称为绝对压力。高于大气压力的绝对压力与大气压力之差称为表压。

当被测压力低于大气压力时，一般用负压（或真空度）表示，它是大气压力与绝对压力之差。

因各种工艺设备和测量仪表均处于大气中而承受大气压力。所以，在工程压力测量中，如无特殊说明，均用表压或真空度来表示压力的大小。

（一）压力测量仪表的分类与原理

压力测量仪表根据测量方法的不同，大致分为以下几类：

① 液柱式压力仪表。它们是基于流体静力学原理，将被测压力转换成液柱的高度进行测量的。例如 U 形管压力仪表、单管压力仪表和斜管压力仪表等。这类压力仪表结构简单，读数直观，测量精度较高，但由于受液柱高度的限制，不能测量高压，一般用于测量较低压力或真空度。

② 弹性式压力仪表。是将被测压力转换成弹性元件的变形进行测量的。例如弹簧管式压力仪表、波纹管式压力仪表和膜盒式压力仪表等。

③ 电气式压力仪表。基于某些物理效应，将被测压力信号转换成电信号进行测量。例如电容式、电阻式、电感式、应变片式、霍尔片式压力仪表及热电真空计等。

④ 活塞式压力仪表。同液柱式压力仪表一样，它也属于平衡式压力仪表，是基于水压机液体传送压力的原理，将被测压力转换成活塞上所加平衡砝码的净重来进行测量的。它的测量精度很高（允许误差可小到 $0.02\% \sim 0.05\%$），测量范围宽，但结构较复杂，价格较贵，一般作为压力基准器，用来校验工程用压力表和一般标准压力表。

下面主要介绍几种常见的弹性式压力仪表、电气式压力仪表的测量原理，并通过介绍压力仪表的选用及安装，给出一般检测仪表的选型原则和安装常识。

1. 弹性式压力仪表

弹性式压力仪表是利用各种弹性元件感受被测压力，将被测压力转换成弹性元件的变形，通过测量变形来测得压力。这类仪表具有结构简单、使用方便、牢固可靠、价格低廉、测量范围广以及有足够的测量精度等优点，若附设附加机构（如记录机构、控制元件或电气转换装置）则可制成压力记录仪、电接点压力表和远传压力表等，因此，它是应用最广泛的一种测压仪表。其缺点是弹性元件具有弹性后效现象（在突然加载或卸载时形变不是立即产生或消失），因此不适于测量高速脉动压力。

随压力测量范围的不同，各种弹性式压力仪表所用的弹性元件也不同。常用的弹性元件如图 4-4 所示。其中薄膜式（波纹膜片或膜盒等）和波纹管适合于微压和低压测量，弹簧管

可用于高、中、低压及真空度的测量。

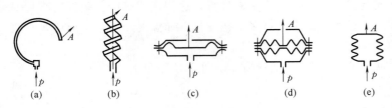

图 4-4　常用各种弹性元件

(a) 单圈弹簧管　(b) 多圈弹簧管　(c) 波纹膜片　(d) 膜盒　(e) 波纹管

注：p、A 含义见式 (4-5)。

下面仅介绍弹簧管式压力仪表的结构和测量原理。

单圈弹簧管压力仪表的结构及原理如图 4-5 和图 4-6 所示，其测压元件是一根弯成 270° 的圆弧的空心金属弹簧管，管的截面形状通常为扁圆形或椭圆形。弹簧管的一端（B 端）封闭，称为自由端；另一端（A 端）固定在接头 p 上，称为固定端，作为被测压力的输入端。当通入被测压力 p 时，椭圆截面的金属弹簧管产生向外的扩张变形，从而使自由端产生位移（由位置 B 移向 B′）。由于输入压力与弹簧管自由端的位移成正比，所以通过测得 B 点的位移量来反映被测压力的大小。

弹簧管自由端的位移通过拉杆 2 使扇形齿轮 3 绕支点作逆时针偏转，于是指针 5 通过同轴的中心齿轮 4 的带动而作顺时针偏转，在刻度盘 6 上指示出被测压力 p 的数值。游丝 7 的作业是为了消除齿轮传动间隙，以减小仪表的变差。通过改变调整螺钉 8 的位置，可改变机械传动的放大系数，从而实现压力表量程的调整。为提高仪表的灵敏度，可采用多圈弹簧管作为测压元件。

弹簧管压力表，多为就地指示仪表，若在弹簧管压力表的指针上设置一个电触点，在刻度盘上另设两个带触点的可调指针（上、下限指针），将三个电触点与信号控制电路接通，即可构成电接点式压力表，从而实现对压力的极限报警或组成开关联锁保护系统。

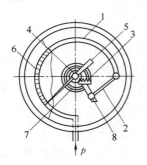

图 4-5　弹簧管压力仪表

1—单圈弹簧管　2—拉杆　3—扇形齿轮　4—中心齿轮
5—指针　6—刻度盘　7—游丝　8—调整螺钉

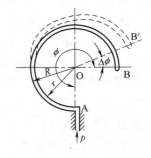

图 4-6　弹簧管测压原理

2. 电气式压力仪表

为适应现代工业过程对压力测量信号进行远传的要求，可在上述弹性式压力仪表的基础上，附加一些转换装置，使弹性元件自由端的位移转换成相应的电信号，从而构成各种弹性式电远传压力仪表，如电感式、霍尔片式压力仪表等。但这类压力仪表由于弹性元件的弹性后效现象，因此不适于测量高速变化的脉动压力，因而出现了各种直接将压力转换成电信号的电气式压力仪表，如应变片式、电容式、压阻式压力仪表等。这些电气式压力仪表一般制成变送器形式，由压力传感器和信号处理电路两部分组成。压力传感器的作用是把压力信号检测出来，并转换成电信号；而信号处理电路是把相应的各种电信号进行放大和转换，输出标准电信号，便于远传。因此，这种电气式压力变送器可方便地实现压力的集中显示、报警和控制。

（1）电容式压力（差压）变送器

电容式差压变送器采用差动电容作为检测元件，其测量部件采用全封闭焊接的固体化结构，转换放大部分只是集成电路板，无机械传动，因此具有结构简单、性能稳定、可靠性和精度高的优点。

电容式差压变送器构成框图如图 4-7 所示，由测量部分和转换放大两部分组成。输入差压 Δp 作用于测量部件的感压膜片，使其产生位移，从而使感压膜片（可动电极）与两固定电机所组成的差动电容的电容量变化。电容量的变化由电容—电流转换电路转换成直流电流信号，该电流信号与调零、迁移信号的代数和同反馈信号进行比较后，其差值经放大电路得到整机输出电流信号 $I_\circ$。

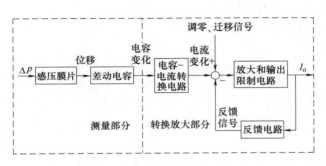

图 4-7　电容式压力（差压）变送器构成框图

电容式压力（差压）变送器的具体结构及测量原理如下：

图 4-8 为电容式压力变送器的传感部分的结构原理，它由正、负压测量室和差动电容检测元件（膜盒）等部分组成。其作用是把被测差压 Δp 转换成电容量的变化。

主要部件是一个差动电容检测膜盒。中心感压膜片作为差动电容器的可动电极，它焊接在两个杯体之间。在内球面形的两块杯体表面蒸镀一层弧型金属薄膜作为正、负压侧弧形电极（即固定电极），在可动电极的两侧与两边的隔离膜片之间形成了两个充液室，为正、负压测量室，内充硅油作为传压介质。这样可动电极与两侧的固定电极之间就可构成两个电容 C_1 和 C_2，在无差压输入时，有 $C_1 = C_2$。

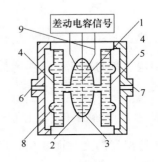

图 4-8　测量部件结构

1—可动电极　2—正压侧固定电极
3—负压侧固定电极　4—正压侧隔离
膜片　5—负压侧隔离膜片　6—正压
导压口　7—负压导压口　8—填
充液（硅油）　9—电极引线

当被测差压（$\Delta p = p_1 - p_2$）通过正、负压侧导压口引入正、负压室，作用于正负压侧隔离膜片上时，使硅油向右移动，使中心膜片向右产生微小位移 ΔS，如图 4-9 所示。

输入差压与中心感压膜片 ΔS 的关系可表示为：

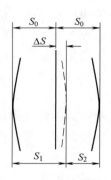

图 4-9　差动电容
变化示意图

$$\Delta S = K_1 \Delta p \tag{4-6}$$

式中 K_1 为由膜片材料特性和结构参数所确定的系数。

设中心感压膜片与两边固定电极之间的距离分别为 S_1 和 S_2。

当被测差压 $\Delta p = 0$ 时，感压膜片与两边固定电极之间的距离相等。其间距为 S_0，则有 $S_1 = S_2 = S_0$。

当有差压输入时，即 $\Delta p \neq 0$ 时，由于感压膜片产生位移 ΔS，则有：

$$S_1 = S_0 + \Delta S \quad \text{和} \quad S_2 = S_0 - \Delta S \tag{4-7}$$

若不考虑边缘电场的影响，感压膜片与两边固定电极构成的电容 C_1 和 C_2 可近似地看成平板电容器。其电容分别为：

$$C_1 = \frac{\varepsilon A}{S_1} = \frac{\varepsilon A}{S_0 + \Delta S} \tag{4-8}$$

$$C_2 = \frac{\varepsilon A}{S_2} = \frac{\varepsilon A}{S_0 - \Delta S} \tag{4-9}$$

式中　ε——极板间介质的介电常数

A——固定极板的面积

则两电容之差为：

$$\Delta C = C_2 - C_1 = \varepsilon A \left(\frac{1}{S_0 - \Delta S} - \frac{1}{S_0 + \Delta S} \right) \tag{4-10}$$

可见两电容的差值与感压膜片的位移 ΔS 呈非线性关系。但若取两电容之差与电容之和的比值，则有：

$$\frac{C_2 - C_1}{C_2 + C_1} = \frac{\varepsilon A \left(\dfrac{1}{S_0 - \Delta S} - \dfrac{1}{S_0 + \Delta S} \right)}{\varepsilon A \left(\dfrac{1}{S_0 - \Delta S} + \dfrac{1}{S_0 + \Delta S} \right)} = \frac{\Delta S}{S_0} = K_2 \Delta S \tag{4-11}$$

式中　$K_2 = 1/S_0$

显然，差动电容的相对变化值 $\dfrac{C_2 - C_1}{C_2 + C_1}$ 与位移 ΔS 呈线性关系，因此实际上转换放大电路是将这一相对变化值转换为标准信号输出。

式（4-11）还表明：

① 差动电容的相对变化值 $\dfrac{C_2 - C_1}{C_2 + C_1}$ 与介质的介电常数 ε 无关。这一点尤其重要，因为 ε 会随环境温度的变化而变化，现在 ε 不出现在式中无疑可大大减少环境温度变化对变送器性能的影响。

② 差动电容的相对变化值 $\dfrac{C_2 - C_1}{C_2 + C_1}$ 与 S_0 有关。S_0 越小，差动电容的相对变化量越大，即变送器的灵敏度越高。

将式（4-6）代入式（4-11）中可得差动电容的相对变化值与被测差压 Δp_i 的关系为：

$$\frac{C_2 - C_1}{C_2 + C_1} = K_1 K_2 \Delta p \tag{4-12}$$

应当指出，在上述讨论中，并没有考虑分布电容的影响。事实上分布电容的存在会给变送器带来非线性误差，为了保证测量精度，一般是在转换电路中加以克服。

如图 4-8，如果负压室接大气，正压室接某点压力，则差压变送器就成为压力变送器。

（2）转换放大电路组成

转换放大电路的作用是将差动电容的相对变化值转换成标准输出信号。此外，还应实现零点调整、零点迁移、量程调整、阻尼调整等功能。其原理框图如图 4-10 所示。

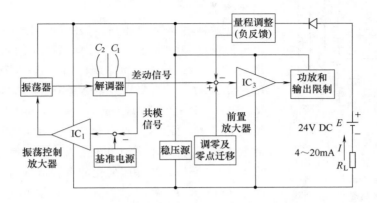

图 4-10　转换放大部分电路原理框图

该电路包括电容-电流转换电路及放大部分。它们分别由振荡器、解调器、振荡控制放大器以及前置放大器、调零与零点迁移电路、量程调整电路（负反馈电路）、功放与输出限制电路组成。

差动电容器由振荡器供电，经解调（即相敏整流）后，输出两组电流信号：一组为差动信号；另一组为共模信号。

差动信号随被测差压 Δp_i 而变化，此信号与调零、调迁移及调量程信号（即负反馈信号）叠加后送入运算放大器 IC_3，再经功放和限流后得到 $4\sim20\text{mA DC}$ 的标准信号输出。

共模信号与基准电压进行比较，其差值经 IC_1 放大后，作为振荡器的供电，通过负反馈使共模信号保持不变。可以证明（从略），当共模信号为常数时，能保证差动信号与输入差压之间成单一的比例关系。

从图 4-10 中可看出整个电路由单一的 24V DC 电源供电，负载电阻 R_L 串联在输出回路中，所以该变送器是按两线制方式工作的（变送器与控制室接收仪表之间仅用两根导线传输，这两根导线既是电源线，也是信号线；而四线制则是电源和信号各用两根线，如四线制温度变送器）。

电容式压力（差压）变送器具有安装使用方便、精度高（可达 0.2 级）、性能稳定、坚固耐振、过载保护好、安全防爆等特点，在工业中得到广泛使用。

（3）扩散硅式压力（差压）变送器

扩散硅式压力仪表是采用硅杯压阻传感器为敏感元件，故亦称压阻式压力仪表。它也是无机械传动的变送器，因此具有体积小、重量轻、结构简单和稳定性好的优点，精度也较高。

变送器包括测量部件和放大线路两部分。

测量部件如图 4-11 所示。敏感元件是利用单晶硅的压阻效应而制成的，硅杯 5 是由两片研磨后胶合成杯状的单晶硅片组成，单晶硅片是采用集成电路技术，在单晶硅膜片上经过扩散、掺杂、掩膜等工艺，在特定方向上制成一组电阻，并将这组电阻接成桥路。硅杯两面浸在硅油 3 中，硅油和被测介质之间用金属隔离膜片 4 分开。硅杯上的各电阻通过金属丝连

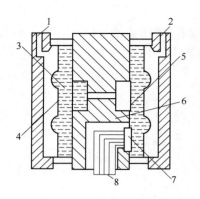

图 4-11　测量部件结构图
1—负压导压口　2—正压导压口
3—硅油　4—隔离膜片　5—硅杯
6—支座　7—玻璃密封　8—引线

到印制电路板上，再通过玻璃密封 7 部分引出。当有被测压力（或差压）时，膜片将驱使硅油移动，并把压力传递给硅杯压阻传感器，于是传感器上的不平衡电桥就有电压信号输出。

变送器电路原理如图 4-12 所示。图中不平衡电桥由恒流源供电，桥路总电流 1mA，每支路电流各为 0.5mA。R_{s1}、R_{s2}、R_{s3} 和 R_{s4} 为应变电阻。硅杯未受压时，$R_{s1} = R_{s2} = R_{s3} = R_{s4}$。当变送器输入差压信号，使硅杯受压时，$R_{s1}$ 和 R_{s3} 的阻值增加，而 R_{s2} 和 R_{s4} 的阻值减小。于是电桥失去平衡，此时 A 点电位降低，而 B 点电位升高。运算放大器 IC 将此不平衡电压放大，并控制晶体管 BG 使输出电流 I_e 增加，在差压变化的量程范围内，晶体管 BG 的发射极电流 I_e 为 $3 \sim 19\text{mA}$，故输出总电流 I_o 便是 $4 \sim 20\text{mA}$。

由图可知，BG 的发射极电流取自电桥的一个臂，这就是说，将有 $3.5 \sim 19.5\text{mA}$ 的电流从 R_f 上流过。当输入差压增加而使输出电流增加时，这个电流在 R_f 上形成的压降会使 B 点电位降低，因而对 IC 的输入端而言是负反馈作用，这样就保证了变送器电路具有比例的变换关系。

由图可知，该变送器也是两线制工作方式，实际电路中还有零点调整、零点迁移和量程调整等电路，这里从略。

这种压力变送器具有精度高（0.1级）、温度稳定性好、使用维修方便、抗干扰能力强等优点，在工业上也得到广泛应用。

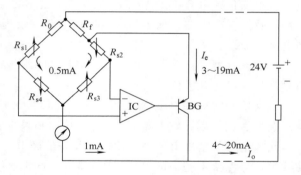

图 4-12　扩散硅式差压变送器电路原理图

3. 智能压力（差压）变送器简介

（1）概述

采用微处理器和先进传感技术的智能变送器是新型现场变送仪表，其精度、稳定性、可靠性均比常规模拟变送器优越。智能变送器现在可以分为两类，一类是混合式智能变送器，它可输出模拟和数字两种信号，而且通过通信网络可与上位机连接，满足集散控制系统的应用要求；另一类是真正的智能变送器，即现场总线型全数字式智能变送器，以适应现场总线控制系统的发展需要，这一类尽管有产品推出，但还不够完善。本书中介绍的智能变送器主要是市场上出现并且广泛应用的混合式智能变送器。

不同厂商的智能变送器，其传感元件、结构原理、通信协议是不同的，也各有自己的制造技术和专利技术，但总的来说，不管哪一公司的产品，采用何种传感元件和通信协议，基本特点是近似的。归纳几个方面如下。

① 硬件方面。在硬件上，智能变送器与它的上一代产品相比有很大的不同，它采用微机械电子技术加工生产。在测量部件中，除了传感元件外，一般还装有补偿用的测温元件。

产品采用了超大规模集成电路，微处理器、存储器、通信电路、A/D 及 D/A 转换电路都集成在一块专用的集成电路板上，因而仪表结构紧凑，可靠性高，体积却做得很小。

② 技术性能。与传统的变送器相比，其性能得到很大提高。由于采用了微处理器，仪表输入输出的非线性校正、温度、静压特性的补正不再单靠硬件来实现，可用软件来补偿，因而仪表的精度很高，测量范围很宽。其他如温度特性、防水、防尘、防电磁干扰性能也有很大提高，而且还有自诊断功能、发固定输出信号等。

③ 通信与远程维护。智能变送器可以与现场通信器（又称智能终端、数据设定器等）或计算机控制系统（如 DCS）之间实现数字双向通信，这种双向通信可实现如下功能：a. 组态：可以设定变送器的编号、工程单位、量程、线性/平方根输出形式、阻尼时间等。b. 诊断：可以对组态、通信、变送器或过程中出现的问题进行诊断。c. 校验：可以校验变送器的输出或对现有的过程输入值整定零点。d. 显示：可以显示变送器存储器中的信息。

这种具有远程通信的方法，减少了维修成本，并可使操作人员不进入危险区域对现场变送器完成操作，实现远程维护，与传统的模拟变送器相比操作方便，省时省力。

（2）智能压力（差压）变送器的组成

智能压力（差压）变送器的产品类型较多，如采用压阻原理的霍尼韦尔公司 ST3000/900 系列和横河的 EJA 系列智能变送器。下面仅以采用电容式原理的罗斯蒙特公司 3051C 型智能压力（差压）变送器为例介绍其组成。其组成如图 4-13 所示。该变送器选用高精度电容式传感器，其测量原理见本节电容式压力（差压）变送器。

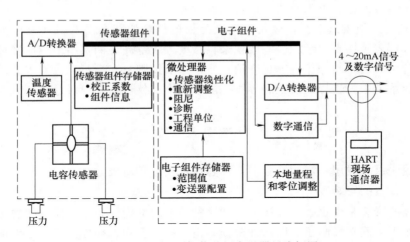

图 4-13 3051C 型智能差压变送器组成框图

传感器组件中电容室采用激光焊封，并在机械、电子和热力上独立于过程介质和外部环境，既消除了静压影响，也保证了电子线路的绝缘性。传感组件中增加了温度测量，用于补偿热效应，提高测量精度。在变送器的生产过程中，所有传感器要经过压力温度的循环测试，由此产生正确的温度校正系数，存入传感组件的存储器中。传感器工作时，传感组件将差压通过 A/D 转换成数字量，此数字信息连同传感器组件存储器中的校正系数一并送入电子组件模块。

变送器的电子部件安装在一块电路板上，使用专用集成电路（ASIC）和表面封装技术。微处理器完成传感器的线性化、温度补偿、数字通信、自诊断等功能处理后得到与被测差压有线性关系的数字信号，经过 D/A 转换成 4～20mA DC 模拟标准输出，同时输出的数字信号通过数字通信技术叠加在由 D/A 输出的 4~20mA DC 信号线上。通过现场通信器（数据设定器）或任何支持 HART 通信协议的上位机可读出此数字信号。

4. 压力仪表的选用、安装及校验

（1）压力仪表的选用

一般检测仪表的选用，主要是根据工业生产过程的技术条件、介质特点、生产要求等，以可靠、经济为原则，合理选择仪表的类型、量程和精度等级。

① 仪表类型的选择。仪表类型的选择主要从三方面来考虑：一是被测介质的性质，如温度、压力的高低，黏度大小，脏污程度，是否有腐蚀性、易燃易爆和结晶性能等；二是现场环境条件，如高温、低温、电磁场、振动、腐蚀性、湿度等；三是对信号的要求，如是一般的现场指示，还是远传集中显示、报警、控制等。

② 仪表量程的确定。仪表量程是指该仪表对被测变量的测量范围，即上、下限值，其确定原则是仪表上限值应稍大于被测变量的最大值。以弹性式压力仪表为例，为了延长仪表的使用寿命，避免弹性元件因受力过大而损坏，在确定量程时要使压力表的上限值高于工艺生产中可能出现的最大值。根据"化工自控设计技术规定"，在测量稳定压力时，最大工作压力不应超过测量上限值的 2/3；在测量压力波动较大的压力时，最大工作压力不应超过测量上限值的 1/2；测量高压时，最大工作压力不能高于测量上限值的 3/5。为了保证测量精度，所测压力不能太接近于仪表的下限值，一般被测压力的最小值不能低于仪表满量程的 1/3。根据以上原则，初步计算出仪表的上、下限值后，再根据标准系列，查阅有关产品样本，最终确定仪表的上、下限数值，即仪表的量程。

③ 仪表精度等级的选取。仪表精度等级是根据仪表的基本误差限（绝对误差与仪表量程之比用百分数表示）来表示的。一般说来，精度等级越高，测量结果越准确可靠，但精度越高，仪表价格越贵，其操作维护越麻烦。所以选取原则是在满足工艺要求的前提下，在国家标准规定的系列中，选择近而小的等级。国家规定的仪表精度等级系列划分大致如下：

低 ← - → 高

4.0、2.5、1.5、1.0、0.5、(0.35)、0.2、0.1、0.05、0.02、0.005

一般工业仪表　　　　　二级标准　　　　　一级标准

仪表精度等级一般用一定的符号形式标志在仪表标尺面板上。

（2）压力仪表的安装

压力仪表的安装是否正确，直接关系到测量结果的准确性和压力仪表的使用寿命。一般在安装时要做到正确选择测压点以保证检测的正确性，合理选择导压管及正确铺设，确保安全可靠，便于维护和检修。

压力仪表在安装中应注意到的几个主要问题：

① 所选择的测压点要有代表性，应能正确反映被测压力的真实大小。一般要选在被测介质直线流动的管道部分，不要选在管路拐弯、分叉、死角或其他易形成旋涡的地方。测量流动介质的压力时，应使取压点与流动方向垂直，取压管内端面与生产设备连接处的内壁应保持平齐，不应有凸出物或毛刺。测量液体压力时，取压点应在管道下部，使导压管内不积存气体；测量气体压力时，取压点应在管道上方，使导压管内不积存液体。

② 导压管应保证传递压力的精确性和快速性。管道一般由紫铜管、尼龙管或钢管敷设，内径为 6~8mm，管道不能太细，否则增加滞后，管道长度不应超过 50m，如超过 50m，应选择能远距离传送的压力仪表。导压管水平安装时应保证 1∶10~1∶20 的倾斜度，以利于

积存于其中的液体（或气体）的排出。

③ 取压口到压力仪表之间应装有切断阀（或三通阀），以备检修压力仪表时使用。切断阀应装设在靠近取压口的地方。

④ 被测压力波动频繁、剧烈时（如泵、压缩机的出口压力），则应装缓冲器或阻尼装置（如用阻尼阀或扩大管加阻尼小孔）。

⑤ 压力仪表的连接处应加装密封垫片，以防泄漏。密封垫片的材料应根据被测压力的高低和介质性质来选择适当的材料（如石棉纸板、铝片、退火紫铜片或铅片等）。

⑥ 在测量蒸汽压力时，应加装冷凝装置，以防止高温蒸汽与测压元件直接接触，如图4-14（a）。对于有腐蚀性的介质的压力测量，

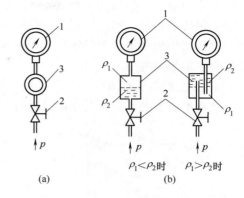

图 4-14　压力仪表安装示意图
(a) 测量蒸汽时　(b) 测量有腐蚀性介质时
1—压力仪表　2—切断阀　3—凝液管（或隔离罐）

应加装充有中性介质的隔离罐，图 4-14（b）表示了被测介质密度 ρ_2 大于和小于隔离液密度 ρ_1 的两种情况。总之，要根据被测介质的不同性质（如高温、低温、腐蚀性、脏污、结晶、沉淀、黏稠等）采取相应的防高温、防冻、防腐、防堵等措施。

⑦ 压力仪表应安装在易观察或检修的地方，并力求避免高温和振荡的影响。

⑧ 当被测压力较小，而压力仪表与取压口又不在同一高度时，对由此高度而引起的测量误差应按 $\Delta p = \pm H \rho g$ 进行修正。式中 H 为高度差，ρ 为导压管中介质的密度，g 为重力加速度。

⑨ 差压变送器的安装可参见液位和流量的测量与控制章节。

（3）压力仪表的校验

压力仪表在长期使用中，会因弹性元件疲劳、传动机构磨损及化学腐蚀等造成测量误差，因此要定期对压力仪表进行校验，新压力仪表在安装使用前也要校验。校验工作是将被校压力仪表与标准压力仪表在相同条件下的比较过程。

对于弹性式压力仪表，通常采用标准压力仪表或活塞式压力仪表作为"标准器"进行一般压力仪表的校验；差压变送器可采用便携式差压变送器校验仪进行现场校验，智能差压变送器可用现场通信器或支持该智能仪表通信协议的上位设备方便地设定和校正。

（二）压力控制系统

1. 压力控制方案及特点

在制浆造纸生产过程中，根据生产工艺的要求，某些管道或设备的压力需要进行自动控制。这些被控对象的介质有液体、气体和蒸汽，通常有两种情况：一种是气罐的压力如蒸球，蒸煮锅，贮气罐等；另一种是某一段管道的压力，如通往造纸机烘缸的蒸汽管道等。前者由于体积大、容量大，因此表示其惯性大小的时间常数就要大一些，控制起来相对就要呆滞一些；后者由于容积很小，所以时间常数相对要小一些，控制起来也就灵敏一些。如果把压力控制对象与其他控制对象（如温度）相比，这两种情况下压力的控制过程是比较快的，时间常数都不算大，特别是在制浆造纸生产过程中，需要压力控制的对象特性都不算太复杂（如滞后和惯性都不太大），系统的结构也比较简单，而多数为单容对象。因此只要仪表本身测量与控制性能良好，安装与整定参数正确，一般来说，压力控制都是比较容易实现的。

根据压力被控对象的这个特点，一般组成压力系统的控制方案多为简单控制系统，其控制器常采用比例积分（PI）控制器，因反应已较快，一般不加微分作用。相反，当压力对象因时间常数太小使系统过于灵敏而产生振荡时，可加入反微分作用来降低系统的灵敏性而使过渡过程变得平稳些。

2. 压力控制系统举例

一般造纸机上的纸页是利用蒸汽进行干燥，烘缸表面温度直接影响着纸页水分的稳定。

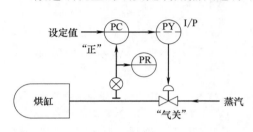

图 4-15　蒸汽管道压力控制

由于蒸汽压力与温度之间有一定的函数关系，并且压力较温度动态响应快，所以，一般要对送往烘缸的蒸汽管道内压力进行控制，以克服锅炉或配汽站来的蒸汽压力波动，从而保证纸张的产量和质量。

如图 4-15 为用 DDZ-Ⅲ型电动单元组合仪表组成的烘缸蒸汽压力的简单控制系统图。压力变送器 PT 将进入烘缸的蒸汽压力转换成 4~20mA DC 的标准信号，送往控制器 PC 进行调节，并同时送往记录仪表 PR 进行记录；控制器的输出信号通过电/气转换器 PY 转换成气动信号（0.02~0.1MPa）送到气动薄膜调节阀，通过调节阀的开大或关小来改变蒸汽流量以稳定蒸汽压力。

二、液位的测量

液位是指密闭容器或开口容器中液体液面的高度。如在造纸工业中，有各种桶、罐、池、仓、塔等容器，为了计量物料的消耗、成品的产量、减小中间储备容器以及保证生产过程的安全和连续性，必须对上述各容器的液位进行测量与控制。

（一）液位测量仪表的分类与原理

液位的测量仪表种类很多，常见的测量仪表根据测量方法大致可分为以下几类：

① 直读式。根据连通器原理，在容器旁装有旁通管，则管内液位与容器内液位高度相同，通过管上刻度可直接读出液位高低。如玻璃管或玻璃板式液位仪表，其中玻璃板式还可将玻璃板直接镶嵌在容器的表面。

② 浮力式。浮力式液位仪表利用浮子高度随液位变化而改变或液体对沉于液体中的浮子（或称沉筒）的浮力随液位的高度而变化的原理工作的，如浮标式液位仪表和沉筒式液位仪表。

③ 静压式。根据流体静力学原理，对于不可压缩的液体，液柱的高度与液体的静压成比例关系。因此可通过测量液体的静压（或静压差）来测知液位的大小。如差压式液位仪表、吹气式液位仪表等。

④ 电磁式。电磁式液位仪表是将液位的变化转换成传感器的电阻、电容、电感等的变化，然后通过测量这些电变量的变化来测知液位。如电阻式（即电极式）、压阻式、电容式和电感式液位仪表等。

随着技术的进步和生产的发展，不断涌现出各种新型的液位测量仪表，超声波、激光、微波、射流、核辐射等检测技术已广泛应用在液位的测量中，产生了如超声波、激光、核辐射式、雷达等液位仪表。

下面主要介绍几种常见的液位测量仪表。

1. 差压式液位仪表

对于不可压缩流体，其密度不变，液柱的静压与液位高度成正比，只要测定了液柱的静压就可以测定液位。

（1）测量原理

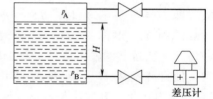

差压式液位仪表就是利用液面高度变化时，由液柱产生的静压也产生相应变化的原理来工作的。图 4-16 为用差压变送器测量密闭容器液位的原理示意图。

当差压变送器的正压室接液相，负压室接气相

图 4-16　差压式液位仪表原理

时，根据流体静力学原理可知：

$$p_B = p_A + H\rho g \tag{4-13}$$

式中　p_A、p_B——分别为液面上部 A 点和液面下 H 深度处的压力

$\quad\quad\quad H$——被测液面高度

$\quad\quad\quad \rho$——被测液体介质密度

$\quad\quad\quad g$——重力加速度

由式（4-13）可得 A、B 两点的压力差为

$$\Delta p = p_B - p_A = H\rho g \tag{4-14}$$

一般情况下，被测介质的密度为常数，故差压变送器测得的差压与液位高度成正比。

若是测量敞口容器的液位，由于气相压力为大气压，则使差压变送器的负压室通大气即可，这时也可直接用压力仪表来测量液位的高低。

（2）使用中注意的问题

1）零点迁移问题

在用差压变送器测量液位时，对于无腐蚀性、气相不易冷凝的被测介质，一般情况下差压变送器的安装如图 4-16 所示，其正压室的取压口正好与容器的最低液位（$H=0$）处于水

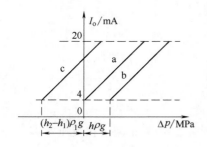

平位置，这时压差 Δp 与液位高度 H 成正比，即式（4-14）。以采用 DDZ-Ⅲ 型电动仪表为例，当 $H = H_{min} = 0$ 时，作用于正、负压室的压力相等，即 $\Delta p = 0$，变送器输出其零点数值（4mA DC），当 $H = H_{max}$ 时，压差达到最大 Δp_{max}，变送器输出信号最大值（20mA DC），这种情况称"无零点迁移"，其特性曲线如图 4-17 中曲线 a 所示。

图 4-17　正负迁移特性意图

但是在实际应用中，Δp 与 H 的对应关系不是如式（4-14）那么简单。这时候就需要对仪表的零点进行迁移，下面以采用 DDZ-Ⅲ 电动差压变送器为例讨论两种具体测量液位的情况。

A. 正迁移情况

有时由于仪表的安装空间受到某种限制，而使变送器测量室位置与容器的最低液位不处在同一水平位置，如图 4-18 所示，变送器安装位置比 $H_{min} = 0$ 低 h，这时变送器正、负压室的压力分别为：

$$p_+ = H\rho g + h\rho g + p_气$$

$$p_- = p_气$$

则正、负压室的压力差为

$$\Delta p = p_+ - p_- = H\rho g + h\rho g \qquad (4\text{-}15)$$

式（4-15）与式（4-14）相比，Δp 中多出一项 $h\rho g$（正值）。这样，当液位对应于测量下限（即 $H = H_{min} = 0$）时，$\Delta p = h\rho g$。由于 $h\rho g$ 的作用，使得变送器的输出将大于零输出值（4mADC）；同样，当 $H = H_{max}$ 时，变送器的输出亦大于满量程值（20mA DC）。显然，这种情况下变送器的输出信号不能正确反映液位的高低，必须设法抵消掉固定差压 $h\rho g$ 的作用，使得液位从 H_{min} 到 H_{max} 变化时，变送器的输出信号在统一标准信号（4～20mA DC）范围内变化。其方法是调整差压变送器中的零点迁移装置，抵消掉固定差压 $h\rho g$ 的作用，这种措施称为"零点迁移"。在这种情况下，通过零点迁移后的特性曲线如图 4-17 中曲线 b 所示，当 $H = 0$ 时，$I_0 = 4$mA DC，$H = H_{max}$ 时，$I_0 = 20$mA DC。因为固定差压 $h\rho g$ 为正值，与无迁移情况（曲线 a）相比，特性曲线向正方向平移了一段距离，因此称之为正迁移。

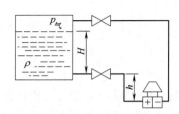

图 4-18　正迁移示意图

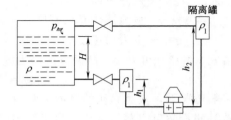

图 4-19　负迁移示意图

B. 负迁移情况

在测量密闭容器液位时，为防止被测液体和蒸发气体进入变送器而造成管线堵塞或腐蚀，或为了保持负压室的液柱高度（蒸发气体冷凝液）恒定，在变送器的正或负压室与取压点之间一般要设置冷凝罐或隔离罐（充满冷凝液或隔离液），如图 4-19 所示。若被测介质的密度为 ρ，隔离液的密度为 ρ_1，这时正、负压室的压力分别为：

$$p_+ = H\rho g + h_1\rho_1 g + p_{气}$$
$$p_- = h_2\rho_1 g + p_{气}$$

则正、负压室之间的压差为

$$\Delta p = p_+ - p_- = H\rho g - (h_2 - h_1)\rho_1 g \qquad (4\text{-}16)$$

式中，h_1、h_2 为正、负压室隔离罐液位到变送器的高度。

同样，和无迁移情况相比，这时压差减小了 $(h_2 - h_1)\rho_1 g$ 项，相当于在负压室多了一项压力。这样，当 $H = H_{min} = 0$ 时，变送器输出信号将小于零值（4mA DC），而当 $H = H_{max}$ 时，变送器输出必定小于 20mA DC。同正迁移一样，必须设法抵消掉 $(h_2 - h_1)\rho_1 g$ 项，方法也是通过变送器的零点迁移装置将变送器的输出迁移到 4～20mA DC 信号范围内，只不过是向负方向迁移，其特性曲线如图 4-17 中曲线 c 所示。与无迁移情况（曲线 a）相比，特性曲线向负方向平移了一段距离，因此称之为负迁移。

通过上述正迁移和负迁移两种情况的分析可发现，在零点迁移过程中，变送器的量程上、下限同时发生改变（正向平移或负向平移），而量程的大小并没改变。

需要指出的是，进行零点迁移时要注意所选变送器是否带迁移装置及迁移量的大小限制。

2）法兰差压变送器的选用

在用差压法测量液位时，一般情况下用导压管与被测介质直接相连，即采用普通差压变送器。但当被测介质黏性很大、容易沉淀、结晶或具有很强的腐蚀性时，用普通差压变送器就可能引起导压管的堵塞或仪表被腐蚀。为了适应生产的需要，在普通差压变送器的基础上，把测量部分的结构作相应的改进，生产出了供液位测量用的法兰式差压变送器。

法兰式差压变送器是用法兰直接与容器上的法兰相连接，如图 4-20 所示，作为敏感元件的测量膜盒 1（膜片感受被测介质压力，在膜片表面附贴防腐材料时可测量腐蚀性介质），经毛细管 2 与变送器 3 的测量室相通，在由膜盒、毛细管和测量室所组成的密闭系统内充有硅油，作为传压介质，这样就避免了被测介质与导压毛细管和测量室的直接接触而引起的堵塞和腐蚀问题。法兰式差压变送器的结构形式有单法兰和双法兰两种，其构造又有平法兰和插入式法兰两种（图 4-20 中所示为上边平，下边插入式双法兰差压变送器）。

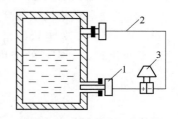

图 4-20 法兰式差压变送器
测量液位示意图
1—测量膜盒 2—毛细管 3—变送器

不同的结构形式用在不同的场合，一般的选择原则为：

① 单平法兰。用于测量介质黏度大，易结晶、沉淀或聚合引起堵塞的场合。

② 插入式法兰。测量介质有大量沉淀或结晶析出，致使容器壁上有较厚的结晶或沉淀时，宜采用单插入式法兰。若上部容器壁和下面一样，也有较厚的结晶层时，常用双插入式法兰。

③ 双法兰。被测介质腐蚀性较强而负压室又无法选用合适的隔离液时，可用双法兰式变送器。总之，要根据被测介质不同的情况及容器是敞口还是密闭等情况具体选用。

差压式液位仪表的检测元件在容器中不占空间，只需在容器上开一个或两个孔即可，检测元件只有一、两根导压管，结构简单，安装方便，便于维护操作，工作可靠；采用法兰式差压变送器可以解决高黏度、易凝固、易结晶、腐蚀性、含有悬浮物介质液位测量问题。在不容易或不容许开孔的池、罐等液位测量中也可采用投入式液位变送器。

2. 电容式液位仪表

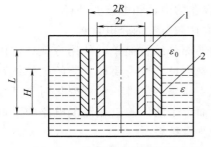

图 4-21 非导电液体液位测量
1—内电极 2—外电极

在电容器的极板之间充以不同介质时，其电容量的大小是不同的，因此，可用测量电容量的变化来检测液位或两种不同介质的液位分界面。

对于非导电介质，液位测量的电容式液位仪表原理如图 4-21 所示。在被测介质中放入两个同轴圆筒状极板 1（内电极）和 2（外电极），组成圆筒形电容器。外电极上有孔，使被测液体能流进电极之间。设被测介质的介电常数为 ε，液面以上气体的介电常数为 ε_0，当液位为零时（通过仪表调整起始液位为零）电容量为：

$$C_0 = \frac{2\pi\varepsilon_0 H_{总}}{\ln\left(\dfrac{R}{r}\right)} \tag{4-17}$$

当液位上升为 H 时，该电容器可视为液面上、下两部分电容的并联组合，电容量 C 为：

$$C = \frac{2\pi\varepsilon H}{\ln\left(\dfrac{R}{r}\right)} + \frac{2\pi\varepsilon_0(H_{总} - H)}{\ln\left(\dfrac{R}{r}\right)} \tag{4-18}$$

式中　$H_{总}$——电极板的总高度

　　　H——电极板被液体介质浸没的高度

　r、R——内、外电极的半径

液面变化时，电容器的变化量为：

$$\Delta C = C - C_0 = \frac{2\pi(\varepsilon - \varepsilon_0)}{\ln\left(\dfrac{R}{r}\right)} H = KH \tag{4-19}$$

因此，电容量与液面高度 H 呈线性关系，因此，可通过测量该电容值的变化便可知液位的高低。式（4-19）中 K 为比例系数，代表仪表的灵敏度，它与 $(\varepsilon - \varepsilon_0)$ 和 R/r 有关，ε 和 ε_0 相差越大，R 与 r 越相近，即两极间距离越小，仪表就越灵敏。

如果被测介质为导电液体（如纸浆），可采用金属棒作为内电极，其表面覆盖一层绝缘套管作为中间介质，被测的导电液体与金属容器壁一起作为外电极，从而构成圆筒形电容器，如图 4-22 所示，其原理同上。

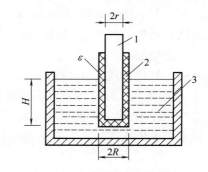

图 4-22　导电液体液位测量

1—内电极　2—绝缘套管　3—导电液体

上述电容测量液位的方法也可用于粉状、颗粒状、碎片状（如制浆原料木片）等料位的测量，但由于固体物料的流动性差，不能采用图 4-22 所示的双圆筒式电极，通常采用一根电极棒与金属容器壁构成电容器的两电极，如图 4-23 所示。其电容的变化量 ΔC 与被测料位 H 的关系为：

$$\Delta C = \frac{2\pi(\varepsilon - \varepsilon_0)}{\ln\left(\dfrac{D}{d}\right)} H = KH \tag{4-20}$$

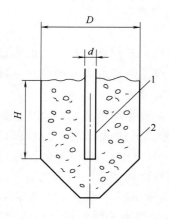

图 4-23　电容式料位计

1—内电极　2—外电极

式中　D、d——分别为容器的内径和电极的外径

　　　ε、ε_0——分别为物料和空气的介电常数

电容式液位仪表的传感部分结构简单，使用方便。但由于电容变化量不大，要精确测量，还需要较复杂的电子线路来实现。此外还应注意，当介质的浓度、温度变化时，其介电常数也发生变化，由此而产生的误差应在测量电路中采取补偿措施，以得到精确的测量结果。

3. 射频导纳式液位仪表

射频导纳式液位仪表是在传统的电容式液位仪表的基础上改进而成的，它是采用用先进的射频导纳原理替代传统的纯电容原理，利用高频电流测量探头与容器两个极板之间的电容值来计算液位。

一切物质的电特性都由该物质的导电率和绝缘率表现出来，其中导电率为对某一单位体积的物质施加一定数值电压，流过该物质的电流特性；绝缘率为单位时间内流过该物质的电流特性，电特性等效电路如图 4-24 中虚线部分所示。其中 R_0 为该物质的直流电阻特性，C_0 为该物质的固有电容特性。

当对该等效电路施加一个高频电压时，每个交流周期流过该等效电路一个固定的电流，电流值为

$$I = \frac{U}{R_0 + \dfrac{1}{2\pi f C_0}} \tag{4-21}$$

式中　I——为流过等效电路的电流

　　　U——为高频电压有效值

根据这一特性组成检测电路，如图 4-24 所示。

图中 U_0 的值为：

$$U_0 = \frac{U}{1 + \dfrac{R}{R_0} + j\omega C_0 R} \tag{4-22}$$

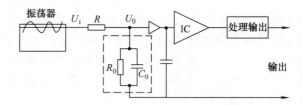

式中　U_0——被检测高频电压的有效值

　　　ω——角频率

　　　j——虚数符号

　　　R——采样电阻

图 4-24　射频导纳液位仪表检测电路

由于连续测量仪表的检测电极与地电极之间的距离是固定的，所以单位长度电极之间的阻抗和容抗也是固定的，即单位高度上无聊导纳特性为一常数。

电导＝电阻值的倒数＝$1/R$

电纳＝容抗值的倒数＝$2\pi f C = \omega C$

射频导纳式液位仪表所测出的电容为

$$C = \frac{\varepsilon A}{L} \tag{4-23}$$

式中　ε——电容两极板间介质的介电常数

　　　A——极板面积

　　　L——极板间距离

射频导纳式液位仪表即使在极端恶劣的条件下，不论是液体、固体、颗粒还是界面，都能进行可靠测量，且不受挂料、温度、压力、密度、甚至化学特性变化的影响，由于其测量所依据的世界万物都有介电常数，因而几乎能测量任何料位，在造纸行业应用越来越广泛。

4. 辐射式液位仪表

放射性同位素的辐射线（如 γ 射线）射入一定厚度的介质时，只有一部分粒子能穿透过去，大部分的射线由于粒子的碰撞和克服阻力，使粒子的动能消耗掉而被介质吸收。穿透过去的射线强度随着通过介质层厚度 d 的增加而减弱，呈指数规律变化，其关系为：

$$I = I_0 e^{-ud} \tag{4-24}$$

式中　u——被测介质对射线的吸收系数

　　　I_0、I——射线通过介质前后的强度

式（4-24）表明：当放射源和被测介质一定时，即 I_0 和 u 为常数时，只要测得通过介质后的射线强度 I，就可知被测介质的厚度 d 了。

如图 4-25 是核辐射液位仪表测量液位的原理示意图。放射源 1 射出强度为 I_0 的射线，

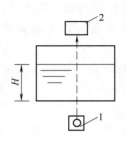

图 4-25　核辐射液位
仪表原理示意图
1—辐射源　2—接收器

接收器 2 用来检测穿透过被测介质后的射线强度 I，然后通过探测器转换成电信号输出显示，从而可知液位 H 的高低。

这种仪表由于核辐射的强穿透能力特点，在测量液位时可以完全不接触被测介质，因此适应于高温、高压、有毒、黏滞性、易爆炸、易结晶等介质的测量，并且能在高温、尘埃、强光及强电磁场等环境下工作。这种仪表尤其适合于固体物料厚度的测量（固体对射线的吸收能力大于液体），如在制浆造纸过程中，常采用这种方法测量木片料仓的料位。但由于放射线对人体有害，使用时要注意。

5. 超声波液位仪表

声波是一种可以在气体、液体和固体中传播的机械波。振动频率超过 20Hz 的声波称为超声波，由于它的振动频率高而波长短，因而具有束射特性，可以定向传播且具有很强的方向性。超声波在均匀介质中沿直线方向传播，但在不同密度的介质分界面处会产生反射，并且当分界面处两种介质密度相差较大时，超声波几乎全部被反射。利用超声波这种特性可制成超声波液位仪表。

超声波液位仪表是基于回波测距原理而工作的。图 4-26 所示为回波测距法测量液位的原理。如图所示，由超声波探头向液体和气体的分界面发射超声脉冲，经过时间 t 后，便可接收到从液面反射回来的回波脉冲。若超声波在液体中的传播速度为 v，则自超声波探头至液面的距离 H 可计算如下：

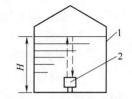

图 4-26　超声波液位仪
表的回波测距原理
1—容器　2—超声波探头

$$H = \frac{1}{2}vt \qquad (4-25)$$

超声波在一定液体中的传播速度 v 通常是已知的，因此只要测出超声波在探头与液面之间往返一次所需的时间 t，即可确定液位的高低。

超声波探头通常是基于压电效应的原理工作的。由于压电效应具有可逆性，实际应用的探头往往既作为超声波发射器又可作为超声波接收器。图 4-26 中的探头便可在发射两个相邻超声脉冲的时间间隔内，接受从液面反射回来的回波脉冲。

采用回波测距原理测量液位的关键在于声速 v 的准确性。由于超声波在介质中的传播速度与介质的密度有关，而密度又是温度和压力的函数，因此，当温度发生变化时，声速也要发生变化，而且影响较大。所以在实际的仪表中通常采取一定的校正措施。

（二）液位控制系统

1. 液位控制方案及特点

在制浆造纸过程中，液位控制对象大致有两类：一是敞口容器，如浆池、喷放仓、碱液槽、黑液槽等，大多数介质是悬浮物（纸浆）、黏度较大的黑液、有腐蚀的碱液及漂白液等。二是有压密闭容器，这类液位对象的气相有蒸汽的，如立式连续蒸煮锅内的液位、列管式换热器中冷凝水液位及锅炉汽包水位等；也有以压缩空气为气相的，如气垫网前箱的液位。

由于液位控制对象多数为简单的单容对象，控制的目的主要是保证生产过程中的物料平衡或生产的安全。所以液位控制方案比较简单，多数采用简单控制方案即可满足要求。但在确定控制方案的过程中应注意：由于被测介质的类型多、性质复杂，所以要根据介质的腐蚀性、沉淀、结晶等特点选择合适的测量方法，选用适宜的法兰式差压变送器；根据被测介质的特点和安装条件考虑变送器的迁移问题。当工艺允许液位在一定范围内波动时，液位控制系统中控制器一般选用纯比例作用，若要求较严格时可加入积分作用。调节量一般选择流入或流出物料的流量。但是在工业动力锅炉汽包液位控制中，由于对象特性及干扰因素的复杂性，简单控制系统很难满足要求，一般要组成多冲量控制系统（本质上是前馈—反馈控制系统或前馈—串级控制系统）。

2. 液位控制系统举例

在制浆造纸生产过程中，有些工序是一个连续的生产过程，如多段连续漂白、TMP 浆的生产等等。为了保证这些系统生产物料的平衡，就要对送浆池或中间塔的浆位进行自动控制，使浆位维持在给定范围内。如图 4-27 为某浆池浆位的简单控制系统方案图。

有许多中间浆池对浆位要求不高，为了降低投资，不设定值控制。但是工艺上经常要求这些浆池满池时，送浆泵要自动停止送浆。而当浆池浆位低于一定位置时，送浆泵又能开起来继续送浆。所以通常对这些浆池实现双位控制，一般选用电极式液位控制器配电磁阀实现浆位的位式控制。

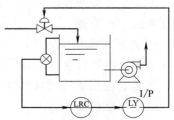

图 4-27　浆位的自动控制系统图

三、流量的测量

在制浆造纸生产过程中，许多物料平衡和能量平衡都与流量密切相关，例如，配浆过程就是在保证各种物料浓度一定的条件下，以测量和控制各种物料的流量来实现工艺条件的稳定。此外，对原料（如浆、水等）和能源（如蒸汽）进行流量测量也是改进工艺和进行经济核算的依据。

工程上，流量是指单位时间内流过管道横截面积的物料量，称为瞬时流量。可分别用体积流量（单位用 m^3/h、L/s 等）和质量流量（单位用 kg/h、t/h 等）表示。若被测介质的密度为 ρ（kg/cm^3），则体积流量 q_V 与质量流量 q_m 之间的关系为：

$$q_m = q_V \times \rho \tag{4-26}$$

除了瞬时流量外，生产上有时需要测定一段时间内流过物料的总量，称为累积流量。

测量瞬时流量的仪表称为流量仪表，若测量累积流量可在流量仪表的基础上附加积算装置进行累积或采用专门的计量、积算等仪表。

（一）流量仪表的分类与原理

根据不同工艺生产要求和被测介质的性质，要采用不同的流量测量仪表。目前工业上常用的流量测量仪表大致可分为三大类：

① 速度式流量仪表。根据流量的定义，如果已知管道横截面积 A，只要测出流体的流速 v，则可知体积流量 $q_V = A \times v$。这种通过测量流体流速来测量流量的仪表称为速度式仪表。这类仪表按其工作方式又分为两种，一种是直接测量流体的流速，例如电磁流量仪表、超声波流量仪表、相关流量仪表等；另一种是通过设置在管道内的检测变换元件（如节流装置、转子、涡轮等），将流体流速转换成与流速有一定关系的信号（如差压、位移、转速、频率等）来间接测量流量，如差压式流量仪表、转子流量仪表、涡轮流量仪表、涡街流量仪表、靶式流量仪表等。

② 容积式流量仪表。这类仪表是以单位时间内所排除的流体的固定容积的数目作为测量依据，如盘式流量仪表、椭圆齿轮流量仪表、腰轮流量仪表等。

③ 质量式流量仪表。测量流体的质量流量 q_m，这类仪表分为直接式和间接式两种。直接式就是直接测量流体的质量流量，如热式质量流量仪表、动量矩式流量仪表等，这种仪表测量流量时，不受流体的压力、温度、黏度等影响；间接式是用速度式（或容积式）仪表测得体积流量，再乘以被测流体密度（由密度计和乘法器实现）得到质量流量，故也称推导式，应用这种仪表时一般要进行温度、压力的补偿，以消除由于介质密度随温度、压力变化而产生的变异。

下面重点介绍在造纸生产过程中应用较广的差压式流量仪表、电磁流量仪表和超声波流量仪表的工作原理。

1. 差压式流量仪表

差压式流量仪表是通过设置在管道中的节流装置将流量转换成与之有一定关系的差压信号，然后通过差压变送器测取差压来测得流量。

（1）测量原理

节流装置作为差压式流量仪表的流量检出元件，直接安装在流经封闭管道的流体中，以产生与被测流量呈一定函数关系的差压信号。节流装置的形式很多，常用的有孔板、喷嘴和文丘里管，如图4-28所示。它们的结构形式、尺寸、管道条件、技术及安装要求等均已标准化，称为标准节流装置。因此，只要根据国家标准设计、加工、安装和使用标准节流装置时，即能保证流量的测量精度。此外，还有一些非标准节流装置（如1/4圆喷嘴、圆缺孔板、双重孔板等），在使用时应注意

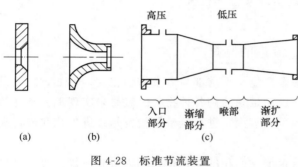

图 4-28　标准节流装置
（a）孔板　（b）喷嘴　（c）文丘里管

标定。

下面以标准孔板为例介绍其测量变换原理。

根据流体力学原理，在管道中流动的流体，由于具有一定的压力和速度，因而具有一定的静压能和动能，二者并在一定条件下可以相互转换，但参加转换的能量的总和是不变的，即遵守伯努利能量方程；流体充满管道流动时，其体积流量不变，即遵守连续性方程。

根据上述原理，流体在装有标准孔板的水平管道中流动时其静压和流速的分布情况如图4-29所示。假定流体在图示的截面Ⅰ之前以平均流速 v_1 流动，流体到达截面Ⅰ之后，由于孔板的节流作用，流束开始收缩，流通截面积缩小，流速相应增大；由于惯性，流束流过孔板后继续收缩，到截面Ⅱ处流通

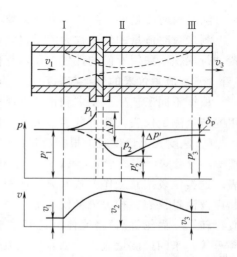

图 4-29　孔板前后的压力、流速分布图

截面积收缩至最小，此时流速 v_2 最大；然后流束开始扩大，至截面Ⅲ处恢复到原流通截面积，流速也降至 v_3。

设流体的初始静压为 p_1'，到达截面Ⅰ后，随着流束收缩，流速增大，管道中心处静压逐渐下降，至截面Ⅱ处降至最低 p_2'；与此同时，靠近孔板前管壁处，由于流体被突然阻挡，动能转换为静压能，使局部压力增高超过 p_1'。流体到达截面Ⅲ后，流束又恢复原状，但由于流体流经孔板时由于克服摩擦阻力和产生涡流等原因，流体静压并不能恢复到 p_1'，而存在一个压力损失

$$\delta_p = p_1' - p_3'$$

通过上述分析可知，流体在孔板前后截面Ⅰ和截面Ⅱ处存在静压差 $\Delta p' = p_1' - p_2'$。该压差与被测流量有一定的函数关系。因此，可通过测量该差压来间接测得流量。但流束收缩至截面Ⅱ（最小截面）的位置是随着被测流量的不同而变化的。所以，在工程上常取紧挨孔板前后的管壁压差 $\Delta p (= p_1 - p_2)$ 来代替 $\Delta p' (= p_1' - p_2')$。显然，所测得的压差与流量之间的关系与测压点及取压方式是紧密相关的。

根据流体力学的伯努利方程和流体连续性方程，可导出体积流量 q_V 与压差 Δp 之间的定量关系方程式。对于不可压缩性流体，其体积流量方程为：

$$q_V = \alpha A_0 \sqrt{\frac{2\Delta p}{\rho}} \tag{4-27}$$

式中　α——流量系数（与节流装置的结构形式、尺寸、取压方式及流体流动状态等有关）

　　A_0——节流装置的开孔截面积

　　Δp——在节流装置前后实际测得的压差

　　ρ——被测流体密度

对于可压缩性流体（如气体、蒸汽），由于流经节流装置后，由于静压的降低，其密度会变化，在上述公式中需引入一个膨胀系数 ε，并规定节流装置前流体密度为 ρ_1，则适用于可压缩性流体的体积流量 q_V 方程式为：

$$q_V = \alpha \varepsilon A_0 \sqrt{\frac{2\Delta p}{\rho_1}} \tag{4-28}$$

式（4-27）和式（4-28）称为流量的基本方程式，在此基础上，根据不同的被测流体及所采用的差压变送器形式的不同，可以推导出多种形式的实用流量方程式。

（2）差压式流量仪表的使用

由流量基本方程式可知，只有在节流装置一定（A_0 一定），流量系数、膨胀系数及流体密度确定以后，流量与差压之间才保持一定的关系。其中流量系数影响因素较为复杂。而标准节流装置的流量系数是在国家标准规定的条件下通过实验确定的。当使用标准节流装置时，如果采用标准的流量系数，则在制造安装和使用时必须符合国标准规定，才能保证流量的测量精度。

采用标准结构形式的节流装置，要采用标准的取压方式。在国家标准中，规定了两种取压方式：角接取压和法兰取压。角接取压又有两种结构形式，即环室取压和单独钻孔取压结构。标准孔板可采用角接取压和法兰取压，而标准喷嘴只规定有角接取压方式。

在安装使用时，还要注意满足一定的管道条件和安装要求，根据国家标准规定，被测流体必须充满管道并连续、稳定流动；流体进入节流件之前，流束必须与管道轴线平行，不得有旋涡流；流体流经节流装置时不应发生相变；安装节流装置的管道应该是直的圆形管道，

管道内壁应洁净，其粗糙度合乎标准规定，节流件的前后要有足够长度的直管段。标准节流装置不适合于脉动流和临界流的流量测量，仅适合于测量各种单相流体或可视为单相流体的流量，以及高温、高压介质（如蒸汽）流量的测量。还需注意，流体的密度变化也将影响流量的测量精度，因此在精确测量气体或蒸汽流量的场合，必须对因压力、温度波动所造成的密度变化予以补偿。

引压导管和差压变送器在现场安装时，必须依据不同的被测介质和工作条件安装，并要符合规定的技术要求。一方面要保证两根导压管内流体的密度相等。为此，在测量液体流量时，取压点应位于节流装置的下半部，向下倾斜与水平线夹角为 0～45°，差压变送器安装在下方，以避免从底部引压引起导管被沉淀物堵塞；若差压变送器只能安装在上方时，则必须在引压管线的最高点加装贮气罐与排空阀，以排除液体中夹杂的气泡；在测量气体流量时，取压点应位于节流装置的上部，最好引压导管垂直向上，差压变送器安装在上方，若差压变送器只能安装在下方时，则应在引压管线的最低处加装贮液罐和排放阀，以排除气体中可能夹带的液体；在测量蒸汽流量时，取压点一般从节流装置的水平位置取出，并分别安装凝液罐，以保证在两根导管中充满相同高度的蒸汽冷凝液。

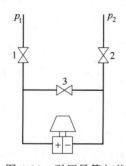

图 4-30　引压导管与差压变送器的连接

1,2—切断阀　3—平衡阀

另一方面，在导压管与差压变送器之间必须安装切断阀和平衡阀，以保护仪表和避免产生附加误差，如图 4-30 所示。

在测量腐蚀性介质或其他不宜直接进入差压变送器测量室内的介质流量时，还必须加装隔离罐。此外还应注意，因流量与差压之间是平方根关系，故差压变送器的输出信号与流量之间是非线性的，解决办法是在差压变送器后加接开方器。

2. 电磁流量仪表

电磁流量仪表是基于电磁感应定律为基础，测量导电性液体体积流量的仪表。它是在管道两侧安放磁极，以流动的液体作为切割磁力线的导体，由产生的感应电势大小测知管道内的流量。

（1）测量原理

电磁流量仪表通常包括电磁流量传感器和转换器两部分。电磁流量传感器的作用是将被测介质的流量信号转换成相应的感应电势，转换原理可表示如图 4-31 所示。在一段非导磁的测量管两侧设置一对磁极，被测流体由管内流过，作为切割磁力线的导体。在管壁上与磁场垂直方向上，设置一对与被测流体接触的电极 A 和 B，管道与电极之间绝缘。切割磁力线的导体的长度就是两个电极间的距离，即管道内径。设工作磁场是恒定的直流磁场，根据电磁感应定律，则产生的感应电动势 E_x 与流体的平均流速 v 有如下关系：

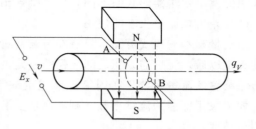

图 4-31　电磁流量仪表的原理图

E_x—感应电势　q_V—体积流量　v—被测液体平均流速

S，N—磁南、北极　A，B—被测液体接触电极

$$E_x = kBDv \tag{4-29}$$

式中　E_x——感应电势

94

B——磁感应强度

D——测量导管内径

v——被测流体的平均流速

k——常数

根据流量的定义，体积流量 q_V 与流速 v 有如下关系

$$q_V = \frac{1}{4}\pi D^2 v \tag{4-30}$$

由式（4-29）求出平均流速 v，再代入式（4-30）中，可得

$$E_x = \frac{4kB}{\pi D}q_V = Kq_V \tag{4-31}$$

式中，$K = \dfrac{4kB}{\pi D}$，称为仪表常数。当测量导管内径 D 固定不变、磁感应强度 B 为一定值时，K 为一常数。由此可见，流量正比于感应电势 E_x，可通过测量感应电势 E_x 来间接测量流体的流量。

实际上，感应电势是一个微弱的毫伏信号，并且为了避免在直流电流作用下发生极化作用和避免接触电势等直流干扰，工作磁场常使用交流激磁，这样工作磁场是交变磁场，输出的感应电势也是交变的，可由专门的转换放大电路（电磁流量转换器）予以转换放大，输出标准电流信号或一定的频率信号，带微处理器的智能电磁流量仪表也能直接输出数字信号。

在电磁流量仪表中，测量管应使用高电阻率的非导磁材料，如玻璃钢、陶瓷等，以减少管壁上的涡流。在使用非绝缘材料作测量管时，除电极与管壁保持绝缘外，为避免流体中的电势各处被管壁短路，影响测量精度，需在测量管的内壁涂以绝缘层或衬有绝缘衬里。

（2）电磁流量仪表的使用

由电磁流量仪表的测量原理可知，这种流量仪表不在管道内设置阻碍流体流动的元件，所以不会发生管道堵塞问题，而且压力损失很小。因而适合测量含有固体颗粒、纤维及黏性较大等特殊介质的流量，如果测量管使用的是防腐材料或在测量管内设有防腐衬里，可用来测量有腐蚀性（如强酸、强碱等）的流体。电磁流量仪表测量体积流量时还不受液体的温度、压力、黏度等变量的影响，反应速度快，因此可用来测量脉动流量。在制浆造纸生产过程中，纸浆、黑液等的流量测量一般用电磁流量仪表。

为了保证测量精度，在使用和安装电磁流量仪表时，还应注意以下问题：

电磁流量仪表无论是垂直安装还是水平安装，都要保证测量管内充满被测液体，否则产生较大的测量误差；在测量导电性液体流量时，要保证被测介质有足够的电导率，不能测量油类及气体的流量；在安装时要远离一切磁源（如大功率电机、变压器等），周围不能有强烈振动；变送部分（包括测量和转换部分）要设置单独接地点可靠接地，和二次仪表必须使用电源中的同一相线；根据被测介质的性质的不同，电磁流量仪表的工作磁场可以采用直流激磁、交流激磁、矩形波激磁、双频激磁等方式，在选用时要注意；还要注意日常维护和定期清洗等。

3. 超声波流量仪表

超声波在流体中的传播速度与流体的流动速度有关，若向管道内的被测流体发射（可顺流发射或逆流发射）超声波，超声波在固定距离内的传播时间及接收信号的相位、频率等均与流速有关。因此，可通过测量超声波顺流与逆流传播的时间差、相位差或频率差来测量流

体的流速和流量。

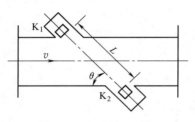

图 4-32 超声波（时间
差法）流量仪表原理

如图 4-32 所示为采用时间差法测量流量的原理。在与管道轴线成 θ 角的方向上对称放置两个完全相同的超声波换能器 K_1 和 K_2，通过电子开关的控制，它们交替地作为超声波脉冲发生器和接收器。设静止流体中超声波传播速度为 c，被测流体的流速为 v，则由 K_1 顺流发射的超声波脉冲在距离 L 内的传播时间为：

$$t_1 = \frac{L}{c + v \cdot \cos\theta}$$

而由 K_2 逆流发射的超声波脉冲通过距离 L 的传播时间为

$$t_2 = \frac{L}{c - v \cdot \cos\theta}$$

在一般情况下，被测流体的流速 v 远小于液体中声速 c，即 $v \ll c$，故可近似为：

$$\Delta t = t_2 - t_1 \approx \frac{2L \cdot v \cdot \cos\theta}{c^2} \tag{4-32}$$

$$v = \frac{c^2}{2L \cdot \cos\theta} \Delta t \tag{4-33}$$

显然，只要测得时间差 Δt，即可求得流体的流速和流量。需注意的是，流体中的声速 c 与被测介质的性质及温度有关，必要时可采取适当的补偿措施，以保证测量精度。超声波流量仪表是一种非接触式测量仪表，不存在因在被测介质中插入元件而影响流体的流动状态或造成压力损失。由于超声波能够穿透金属管壁，可将超声波换能器安装在管壁外进行测量，所以特别适合测量有毒介质或有腐蚀性流体的流量。此外，基于多普勒效应的超声波流量仪表——多普勒流量仪表在造纸工业中也常用。

有关其他流量仪表，不多介绍，在选用时请参阅有关资料。

（二）流量控制系统

1. 流量控制方案及特点

制浆造纸过程是一个连续化生产过程，它的物料大多数是以液态或气态的形式在管道中连续地流动。流体在管道内输送，会因管道或设备的阻力而阻碍其流动。为此，流体在输送过程中，都是借助于泵或压缩机给流体以一定的能量，以克服流动阻力。所以流量控制多以管路、泵作为系统对象。

流量控制方案一般要根据流量控制目的来确定。多数情况是：在流体输送过程中，要求被输送的流体流量恒定是为了保证生产中的物料平衡关系，这种流量控制一般要求不高，简单控制系统即可满足要求；流量控制也常常作为一种复杂控制回路（如串级控制）的副环，它的给定值是变化的，所以这种流量控制方案并不需要对控制仪表在精度上有过高的要求，但要保证系统的变差小和性能稳定；当然，有些场合（如准确计量、安全需要等）要求对流量控制较严，简单控制不能满足要求时可选择串级控制系统。另一种情况是：生产中要求几种物料保持严格的比例关系时，要通过流量的控制来保证，一般是采用流量的配比或比值控制系统来保证。此外，流量控制也是保证流体输送设备安全的重要措施，要根据流体输送设备的类型和非安全因素来确定合适的流量控制方案。

结合流体传送设备，常见的几种控制方案如图 4-33 所示。

①　直接节流法。这是应用最广的一种方案。见图 4-33（a），调节阀应装在泵的出口管线上，而不应该装在泵的吸入口。如果阀装在泵的吸入口上，由于阀压降 P 的存在，可使泵的入口压力比无阀的情况下降更厉害，可能使液体部分气化，使泵的出口压力降低，流量下降，甚至使液体送不出去，同时，液体在吸入端气化后，到排出端受到压缩，可能重新凝聚，产生冲击，严重时可损坏泵的翼轮和泵壳。调节阀宜装在流量检测元件（如孔板）的下游，将对保证测量精度有好处。

②　改变旁路回流量。如图 4-33（b），用改变旁路阀开度的方法来控制实际的排出量。这种方案的优点是阀的口径比上一种情况小，控制方便，但在回流情况下作虚功，能量损耗大，因此总的机械效率较差。对于往复式传送设备一般采用这种方案。

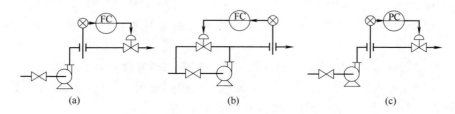

图 4-33　流量控制方案
（a）直接节流法　（b）改变旁路回流量法　（c）出口压力控制法

③　出口压力控制。测量高黏度液体流量较困难，而管路阻力又较恒定的场合，或是工艺上要求维持压力恒定的情况下，一般用压力控制代替流量的控制，如图 4-33（c）所示。

在流量控制系统中，对象的动态特性有两个显著特点：一是被控量的信号含有脉动成分，并且时常参有高频干扰（噪声）；二是对象本身的时间常数很小。

第一个特点的原因是多方面的，带来的后果是被控量容易振荡，即使流量本身比较平稳，但是节流装置输出的信号中还是混有噪声，这是因为在流体流过节流元件时，振动程度较大，造成噪声的频率较高。在测量时应设法滤掉它们。所以，在流量控制时通常不引入微分作用，因为微分作用对高频信号很敏感。当振荡过大时，还要采用反微分器进行阻尼；第二个特点也应引起注意，由于流量对象时间常数小，尤其在采用阀门定位器时，极易产生振荡。因为阀门定位器的接入，可看成是在控制系统中增加一个具有比例微分作用的串级副环。对串级控制系统来说，当主、副环时间常数接近时，易产生共振，控制质量反而降低。

此外，流量控制系统中采用节流装置测流量时，由于差压信号与流量之间的非线性特性，会使系统存在严重的非线性问题。为此要选用合适的调节阀流量特性来补偿这种非线性，或者在变送器后加接开方器予以解决。

2. 流量控制系统举例

在造纸生产过程中，最重要的一个流量变量就是纸浆流量。纸浆流量的测量，从生产工艺角度要求，最终目的是想要知道纸浆纤维的实际绝干量。当纸浆浓度经常变化的情况下，测量这个纸浆的体积流量，其实用价值就不大。因此在一般情况下，这个流量测量系统中另外还配有纸浆浓度控制系统以保证测量纸浆浓度的一致。而对这个浓度控制系统如果选用刀式纸浆浓度变送器时，又要求被测纸浆流量保持在一定范围内，因此为了使浓度变送器获得准确的讯号，又要求对纸浆流量进行自动控制，这样在流量的测量与控制系统中，常存在纸浆浓度与流量两个自动控制系统。如图 4-34 为某高浓贮浆池向造纸车间送浆的纸浆浓度与流量控制系统图。

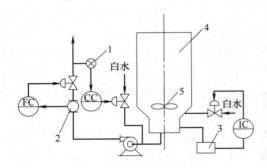

图 4-34　纸浆浓度与流量控制系统图
1—浓度变送器　2—电磁流量传感器
3—电机　4—贮浆池　5—搅拌机

纸浆流量控制系统由电磁流量仪表（传感器和转换器）、控制器、电/气转换器、和气动球阀等组成。

有的工厂高浓浆池比较高，在池满和池空时，使送浆泵入口压力有很大变化，即对流量控制系统产生较大的干扰。这时为了克服浆位变化的影响，可把纸浆流量作为主变量，浆池浆位作为副量组成一个串级控制系统，可大大提高流量控制系统的品质。

造纸生产过程中，根据纸页成形和成纸质量要求，通常要进行配浆，加入填料及染料等。经过处理合乎要求的纸浆再进入流浆箱。配浆是指各种不同的纸浆与染料、填料、矾土液等按一定的比例混合，以满足纸机抄造及成纸的性能要求。一般在进入配浆池前，各种物料的浓度已控制稳定。所以，配浆过程的控制，就是控制各种物料的流量，并使它们之间具有稳定的比例关系。

各种物料的流量比值控制方法有多种，一般可采用单闭环比值控制和双闭环比值控制。以主要的浆料流量作为主流量，检测主流量的大小并通过比值器给定其他物料流量的参比信号。其他物料流量各自构成闭环控制系统，自动跟踪参比信号的变化，即按一定的比例关系自动跟踪主流量变化，使各物料之间具有工艺要求的比值关系。单闭环比值控制系统的组成如图 4-35 所示。图中以三种物料的比值控制为例，K₁、K₂表示比值器，更多种物料的比值控制可按其结构类推。

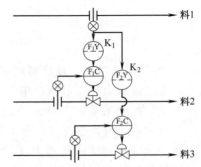

图 4-35　配浆过程比值控制

在配浆过程中，为了保持浆池前后流量的平衡，保证下一级负载的要求，需要控制配浆池的液位。配浆池液位是通过改变输入流量，使液位稳定在工艺要求的范围内。对配浆池液位进行控制的同时，还需控制配浆比例。当主物料流量变化时，其他从动物料的流量也需随之变化。为此，可采用图 4-36 所示的串级比值控制系统。该系统以配浆池液位为主被控变量，各物料流量为副被控变量。与一般串级控制系统不同的是，主控制器 LC 的输出信号不是直接作为各副控制器的参比信号，而是首先送到各比值器中，经比值运算后，其输出信号再作为各物料流量控制系统的参比信号。当负载（纸机）的用浆量发生变化（即干扰加入）时，配浆池的液位也随之变化，其测量信号送至液位控制器 LC。液

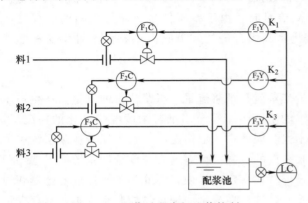

图 4-36　配浆过程串级比值控制

位控制器根据此偏差，经过判断并输出控制信号，使各流量控制回路的参比信号发生相应变

化,并使输入的物料流量随之发生变化,以使液位保持在规定的数值范围内。同时,由于液位控制器的输出信号是经过比值运算后作为各流量副回路参比信号的,而各比值器的比值系数是预先按工艺配比要求设定的,所以,尽管各种物料的流量随用浆量的变化而变化,但各种物料的比例关系不变。当用浆量稳定时,由于各物料流量分别构成单闭环控制系统,能克服来自输入流量方面的干扰,保证了系统具有较好的控制品质。

在一般的控制方案中,液位测量选用法兰式差压变送器,流量测量选用电磁流量仪表。在图 4-36 中只画出了三种物料情况下的串级比值控制系统,如果是更多的物料的串级比值控制,只需按相同结构相应增加比值器和流量副回路就可以了。

四、温度的测量

在制浆造纸生产过程中,温度是生产过程正常进行和保证产品质量的重要条件。例如,蒸煮过程中原料和药液的温度、纸机烘缸的温度等。

温度是表示物质冷热程度的物理量,用来度量温度高低的标尺称为温标。常用的温标有摄氏温标 t（℃）和热力学温标 T（K）,二者换算关系为:

$$T(K) = t(℃) + 273.15 \tag{4-34}$$

（一）温度仪表的分类与原理

温度测量只能用间接的方法。根据测量方式的不同温度仪表可分为两大类,即接触式和非接触式。

1. 接触式

接触式是将测温元件与被测物质相接触,二者进行热交换,当达到热平衡时,以测量元件的某些特性（体积、压力、电阻、电势等）随温度变化来间接测知温度的大小。

接触式测温仪表具有简单可靠、测量精度高等优点,但由于测温元件与被测对象需要进行充分的热交换,从而不可避免地产生温度测量滞后,并容易破坏被测对象的温度场,测温元件还可能与被测介质发生化学反应。在诸如瞬变温度测量、运动物体的温度测量等受到一定的限制。

接触式测温仪表主要有以下几种:

（1）膨胀式温度仪表

基于物体受热膨胀原理而工作的温度仪表称为膨胀式温度仪表,有液体膨胀温度仪表和固体膨胀温度仪表。

液体膨胀温度仪表也称玻璃管温度仪表,一般用水银或酒精等作为工作液体。这类温度仪表读数直观,但难于记录和远传,多用于实验分析,在工业现场应用时应加保护套管。

双金属温度仪表属于固体膨胀温度仪表,其感温元件是用两片膨胀系数不同的金属片叠焊在一起构成的。当被测温度发生变化时,由于两金属片膨胀长度不同而产生弯曲,从而把温度的变化转换为双金属片的弯曲位移的变化。这种温度仪表结构简单、耐震、防爆、读数方便,可代替水银温度仪表用于工业现场的温度测量,但其精度比水银温度仪表低,通常用于温度继电控制器、温度极值信号器或某一仪表的温度补偿器。

（2）压力式温度仪表

利用封闭在固定体积中的气体、液体或某种液体的饱和蒸汽受热时,其压力会随温度而变化的性质,可制成压力式温度仪表。一般称充以气体、液体或某种液体的饱和蒸汽的容器为温包,故这种温度仪表也称为温包温度仪表。

（3）热电偶温度仪表

基于金属的热电效应制成的测温元件称为热电偶，热电偶将被测温度直接转换为热电势信号。热电偶温度仪表测量范围广，通常用于测量 0～1600℃ 范围内液体、气体和蒸汽介质以及固体表面的温度。

（4）热电阻温度仪表

热电阻温度仪表是应用热电阻效应测温。利用金属导体或半导体材料的电阻值随温度变化的性质，可以制成热电阻测温元件，这样可通过电阻值的变化反映温度的大小。

由于热电阻和热电偶温度仪表测量精度较高，测量范围宽，传感器输出电信号，便于远传，能较好地与各种显示、控制仪表配合，在温度的测量与控制中应用广泛，后面将作重点介绍。

2. 非接触式

如前所述，接触式测温仪表在有些场合应用受到一定限制。例如，在造纸过程中纸机烘缸表面温度的测量，由于烘缸是一个旋转体，如用接触式温度仪表，其测温元件与旋转体表面摩擦要产生热量，影响测量精度，因此一般采用非接触式测温方法。

非接触式测温仪表多基于物体的热辐射现象。物体受热后，有一部分热能转换成辐射能，并以电磁波的形式向四周辐射。受热物体辐射出能量的多少，与物体本身的温度有一定的关系。热辐射发出的电磁波包括各种波长，如 X 光、紫外光、可见光、红外光和无线电波等，其中波长为 $0.4～40\mu m$ 的可见光波和红外光线最易被物体所吸收并能重新转变为热能，因此，可以采用适当的接收探测器，收集被测物体发出的这种辐射能，并将其转换成与被测物体温度有一定函数关系的信号输出。由于这种辐射能不需任何媒介物即可在空间传播，因此无须直接接触即可把热能传递给接收探测器，从而实现非接触测温。利用物体的热辐射来测量温度的仪表统称为辐射式温度仪表。目前比较常用的有全辐射高温计、光学高温计、比色温度仪表、红外温度仪表和光纤辐射温度仪表等。

辐射式温度仪表的优点是不存在像接触式仪表测温元件受耐热程度限制的问题，最高测量温度原则上没有限制。一般高温（1600℃ 以上）测量，均用辐射式高温计，而对 700℃ 以下的中、低温（在该温度范围，物体主要发射红外光波）可用红外测温技术来测量。

辐射式温度仪表测量温度的理论依据是绝对黑体的辐射定律，因此这类仪表均以绝对黑体作为标准来进行标定。然而，实际的被测物体很少是绝对黑体，一般称之为灰体。所以在实际使用时，应根据被测物体的黑度系数对测量结果进行修正，以求得真实的被测温度。

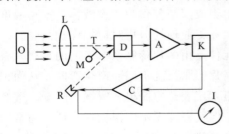

图 4-37 红外辐射温度仪表的结构原理框图

O—目标　L—光学系统　D—红外探测器
A—放大器　K—相敏整流　C—控制放大器
R—参考源　M—电机　I—指示器　T—调制盘

图 4-37 为在造纸生产中常用来测量烘缸表面温度的红外辐射温度仪表的结构原理图，主要由光学系统 L、红外探测器 D 和信号处理三部分组成。光学系统完成对被测物体红外辐射能的接收和聚焦，它可以是透射式或反射式的，透射式光学系统的透镜应根据相应辐射波段（高、中、低温区段）选用相应的材料。红外探测器是接收被测物体的红外辐射能并转换成电信号的器件，如热敏探测器和光电探测器等。该电信号经过放大、相敏整流等处理后，即可在显示仪表上指示出被测温度的大小。

红外辐射温度仪表不但具有响应迅速、灵敏度高、精确度高等优点，而且可用于室温附近乃至 0℃ 以下的中、低温区的非接触测温，在工业温度测量中得了广泛地应用。

（二）热电偶温度仪表

1. 测温原理

热电偶温度仪表由热电偶、连接导线和显示仪表三部分组成，如图 4-38 所示。热电偶作为测温元件，是由两种不同材料的导体 A 和 B（称为热电极）焊接而成，其中一端插入被测介质中，感受被测温度，称为测量端、工作端或热端，另一端与导线连接，称为参比端、自由端或冷端；显示仪表可采用动圈仪表、电位差计或自动平衡电桥等。

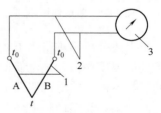

图 4-38　热电偶温度仪表组成
1—热电偶　2—连接导
线　3—显示仪表

根据热电现象，如果热电偶的测量端和冷端温度不同（如 $t > t_0$），则温度差（$t - t_0$）与热电偶产生的热电势之间有一定的函数关系。若使冷端温度 t_0 恒定，则热电势的大小即可反映被测温度的大小。热电偶的热电势主要是由构成热电偶的两个热电极的接触电势和每个热电极的温差电势组成。

接触电势产生的原因是，当两种不同材料导体 A 和 B 接触时，由于两者具有不同的自由电子密度，在接触面则会产生自由电子的扩散现象。设导体 A 的电子密度 N_A 大于导体 B 的电子密度 N_B（一般称 A 为正极，B 为负极），则电子在两个方向上扩散的速率就不同，从 A 到 B 的电子数要比从 B 到 A 的多，结果 A 因失去电子而带正电荷，B 因得到电子而带负电荷，在 A、B 的接触面上便形成了一个从 A 到 B 的静电场。这个电场将阻碍扩散作用

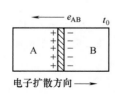

图 4-39　接触电势

的继续进行，同时加速电子向相反方向转移，使从 B 到 A 的电子数增多，最后达到动态平衡。这时在 A、B 之间形成一个稳定的电位差，这个电位差就称为接触电势，如图 4-39 所示，其大小决定于两种不同导体的性质和接触点的温度，在导体材料一定的情况下，接触点温度越高，所产生的接触电势就越大。若导体 A 和 B 接触，接点温度为 t，接触电势可记作 $e_{AB}(t)$，其方向为从 B 指向 A。

温差电势是在同一根导体上因两端温度不同而产生的电动势。对于同一导体电极 A（或 B），如果两端温度分别为 t 和 t_0，且 $t > t_0$，那么由于高温端的电子能量大于低温端，因而高温端扩散到低温端的电子数比反方向要多，结果使高温端带正电荷，低温端带负电荷，形成了一个从高温端指向低温端的静电场。该电场阻碍电子继续从高温端到低温端的扩散，同时加速电子从低温端到高温端的扩散，最后达到动平衡状态，这时在导体两端产生一个电位差，该电位差称为温差电势，如图 4-40 所示。温差电势产生于同一导体内部，而且仅与该导体的两端温度有关，记作 $e_A(t, t_0)$ 或 $e_B(t, t_0)$。

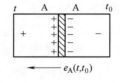

图 4-40　温差电势

因此，由两种不同材料的热电极 A 和 B 构成热电偶回路如图 4-41 所示，热电偶回路总的热电势可用式（4-35）表示：

$$e_{AB}(t, t_0) = e_{AB}(t) - e_A(t, t_0) - e_{AB}(t_0) + e_B(t, t_0) \tag{4-35}$$

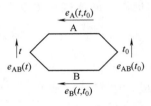

图 4-41　热电偶回路

因温差电势很小可忽略不计，式（4-35）可简化为：

$$e_{AB}(t,t_0) = e_{AB}(t) - e_{AB}(t_0) \qquad (4-36)$$

式（4-36）表明，热电势的大小与电极 A 和 B 的材料性质及温度 t、t_0 有关。当两种热电极材料一定时，如果冷端温度 t_0 保持恒定，则热电偶的热电势与测量端的温度 t 之间就是单值函数关系，因此，通过测量热电势的大小即可知被测温度的高低。这就是热电偶测温的基本原理。

由上述分析不难得出下述结论：如果组成热电偶回路的两热电极材料相同，那么无论两接点处的温度如何，热电偶回路的总热电势为零；若两接点处的温度相同，那么即使两热电极的材料不同，热电偶回路的总热电势也为零。

对于某一类型的热电偶，其热电势与被测温度之间的关系是非线性的。对于标准热电偶（类型用各自分度号表示），热电势与温度的对应关系已由国家（专业）标准规定了统一的表格形式，称之为分度表（冷端温度为 0℃ 时标准实验测定）。利用热电偶测温时，只要测得与被测温度对应的热电势，即可从该热电偶的分度表中查出被测温度的数值。与热电偶配套的显示仪表也按照该热电偶的分度表进行刻度，从而可直接显示被测温度的数值。

此外，在使用热电偶测温时，有以下两个问题需要明确。

（1）测量仪表的接入问题

在利用热电偶测温时，必须用某些仪表来测量热电势的数值，如图 4-42 所示。而测量仪表及其连接导线的接入，就相当于在导体 A、B 所组成的热电偶回路中接入了第三种导体 C。实践和理论均已证明，只要热电偶连接测量仪表的两个接点 2 和 3（图 4-42）的温度相同（均为 t_0），仪表和导线的接入对热电偶回路的热电势没有影响。同样，如果回路中串入更多种导线，只要引入线两端温度相同，也不影响热电偶所产生的热电势数值。

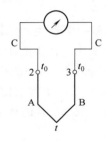

图 4-42　测量仪表的接入
A,B—热电极　C—连接导线

（2）补偿导线的应用

由上述热电偶测温原理可知，只有当热电偶冷端温度保持恒定时，热电势才是被测温度的单值函数。在实际应用时，由于热电偶的测量端必须插入被测介质中，冷端悬在外面，而热电极的长度有限，所以冷端的温度不仅受环境温度影响，而且还受被测温度场的影响，难于保持恒定，从而引起测量误差。解决办法是采用一种专用导线将热电偶的冷端（温度为 t_1）延伸到远离被测对象且环境温度比较稳定的地方（温度为 t_0），如图 4-43 所示。这种专用导线称为补偿导线。它是由两种不同性质的廉价金属材料 C 和 D 制成，在一定温度范围内（0～100℃）与所连接的热电偶（对应热电极分别为 A 和 B）具有相同的热电特性。可以证明，热电偶的冷端被补偿导线从温度为 t_1 处延伸到 t_0 处后，热电偶回路的总电势仅与被测温度 t 和补偿导线的输出端温度 t_0 有关，而与中间温度 t_1 无关。因此，在测温过程中，只要保持补偿导线输出端温度 t_0 恒定即可，而不必考虑中间温度的变化。

在使用热电偶补偿导线时，要注意型号相配，不同的热电偶所用的补偿导线不同（见表 4-2），极性不能接错，而且不能超出补偿导线的规定工作温度（0～100℃）范围。

2.冷端温度补偿

采用补偿导线后，尽管把热电偶的冷端从温度较高和不稳定的地方，延伸到了温度较低和比较稳定的操作室，但冷端温度还不是 0℃。而工业上常用的各种热电偶的温度—热电势分度表是在冷端为 0℃下得到的，与它配套使用的显示仪表也是根据这一关系刻度的。因此，必须采取措施补偿由于冷端温度不等于 0℃而带来的测量误差。常用的补偿方法有：

（1）校正法

设被测温度为 t，冷端温度（室温）高于 0℃，但恒定于 t_1，则测得的热电势 $e_{AB}(t, t_1)$ 要小于该热电偶的分度值 $e_{AB}(t, 0℃)$。为了求得真实温度，可利用下式进行校正，即热电偶的实际热电势应为

$$e_{AB}(t,0℃)=e_{AB}(t,t_1)+e_{AB}(t_1,0℃) \tag{4-37}$$

式中，$e_{AB}(t, t_1)$ 为实测热电势，$e_{AB}(t_1, 0℃)$ 为热端为温度 t_1、冷端温度为 0℃时热电偶的热电势，其数值可从该热电偶的分度表中直接查得。

根据 $e_{AB}(t, 0℃)$ 的计算值，即可由分度表中查出被测温度 t 的准确数值。显然，这种通过计算校正的方法多适应于实验室或临时测温，在连续测温中不实用。

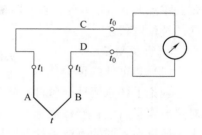

图 4-43　补偿导线的应用

A，B—热电极　C，D—补偿导线

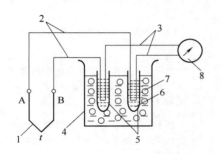

图 4-44　冰浴法冷端温度补偿

1—热电偶　2—补偿导线　3—连接导线
4—容器　5—试管　6—变压器油
7—冰水混合物　8—显示仪表

（2）冰浴法

冰浴法是保持冷端 0℃恒温。如图 4-44 所示，把热电偶的两个冷端（补偿导线的输出端）分别插入装有绝缘油（变压器油）的试管中，然后再将试管放入装有冰水混合物的保温容器内。这样就使冷端温度保持为 0℃。这种方法多用在实验室中。

（3）补偿电桥法

补偿电桥法是利用不平衡电桥产生的电势，来补偿因热电偶冷端温度变化而引起的热电势的变化值，如图 4-45 所示。不平衡电桥（亦称补偿电桥或冷端温度补偿器）由 R_1、R_2、R_3（由电阻温度系数极小的锰铜丝绕制）和 R_{cu}（由电阻温度系数较大的铜丝制成）四个桥臂组成，将其串接在热电偶测量回路中。其中 R_{cu} 与热电偶的冷端放在一起，感受相同的温度。电桥通常设计在冷端温度 20℃时处于平衡状态，此时 a、b 两点的电位相等，即 $U_{ab}=0$，电桥对仪表的读数没有影响。当环境温度高于 20℃时，因热电偶冷端温度升高而使热电势减弱，电桥则由于 R_{cu} 值的增大而出现不平衡，这时，在 a、b 点之间就输出一个不平衡电压 U_{ab}，并与热电偶的热电势相叠加，一起送入显示仪表。如果适当选择桥臂电阻和桥路电流的大小，可以使电桥的不平衡电压 U_{ab} 正好补偿由于冷端温度变化而引起的热电势的变化值，仪表即可指示正确的温度值。

由于电桥的平衡是设计在 20℃，所以在采用这种补偿电桥时应把显示仪表的机械零点预先调到 20℃处（仪表零点校正），如果电桥是按 0℃时平衡设计的，

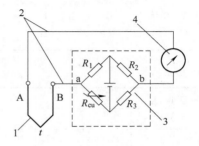

图 4-45　补偿电桥法原理

1—热电偶　2—补偿导线
3—补偿电桥　4—显示仪表

仪表零点调在 0℃ 即可。在实际使用时，还要注意根据各类热电偶的不同热电特性，选用不同的补偿电桥。

3. 种类与结构

（1）热电偶的种类

理论上任意两种金属材料都可组成热电偶，但为了对温度进行可靠、准确地测量，必须对热电偶材料进行严格地选择，并且由于目前采用的热电极材料很难在各种条件下满足要求，所以在不同的测温条件下要用不同的热电极材料。目前常用的热电偶已实现了标准化生产，标准化热电偶规定了统一的热电极材料及化学成分、热电性质和允许偏差，因而具有统一的分度表。对于同一型号的标准化热电偶具有互换性，使用十分方便。

表 4-1 列举了国家标准中规定了的几种工业热电偶的名称、分度号、测温范围、补偿导线类型和应用特点。表中热电偶名称前边表示正电极材料，后边表示负电极材料。标准热电偶国家专门出版了分度表，应用时可查阅，如表 4-2 是镍铬－镍硅热电偶的简化分度表。

表 4-1 常用工业热电偶及其性能

热电偶名称	分度号		补偿导线		测温范围/℃	特点及应用
	新	旧	正极	负极		
铜-铜镍	T	CK	铜	铜镍	−200～+400	测温精度高,稳定性好,尤其低温时灵敏度高,价格低廉
铁-铜镍	J	TK	—	—	−200～+800	适用于氧化和还原性介质中测温,也可在真空、中性气氛中测温,稳定性好,灵敏度高,价格低廉
镍铬-铜镍	E	—	镍铬	铜镍	−200～+900	适于在氧化及弱还原性气氛中测温,其产生的热电势大,稳定性好,灵敏度高,价格低廉
镍铬-镍硅（铝）	K	EU2	铜	铜镍	−200～+1300	产生的热电势大,线性好,测温范围宽,造价低,在氧化性和中性介质中使用,500℃以下低温时,也可用于还原性介质
铂铑$_{10}$-铂	S	LB-3	铜	铜镍	0～+1600	使用温度高,性能稳定,测温精度高,不易氧化,适于在氧化性介质和中性介质中测温,其长期测温可达 1300℃,短期可达 1600℃
铂铑$_{30}$-铂铑$_6$	B	LL-2	—	—	0～+1800	在高温下更为稳定,长期测温可达 1600℃,短期可测 1800℃,适于在氧化性和中性介质中使用。但它产生的热电势小,价格贵

表 4-2 镍铬-镍硅热电偶简化分度表

测量端温度/℃	0	10	20	30	40	50	60	70	80	90
	热电势/mV									
−0	−0.000	−0.392	−0.777	−1.156	−1.527	−1.889	−2.243	−2.586	−2.920	−3.242
0	0.000	0.397	0.798	1.203	1.611	2.022	2.436	2.850	3.266	3.681
100	4.095	4.508	4.919	5.327	5.733	6.137	6.539	6.939	7.338	7.737
200	8.137	8.537	8.938	9.341	9.745	10.151	10.560	10.969	11.381	11.793

续表

测量端温度/℃	0	10	20	30	40	50	60	70	80	90
	热电势/mV									
300	12.207	12.623	13.039	13.456	13.874	14.292	14.712	15.132	15.552	15.974
400	16.395	16.818	17.241	17.664	18.088	18.513	18.938	19.363	19.788	20.214
500	20.640	21.066	21.493	21.919	22.346	22.772	23.198	23.624	24.050	24.476
600	24.902	25.327	25.751	26.176	26.599	27.022	27.445	27.867	28.288	28.709
700	29.128	29.547	29.965	30.383	30.799	31.214	31.629	32.042	32.455	32.866
800	33.277	33.686	34.095	34.502	34.909	35.314	35.718	36.121	36.524	36.925
900	37.325	37.724	38.122	38.519	38.915	39.310	39.703	40.096	40.488	40.897
1000	41.269	41.657	42.045	42.432	42.817	43.202	43.585	43.968	44.349	44.729
1100	45.108	45.486	45.863	46.238	46.612	46.985	47.356	47.726	48.095	48.462
1200	48.828	49.192	49.555	49.916	50.276	50.633	50.990	51.344	51.697	52.049
1300	52.398	—	—	—	—	—	—	—	—	—

注：分度号为 K；参比端温度为℃。

除标准化热电偶之外，为适应工业测温的一些特殊要求，还有一些非标准热电偶。例如，红外接收热电偶；用于超高温测量的钨铼热电偶；用于超低温测量的镍铬－金铁热电偶；适应于表面温度测量的表面热电偶；快速微型热电偶以及非金属热电偶等等。这些非标准化热电偶一般没有统一的分度表，有的有厂标分度号及分度表。

（2）热电偶的结构

根据热电偶的应用条件、场合及安装位置的不同，热电偶的外形可制成棒型、薄膜型和套管型等等。

图 4-46 为在工业上应用最为普遍的棒型热电偶，其结构主要由热电极、绝缘套管、保护套管和接线盒等主要部分组成。热电极是热电偶的核心部分，为了防止两根热电极短路，采用绝缘管将它们隔离开。绝缘管的材料根据热电偶的工作温度来定，常用的绝缘材料有玻璃、石英、陶瓷和氧化铝等，其结构形式有单孔、双孔及四孔等。保护套管套在热电极、绝缘管的外边，其作用是保护热电极不受化学腐蚀和机械损伤。对保护套管的材料要求是耐高温、耐腐蚀、不透

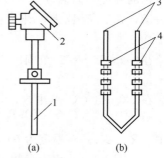

图 4-46 热电偶的结构
(a) 外形 (b) 热电极组件
1—保护套管 2—接线盒
3—热电极 4—绝缘套管

气和有较高的导热系数，常用的材料有不锈钢、石英及陶瓷等。接线盒用来连接热电极和补偿导线，一般分为普通式和密封式两种。为了防止灰尘和有害气体进入热电偶保护套管内，接线盒的出线孔和盖子均用垫片和垫圈加以密封。

此外，在结构上还有薄膜式热电偶、套管型热电偶等。薄膜式热电偶是用真空蒸镀等方法将两种热电极材料蒸镀到绝缘基板上而制成的。这种形式的热电偶具有热容量小和热响应时间短的特点，适应于测量微小面积上的表面温度以及快速变化的动态温度；套管型热电偶（亦称铠装热电偶）是由热电极、绝缘材料和金属套管三者组合加工而成的坚实的组合体，它具有热惰性小、热容量小、反应快、可挠性强、寿命长等优点，因而适用于热容量非常小的被测物体以及狭小弯曲管道等复杂结构内部的温度测量，并可用于高温、高压场合。

（三）热电阻温度仪表

由于热电偶温度仪表在被测温度较小（300℃以下）时，其输出的热电势较小，并且需要冷端温度补偿，所以在中、低温（−200℃～500℃）区的温度测量，多采用用热电阻温度仪表，其测温精度和灵敏度较高。

1. 热电阻的测温原理及种类

热电阻温度仪表由热电阻、连接导线和显示仪表组成，如图 4-47 所示。

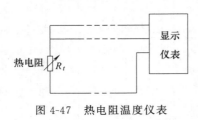

图 4-47 热电阻温度仪表

热电阻是热电阻温度仪表的测温元件，一般由金属或半导体材料制成。金属导体或半导体的电阻值随温度的变化而变化，通过测量它们的阻值变化来达到测温的目的。常用的金属热电阻有铂电阻、铜电阻。在低温和超低温测量时，也常用铟、碳、锰等金属热电阻。用半导体材料制成的热电阻称为热敏电阻。显示仪表可用动圈仪表、平衡电桥、电子电位差计等。

（1）铂电阻

铂电阻的特点是准确度高，稳定性好，性能可靠。这是因为金属铂在氧化性介质中，甚至在高温下的物理性质都非常稳定。所以国际实用温标（IPTS-68）中规定，在−259.34～630.74℃ 的温度范围内用铂电阻温度仪表作为标准仪器。在工业测量中，铂电阻是应用最广泛的测温元件之一，通常用于−200～850℃ 范围内测温。

铂的纯度常以温度为 100℃ 的电阻值 R_{100} 与温度为 0℃ 时的电阻值 R_0 的比值 R_{100}/R_0 来表示，该比值越大，纯度越高。我国采用国际电工委员会（IEC）标准规定该比值为 1.385。

在−200℃～0℃ 范围内，铂电阻的阻值 R_t 与温度 t 的关系为：

$$R_t = R_0[1 + At + Bt^2 + C(t-100)t^3] \tag{4-38}$$

在 0℃～850℃ 范围内，

$$R_t = R_0(1 + At + Bt^2) \tag{4-39}$$

式中　R_0、R_t——温度为 0℃、t℃时的电阻值

A、B、C——均为常数，由实验确定

显然，要确定 $R_t - t$ 之间的数据关系，首先要确定 R_0 的大小。R_0 不同，$R_t - t$ 的对应关系也不同，这种 $R_t - t$ 的对应关系即为分度表，可用分度号来表示。

目前我国使用的铂电阻有两种，一种是 $R_0 = 10\Omega$，分度号为 Pt_{10}。另一种为 $R_0 = 100\Omega$，对应的分度号为 Pt_{100}，应用时可查阅相关表格。

需要注意的是，铂电阻在还原性介质中，特别是在高温下容易被还原性气体沾污，使铂丝变脆，并改变其电阻值−温度的关系，在使用时应注意保护。

（2）铜电阻

铜材料容易提纯，价格比较便宜，电阻温度系数较大，并且电阻值与温度的关系几乎是线性的，其缺点是当温度超过 100℃ 时容易氧化，且由于电阻率较小，制成一定阻值的热电阻时体积较大。所以铜电阻可用在一些测量准确度要求不高且温度较低（−50℃～150℃）的场合，但难于测量体积较小的被测对象。

在−50℃～150℃ 温度范围内，铜电阻的阻值 R_t 与温度 t 的关系为：

$$R_t = R_0(1 + \alpha t) \tag{4-40}$$

式中，α 为铜电阻温度系数，R_0 为 0℃ 时的电阻值。

工业上用的铜电阻有两种，一种是 $R_0 = 50\Omega$，分度号为 Cu_{50}，另一种是 $R_0 = 100\Omega$，其相应的分度号为 Cu_{100}，应用时可查阅相关表格。

（3）半导体热敏电阻

半导体热敏电阻由于感温灵敏度高、热惯性小、结构简单、使用方便等优点，在一些精度要求不高的测量和控制装置中得到了一定的应用。

在工业过程测量与控制中应用的热敏电阻元件一般是由 Cu、Mn、Co、Ni 等金属氧化物按一定的比例混合后，经研磨、成形、烧结而成。根据实际使用的不同要求，可以制成多种结构形式。

半导体热敏电阻与金属热电阻不同，其电阻值随温度的升高而降低，具有负的温度系数。在 $-50℃\sim300℃$ 时，热敏电阻的阻值 R_T 与温度 T（K）的关系呈指数规律变化，即：

$$R_T = R_{T0} e^{B\left(\frac{1}{T} - \frac{1}{T_0}\right)} \tag{4-41}$$

式中，R_{T0} 为温度 T_0（K）时的电阻值，B 为常数。

由于热敏电阻尺寸可做的很小，且本身的电阻值较高，所以一般用来测量微小物体或某一局部点上的温度，且可不考虑引线电阻和连接方式的影响，测温上限一般不超过 300℃。但由于半导体热敏电阻的特性曲线很不一致，互换性差，非线性严重，所以限制了其广泛应用。

2. 热电阻的结构及连线

工业用普通金属热电阻主要是线绕式结构，是由电阻体、保护套管和接线盒等主要部件组成，其外形与热电偶基本相同。

电阻体是由电阻丝采用双线无感绕法绕在用云母、陶瓷等绝缘材料制作的支架上而制成的，支架的形状有平板形、圆柱形和螺旋形。一般铂电阻体的支架为平板形，铜电阻体的支架为圆柱形，螺旋形作为标准或实验室用的铂电阻体的支架。电阻体装在保护套管内，以免受腐蚀性介质的侵蚀和外界的机械损伤，再通过引出导线与接线盒的接线柱相接。引出导线的直径要比电阻丝要大，以减小引出导线电阻变化的影响。一般引出线不是两根而是三根，便于采用三线制测量线路。有些电阻体引出线只有两根，但使用时可在接线盒的接线柱上接出三根导线。此外，对于表面温度测量以及某些特殊场合下，铂热电阻也可采用膜式和微型等结构。

在使用金属热电阻测量温度时，对连接导线要给予足够的重视。对热电阻的测量无论是采用哪一种仪表（显示或变送仪表），其输入电路多使用电桥（用热电阻 R_t 作为一个桥臂，将热电阻的变化转换为毫伏信号）。由于将热电阻引入桥路的连接导线电阻值会随环境温度而变化，因此若把热电阻的连接导线接在同一个桥臂内，则当环境温度发生变化时，连线电阻发生变化使测温产生误差。为此，工业上采用三线制接法，如图 4-48 所示。由电阻体引出的三根导线，与热电阻两端相连的两根导线分别接入

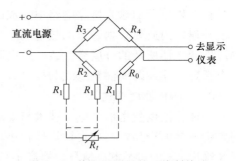

图 4-48 热电阻测温的三线制接法

桥路的两个相邻桥臂上，而第三根导线与桥路电源的负极相连。这样，由于环境温度变化而

引起的连接导线电阻 R_1 的变化由于相互抵消而对测量结果的影响大大减小。

（四）温度变送器

采用热电偶和热电阻测温元件测温时，如果仅仅是指示和记录，可直接配相应的显示、记录仪表和数字采集装置，如动圈式显示仪表、电子电位差计、电子自动平衡电桥以及各种数显仪表、数字采集板卡和模块等。但需要标准信号的场合（如用常规模拟单元仪表组成控制系统时），还要选用合适的温度变送器，以便把热电偶和热电阻的检测信号转换成标准信号输出。

1. DDZ-Ⅲ型温度变送器

DDZ-Ⅲ型温度变送器有四线制和两线制之分，各类温度变送器又有三个品种：直流毫伏变送器、热电偶温度变送器和热电阻温度变送器。前一种是将输入的直流毫伏信号转换成 $4\sim20\text{mA}$ 及 $1\sim5\text{V DC}$ 标准信号。后两种是将热电偶和热电阻的检测信号转换成标准信号。

下面仅以四线制温度变送器为例介绍其组成。

变送器的总体结构如图 4-49 所示。三种变送器在线路结构上都分为量程单元和放大单元两个部分，它们分别设置在两块印刷线路板上，用接插件互相连接。其中放大单元是通用的，而量程单元则随品种、测量范围的不同而异。

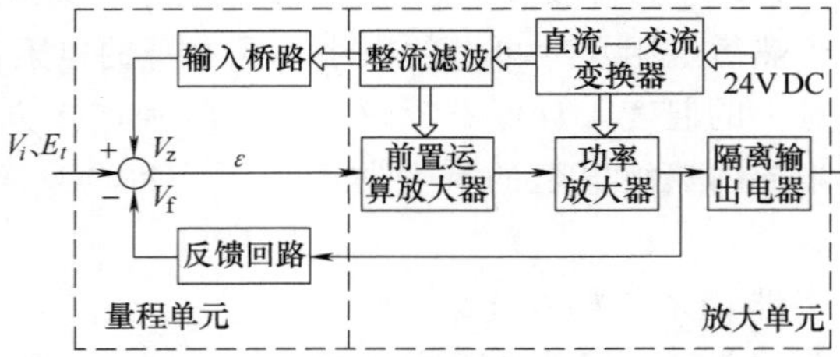

方框图中空心箭头表示供电信号回路，实线箭头表示信号回路。毫伏输入信号 V_i 或由测温元件送来的反映温度大小的输入信号 E_t 与桥路部分的输出信号 V_z 及反馈信号 V_f 相叠加，送入前置运算放大器。放大了的电压信号再由功率放大器和隔离输出电路转换成 $4\sim20\text{mA DC}$ 及 $1\sim5\text{V DC}$ 标准信号输出。由于输入、输出之间具有隔离变压器，并采取了安全火花防爆措施，故具有良好的抗干扰性能，且能测量来自危险场所的直流毫伏信号或温度信号。在热电偶和热电阻温度变送器中，采用了线性化电路，从而使变送器的输出信号和被测温度呈线性关系，便于指示和记录，因此，四线制温度变送器应用较广泛。

图 4-49 热电偶温度变送器组成原理框图

温度变送器使用前都需要根据测量范围进行量程调整、零点调整或零点迁移，这些工作都是在量程单元的输入桥路电路中完成的。其中热电偶温度变送器在输入桥路中还完成冷端温度补偿，因此要根据一定的热电偶型号选用合适的补偿电阻，当然热电偶分度号要与选用的温度变送器所标的分度号一致。热电阻的输入桥路是一个不平衡电桥，热电阻即为桥路的一个桥臂，连线时要注意三线制接法。

2. 一体化温度变送器

一体化温度变送器是电子技术与集成电路技术的产物，是温度传感元件与变送电路在空间紧密连接的产品，其变送模块体积小，可直接安装在常规热电偶或热电阻的接线盒内，从现场输出 $4\sim20\text{mA}$ 电流信号，提高了长距离传送过程中抗干扰能力，又免去了很长的热电偶补偿导线。

一体化温度变送器根据采用的变送模块不同，品种也较多，其变送模块主要是以专用变送器芯片来实现，常用芯片有 AD693、XTR101、XTR103、IXR100 等。下面以 AD693 构成的一体热电偶温度变送器为例简要介绍。

AD693 构成的热电偶温度变送器电路原理如图 4-50 所示，它由热电偶、输入电路和 AD693 等组成。图中输入电路是一个冷端温度补偿电桥，B、D 是电桥的输出端，与 AD693 的输入端相连。R_{Cu} 为补偿电阻，随环境温度变化进行冷端温度补偿。

AD693 的输入信号 U_i 为热电偶的热电势 E_t 和电桥的补偿电势 U_{BD} 之和，设 AD693 的放大转换系数为 K，则变送器输出信号 I_o 与输入热电势 E_t 的关系为：

$$I_o = KU_i = KE_t + KI_1(R_{Cu} - R_{w1}) \tag{4-42}$$

式（4-42）表明变送器输出电流 I_o 与热电偶的热电势 E_t 成正比；通过改变 R_{Cu} 数值确定合适的冷端温度补偿，改变 R_{w1} 的阻值可以调整变送器的零点，改变 R_{w2} 的阻值可以改变 AD693 的放大转换系数，而起到调整变送器的量程的作用。

3. 智能温度变送器

智能温度变送器能将温度信号线性地转换成 4～20mA 标准直流信号输出，同时可输出数字信号，并且这类变送器能配接多种标准热电偶或热电阻，也可输入毫伏或电阻信号。

如图 4-51 为霍尼韦尔公司的 STT3000 温度变送器原理框图。变送器由微处理器、放大器、A/D、D/A 等部件组成。来自热电偶的毫伏信号（或热电阻的电阻信号）经输入处理、放大和 A/D 转换后，送入输入微处理器，分别进行线性化运算和量程变换，然后通过 D/A 转换和放大后输出 4～20mA 的标准直流信号或数字信号。

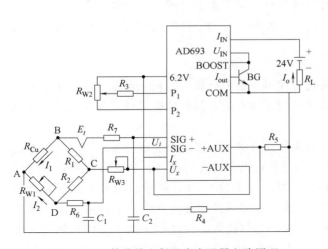

图 4-50　一体化热电偶温度变送器电路原理

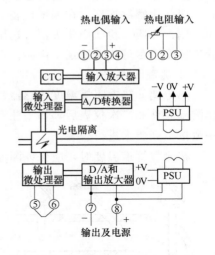

图 4-51　智能温度变送器组成原理框图

图中 CTC 为热电偶冷端温度补偿电路，PSU 为电源部件，端子⑤、⑥的作用是：当两端子连接时，故障情况下输出至上限值（21.8mA）；端子断开时，故障情况下输出至下限值。

由于变送器内存储了测温元件的特性数据，可由微处理器对元件的非线性进行校正；而且输入、输出部分采用光电隔离，因而保证了仪表的精度和运行可靠性。

这种智能温度变送器可通过现场通信器方便地完成变送器的组态、诊断和校验。组态和校验内容包括变送器编号、测温元件输入类型、输出形式、阻尼时间、零点和量程及工程单位等。

最后需要提出的是，在采用智能调节器、计算机和 PLC（可编程控制器）等组成的温度测控系统中，这些智能调节器、计算机的温度调理模块或采集板卡、PLC的温度输入模块一般都支持各种热电偶或热电阻的直接接入而不选用温度变送器。

（五）温度仪表的使用

1. 测温仪表类型选择

在解决温度测量与控制问题时，正确选用仪表类型是很重要的，一般选用时要分析被测对象的特点和状态，根据各类测温仪表的优缺点及其应用范围合理选用。

对被测对象要考虑：温度变化范围及变化快慢；对象是静止的还是运动的；介质的状态；是测量局部点的温度还是区域的平均温度；介质及环境条件；测量场所有无冲击、震动及电磁场等。

对测温仪表要考虑测温适应范围、仪表精度、稳定性及灵敏度；仪表的防腐、防爆、防震、防冲击等特性；仪表的测量响应时间，是否需要信号的远传及信号标准；测温元件大小及互换性等。

2. 测温元件的选用

对于热电偶和热电阻除了按上述原则选择类型外，还应根据测量和系统响应速度的要求选择普通型（1.5～3min）、小惰性型（45～90s）和铠装型（5～20s）。接线盒应根据环境条件选择，较好的环境选普通式，潮湿或需露天安装选防溅式或防水式，易爆场所选隔爆型。检测元件尾长的确定，应使其感温部分处于具有代表性的热区域。热电偶和热电阻的连接方式一般采用螺纹连接，在测量设备上有衬里或有色金属管道上，或结焦于浆介质、强腐蚀介质、剧毒介质、粉状介质等，宜选用法兰连接。此外，检测元件的保护管材质应不低于工艺管道材质，尽可能选用定型产品。

3. 测温元件的安装

热电偶、热电阻等温度传感器都是通过与被测介质进行热交换来测量温度的。在正确选择测温元件和二次仪表后，如不注意测温元件的正确安装，测量精度仍得不到保证。工业上一般按下列要求进行安装。

在测量管道温度时，应保证测温元件与流体充分接触，以减小测量误差。因此，测温元件应当迎着被测介质流向插入，至少与被测介质流向垂直，如图4-52（b）（c）所示。绝对不能顺着介质流向安装。测温元件的感温点应处于管道中流速最大处，其保护套管的末端应越过流束中心线，越过长度为：热电偶为5～10mm；铂电阻为50～70mm；铜电阻为25～30mm。

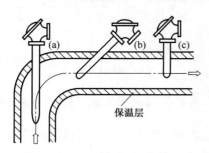

图4-52　一体化热电偶温度变送器电路原理

（a）弯头处逆流插入　（b）逆流斜插　（c）垂直插入

为减小测温元件外露部分的散热损失而引起的测量误差，测温元件应有足够的插入深度。为此，测温元件应斜插安装［见图4-52（b）］或在弯头处沿管路轴线方向安装［见图4-52（a）］，其外露部分也要采取适当的保温措施。测温元件的接线盒面盖应向上，以免雨水或其他液体、脏物进入接线盒影响测量。当工艺管道过小（直径小于80mm）时，安装测温元件处应接装扩大管。当测温元件安装在负压管道（如锅炉烟道）中时，必须保证安装孔处的密封性，以防外界冷空气进入而使测量值降低。

4. 连接导线和补偿导线的敷设

为防止连接导线和补偿导线受到机械损伤，并减小外界干扰对测量信号的影响，导线一般要穿管敷设，以起到屏蔽和保护作用。导线应尽量避免有接头，保持良好的绝缘，禁止与强电输电线合用一根穿线管。按照规定的型号配用热电偶的补偿导线，注意热电偶的正、负极与补偿导线的正、负极相连接，不要接错。热电偶和热电阻的线路电阻一定要符合所配二次仪表的要求。配线和穿管工作结束后，必须进行校对和绝缘试验。此外，导线的敷设还要便于日常的维护和检修。

（六）温度控制系统

1. 温度控制的特点

在制浆造纸生产过程中，需要对温度进行控制的对象，绝大多数是以蒸汽为载热体去加热某种物料。如制浆的蒸煮过程、碱回收的蒸发过程、纸机烘缸对纸张的干燥过程等。

对物料的加热，通常有两种加热方式：

① 直接加热。这种方式是将蒸汽与物料直接混合，以提高物料温度。如蒸汽与冷水（或碱液）混合变成热水（或热碱液），纸浆与蒸汽混合提高浆液的温度等。这种方法设备简单，传热快，但由于传热过程中产生了相变（蒸汽冷凝），所以当被加热物料不允许稀释或增加冷凝水时不能采用。

② 间接加热。用传热设备（如间壁式换热器）的间壁将蒸汽与加热的物料隔开，通过间壁进行热交换。由于传热设备特性比较复杂，大部分属于分布变量对象（多容对象）因此，传热慢，对控制不利。

无论是直接还是间接加热，总的说来温度对象与其他对象（如压力对象）相比，具有较大的滞后（纯滞后和容量滞后）。并且，常用的热电偶、热电阻和温包等测温元件，为了保护其不受损坏或被工艺介质腐蚀，一般均加有保护套管，因而又增加了测温元件的测量滞后。这些都使温度控制系统的滞后时间加大。所以，在设计温度的自动控制方案时，要视具体的传热设备和工艺条件而定。在采用单回路控制方案时，根据传热设备滞后较大这一特点，控制器中在比例积分的基础上应引入微分作用，即采用 PID 调节，这样可提高控制品质。若还满足不了工艺要求，可采用串级控制系统。特别是当干扰来自于生产负荷方面时，可引入前馈信号组成前馈—反馈控制系统，以获得更好的控制品质。温度控制系统中调节量的选择一般选择载热体的流量。在组成温度控制系统时，除了按测温仪表的选用原则选择测温元件外，还要注意根据系统选用的单元组合仪表类型，选择合适的温度变送器。在电动单元组合仪表的温度变送器中，内部输入回路一般有热电偶冷端温度补偿作用，可不再选用补偿电桥，但温度作为指示信号送往显示仪表则注意选择相应的补偿电桥。

2. 温度控制系统举例

在制浆造纸生产中，需要测量的温度范围很广，从 $-30℃$（液态氯的沸点）到 $+1300℃$（沸腾炉中混合气温度，碱液喷射炉里的温度等）。这几乎用到各种类型的温度仪表。但需要实现温度自动控制的对象，总的说来，还不是很多，主要有蒸煮立锅（蒸球）、漂白塔的温度控制，普通机械木浆的磨浆温度与坑下白水温度控制，沸腾炉的温度控制及蒸汽温度控制等等。下面仅举两个温度控制实例。

（1）蒸煮立锅温度程序控制

在制浆生产过程中，将纤维原料与一定配比的蒸煮药液装入蒸煮锅内，盖好锅口，开始升温加热。当升温至最高蒸煮温度时，保温一段时间，以使药液与纤维原料充分作用。当达到一定的工艺要求后，进行放气和喷放，得到纸浆。这就是蒸煮过程。为了保证纸浆的质量和产量，必须对蒸煮温度进行控制。

蒸煮过程的加热方法通常是利用循环泵将蒸煮药液从蒸煮锅中抽出，送入加热器中加热，经间接加热后的药液再分别经上、下循环管路返回蒸煮锅内，达到蒸煮加热的目的。温度控制的方法是以加热器出口的循环药液温度为被控变量，以加热器的蒸汽输入量为调节量。通过调整加热蒸汽流量的大小来保证被加热后循环药液的温度，从而间接地保证蒸煮锅的蒸煮温度。控制系统的组成如图 4-53 所示，用热电阻配温度变送器检测加热器出口循环药液温度，并将测量信号送至温度控制器 TC，控制器将测量信号与规定时间内的温度参比信号进行比较得出偏差，经 PID 运算后输出控制信号，以调整阀门开度，改变加热蒸汽量，使循环药液温度维持在规定的参比值上，并跟随参比温度曲线的变化而变化。控制器的参比

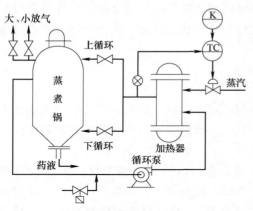

图 4-53　蒸煮立锅温度控制

信号是由程序给定器 K 根据预定的蒸煮过程温度中—时间曲线来设定的。所以，蒸煮温度控制系统属于程序控制系统。蒸煮过程中，在温度或压力的程序控制中若采用可编程控制器或计算机控制可以很方便地实现。

图 4-53 所示的温度控制系统中，温度的测量点选在加热器的出口，是通过控制药液的温度来间接控制蒸煮锅内的温度的。因此应在蒸煮锅的上、中、下三部位设置温度检测点，以监测蒸煮锅内的温度是否满足工艺要求。如不能满足要求，应采取一定的措施，如改变蒸煮温度曲线，即改变温度控制系统的参比信号。

（2）漂白塔温度串级控制

在纸浆的多段连续漂白过程中，为了稳定漂白过程中的工艺条件，使纸浆达到预期的纯度和白度，需要对漂白塔中的浆料温度进行控制。

经过氯化和碱处理后的浆料通过蒸汽加热经过双辊混合器进入漂白塔中。由于漂白塔的容积比较大，被控对象的干扰因素较多，如从塔上部来自投料方面的干扰就有浆料浓度不匀，浆料流量与温度的不一致；从来自蒸汽方面的干扰有流量、压力等的波动。因此对于这个温度控制系统，当采用简单控制系统时，过渡过程时间长，超调量大，控制品质不能满足工艺的要求。因此，通常采用图4-54 所示的浆料温度—蒸汽流量的串级控制系统。它以浆料温度作为主被控量，蒸汽流量作为副被控量，加热蒸汽流量作为调节量。温度控制器 TC 的输出信号作为流量控制器 FC 的设定信号，流量控制

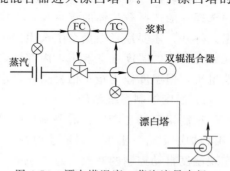

图 4-54　漂白塔温度—蒸汽流量
控制系统

器的输出去改变蒸汽阀门的开度，通过改变蒸汽流量，来保证主变量（温度）的稳定。由于蒸汽流量变化（或压力波动）是塔内温度的主要干扰因素，因此，蒸汽流量负回路的引入提高了控制系统的抗干扰能力，满足了工艺上提出的质量要求。

五、pH 的测量

在造纸工业中，有许多溶液属于电解质溶液，例如，蒸煮液、漂液、明矾液等。对于这些电解质溶液浓度的测量，根据其电化学性质，常采用电极电位法和电导方法。电极电位法是利用某些特制的电极对溶液中被测离子有特殊的敏感性，从而产生与离子浓度有关的电极电位，通过测量电极电位来获知该溶液中离子的浓度。电导法是利用电解质溶液的电导率与溶液中离子的种类和浓度有一定的关系，通过测量溶液的电导率来获知溶液的浓度。其中电极法在溶液 pH（氢离子浓度）和某些特殊离子浓度测量与控制中，有着重要的地位。

（一）电极法测量浓度的基本原理

电极法测量溶液浓度是基于溶液的电化学性质。而电极电位和原电池的概念又是浓度测量的基础。

1. 电极电位

根据电化学理论，当把金属电极放在它的盐溶液中时，由于游离电荷和原子在其接触表面上的重新排布，而产生所谓的双电层现象，其结果是在电极与溶液的界面间形成一个电位差，称之为电极电位。例如，图 4-55 所示的金属棒插入水中，一些金属原子将变成离子进入水中，使得金属表面因失去离子而带负电，靠近金属表面的水层因获得金属离子而带正电，两者间形成电位差。不同材料的电极插入不同的溶液中所产生的电极电位也不相同。电极电位的大小可用奈恩斯特（Nernst）方程式表示：

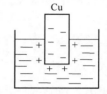

图 4-55　电极电位原理

$$E = E_0 + \frac{RT}{nF} \ln[A] \tag{4-43}$$

式中　E——电极电位

$\quad E_0$——电极的标准电位

$\quad R$——气体常数，8.315J/(K·mol)

$\quad T$——热力学温度，K

$\quad F$——法拉第常数，96500℃/mol

$\quad n$——被测离子的原子价数

$\quad [A]$——被测离子的活度

当溶液浓度不太高时，可用溶液中离子的浓度代替上式中的活度。因此金属电极的电极电位可表示为：

$$E = E_0 + \frac{RT}{nF} \ln[M^{n+}] \tag{4-44}$$

式中，$[M^{n+}]$ 为金属离子 M^{n+} 的浓度。

除了金属电极可以产生电极电位外，非金属和气体电极也能在溶液中产生电极电位。例如，氢电极的电极电位为：

$$E = E_0 + \frac{RT}{nF} \ln[H^+] \tag{4-45}$$

式中，$[H^+]$ 为溶液中氢离子的浓度。

上述公式中的标准电位 E_0 是指温度为 25℃时，电极插入具有同名离子的溶液中，而溶液中的离子浓度为 1mol/L 时的电极电位。氢电极的标准电位规定为"零"。其他电极的标准电位都是以氢电极电位为基准的相对值，故亦称氢标电极电位。各种电极的标准电位 E_0 一般已通过实验测定，其数值可从有关手册中查得。

电极电位的绝对值无法由实验直接测定，而只能通过测定两个电极之间的电位差来相对测量，即要由两个电极构成化学原电池。

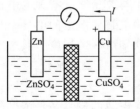

图 4-56　原电池的构成

2. 原电池的电动势

若将两个电极分别插入具有同名离子的溶液中，并在两种溶液中间用薄膜隔开，即可构成化学原电池。例如，将锌棒插入 $ZnSO_4$ 溶液中，将铜棒插入 $CuSO_4$ 溶液中，两者之间用隔膜隔开，即构成一化学原电池，如图 4-56 所示。由于锌比铜易于氧化，故易析出 Zn^{2+} 离子进入溶液，而使锌棒带负电，并使左侧溶液中锌离子浓度增大。Zn^{2+} 离子可通过隔膜渗透到右侧的 $CuSO_4$ 溶液中去，活泼的 Zn^{2+} 将 $CuSO_4$ 溶液中的 Cu^{2+} 置换出来形成 $ZnSO_4$，被置换出来的 Cu^{2+} 夺取铜棒上的电子而析出铜原子，从而使铜棒相对于锌棒形成正电位，两电极之间形成的电位差大小与溶液的浓度有关。电极反应式如下：

$$Zn+Cu^+ \Leftrightarrow Zn^+ +Cu$$

电极表达式为：

$$Zn \mid ZnSO_4 \| Cu \mid CuSO_4$$
$$E_1 \qquad\qquad E_2$$

式中，单竖线"｜"表示电极与溶液间形成的界面，E_1 和 E_2，表示电极电位，双竖线"‖"表示两种溶液间的隔膜，它与溶液间产生的电极电位极小，可忽略不计。所以，该原电池的电动势可计算如下：

$$E=E_2-E_1=(E_{0Cu}-E_{0Zn})+\frac{RT}{2F}\{\ln[Cu^{2+}]-\ln[Zn^{2+}]\} \tag{4-46}$$

式中，标准电极电位 E_{0Cu} 与 E_{0Zn} 均为固定值。由此可见，原电池的电动势 E 是离子浓度的函数。

根据上述原理，可以选择两种电极，其中一个电极电位是已知的且恒定，称其为参比电极；另一个电极对溶液中被测离子具有高度的选择性，其电极电位随被测溶液离子浓度的变化而变化，称其为工作电极或测量电极。显然，测得两电极之间的电位差便可知被测离子的浓度。这就是电极法测量溶液浓度的基本原理。

在测量溶液的氢离子浓度时，可选择氢电极作为参比电极和测量电极。而在测量某些特殊离子浓度时，根据对被测离子的选择性，可选用某种离子选择电极作为测量电极。例如，在造纸工业中，应用 S^{2-} 离子选择电极分析蒸煮液或碱回收和燃烧炉中烟气中的含硫量；利用 Na^+ 离子选择电极去测量生产过程中的钠损失等。

（二）pH 的测量

溶液的酸碱度，可用氢离子浓度表示，但由于氢离子浓度的绝对值很小，例如纯水的 $[H^+]$ 为 10^{-7} $[mol/L]$，所以常将溶液中氢离子浓度，取以 10 为底的负对数，定义为 pH。

$$pH=-lg[H^+] \tag{4-47}$$

pH＝7 为中性，pH＞7 为碱性，pH＜7 为酸性。pH 的测量即为 $[H^+]$ 的测量。

根据溶液离子浓度的测量原理，可采用氢电极测量 pH，并且能达到很高的精度，但由于氢电极由于其本身结构存在一些缺点，使其应用受到限制，通常主要用于科研实验中。

1. 工业玻璃 pH 计的组成

工业玻璃 pH 计主要由发送器和测量线路组成。如图 4-57 所示。其中发送器内装有玻璃电极（测量电极）、甘汞电极（参比电极）和温度补偿铂电阻。

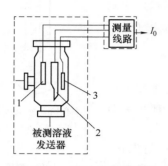

图 4-57　pH 计组成示意图

1—玻璃电极　2—甘汞电极

3—温度补偿铂电阻

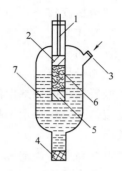

图 4-58　甘汞电极

1—电极引出线　2—汞　3—KCl

溶液注入口　4—陶瓷砂芯

5—纤维棉　6—甘汞糊　7—盐

桥溶液（KCl）

（1）参比电极

在工业 pH 计中，常用甘汞电极作为参比电极，如图 4-58 所示。甘汞电极由内外两根玻璃管组成，内玻璃管的上部装汞 2，电极引出线 1 插入其中，汞的下面装有甘汞糊 6（难溶性氯化亚汞 Hg_2Cl_2），内管的下部用纤维棉 5 堵住；在内外玻璃管之间充有饱和 KCl 溶液 7 作为盐桥，当甘汞电极插入待测溶液时，KCl 溶液可通过外管下端的多孔陶瓷芯 4 渗透到待测溶液中，从而构成导电通路。甘汞的电极电位为：

$$E = E_0 + \frac{RT}{F} \ln [Cl^-] \tag{4-48}$$

显然，甘汞的电极电位与氯离子的浓度有关。当 KCl 的浓度一定时，甘汞电极具有恒定的电位，而与被测溶液的 pH 无关。由于 KCl 溶液在不断地渗漏，必须定时或连续地予以补充。甘汞电极结构简单，电位稳定，但易受温度变化的影响。在温度较高时，可用银—氯化银电极作为参比电极，但价格较贵。

（2）测量电极

pH 发送器中的测量电极常用玻璃电极，其结构如图 4-59 所示。它由银—氯化银构成的内参比电极 3 和阳离子响应性的敏感玻璃膜球泡做成的外电极 1 组成。在玻璃膜球泡内充有 pH_0 恒定的标准缓冲溶液 2，内参比电极插入该标准溶液中，内参比电极又充当电极引出线。测量时，玻璃膜球泡的外表面与待测溶液接触，玻璃电极的电极电位为：

$$E = E_0 + 2.303 \frac{RT}{F} (pH_x - pH_0) \tag{4-49}$$

由此可见，玻璃电极的电极电位 E 既是待测溶液 pH_x 的函数，又是标准缓冲溶液 pH_0 的函数。由于内部标准缓冲溶液的 pH_0 值恒定，因此借助一只外参比电极（如甘汞电极）测得电位差，即可知被测溶液的 pH_x。

在实际应用中，可根据待测溶液的 pH_x 值的变化范围来选择合适的 pH_0 值，以改变玻璃电极的初始电位，从而确定合适的测量范围。工业用的玻璃电极常有 $pH_0 = 0$ 和 $pH_0 = 7$

两种规格，可供选用。当 $pH_0 = pH_x$ 时，玻璃球膜两侧的电位差应为零，但实际上仍存在一个不对称电位，可通过测量线路予以补偿。

实际上，玻璃电极是一种对氢离子具有高度选择性的测量电极。因此，测量精度较高，不受溶液中氧化剂、还原剂存在的影响，达到平衡快，操作简便。其缺点是容易损坏，且测量范围一般限定在 pH 为 2～10 之间。

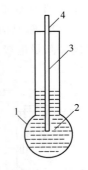

图 4-59　玻璃电极
1—玻璃膜球泡　2—内
部溶液（HCl）
3—内参比电极
4—电极引出线

（3）测量线路

发送器输出电位差由测量线路进行转换放大等处理后即可输出标准的电流信号，供显示、控制所用。由于发送器的特殊性对测量电路要求较高。

测量线路要有高的输入阻抗，由于采用玻璃电极作为测量电极，而玻璃电极本身内阻很高（通常为 $10\sim150\mathrm{M\Omega}$），为准确测量电极系统的电动势，就必须提高测量线路的输入阻抗。一般要选用高输入阻抗的放大元件（如场效应管、变容二极管等）作为前置放大；选用适当的绝缘材料，以提高输入端的绝缘性能；并采用深度负反馈放大电路等。

测量线路要能进行不对称电位和温度补偿。如上所述，由于玻璃电极的材质、厚度和加工工艺等原因会造成玻璃电极存在不对称电位，这种不对称电位不随待测溶液 pH 变化，但要与信号电压一起送到后级电路，因此必须从测量线路上考虑补偿，另外，从奈恩斯特方程可知，电极电位与温度有关，电极转换系数 ξ 与温度 T 成正比，所以温度变化所造成的测量误差也必须补偿。

此外，由于放大电路具有较高的输入阻抗，因此对各种干扰信号比较敏感，在测量线路中还应考虑消除各种干扰信号的措施以及克服信号多级放大带来的"零点漂移"。图 4-60 是以变容二极管为关键元件的参量放大器作为前置级的测量线路组成方框图。

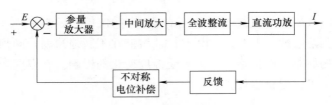

图 4-60　pH 计测量线路框图

由发送器来的信号 E，经过参量放大器进行调制和前置放大成交流信号，再通过中间放大器进行交流放大，然后经过全波整流变成直流信号，经过直流功率放大后，输出电流信号到电流表指示或送出标准的电流信号。另一方面，输出信号通过反馈电阻网络形成反馈电压与信号电压反向串联，形成闭环深度负反馈。由于线路中采用了参量振荡放大器和深度负反馈电路，所以解决了零点漂移问题。为了抵消玻璃电极的不对称电位，在反馈电路中又串入了可调的恒定电压，并将温度补偿铂电阻与线路中的反馈电阻并联，因为铂电阻的阻值随温度上升而增加，这样就使反馈电压升高，以维持参量振荡器中变容桥路的输入电压不变，起到温度补偿的目的。具体线路可参阅有关资料，这里不再详述。

2. 工业用离子敏感场效应晶体管（ISFET）pH 传感器

pH 测量普遍存在于有水或其他水性溶液参与的工业应用中。在过去的 70 年里，玻璃电极是主要的测量工具。直到 20 世纪 60 年代晚期，离子敏感场效应晶体管（ISFETs）被首次采用到 pH 测量过程，作为玻璃电极的一个替代物。然而，当时这项技术仅局限于实验室和医学领域应用。到了 20 世纪 90 年代，随着技术的进一步完善，离子敏感场效应晶体管（ISFET）pH 探头得以成功应用于许多工业过程中。近年来改良后的工业用离子敏感场效应晶体管（ISFET）包装，使得电极可以成功应用于更广泛的工业测量领域，并发挥重要的功效。

（1）测量原理

场效应晶体管（FET）是一种电压控制的电流源，它由三部分组成——电源、漏（板）和闸门。闸门用于调节电场，发出源到漏（板）的信号。在一个离子敏感场效应晶体管内，闸门是随离子变化的，离子浓度改变，闸门的电压也随之调整。不同于一般场效应使用的金属闸门，而是用一层绝缘材料将电源和漏（板）隔开。这个绝缘层直接接触到过程溶液，这样溶液本身就充当闸门的作用，并与一个电导性"对电极"和一个参比电极相连接。

离子敏感场效应晶体管（ISFET）测量 pH 时其绝缘层被设计成仅对氢离子敏感。pH 离子敏感场效应晶体管（ISFET）的设计还可产生 Nernstian 电压响应（在环境温度下，大约每个 pH 单位改变，电压响应为 59mV），因此它产生的 pH 信号也近似于玻璃电极所产生的。

20 世纪 60 年代晚期，pH 离子敏感场效应晶体管（ISFET）最初被开发出来。在接下来的 10 年里，pH 离子敏感场效应晶体管（ISFET）电极的研究开始涉足医学领域。离子敏感场效应晶体管（ISFET）电极相比传统玻璃电极在医学和实验领域应用的众多优势得到认可——体积小、真正的不易破碎、测量高 pH 物质时无钠误差，不会发生氧化或变形造成测量误差，以及低阻信号。到了 20 世纪 80 年代末期，离子敏感场效应晶体管（ISFET）电极开始在实验室市场进行商业交易。但当时实验室用的 pH 离子敏感场效应晶体管（ISFET）还存在一些局限性，如质轻而易漂、有感光性和抗化学腐蚀性不够强，因此不能被广泛应用，尤其是不能为工业测量应用。

1992 年第一个工业用 pH 离子敏感场效应晶体管（ISFET）电极面市。在对传统实验室应用型 pH 离子敏感场效应晶体管（ISFET）电极的性能进行了许多改良后，它具有了迅速响应，优良的长效稳定性，较强的抗化学腐蚀性和无感光性等特点。但是，这种工业用离子敏感场效应（ISFET）电极仍然存在一些缺陷，在连续的工业过程使用时，场效应晶体管和对电极会受到化学腐蚀。还有电缆连接对湿度敏感，温度补偿器位置不合理，以及生产过程费用高的问题还需要解决。

pH 离子敏感场效应晶体管（ISFET）还继续在两个主要的性能方面进行技术更新。第一个是抗化学腐蚀性方面，仍然有一些化学品对场效应晶体管造成损坏比对玻璃电极更大。第二个方面是在工业用 pH 离子敏感场效应晶体管电极结合参比电极使用时的技术要求。因为离子敏感场效应晶体管（ISFET）电极仅能用于测量，因此它需要与一个传统的参比电极一同使用。目前工业用 pH 离子敏感场效应晶体管（ISFET）电极只能与带氯化钾（KCl）凝胶填充，单液接的碱性银质或氯化银（Ag/AgCl）质地参比电极一同使用。如果与其他更高级的参比电极一同使用，就需要再改进工业用离子敏感场效应晶体管（ISFET）电极的性能，以适应更广泛的领域应用要求。

（2）工业用 pH 离子敏感场效应晶体管（ISFET）电极和玻璃 pH 电极的对比

在实际应用中，工业用离子敏感场效应晶体管（ISFET）电极具有许多玻璃电极不具备的优点。工业用 ISFET 电极的响应速度比玻璃电极快 10 倍，而且响应速度不会随电极寿命而改变。新的玻璃电极的响应速度相当好（5～10s），但随着电极的使用，响应速度就会明显变慢。

在一般操作过程中，玻璃电极的测量精度会受到玻璃连续增加的高阻影响，同时玻璃高阻也会导致玻璃电极发生漏电和电感等问题。在玻璃电极附近放有一个前置放大器，用来在漏电或电感时对电极进行补充。而测量精度的问题则是所有玻璃电极的固有的，很难解决。然而离子敏感场效应晶体管（ISFET）电极的设计却免除了所有这些问题，场效应晶体管（FET）的特性使其具有稳定的测量性能，场效应晶体管（FET）本身就可以放大 pH 信号到可以有效避免漏电或电感的问题。离子敏感场效应（ISFET）仅对氢离子浓度改变响应，测量过程不受到任何影响打断。在高 pH 物质中时，玻璃电极会发生阳离子误差（通常被称作钠误差），而在 pH 非常低的物质中，又会产生酸误差。

工业 pH 离子敏感场效应晶体管（ISFET）电极具有迅速响应、长期稳定性、高精度和材料坚固等优点。工业 pH 离子敏感场效应晶体管（ISFET）电极独特的增强性能可以取代玻璃电极应用于多数工业过程中，并且 ISFET 技术还将不断地继续完善。

Honeywell 公司的 Durafet II pH 电极可以顺利地取代许多已知 pH 测量应用的玻璃电极。真正的不易破碎 Durafet II pH 电极具有固态离子敏感场效应晶体管（ISFET）技术。ISFET 技术不仅增强了系统稳定性，而且提高了电极的工作效率。电极使用寿命被延长的同时，还降低了维护费用，即使在恶劣的工艺过程中，也可保持良好的稳定性。一体化温度补偿器紧邻过程安装，响应迅速且更精确。实时温度响应确保了 pH 测量高度精确，进而优化过程和产品质量。此外温度补偿器还带有 100Ω 和 1000Ω 热电偶选项。电缆和电极间有一个防水型快速接头，便于更换电极。Durafet II 电极可与长度分别为 3.66m、6.10m、9.14m、12.19m 和 15.24m 的快速接头电缆连接。使用快速接头可以省去更换电极时拉电缆和导线穿过沉重的导管的工作，从而降低了安装和维护时间。Durafet II 电极带有最新的前置放大器组件。前置放大器带一体化电缆，这就省去在 pH 测量回路中单独安装一个前置放大器模块和电缆。

第三节　轻化工过程特殊变量

一、黑液浓度的测量

溶液的浓度用来表示溶液中某物质的组成成分及其含量，浓度常用体积和质量浓度来表示，即某物质的体积或质量与其混合物的体积或质量之比。而在工业测量中，一般用体积或质量分数来表示浓度，记作％（体积分数）或％（质量分数）。密度同浓度一样是表征溶液特性的物理量。溶液的浓度、密度和相对密度之间有着一定的关系。例如黑液的相对密度、波美度和浓度之间的关系为：

$$w = 1.51 \times °Bé - 0.90 \tag{4-50}$$

$$d = 100/(100 - 0.5w) \tag{4-51}$$

$$°Bé = 144.3 - \frac{144.3}{d} \tag{4-52}$$

式中　w——黑液固形物的质量分数，％

　　　$°Bé$——20℃时黑液的波美度，$°Bé$

　　d——黑液的相对密度

因此，测量出溶液的密度或相对密度便知其浓度，故在有些场合可直接测量浓度，而在另一些场合则通过测量溶液的密度或相对密度来确定溶液的成分或性质。

在造纸工业中，常用折光式浓度计测量黑液的浓度。

1. 测量原理

折光仪是根据被测溶液的浓度与该溶液对光的折射率之间有一定关系而测量浓度的。

根据光学原理，当光线通过两种不同介质的分界面时，光的传播方向会发生改变，从而引起光线的折射或反射。当光线从光密介质（折射率为 n_1）向光疏介质（折射率为 n_2）入射时，随着光线入射角的增大，反射光线的强度逐渐增强，而折射光线的强度则逐渐减弱，如图 4-61 所示。当入射的光线既不折射也不反射时的入射角称为临界角（如图中 C 光线），当入射角大于临界角 θ_C 时，折射光线不复存在，入射线全部反射。临界角 θ_C 的大小取决于相邻两介质折射率：

$$\theta_C = \sin^{-1}\frac{n_2}{n_1} \tag{4-53}$$

式中　n_1——光密介质（如白宝石玻璃）的折射率
　　　　n_2——光疏介质（如黑液）的折射率

许多溶液的折射率随着它的浓度的变化而变化，例如黑液的浓度与折射率之间就呈线性关系，如图 4-62 所示。因此，临界角也就随着溶液浓度的变化而变化。在式（4-53）中，若固定 n_1，n_2 为被测溶液的折射率，则测得临界角 θ_C 便知被测溶液浓度的大小。

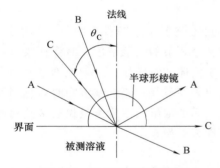

图 4-61　光线的折射与反射

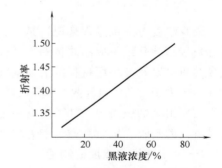

图 4-62　黑液折射率与浓度的关系

2. 组成

如图 4-63 所示，折光仪主要由光学系统、光电转换和毫伏转换器等部分组成。从光源发出的光线被透镜 1 准直成平行光束，然后又被透镜 2 聚焦在棱镜（一般由白宝石玻璃制成）上与被测溶液（如黑液）的交接面上。该入射光束的一部分光线（位于临界角虚线上方的光线，如光束 A）由于其入射角小于临界角而折射进溶液中，其反射光通量很小，因此在光电接收器件的接收面上形成"暗区"；入射光束的另一部分

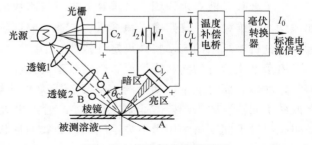

图 4-63　折光仪组成原理图

光线（位于临界角虚线下方的光线，如光束 B），由于其入射角大于临界角而产生全反射，在光电接收器件的接收面上形成"亮区"。"亮""暗"区的交接线位置取决于临界角的大小，亦即与被测溶液的浓度（或折射率）相对应。当被测溶液的浓度变化时，亮、暗区交接线在光电接收器件上位置也发生变化，从而改变光照面积，使光电器件的输出信号也随之变化。

光电转换电路的形式很多，在图 4-63 中，采用光电池作为光电接收器件，光电池 C_1 为测量光电池，产生的光电流 I_1 随被测溶液浓度变化而改变；C_2 为参比光电池，始终处于亮区，可通过调整光栅调节亮度，从而保证产生的光电流 I_2 保持不变。两个光电池反向并接，则在负载电阻 R_L 的压降 $U_L = (I_2 - I_1)R_L = K - I_1 R_L$，式中 $K = I_2 R_L$ 为常数。例如，当溶液浓度增大时，其折射率 n_2 增大，临界角增大，由于光源位置不变，则小于临界角的光线 A 增多，反射到光电池 C_1 上亮区减少，则 I_1 降低，U_L 随 I_1 的减小而增大，也即随浓度的增大而增大。U_L 信号通过毫伏信号转换器进一步转换放大可输出标准的电流信号。在该仪表中，可通过调整光栅改变 I_2 的大小来进行零点调整。

在造纸工业中利用折光仪测量黑液浓度具有测量速度快，结构简单、耐腐蚀的优点。但在使用时还应注意，由于黑液在测量棱镜上容易结垢而影响测量结果，必须注意清洗；由于温度变化也会影响测量精度，一般要加温度补偿装置，方法是在测量回路串接温度补偿电桥（见图 4-63），电桥的一个臂采用铂热电阻感受被测溶液的温度，从而用不平衡电压输出补偿掉因温度变化带来的测量误差。

二、纸浆浓度的测量

纸浆浓度对造纸过程来说，是一个重要变量，它不仅影响各个生产过程中浆料的质量，而且直接影响到纸张成品质量的物理标准。因此控制好各个环节的纸浆浓度，对保证浆料和纸张的质量以及减小原材料的消耗都极其重要。由于纸浆流体的特殊性，一般把纸浆分为中浓（一般大于 2%）和低浓（低于 2%）。中浓纸浆测量仪表一般是利用纸浆流动时对感测元件所表现出来的压力损失与浓度有一定的关系来测量的，而低浓纸浆浓度测量仪表多是利用纸浆对光的吸收、散射和透射能力与纸浆浓度有关的特性来工作。

（一）中浓纸浆浓度的测量

为了深刻了解纸浆浓度测量的原理和在使用时应注意的问题，以便在不同工艺条件下正确选择纸浆浓度测量仪表，保证测量精度。下面首先简介纸浆的流动特性与浓度的关系，然后给出几种常用中浓纸浆浓度测量仪表和浓度控制实例。

1. 纸浆浓度与流动特性的关系

由于纸浆是液态水、固态纤维和气态空气组成的三相非均匀悬浮液。其流动特性受到诸如浓度、纤维种类、打浆度、填料量、流速、温度等多种因素影响，比较复杂。从大量的实验结果分析，纸浆的流动特性可定性描述如下。

由于纸浆特有的网状物性质，当纸浆运动流经固体物质（如管壁、转子、搅拌器等）表面时，固体表面对纸浆运动会产生明显的阻力使纸浆产生压力损失。例如，图 4-64 所示的是四种不同浓度的未漂硫酸盐浆，在 100m 管道中流动实验所得的压力损失曲线。大量实验证明，尽管不同浆料的压力损失不同，但曲线的形状有近似性。从图中曲线可见，在一定的流速范围内，存在压力损失的最大值 D，最小值 F，与水在同一流动条件下的压力损失相比，又有交点 H 和压力衰减点 I。为了研究方便，根据纸浆流速可分成四个区域：

（1）局部环栓流区（a 区）

当纸浆流速比较低，即在临界速度（0.3～0.6m/s）以下，见图中 D 线左侧段，纸浆沿管道运动时的压力损失，主要是由纸浆与管壁接触时纸浆纤维对管壁产生的摩擦力和纸浆纤维层之间的摩擦力决定，并且纸浆纤维对管壁的摩擦力比纤维各层之间的摩擦力大。在其他条件不变的情况下，纸浆浓度越大，压力损失也越大。例如，对于化学浆，压力损失与浓度的关系可由下面经验公式表示：

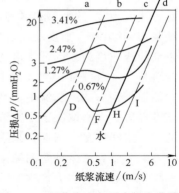

图 4-64　纸浆流速与压力损失曲线
$1\mathrm{mmH_2O}=9.806\mathrm{Pa}$

$$\Delta p = KFw^{2.5}V^{0.15}D^{-1} \tag{4-54}$$

$$\text{或}\quad w = \sqrt[2.5]{\dfrac{\Delta pD}{KFv^{0.15}}} \tag{4-55}$$

式中　Δp——压力损失，$\mathrm{mmH_2O}/100\mathrm{m}$

w——纸浆浓度，%

v——纸浆流速，m/s

D——管道直径，mm

K——常数

F——取决于纸浆种类、pH、温度的常数

显然，如果纸浆种类、pH、温度、流速和管道直径一定，可通过测量纸浆在管道中的压力损失 Δp 来测量浓度 w。

（2）层流水环栓流区（b 区）

当纸浆速度提高时，各纤维之间的摩擦（联结）力增加，当高于临界速度时，见图中 DF 段，这时，各纤维之间的摩擦力就比纤维对管壁的摩擦力大，并且当纸浆沿管壁滑动时，其各层纤维没有相对移动而开始成为"活塞"。同时在内摩擦力的作用下，在管壁—液体分界面处发生了纤维的分离，并沿流束中心线的方向发生放射型的压缩而形成层流状态的水环，该水环减小了管壁—液体之间的摩擦力，因而使得总压力损失减小，当然，压力减小的程度与纤维的结构强度密切相关。

（3）湍流和减阻区（c、d 区）

在通常纸浆流速（约 2m/s 以下）时，水环运动具有分层特征，但当纸浆流速继续提高时，其运动就成为湍流，压力损失增大，见图中 FH 段。尤其到了 HI 段，纸浆变为混流或完全湍流状态，其压力损失更为增大。

由上述纸浆的流动特性可以看出，当纸浆与固体（管道或测量元件）之间的相对流速小于临界速度时，它们之间产生的摩擦力（压力损失）主要由纸浆浓度决定，同时与纸浆流速、浆种、pH 和温度等因素有关。但当它们之间的相对速度大于临界速度时，由于水环和湍流的产生，摩擦力与浓度之间的关系较为复杂，具有不确定性。因此在利用纸浆在流动过程中产生摩擦力来测量纸浆浓度时，要把纸浆与测量元件之间的相对流速限制在临界速度之下，并要稳定或补偿纸浆流速、温度、浆种等因素的影响，只有这样，才能保证纸浆浓度和摩擦力之间的单值对应关系。这是在设计和使用这种变送器中必须注意的问题。

2. 刀式纸浆浓度变送器

（1）静刀式浓度变送器

在纸浆管道上设置一个固定物体（如圆铁棒）作为感测元件，如图4-65所示，当纸浆流动时，速度为v_0的纸浆在碰到固定物体时，前缘部分的纸浆速度将降为零，而管道内其余的纸浆则继续以v_0速度流动。由于纸浆特殊的纤维结构，这些继续以v_0速度流动着的纸浆将带动前缘速度为零的纤维沿物体表面流动，并且使得这部分纤维流速由零逐渐增大。这种流线型是伴随着纤维对物体表面及其纤维层之间的摩擦而发生的。当纤维离开固定物体时，它们混入到总的纸浆流中，且速度恢复为v_0。因此纸浆纤维对检测元件表面产生摩擦力，该摩擦力的大小取决于纸浆浓度，纸浆浓度越高，摩擦力越大。因此，可通过测量该摩擦力的大小来间接测量浓度。采用上述原理组成变送器时，还要解决好两个问题：一是上述感测元件除了受到纸浆纤维的摩擦力以外，还有纸浆对其产生的冲击力和它切断运动着的纸浆纤维结构所需的剪切力，这两种力显然与纸浆流速和纤维结构有关，因此在测量摩擦力时要补偿掉这两种力的影响；二是要限制相对流速在临界速度（0.3～0.6m/s）以下，以保证纸浆浓度与摩擦力间的一定关系。

静刀式纸浆浓度变送器就属于这种流线型变送器，它由感测元件弯刀、力－电转换装置组成，静刀式纸浆浓度变送器的结构原理如图4-66所示。力－电转换器包括力平衡转换、位移检测、放大器和反馈装置等部分组成。见图4-66，弯刀1上受到的摩擦力F作用于主杠杆2下端，使主杠杆以轴封膜片3上H为支点而偏转，并以力F_1沿水平方向推动矢量机构5。矢量机构将力F_1分解为F_2和F_3，F_2使矢量机构的推板向上移动，并通过连接簧片带动副杠杆4以M为支点逆时针偏转，这使固定在副杠杆上的差动变压器9的检测片6靠近差动变压器，使两者之间的气隙减小。检测片的位移变化量通过低频位移检测放大器10转换并放大为4～20mA的直流电流信号I_0，作为变送器的输出信号。同时，该电流又流过电磁反馈机构的反馈线圈7，产生电磁反馈力F_f，使副杠杆顺时针偏转。当反馈力所产生的力矩和输入力F所产生的力矩平衡时，变送器便达到一个稳定状态。此时放大器的输出信号I_0反映了浓度的大小。

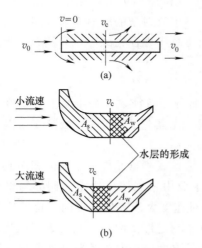

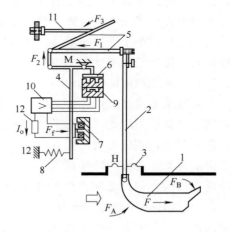

图 4-65　弯刀表面纤维层和水层的形成

v_0—管道中纸浆流速　v_c—临界速度（0.3～0.6m/s）

A_s—弯刀表面纤维层面积　A_w—弯刀表面水层面积

图 4-66　静刀式纸浆浓度变送器

1—弯刀　2—主杠杆　3—轴封膜片　4—副杠杆

5—矢量机构　6—检测片　7—反馈线圈

8—调零弹簧　9—差动变压器　10—低频

位移检测放大器　11—量程调整　12—负载

（2）智能动刀式浓度变送器

为了克服以测量摩擦力为原理的静刀式浓度变送器的缺陷，工业上又推出了动刀式纸浆浓度变送器，它采用动刀传感元件，利用剪切力原理对浓度进行测量。

这种动刀式变送器可根据纤维品种、管道大小等因素更换传感元件（动刀）形式，因而可测浓度范围比较宽（1.5%～8%），它是基于剪切力测量原理来测量纸浆浓度的，基本上不受各种纸浆成分、打浆度、填料、黑液含量、空气含量、压力等的影响，与静刀式相比，更少受流速的影响，允许的流速范围比较大（0.1～5m/s）。

图4-67为BTG公司的MBT-2300型智能动刀式浓度变送器的组成原理图。它与静刀式的主要区别是传感元件（动刀）前后不停地运动（摆动），利用它自身的力去剪切纸浆悬浮物中的纤维，纸浆浓度不同，在动刀固定的摆动行程内所需要的剪切时间不同，因而通过测量剪切时间而间接测量出纸浆的浓度。

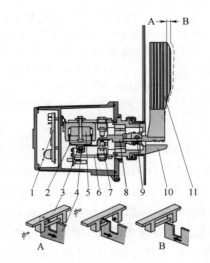

如图4-67所示，传感元件11固定在芯轴8上，它以转轴9为支点转动，在芯轴上还连接着活动铁芯线圈2及遮光板4。当电流流入活动铁芯线圈时，在永久电磁罩5内就会产生一个短时的力作用在芯轴上，芯轴就带动传感元件剪切悬浮物中的纤维。在传感元件从A移到B之后，切断电流2s，然后改变电流极性，使传感元件返回原来的位置A，开始下一个冲程，周而复始。

光传感器3固定在框架6上，当传感元件从A到B移动时，遮光板4挡住了光传感器的光束，即切断了光探测器的信号。当纸浆浓度变化时，冲程时间也跟随变化（浓度高，冲程时间长）。由于光束被切断时间与冲程时间相对应，

图4-67　动刀式纸浆浓度变送器结构原理图

1—电子部件　2—活动铁芯线圈　3—光传感器　4—遮光板　5—永久电磁罩　6—框架　7—机械限幅　8—芯轴　9—转轴　10—导流板　11—传感元件

因而冲程时间可由光传感器检测出来。实际上，该变送器是通过测量光传感器在一段时间的冲程次数（冲程次数取决于所设定的阻尼时间），从而得出基本的平均时间值，以消除偶然误差。通过电子部件将平均时间值转换成反映浓度大小的4～20mA DC电流信号和数字信号输出。

图4-67中在传感元件的前边装有保护导流板10，其作用是保证测量结果对流量变化的不敏感，而对纸浆浓度保持最大的灵敏度。电子部件采用微处理器进行信号的计算和转换，可方便实现输出信号的自动校准和线性化（需输入实验室的化验值作为对照）。对变送器的校正和设定可通过手持终端编程器或支持其通信协议的上位设备（DCS或现场总线系统）方便地进行。

（3）旋转式纸浆浓度变送器

旋转式浓度变送器是依据纸浆对感测元件产生的摩擦力或剪切力与纸浆浓度有一定关系进行测量的。根据安装位置的不同主要有两种形式，即旁路取样式（外旋式）和管道全通式（内旋式）。其中内旋式应用比较广泛，下面主要以BTG公司的MEK-2300型内旋转式纸浆浓度变送器为例介绍。

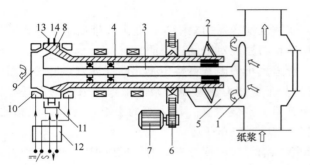

图 4-68　MEK-2300 型纸浆浓度变送器
1—旋转传感元件　2—推进器　3—内层测量轴
4—外层驱动轴　5—测量室　6—传动皮带
7—电机　8—内转矩轮翼　9—外转矩轮翼
10—反馈线圈　11—光传感器　12—电子部件
13—测量轴上凹槽轮　14—驱动轴上凹槽轮

如图 4-68 所示。管道中置有传感元件 1 和纸浆推进器 2（叶轮），推进器由外层驱动轴 4 带动，它由电机 7 带动恒速旋转。传感元件与内层测量轴 3 相连。两轴之间用弹性元件连接。当测量室中的流体是水时，两轴的转速关系是固定的。这时通过零点调整使变送器的输出信号为 4mA。当测量室流过纸浆时，传感元件在浆料纤维中的转动产生一个转矩，它阻滞测量轴与驱动轴之间的关系，使分别安装在测量轴和驱动轴两轮翼上的凹槽轮产生角位移，该角位移由光传感器 11 检测，该信号送往电子部件转换处理输出 4～20mA DC 电流信号。同时，该电流信号通过电磁反馈系统的反馈线圈 10 在驱动轴和测量轴上产生一个反馈力矩，它与传感元件产生的阻滞力矩相平衡。此时，变送器输出电流信号大小就反映了浓度大小。

在电子部件的微处理器中可完成自动修正（与化验室测试值对照）和线性化，通过通信模块可输出数字信号。用手持终端或支持该变送器通信协议（HART 协议）的上位设备（计算机）可方便地进行标定、校正和设置。

这种浓度变送器由于是将传感元件直接安装在管道中，并且安装纸浆推进器来引导浆料连续通过传感元件，从而保证了流过传感元件的纸浆流速恒定，使得纸浆流速变化几乎对测量结果没有影响。并且，这种变送器可根据不同的浆种和浓度更换不同结构形式的传感元件。因此它可测纸浆浓度范围为 0.5%～5%，精度可达到 0.05%。

三、低浓度纸浆浓度的测量与控制

当纸浆浓度在 1.5% 以下时，近似牛顿流体，这时就不能采用测量摩擦力或剪力的方法来测量浓度。对于 1.0% 以下的低浓纸浆，一般采用纸浆的光学特性与浓度有关的原理进行测量。需要注意的是纸浆的光学特性除了与浓度有关外，还与纸浆的种类、打浆度、pH、填料量、纸浆中气泡等多种因素有关，因此，在测量过程中也要考虑消除或补偿这些干扰因素。

1. 光电式低浓纸浆浓度变送器

当光线通过含有纤维、填料、胶料、白水等的低浓纸浆（或称纸料）时，纸浆对光线会产生吸收和部分散射，其中散射光通量与纸浆浓度有关。

根据拉姆贝尔塔－贝拉定律，穿过纸浆的光通量强度 I 可由下式表示：

$$I = I_0 e^{-xcd} \tag{4-56}$$

式中　I_0——光源强度

$\quad\quad x$——单位物质浓度上吸收光线的指数，它取决于纸浆纤维种类、打浆度和光线的波长等

$\quad\quad c$——纸浆浓度

d——光线穿过纸浆的厚度

因此，纸浆浓度为：

$$c = \frac{1}{x^d}\ln\left(\frac{I_0}{I}\right) \tag{4-57}$$

当 I_0、d 和 x 为常数时，纸浆浓度可以通过纸浆的光通量强度来测定。其测量原理如图 4-69(a) 所示，由光源 D 发出的光线经聚光透镜 B 后形成平行光束，照射到流经玻璃管 T 的纸浆上。通过纸浆散射的光通量，分别被光电池 P_1（置于散射角 f 约 30°处）和 P_2（置于散射角 f 约 45°处）接收，并被转换成光电流 i_1 和 i_2，光电流 i_1 和 i_2 的大小随纸浆浓度变化而改变，其关系见图 4-69 (b)，即 i_1 随浓度的增大而减小，i_2 则随浓度的增大而提高。因此通过测量 (i_1-i_2) 来获知浓度的大小。同时，由光源 D 发出的光线经可变光栅 G 照到一块毛玻璃 H 上，通过毛玻璃散射的光通量被光电池 P_3 所接收，并被转换成光电流 i_3，作为测量 (i_1-i_2) 的参比电流。对两块光电池电流进行差动测量的目的是补偿浆种、填料、打浆度等因素对浓度测量的影响。(i_1-i_2) 信号通过电子部件进行转换、放大等处理输出反映浓度大小的标准信号。

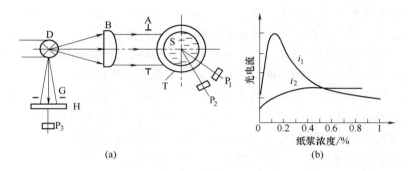

(a)　　　　　　　　　(b)

图 4-69　光电式纸浆浓度变送器测量原理

D—光源　B—聚光透镜　A—光栅　G—可调光栅　T—透明玻璃管　S—纸浆　H—毛玻璃　P_1、P_2、P_3—光电池

2. 偏振光式低浓纸浆浓度测量仪

利用纸浆纤维具有消偏振特性可以制作偏振光式浓度变送器。其基本组成原理如图 4-70 所示。光源 1 发出的光通过垂直偏振片 2 后，成为平行于入射面的偏振光束，并透过纸浆纤维流经的玻璃管。由于纸浆纤维的消偏振特性，使透过纸浆悬浮液的部分偏振光发生偏转而成非偏振光，这种消偏振的强度是随浆料浓度的增大而增加的。透过纸浆后的光束再通过平行偏振片 5（检偏器）。由于垂直偏振光不能通过平行偏振片，只有消偏振后的那部分光透过平行偏振片，因此透过平行偏振片的光强度便与纸浆纤维浓度有关，它通过透镜 3 聚焦后在光电池 4 上产生光电流，从而测知纤维浓度的大小。

在欧洲控制公司生产的 MEKL 型偏振光浓度变送器中，如图 4-71 所示，是将透过纸浆纤维消偏振后的光流用分光镜 8 分成两路，一路直接作用于 1 号光电池 4 产生光电流 i_1，另一路通过聚光透镜 6 聚焦后，落在 2 号光电池 7 上产生光电流 i_2，并以 i_1 和 i_2 的比值 i_1/i_2 作为纤维浓度的量度。这样，

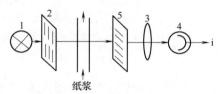

图 4-70　偏振光式低浓纸浆浓度测量原理

1—光源　2—垂直偏振片　3—聚光
透镜　4—光电池　5—平行偏振片

125

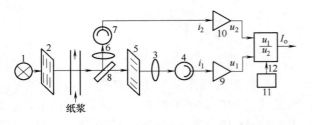

图 4-71　偏振光式低浓纸浆浓度变送器组成原理

1—光源　2—垂直偏振片　3，6—聚光透镜　4，7—光电池
5—平行偏振片　8—分光镜　9，10—I/V 转换器
11—补偿装置　12—信号放大转换器

可以补偿其他干扰因素（如光源波动）影响，提高测量精度。

在偏振光式浓度变送器中，由于纸料中其他物质（例如水、多数填料、气泡等）没有消偏振特性，所以这种仪表与光电式纸浆浓度变送器相比，纤维浓度测量结果几乎不受打浆度、多数填料、pH、温度、空气泡等的影响。但是纤维种类及处理方法，还有像高岭土之类的填料也具有一定的消偏振特性（约比纤维低 10 倍），它们对测量结果还是有影响的，所以在这种仪表中一般装设专用补偿装置 11。

3. 智能光学式低浓度变送器

如图 4-72 为 BTG 公司的 TCT-2300 型智能光学式低浓度变送器的原理组成框图，其测量原理采用光散射峰值法测量技术。这一技术是建立在悬浮物是由大小颗粒组成的这一事实之上的。大颗粒多是纤维，而小颗粒则是填料和细小颗粒等。

对一定量的悬浮物的仔细研究表明在悬浮物中小颗粒数量大且相对持久，而大颗粒数量少且变化很大。大颗粒组成相对透明的网状物，小颗粒可以在其中自由移动。

如图 4-72，将测量探头 1 插入浆管中，浆液从探头的测量间隙 2 流过，通常浆液中的大小颗粒都会影响通过探头的狭小光束。然而有一段时间光线只受小颗粒影响，这被称作"峰值"期，在其他时间，光线同时受大小颗粒的影响。在图中，接光源的光纤 3 通过测量间隙的悬浮液。接探测器的光纤 4 检测透过的光线。检测信号被放大器 5 放大，送往信号处理器进行处理。信号处理器根据检测信号算出三种信号：平均值 V_{DC}，峰值 V_P 和交流信号 V_{AC}。如图 4-73 为几种信号的典型曲线。

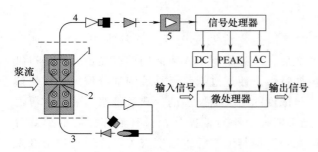

图 4-72　智能光学式低浓度变送器原理框图

1—测量探头　2—测量间隙　3—接光源的
光纤　4—接探测器的光纤　5—放大器

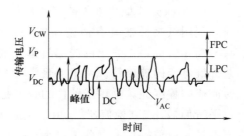

图 4-73　智能光学式低浓变送器输出信号

V_{CW}—纯净水　V_P—峰值
V_{DC}—直流信号　V_{AC}—交
流信号　FPC—小颗粒　LPC—大颗粒

微处理器将 V_{DC} 与进一步处理的 V_P 值相加便可得到反映总浓度的信号，并输出和浓度对应的 4～20mA DC 信号或数字信号。

此外，还有根据纸浆悬浮液对超声波的吸收或反射与纸浆浓度有关的原理制成的超声波浓度变送器；根据纸浆的介电常数与纸浆纤维浓度有关原理工作的电容式浓度变送器等，请参阅有关资料，这里就不一一介绍了。

四、纸浆打浆度的测量

打浆度，又称叩解度，用来表示纸料脱水的难易程度。它综合反映了纤维在打浆过程中被切断、分丝、润涨和细纤维化的程度，在较大程度上决定着纸张的机械强度等质量指标，尤其决定着纸浆在网上的脱水速度。是打浆过程中的一个重要指标。

打浆是通过机械作用，处理水中的纸浆纤维，使其发生物理变化而获得一些特定的性质，以满足纸或纸板生产的质量要求。由于多种原因的存在，仅依靠打浆设备和工艺的改进无法满足打浆质量要求，必须对打浆过程实现自动控制。目前大多数厂商在打浆过程的控制上未采用相应的控制手段，少部分采用了定值的功率控制，因此打浆的能量消耗较大，质量控制不佳。

测量打浆度的一种方法是采用在线分析仪表，设备投资较大，维护成本高，并因具有较大的测量滞后（2～3min）使得过程变量的调节品质下降，另一种方法是借助化验室人工化验。

目前，打浆度一般是采用滤网将纤维与水分离的办法来测量的。打浆度低，滤水性快，打浆度高，滤水性慢，利用滤水性快慢的这种性质来间接反映打浆度的大小。此外，打浆度还受浓度、温度、pH、填料和气泡等因素的影响，在采用这类测量仪表时要注意使用条件。常用的打浆度测量仪有断续式和连续式两类。

（一）纸浆打浆度测量仪

1. 断续式打浆度测量仪

断续式打浆度测量仪是在线自动定期取样测定纸浆打浆度，一般测定周期为 2～4min。这类仪表测量原理均是模拟实验室肖氏打浆度仪设计的，基本上由取样装置、过滤室和测量控制线路等部分组成。

取样装置能定期取出被测纸浆，过滤室是底部装有滤网（或滤板）的圆筒，是打浆度的检测元件。被测纸浆在过滤室的滤网上过滤，其过滤速率用单位时间内滤液的体积来表示，它与纸浆的打浆度、浓度、温度、pH 等因素有关，如图 4-74 所示。由图可见，在开始过滤阶段，纸浆浓度对过滤速率有明显的影响，但经过一段时间后，纸浆纤维在滤网上形成滤饼，过滤速率则不受纸浆浓度影响。这时，如果纸浆的温度、pH 稳定，过滤速率仅受打浆度影响，打浆度高，过滤速率慢；打浆度低，过滤速率则快。因此，通过测量纸浆透过滤饼的速率来测知打浆度的高低。透过的滤液一般用专门的容器收集，因而过滤速率可用容器收集到

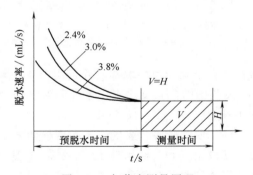

图 4-74　打浆度测量原理

固定体积（V）滤液所需时间的长短来表示。如在滤液容器中放置固定的低位（始点）电极和高位（测量）电极，它们之间的距离（液位 H）即为固定滤液体积，滤液从始点电极到测量电极所需时间由计时装置测量，该时间就反映了打浆度的大小。从开始脱水到形成滤饼的时间称为预脱水时间，显然，始点电极的高度决定了预脱水时间。

图 4-75 所示为 BTG 公司的 DRT-5200-SB 型打浆度变送器的测量部分原理。这种变送

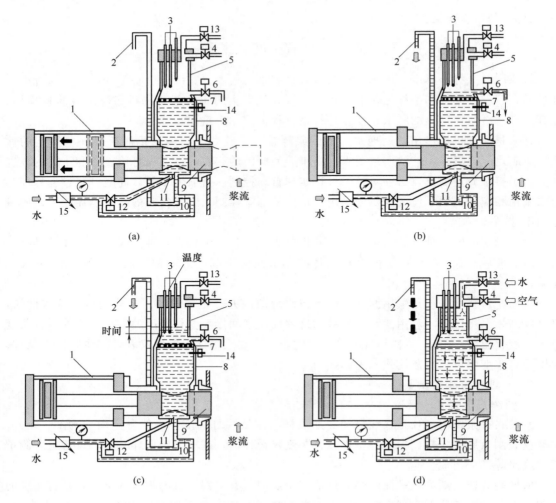

图 4-75　DRT-5200-SB 型打浆度变送器工作过程

(a) 取样阶段（包括稀释和混合）　(b) 成形阶段　(c) 测量阶段　(d) 清洗阶段

1—气缸　2—液体溢流/废水管　3—测量电极　4—空气阀　5—测量量筒　6—排水阀　7—滤网　8—混合室
9—取样活塞　10—连续供水　11—喷嘴　12,13—水阀　14—液位探测器　15—水压调节器

器直接在纸浆管道中取样，并且用恒压水作为过滤动力，因此测量滞后时间短，可测 15～98°SR 范围的打浆度。工作过程分为取样阶段、成形阶段、测量阶段和清洗四个步骤，对应图 4-75 中 (a)(b)(c)(d) 图。

(a) 取样阶段：当气缸 1 把取样活塞 9 推进工艺管道时，取样开始。一个代表性的浆样被自动取出，并与经水阀 12 从喷嘴 11 喷出的水混合。由于水压调节器 15 的控制，形成的水柱将浆和水混合均匀。当水位达到混合室 8 上方的液位探测器 14 时，混合完成，水阀 12 关闭。在该阶段，为了防止絮聚，样品被稀释到约 0.2%～0.5%，保证了每次测量在滤网上形成的过滤层都是一样的。

(b) 成形阶段：在过滤层形成阶段，借助于从入口 10 进来的水，纤维在滤网上形成一层过滤层（阀 4 和 6 打开和大气相通）。随着过滤层的增厚，通过滤网的水的速度变慢，而溢流管 2 中的液位上升。滤网上的压力由溢流管的高度决定，是恒定的，这就保证了成形过程的重复性。此时，未通过滤层滤出的水通过溢流管流出。成形时间一般设置为 40s。

（c）测量阶段：在测量阶段，排水阀 6 关闭，水通过过滤层，测量量筒 5 中水位上升（空气阀 4 仍开着，通大气）。在测量筒中，通过电极 3 测量水位的上升时间和温度。测量筒内液位上升时间通过电子单元处理输出与打浆度对应的 4～20mADC 信号。水温度值用做温度补偿。

（d）清洗阶段：当滤液达到上测量电极高度时，气阀 4 和水阀 13 打开，清洗测量量筒、滤网、和混合室。纤维、水和空气通过废水管 2 排出。清洗阶段一结束，则完成一个测量周期，然后进入下一次取样阶段。上述测量周期不超过 2min，且可调，各阀门和汽缸的动作是由电子单元控制的。

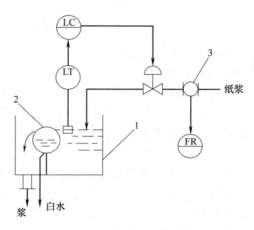

图 4-76　连续式打浆度测量仪
1—浆槽　2—圆网筒　3—电磁流量计

2. 连续式打浆度测量仪

大多数连续式打浆度测量仪是以测量纸浆在小圆网筒上脱水速度为基础的。例如，美国贝里公司的打浆度测量仪的组成原理如图 4-76 所示。圆网筒装在浆槽内，浆槽内的浆位由液位控制系统保持恒定，0.8％浓度的纸浆在圆网筒上脱水时，脱水速度与打浆度有直接的关系，例如，打浆度低，则脱水速度快，要保持浆槽液位恒定所需要的纸浆流量则增大。因此，测量进浆流量的大小便可知打浆度的高低。

例如，纸浆打浆前后的温差可反映打浆度的高低。在打浆过程中，纸浆温度的升高是由于打浆设备所消耗功率只有少部分用于纤维的切断和帚化，大部分消耗在摩擦发热使纸浆温度升高，在忽略热损失时，通过热平衡关系可近似推得打浆度变化量 ΔSR 与温升 ΔT 的关系为：

$$\Delta SR = K_1 \frac{\Delta T}{c} + K_2 \tag{4-58}$$

式中　K_1，K_2——比例系数

　　　　ΔT——打浆后纸浆的温升

　　　　c——纸浆浓度

如式（4-58）所示，通过打浆机纸浆的打浆度的变化与 $\Delta T/c$ 成比例。因此，如果纸浆浓度恒定，温差的大小可反映打浆度的变化。实验证明上述描述是正确的，图 4-77 所示为某打浆机在打浆条件稳定时，打浆度变化与温升的关系曲线。

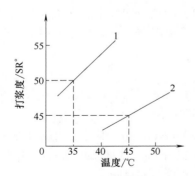

图 4-77　打浆度与温度的关系
1—纸浆进口温度 15～20℃
2—纸浆进口温度 30～36℃

由于纸浆在网筒上的脱水过程不等同于纸浆在纸机铜网上的脱水过程，该仪表还不能与打浆度的单位相对应，而由德国研制出类似的打浆度变送器，则是在一定程度上模拟了纸浆在纸机上的脱水情况，因此测量打浆度的结果与实验室肖氏打浆度测定仪的测量结果相似。但这类仪表工作时，纸浆浓度、温度变化对测量结果影响较大，在使用时要严格保证纸浆浓度及温度的稳定，此外，测量仪本身的结构比较笨重（尤其是德国型），并且要求被测纸浆

浓度较低（1%以下），这就需要采用较复杂的装置，以保证打浆后浓度为 3%～3.5%的纸浆试样获得高精度的稀释。因此，在这些情况下就限制了连续式打浆度测量仪的使用。

值得提出的是，由于计算机测控系统的飞速发展，近年来软测量技术在打浆度测量中也得到了应用。软测量的基本思想是把控制理论与生产工艺过程有机结合，应用计算机技术，对难于实现连续测量的打浆度，通过另外一些变量的测量，构成一定的数学关系来推断和估计打浆度，这种方法响应迅速，可连续给出打浆度信息。

五、纸浆质量的分析

在制浆造纸过程中纸浆质量至关重要，20 世纪 80、90 年代的纤维测量技术对于纸浆质量的控制意义重大。

刚开始在机械制浆过程中只是在实验室离线测定纸浆的游离度，随后一些公司推出了连续在线测量装置，接着一家公司开发了纸浆质量分析仪（PQM），再之后，有厂家开始推出纤维长度分析仪和在线纸浆质量控制系统。这些分析仪同样适用于化学浆质量的监测。

1. 游离度分析仪

在实验室离线测量纸浆游离度完全依靠经验：将 3g 绝干浆溶于 1L 水中，其滤水速度的快慢代表了纸浆游离度的大小。操作过程具有很强的随机性，测量结果主要依赖于纸浆中的碎纤维数量，除此以外，还依赖于纤维的帚化程度、柔韧性和精细度。

尽管纸浆游离度依赖于上述多种纸浆特性，但是多年来其已经成为一个常用的纸浆质量指标，在线游离度分析仪在生产中非常有用，被广泛应用于过程监测。

目前有几家公司生产在线纸浆游离度分析仪，其典型的工作原理是：测量一定水量在恒定压力作用下流过纤维积层的时间，时间长短反映了纸浆游离度的大小。在换算为纸浆游离度之前，需要对纸浆浓度和温度进行补偿（CSF）。

有一种游离度测量仪的工作原理不同于其他游离度测量仪，其工作过程为：纸浆样品首先进入一个容积固定的容器中，多余的纸浆样品通过管道排出，同时测量纸浆温度；在恒定真空度下，样品落入网状滤筛，网下连接吸入室。纸浆中的水通过网垫排出来，样品随之在网上形成浆垫；然后，向浆垫吹入空气，通过浆垫的水和空气流量取决于纸浆的过滤情况：纸浆越精细，浆垫对水和空气的阻力越大。样品经过设定的抽吸时间之后，通过测量浆垫下部的真空度就可以计算出纸浆的滤水率。

除滤水率外，浆垫上下两面的压力差还受到网垫上纤维温度和数量的影响。样品被抽吸之后，需要对纸浆浓度进行补偿。读取压力数据后，称量网上所截留的纤维。利用这些测量数据和已标定的表达式来计算纸浆滤水率。最后，用清水自动喷射清洗分析仪，清除网上的浆垫。

2. 纤维长度分析仪

纤维长度是一个表征纸浆质量和属性的重要基础变量，它与纸浆的剪切力密切相关，在机械法制浆、化学法制浆和造纸过程中测量纤维长度的方法很多。

纸浆筛分仪可以测量长纤维的长度。最常用的是 Bauer McNett 筛分仪，它根据纤维的平均长度分布对纸浆进行分类。各部分的数量以质量表征，以计算出在纸浆中所占的比例。由于纤维长度存在重叠，因此该分析仪不能提供精确的纤维长度分布结果。

纤维长度分析仪的工作原理是用偏振光把单根纤维投影成像到探测器阵列上。如图 4-78 所示，激光光源发出的激光通过一块偏振光片后，穿过一根直径小于 1mm 的毛细管，

将毛细管内的纤维影像投射到
探测器的二极管阵列上；在毛
细管另外一侧，在毛细管和探
测器之间还有一块偏振光片，
并且其偏振方向垂直于前面的
偏振光片，以确保探测器接收
的是毛细管内纤维的正向投影，
纤维长度数据随后被读取保存。
这样的设计可以消除纸浆中空
气泡等的影响。

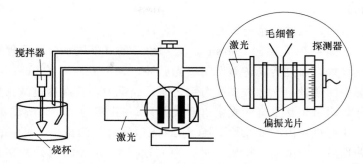

图 4-78　纤维长度分析仪原理图（Mesto 公司提供）

　　根据纤维长度分布数据和相关计算，纤维分析仪还可以测量出纤维的粗糙度和硬/软
木比。

　　在线纤维质量分析仪（FQA）通过对稀释纸浆样品的图像分析可以测量纤维的长度、
卷曲度和扭结度。整个系统包括在线 FQA、采样模块和混合模块（最多三条采样管线）。

　　3.纸浆质量监测仪

　　纸浆质量监测仪（PQM）可以连续采样测量三个纸浆质量参数：游离度、纤维长度
（包括短、中、长三种长度分布）和纸浆纤维束含量。长期以来，PQM 是市场上唯一用来
测量多个纤维特征参数的在线纸浆质量分析仪。

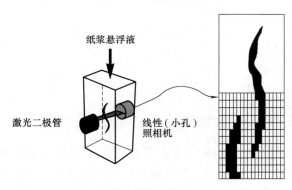

图 4-79　PQM 纤维分级原理图（Metso 公司提供）

纸浆质量监测仪通过一个内置的滤水
测试器（DRT）测量滤水率（游离度），
实现纤维质量的在线测量。如图 4-79 所
示，在一个大小为 10mm×10mm 的玻璃
管内，用三束不同直径的光束来分析测定
纤维长度。然后，透射信号被计算处理，
把纤维分为短、中、长三种组分。

　　纸浆纤维束含量的测定同样在上述玻
璃管内完成，通过两条垂直的扁平光束进
行测量。纸浆纤维束阻扰光束的传输，根
据所产生的干扰幅值和持续时间可以表征

纤维束的宽度和长度。所测得的纤维束数量根据尺寸分组显示，具体表达为每克浆多少束。

　　PQM 实验室测定仪是一个基于图像分析原理的纤维和纤维束筛分仪，它的输出结果包
括：纤维图像、纤维长度分布、5 种纤维长度组分、纤维平均宽度、纤维粗糙度、纤维卷曲
度、软/硬木比、纤维束成像、PQM 纤维束矩阵、纤维束质量、纤维平均长度和宽度。

六、纸张水分的测量

　　在生产过程中，连续检测纸张水分的测量仪表种类繁多，如：电导仪、电容电感测量
仪、红外线水分测量仪和微波水分测量仪等。这里着重介绍目前国际上广泛应用的红外线水
分测量仪和微波水分测量仪。

（一）红外线水分仪

　　目前在工业生产线上使用的红外线水分仪有多种结构形式，但它们的结构原理是相

同的。

（1）双光路系统的红外线水分仪

图 4-80 是美国 Measurex 公司生产的红外线水分仪原理图。从钨丝灯光源来的平行红外光线束，通过折光转盘调制成光脉冲，入射到一对约 5cm 长的反射镜内，纸张在两个反射镜中间通过。光脉冲在反射镜之间几经反射，多次透过纸张后射进分光器。分光器把光脉冲分为两束相互垂直的光束（双光路），一束经过 1.94μm 的滤光片（只有 1.94μm 的红外线光能通过）由红外线检测器（pbs 光敏元件）测量出 1.94μm 红外线能量的大小，并经信号处理后，送微型计算机。另一束则通过 1.8μm 的滤光片由检测器测量出 1.8μm 红外线的"标准"能量，并经信号处理以后送微型计算机，两个信号通过计算机进行比值计算后，得出与纸张水分成比例的输出信号。

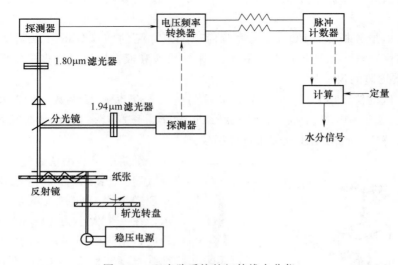

图 4-80　双光路系统的红外线水分仪

这种红外线水分仪由于采用双光路系统（即参比技术），消除了纸张性质不同等因素的影响，并且采用光在反射镜之间通过纸张透射和散射，加上与微型计算机配合使用，精度大为提高。由微型计算机算出水分值 M_0 为：

$$M_0 = [K_0 + K_l(E_{1.8}/E_{1.94})]/BW \tag{4-59}$$

式中 K_0，K_l 为常数值，$E_{1.8}$ 和 $E_{1.94}$ 分别为 1.8μm 和 1.94μm 的红外线透射能量，BW 为纸张的定量信号。

（2）同轴四光束红外线水分仪

日本横河（YOKOGAWA）公司生产的 B/M7000XL 系统采用同轴四光束红外线水分仪来直接测定水分率。其测量原理也是利用纸中的水分对不同波长的红外线吸收的不同来进行水分测量的。利用两个参比波长（Ra 光和 Rb 光）和两个测量波长（M 光和 C 光）的最佳配合，排除空气中水蒸气的影响；通过特殊的光学系统及算法，可不需要定量信号而直接输出水分率；对混有废纸纸浆的纸，也不需要补偿。采取了一系列补偿措施，来提高对水分的测量精度。在探头部分采用了恒温措施，可消除因环境温度变化及结露等原因而引起的误差。为了消除红外接收器 PbS 因温度特性产生的误差，设置了冷却装置。对探头进行温度控制，使其保持恒温。另外，对纸粉的影响，利用随时进行的自动校正功能进行计算机处理，把这些影响抑制到最低限度。在纸粉很多的环境中，还可采用装有喷气的装置来减少纸粉在测量窗口上的聚集。图 4-81 描述了纸张对 4 种光束的吸收谱线。

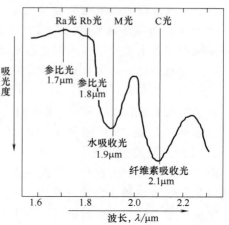

图 4-81　纸张对 4 种光束的吸收谱线

（二）微波水分仪

微波水分仪的测量原理是在自由空间根据物料（纸张）吸收微波射线与它的水分之间的关系来确定纸张的水分，一般有微波穿透或反射的测量方法、在空腔谐振器内根据谐振器的参数与引入到该空腔谐振器内被测物料（纸张）水分变化的测量方法及拍频方法等。

1. 穿透式微波水分仪

图 4-82（a）所示为利用微波穿透来测量纸张水分的微波水分仪原理图。微波振荡器在反射速调管上新产生的微波振荡，是由低频调制器来进行调制的。这种微波振荡沿着波导管进入到分叉器中，其中一部分微波能量进入到含有衰减器 1 和检波器 1 的标准波导网络中；另一部分微波能量，则被分到测量波导网路中。在这里，由喇叭形天线 1 引至纸张表面，这部分微波穿过纸张并进入到喇叭形天线 2 中。在这两个波导通道中，由于波检，微波被分成低频信号，进入差动放大器的输入端，经放大后控制伺服电机。当信号不平衡时，该电动机转动，平衡测量波导管的衰减器 2，并同时移动自动记录仪滑线电阻的滑块。当微波没有从纸张上反射时，穿过纸张的频率 f_s 与落在其上的频率 f_d 有如下关系：

$$f_s = f_d e^{-2\beta d} \tag{4-60}$$

式中　d——纸张厚度

β——纸张的衰减系数，$\beta = \omega \sqrt{\mu\varepsilon} \tan\delta$

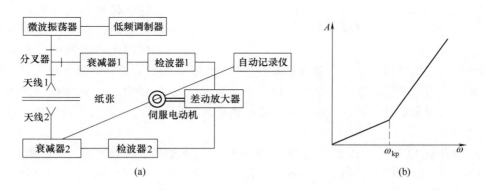

图 4-82　穿透式微波水分仪

（a）穿透式微波水分仪原理图　（b）微波功率衰减同电磁振荡角频率间关系曲线

其中，μ、ε 和 $\tan\delta$ 分别为纸张的磁导率、介电常数和介电损耗角的正切，ω 为电磁振荡角频率。

当频率常数时（ω＝常数），便能得到被测物料（纸张）的最优厚度，即当水分变化时能得到最大的衰减变化：

$$d_{\text{Optimum}} = 1/2\beta = \Delta/2 \tag{4-61}$$

对于纸张来说，该电磁波能量的渗入深度是可以和波长来比较的。水分增加，纸张的 $\tan\delta$ 也增加，而且在厘米波长范围中其变化特别大。因此在利用穿透电磁波的微波水分仪表中是利用了厘米波长范围的振荡器来测量纸张水分的。

在这种水分仪中，多半是测量微波在穿过纸张时其功率的衰减程度 A 的，其关系式为：

$$A = 10\tan(f_d/f_s) = 10\tan e^{2\beta d} = 8.68\omega\sqrt{\mu\varepsilon}\,\tan(\delta)d \tag{4-62}$$

对于纸张来说，$A(\omega)/d=$ 常数的关系，在很宽的水分范围内是近视于折线的〔图4-82(b)〕，其临界点 ω_{kp} 又被测料（纸张）的特性决定。

2. 反射式微波水分仪

由动力学知道，射在空气与致密物质（含水物料）分界面上的微波的反射系数是由微波的入射角、偏振角和介质的电动力学特性决定的。这种电动力学特性同时又由该介质的水分、结构、紧密度和温度所决定。由于水和纸面固体组分的介质常数的参数有很大的差异，所以纸张水分对它的介电特性就有影响，因而对微波的反射系数也有影响，因此在测量含水纸张表面发射系数（在保持其温度、紧密度和其他因素不变以及水分分布均匀的条件下）时，就可得到有关其水分比较完整的信息。在这种水分计中，大多是利用了射在纸张表面上的一定落差（衰减）来测量纸张水分，这样就可以兼用接收—传输天线并可大大减少误差。

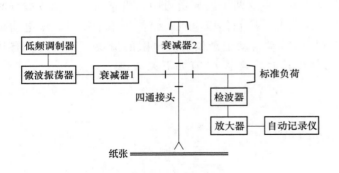

图 4-83　反射式微波水分仪原理图

按反射原理工作的微波水分仪的方框图如图4-83所示。从微波振荡器来的微波能量进入四通接头，其中一路供给引至纸面表面的喇叭形天线，另一路引至标准符荷（金属镜子或一般带有活动活塞的波导管）。喇叭形天线的微波能量引向纸张表面，从这里反射出来并又回到天线中。然后在四通接头中，它和标准负荷反射回来的能量进行比较，所合成的信号进入到检波器中，并由测量放大器进行放大。测量结果由自动记录仪进行记录。这里一般是利用测量幅值的方法。反射表面的不平滑度对测量结果有很大的影响。此外，此法只能在纸张的表面层进行测量，而又不可能得到全部的水分信息，因而，这些缺点限制了该法的广泛应用。

上述两种测量方法的微波水分仪有各种形式，测量范围为 $0\sim100\%$，基本误差为 $0.2\%\sim0.5\%$。运行经验表明，这两种水分仪没有电容式水分仪对纸张定量和组分的变化那样敏感，但周围空气温度对它的精度影响很大。例如，温度变化 10℃，则相当于水分变化 0.2% 所引起的附加误差。当纸张温度波动、纸张飘动和波导管进入灰尘的时候，这两种水分仪在纸机实际生产的情况下能保证测量精度为 $\pm(0.5\sim1.0)\%$，同时这种测量方法所采用的波导管是在纸张的两面安装的（当采用穿透微波时），由于这种原因，该装置通常是固定安装的；在横向机械的框架上装有很多同样的接收—传送天线，这些天线由一个微波振荡器来供电并在一个测量装置中工作，保证了高速测试各点的水分值。

3. 空腔谐振器式微波水分仪

图 4-84 所示为根据空腔谐振器测量原理测量的微波水分仪原理图。空腔谐振器是这种仪表的敏感元件，他是一段矩形波导管，在它的管壁上开有一条裂缝（这种谐振器通常称为"裂缝"谐振器）。如果将波导管两端堵住，并且在其中有相应的频率震荡来激励，那么从两端来的反射就形成了驻波。裂缝的大小对波导管的比例是这样选择的，即

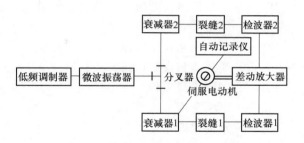

图 4-84 空腔谐振器式微波水分仪原理图

应当防止从波导管中越出能量而消耗。当含水的纸张靠近该裂缝时（离开在波导管中所激励的振荡波长的 1/4 以内），就出现了两种现象：

① 从波导管中来的部分能量在被检测的纸张上被消耗了，这是因为 $\tan\delta$ 值（在含水物料中介电损耗角的正切）较大；

② 驻波的相位由于对裂缝接入了大的介电常数 ε 的物料而偏移了。

相位的偏移及能量的吸收改变了波导管接收端的平均电压，这样就可作为被检测物料水分指示器来使用。

瑞典斯冈伯罗（scanpro）型仪表就是这种微波谐振式水分仪的例子。它可根据用户要求，配备三种形式的测量头，即干纸张的、湿纸张的和呢绒的。其测量范围为 0～80%，精度 $<\pm0.3\%$（在测量范围为 0～30% 时）。

4. 拍频式微波水分仪

原联邦德国 Paul Lippke 公司（现在已经被 Honeywell 公司所兼并）采用拍频方法测量纸张水分的微波水分仪如图 4-85 所示。此变送器包括一个单面的电容器，它被接入测量振荡器的电路中。当纸张水分变化时，电容器的电容量就发生变化，测量振荡器的频率 f_1 也将随之发生变化。混频器频率偏移值 Δf 是根据测量振荡器 f_1 和标准振荡器稳定的频率 f_2 的差值的变化来决定的。Δf 值进入脉冲形成器，经过数/模变换器，然后以直流电压的形式由电子放大器进行放大并进入指示仪表和记录仪表中。

图 4-85 空腔谐振器式微波水分仪原理图

谐振的偏移振幅值 Δf 可以由斯拉特尔偏移理论来求得。谐振频率的偏移与水分含量参数值 w 有关，它由式（4-63）表示：

$$\frac{\Delta f}{f} = k\pi \frac{\varepsilon}{Q} \frac{Z}{U_g} \frac{W_s}{W_L} NA \frac{\rho_p}{\rho_w} w \tag{4-63}$$

式中　f——谐振频率

　　　ε——水的介电常数

　　　Q——微波谐振器的品质因数

U_g——微波回路的群速

W_S——单位回路长度所存贮的微波能量

Z——感抗

W_L——单位回路长度所损失的微波能量

N——变送器长度中回路的波长数

A——纸张横截面积

ρ_P——纸张密度

ρ_w——水的密度

w——以干重为基准的水分含量百分数

k——几何因素

若令 $S=k\pi\dfrac{\varepsilon}{Q}\dfrac{Z}{U_g}\dfrac{W_S}{W_L}NA\dfrac{\rho_P}{\rho_w}$，则式（4-63）可写为：

$$\Delta f = fSw \tag{4-64}$$

式（4-64）中，S 为变送器水分灵敏度参数，它只取决于变送器微波结构的微波特性。因此，S 值既随着一定的微波回路参数（即感抗 z 和回路微波数 W_S/W_L）的增加而增加，也随着回路其他参数，如微波群速 U_g 和工作谐振模型的 Q 值的降低而增加。

测量时，需要用电压信号 V_s 来表示水分含量的百分数 w，它可由微波谐振甄别器来得到。这种甄别器可供给与谐振偏移值 Δf 大小成比例的输出电压值。对于具有比例常数 K 的甄别器，电压信号 V_s 可由水分含量 w 的函数来表示：

$$V_s = KSfw \tag{4-65}$$

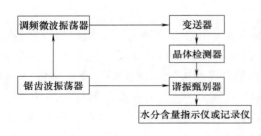

图 4-86　拍频式微波水分仪测量系统方框图

拍频式微波水分仪测量系统方框图如图 4-86 所示。微波信号振荡器是由锯齿波振荡器发出的锯齿波来调频的。微波调频 FM 的功率电平为 10mW，通过闭路耦合到水分变送器内。Q 输出值由晶体检测器来获得，它也是与微波变送器做闭路耦合的。该 Q 值信号和由锯齿波振荡器来的同步脉冲都被加到谐振甄别器中去。由谐振甄别器出来的电压输出值就是与谐振偏移值 Δf 成比例的。该电压信号值就是纸张水分含量的测量值。这种仪表在很广范围内的测量精度为 $\pm 2\%$，而在一定范围内为 $\pm 1\%$。其测量精度是由甄别器电路的稳定性决定的。用这种水分仪测量纸张水分，在用性能最优的甄别器时，其精度将可达到 $\pm 0.25\%$。

七、纸张定量的测量

纸张定量是指每平方米纸张的质量（单位 g/m^2）。目前，国内外都采用同位素放射线测量纸张定量。通常选用 β-射线作为射线源，是因为 β-射线比 γ-射线和 X-射线的穿透性小，测量灵敏度高，而且对纸张的组分（纤维种类、纸张水分和灰分等）变化不灵敏。

（一）测量原理

当从放射性同位素（放射源）放出的 β-射线穿过纸张时，与纸张物质产生散射、吸收、激发等复杂的相互作用而衰减。衰减程度与纸张性质和定量等因素有关，它们的关系符合指数衰减规律，其数学表达式为：

$$I = I_0 e^{-\mu\rho d} = I_0 e^{-\mu q} \qquad (4\text{-}66)$$

式中　I——透过纸张的 β-射线强度

　　　I_0——入射纸张的 β-射线强度

　　　μ——纸张质量吸收系数，$\mathrm{m^2/g}$，当放射源和纸张性质一定时，μ 为一定值

　　　ρ——纸张的密度，$\mathrm{g/m^3}$

　　　d——纸张的厚度，m

　　　q——纸张的定量　$q = \rho d \ (\mathrm{g/m^3 \times m}) = \mathrm{g/(m^2)}$

取式（4-66）的增量方程：

$$\Delta I = I_0 e^{-\mu q} \cdot (-\mu) \Delta q \qquad (4\text{-}67)$$

将式（4-66）代入式（4-67）得：

$$\Delta I = -\mu I \Delta q$$

$$\Delta q = -\frac{\Delta I}{\mu I} \qquad (4\text{-}68)$$

从式（4-68）可见，纸张定量变化（Δq）与透过纸张的射线强度变化（$\Delta I/I$）成比例，因 μ 为一定值，故测出射线强度的变化值便可知纸张定量。式中的负号说明射线强度随纸张定量增加而减小。应用这一原理制作 β-射线仪具有非接触测量、反应速度快、准确度高等特点，是纸张定量测量中较好的方法。

由于纸张中的水分对 β-射线也有吸收作用，因此 β-射线仪测出的是包括纸张水分在内的纸张定量。

（二）β-射线纸张定量仪

β-射线纸张定量仪主要由检测装置、转换器和显示仪表三部分组成，如图 4-87 所示。

1. 检测装置

定量仪和前述水分仪，以及厚度、灰分等纸张质量检测仪表一般都安装在一个叫扫描架的框架上。检测装置由扫描架、放射源和探测器等组成。

常用的扫描架有 C 形架和 O 形架，图 4-88 为 C 形架示意图。它是由矩形管做成的，其下端部装放射源盒，而探测器及转换器装在一方形测量盒中、悬挂在其上端部，纸张在 C 形架中间通过。C 形架的下面有导轨，由电动机驱

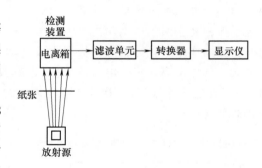

图 4-87　β-射线纸张定量仪整机原理图

动，带着检测仪表沿着导轨来回移动。由于 C 形架是开口的，它可沿纸张横幅来回移动，使测量头周期地沿着纸幅横向来回扫描，以便测量纸张横幅各点的定量。O 形架示意图如图 4-89 所示。定量仪和水分仪等的发射/接收等探头及放大电路都分别安装在上、下头箱内，定量、水分等信号从传动侧的接线端子板中取出。O 形架是不开口的，架子不动，上、下头箱由变频马达驱动，经传送带沿着上、下导轨同步移动，对纸幅进行横向扫描测量。对于中、高速宽幅纸机，往往采用 O 形架，C 形架常常用于对窄幅纸机纸张质量指标的在线测量。

放射源是能放射出 β-射线的放射性同位素。由于锶对人体有害，故很少用它。在国外

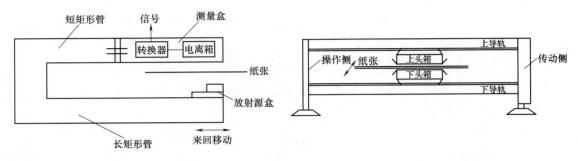

图 4-88　C 形扫描架示意图　　　　　　图 4-89　O 形扫描架示意图

广泛采用氪-85 作为测量纸张定量的放射源。在我国由于目前氪-85 的来源较少，多采用钷-147 放射源。

放射源置于放射源盒的准直器的底部，如图 4-90 所示。准直器的作用是减少 β-射线的散射，从而有效地减少纸张运行过程中的波动对测量造成的影响。准直器里充满空气，用双面镀铅薄膜密封 β-射线的出口端。设有冷却套，用通水或吹气的方法冷却，这样可以消除或减少静电和温度对 β-射线强度的影响。射源盒中装有由电机带动的工作状态转盘。转动转盘的不同位置，可使仪表在三种不同状态下工作：放射源敞开状态（测量状态）；标样校正状态（标定状态）；和放射源覆盖状态。

透过纸张的 β-射线强度用探测器测量。常用的探测器是电离箱，如图 4-91 所示：它由外壳、阴极、阳极（收集极）充气孔和窗膜组成。外壳是钢管，窗膜是双面镀铅聚酯薄膜，整个外壳保持良好的接地，以减少纸张静电干扰。阴极为圆筒形，阳极安装在箱体中心，阴阳极之间相互绝缘。密闭的电离箱内充有压力稍高于大气压力的氩气和氮气。在阴阳极之间加一直流高电压（约 $300 \sim 400\text{V}$），当无射线进入电离箱时，由于电极之间是绝缘的，在阳极上基本上处于无电流信号状态。当 β-射线穿过窗口进入电离箱时，β-射线粒子（高速运动的电子流）将会引起电离箱内气体分子的电离，产生带正电和带负电的离子。正、负离子在阴阳极电场作用下，分别向阳极和阴极移动，在收集板上产生了电流信号 I^*。β-射线的强度越大，气体电离越多，电流信号 I^* 也越大。该电流通过高阻值电阻 R^*，产生直流电压讯号 V^*。电压信号 V^* 正比于入射电离箱的 β-射线强度，因此电压讯号 V^* 随着纸张的定量变化而变化。

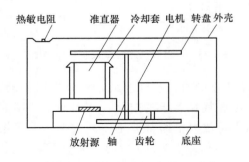

图 4-90　射源盒准直器图

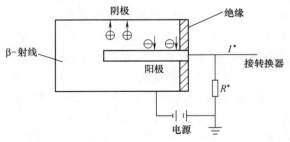

图 4-91　电离箱原理图

2. 转换器

由于纸张定量的变化范围通常较小，所以现有 β-射线仪的电路都是采用补偿原理（偏差测量）设计的。它不是测量纸张定量的绝对值，而是实际值与给定值之偏差值。电离箱产生的随定量而变化的电压信号 V^* 不是直接送去转换器放大，而是与一个标准给定电压比较后再送去进行放大，给定电压系统能提供一个高度稳定的电压 V_3。V_3 代表给定定量（标准定量）时的电压值，称之为给定电压。因此，送转换器放大的实际讯号是：

$$\Delta V = V_3 - V^* \tag{4-69}$$

3. 自动校正和气隙温度补偿

（1）自动校正

仪表在运行过程中，会由于纸毛和尘埃的积累、放射源 β-射线强度的衰减而引起漂移，带来测量误差。为此仪表中设置校正系统以减少测量误差。图 4-92 是自动校正系统的原理图。

仪表在射源盒内设置了一个内藏标样的转盘和一套自动转换补偿电位触点（A，B，C，D）的继电系统。当检测器离开检测位置（如纸张断头时），通过行程触点将内藏标样旋出，并将补偿电位从工作时的 R_{wg}（C 点）转向与标样对应的 R_{ws}（B 点）。同时在输出端通过检零放大器 K_2，将输出信号的漂移值放大，并驱动自动校零用的伺服电机 M，电机自动地调节

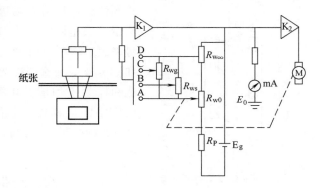

图 4-92　自动校正系统
K_1—转换器　K_2—检零放大器
M—调零伺服电机　E_g—标准电源

R_{w0}，直到仪表输出重新为零，电机停转，自动校正结束。工作点重新回到 C 点。自动校正系统每小时自动校正一次，解决了仪表测量的零漂问题。在长期连续使用时，不需人工校正，保证测量准确。

（2）空气隙温度补偿

放射源与电离箱之间除了被测纸张外，还有一定距离的空气隙，空气也吸收 β-射线（1cm 空气层相当于 $13g/m^2$ 纸张定量）。由于气隙温度的变化会引起气体密度的变化，因而仪表的输出信号会受到气隙温度的影响。例如 2cm 气隙高度中温度在 $0 \sim 60℃$ 范围变化 $10℃$，空气密度变化约 3.3%，相当的定量变化值为：

$$2 \times 13(g/m^2) \times 3.3\% = 0.85(g/m^2)$$

即温度每升高 $10℃$，测量值将向负方向漂移 $0.85g/m^2$，这对一般文化纸，特别是薄纸张的测量会产生较大的误差，因此必须进行温度补偿。在与计算机配合使用时，测出气隙温度，由计算机进行自动修正。在本机单独运行时，则可把负温度系数的热敏电阻装在气隙和射源盒内，串联在补偿电源回路中（图 4-92 中的电阻 R_p），使温度变化的影响得到近似线性的补偿。

（三）纸张定量和水分的纵向和横向分布测量

实际上纸张中每一点的定量和水分是不均匀的，具有随机性。因此纸张的定量和水分指标是统计值，即一定范围内的平均值。在纸机生产过程中，由于种种原因，会引起纸张纵向和横向定量和水分分布的波动，只有分别测出纵向和横向定量水分的波动情况，才能采取相应的措施去解决。例如纵向绝干定量变化可采用改变流送系统的绝干纤维流量去解决；横向

绝干定量变化，则要通过调整流浆箱唇口开度去解决。因此，通过纸张定量和水分的在线测量应该得出纸张纵向和横向的平均定量、水分和绝干定量。为此，纸张定量和水分的测量必须同步进行，而且需要横向扫描测量。定点测量不能准确地反映纸张定量和水分变化的真实情况。在测量仪表进行横向扫描的同时，纸张作纵向移动，测量点的轨迹如图 4-93 所示是斜线。不同的纸机车速和扫描速度，其轨迹的斜率也不同。这时要通过必要的计算才能得出横向（X 向）和纵向（Y 向）的定量和水分分布。这些任务由与定量测量仪表和水分测量仪表配套的计算机完成。

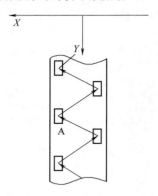

图 4-93　扫描测量轨迹示意图
A—定量/水分测量装置　X—测
量装置扫描方向（横向）
Y—纸张运动方向（纵向）

由此可见，纸张的定量及水分等质量指标的在线测量方式同浓度、压力等物理量的测量方式显著不同。对于后者，测量仪表是固定不动的，测量结果可以通过当前值和历史趋势来表示；对于前者，测量仪表是运动的（要么表头运动，如 O 形架，要么扫描架运动，如 C 形架），测量结果包括横幅值和横幅平均值。其中，横幅值用于定量水分的横向控制（CD 控制），横幅平均值（历史趋势）用于定量水分的纵向控制（MD 控制）。目前，国内绝大多数纸机都只投运了纵向控制。

八、纸张填料（灰分）的测量

纸张灰分表示纸张中填料量和纸张的印刷性能。纸张灰分在线测量与纸张定量测量相似，但用 X-射线代替 β-射线。当 X-射线透过纸张时，射线强度呈指数衰减规律变化：

$$I = I_0 e^{-\mu q} = I_0 e^{-(\mu_1 q_1 + \mu_2 q_2)\cdots} \tag{4-70}$$

式中　I_0，I——透过纸张前后的 X-射线强度
　　　μ_1，μ_2——分别为纸张中纤维和灰分对 X-射线的吸收系数，如表 4-3 所示
　　　q_1，q_2——分别为纸张中纤维和灰分的定量

表 4-3　纸张中纤维和灰分对 X-射线的吸收系数

纸张成分	吸收系数	纸张成分	吸收系数
纤维素纤维	2.4×10^{-3}	滑石粉	10.4×10^{-3}
高岭土	9.7×10^{-3}	碳酸钙	24.3×10^{-3}

从式（4-70）中可知，透过纸张的 X-射线强度与纸张中纤维定量和灰分定量有关。由于灰分的吸收系数比纤维的吸收系数大几倍，因此，灰分的变化对射线的强度影响大。

图 4-94 所示是纸张灰分测量装置。从 X-射线管发生 X-射线，透过纸张后的强度用电离箱检测器测量，经过放大器和电压频率变换器后变为数字信号送计算

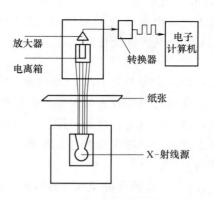

图 4-94　纸张灰分测量仪原理图

机，计算机同时接受从纸张水分测量仪和纸张定量测量仪送来的纸张水分和定量信号以及气隙温度信号，通过软件处理，自动校正（消除）纸张定量、水分等因素的变化对灰分测量的

影响。

九、纸张其他质量指标的测量

纸张质量除了以上介绍的水分、定量和灰分外。还有一些其他质量指标，如厚度、透气度、不透明度和颜色等。

（一）纸张厚度测量仪

应用比较广泛的纸张厚度测量装置是电感式，如图 4-95（a）所示，它用 E 形铁芯、绕组、磁路板组成。铁芯压在纸张之上，纸张在铁芯与磁路板之间移动。当绕组通电时，E 形铁芯产生磁力线，经纸张到磁路板。磁力线受到的阻力（磁阻）随纸张的厚度而改变，磁阻的变化使线圈的电感也发生变化。因此用阻抗电桥测量出电感的变化便可知纸张的厚度。同时线圈电感的变化也会引起流经线圈电流的变化，因此也可用测量线圈电流大小的方法测量纸张的厚度。

由于纸张厚度受传感器的压力大小而变化，因此，E 形铁芯与磁路板之间的压力恒定。有一种办法是把 E 形铁芯放在纸张下部，用镀铬的轮子作为磁路板，借轮子的质量压在纸张上，使纸张所受的压力恒定，如图 4-95（b）所示。

（二）纸张透气度测量仪

透气度是包装纸的主要质量指标之一。透气度的在线测量仪表都是以

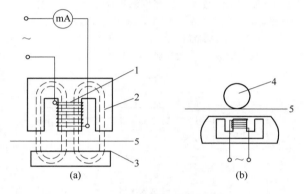

图 4-95　纸张厚度测量仪
1—绕组　2—E 型铁芯　3—磁路板　4—镀铬轮　5—纸张

纸张上下气压差恒定时所透过的空气量作为测量值的。在原理上与实验室用的透气度仪相似。

连续式透气度测量仪的原理如图 4-96 所示。测量头 A 是一个带光滑边缘和横向切口的抛光钢板，在钢板下面是测量头容器 b，它置于移动着的纸张下面。与测量头连接的真空泵 B 通过测量头容器 b，过滤器 F 和孔板 P 将透过纸张的空气抽出。测量头容器 b 中的负压用气动变送器 Z 和调节器 T 控制，通过调节真空泵 B 的吸入空气管路上的调节阀 K 使容器 b 中的负压达到恒定。透过纸张的空气可用孔板 P 和差压计 G 测得。纸张透气度大，进入测量头 b 的空气量增加，为了保持 b 中负压恒定，则抽出 b 的空气量也增加，因此通过差压计 G 测量出的空气流量便是纸张透气度的量度。这种仪表装有清除粉尘的装置，用时间继电器控制电磁阀 D，用 49×10^4 Pa 的压缩空气通过电磁阀周期地吹除粉尘。在吹尘时，测量头会自动地离开纸张。

间断式透气度测量仪的原理如图 4-97 所示。通过纸张的空气由橡皮波纹管 C 吸入，C 借助于吊在其上的重锤 W 而拉长，波纹管底板从上限逐渐拉长到下限的时间取决于通过测量头 A 切口上纸张的空气量，该时间由限位开关 K、时间计数器 G 和记录仪表 J 测量记录。时间的长短便是透气度大小的量度，当一个周期（约 2min）完成之后，气缸 F 把波纹管的底板恢复到初始位置，同时清除尘埃。为防止在测量头和纸张之间吸入空气，测量头有与真空泵相连的环形密封缝。

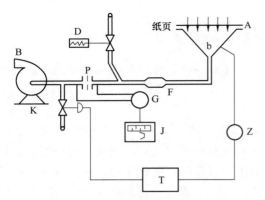

图 4-96　连续式透气度测量仪

A—测量头　B—真空泵　D—电磁阀　Z—变送器
T—调节器　K—调节阀　P—孔板　G—差压计
J—记录仪　F—过滤器　b—容器

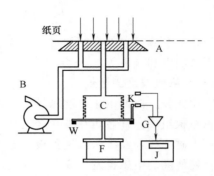

图 4-97　间断式透气度测量仪

A—测量头　B—真空泵　C—波纹管　W—重锤
K—限位开关　G—时间计数器　J—记录仪　F—气缸

（三）纸张不透明度的测量

纸张不透明度测量仪原理如图 4-98 所示。它的基本原理是测量透过纸张的可见光的强度作为纸张不透明度的量度。通过光电池 P_1 和光度调节器保证光源强度的稳定，强度稳定的光束射到纸张上，透过纸张的光强度与纸张不透明度有关。透射过纸张的光束进入积分球，由装在积分球上的光电池 P_2 变为电信号。这个与纸张不透

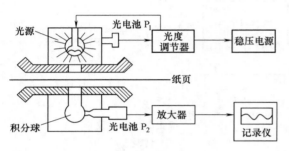

图 4-98　纸张不透明度测量仪

明度有关的电信号经放大器放大后记录在记录仪上。

（四）纸张颜色的测量

人的眼睛感觉到的可见光，是由不同波长的电磁波（波长为 $0.4 \sim 0.76 \mu m$）组成的混合光。不同波长的光具有不同的颜色。物体的不同颜色决定于照射到物体表面的光源本身的颜色和物体对不同波长的光具有不同的反射、透射和吸收特性。任何颜色都可用三原色（红色 R、绿色 G 和蓝色 B）混合而成，可用数学表达式表示为：

$$C = R + G + B \quad 或 \quad C = X + Y + Z \tag{4-71}$$

$$x = \frac{X}{X+Y+Z}, \quad y = \frac{Y}{X+Y+Z}, \quad z = \frac{Z}{X+Y+Z} \tag{4-72}$$

式中　X、Y、Z——分别表示可见光中的红色 R、绿色 G、蓝色 B 的量

　　　　x、y、z——表示红、绿、蓝三种颜色的比率，称为光的三色率

三色率的大小表示物体的颜色 C。例如当红、绿、蓝三种光加在一起时，形成白色，即 $x+y+z=1$。如果物体把绿光、蓝光都吸收掉，只反射红光，即 $x=1$，$y=0$，$z=0$，则物体是红色的。如果在这种物体中加入能吸收掉红色的染料（如蓝色染料），物体便把红、绿、蓝都吸收掉，呈现出黑色。因此，用仪表测量出从物体中反射出来的光的三色率，便可知道物体的颜色。这种方法称为三原色测量法。

纸张颜色测量仪的原理如图 4-99 所示。国际照明委员会（CIE）指定的标准 CIE 光源

（例如钨丝灯发出的光源）发出的光是具有三色的。混
合光束用 45°角入射到纸张表面，检测器的镜头接收从
纸张表面反射出的垂直方向的光，经分光系统把接收
到的光分为三路，每一路光分别经过标准的红色、绿
色和蓝色的滤光片，即每一路光分别代表了 X、Y、Z
三色光。X、Y、Z 分别用光电池测量变成光电流，再
经放大器放大为代表 X、Y、Z 大小的信号，或处理成
为它们的变量 $\Delta X/X$、$\Delta Y/Y$、$\Delta Z/Z$ 或处理为 x、y、
z 等信号，这些信号都可作为颜色的量度。在仪表投
入到运行时，用多种标准颜色板或纸样标定仪表信号，
则仪表可读出颜色值。

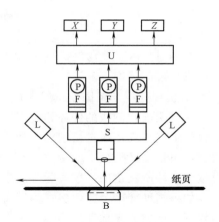

图 4-99　纸张颜色测量仪

L—光源　B—反射板　S—分光器　F—三
色滤光　P—光电池　U—放大器　X，
Y，Z—三色信号指示值

　　由于纸张反射出的光量，除了与纸张的颜色有关
外，还与纸张的透光度有关。为清除后者的影响，仪
表在纸张的下面设置一块与纸张颜色相同的瓷片 B
（板）或厚纸板作为反射板。

第四节　软测量技术及其应用

　　在线分析仪表（传感器）不仅价格昂贵，维护保养复杂，而且由于分析仪表滞后大，最
终将导致控制质量的性能下降，难以满足生产要求，还有部分产品质量目前无法测量等。近
年来，为了解决这类变量的测量问题，在各方面进行了深入研究。目前应用较广泛的是软测
量方法。

　　软测量的基本思想是对于难以测量或暂时不能测量的重要变量（或称为主导变量），选
择其他一些容易测量的变量（或称为辅助变量），通过构成某种数学关系来推断和估计，以
软件来代替硬件（传感器）功能，这种方法具有响应迅速，连续给出主导变量信息，投资低
及维护保养简单等优点。

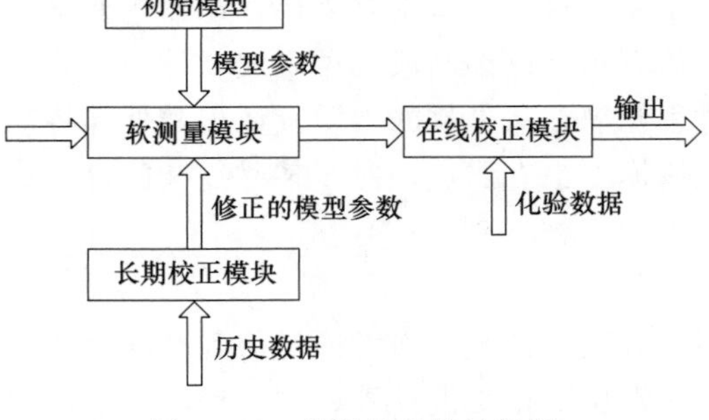

　　如图 4-100 所示为软测量结构，用
以表明在软测量中各模块之间的关系。
软测量技术的核心是建立工业对象的可
靠模型——初始软测量模型是对过程变
量的历史数据进行辨识而来的。在现场
测量数据中可能含有随机误差甚至显著
误差，必须经过数据变换和数据校正等
预处理，将真实信号从含噪声的混合信
号中分离出来，才能用于软测量建模或

图 4-100　软测量系统结构图

作为软测量模型的输入。软测量模型的输出就是软测量对象的实时估计值，在应用过程中，
软测量模型的参数和结构并不是一成不变的，随时间迁移工况和操作点可能发生改变，因此
需要对它进行在线或离线修正，以得到更适合当前状况的软测量模型，提高模型的适应性。

一、软测量技术

软测量技术主要由辅助变量的选择、数据采集与处理、软测量模型建立及在线校正等部分组成，现简述如下。

1. 机理分析与辅助变量的选择

首先明确软测量的任务，确定主导变量。在此基础上深入了解和熟悉软测量对象及有关装置的工艺流程，通过机理分析初步确定影响主导变量的相关变量——辅助变量。辅助变量的选择包括变量类型、变量数目和检测点位置的选择。这 3 个方面互相关联、互相影响，是由过程特性所决定的。在实际应用中，还受经济条件、维护的难易程度等外部因素制约。

如果辅助变量个数太多，为了实时运行方便需要对系统进行降维，降低测量噪声的干扰和软测量模型的复杂性。降维可以根据机理模型，用几个辅助变量计算得到不可测的辅助变量，如分压、内回流比等；也可采用主元分析（PCA）、部分最小二乘法（PLS）等统计方法进行数据相关分析，剔除冗余的变量，降低系统的维数。

2. 数据采集与处理

从理论上讲，过程数据包含了工业对象的大量相关信息，因此数据采集量多多益善，不仅可以用来建模，还可以检验模型。实际需要采集的数据是与软测量主导变量对应时间的辅助变量的过程数据。其次，数据覆盖面在可能的条件下应宽一些，以便软测量具有较宽的适用范围。

为了保证软测量的精度，数据的正确性和可靠性十分重要。采集的数据必须进行处理。数据处理包含两个方面，即换算（Scaling）和数据误差（随机误差与过失误差）处理。

3. 软测量模型的建立

软测量的核心问题是软测量模型的建立，即建立待估计变量与其他直接测量变量间的关联模型。软测量建模的方法多种多样，各种方法互有交叉，并有相互融合的趋势，因此很难有妥当而全面的分类方法。

（1）机理建模

从机理出发，也就是从过程内在的物理和化学规律出发，通过物料平衡、能量平衡和动量平衡建立数学模型。为了获得软测量模型，只要把主导变量和辅助变量作相应的调整就可以了。对于简单过程，可以采用解析法；而对于复杂过程，特别是需要考虑输入变量大范围变化的场合，则采用仿真法。典型化工过程的仿真程序已编制成各种现成软件包。

机理模型的优点是可以充分利用已知的过程知识，从事物的本质上认识其外部特征；有较大的适用范围，操作条件变化可以类推。但该模型也有弱点，对于某些复杂的过程难于建模，必须通过输入、输出数据验证。

（2）经验建模

通过实测或依据积累操作数据，用数学回归方法、神经网络方法等得到经验模型。

进行测试，理论上有很多实验设计方法，如常用的正交设计等，在工程实施上可能会遇到困难。因为工艺上可能不允许操作条件作大幅度变化，如果选择变化区域过窄，不仅导致所得模型的适用范围不宽，而且测量误差也相对上升。模型精度问题的一种解决办法是吸取调优操作经验，即逐步向更好的操作点移动，这样可能一举两得，既扩大了测试范围，又改进了工艺操作，测试中另一个问题是能否真正建立稳态，否则会带来较大误差。还有数据采样与产品质量分析必须同步进行。

最后是模型检验，检验又分自身检验与交叉检验。我们建议和提倡使用交叉检验。

经验建模的优点与弱点和机理建模正好相反，特别是现场测试，实施有一定难处。

（3）机理建模与经验建模相结合

把机理建模与经验建模结合起来，可兼容两者之长，补各自之短。结合方法有：主体上按照机理建模，但其中部分参数通过实测得到；通过机理分析，把变量适当结合，得出数学模型函数形式，这样使模型结构确定，估计参数就比较容易，还可使自变量数目减少；由机理出发，通过计算或仿真得到大量输入数据，再用回归方法或神经网络方法得到模型。

机理与经验相结合建模是一种较实用的方法，目前被广泛采用。

4. 软测量模型的在线校正

由于软测量对象的时变性、非线性，以及模型的不完整性等因素，必须考虑模型的在线校正，才能适应新工况。软测量模型的在线校正可表示为模型结构和模型参数的优化过程，具体方法有自适应法、增量法和多时标法。对模型结构的修正往往需要大量的样本数据和较长的计算时间，难以在线进行。为解决模型结构修正耗时长和在线校正的矛盾，提出了短期学习和长期学习的校正方法。短期学习由于算法简单、学习速度快便于实时应用。长期学习是当软测量仪表在线运行一段时间积累了足够的新样本模式后，重新建立软测量模型。

二、软测量工程设计

虽然软测量模型具有核心地位，但其他辅助过程的设计和应用也是不可忽视的，它们能帮助我们成功实现软测量，如建模数据的选择、数据预处理、模型校正、模型评价等，软测量工程设计步骤如图 4-101 所示。

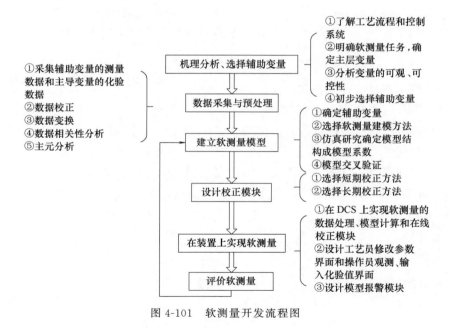

图 4-101 软测量开发流程图

三、软测量技术的应用

（一）纸浆卡伯值的软测量

纸浆卡伯值的定义为：1g 绝干纸浆在特定条件下，测定其 10min 内所消耗的 0.1mol/L

高锰酸钾标准溶液毫升数，所得结果校正为相当于消耗加入的高锰酸钾量的 50％。卡伯值表示了原料经蒸煮后所得纸浆中残留的木素和其他还原性有机物的量，它相对的表示原料蒸煮过程中除去木素的程度。因此，要建立硫酸盐法蒸煮过程纸浆卡伯值的数学模型，必须首先弄清楚纸浆卡伯值与纸浆中木素含量的关系。然后从硫酸盐法蒸煮脱木素反应动力学出发，建立硫酸盐蒸煮过程纸浆卡伯值机理数学模型。

1. 硫酸盐法蒸煮过程纸浆卡伯值软测量新模型的建立

针对国内绝大多数制浆厂难于做到对蒸煮初始条件的准确测量的国情，从硫酸盐法蒸煮脱木素反应动力学出发，开发出硫酸盐蒸煮过程纸浆卡伯值机理数学模型。

（1）建立硫酸盐法蒸煮过程纸浆卡伯值软测量新模型的出发点

硫酸盐法蒸煮过程脱木素的初始阶段，受初始条件的影响很大，如木片装入量、木片水片、木片规格、加碱量、药液浓度、液比等。在初始脱木素阶段，有效碱浓度 ρ_A 迅速下降，

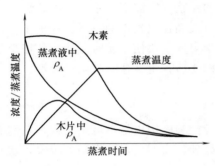

图 4-102　硫酸盐间歇蒸煮过程中
有效碱和木素含量的变化

主要原因有：木糖中乙酰基的皂化，中和酸性的抽出物，一些糖类的降解以及向木片内渗透等。因此，在此阶段，ρ_A 受原始条件影响很大，如木片水分、木片规格、药液浓度等，且此时由于渗透未完全充分，药液中的 ρ_A 远大于木片中 ρ_A。在大量脱木素阶段，虽然受初始条件的限定，但已不再受初始条件影响，强烈地按与反应温度和有效碱浓度有关的动力学方程定量进行，如图 4-102 所示。

（2）纸浆卡伯值新模型的基本数学模型

在硫化度一定的情况下，根据质量作用定律，在大量脱木素阶段有以下脱木素反应动力学方程：

$$\frac{\mathrm{d}w}{\mathrm{d}t} = -Kw^m\rho_A^n \tag{4-73}$$

式中　K——脱木素反应速率常数

　　　　w——木片（浆）中木素含量，%

　　　　ρ_A——蒸煮过程有效碱浓度，gNa_2O/L

　　　　t——时间

m，n——反应级数，许多脱木素动力学研究表明，$m=1$

由 Vroom 提出的 H—因子的定义为：

$$H = \int_0^1 K\mathrm{d}t \tag{4-74}$$

即

$$K\mathrm{d}t = \mathrm{d}H \tag{4-75}$$

将 $m=1$ 和式（4-75）代入式（4-73），并整理得：

$$\frac{\mathrm{d}w}{w} = -\rho_A^n\mathrm{d}H \tag{4-76}$$

式（4-76）是硫酸盐法蒸煮过程中纸浆卡伯值新模型的基本模型。

应用基本模型式（4-76）的难题是如何确定式中的有效碱浓度 ρ_A。

近年来，应用近红外光谱技术测定纸浆中木素含量或卡伯值，已成为国际上制浆造纸行业分析测试领域的热门课题。本章重点讨论硫酸盐法和亚硫酸盐法蒸煮过程纸浆卡伯值在线

光谱法软测量技术。

2. 硫酸盐法蒸煮过程纸浆卡伯值在线光谱法测量

由于蒸煮过程的蒸煮液成分的复杂性，因而近红外光谱法测量蒸煮过程纸浆的卡伯值的关键问题是选择较为合适的波段范围，然后通过建立近红外光谱法的纸浆卡伯值的在线测量数学模型，最终实现蒸煮过程的纸浆卡伯值的在线测量。为了有效地选择适合纸浆卡伯值在线测量的近红外光谱波段范围，必须分析蒸煮液中各组分的近红外光谱及其对纸浆卡伯值测量的影响。

3. 亚硫酸盐法蒸煮过程纸浆卡伯值在线光谱法测量

亚硫酸盐蒸煮过程纸浆卡伯值在线测量理论模型的建立。亚硫酸盐纸浆的卡伯值与纸浆中的克拉森木素之间的关系为非线性，如图 4-103 所示，但是在小范围内，可以看出两者之间的关系基本上是线性的。许多研究也表明，蒸煮过程中，特别是在蒸煮后期，纸浆中的木素含量 w_1 与纸浆卡伯值 K_a 之间存在良好的线性关系。

在蒸煮过程中，纤维原料中的部分木素、半纤维素和纤维素等成分逐渐溶入蒸煮液中，经历了如图 4-103 所示的转移过程：

图 4-103　蒸煮过程中纤维原料组分转移示意图

根据质量守恒定律，以及纸浆中的木素含量 w_1 与纸浆卡伯值 K_a 之间存在的线性关系，可得到纸浆卡伯值 K_a 与纸浆中的木素含量 w_2 之间的关系。假设每次加入蒸煮锅中的木片量一定，即木素总量 w_0 一定，通过测量溶入蒸煮液中的木素含量 w_2，可实现纸浆卡伯值的在线测量。

（二）纸浆打浆度的软测量

自 1922 年 Smith 提出帚化理论以来，人们对打浆设备、打浆机理以及打浆过程控制都进行了系统深入的研究，并使生产状况发生了更新换代的变化，形成了如：比边缘负荷（Specific Edge Load）和比表面负荷（Specific Surface Load）等理论。通过另外一些变量的测量，构成一定的数学关系来推断和估算打浆度。

影响打浆度的因素很多，归纳起来有：a. 设备的种类不同（如双盘磨机、大锥度精浆机等）；b. 浆板的种类不同（如木浆、草浆、苇浆等）；c. 打浆设备数量不同；d. 打浆用水种类不同（如清水、白水等）；e. 进浆流量大小不同；f. 进浆浓度高低不同；g. 进浆压力高低不同；h. 循环打浆与连续打浆的不同；i. 打浆设备前后的温差不同。

在实际测量中，当水温、浆温恒定时，影响打浆度的主要因素有进打入浆设备浆的绝干浆量、打浆设备的数量、消耗的电功率等，因此打浆度关系式可用下式表示：

$$SR = K \frac{\sum_{i=1}^{n} P_i}{q_V \times c} + SR_0 \tag{4-77}$$

式中　SR——打浆后浆的打浆度

SR_0——打浆前浆的打浆度

q_V——进浆流量

c——进浆浓度

K——与其他因素有关的系数（在线进行调整）

$\sum\limits_{i=1}^{n} P_i$——打浆过程消耗的电功率

由上式可以得到打浆度的测量值，即软测量。可见，只要测得纸浆的流量、浓度和打浆设备消耗的电功率即可知打浆度。通过控制盘磨的进退刀就可控制打浆度，这种方法称为比能量控制。

打浆度的准确测量为造纸过程的优化提供了依据，对提高纸张质量和节省能源都有重要的理论意义和应用价值。

思 考 题

1. 传感器、变送器的作用各是什么？二者之间有什么关系？

2. 什么是信号控制？控制系统仪表之间采用何种连接方式最佳？为什么？

3. 举例说明系统误差、随机误差和粗差的含义以及减小误差的方法。

4. 试述绝对误差、相对误差和引用误差的定义，工程上如何表示仪表的精度等级？

5. 什么叫压力？表压力、绝对压力、负压力之间有什么关系？

6. 压力仪表有哪些类别？各有何特点？

7. 差压式液位仪表的工作原理是什么？在用差压变送器测量液位时，为什么对于有压容器，差压变送器的负压室要与容器的气相相连，而对于敞口容器则接大气？

8. 电磁流量仪表的工作原理是什么？它对被测介质有什么要求？在使用时应注意哪些问题？

9. 接触式和非接触式测温各有什么特点？

10. 纸浆中浓测量仪是基于纸浆的什么特性进行测量的？它受哪些因素的影响？

11. 什么是软测量技术？它与常规仪表检测的本质区别是什么？

参 考 文 献

[1] 刘焕彬. 制浆造纸过程自动测量与控制［M］. 2版. 北京：中国轻工业出版社，2003.

[2] 潘永湘，杨延西，赵跃. 过程控制与自动化仪表［M］. 2版. 北京：机械工业出版社，2007.

[3] 俞金寿，孙自强. 化工自动化及仪表［M］. 上海：华东理工大学出版社，2011.

[4] 侯正昆，张玉芳. 化工仪表与过程控制［M］. 成都：四川大学出版社，2015.

[5] 彭开香. 过程控制［M］. 北京：冶金工业出版社，2016.

[6] 罗健旭，黎冰，黄海燕，等. 过程控制工程［M］. 北京：化学工业出版社，2015.

第五章　复杂控制与智能控制

　　简单控制系统可以解决生产中大量的控制问题，是生产过程控制中最基本和应用最广的一种控制方式。然而，随着生产的发展，工艺的不断更新，必然导致对操作条件的要求更加严格，变量间的相互关系也更加复杂，对产品质量要求也更高。此外，生产过程中的某些特殊要求，如物料配比问题、前后生产工序相互协调问题、对生产安全的限值控制等，这些问题的解决是简单控制系统所不能胜任的。相应地就出现了一些与单回路形式不同的控制方式，即复杂控制系统。复杂控制系统种类繁多，本章介绍在造纸及化工过程中常用的串级、比值、前馈、分程与选择控制系统。

　　从控制策略来说，占统治地位的仍然是常规 PID 控制。但由于许多过程往往具有自身的特殊性，有的机理复杂，有的变量间关联严重，而且往往存在着非线性、大纯滞后、时变及各种不确定性，采用简单或复杂控制往往也难于满足工艺要求。因此，近年来控制理论迅速发展，出现了许多新型控制系统。虽然其中有些理论早已提出，但当时限于技术，实施比较困难或无法实施。而随着计算机控制技术的发展，这些新型控制系统得以成功地应用于生产过程控制。本章对自适应控制、模糊控制、神经网络控制、解耦控制、预测控制和专家控制等智能控制策略也做一简单介绍。

第一节　复杂控制

一、串级控制

（一）串级控制系统的组成

　　串级控制系统是一种常用的复杂控制系统，当对象滞后较大，存在剧烈变化、频繁干扰，采用简单控制不能满足工艺要求时，可考虑采用串级控制系统。下面我们通过图 5-1（a）所示的造纸过程网前箱温度控制系统为例来介绍串级控制系统的组成和特点。

　　纸浆从贮槽经水泵送入混合器，在混合器内用蒸汽加热至一定温度，经立筛和圆筛除去

杂质后，到网前箱再经铜网脱水，为保证纸张质量，工艺要求网前箱温度保持稳定。因此，选择网前箱温度为被控变量，以加热蒸汽流量为操作变量组成如图 5-1（a）所示的简单控制系统。这个方案从表面看似乎很好，因为所有对

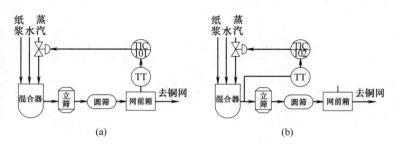

图 5-1　大幅网前箱温度的简单控制系统

（a）网前箱温度的简单控制系统　（b）混合器出口温度简单控制系统

网前箱温度的干扰因素都包括在控制回路中，只要干扰导致网前箱温度发生变化，控制器就

通过改变调节阀的开度来改变加热蒸汽流量，把变化了的网前箱温度调回到设定值。但实践证明，这种控制方案控制质量很差，达不到工艺要求。原因在于当纸浆流量和蒸汽压力变化时，首先影响混合器的出口温度再进而使网前箱温度发生变化，只有被控变量－网前箱温度变化时，控制器才发出控制作用，通过改变蒸汽流量，把被控量调回到设定值。由于蒸汽流量的变化也要经过混合器、立筛、圆筛和网前箱等一系列环节，因此通道较长，总滞后较大，这就导致控制作用不及时，特别是当纸浆流量和蒸汽压力变化较大且频繁时，将会使偏差增大，过渡过程时间加长，控制质量显著降低。

既然，纸浆流量和蒸汽压力的变化是主要干扰，如果使混合器出口温度稳定，网前箱温度就不会因纸浆流量和蒸汽压力的波动而变化了。因此，可组成混合器出口温度控制系统来克服这一主要干扰，从而来间接达到控制网前箱温度的目的，如图 5-1（b）所示。这种方案使控制通道滞后减小，控制及时，能够迅速克服纸浆流量和蒸汽压力方面的干扰，把它们克服在影响网前箱温度之前。但是，控制混合器出口温度不是最终目的，它不能完全代表网前箱温度。当干扰因素来自于立筛、圆筛或网前箱时，该系统对这些干扰就无能为力了。

通过上面的分析可以看出，两种控制方案各有其优缺点，能否取二者之长，将两种方案结合起来呢？实践证明是可行的，这就是将网前箱温度控制器的输出作为混合器出口温度控制器的设定值，而由混合器出口温度控制器的输出去控制加热蒸汽调节阀，这就是网前箱温度与混合器出口温度的串级控制系统，如图 5-2 所示。因此，所谓串级控制系统就是由两台控制器串联在一起，控制一个调节阀的控制系统。

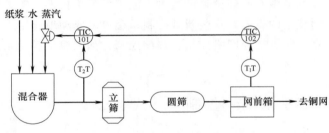

图 5-2 网前箱温度串级控制系统

在该串级控制系统中比简单控制系统多了一个内反馈回路，因而能及时地感受到回路内的主要干扰——纸浆流量和蒸汽压力的影响，并在它们影响到网前箱温度之前就发出控制作用，同时，对内回路以外的其他干扰及由内回路没有完全克服掉的干扰，由网前箱温度控制器所在的外回路进一步克服，使网前箱温度恒定。根据图 5-2 所示的串级控制系统，我们画出串级控制系统的通用功能图如图 5-3 所示。

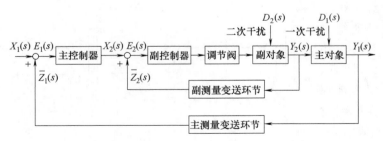

图 5-3 串级控制系统通用功能图

为了说明问题方便，对串级控制系统中的常见名词术语介绍如下：

主变量：在串级控制系统中，起主导作用的、关系到产品产量和质量或操作安全的那个被控变量，在上例中为网前箱温度。其相应的变送器为主变送器。

副变量：为了稳定主变量或因某种需要而引入的辅助变量。上例中为混合器出口温度。其相应的变送器为副变送器。

控制器：按主变量的测量值与设定值的偏差进行工作的控制器，上例中为网前箱温度控制器。

副控制器：按副变量的测量值与主控制器来的设定值之间的偏差进行工作的控制器。上例中为混合器出口温度控制器。

主对象：主变量所处的那一部分工艺设备，它的输入信号为副变量，输出信号为主变量。上例中为从混合器出口到网前箱的工艺过程。

副对象：副变量所处的那一部分工艺设备，它的输入信号为操作变量，输出信号为副变量。上例中为从调节阀到混合器出口这段工艺过程。

主回路：在串级控制系统中，处于外环（也称主环）的整个回路。其中包括主控制器、副控制器、调节阀、副对象、主对象及主变量变送器等组成的闭合回路。

副回路：处于串级控制系统的内环（也称副环），由副控制器、调节阀、副对象及副变量变送器等组成的闭合回路。副回路也称随动回路。

一、二次干扰：作用在主对象上的干扰称为一次干扰，作用在副对象上的干扰称为二次干扰。

需要指出的是，在串级控制系统中，副控制器的设定值随主控制器的输出变化而改变，所以这里的副回路是一个随动回路，它和定值控制的主回路一起相互配合，使控制质量高于单回路控制系统。

（二）串级控制系统的特点和设计原则

1. 系统特点

串级控制的典型特征就是外环控制器的输出，就是内环设定值的输入。从总体上看，串级控制系统仍是定值控制系统，因此，主被控变量在干扰作用下的过渡过程和简单控制系统的过渡过程具有相同的品质指标和类似的形式。但是与简单控制系统相比，串级控制系统在系统结构上增加了一个随动系统的副回路，其复杂程度和仪表投资有所增加，然而它相对于单回路系统具有以下优点。

（1）改善对象动态特性，提高系统的工作频率

设 $W_{c1}(s)$、$W_{c2}(s)$ 为主、副控制器的传递函数；$W_{p1}(s)$、$W_{p2}(s)$ 为主、副对象的传递函数；$W_{m1}(s)$、$W_{m2}(s)$ 为主、副变送器的传递函数；$W_v(s)$ 为调节阀的传递函数，$W_d(s)$ 为二次干扰通道的传递函数。则用传递函数表示串级控制系统的功能图如图 5-4 所示。

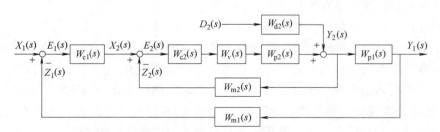

图 5-4　串级控制系统功能图

如果把整个副回路看成一个等效副对象，并以 $W'_{p2}(s)$ 表示，则图 5-4 可简化成图 5-5 所示的单回路控制系统形式。对主控制器而言，整个被控对象分为两部分，一是副回路等效

对象 $W'_{p2}(s)$，二是主对象 $W_{p1}(s)$。等效对象的传递函数可求出为：

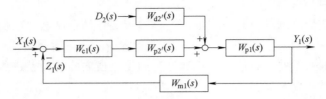

图 5-5   图 5-4 的简化方框图

$$W'_{p2}(s)=\frac{Y_2(s)}{X_2(s)}=\frac{W_{c2}(s)W_v(s)W_{p2}(s)}{1+W_{c2}(s)W_v(s)W_{p2}(s)W_{m2}(s)} \tag{5-1}$$

假设各环节的传递函数为：

$$W_{c2}(s)=K_{c2} \quad W_{v2}(s)=K_v \quad W_{m2}(s)=K_{m2} \quad W_{p2}(s)=\frac{K_{p2}}{T_{p2S}+1}$$

将各环节的传递函数带入式（5-1），可得：

$$W'_{p2}(s)=\frac{K_{c2}K_v\dfrac{K_{p2}}{T_{p2S}+1}}{1+K_{c2}K_v\dfrac{K_{p2}}{T_{p2S}+1}K_{m2}}=\frac{K'_{p2}}{T'_{p2}(s)+1} \tag{5-2}$$

式中，

$$K'_{p2}=\frac{K_{c2}K_vK_{p2}}{1+K_{c2}K_vK_{p2}K_{m2}} \quad T'_{p2}=\frac{T_{p2}}{1+K_{c2}K_vK_{p2}K_{m2}}$$

将 $W'_{p2}(s)$ 与 $W_{p2}(s)$ 相比，由于在一般情况下，$K_{m2}>1$，故有：

$$K'_{p2}<K_{p2}$$
$$T'_{p2}<T_{p2}$$

这就表明，在串级控制系统中由于副回路的存在，改善了一部分对象的特性，使等效副对象的时间常数 T'_{p2} 比原来的 T_{p2} 缩小了 $1+K_{c2}K_vK_{p2}K_{m2}$ 倍，这种效果随着副控制器的放大系数 K_{c2} 的增加更加显著，这就意味着控制通道的缩短，减小了容量滞后，从而使控制更加及时，系统工作效率提高，控制质量必然得到提高。而等效副对象的放大系数的减小，可通过增加主控制器的放大系数来补偿，这样串级控制系统中的主控制器的放大系数 K_{c1} 就可以整定得比单回路控制系统更大些，理论和实践都证明，这有利于提高控制系统的抗干扰能力。

因此，对于纯滞后和容量滞后较大的对象，可选择一个滞后较小的辅助变量组成副回路，构成串级控制系统可显著提高系统控制质量。

（2）对二次干扰具有较强的克服能力

仍以上述网前箱温度串级控制系统为例来说明。假设蒸汽压力突然变化，如果没有副回路的作用，混合器温度将很快变化，并通过滞后比较大的对象，直到使网前箱温度变化，控制器才产生校正作用。而在串级控制系统中，由于副回路的存在，当蒸汽压力变化（二次干扰），首先使混合器温度（副变量）很快变化，在网前箱温度（主变量）没有明显变化之前，副控制器及时感受到并进行校正。这样，即使混合器温度变化影响到网前箱温度，也比没有副回路时的影响小得多。并且，又有主控制器产生校正作用进一步克服该干扰。在这里，副回路实际上起到了快速"粗调"作用，而主回路则担当起进一步"细调"的功能。从方框图中，也可说明这一问题，如图 5-5 所示，同样的条件下，通过推导可知串级系统中干扰 D_2

的影响将减小为单回路系统的 $1/(1+K_{c2}K_vK_{p2}K_{m2})$ 倍，而且，副控制器的放大系数越大，克服干扰的能力越强。因此，串级控制系统由于副回路的存在，干扰作用的影响大为减小，因而对进入副回路的干扰具有较强的克服能力。

由于串级控制系统的这个特点，所以在设计控制系统时，应设法使变化比较剧烈、频繁的主要干扰纳入副回路当中。

（3）对负荷变化有一定的自适应能力

在单回路控制系统中，控制器的参数是在一定的负荷即一定的工作点下，按一定的质量指标要求而整定得到的，也就是说，一定的控制器参数只能适应于一定的负荷。如果对象具有非线性，随着负荷的变化，工作点就会移动，对象特性就会发生改变，原先基于一定负荷整定的那组控制器参数就不再适应了，控制质量会随之下降。

但是，在串级控制系统中，主回路虽然是一个定值控制系统，而副回路却是一个随动系统，它的设定值是随主控制器的输出而变化的。这样，主控制器就可以按照操作条件和负荷变化相应地调整副控制器的设定值，从而保证在负荷和操作条件变化的情况下，控制系统仍具有较好的控制质量。

另一方面，由式（5-2）可知，等效副对象的放大系数 $K'_{p2}=\dfrac{K_{c2}K_vK_{p2}}{1+K_{c2}K_vK_{p2}K_{m2}}$，虽然负荷变化时，会引起对象特性 K_{p2} 的变化，但在一般条件下有 $K_{c2}K_vK_{p2}K_{m2}\gg 1$，因此，$K_{p2}$ 的变化对等效对象的放大系数来说，影响却是很小的。因而串级控制系统的副回路能自动地克服对象非线性特性的影响，从而显示出它对负荷变化具有一定的自适应能力。

利用串级控制系统的这一特点，可用来克服对象的非线性，即在系统设计时，把对象的非线性部分包括在副回路之中。

2. 设计原则

在串级控制系统的设计中，主要是主、副回路的选择。一般主变量的选择与单回路控制系统的设计原则相同，这里不再赘述。由于串级控制系统的优点主要源于它的副回路，因此副环的设计是关键，副变量的选择一般遵循以下原则。

（1）副回路应包含主要干扰，并尽可能多地包含一些干扰

为了充分发挥串级控制系统副回路动作迅速，抗干扰能力强的特点，在设计串级控制系统时，应力求使较多的干扰进入副回路，特别是设法把那些变化剧烈、频繁的主要干扰包括在副回路中，由副回路把它们克服到最低程度，降低对主变量的影响，提高控制质量。为此在设计串级控制系统时，研究系统干扰的来源是很重要的。

例如管式加热炉出口温度的控制，如图 5-6 所示。加热炉是化工、炼油生产中的重要设

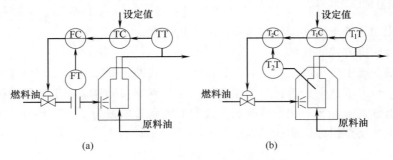

图 5-6 管式加热炉出口温度控制

备，因产品质量主要取决于出口温度，而且干扰因素多、对象容量滞后大，工艺上对出口温度的要求比较高，为此设计如图所示的串级控制系统。图中有两种方案可供选择。如果燃料油流量或压力是主要干扰时，组成如图 5-6（a）所示的出口温度与燃料油流量的串级方案，这种方案将主要干扰包含在了副回路，可由流量副回路将主要干扰迅速克服。但是当燃料油流量或压力比较稳定时，而原料油的处理量经常变动或燃料油的热值变化较大时，上述方案没有把这一主要干扰包含在副回路，因而是不合理的。因为上述这些干扰首先影响炉膛温度，这时可选择炉膛温度为副变量，组成如图 5-6（b）所示的出口温度与炉膛温度的串级方案，这种方案除把主要干扰纳入了副回路之外，还将原料油的黏度、成分变化等次要干扰也包含在副回路中，充分发挥了副回路的作用。

（2）主、副对象时间常数应匹配

在选择副变量时，保证主、副对象时间常数相匹配，是正常发挥串级系统优越性，防止产生"共振效应"的有效措施。

一般主、副对象的时间常数之比为 $T_{p1}/T_{p2}=3\sim10$ 为好。当 $T_{p1}/T_{p2}>10$ 时，表明 T_{p2} 很小，副回路包括的干扰少，没有充分发挥副回路克服干扰能力强这一特点，并且系统的稳定性也会受到影响；当 $T_{p1}/T_{p2}<3$ 时，表明 T_{p2} 过大，副回路包括的干扰太多，控制作用不及时，就失去了串级系统的优越性，尤其当 $T_{p1}/T_{p2}\approx1$ 时，主、副对象的动态联系太紧密，如果有一个变量振荡，另一个也会振荡，两个回路的振荡相互加剧，会引起系统的"共振"。在实际应用中，T_{p1}/T_{p2} 究竟选多大，应根据具体对象的情况和采用串级控制的目的来确定。

（3）应考虑工艺上的合理性、实现的可能性及生产上的经济性

因为自动控制系统是为生产服务的，因此在系统设计时，首先要考虑到生产工艺的要求，考虑到所设置的系统是否影响到工艺系统正常运行。其次，要保证主、副变量有一定的内在联系，也就是说，在串级控制系统中，副变量的变化应在很大程度上能影响主变量的变化。此外，在副回路的设计中，若出现几个可供选择的方案时，也应把经济原则和控制质量要求结合起来，在保证质量要求的前提下力求节约。

（三）串级控制系统控制器的选择及工程整定

1. 控制器的选择

（1）控制规律的选择

在串级控制系统中，由于生产工艺对主、副变量的控制要求不同，因而主、副控制器的控制规律选择也不同。一般情况下主变量是生产工艺的重要指标，控制质量要求高，而副变量的引入主要是服务于主变量，对其要求不高，这是串级控制系统应用的基本类型。这种情况下，主控制器宜选 PI 作用，有时为了克服容量滞后，可加入 D 作用，而副控制器一般只选 P 作用，如果引入 I 作用反而会减弱副回路的快速性。

（2）正、反作用方式的选择

在简单控制系统中已指出，控制器正、反作用方式的选择原则是使整个控制系统构成负反馈系统，并且给出了"乘积为负"的判别式。这一判别式同样适应于串级控制系统中副控制器正、反作用方式的选择。在串级控制系统中等效副对象视为"＋"环节，则串级控制系统中主控制器正、反作用方式的选择判别式为：

（主控制器"±"）（主对象"±"）＝（－）

选择完主、副控制器的正、反作用方式后，可通过分析系统的工作过程来验证选择是否

正确。

2. 控制器参数的工程整定

在串级控制系统中，在多数情况下属于上述的基本类型。从主回路来看，是一个定值控制系统，因而其控制质量指标和简单控制系统一样。从副回路来看，它是一个随动系统，一般讲，对它的控制质量要求不高，只要能快速、准确地跟随主控制器的输出而变化就行了。两个回路完成任务的侧重点不同，对控制质量的要求也往往不同，因此必须根据各自完成的任务和质量要求去确定主、副控制器的参数。对于串级控制系统的基本类型，常用的工程整定方法有逐步逼近法、两步法和一步法。其中逐步逼近法是先整定副环，再整定主环，逐步循环逼近，直到满意，这种方法比较烦琐、费时，很少使用。下面只介绍两步法和一步法。

（1）两步整定法

两步整定法是根据串级控制系统分为主、副两个回路的实际情况，分两步进行。第一步整定副控制器的参数；第二步，把已整定好的副控制器视为串级控制系统的一个环节，对主控制器参数进行整定。其整定步骤为：

① 在工艺生产稳定，系统处于串级运行，主、副控制器均为纯比例作用的条件下，先将主控制器的比例度置为100％刻度上，求取副回路在满足某种衰减比（如4：1）下的副控制器的比例度 δ_{2s} 和操作周期 T_{2s}。

② 在副控制器的比例度等于 δ_{2s} 的条件下，逐步降低主控制器的比例度，求取同样衰减比过程中主控制器的比例度 δ_{1s} 和操作周期 T_{1s}。

③ 根据已求得的 δ_{1s}、T_{1s}、δ_{2s}、T_{2s} 值，结合控制器的选型，按简单控制系统衰减曲线法整定参数的经验公式，计算主、副控制器的整定参数值。

④ 按照先副后主、先 P 次 I 后 D 的顺序，将计算出的参数值设置到控制器上，作一些扰动试验，观察过渡过程曲线，如不满意，再作适当调整。

（2）一步整定法

两步法虽然适应性强，但由于分两步整定，需寻求两个 4：1 衰减过程，因而仍比较费时，通过实践，对两步法进行了简化，从而得出了一步整定法。一步整定法是根据经验先确定副控制器的整定参数，将其置好，然后按简单控制系统控制器的整定方法，整定主控制器的参数。虽然其整定准确性略低于两步法，但由于方法简单，对于对主变量要求较高，而对副变量要求不高的情况下，是很有效的，因而获得了广泛的应用。其整定步骤为：

① 在工况稳定情况下，根据经验数据表 5-1，确定副控制器的比例度，按纯比例作用设置在副控制器上。

② 将串级控制系统投入运行，然后按简单控制系统参数整定方法，整定主控制器的参数。

③ 如果在整定过程中出现"共振"，只需加大主、副控制器的任一比例度值就可消除。如果共振太剧烈，可先切换到手动，待生产稳定后，重新投运和整定。

表 5-1　　　　　　　　　　副控制器参数选择经验数据范围

副变量	放大系数 K_{c2}	比例度 δ_2/%	副变量	放大系数 K_{c2}	比例度 δ_2/%
温度	1.7～5	20～60	流量	1.25～2.5	40～80
压力	1.4～3	30～70	液位	1.25～5	20～80

二、比 值 控 制

在工业生产过程中，往往需要对两种或两种以上的物料进行配比。如果物料比例失调，就可能影响产品的质量，增加原料和动力消耗，甚至发生生产事故。例如在制浆造纸生产过程中，为了得到一定浓度的纸浆，必须保持好浓纸浆与稀释水之间的比例，在配浆过程中，为了满足纸机抄造及成纸的性能要求，纸浆与染料、填料、矾土等按一定的比例混合。再如，在锅炉燃烧过程中，需要保持燃料量与空气量按一定的比例进入炉膛，才能保证经济燃烧。

因此，凡是把两种或两种以上的物料量自动地保持一定比例的控制系统，就称为比值控制系统。

在需要保持比例关系的两种物料中，必定有一种物料处于主导地位，称此物料为主物料或主动量。而另一种物料按主物料进行配比，在控制过程中跟随主物料而变化，称为从物料或从动量。因在比值控制系统中，物料变量多为流量，故一般将主动量称为主流量（用 q_1 表示），从动量称为副流量（用 q_2 表示）。一般情况下，以生产中的主要物料作为主物料，如上述例中的浓纸浆和燃料量，而相应跟随变化的水和空气为从物料。在某些场合，是以不可控物料作为主物料。比值控制系统就是要实现主、副流量之间的比值，表示为 $K = q_2 : q_1$。

（一）比值控制系统的类型及组成

1. 单闭环比值控制系统

为实现两种物料之间的比值，最简单的办法就是用主流量 q_1 的测量值经比例环节按一定的比例关系去控制副流量 q_2，如图 5-7 所示。在稳定工况时，能够保证 $q_2 = Kq_1$。

显然，这是一个开环控制系统，当副流量 q_2 因干扰（如管道压力波动）变化时，就破坏了 q_1 和 q_2 之间的比值，而开环系统无法克服这个干扰。

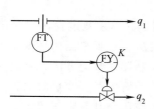

图 5-7　开环比值控制系统

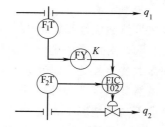

图 5-8　单闭环比值控制系统

为了克服开环比值控制系统的缺点，提出了单闭环比值控制系统，即让副流量构成闭环系统，主流量的测量值经比例环节后作为副流量控制器的设定值，如图 5-8 所示。在稳定工况时，主、副流量满足工艺要求的比值 $K = q_2/q_1$；当主流量变化时，其测量信号经过比值计算环节改变副流量控制器的设定值，此时副流量闭环控制系统是一个随动控制系统，使 q_2 跟随 q_1 变化，使其在新的工况下保持 K 值不变，而当主流量不变，而副流量因干扰变化时，此时副流量闭环系统相当于一个定值控制系统，通过系统的控制，仍保持 K 值不变。

显然，单闭环比值控制系统不但能实现副流量跟随主流量的变化而变化，而且还能克服副流量本身干扰对比值的影响，能够保证主、副流量的精确比值，并且结构简单，易于实施，因此得到了广泛的应用。但是，这类比值系统虽然能保证两物料比值一定，因主流量不受控，当主流量因干扰而变化时，总物料量也随之变化，这对于要求总物料量一定的场合（要求负荷稳定）是不合适的。因此，当负荷变化较大时不宜选用。

2. 双闭环控制系统

双闭环控制系统是为了克服单闭环比值控制系统主流量不受控所造成的不足而设计的。它是在单闭环比值控制系统的基础上，增设了主流量控制回路而构成的，如图 5-9 所示。

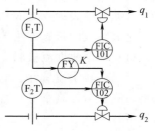

双闭环比值控制系统由于主流量控制回路的存在，实现了对主流量的定值控制，大大克服了主流量干扰的影响，使主流量变的比较平稳。再通过比值控制，副流量也较平稳。这样系统的总负荷将是稳定的，从而克服了单闭环比值控制系统的缺点。所以，这类控制方案常用在主流量干扰频繁，工艺上不允许负荷有较大波动的场合。但由于这种方案结构复杂，采用仪表较多，应用不太广泛。

图 5-9　双闭环控制系统

3. 变比值控制系统

前面介绍的比值控制系统都是实现两种物料之间的定比值控制，在系统运行时，其比值 K 保持不变。而在某些生产过程中，保持两种物料的配比并不是最终目的，有时要求两种物料的比值根据第三变量（过程中的主要质量指标）的变化而不断进行调整。这样就出现了一种变比值控制系统。这种系统的结构是以某第三变量为主变量，而以两种物料的比值为副变量的串级控制系统，故也称串级—比值控制系统。

例如，在燃烧系统中，尾部烟道烟气含氧量是反映经济燃烧的主要指标，含氧量高，说明冷空气量多，过多的冷空气将带走部分热量，增加热损失；若含氧量低，则空气量不足，燃料燃烧得不完全。因此，组成以烟气含氧量作为主被控变量，而燃料量与空气量的比值作为副被控变量的串级—比值控制系统。图 5-10 为由除法器来实现比值的该系统组成方框图。在该系统中，当含氧量因干扰而发生变化时，通过改变燃/空比值来校正，因此，副回路是一个变比值控制系统。

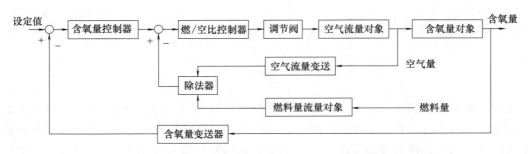

图 5-10　燃烧系统烟气含氧量对燃/空比的串级控制系统

（二）比值控制系统的实施

1. 比值系数的折算

比值控制系统实现两种物料之间的比值（$K = q_2/q_1$），但工艺上要求的比值 K 是指两流体的体积或质量流量之比，而通常所采用的单元组合仪表使用的是统一标准信号 $y_{min} \sim y_{max}$（气动仪表：0.02MPa～0.1MPa 气压，电动仪表 DDZ-Ⅱ型：0～10mA DC，DDZ-Ⅲ型：4～20mA DC）。所以，必须把工艺上的比值 K 折算成仪表上的比值系数 K'，才能在系

统实施时进行比值设定。比值系数 K' 可定义为副流量 q_2 和主流量 q_1 对应的测量信号之比，即

$$K' = \frac{y_2 - y_{min}}{y_1 - y_{min}} \tag{5-3}$$

式中，y_1、y_2 为主、副流量对应的测量信号实际值，y_{min} 为仪表信号下限值，即仪表零点（如气动表为 $0.02MPa$、DDZ-Ⅱ、Ⅲ型为 0 和 $4mA\ DC$）。

比值系数的折算方法随流量与测量信号之间是否呈线性关系而不同。可分两种情况。

（1）采用线性流量测量装置时

当采用转子流量计、电磁流量计、节流装置配差压变送器经开方运算等测量流量（参见流量的测量与控制章节）时，流量信号均与测量信号呈线性关系，则流量的任一值 q 对应的测量信号 y 为

$$y = \frac{q}{q_{max}}(y_{max} - y_{min}) + y_{min} \tag{5-4}$$

式中，y_{max} 为流量满量程 q_{max} 时输出信号值，即仪表输出信号上限值。

根据比值系数的定义，这种情况下，比值系数 K' 为

$$K' = \frac{y_2 - y_{min}}{y_1 - y_{min}} = \frac{(q_2/q_{2max}) \times (y_{max} - y_{min})}{(q_1/q_{1max}) \times (y_{max} - y_{min})} \tag{5-5}$$

$$= \frac{q_2}{q_1} \times \frac{q_{1max}}{q_{2max}} = K\frac{q_{1max}}{q_{2max}}$$

（2）采用节流装置测流量而未加开方器时

使用节流装置配差压变送器测流量而未经开方处理时，流量与压差的关系为：

$$q = C\sqrt{\Delta p} \tag{5-6}$$

式中，C 为节流装置的流量系数（参见流量测量章节）。

当压差由零变到最大值 Δp_{max} 时，变送器输出由 y_{min} 到 y_{max}。则任一流量 q 对应的输出信号为：

$$y = \left(\frac{q}{q_{max}}\right)^2 (y_{max} - y_{min}) + y_{min} \tag{5-7}$$

比值系数为：

$$K' = \frac{y_2 - y_{min}}{y_1 - y_{min}} = \left(\frac{q_2}{q_1}\right)^2 \times \left(\frac{q_{1max}}{q_{2max}}\right)^2 \tag{5-8}$$

$$= K^2 \left(\frac{q_{1max}}{q_{2max}}\right)^2$$

通过上面两种情况的讨论，很明显，比值系数 K' 只与工艺上要求的比值 K 和仪表的量程，以及测量方法（线性和非线性）有关，而与采用何种类型单元组合仪表无关，当然，两个流量测量仪表的标准信号应是统一的。所以，在同样的流量比值 K 下，可通过改变仪表量程（q_{1max} 和 q_{2max}）来调整比值系数 K' 的大小。

2. 实施方案

为了获得两流量的比值关系，可用不同的仪表组合来实现，可采用两种方案实施。下面以单闭环比值控制系统为例介绍。

（1）相乘方案

相乘方案是将 q_1 的测量值乘以一定的系数，作为 q_2 流量控制器的设定值，即实现 $q_2 = Kq_1$，其中乘法环节可以是比值器、分流器、加法器或乘法器。如果比值 K 为常数，则上

述仪表均可使用，若比值 K 为变数（在变比值控制系统中），则必须用乘法器。

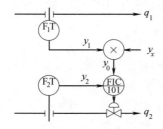

图 5-11　采用乘法器的相乘方案

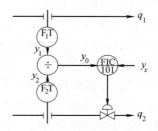

图 5-12　采用除法器的相除方案

图 5-11 为采用相乘方案构成的单闭环比值控制系统，图中的比值计算环节由乘法器实现。现结合该图例介绍一下如何将比值系数 K' 设置到系统上。

根据前述的方法将工艺上要求的比值 K 折算成仪表比值系数 K' 后，根据乘法环节采用仪表不同，设置方法也不同。假定采用 DDZ-Ⅲ 型电动乘法器，乘法器实现对两个输入信号相乘，其运算关系为：

$$y_o = \frac{(y_1 - 4)(y_x - 4)}{16} + 4 \tag{5-9}$$

式中仅有 y_x 作为乘法器的一个输入信号，可通过定值器人工设定，由上式得

$$y_x = \frac{y_o - 4}{y_1 - 4} \times 16 + 4 \tag{5-10}$$

在系统稳态时，有 $y_o = y_2$，即偏差为零时设定值等于测量值，因此

$$y_x = \frac{y_2 - 4}{y_1 - 4} \times 16 + 4 = K' \times 16 + 4 \tag{5-11}$$

所以，根据比值系数 K' 计算出 y_x 的大小，通过定值器设定 y_x 即可实现工艺要求的比值 K。如果是变比值系统，只需将比值设定信号换接成第三变量控制器的输出即可。

但需要注意，式（5-11）中的 K' 根据仪表信号匹配原则不能大于 1，如果 K' 大于 1，可采用将乘法器改接在 q_2 一测的方法解决之。

（2）相除方案

相除方案是采用除法器将 q_2 与 q_1 的测量值相除，实现 $q_2/q_1 = K$，然后将除法器的输出信号作为流量比值控制器的测量值。用除法器组成的单闭环比值控制系统如图 5-12 所示。采用相除方案，可直接通过设定比值控制器的设定值，将比值 K' 设置到系统上。仍以采用 DDZ-Ⅲ 型电动仪表为例介绍 y_x 的计算方法。

除法器的运算关系为：

$$y_o = \frac{y_2 - 4}{y_1 - 4} \times 16 + 4 \tag{5-12}$$

系统稳态时，$y_o = y_x$，因此，由比值系数的定义可得

$$y_x = K' \times 16 + 4 \tag{5-13}$$

可见，采用除法器的设定信号计算公式同采用乘法器的设定信号计算公式完全相同，即等于比值系数 K' 乘上仪表标准信号上下限之差，再加上仪表零点。

当 $K' > 1$ 时，采用除法方案时，应将 y_1 作为被除量。

采用相除方案的优点是可直接读出流量比值，比较直观，且比值设定可直接由控制器设定，操作方便。若比值设定改为第三变量，就可实现变比值控制。但应注意，采用除法方案

时比值系数 K' 不能等于 1 或在 1 附近，这可由式（5-13）分析得出，并且除法器是一个包含在系统闭环之内的非线性环节，将影响控制系统的质量，在采用时应注意采取一定的措施，如通过阀特性的选择来补偿。

（三）比值控制系统的参数整定

比值控制系统在设计安装以后，首先要进行系统的投运。在投运前除必要检查和调整以外，要根据比值计算数据设置好比值系数 K'。然后把主、副测量流量的仪表投入运行，待系统基本稳定后，可进行换阀操作，实现手动遥控，并校正比值系数。当系统平稳后，就可进行手动自动切换，使系统投入自动运行。此后便可进行控制器参数整定工作。

在比值控制系统中，双闭环比值控制的主流量回路可按单回路控制系统进行整定；变比值控制系统因结构上属于串级控制系统，所以主控制器可按串级系统进行整定。这样比值控制系统的整定就是讨论单闭环比值控制、双闭环的副流量回路和变比值控制的变比值回路的整定。由于这些回路实际上是一个随动系统，要求副流量能快速、准确跟随主流量变化，而且不宜过调，应以整定在振荡与不振荡的边界为最佳，整定步骤如下：

① 根据计算的比值系数 K'，在满足工艺生产流量比的条件下，将比值控制系统投入运行。

② 将积分时间置于最大，由大到小逐渐调整比例度，使系统响应迅速，并处于振荡与不振荡的临界过程。

③ 若有积分作用，则适当放宽比例度，投入积分作用，并减小积分时间，直到系统出现振荡与不振荡的临界过程或微小振荡过程为止。

三、前馈—反馈控制

前面讨论的几种控制系统均为按被控变量偏差大小进行控制的反馈控制系统。无论何种干扰，只要引起被控量的变化，反馈控制系统都能产生控制作用予以克服，这是反馈控制的优点。但是，这类系统的控制作用总是在干扰产生并造成被控量偏离设定值以后产生，显然控制作用总是不及时的，它无法将干扰克服在被控量偏离设定值之前，从而限制了这类控制系统质量的进一步提高。为了克服反馈控制这一不足，就出现了直接按干扰量进行控制的前馈控制系统。在前馈控制系统中，当干扰产生时，前馈控制器就根据直接检测到的干扰大小和方向，按一定规律去进行控制。使得在干扰发生后而被控量还未变化之前，前馈控制就产生控制作用，这在理论上可以将偏差彻底消除，显然这种控制对干扰的克服比反馈要及时得多。

（一）前馈控制系统的组成

前馈控制系统的组成原理可结合图 5-13 所示的换热器前馈控制系统来说明，图中虚线部分表示反馈控制系统。

假设换热器的进料量 q 的变化是影响被控量出口温度 θ_2 的主要扰动，则可通过测取进料量 q，并送到前馈控制器 $W_f(s)$。前馈控制器按照输入信号经过一定控制规律的运算去操纵调节阀，从而改变蒸汽量来补偿进料量 q 对被控量 θ_2 的影响。假如进料量 q 有一阶跃变化，在不加控制作用时被控量 θ_2 的变化如图 5-14

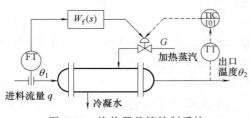

图 5-13　换热器前馈控制系统

中曲线 a。与此同时，前馈控制器在得到进料量的阶跃变化后，按照一定的动态过程去改变加热蒸汽量 G，使这一校正作用引起 θ_2 的变化恰好同进料量 q 对 θ_2 的阶跃响应曲线的幅值相等，而符号相反，如图 5-14 中曲线 b，这样就实现了对扰动的完全补偿，从而使被控量 θ_2 与扰动量 q 完全无关。

图 5-15 为换热器前馈控制系统方框图，$W_d(s)$ 为干扰通道的传递函数，$W_p(s)$ 为控制通道的传递函数。可写出系统在干扰 $q(s)$ 作用下的传递函数为：

$$\frac{\theta_2(s)}{q(s)}=W_d(s)+W_f(s)W_p(s) \tag{5-14}$$

要实现完全补偿，其条件是

$$q(s)\neq 0,\text{而 }\theta_2(s)=0 \tag{5-15}$$

将式（5-15）代入式（5-14），可得前馈控制器的传递函数 $W_f(s)$ 为

$$W_f(s)=-\frac{W_d(s)}{W_p(s)} \tag{5-16}$$

这就是前馈控制器的控制规律，即前馈全补偿模型。式中负号表示前馈控制作用的方向与干扰作用方向相反。

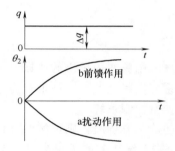

图 5-14　前馈控制系统的全补偿过程

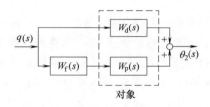

图 5-15　前馈控制系统方框图

（二）静态与动态前馈控制系统

1. 动态前馈控制

如果图 5-13 所示的换热器前馈系统实现的是动态前馈控制，那么在任何时刻均实现对干扰的补偿。通过合适的前馈控制规律的选择，使干扰经过前馈控制器至被控量这一通道的特性与对象干扰通道的动态特性完全一致，并使它们的符号相反，便可实现对干扰的完全补偿，此时前馈控制器的控制规律为：

$$W_f(s)=\frac{W_d(s)}{W_p(s)}$$

要想获得完全补偿，实现动态前馈控制，就必须精确地知道干扰和控制通道的特性。由于工业对象的特性千差万别，较为复杂，再加之在很多场合下，工程技术人员无法准确测取有关通道的动态特性，就导致了不仅前馈控制规律形式很多，而且，无法用上述公式准确算出前馈控制器的传递函数。但从工业应用的观点看，特别是由常规仪表组成的控制系统，总是力求使得控制仪表具有一定的通用性，以利于设计、运行和维护。实践证明，相当数量的工业对象都具有非周期与过阻尼的特性，因此往往用一个一阶或二阶的容量滞后，必要时串联一个纯滞后环节来近似，这就为前馈控制模型具有通用性创造了条件。大多数对象特性可近似表示成：

控制通道特性

$$W_p(s) = \frac{K_1}{T_1 s + 1} e^{-\tau_1 s}$$

干扰通道特性

$$W_d(s) = \frac{K_2}{T_2 s + 1} e^{-\tau_2 s}$$

则前馈控制模型可归结为式（5-17）的形式：

$$W_f(s) = -\frac{W_d(s)}{W_p(s)} = -\frac{\dfrac{K_2}{T_2 s + 1} e^{-\tau_1 s}}{\dfrac{K_1}{T_1 s + 1} e^{-\tau_2 s}} = -\frac{K_2(T_1 s + 1)}{K_1(T_2 s + 1)} e^{-(\tau_2 - \tau_1)s} = -K_f \frac{T_1 s + 1}{T_2 s + 1} e^{-\tau s} \qquad (5\text{-}17)$$

式中，$K_f = \dfrac{K_2}{K_1}$，$\tau = \tau_2 - \tau_1$。这种形式可用常规仪表和一些简单的环节来实现。

2. 静态前馈控制

在实际生产过程中，多数情况下，并没有动态前馈控制那样高的要求，而只需要在稳定工况下，实现对干扰量的补偿。此时前馈控制器的输出仅仅是输入量的函数，而与时间因子 t 无关，前馈控制就成为静态前馈控制了。式（5-17）的模型可简化为：

$$W_f(s) = -K_f = -\frac{K_2}{K_1} \qquad (5\text{-}18)$$

上式即为动态简化模型式（5-17）在 $\tau_1 = \tau_2$，$T_1 = T_2$ 时的特例。式中 K_d、K_o 为干扰通道和控制通道的放大系数，即静态前馈只考虑其静态放大系数作为校正的依据，所以用普通的单元组合仪表即可实现。例如锅炉水位三冲量控制系统实际上就是一种带有静态前馈的串级控制系统（参见第十一章第二节介绍的锅炉水位三冲量控制系统）。

对于一些较为简单的对象，在有条件列写有关变量的静态方程时，则可按照方程求得前馈控制方程。例如在图 5-13 所示的换热器出口温度 θ_2 控制系统，假如进料流量 q 与进料温度 θ_1 均为系统的主要干扰时，在忽略热损失的情况下，可列写换热器的热平衡方程为：

$$q c_p (\theta_2 - \theta_1) = Gh \qquad (5\text{-}19)$$

式中　c_p——物料的比热容

　　G、h——加热蒸汽量、蒸汽汽化潜热

由式（5-19）可求得操作变量 G 与干扰量 q、θ_1 之间的关系式为：

$$G = q \frac{c_p}{h} (\theta_2 - \theta_1) \qquad (5\text{-}20)$$

按式（5-20）可得如图 5-16 所示的换热器静态前馈控制原理流程（图中前馈输出没有直接送到调节阀上，而是作为加热蒸汽流量控制器的设定值）。上述方案可同时实现对进料流量和初始温度的前馈补偿。

（三）前馈—反馈控制系统

比较前馈与反馈控制可知，前馈控制是按干扰作用的大小和方向进行控制的，比反馈要及时，但是前馈控制也是有局限性的，首先，前馈控制是开环控制，不存在像反馈那样对被控量的反馈，即对补偿的结果没有检验的手段。因而，当前馈控制作用并没有最后消除偏差时，系统无法得知这一信息而作进一步的校正。其次，一种前馈作用只能克服一种干扰，由于实际工业对象存在多个干扰，为了补偿它们对被控量的影响，势必设计多个前馈通道，增加投资和维护工作量。此外，前馈控制使用的是视对象特性而定的"专用"控制器，由于被控对象特性的辨识不可能准确，且对象特性也要受负荷和工况等因素的影响产生漂移，必将

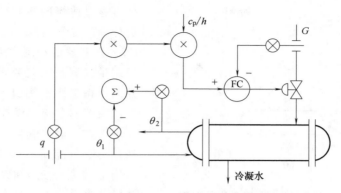

图 5-16 换热器静态前馈控制流程原理图

导致前馈控制作用的变化而影响控制质量，所以，单纯的前馈控制很少使用。为了克服前馈控制的局限性，一般将前馈控制和反馈控制结合起来，构成前馈—反馈控制系统。在这种复合控制系统中，将那些反馈控制不易克服的主要干扰进行前馈控制，而对其他干扰则进行反馈控制。这样，即发挥了前馈校正及时的特点，又保持了反馈控制能克服多个干扰并对被控量始终给予检验的长处。

仍以换热器对象为例，当负荷是主要干扰时，相应的前馈—反馈控制系统如图 5-17（a）（b）所示。图中控制器 $W_f(s)$ 起前馈作用，用来克服由于进料量 q 波动对被控量 θ_2 的影响，对于前馈未能完全消除的偏差，以及未引入前馈的进料初始温度、蒸汽压力等干扰引起的 θ_2 的变化，由温度控制器 TC 的反馈作用来克服，前馈和反馈控制作用相叠加，共同改变加热蒸汽量，以使被控量 θ_2 维持在设定值上。

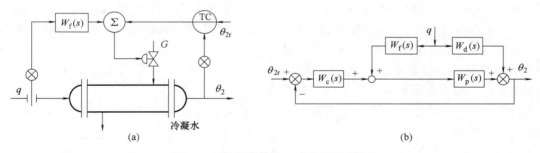

图 5-17 换热器前馈—反馈控制系统

在上述前馈—反馈控制的基础上，如果进一步为了克服阀门特性变异或加热蒸汽压力波动等对系统质量的影响，可增设蒸汽流量控制的副回路，从而构成前馈—串级控制系统，如图 5-18（a）（b）所示。

（四）前馈控制系统的应用及工程整定

1. 应用场合

前馈控制是按照干扰作用的大小进行控制的。在前馈控制系统中，所检测的信号是干扰量，控制作用是在偏差出现之前，即干扰产生的瞬间就发出的。因此，前馈控制尤其适用于如下场合：

① 干扰变化频繁且变化幅值较大，对被控量影响剧烈，反馈控制达不到要求时；

② 主要干扰是可测而不可控的量。即该干扰量难以通过设置单独的控制系统予以稳定，

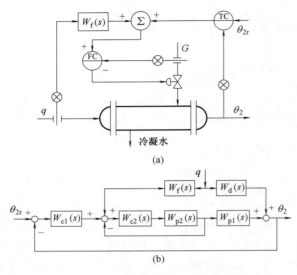

(a)

(b)

图 5-18　换热器前馈—串级控制系统

但可通过适当的检测变换装置将其转换成标准的电气信号，通过前馈来克服；

③ 对象的控制通道滞后较大，反馈控制难以满足工艺要求时，可采用前馈控制，将主要干扰引入前馈，构成前馈—反馈控制系统，以提高控制质量。

例如，锅炉汽包水位控制中的蒸汽量是一个可测而不可控的扰动，因为蒸汽用量的大小完全取决于用户的需要，并且蒸汽负荷的突然变化还会引起"虚假水位"现象，对汽包水位影响较大，一般单冲量控制（单回路反馈控制）很难满足要求，引入蒸汽量作为前馈信号可构成双冲量控制（前馈—反馈控制），再引入给水量可构成三冲量控制系统

（前馈—串级控制）。具体分析见第十一章第二节介绍。

2. 工程整定

前馈控制器的参数取决于对象特性，由于对象特性测试精度、工况的差异，以及前馈装置制作精度等因素影响，使控制效果不可能十分理想，必须在现场对前馈模型进行在线整定。这里以最常用的前馈模型为例讨论静态参数 K_f 和动态参数 T_1、T_2 的整定方法。

（1）K_f 的整定

K_f 的整定分开环整定和闭环整定两种方法。开环整定是在系统作单纯的静态前馈下，在工况稳定时施加干扰，K_f 值由小逐步增大，直到被控量回到设定值，此时所对应的 K_f 值即为整定值。由于在开环整定中，被控量不受反馈控制，容易影响生产或产生事故，故很少使用，而多采用闭环整定方法。设待整定的系统功能图如图 5-19 所示，有两种方式进行闭环整定。

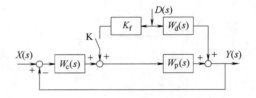

图 5-19　K_f 闭环整定法系统功能图

1）在前馈—反馈运行状态整定

图 5-19 中的开关 K 闭合，则系统处于前馈—反馈运行状态。在反馈控制已整定好的基础上，施加相同的干扰作用，由小到大改变 K_f 值，直到获得满意的补偿过程。补偿效果如图 5-20 所示，图 5-20 中，曲线（b）补偿正好合适；如 K_f 值小，将造成欠补偿 [图 5-20（a）]；若 K_f 值大，则为过补偿 [图 5-20（c）]。

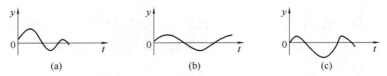

图 5-20　K_f 对补偿过程的影响
（a）欠补偿　（b）补偿合适　（c）过补偿

2）在纯反馈运行状态下整定

如打开图 5-19 中的开关 K，则系统处于纯反馈状态下，待系统稳定后，记下干扰量变送器的输出信号 y_{d0} 和反馈控制器的输出信号 y_{c0}，然后施加干扰 Δd，待系统重新稳定回到设定值时再记下干扰量变送器的输出信号 y_d 及反馈控制器的输出 y_c，则前馈控制器的 K_f 为：

$$K_f = \frac{y_c - y_{c0}}{y_d - y_{d0}} \tag{5-21}$$

在采用这种方法整定 K_f 时，一定要注意反馈控制器要有积分作用。否则，在干扰作用下无法消除被控量的静差，同时要求工况稳定，以消除其他干扰的影响。

（2）T_1、T_2 的整定

前馈控制器的动态参数整定比较复杂，至今尚无完整的工程整定方法和定量计算公式，主要是根据经验进行定性分析。这里仅作原则性介绍。

动态参数 T_1、T_2 决定了动态补偿的程度，当 $T_1 > T_2$ 时，前馈控制器在动态补偿过程中起超前作用；当 $T_1 < T_2$ 时，起滞后作用；当 $T_1 = T_2$ 时不起作用。因此，常将 T_1 称为超前时间，T_2 称为滞后时间，根据校正作用在时间上是超前或滞后，可以决定 T_1、T_2 的数值。初次实验时，可取 $T_1/T_2 = 2$（超前）或 $T_1/T_2 = 0.5$（滞后）的数值进行，施加干扰，观察补偿过程。首先调整 T_1 或 T_2 使补偿过程曲线达到上、下偏差面积相等，然后再调整 T_1 与 T_2 的比值，直到获得比较平坦的补偿过程曲线为止。

四、分程与选择控制

（一）分程控制系统

一个控制器的输出同时送往两个或多个执行器，而各个执行器的工作范围不同，这样的系统称为分程控制系统。例如，一个控制器的输出同时送往气动控制阀甲和阀乙，阀甲在气压 20～60kPa 范围内由全开到全关，而阀乙在气压 60～100kPa 范围内由全开到全关，控制阀分程工作。

采用两个控制阀的信况，分程动作可分为同向和异向两大类，各自又有气开与气关的组合，因此共有 4 种组合，如图 5-21 所示。在采用 3 个或更多个控制阀时，组合方式更多。不过，总的分程数也不宜太多，否则每个控制阀在很小的输入区间内就要从全开到全关，要精确实现这样的规律相当困难。为了实现分程动作，一般需要引入阀门定位器。

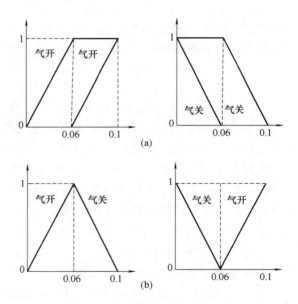

图 5-21　分程控制系统的分程组合

（a）同向分程　（b）异向分程

间歇式搅拌槽反应器的温度分程控制，在开始时需要加热升温，而到反应开始并逐渐剧烈时，反应放热，又需要冷却降温。热水阀 V_1 和冷却水阀 V_2 由同一个温度控制器操纵，

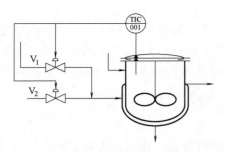

图 5-22　间歇式搅拌槽反应
器的温度分程控制

需要分程工作，如图 5-22 所示。

① 控制阀类型选择。从安全角度考虑，V_1 选气开型，V_2 选气关型，即 $K_{v1}>0$，$K_{v2}<0$。

② 被控对象特性确定。开大冷却水阀 V_2，釜温下降，$K_{p2}<0$；开大热水阀 V_1，釜温升高，$K_{p1}>0$。

③ 控制器正、反作用选择。根据稳定运行准则，$K_c>0$，即反作用控制器。

④ 控制过程分析。如图 5-23 所示，反应初期，釜内温度较低，釜温工作点位于图中 A 点，反作用控制器输出增加，应开大热水控制阀 V_1，直到反应开始放热。反应进行过程中应移走反应热，假设釜温工作点位于图中 B 点，则反作用控制器输出减小，逐渐开大冷却水控制阀 V_2，使反应釜温度恒定。因此，该控制系统应选用气关—气开异向分程控制。

假设控制器为比例控制作用，如果选用气开—气关异向分程，则不能满足控制要求，因此，应选用气关—气开异向分程。

（二）选择控制系统

1. 基本原理和结构

在控制系统中含有选择单元的系统，通常称为选择性控制系统。常用的选择器是低选器和高选器，它们各有两个或更多个输入。低选器把低信号作为输出，高选器把高信号作为输出，即分别为：

$$u_0=\min(u_{i1},u_{i2},\cdots,u_{ij})$$
$$u_0=\max(u_{i1},u_{i2},\cdots,u_{ij}) \qquad (5\text{-}22)$$

式中，u_{ij} 是第 j 个输入，u_0 是输出。选择性控制系统是将逻辑控制与常规控制相结合，增强了系统的控制能力，可以完成非线性控制、安全控制和自动开停车等控制功能。选择性控制又称取代控制、超驰控制和保护控制等。

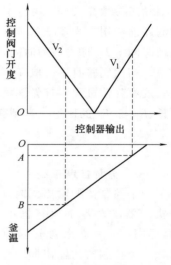

图 5-23　反应釜温度分
程控制系统分析

选择性控制系统是为使控制系统既能在正常工况下工作，又能在一些特定的工况下工作而设计的，因此，选择性控制系统应具备：

① 生产操作上有一定的选择性规律；

② 组成控制系统的各个环节中，必须包含具有选择性功能的选择单元。

选择性控制系统可分为如下几类。

（1）选择器位于两个控制器与一个执行器之间

超驰控制系统是选择性控制系统中常用的类型。如图 5-24（a）（b）所示为液氨蒸发器超驰控制系统，液氨蒸发器是一个换热设备，在工业生产上用得很多。液氨的气化需要吸收大量的气化热，因此，它可以常用来冷却流经管内的被冷却物料。

在正常工况下，控制阀由温度控制器 TC 的输出来控制，这样可以保证被冷却物料的温度为设定值。但是，蒸发器需要有足够的气化空间来保证良好的气化条件及避免出口氨气带液，为此又设计了液面超驰控制系统。在液面达到高限的工况下，即便被冷却物料的温度高

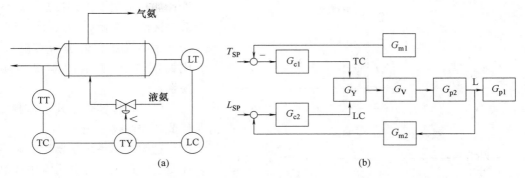

图 5-24 液氨蒸发器超驰控制系统 (a) 及其框图 (b)

于设定值, 也不再增加液氨量, 而由液位控制器 LC 取代温度控制器 TC 进行控制, 这样既保证了必要的气化空间又保证了设备安全。

超驰控制系统设计步骤如下:

① 根据安全角度选择控制阀。本例为气开型, 发生事故时使控制阀处于关闭位置, 即 $J_{cv} > 0$。

② 确定被控过程特性。控制阀开度增大, 进入液氨量增加, 液位升高, $K_{p2} > 0$; 液位升高, 温度下降, $K_{p1} < 0$。

③ 确定控制器的正、反作用形式。根据负反馈准则, 选择选择 $K_{c2} > 0$, 使 $K_{c2} K_v K_p$ (通常 $K_{m2} > 0$)。因为 $K_{p1} < 0$, 选择 $K_{c1} < 0$, 使 $K_{c1} K_v K_{p2} K_{p1} > 0$。因此, 液位控制器选反作用, 温度控制器选正作用。

④ 确定选择器类型。根据超过安全软限时应使液位控制器 (又称取代控制器、超驰控制器) 代替温度控制器 (又称正常控制器), 即根据在取代工况下取代控制器输出信号是增加 (降低) 确定选择器是高选器 (低选器)。例中, 因液位控制器是反作用控制器, 液位高于安全软限时, 液位控制器输出降低, 因此, Gy 选用低选器。低选器常用 LS 或小于符号 <表示, 高选器常用 HS 或大于符号>表示。

超驰控制系统和类似的控制系统结构也被用于生产过程的自动开、停车或逻辑提量、减量的控制系统中。

(2) 控制变量的选择性控制

在控制器与检测元件或变送器之间引入选择单元的控制称为操纵变量选择性控制。

加热炉燃料有低价燃料 A 和补充燃料 B。燃料 A 的最大供应量为 A_H, 燃料 A 超过时启用补充燃料 B, 为此设计了如图 5-25 所示的选择性控制系统。

正常工况下, $m < A_H$ 时, 温度控制器 TC 的输出经低选器作为燃料 A 流量控制器 F_1C 的设定值, 构成温度控制器 TC 与燃料 A 流量控制器串级控制。补充燃料 B 流量控制器 F_2C 的设定值小于 0。

当 $m > A_H$, 燃料 A 流量控制器 F_1C 为定值控制, 设定值为 A_H。温度控制器 TC 的输出 m 至加法器, $m - n > 0$ 作为补充燃料 B 流量控制器 F_2C 的设定值, 构成温度控制器 TC 与补充燃料 B 流量控制器串级控制。

(3) 利用选择器实现非线性控制规律

利用选择器对信号进行限幅, 实现非线性函数关系, 例如, 精馏塔进料量对加热量的前馈控制系统中, 精馏塔的约束条件是防止漏液和液泛。即加热量不允许太少, 太少会造成漏

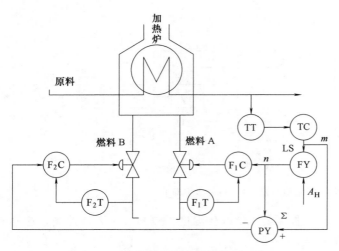

图 5-25　燃料燃烧的选择性控制系统

液；加热量也不允许过多，过多会造成液泛。为此，加入高、低限幅器（用高选器和低选器实现），组成如图 5-26 所示的非线性函数关系。

（4）选择器位于几个检测变送环节与控制器之间

这类控制系统主要用于确定被控变量的选点，可分为竞争控制系统和冗余系统。

1）竞争控制系统

这类控制系统选择几个检测变送信号的最高、最低信号用于控制。

如图 5-27 所示为反应器温度控制系统。为了控制反应温度，选择其中高点温度用于控制。图中，T_1T，T_2T，T_3T 是 3 个温度检测变送环节，它们的输出送至高选器 TY，将输入信号中的高者作为控制器 TC 的测量值，这里 3 个温度信号经竞争得到"出线权"，因此，称为竞争控制系统。通过竞争，可保证反应器温度不超限。

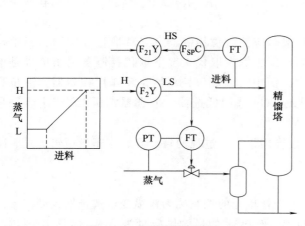

图 5-26　非线性控制关系

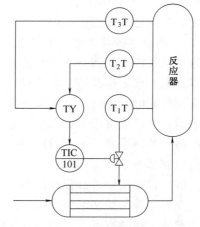

图 5-27　反应器温度的竞争控制系统

2）冗余系统

为防止因仪表故障造成事故，对同一检测点采用多个仪表测量，选择中间值或多数值作为该检测点的测量值，这类系统称为冗余系统。如图 5-28 所示为选择中间值的连接图。在 DCS 或计算机控制系统中，也可调用有关功能模块直接获得所需数值。

2. 选择性控制系统设计和工程应用中的问题

（1）选择器类型的选择

超驰控制系统的选择器位于两个控制器输出和一个执行器之间，选择器类型的选择可根据下述步骤进行：

① 从安全角度考虑，选择控制阀的气开和气关类型；

② 确定被控对象的特性（即放大倍数的正、负）应包括正常工况和取代工况时的对象特性；

③ 确定正常控制器和取代控制器的正、反作用方式；

④ 根据超过安全软限时，取代控制器输出是增大（减小），确定选择器是高选器（低选器）；

⑤ 当选择高选器时，应考虑事故时的保护措施。

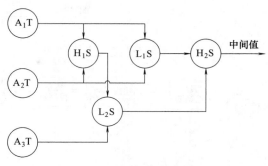

图 5-28　冗余系统连接图

（2）控制器的选择

超驰控制系统的控制要求是超过安全软限时能够迅速切换到取代控制器。因此，取代控制器应选择比例度较小的比例控制器或比例积分控制器，正常控制器与单回路控制系统的控制器选择相同。控制器的正、反作用可根据负反馈准则，如上述进行选择。

（3）防积分饱和

超驰控制系统在正常工况下，取代控制器的偏差一直存在，如果取代控制器有积分控制作用，就会存在积分饱和现象。同样，在取代工况下，正常控制器的偏差也一直存在，如果正常控制器有积分控制作用，也会存在积分饱和现象。当存在积分饱和现象时，控制器的切换就不能及时进行。两个控制器的输出不能及时切换的现象称为选择性控制系统的积分饱和。

保持控制器切换时跟踪的方法是采用积分外反馈，即将选择器输出作为积分外反馈信号，分别送至两个控制器。如图 5-29 所示为选择性控制系统防积分饱和的连接方法。

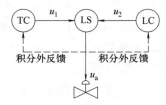

图 5-29　选择性控制系统的防积分饱和措施

当控制器 TC 切换时，有

$$u_1 = K_{c1}e_1 + u_0$$

当控制器 LC 切换时，有

$$u_2 = K_{c2}e_1 + u_0$$

在控制器切换瞬间，偏差 e_1 或 e_2 为零，有 $u_1 = u_2$，实现了输出信号的跟踪和同步。

3. 选择性控制系统应用实例

（1）一段转化炉燃烧安全选择性控制系统

如图 5-30 所示为一段转化炉燃烧安全选择性控制系统功能图。正常工况时，由一段炉出口温度及弛放气流量来决定天然气的流量，但是非正常工况时，进入燃烧室的天然气流量会有较大的变化。若天然气流量大，则其压力相应会增高，这有可能引起脱火；反之，若天然气流量小，则其压力相应会减小，这有可能引起回火。不管脱火还是回火，都是很危险的。为了防止脱火，采用了燃烧安全选择性控制系统，一旦烧嘴的燃料压力高到接近脱火压力时，系统选择由烧嘴燃料压力来控制燃烧（压力控制器为反作用工作方式），从而防止了脱火，保证生产安全。实际生产中还应用火焰检测器监测天然气燃烧状况，紧急情况时，启动连锁装置切断天然气，防止回火。

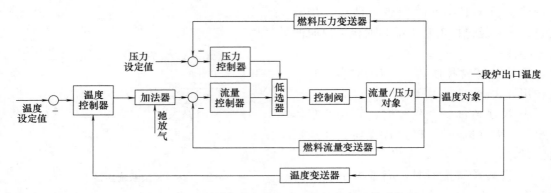

图 5-30　一段转化炉燃烧安全选择性控制系统功能图

（2）从动量供应不足时的比值控制系统

通常比值控制系统中的主、从动量是人为确定的，一旦主、从动量关系确定后，就不能改变主、从关系。因此，主动量不足时，从动量可跟踪主动量的减小而减小，但当从动量供应不足时，主动量不会随从动量的减小而减小，使比值关系变化。为使从动量不足时能使主动量随之减小，可采用选择器组成从动量供应不足时的比值控制系统。

该控制系统在从动量供应充足时，从动量按正常比值关系跟随主动量变化而变化。当从动量供应不足时，应减小主动量控制阀开度，使主、从动量保持所需的比值关系。

如图 5-31 所示为该控制系统示意图。图中，VPC 是阀位控制器，其设定值为和 F_2Y 是

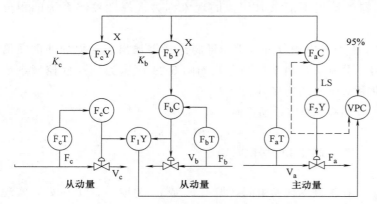

图 5-31　从动量供应不足时的比值控制系统

低选器和高选器；F_bY 和 F_cY 是乘法器比值函数环节，比值为 K_b 和 K_c，F_aT，F_bT 和 F_cT 为流量检测变送器；F_aC，F_bC 和 F_cC 为流量控制器；V_a，V_b 和 V_c 是控制阀。

该控制系统判别从动量供应不足的标志是根据从动量控制阀的开度，送 VPC 控制器作为测量值。如果开度大于 95%（VPC 的设定），则 VPC 输出减小，并被低选器选中，关小主动量控制阀 V_a。随着主动量控制阀的关小，主动量流量 F_a 下降，按比值关系自动减小从动量控制器的设定值，从动量也随之减小，从而达到从动量供应不足时，自动减小主动量流量的控制目的。图 5-31 中有两个从动量，因此，从动量控制阀的信号经高选器选出高值，作为从动量不足的标志，送 VPC 作为测量信号。为了防止积分饱和，采用积分外反馈信号，即图中 LS 输出到两个控制器的信号。

当从动量供应正常时，VPC 的测量值下降，检出升高，主动量控制器检出被选中，该控制器成为正常控制器，实现主动量的定值控制。

正常工况下，如果主动量不组成闭环，只需要将 F_aC 取消，低选器的另一输入信号改为开度的上限值即可。这时，正常工况下 V_a 全开。当主动量不足时，能够按该上限设置阀

门开度。

（3）具有逻辑规律的比值控制系统

要求两个物料具有比值关系的同时，还应根据物料提量和减量规律进行一定先后次序的变化，这类系统称为具有逻辑提量和减量规律的比值控制系统，下面举例说明。

合成氨一段转化炉内蒸气和天然气（石脑油）反应生成氢气和一氧化碳，反应方程式为：

$$C_nH_{2n+2}+\frac{n-1}{2}H_2O \longrightarrow \frac{3n+1}{4}CH_4+\frac{n-1}{4}CO_2$$

$$CH_4+H_2O\uparrow \longleftrightarrow CO+3H_2+Q$$

该反应强烈放热，蒸气和天然气的配比称为水碳比，它是重要的控制指标。水碳比过高，蒸气消耗量过大，不经济；水碳比过低，催化剂表而会出现析碳现象，损坏催化剂。因此，采用以蒸气为主动量、天然气为从动量的双闭环比使控制系统。在提量和减量时的控制要求是：提量时，先提蒸气量，后提天然气流量；减量时，先减天然气流量，后减蒸气量。控制目的是确保水碳比不低于限值，不出现析碳现象，同时能够降低蒸气消耗量，有利于节能。

如图 5-32 所示为具有逻辑提量和减量规律的比值控制系统结构图。图中，FY 是比值函数环节，如乘法器。由于仪表比值系数大于1，因此，设置在从动量回路。HS 和 LS 是高选器和低选器，SP 是提量和减量的设定信号。提量时，SP 增大，高选器输出选中SP，蒸气控制器调节蒸气量使蒸气量先增加，经检测后的信号被低选器选中，逐渐增大天然气控制器的设定值，使天然气流量跟随蒸气流量，并按所需比值增大，达到提量时先提蒸气量、后提天然气流量的控制目的。减量时，SP 减小，低选器输出选中SP，使天然气控制器设定减小，并经调节后

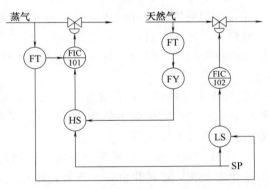

图 5-32　具有逻辑提量和减量规律的比值控制系统

减小天然气流量，检测后按所需比值关系的信号被高选器选中，并逐渐减小蒸气控制器的设定值，使蒸气流量相应减小，达到减量时先减天然气流量、后减蒸气量的控制目的。

这类具有逻辑提量和减量的比值控制系统应用广泛，如在锅炉控制系统中，燃料量和空气量比值控制系统也常采用，这种控制系统也称为双交叉燃料控制系统。当蒸汽用量增大时，先提空气量，后提燃料量；蒸汽用量减小时，先减燃料量，后减空气量，从而使燃料能完全燃烧，不冒黑烟。

第二节　智能控制系统

经过多年的研究，现代控制理论已经发展成熟，形成了丰富的理论体系，有多种优化控制算法。但是现代控制理论在实际应用中遇到了不少困难，这主要是因为它需要有被控对象的精确数学模型。而在许多情况下，由于对象机理不明及其他种种条件的限制，往往很难获取对象的精确数学模型，这就导致了人们去研究无须精确定量数学模型的新型自控理论和

方法。

在生产实践中，复杂控制问题可通过熟练操作人员的经验和控制理论相结合去解决，由此产生了智能控制。因此。所谓智能控制是以控制理论为基础，模拟人类思维方法和行为实现对工业过程优化控制的一种技术。亦可以说是由人工智能（AI）、自动控制（AC）及运筹学（OR）等三个主要学科相结合的产物。是一种以知识工程为指导的，具有思维能力和学习、自适应调整及自组织功能的先进控制思想和策略。

智能控制的定义并未给出一个明确的界限，即使是智能控制系统，其智能程度的高低也各有不同。通常的智能行为主要包括：判断、推理、证明、识别、感知、思考、预测、设计、学习、规划和决策等。

智能控制是控制理论发展的高级阶段，主要用于被控对象具有不确定模型、严重非线性及控制任务复杂等场合，目前，研究较多，发展较成熟的智能控制理论有模糊控制、神经网络控制和专家控制，它们既可单独使用，也可以与其他形式的系统结合使用。本节主要讲述适应性控制、模糊控制、神经网络控制、预测控制及专家控制等常用智能控制算法的控制思路。

一、适应性控制

在通常的最优控制理论中，要求过程的数学模型十分精确，并且完全已知，在此条件下，根据工艺要求，将控制任务定量化一个性能指标，然后采用合适的方法找出使性能指标为最优的控制规律。然而，许多生产过程往往具有不确定性。这种不确定性常由以下原因引起：

① 过程本身特性在运行过程中变化。例如，换热器由于结垢使传热系数减小，在抄纸过程中，纸张成形网的脱水特性和纤维保留特性随使用时间的增长而改变，绕纸卷筒的惯性随着纸卷的直径而变化等。

② 环境变化引起过程特性的变化。例如，化学反应过程中某些参数随着环境温度、湿度的变化而变化，纸机烘缸部干燥特性随空气质量的变化而改变等。

③ 多数过程或多或少具有某些非线性、时变性、分布性和随机性，很难用机理分析确知它的动态模型，即使通过实验的方法获取，多数情况也是近似的。

而适应性控制系统则是针对工业环境和过程的不确定性而发展的控制对策与方法。它可根据环境条件或过程参数的变化，自动修正控制器的参数（或控制算法），以补偿被控过程特性变化引起的系统质量的下降，使系统保持在最优或次最优状态。

按对控制器调整的方法不同，适应性控制可分为程序适应控制和自适应控制两大类。

（一）程序适应控制系统

如果能够用作用于过程的可测外部信号来检测过程特性的变化，并且进一步知道如何利用这种可测信号来调整控制器的参数，则可组成如图 5-33 所示的程序适应控制系统。

在该系统中，控制器按被控过程的已知特性设计，当参数因工作情况和环境等变化而变化时，通过能测量到的外部信号，经过计算并按规定的程序来调整控制器的

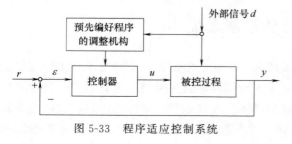

图 5-33　程序适应控制系统

参数。这类系统的特点是闭环回路内部的信号不反馈给控制器的参数，它类似前馈补偿控制，因此这类系统亦称前馈（开环）自适应控制。但这种系统结构简单，响应迅速，特别是在控制器本身对过程参数不灵敏时，往往能够得到较满意的结果。在许多情况下，这类系统实质上是一种非线性控制系统或采用自整定调节器的控制系统。典型的例子是增益调度适应性控制。

在工业过程中，有许多过程具有非线性特性，其增益是随着负荷的变化而变化的，如果对这类变增益过程采用通常的线性控制规律，当负荷变化时，则难以获得较好的控制品质。

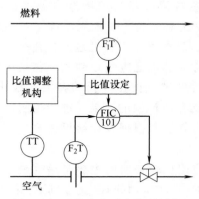

图 5-34　比值程序适应控制系统

这时，可根据负荷这个外部信号，按一定的负荷对应一组最佳控制器参数的关系去调整控制系统的增益，使系统在负荷变化时仍保证有较好的品质。

再如，在锅炉燃烧系统中，为了保证经济燃烧，其燃/空比要保持在最佳值，显然，这由比值控制系统来实现。但是燃/空比的最佳值会随过程内部条件的变化而变化，如空气温度改变，燃/空比也变。为此可采用如图 5-34 所示的程序适应控制系统。通过比值调整机构根据辅助变量—空气温度的变化自动调整燃/空比来保证经济燃烧。

（二）自适应控制系统

如果过程特性变化不能直接检测，必须通过测量过程的输入输出信号 u 和 y，运用辨识技术来获取过程特性，然后与某些特定的性能指标进行比较，判断测得的性能指标是否处在可接受性能指标内。如果不在，则按照一定的自适应算法修改可调系统的参数，或者改变系统的控制输入，从而改变系统的特性。这类系统的特点是控制器参数的整定需要闭环回路的信号来调整，而且通过自适应控制算法又作用到系统闭环回路中，因此也称为反馈（闭环）适应性控制，是严格意义上的自适应性控制系统。按结构这类系统一般分为两大类：模型参考自适应性控制和自校正控制系统。

1. 模型参考自适应性控制

模型参考自适应性控制的典型结构如图 5-35 所示，在该系统中，采用了一个称为参考模型的辅助系统，假定参考模型能够告知控制过程理想的输出应如何响应设定值，即认为这个模型的输出或状态可用来规定希望的性能指标。如图 5-35，模型输出与实际过程输出进行比较，得到误差信号 e_m，自适应机构则按一定的准则利用该误差信号来修改可调系统的控制器

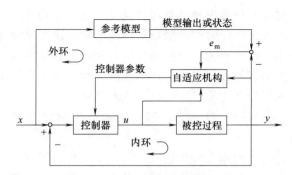

图 5-35　模型参考自适应控制系统

参数，使误差信号 e_m 的某个泛函达到极小，当可调系统渐进逼近参考模型时，误差就趋于极小或下降到零，可调系统特性达到参考模型规定的性能指标。

由图 5-35 可见，模型参考自适应性控制由两个回路组成，内环由被控过程和控制器组

成常规反馈回路，外环是调整控制器参数的自适应回路。在模型参考自适应性控制系统中，按照性能指标的要求确定参考模型，而关键是如何设计一个自适应机构（控制律），以得到一个能使误差信号 e_m 为零的稳定系统。

2. 自校正控制系统

自校正控制系统也称参数自适应控制，其结构图如图 5-36 所示。它也有两个环路，一个环路由控制器和被控过程组成，称为内

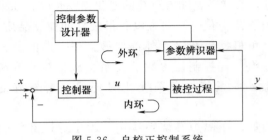

图 5-36　自校正控制系统

环，它类似于通常的反馈控制系统；另一个环路由参数辨识器与控制器参数设计器组成，称为外环。自校正控制系统是将参数辨识与控制器参数计算有机地结合在一起，因此，也称为随机适应性控制系统。在运行过程中，首先进行被控过程的参数在线辨识，然后根据参数辨识的结果，进行控制器参数的设计计算，并根据设计结果修改控制器的参数以达到有效地消除被控过程参数扰动所造成的影响。

自校正控制系统的参数估计有各种不同的方法，应用比较普遍的主要是递推最小二乘法。自校正控制参数的设计规律可采用各种不同的方案，比较常用的有最小方差控制、二次型最优控制，极点配置等。因此，系统的设计相对来说比较灵活。

需要指出的是，适应性控制系统比常规反馈控制系统要复杂得多，只有在描述被控对象及其环境的数学模型不是完全确定，其中又包含一些未知因素和随机因素，常规反馈控制达不到期望的性能指标时才考虑采用适应性控制系统，例如在造纸过程中纸机多变量大纯滞后的自校正自适应控制。

二、模 糊 控 制

模糊控制是以模糊集合论、模糊语言变量及模糊逻辑推理为基础的一种智能控制系统。

（一）模糊控制的基本工作原理

在实际工程中，如果被控过程十分复杂，难以建立准确的数学模型和设计出通常意义下的控制器，只能由熟练操作者凭借经验以手动方式控制，其控制规则常常以模糊的形式体现在控制人员的经验中，很难用传统的数学语言来描述。自从开创模糊集理论以来，先后提出模糊集、语言变量、模糊条件语句和模糊算法等概念和方法（模糊化），使得某些以往只能用自然语言的条件语句形式描述的手动控制规则可采用模糊条件语句形式来描述，从而使这些规则成为在计算机上可以实现的算法。

我们从一个熟练的操作人员对被控对象的控制过程来形象描述一下模糊控制的基本原理。

首先，操作人员凭借眼、耳、手等传感器官，得到有关被控过程输出量和输出量变化率的信息，如温度过高、温度偏低、压力较大以及其变化率很大等。这些信息在客观上原本是精确存在的，但反映到人的大脑里已经是一个模糊量。从客观存在的精确量，通过传感器官到达人的大脑变成了模糊的信息，这一过程是将精确量模糊化的过程。其次，操作者根据获得的即时信息，对照自己以往的工作经验进行分析判断，决定应该采取什么控制措施才能尽快消除偏差。比如说，要将控制阀关小一点，或稍微开大一点，甚至全开等。人们可以实现

将以往的控制经验总结成若干条规则，在模糊控制系统中，这些规则经过一定的数学处理，存放在计算机中，即成为模糊控制规则。最后，操作者根据已决定的模糊控制决策去执行具体的动作时，尽管执行量在人大脑里是一个模糊的决策，但其结果却是一个精确量施加到执行机构上（清晰化）。譬如，将阀门稍微开大一些，这是一个模糊的概念，但在实际开阀门时，阀门的开度具体为多少已是客观存在的精确量。因此，这是一个将模糊量转化为精确量的过程。模糊控制就是由模糊化模糊推理和清晰化等环节组成的闭环控制系统。

在上述的操作人员手动控制过程中，无论是对被控对象的采样，将精确量转化为模糊量，还是根据采样情况做出决策，将模糊量转化为精确量，操作人员都是凭借自己已有的知识本能地完成的。如果用自动控制系统替代手动控制这些过程，就必须由控制器仿照人脑的逻辑推理过程自动地完成，这样的控制系统就称为模糊控制系统。将上述过程用框图表示出来，就得到模糊控制器基本工作原理框图。如图 5-37 所示。

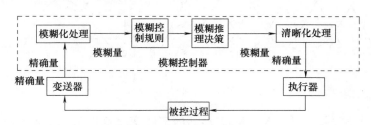

图 5-37　模糊控制器基本工作原理框图

（二）模糊控制器的设计

根据模糊控制的基本原理可知，模糊控制系统设计主要有下述几个步骤。

①首先根据被控对象的输出（被控量）确定模糊控制器的输入变量，即确定模糊控制器的结构。在过程控制中，一般选择被控量的偏差信号 e 及偏差信号 e 的变化率 Δe（记作 ec）作为模糊控制器的输入量。这种结构在模糊控制中称为二维模糊控制器，如图 5-38 所示。

② 将输入变量（偏差信号 e 及偏差信号 e 的变化率 ec）模糊化，即将 e 和 ec 的精确值转换为模糊量。

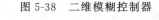

图 5-38　二维模糊控制器

③ 建立模糊控制规则，通过模糊推理决策计算模糊控制量。

④ 将得到的模糊控制量清晰化，得到精确控制量 u。

下面对输入变量的模糊化、模糊控制规则的建立及模糊控制量清晰化做简要介绍。

1. 输入变量的模糊化

这部分的作用是将输入变量（偏差 e 和偏差 e 的变化率 ec）的精确量转换为模糊量，即先对 e 和 ec 进行尺度变换，再进行模糊处理，成为模糊量 E、EC，也就是根据输入变量模糊子集的隶属度函数找出隶属度的过程。在实际应用过程中，模仿人们对物体大小描述成大、中、小的概念，并考虑控制中正、反两个方向的对称性，经常把输入变量和输出变量用"负大""负中""负小""零""正小""正中""正大"七个模糊语言变量来表达。用英文字母表示为 {NB,NM，NS，0，PS，PM，PB}。

上述模糊语言变量可用模糊集合表示，在规定模糊集时，必须考虑模糊集隶属函数。若输入输出变量的变化范围（即论域）已确定。则论域中的每个元素都以隶属函数与模糊集发生联系。

设偏差 e、偏差变化率 ec 以及输出控制量 u 的论域已定（为便于讨论，本书示例假定为 $[-6，+6]$），并且这些论域上的模糊集均为正态分布（实验研究表明，用正态分布来描述人们进行控制活动的模糊概念比较适宜），如图 5-39（a）所示。

例如，偏差 e 的模糊集合 E 的隶属函数采用正态分布形式，正态函数可写为：

$$E(x)=\exp\left[-\left(\frac{x-e_i}{b_e}\right)^2\right] \tag{5-23}$$

式中，e_i 为各模糊集合的中心点，如对于 $PM_e=4$。常用正态分布取 $b_e=1.654$，见图 5-39（b）。

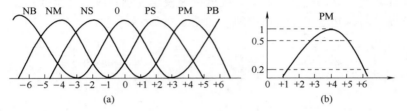

图 5-39　正态分布

设偏差 e 的基本论域为 $[-X，X]$，即 e 的实际变化范围为 $[-X，X]$。若偏差 e 的模糊论域取为 $\{-n，-n+1，\cdots，n-1，n\}$，则定义精确量 e 的模糊化因子 k_e 为：

$$k_e=\frac{n}{x} \tag{5-24}$$

若偏差实际变化范围是不对称的 $[a，b]$，则可用式（5-25）对其进行模糊量化。

$$y=\frac{2n}{b-a}\left[x-\frac{a+b}{2}\right] \tag{5-25}$$

y 经过四舍五入得到相应的模糊集合论域值。

在模糊论域确定后，我们可以把对称等级 $\{-6，-5，\cdots，+5，+6\}$ 分成八档（为提高控制灵敏度，通常将"零"状态分为"正零"和"负零"），因此语言变量有 8 个：

$$\{NB，NM，NS，NO，PO，PS，PM，PB\}$$

根据实际系统，可分别写出各档的隶属度。例如，对于 NB（负大），在论域 X 中，-6 为最负的值，可认为 -6 对 NB 的隶属度为 1。若认为 -5，-4，-3，-2 对于 NB 的隶属度为 0.8，0.5，0.4 和 0.1，其他元素的隶属度为 0，则可写出对应 NB 的模糊集为：

$$(1，0.8，0.5，0.4，0.1，0，0，0，0，0，0，0，0)$$

同理，可写出论域中对应 NM，NS，NO，PO，PS，PM，PB 的模糊集，列在表 5-2 中。

同样的方法，可以分别得到偏差变化率 ec 的隶属度 EC 和输出控制量 u 的隶属度 U，从而制出相应的模糊集表格（表格从略），只是偏差变化率 ec 和输出控制量 u 的论域分成 5 档即可。

2. 建立模糊控制规则

模糊控制规则，实质上就是将操作人员在实践中的控制经验加以总结而得到的模糊条件语句的集合，可形成一个表格，称为模糊控制状态表，或称模糊控制规则表。它是模糊控制系统的核心，模糊控制性能的好坏主要取决于它。

表 5-2　　　　　　　　　　　　　　　　偏差 e 的模糊集

语言变量　隶属度 E \ e	−6	−5	−4	−3	−2	−1	0	1	2	3	4	5	6
NB	1.0	0.8	0.5	0.4	0.1	0	0	0	0	0	0	0	0
NM	0.2	0.5	1.0	0.5	0.3	0	0	0	0	0	0	0	0
NS	0	0.1	0.3	0.5	1.0	0.5	0.2	0	0	0	0	0	0
NO	0	0	0	0	0.1	0.6	1.0	0	0	0	0	0	0
PO	0	0	0	0	0	0	1.0	0.6	0.1	0	0	0	0
PS	0	0	0	0	0	0	0.2	0.5	1.0	0.5	0.3	0.1	0
PM	0	0	0	0	0	0	0	0	0.3	0.5	1.0	0.5	0.2
PB	0	0	0	0	0	0	0	0	0.1	0.4	0.5	0.8	1.0

　　假设系统被控量阶跃响应过程如图 5-40 所示，将被控量变化分成 5 个区域：

　　第一区：由于 $e<0$，且绝对值很大，说明输出 y 远小于给定 r，若偏差变化率 ec 为负或零，此时控制量应最大。可总结出如下规则：

　　if（$E=$NB or NM）　and　（$EC=$NB or NM　or NS or 0）then　$U=$PB

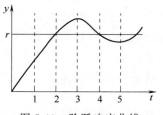

图 5-40　阶跃响应曲线

　　若偏差变化率 ec 为正，则根据 ec 的大小，减少控制量。

　　第二区：由于 $e\leqslant0$，但绝对值变小，若偏差变化率 ec 为负或零，此时控制量应为正。可总结出如下规则：

　　if $E=$NS　and　（$EC=$NB or NM　or NS or 0）then　$U=$PM

　　若偏差变化率 ec 为正，则根据 ec 的大小，减少控制量，以防止超调。

　　第三区：由于 $e\geqslant0$，若偏差变化率 ec 为正或零，此时控制量应为负，其绝对值大小因 e 和 ec 的绝对值大小而定。可总结出相应的控制规则，例如

　　if $E=$PS　and　（$EC=$0 or PS　or PM or PB）then　$U=$NM

　　if $E=$PM　and　（$EC=$0 or PS　or PM or PB）then　$U=$NB

　　第四区：由于 $e\geqslant0$，同时偏差变化率 ec 为负或零，此时控制量应为较小正值，其大小因 e 和 ec 的绝对值大小而定。相应的可总结出控制规则，例如

　　if $E=$PS　and　（$EC=$NB or NM　）then　$U=$PS

　　if $E=$PS　and　（$EC=$NS）then　$U=$0

　　第五区：由于 $e\leqslant0$，同时偏差变化率 ec 为负或零，此时控制量应为正值，其大小因 e 和 ec 的绝对值大小而定。相应的可总结出控制规则，例如

　　if $E=$NS　and　（$EC=$NS or 0　）then　$U=$PM

　　将所有情况总结出来，可得到表 5-3，该表总结出了一套完整的控制策略，称为模糊状态表。

表 5-3　　　　　　　　　　　　　　　　　　　模糊状态表

偏差变化率 EC ＼ 偏差 E（控制量 U）	NB	NM	NS	NO	PO	PS	PM	PB
NB	PB	PB	PM	PM	PM	PS	O	O
NM	PB	PB	PM	PM	PM	PS	O	O
NS	PB	PB	PM	PS	PS	O	NM	NM
O	PB	PB	PM	O	O	NM	NB	NB
PS	PM	PM	O	NS	NS	NM	NB	NB
PM	PM	O	NS	NM	NM	NM	NB	NB
PB	O	O	NS	NM	NM	NM	NB	NB

3. 控制变量的清晰化

模糊控制器输出的控制量 U 是一个模糊量，它不能直接控制被控对象，必须将其转换为一个被控对象能接受的精确量。控制变量的清晰化包含两个步骤，即先由控制量的模糊集 U 判决出模糊论域元素 u^*，再由 u^* 转换到基本论域上的精确量 u，以送到执行机构上实施具体的控制。由 U 到 u^* 的判决常采用最大隶属度法、加权平均判决法（重心法）和中位数判决法。

从模糊集论域元素 u^* 变换到基本论域的精确输出值 u 由下式确定

$$u = k_u * u^* \tag{5-26}$$

其中 k_u 称为输出控制量的比例因子。

综合以上几个步骤，将所得结果归结为一张如表 5-4 所示的模糊控制表（或称模糊控制查询表），并将此表存入计算机。在线实际控制时，每个采样周期所做的工作仅是将实际测量到的输入 e、ec 量化，通过查表得到控制输出值的量化值 u^*，乘以适当的比例因子 k_u，即为最后输出的实际控制值 u。

表 5-4　　　　　　　　　　　　　　　　　　　总模糊控制表

偏差 E ＼ 偏差变化率 EC（控制量 U）	−6	−5	−4	−3	−2	−1	0	1	2	3	4	5	6
−6	6	6	6	6	6	6	6	3	3	1	0	0	0
−5	6	6	6	6	6	6	6	3	3	1	0	0	0
−4	6	6	6	6	6	6	3	3	3	1	0	0	0
−3	6	5	5	5	5	5	5	2	1	0	−1	−1	−1
−2	3	3	3	3	3	3	1	0	0	0	−1	−1	−1
−1	3	3	3	3	3	1	0	0	0	0	−1	−1	−1
0	3	3	3	3	1	1	0	−1	−1	−1	−3	−3	−3
1	1	1	1	1	0	0	−1	−3	−3	−3	−3	−3	−3
2	1	1	1		−2	−3	−3	−3	−3	−3	−3	−3	−3
3	0	0	0	0	−2	−2	−5	−5	−5	−5	−5	−5	−6
4	0	0	0	−1	−3	−3	−5	−5	−5	−6	−6	−6	−6
5	0	0	0	−1	−3	−3	−6	−6	−6	−6	−6	−6	−6
6	0	0	0	−1	−3	−3	−6	−6	−6	−6	−6	−6	−6

图 5-41 表示的是一个经典的双输入单输出模糊控制系统，它可以完全按照上述的设计方法进行设计，是一种实际应用中常用到的模糊控制器的基本结构。

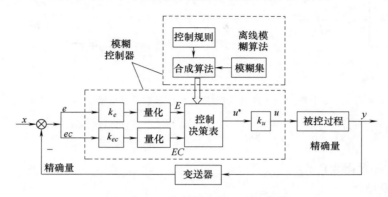

图 5-41　经典模糊控制系统功能图

图 5-41 所示的经典模糊控制系统虽然简单，但它不能消除余差，其量化因子与比例因子也不能改变，因而难于满足高性能控制要求，在此基础上可采用模糊—积分混合控制器、自调整比例因子模糊控制器等，这里不再赘述，可参考相关书籍。

三、神经网络控制

人工神经元网络（Artificial Neural Network，ANN）是模仿人类脑神经活动的一种人工智能技术，它通过大量神经元的相互连接，用微电子技术来模拟人脑细胞分布式工作特点和自组织功能而组成的复杂网络。神经网络具有对信息的并行处理能力和快速性、自适应性、自学习能力、非线性映射能力和信息综合能力等，使它特别适于实时控制、非线性对象控制及不确定模型控制等，尤其对于复杂系统、大系统和多变量系统的控制。基于神经元网络的控制简称神经网络控制（Neural Network Control，NNC）。

（一）神经网络概念

1. 神经元及其特性

人工神经网络是由模拟生物神经元的人工神经元相互连接而成的，图 5-42 描述了最典型的人工神经元模型，它是神经网络的基本处理单元。该神经元单元由多个输入 X_i，$i=1$，2，…，n 和一个输出 y_i 组成。中间状态由输入信号的权和表示。

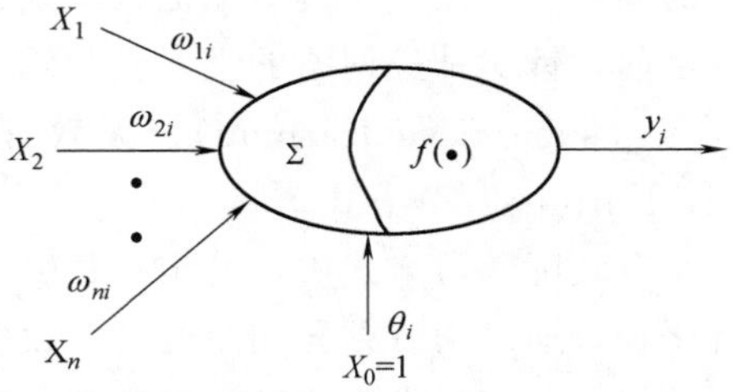

该神经元模型的输入、输出关系可描述为：

$$s_i = \sum_{j=1}^{n} \omega_{ji} x_j - \theta_i = \sum_{j=0}^{n} \omega_{ji} x_j$$
$$\omega_{0i} = -\theta_i, x_0 = 1 \qquad (5\text{-}27)$$
$$y_i = f(s_i)$$

图 5-42　人工神经元模型

式中，θ_i 为神经元单元的偏置（阈值）；ω_{ji} 表示从神经元 j 到神经元 i 的连接权值（对于激发状态，ω_{ji} 取正值，对于抑制状态，ω_{ji} 取负值）；y_i 为神经元输出；$f(\cdot)$ 称为输出变换函数，有时叫作激发或激励函数，可为线性函数或非线性函数。

图 5-43 表示了几种常见的激发函数，图中（a）为二值比例函数，（b）为双曲正切函数，（c）为 S 型函数。

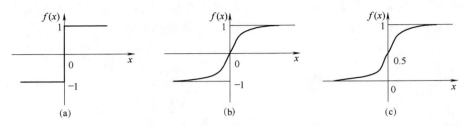

图 5-43　常见变换（激发）函数及其表达式

$$\text{(a) } f(x) = \begin{cases} 1, & x \geqslant 0 \\ -1, & x \leqslant 0 \end{cases} \quad \text{(b) } f(x) = \frac{1 - e^{-ux}}{1 + e^{-ux}} \quad \text{(c) } f(x) = \frac{1}{1 + e^{-ux}}$$

2. 神经网络模型和学习方法

（1）网络模型

神经网络是由大量神经元广泛互连而成的网络，每个神经元在网络中构成一个节点，它接受多个节点的输出信号，并将自己的状态输出到其他节点。利用人工神经元可以构成多种不同拓扑结构的神经网络，其中前馈型网络（feedforward NN）和反馈型网络（feedback NN）是两种典型的结构网络。

前馈型网络由输入层、中间层（隐层）和输出层构成，每一层的神经元只接受前一层神经元的输出，并输出到下一层，这是神经网络的一种典型结构。这种网络结构简单，用静态非线性映射系统，通过简单非线性处理单元的复合映射，可获得复杂的非线性处理能力。前向网络具有很强的分类及模式识别能力，典型的前向网络含有感知器网络、BP 网络和 RBF 网络等。

反馈型神经网络中任意两个神经元之间都可能连接，即网络的输入节点及输出节点均有影响存在，因此，信号在神经元之间进行反复的传递，各神经元的状态要经过若干次变化，逐渐趋于某一稳定状态。Hopfield 网络就是典型的反馈型神经网络。

（2）学习算法

人工神经网络应用的重要前提是使网络具有相当的智能水平，而这一智能特性是通过网络学习来实现的。所谓神经网络的学习，就是通过一定的算法实现对神经元间结合强度（权值）的调整，从而使其具有记忆、识别、分类、信息处理和问题优化等求解功能。

目前，针对神经网络的学习已开发出多种实用且有效的学习方式及相应算法。主要有教师学习（supervised learning）、无教师学习（unsupervised learning）和再励学习（reinforced learning）等方式。

在有教师学习方式中，给定一种输入数据下的网络输出及给定的期望输出（教师数据）进行比较，通过两者差异调整两者的权值，最终的训练结果使其差异达到给定的范围内。无教师学习时，事先设定一套学习规则，学习系统按照环境提供数据的某些统计规律及事先设定的规则自然调整权值，使网络具有某一特定功能。再励学习是介于上述两种之间的学习方式，在这种学习中，环境将对网络的输出给出评价信息（奖或罚），学习系统将通过这些系统调整权值、改善自身特性。

3. 典型神经网络模型

（1）BP 网络模型

BP（back propagation）网络是一种采用误差反向传播学习的方法单向传播多层次前向

网络，其结构如图 5-44 所示。

BP 网络学习属于有教师学习，其学习过程由正向传播和反向传播组成，正向传播过程中输入信号自输入层通过隐含层传向输出层，每层的神经元只影响下一层的传输状态。而在输出层不能得到期望输出时，则实行反向传播，将误差信号沿原通路返回，并将误差分配到各神经元，进而通过修改各层神经元的权值，使输出误差信号最小。

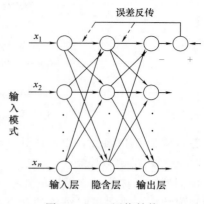

图 5-44　BP 网络结构

可以证明，一个三层 BP 网络，通过对教师信号的学习，改变网络参数，可在任意平方误差内逼近任意非线性函数。BP 网络在模式识别、系统辨识、优化计算、预测和自适应控制领域有着较为广泛的应用。

（2）Hopfield 网络模型

Hopfield 网络属反馈型网络，可分为连续性和离散性两种类型，图 5-45 描述了离散性 Hopfield 网络的结构。

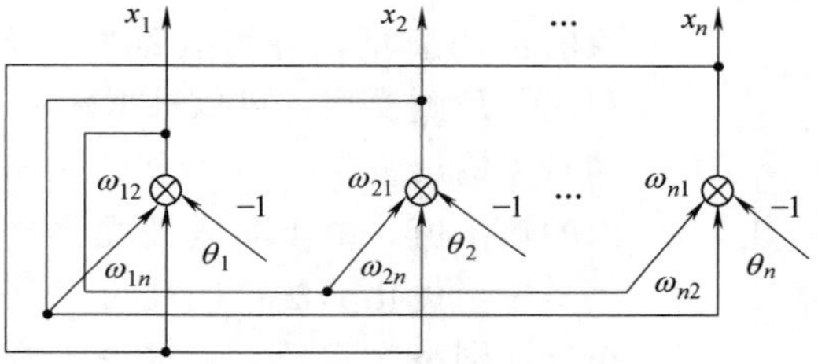

由图可见，它是一个单层网络，共有 n 个神经元节点，每个节点输出均连接到其他神经元的输入，各节点没有自反馈，图中的每一个节点都有一阈值 θ_j，ω_{ij} 是神经元 i 与 j 间的连接权值。

整个网络有异步和同步两种工作方式。异步方式每次只有一个神经元节点进行状态的调整计算，其他节点的状态均保持不变，而同步方式中，所有的神经元节点同时调整状态。

图 5-45　离散性 Hopfield 网络

（二）神经网络控制

神经网络具有较好的自组织、自学习、自适应能力，在工业控制中具有多样性和灵活性，它既可在控制系统中直接充当控制器，也可在基于模型的各种控制结构中充当对象的模型，或者在传统控制系统中起优化计算作用等。下面仅举例说明几种常用神经网络控制结构。

1. 基于神经网络的 PID 控制

常规 PID 控制结构简单，实现容易，大多数过程采用常规 PID 控制可得到有效控制。但当受控对象具有复杂的非线性，或由于对象的时变、不确定等特性，常常不能满足工艺要求的控制质量。而神经网络 PID 控制是解决上述问题的一种有效控制策略。

PID 控制器要取得较好的控制效果，就必须对比例、积分和微分三种控制作用进行调整，以形成相互配合又相互制约的关系，这种关系不是简单的线形组合，可以从变化无穷的非线性组合中找出最佳的关系。BP 神经网络具有逼近任意非线性函数的能力，可以通过对系统性能的学习来实现具有最佳组合的 PID 参数。基于 BP 神经网络的 PID 控制系统结构如图 5-46 所示。图中控制器由两部分组成：一是经典的 PID 控制器，它直接对受控对象进行闭环控制，但其 PID 参数（K_p、K_i、K_d）可在线整定；二是神经网络 ANN，根据系统运

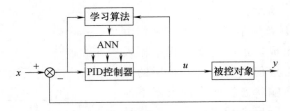

图 5-46　基于 BP 神经网络的 PID 控制系统结构

行状态，调整 PID 参数，以期达到某种性能指标的最优化。

2. 神经网络预测控制

预测控制又称为基于模型的控制，其算法的本质是预测模型、滚动优化和反馈校正，其中预测模型用于描述控制对象的动态行为，根据系统当前输入和输出信息以及未来输出信息，预测未来的输出值。神经网络预测控制是利用神经网络建立非线性被控对象的预测模型，并可在线学习修正。利用此预测模型，可以由当前的系统控制信息预测出在未来一段时间范围内系统的输出，通过设计优化性能指标，利用非线性优化器求出优化的控制作用 $u(t)$。

图 5-47 给出了预测控制的神经网络实现。图中神经网络预测器用于建立非线性被控对象的预测模型，并可在线学习修正，利用该预测模型，可以根据输入 $u(t)$ 和对象输出 $y(t)$，预测将来一段时间内的输出值。由于非线性优化器实际上是一个优化算法，因此可以利用动态反馈网络来实现，并进一步构成动态网络预测器。由于神经网络模型能够足够精确地描述动态过程，所以用作基本模型，使控制器具有更强的鲁棒性。

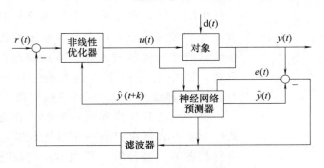

图 5-47　神经网络预测控制

3. 神经网络模型参考自适应控制

神经网络模型参考自适应控制（NNMRAC）分为直接型与间接型，结构如图 5-48 所示。构造一个参考模型，使其输出为期望输出，控制的目的是使 y 跟踪 y_m。由于被控对象特性未知，因此图 5-48（b）结构较好，神经网络 NNI 和 NNC 分别表示在线辨识器和控制器。NNC 的作用是通过在线训练使受控对象输出与参考模型的输出之差最小，其设计一般

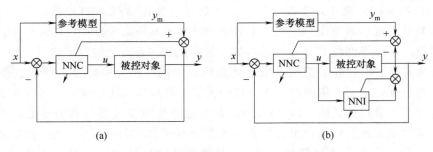

(a)　　　　　　　　　　　(b)

图 5-48　神经网络模型参考自适应控制

（a）直接型　（b）间接型

采用逆动态控制方法。由于对象特性未知，给 NNC 训练造成困难，因此增加神经网络辨识器 NNI，使得可以在线获得对象动态特性。

除上述神经网络控制结构外，还有神经网络鲁棒自适应控制、神经网络自校正控制、模糊神经网络控制、神经网络变结构控制、神经网络自寻优控制等控制结构。

四、解 耦 控 制

（一）控制系统间的关联

当在同一设备或装置上设置两套以上控制系统时，就要考虑系统间关联问题。

如图 5-49 为造纸生产过程中纸张定量和水分的控制系统，设计时通过调节放浆阀门的开度来控制定量，通过调节加热蒸汽阀门的开度来控制水分。但是由于被控对象存在耦合现象，纸浆流量改变同时会导致定量和水分的变化，

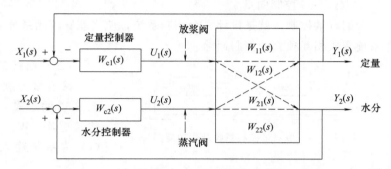

图 5-49　纸张定量和水分双变量系统的耦合功能图

同样在加热蒸汽量改变时，也对定量和水分同时产生影响。耦合现象的存在使得定量系统和水分系统都难于投入运行。

系统间的关联程度可通过计算各通道相对增益 λ 大小来判断。所谓"相对增益"，就是在相互关联的几个控制回路中，选择某一回路 i，使其他各个操纵变量 u_r 都保持不变，只改变所考虑的那个操纵变量 u_j 时，求出第一放大系数 $\frac{\partial y_i}{\partial u_j}\big|_{u_r=c}$ $(r \neq j)$；然后使其他被控量 y_r 都保持不变，而只改变所考虑的那个操纵变量 y_i 时，求出第二放大系数 $\frac{\partial y_i}{\partial u_j}\big|_{y_r=c}$ $(r \neq i)$。第一放大系数与第二放大系数之比即为相对增益 λ_{ij}，其数学表达式为

$$\lambda_{ij} = \frac{\frac{\partial y_i}{\partial u_j}\big|_{u_r=c}(r \neq j)}{\frac{\partial y_i}{\partial u_j}\big|_{y_r=c}(r \neq i)} \tag{5-28}$$

如各通道相对增益都接近 1 或 0，则说明系统间关联小；如相对增益接近 0.5，则说明系统间关联较为严重。对于系统间关联比较小的情况，可以采用控制器参数整定，将各系统工作频率拉开的办法，以削弱系统间关联的影响。如果系统间关联严重，就需考虑用解耦的办法加以解决。

如图 5-49 所示的双变量系统中，控制器 $W_{c1}(s)$ 的输出 $U_1(s)$ 不仅通过传递函数 $W_{11}(s)$ 影响 $Y_1(s)$，而且还通过交叉通道传递函数 $W_{21}(s)$ 影响 $Y_2(s)$。同样，控制器 $W_{C2}(s)$ 的输出 $U_2(s)$ 不仅通过传递函数 $W_{22}(s)$ 影响 $Y_2(s)$，而且还通过传递函数 $W_{12}(s)$ 影响 $Y_1(s)$。

上述关系可表示成：

$$Y_1(s) = W_{11}(s)U_1(s) + W_{12}(s)U_2(s) \tag{5-29}$$

$$Y_2(s) = W_{21}(s)U_1(s) + W_{22}(s)U_2(s) \tag{5-30}$$

将上述关系式以矩阵形式表达为：

$$\begin{bmatrix} Y_1(s) \\ Y_2(s) \end{bmatrix} = \begin{bmatrix} W_{11}(s) & W_{12}(s) \\ W_{21}(s) & W_{22}(s) \end{bmatrix} \begin{bmatrix} U_1(s) \\ U_2(s) \end{bmatrix} \tag{5-31}$$

或表示成向量形式：

$$Y(s) = W(s)U(s) \tag{5-32}$$

式中　$Y(s)$——输出向量

　　　$W(s)$——对象传递矩阵

　　　$U(s)$——控制向量

所谓解耦控制，就是设计一个控制系统，使之能够消除系统之间的耦合关系，从而使各个系统变成相互独立的控制回路。

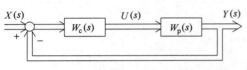

图 5-50　多变量控制系统结构功能图

（二）解耦条件

多变量控制系统结构功能图可表示成图 5-50 的形式。图中：$W_c(s)$ 为控制器的传递矩阵，$W_p(s)$ 为过程的传递矩阵，$X(s)$ 为系统输入向量，$Y(s)$ 为系统输出向量。

由该图可知：

$$Y(s) = [I + W_p(s)W_c(s)]^{-1}W_p(s)W_c(s)X(s)$$
$$= [I + W_K(s)]^{-1}W_K(s)X(s) \tag{5-33}$$

式中　I——单位矩阵

$W_K(s)$——开环传递矩阵，$W_K(s) = W_p(s)W_c(s)$

由式（5-33）可得系统的闭环传递矩阵为：

$$W_B(s) = [I + W_K(s)]^{-1}W_K(s) \tag{5-34}$$

对式（5-34）两边左乘 $[I + W_K(s)]$，整理可得：

$$W_B(s) = W_K(s)[I - W_B(s)] \tag{5-35}$$

上式两边再右乘以 $[I - W_K(s)]^{-1}$，整理可得由闭环传递矩阵表示的开环传递矩阵为：

$$W_K(s) = [I + W_K(s)]W_B(s) \tag{5-36}$$

这样，在已知 $W_K(s)$ 时，可求得 $W_B(s)$；在已知 $W_B(s)$ 时，可求得 $W_K(s)$。

式（5-35）及式（5-36）是多变量耦合系统用闭环传递矩阵和开环传递矩阵来讨论解耦问题的基础。理论证明，一个多输入多输出控制系统解耦（即使各个控制系统相互独立）的条件是：系统的闭环传递矩阵必须是一个对角线矩阵，即：

$$W_B(s) = \begin{bmatrix} W_{B11}(s) & 0 & \cdots & 0 \\ 0 & W_{B22}(s) & \cdots & 0 \\ \vdots & \vdots & \vdots & \vdots \\ 0 & 0 & 0 & W_{Bnn}(s) \end{bmatrix} \tag{5-37}$$

对式（5-35）进行分析可知，为使 $W_B(s)$ 是一个对角矩阵，则由于 $[I - W_B(s)]$ 必为对角矩阵，所以 $W_K(s)$ 也必须是一个对角矩阵。

由图 5-51 所构成的开环传递矩阵 $W_K(s) = W_p(s)W_c(s)$，由于未解耦而不是对角矩阵。因此，为达到解耦目的，必须在控制系统中引入解耦补偿装置 $W_D(s)$。对于双变量系统，其解耦控制功能图如图 5-51 所示。

引入解耦补偿装置后，系统的开环传递矩阵为：

$$W_{KD}(s) = W_c(s)W_p(s)W_p(s)$$

$$(5-38)$$

对于双变量系统，式中

$$W_D(s) = \begin{bmatrix} W_{D11}(s) & W_{D12}(s) \\ W_{D21}(s) & W_{D22}(s) \end{bmatrix}$$

$$(5-39)$$

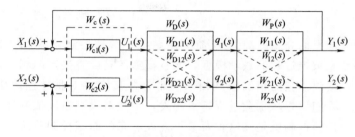

图 5-51　双变量解耦控制系统功能图

要保证系统的开环传递矩阵 $W_{KD}(s)$ 为对角阵，由式（5-38）可知，只需 $W_p(s)W_P(s)$ 为对角阵即可。因为控制器一般是独立的，控制矩阵本身为对角阵。因此，解耦系统的设计就是根据对象的传递矩阵 $W_P(s)$，设计一个补偿装置 $W_D(s)$，使补偿矩阵 $W_D(s)$ 与 $W_P(s)$ 的乘积为对角阵。

（三）解耦补偿器的设计

由解耦条件可知，在解耦控制系统设计中，关键是选择补偿装置 $W_D(s)$，选择 $W_D(s)$ 的形式不同，将构成不同的设计方法，常用的有对角矩阵设计法和单位矩阵设计法，其设计综合方法请参阅有关书籍。下面仅介绍一种简化解耦方法，即前馈补偿法。

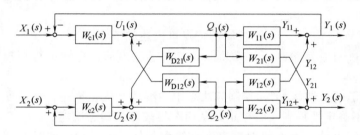

图 5-52　用前馈补偿方法实现双变量解耦控制系统功能图

如图 5-52 所示为用前馈补偿法实现的双变量解耦控制系统功能图。图中 $W_{D21}(s)$ 和 $W_{D12}(s)$ 和为前馈补偿器。根据不变性原理和线性叠加原理可求得前馈补偿器的数学模型。

如图，令 $U_1(s)=0$，则 $Q_2(s)$ 对 $Y_1(s)$ 的影响有两条支路，即：

$$Y_1(s) = Y_{11}(s) + Y_{12}(s) = [W_{D12}(s)W_{11}(s) + W_{12}(s)]Q_2(s) \qquad (5-40)$$

系统实现完全补偿的条件为：

当 $U_2(s) \neq 0$ 时，$Y_1(s)=0$，根据式（5-40）可得：

$$[W_{D12}(s)W_{11}(s) + W_{12}(s)]Q_2(s) = 0$$

所以前馈补偿器 $W_{D12}(s)$ 的数学模型为：

$$W_{D12}(s) = -\frac{W_{12}(s)}{W_{11}(s)} \qquad (5-41)$$

同理可求得前馈补偿器 $W_{D21}(s)$ 的数学模型为：

$$W_{D21}(s) = -\frac{W_{21}(s)}{W_{22}(s)} \qquad (5-42)$$

可写出解耦装置的模型为：

$$W_D(s) = \begin{bmatrix} 1 & -\dfrac{W_{12}(s)}{W_{11}(s)} \\ -\dfrac{W_{21}(s)}{W_{22}(s)} & 1 \end{bmatrix} \qquad (5-43)$$

五、预 测 控 制

像上面介绍的前馈-反馈控制系统、解耦控制系统以及其他基于模型的先进控制算法，都涉及被控过程的数学模型，而且模型的精度直接影响到控制效果。然而对于复杂的工业过程，要建立它的精确模型相当困难，尤其许多工业过程往往具有时变、不确定等特性。因此，人们设想从工业过程特点出发，寻找对模型精度依赖性不强而同样实现高性能的控制方法。预测控制就是在这种背景下发展起来的新型控制算法。

（一）预测控制的基本思想和特点

预测控制的基本思想可用图5-53说明。图中 y_s 代表设定值，$y_r(k)$ 代表输出的期望曲

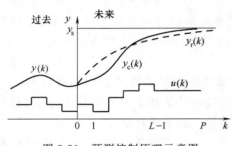

图 5-53　预测控制原理示意图

线。$k=0$ 为当前时刻，0时刻左边的曲线代表过去的输出与控制。根据过程的内部预测模型可以预测出过程在未来 P 个时刻的输出 $y_c(k)$（$k=1$，2，$\cdots$，P）。预测控制算法就是要按照它们与期望输出 $y_r(k)$ 的差 $e(k)$，计算当前及未来 L 个时刻的控制量 $u(k)$（$k=0$，1，2，$\cdots$，$L-1$），使 $e(k)$ 最小。这里 P 称为预测步长，L 称为控制步长。

预测控制的特点可概述如下：

① 建模方便。预测模型可通过简单实验测定，无须深入了解过程内部机理和进行烦琐复杂的计算。

② 鲁棒性强。预测模型采用了“反馈修正”，控制算法采用“滚动”优化策略，从而使模型失配、畸变、扰动等引起的不确定性得到及时校正，从而获得较好的动态性能。

③ 应用广泛。除一般线性过程以外，可方便地推广到有约束条件、大滞后、非最小相位及非线性过程。

预测控制这些特点使其更加符合工业过程的实际要求，因此，从它诞生起就在工业过程控制中得到了广泛的重视和应用，取得了满意的控制效果。

（二）预测控制的基本原理

预测控制算法种类繁多，如模型算法控制（MAC）、动态矩阵控制（DMC）、模型预测启发控制（MPHC）等。然而，各类预测控制算法虽然在表现形式上各不相同，但都有一些共同特点，其本质特性由预测模型、滚动优化、参考轨迹和控制算法三大要素构成。预测控制系统结构功能图可用图5-54来概括。

下面以单输入单输出系统为例说明这些原理。

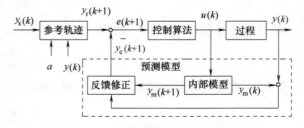

图 5-54　预测控制系统结构功能图

（1）预测模型

预测模型是预测控制算法的基础。目前大多数算法均以阶跃响应或脉冲响应为预测模型，这是因为这种非参量模型很容易通过实验测定。

如图5-55为有自衡过程的单位阶跃响应曲线 $a(t)$。a_s 为响应曲线的稳态值，t_N 为趋于

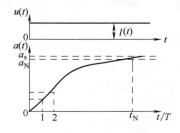

图 5-55 阶跃响应曲线

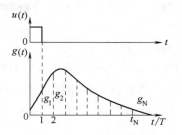

图 5-56 脉冲响应曲线

稳定的时刻。从 $t=0$ 到 t_N 将曲线分割成 N 段，N 称为截断步长，则采样周期为 $T=t_N/N$。对于每个采样时刻 jT 就有一相应值 a_j（注意它们与真实的过程响应值是有区别的），有限个信息 a_j $(j=1，2，\cdots，N)$ 的集合即为内部模型。假设预测步长为 P，预测模型的输出为 Y_m，则可根据内部模型计算得到从 k 时刻起预测到 P 步的输出为：

$$y_m(k+i) = a_s u(k-N+i-1) + \sum_{j=1}^{N} a_j \Delta u(k-j+i)$$

$$= a_s u(k-N+i-1) + \sum_{j=1}^{N} a_j \Delta u(k-j+i) + \sum a_j \Delta u(k-j+i)\Big|_{i>j}, i=1,2,\cdots,P$$

$$(5\text{-}44)$$

式中，$\Delta u(k-j+i)=u(k-j+i)-u(k-j+i-1)$。

对于图 5-56 所示脉冲响应曲线 $g(t)$。从 k 时刻起预测到 P 步的输出为：

$$y_m(k+i) \sum_{j=1}^{N} g_j u(k+i-j), \quad i=1,2,\cdots,P \tag{5-45}$$

显然，式 (5-44) 和式 (5-45) 是根据过程的阶跃响应或脉冲响应得到的预测模型，它完全依赖于内部模型，与过程在 k 时刻的实际输出无关，因而称为开环预测模型。由于实际过程存在的非线性、时变及各种不确定性，使得上述预测模型不可能与实际输出完全相符，因此，必须采用校正的方法对开环预测模型的输出预估值进行修正。在预测控制中常用的一种方法为闭环预测的反馈修正方法，即将第 k 步实际过程输出值 $y(k)$ 与预测模型输出 $y_m(k)$ 之间的误差附加到模型输出的预估值上，得到闭环预测模型，并用 $y_c(k+1)$ 表示，即：

$$y_c(k+1)=y_m(k+1)+H_0[y(k)-y_m(k)]$$

式中，$y_c(k+1)=[y_c(k+1),y_c(k+2),\cdots,y_c(k+P)]^T$

$$H_0=[1,1,\cdots,1]^T$$

由上式可见，由于每个预测时刻均引入当时实际过程的输出与模型输出的偏差，从而使闭环预测模型不断进行修正，可以有效地克服模型的不精确性和系统存在的不确定性。

（2）参考轨迹

预测控制的目的就是使系统的输出变量 $y(t)$ 沿着一条事先指定的曲线逐渐达到设定值 y_s。这条曲线称为参考轨迹 $y_r(k)$。考虑到过程的动态特性，减小超调，使系统输出能平滑地抵达设定值，通常采用式 (5-45) 表示的一阶指数形式的参考轨迹。

$$\begin{cases} y_r(k)=y(k) \\ y_r(k+i)=\alpha^i y(k)+(1-\alpha^i)y_s, \quad i=1,2,\cdots,P \end{cases} \tag{5-46}$$

式中，$y(k)$ 为现时刻实际输出值，$\alpha=\exp(-T/T_f)$，T 为采样周期，T_f 为参考轨迹的时间常数，α 是决定参考轨迹收敛速度的系数。通常 $0 \leqslant \alpha \leqslant 1$。$\alpha$ 越大越好，鲁棒性也越强。

(3) 控制算法

控制算法就是求解一组 L（控制步长）个控制变量 $u(k) = [u(k), u(k+1), \cdots, u(k+L-1)]^T$，使选定的目标函数最优。目标函数可采取不同的形式，如：

$$J = \sum_{i=1}^{P} [y_p(k+i) - y_r(k+i)]^2 \tilde{\omega}_i \qquad (5\text{-}47)$$

式中，$\tilde{\omega}_i$ 为非负的加权系数，用于调整未来各采样时刻误差在 J 中所占份额的大小。

这样，根据参考轨迹和预测模型输出，采用一定的目标函数和优化方法（如最小二乘法、梯度法等）优化计算。

值得指出的是，预测控制采用独特的优化模式——在线滚动优化模式。这就是说，通过优化求解所得当前时刻的一组最优控制输入 $[u(k), u(k+1), \cdots, u(k+L-1)]$，对系统只施加第一个控制输入 $u(K)$，等到下一个采样时刻 $(k+1)$，再根据采集到的过程输出 $y(k+1)$，重新进行优化，计算出新的一组最优控制输入，如此类推，滚动推进。这种在线滚动优化方式，始终把优化建立在实际的基础上，有效地克服过程中一些不确定性因素，使系统具有良好的鲁棒性。与其他按模型设计的系统相比，由于预测控制不是一个不变的全局优化目标，而是采用滚动优化式的有限时域的优化指标，通过当时的预测值设计控制算法。尽管滚动优化目标有局限性，得到的是全局的次优解，但它能估计模型失配等不确定性，这一点对工业应用尤为重要。

六、专 家 控 制

所谓专家控制（Expert Control）就是将专家系统的理论和技术同控制理论方法与技术相结合，在未知环境下，仿效专家的智能，实现对系统的控制，使得过程控制达到专家级水平的控制方法。

（一）专家系统的基本概念

从本质上讲，专家系统是一种基于知识的系统，在其内部存在着大量关于某一领域的专家级水平的知识和经验，它使用人类的知识和解决问题的方法去求解和处理该领域的各种问题。尤其是对那些无算法求解问题，以及经常需要在不安全、不确定知识信息基础上做出结论的问题解决方面表现出了其知识应用的优越性和有效性。

专家系统的主要功能取决于大量的知识及合理完备的智能推理机构。一般来说，专家系统是一个包含着知识和推理的智能计算机程序系统，其结构是指各部分的构造方法和组织形式，一般由 6 个部分组成，如图 5-57 所示。

① 知识库。存储着作为专家经验的判断性知识，用于问题的推理和求解。常见的知识表示方法主要有：逻辑因果图、产生式规则、框架理论、语义网络等，尤以产生式规则使用最多。

② 数据库。用于存储表征应用对象的特性、状态、求解目标、中间状态等数据，供推理和解释机构使用。

③ 推理机构。是专家系统的"思维"机构。实际上是运

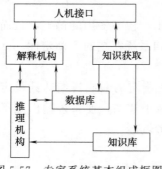

图 5-57 专家系统基本组成框图

用知识库提供的知识，基于某种通用的问题求解模型进行自动推理求解的计算机软件系统，承担着控制并执行专家推理的过程。推理机构的具体构造根据特定问题的领域特点、专家系统中知识表示方法等特性而确定。

④ 解释机构。用于检测和解释知识库中的相应规则，用推理得到的中间结果对规则的条件部分中的变量加以约束，并将规则所预言的变化返回推理机构。

⑤ 知识获取。一方面通过人机接口与领域专家相联系，实现知识库和数据库的修正更新以及知识条目的测试、精炼等；另一方面进行机器自学习，增添新知识。

⑥ 人机接口。人机接口与系统用户相联系，一方面通过人机接口接受用户的提问，并向用户提供问题求解结论及推理过程；另一方面专家可以将新经验、新知识加入到知识库中或对规则进行修改等。

按照专家系统所求解问题的性质，有多种类型，如诊断型、解释型、预测型、设计型、控制型、决策型、教学型、规划型和监视型等，在国民经济各个领域应用广泛。

（二）专家控制

专家系统的技术特点为解决传统控制理论的局限性提供了重要的启示。将专家系统的理论和技术同控制理论方法与技术相结合的专家控制系统已广泛应用于故障诊断、工业设计和过程控制，为解决工业控制难题提供一种新的方法，是实现工业过程控制的重要技术。

根据专家系统技术在控制系统中应用的复杂程度，可以分为专家控制系统和专家控制器两种主要形式。专家控制系统具有全面的专家系统结构、完善的知识处理功能和实时控制的可靠性能。这种系统采用黑板等结构，知识库庞大，推理机复杂，它包括有知识获取子系统和学习子系统，人-机接口要求较高。专家控制器，多为工业专家控制器，是专家控制系统的简化形式，针对具体的控制对象或过程，着重于启发式控制知识的开发，具有实时算法和逻辑功能。它设计较小的知识库、简单的推理机制，可以省去复杂的人-机接口。由于其结构较为简单，又能满足工业过程的要求，因而应用日益广泛。下面仅对专家控制器做一简要介绍。

由于专家式控制器在模型的描述上采用多种形式，就必然导致其实现方法的多样性。但归结起来，其实现方法可分为两类：一类是保留控制专家系统的结构特征，但其知识库的规模小，推理机构简单；另一类是以某种控制算法（例如 PID 算法）为基础，引入专家系统技术，以提高原控制器的决策水平。专家控制器因应用场合和控制要求的不同，其结构也可能不一样，然而，几乎所有的专家控制器都包含知识库（KB）、推理机（IE）、控制规则集（CRS）、特征识别与信息处理（FR&IP）等。图 5-58 是一种典型由工业专家控制器组成的系统功能图。

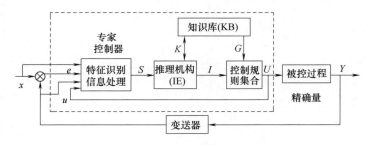

图 5-58　工业专家控制器系统功能图

专家控制器的基础是知识库（KB），KB 存放工业过程控制的领域知识，由经验数据库（DB）和学习与适应装置（LA）组成。经验数据库主要存储经验和事实。学习与适应装置的功能就是根据在线获取的信息，补充或修改知识库内容，改进系统性能，以便提高问题求解能力。

控制规则集（CRS）是对被控过程的各种控制模式和经验的归纳和总结。由于规则条数不多，搜索空间很小，推理机（IE）就十分简单，采用向前推理方法逐次判别各种规则的条件，满足则执行，否则继续搜索。

特征识别与信息处理（FR&IP）部分的作用是实现对信息的提取与加工，为控制决策和学习适应提供依据。它主要包括抽取动态过程的特征信息，识别系统的特征状态，并对特征信息作必要的加工。

思 考 题

1. 什么叫串级控制系统？其组成和是怎么样的？
2. 比值控制系统的类型及组成有哪些？
3. 前馈控制与反馈控制各有什么特点？
4. 什么是选择性控制？试述常用选择性控制方案的基本原理。
5. 试述复杂控制系统有哪些？它们都是为什么目的而开发的？
6. 智能控制由哪几部分组成？各自的特点是什么？
7. 比较智能控制和传统控制的特点。
8. 模糊控制器有哪几部分组成？各完成什么功能？
9. 神经网络学习方式有几种，简述其特点，并分别画出其示意图。
10. 预测控制的基本思想和特点是什么？
11. 专家系统各部分组成的作用是什么？

参 考 文 献

[1] 彭开香. 过程控制 [M]. 北京：冶金工业出版社，2016.
[2] 罗健旭，黎冰，黄海燕，等. 过程控制工程 [M]. 北京：化学工业出版社，2015.
[3] 杨婕，王鲁. 现代与智能控制技术 [M]. 天津：天津大学出版社，2013.
[4] 李士勇，李研. 智能控制 [M]. 北京：清华大学出版社，2016.
[5] 赵明旺，王杰. 智能控制 [M]. 武汉：华中科技大学出版社，2010.

第六章　集散控制系统

集散控制系统 DCS 又称多级计算机分布控制系统和分布式控制系统，它是以微处理器为基础的集中分散型控制系统，根据分级设计的基本思想，实现功能上分离，位置上分散，以达到"分散控制为主，集中管理为辅"的控制目的。由于它不仅具有连续控制和逻辑控制的功能，而且具有顺序控制和批量控制的功能，因此它既可用于连续过程工业，也可用于连续和离散混合的间隙过程工业。

自 20 世纪 70 年代中期由美国霍尼威尔（Honeywell）公司推出的第一套 DCS——TDC 2000（Total Distributed Control 2000）问世以来，DCS 已经在工业控制领域得到了广泛的应用，越来越多的仪表和控制工程师已经认识到 DCS 必将成为过程工业自动控制的主流。在计算机集成制造系统（Computer Integrated Manufacturing System，CIMS）或计算机集成过程系统（Computer Integrated Process System，CIPS）中，DCS 也是基础，通过其开放式网络与上层管理网络相连，实现控制与管理的信息集成，进而实现企业的生产、控制和管理的集成，以求得企业的全局优化。

DCS 的主要特征是"分散控制"和"集中管理"。随着计算机技术的发展，网络技术已经使其不仅主要用于分散控制，而且向着集中管理的方向发展。系统的开放不仅使不同制造厂商的 DCS 产品可以互相连接，而且使得它们可以方便地进行数据交换，也使得第三方的软件可以方便地在现有的 DCS 上应用。因此，DCS 早已在原有的概念上有了新的含义。

本章除了介绍 DCS 的基本知识，如产生发展历程、结构特征和基本架构之外，还介绍了几种在造纸行业常用的国内外 DCS 系统，并简要介绍几个在制浆造纸生产过程自动化方面的应用实例。

第一节　过程控制系统（PCS）与集散控制系统（DCS）

一、过程控制系统（PCS）

过程控制系统（Process Control System，PCS）是以生产过程的过程参量为被控制量，并通过控制使之接近给定值或保持在给定范围内的自动控制系统。这里"过程"是指在生产装置或设备中进行的物质和能量的相互作用和转换过程。表征过程的主要参量有温度、压力、流量、液位、成分、浓度、差压等。通过对过程参量的控制，可使生产过程中产品的产量增加、质量提高和能耗减少。一般的过程控制系统通常采用反馈控制的形式，这是过程控制的主要方式。

凡是采用模拟或数字控制方式对生产过程的某一或某些物理参数进行的自动控制就称为过程控制。过程控制系统可以分为常规仪表过程控制系统与计算机过程控制系统两大类。随着工业生产规模走向大型化、复杂化、精细化、批量化，靠仪表控制系统已很难达到生产和管理要求，计算机过程控制系统是近几十年发展起来的以计算机为核心的控制系统。

过程控制在石油、化工、电力、冶金等部门有广泛的应用。20 世纪 50 年代，过程控制主要用于使生产过程中的一些参量保持不变，从而保证产量和质量稳定。60 年代，随着各种组合仪表和巡回检测装置的出现，过程控制已开始过渡到集中监视、操作和控制。70 年代，出现了过程控制最优化与管理调度自动化相结合的多级计算机控制系统。

计算机控制系统的应用领域非常广泛，计算机可以控制单个电机、阀门，也可以控制管理整个工厂企业；控制方式可以是单回路控制，也可以是复杂的多变量解耦控制、自适应控制、最优控制乃至智能控制。因而，它的分类方法也是多样的，可以按照被控参数、设定值的形式进行分类，也可以按照控制装置结构类型、被控对象的特点和要求及控制功能的类型进行分类，还可以按照系统功能、控制规律和控制方式进行分类。

计算机控制系统通常按照系统功能进行分类，具体可分为以下几类：

① 数据采集系统（Data Acquisition System，DAS），对生产过程参数作巡检、分析、记录和报警处理。

② 操作指导控制系统（Operation Guidance and Control，OGC），计算机的输出不直接用来控制生产过程，而只是对过程参数进行收集，加工处理后输出数据，操作人员据此进行必要的操作。

③ 直接数字控制系统（Direct Digital Control，DDC），计算机从过程输入通道获取数据，运算处理后，再从输出通道输出控制信号，驱动执行机构。

④ 监督控制系统（Supervisory Control System，SCC），计算机根据生产过程参数和对象的数字模型给出最佳工艺参数，据此对系统进行控制。

⑤ 多级控制系统，企业经营管理和生产过程控制分别由几级计算机进行控制，一般是三级系统，即经营管理级（Management Informatica System，MIS）、监督控制级（SCC）和直接数字控制级（DDC）。

⑥ 集散控制系统（DCS），以微处理器为核心，实现地理和功能上的分散控制，同时通过高速数据通道将分散的信息集中起来，实现复杂的控制和管理。

⑦ 监控与数据采集系统（Supervisory Control and Data Acquisition，SCADA），SCADA 是以计算机、控制、通信与 CRT 技术为基础的一种综合自动化系统，更适用于点多、面广、线长的生产过程。由于控制中心和监控点的分散而自然形成了两层控制结构。

⑧ 现场总线控制系统（Fieldbus Control System，FCS），是新一代分布式控制系统，与 DCS 的三层结构不同，其结构模式为工作站和现场总线智能仪表两层结构，降低了总成本，提高了可靠性，系统更加开放，功能更加强大。在统一的国际标准下，可实现真正的开放式互连系统结构。

⑨ 计算机集成过程控制系统（CIPS），利用 DCS 作基础，开发高级控制策略，实现各层次的优化，利用管理信息系统 MIS 进行辅助管理和决策，将企业中有关过程控制、计划调度、经营管理、市场销售等信息进行集成，经科学加工后，为各级领导、管理及生产部门提供决策依据，实现控制、管理的一体化。

二、集散控制系统（DCS）

（一）DCS 的产生过程

在连续过程控制中，常规模拟仪表控制和早期的计算机控制可归纳为仪表集散控制系统、仪表集中控制系统和计算机集中控制系统三种类型。人们在分析比较了常规模拟仪表控制和计算机控制的优、缺点之后，研制出计算机集散控制系统（DCS）。

1. 仪表集散控制系统

对于一个控制回路，其构成的三要素是：传感器、控制器和执行器，如图 6-1 所示。20 世纪 50 年代以前的基地式气动仪表就是把上述控制三要素就地安装在生产装置上，在结构上形成一种地理位置分散的控制系统，如图 6-2 所示。该图中孔板（传感器）将检测到的反映流体流量的差压信号送到气动控制器，气动控制器输出气动信号控制气动调节阀（执行器），实现单回路控制。

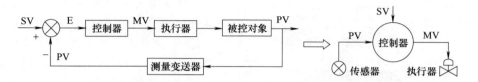

图 6-1　常规仪表控制回路三要素

这类控制系统按地理位置分散于生产现场，自成体系，实现一种自治式的彻底分散控制。其优点是危险分散，一台仪表故障只影响一个控制点；其缺点是只能实现简单的控制，操作工奔跑于生产现场巡回检查，不便于集中操作管理，而且只适用于几个控制回路的小型系统。

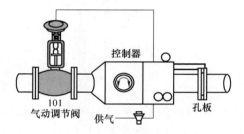

图 6-2　仪表分散控制

2. 仪表集中控制系统

在 20 世纪 50 年代后期，出现了气动单元组合仪表，随着晶体管和集成电路技术的发展，又出现了电动单元组合仪表（0～10mA DC 和 4～20mA DC 信号）和组件组装式仪表。在这一阶段，控制器、指示器、记录仪等仪表集中安装于中央控制室，传感器和执行器分散安装于生产现场，实现了控制三要素的分离，如图 6-3 所示。

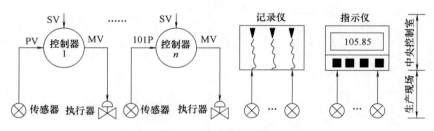

图 6-3　仪表集中控制

这类控制系统目前仍在使用，其优点是便于集中控制、监视、操作和管理。而且危险分散，一台仪表故障只影响一个控制回路。其缺点是由于控制三要素的分离带来安装成本高，需要消耗大量的管线和电线，调试麻烦，维护困难，只适用于中小型系统。

3. 计算机集中控制系统

几十年来，尽管仪表制造业不断采用新技术对仪表性能和结构进行改进，但要满足现代化生产过程控制的要求仍然存在一些难以克服的问题。比如，在控制功能方面，由于一台常规模拟仪表只能执行单一功能，为了适应不同的控制要求，往往需要配置多种型号的仪表，这对于某些工艺过程复杂、需要采用复杂控制方案，常规模拟仪表由于受到其功能方面的限制而难以满足要求；在操作监视方面，如果采用常规模拟仪表对现代化大型装置进行集中控制，那么在中央控制室内的仪表盘上将需要安装成百上千台仪表，致使仪表盘很长，控制室面积很大，而且生产规模越大，需要协调的环节就越多，关联因素也就越复杂，这就要求操作人员必须先从仪表盘上逐台读取各类仪表显示的数据之后才能了解生产的全过程，经过分析和判断后再去操作有关仪表，以便保证生产过程稳定运行。显然，这样的监视和操作是相当困难的，而且有局限性，难以满足现代化大生产的控制要求。

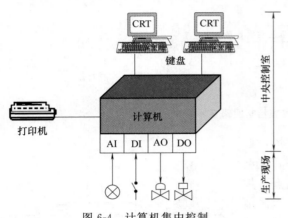

图 6-4　计算机集中控制

为了弥补常规模拟仪表的上述不足，并适应现代化大生产的控制要求，在 20 世纪 60 年代，人们开始将计算机用于生产过程控制。由于当时计算机价格昂贵，为了充分发挥计算机的功能，一台计算机承担一套或多套生产装置的信号输入和输出、运算和控制、操作监视和打印制表等多项任务，实现几十个甚至上百个回路的控制，并包括全厂的信息管理，如图 6-4 所示。

计算机用于生产过程的控制可分为操作指导控制（Operation Guidance System，OGS）、设定值控制（Set-Point Control，SPC）、直接数字控制（Direct Digital Control，DDC）和监督计算机控制（Supervisory Computer Control，SCC）4 种类型，如图 6-5 所示。其中前两种属于计算机与仪表的混合系统，直接参与控制的仍然是仪表，计算机只起到操作指导和改变设定值（SV）的作用，后两种计算机承担全部任务，而且 SCC 属于二级计算机控制。

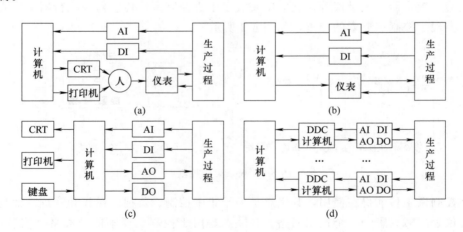

图 6-5　计算机集中控制的 4 种类型
(a) OGS　(b) SPC　(c) DDC　(d) SCC

计算机集中控制的优点是便于集中监视、操作和管理，既可以实现简单控制和复杂控制，也可以实现优化控制，适用于现代化生产过程的控制。其缺点是危险集中，一旦计算机发生故障，影响面比较广，轻者波及 1 台或几台生产设备，重者使全厂瘫痪。如果采用双机冗余，则可提高可靠性，但成本太高，难以推广应用。

至此，我们讨论了 3 种控制系统，可归纳为分散型和集中型两类，其优缺点可总结如下：

① 分散型控制的危险分散，安全性好，但不便于集中监视、操作和管理；

② 集中型控制的危险集中，安全性差，但便于集中监视、操作和管理；

③ 模拟仪表仅实现简单控制，各控制回路之间无法协调，难以实现中、大型系统的集中监视、操作和管理；

④ 计算机可实现简单及复杂控制，各控制回路之间统一协调，便于集中监视、操作和管理。

4. 计算机集散控制系统

人们分析比较了分散型控制和集中型控制的优缺点之后，认为有必要将两者结合起来，吸取两者的优点，即采用"分散控制"和"集中管理"的设计思想、"分而自治"和"综合协调"的设计原则。

所谓"分散控制"，就是用多台微型计算机，分散应用于生产过程控制，每台计算机独立完成信号输入输出和控制运算，实现几个甚至几十个回路的控制。这样，一套生产装置需要 1 台或几台计算机协调工作，从而解决了原有计算机集中控制带来的危险集中以及常规模拟仪表控制功能单一的局限性。这是一种将控制功能分散从而获得"危险分散"的设计思想。

所谓"集中管理"，就是通过通信网络技术把多台用于设备控制和操作管理的计算机集成起来，构成网络系统，形成整个生产过程信息的数据共享和集中管理，实现控制与管理的信息集成，同时在多台计算机上集中监视、操作和管理。

计算机集散控制系统（DCS）采用了网络技术和数据库技术，一方面，每台计算机自成体系，独立完成一部分工作；另一方面，各台计算机之间又相互协调，综合完成复杂的工作，从而实现了分而自治和综合协调的设计原则。

20 世纪 70 年代初期，大规模集成电路技术的发展、微型计算机的出现，它们在性能和价格上的优势为研制 DCS 创造了条件；通信网络技术的发展，也为多台计算机互连奠定了基础；CRT 屏幕显示技术为人们提供了完善的人机界面，进行集中监视、操作和管理。这三点为研制 DCS 提供了外部条件。另外，随着生产规模的不断扩大，生产工艺日趋复杂，对生产过程控制不断提出新要求，常规模拟仪表控制和计算机集中控制系统已不能满足现代化生产的需求，这些是促使人们研制 DCS 的内在动力。经过数年的努力，于 20 世纪 70 年代中期研制出 DCS，成功地应用于连续过程控制。

DCS 的结构原理如图 6-6 所示。其中控制站（Control Station，CS）进行过程信号的输

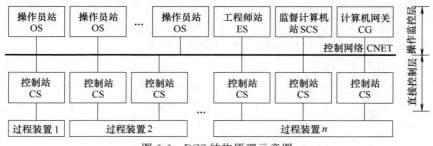

图 6-6　DCS 结构原理示意图

入输出和控制运算，实现 DDC 功能；操作员站（Operator Station，OS）供工艺操作员对生产过程进行监视、操作和管理；工程师站（Engineer Station，ES）供控制工程师按照工艺要求设计控制系统，按操作要求设计人机界面（Man-Machine Interface，MMI），并对 DCS 硬件和软件进行维护和管理；监控计算机站（Supervisory Computer Station，SCS）实现优化控制、自适应控制和预测控制等一系列先进控制算法，完成 SCC 功能；计算机网关（Computer Gateway，CG）完成 DCS 控制网络（Control Network，CNET）与其他网络的连接，实现网络互联与开放。

（二）DCS 的发展历程

DCS 综合了计算机（Computer）、通信（Communication）、屏幕显示（CRT，Cathode Ray Tube）和控制（Control）技术（简称"4C"技术），其发展与"4C"技术的发展密切相关。自 20 世纪 70 年代中期 DCS 诞生至今，已更新换代了 4 代——以分散控制为主的第一代、以全系统信息管理为主的第二代、通信管理和控制软件更加丰富完善的第三代以及当前的 CIPS（Computer Integrated Producing System，计算机集成生产系统）。本小节对 DCS 的演变过程给予详细阐述，使读者对 DCS 的体系结构和本质产生一个初步的认识。

1. 第一代 DCS（1975—1980 年）

微处理器的发展导致第一代集散控制系统的产生。1975 年霍尼韦尔（Honeywell）公司生产出 TDC 2000（Total Distributed Control 2000），这是一种具有多微处理器的集中分散控制系统，实现了集中监视、操作和管理以及分散输入、输出、运算和控制，从而实现了控制的危险分散，克服了计算机集中控制系统的一个致命弱点。TDC2000 标志着 DCS 的诞生，让人们看到了将计算机用于生产过程、进行分散控制和集中管理的前景。

第一代 DCS 以实现分散控制为主，技术重点表现为：

① 采用以微处理器为基础的过程控制单元（Process Control Unit，PCU）实现了分散控制，有各种控制功能要求的算法，通过组态（Configuration）独立完成回路控制；具有自诊断功能，在硬件制造和软件设计中应用可靠性技术；在信号处理时，采取抗干扰措施，它的成功使集散控制系统在过程控制中确立了地位。

所谓组态，就是按照控制要求选择软功能模块组成控制回路，俗称软接线或填表。如要组成一个 PID 控制回路，则需要选择输入模块、PID 控制模块和输出模块等，再按要求依次连接，并填写有关参数即可构成。

② 采用带 CRT 屏幕显示器的操作站与过程控制单元的分离，实现集中监视、集中操作和集中管理，系统信息综合管理与现场控制相分离，这就是人们俗称的"集中分散综合控制系统"——DCS 的由来，这是 DCS 的重要标志。

③ 采用较先进的冗余通信系统，用同轴电缆作传输媒质，将过程控制单元的信息送到操作站和上位计算机，从而实现了分散控制和集中管理。

第一代 DCS 的基本结构如图 6-7 所示，系统主要由过程控制单元（PCU）、数据采集单元（Data Acquisition Unit，DAU）、操作员站（OS）和数据高速通路（Data High Way，DHW）4 部分组成。

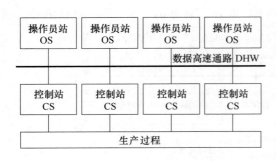

图 6-7 第一代 DCS 基本结构示意图

（1）过程控制单元（PCU）

PCU 是由 8 位微处理器（CPU）、存储器（RAM、ROM）、输入/输出、通信接口和电源等组成，以连续控制为主，允许组成 4 或 8 个 PID 控制回路，控制周期为 1～2s，可自主地完成 PID 控制功能，实现分散控制。

（2）数据采集单元（DAU）

DAU 的组成类似于 PCU，但无控制和信号输出功能。其主要功能是采集非控制变量，进行数据处理后送往数据高速通路（DHW），以便在操作员站（OS）上显示。

（3）操作员站（OS）

OS 是由 16 位处理器、存储器、CRT、键盘、打印机、磁盘或磁带、通信接口和电源等组成，供工艺操作员对生产过程进行集中监视、操作和管理，供控制工程师进行控制系统组态。

第一代 DCS 只能离线组态，即先在 OS 上进行控制系统组态，再向 PCU 下装组态文件，此时 PCU 必须停止正常的工作，待下装完毕后重新启动才能正常运行。这种离线组态方式不利于现场调试和在线修改。

（4）数据高速通路（DHW）

DHW 是串行通信线，是连接 PCU、DAU、和 OS 的纽带，是实现分散控制和集中管理的关键。DHW 由通信电缆和通信软件组成，采用 DCS 生产厂家自定义的通信协议（即专用协议），传输介质为双绞线，传输速率为几十 kb/s（Kilobits Per Second），传输距离为几十米。

这一时期的典型产品有：TDC2000（Honeywell 公司）、SPECTRUM（Foxboro 公司）、CENTUM（Yokogawa 公司）、NETWORK-90（Bailey 公司）、Teleperm M（Siemens 公司）、MOD3（Taylor 公司）和 P-4000（Kenter 公司）等。

20 世纪 70 年代是 DCS 的初创期，尽管当时的 DCS 在技术性能上尚有明显的局限性，但还是推动了 DCS 的发展，让人们看到了 DCS 用于过程控制的曙光。

2. 第二代 DCS（1980—1985 年）

局域网络技术的发展导致以全系统信息管理为主的第二代集散控制系统的产生。20 世纪 80 年代，由于大规模集成电路技术的发展，16 位、32 位微处理机技术的成熟，特别是局域网（Local Area Network，LAN）技术用于 DCS，给 DCS 带来新的面貌，形成了第二代 DCS。

同第一 DCS 代相比，第二代 DCS 的一个显著变化是：数据通信系统由主从式的星形网络通信转变为效率更高的对等式总线网络通信或环形网络通信。其技术重点表现为：

① 随着世界市场需求量变化，畅销产品的换代周期越来越短，单纯以连续过程控制为主已不适应，而要求过程控制单元增加批量控制功能和顺序控制功能，从而推出多功能过程控制单元。

② 随着产品竞争越来越激烈，迫使生产厂必须提高产品质量、品种，降低成本，增强效益，故要求优化管理和质量管理。在操作站及过程控制单元采用 16 位微处理器，使得系统性能增强，工厂级数据向过程级分散，高分辨率的 CRT，更强的图面显示、报表生成和管理能力等，从而推出增强功能操作站。

③ 随着生产过程要求控制系统的规模多样化，老企业的装置控制系统改造项目越来越多，要求强化系统的功能，通过软件扩展和组织规模不同的系统。例如，TDC 3000 在其局

部控制网络（Local Area Network，LAN）上挂接了历史模块（HM）、应用模块（AM）和计算机模块（CM）等，使系统功能强化。

④ 随着计算机局域网络（LAN）技术的发展，市场需求 DCS 系统强化全系统信息管理，加强通信系统，实现系统无主站的 $n:n$ 通信，网络上各设备处于"平等"的地位，由于通信系统的完善与进步，更有利于控制站、操作站、可编程逻辑控制器和计算机互连，便于多机资源共享和分散控制。

第二代 DCS 的基本结构如图 6-8 所示，主要由过程控制站（Process control Station，PCS）、操作员站（OS）、工程师站（ES）、监控计算机站（SCS）、局域网（LAN）和网间连接器（Gate Way，GW）组成。

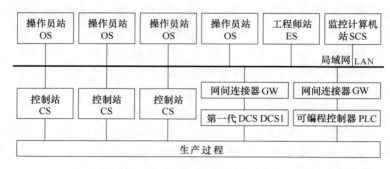

图 6-8　第二代 DCS 基本结构示意图

（1）过程控制站（PCS）

PCS 为 16 位微处理机，其性能和功能比第一代 DCS 的过程控制单元（PCU）有了很大的提高和扩展，不仅有连续控制功能，可以组成 16 个或 32 个 PID 控制回路，而且有逻辑控制、顺序控制和批量控制功能。这 4 类控制功能完全满足了过程控制的需要。由于计算机运算速度和数据采集速度加快，从而使控制周期缩短为 0.5～1s。另外，计算机处理量加大，也使软功能模块的种类和数量都有所增加，进一步提高了控制水平。为了提高可靠性，采用了冗余 CPU 和冗余电源，增加了在线热备份等功能。

（2）操作员站（OS）

OS 为 16 位或 32 位微处理机或小型机，配备彩色 CRT、拷贝机和打印机、专用操作员键盘。大量图文并茂、形象逼真的彩色画面、图表和声光报警等人机界面使操作员对生产过程的监视、操作和管理有如身临其境之感。

（3）工程师站（ES）

ES 为 16 位或 32 位微处理机，供给算计工程师生成 DCS，维护和诊断 DCS；供控制工程师进行控制系统组态，制作人机界面，特殊软件编程等。某些 DCS，用操作员站兼做工程师站。

第二代 DCS 的 ES 既可用作离线组态，也可用作在线组态。所谓在线组态，就是物理上构成如图 6-8 所示的完整系统，并处于正常运行状态，此时可在 ES 上进行控制系统组态，组态完毕再向 PCS 下装组态文件，并不影响 PCS 的正常运行。

（4）监控计算机站（SCS）

SCS 为 16 位或 32 位微处理机，作为 PCS 的上位机，除了完成各 PCS 之间的协调之外，还可实现 PCS 无法完成的复杂控制算法，提高控制性能。

（5）局域网（LAN）

第二代 DCS 采用 LAN 进行 PCS 与 OS、ES 或 SCS 之间的信息传递。传输介质为同轴电缆，传输速率为 1M～5Mbps（Megabits Per Second），传输距离为 1～10km。由于 LAN 传输速率高，并且有丰富的网络软件，从而提高了 DCS 的整体性能，扩展了集中管理的能力。LAN 是第二代 DCS 的最大进步。

（6）网间连接器（GW）

第二代 DCS 通过 GW 连接在 LAN 上，成为 LAN 的一个节点。另外，由可编程逻辑控制器（Programmable Logical Controller，PLC）组成的子系统也可通过 GW 挂在 LAN 上。这样，不仅扩展了 DCS 的性能，也提高了其兼容性。

20 世纪 80 年代是 DCS 的成熟期，在过程工业中得到很大普及和广泛应用。这一时期的典型产品有：TDC3000（Honeywell 公司）、CENTUM-XL（Yokogawa 公司）、MOD300（Taylor 公司）、I/A S（Foxboro 公司）、INFI-90（Bailey 公司）、WDPF（西屋公司）和 Master（ABB 公司）等。

3. 第三代 DCS（1985 年以后）

开放系统的发展使集散控制系统进入了第三代。20 世纪 90 年代为 DCS 的更新发展期，无论是硬件还是软件，都采用了一系列高新技术，几乎与"4C"技术的发展同步，使 DCS 向更高层次发展，出现了第三代 DCS。

第三代 DCS 采用局部网络技术和国际标准化组织的开放系统互联（Open System Interconnection，OSI）参考模型，克服了第二代 DCS 在应用过程中因难于互联多种不同标准而形成的"自动化孤岛"，通信管理和控制软件变得更加丰富和完善。其技术重点表现为：

① 尽管第二代集散控制系统产品的技术水平已经相当高，但各厂商推出的产品为了竞争保护自身的利益，采用的是专用网络，亦可称为封闭系统。对于大型工厂，企业采用多个厂家设备，多种系统，要实现全企业管理，必须使通信网络开放互连，采用局域网络标准化，第三代集散控制系统的主要改变是采用开放系统网络。符合国际标准组织 ISO 的 OSI 开放系统互联的参考模型，如工厂自动化协议（Manufacture Automation Protocal，MAP）即被这一代产品所接受。例如，Honeywell 公司的带有 UCN 网的 TDC3000，Yokogawa 公司的带有 SV-NET 网的 Centum-XL，Bailey 公司的 INFI-90，Foxboro 公司采用 10Mb/s 宽带网与 5Mb/s 载带网的 I/A S 系统。

② 为了满足不同用户要求，适应中、小规模的连续、间歇、批量操作的生产装置及电气传动控制的需要，各制造厂又开发了中、小规模的集散系统，受到用户欢迎。

③ 操作站采用了 32 位微处理器。信息处理量迅速扩大，处理加工信息的质量提高；采用触摸式屏幕，球标器及鼠标器；运用窗口技术及智能显示技术；操作完全图形化内容丰富、直观、画面显示的响应速度加快，画面上还开有各种超级窗口，便于操作和指导，完全实现 CRT 化操作。

④ 操作系统软件通常采用实时多用户多任务的操作系统，符合国际上通用标准，操作系统可以支持 Basic、Fortran、C 语言、梯形逻辑语言和一些专用控制语言。组态软件提供了输入输出、选择、计算、逻辑、转换、报警、限幅、顺序、控制等软件模块，利用这些模块可连成各种不同回路，组态采用方便的菜单或填空方式。控制算法软件近百种，实现连续控制、顺序控制和梯形逻辑控制，还能实现 PID 参数自整定和自适应控制等。操作站配有作图、数据库管理、表报生成、质量管理曲线生成、文件传递、文件变换、数字变换等软

件。系统软件更加丰富和完善。

第三代 DCS 的基本结构如图 6-9 所示，类似于第二代 DCS，但其硬件和软件做了多项革新，采用了 20 世纪 90 年代最新的计算机技术。

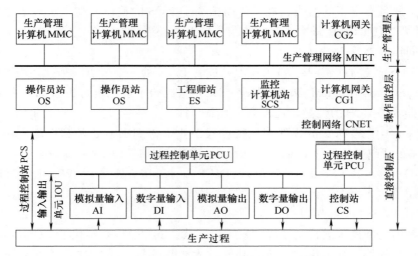

图 6-9 第三代 DCS 基本结构示意图

（1）过程控制站（PCS）

PCS 分为两级：第一级为过程控制单元（PCU），采用 32 位微处理机；第二级为输入输出单元（IOU），每块 I/O 板采用 8 位或 16 位单片机；PCU 与 IOU 之间通过输入输出总线（IOBus）连接，每块 I/O 板为 IOBus 上的一个节点，并可以将 IOU 直接安装在生产现场。IOBus 传输介质为双绞线或同轴电缆，传输距离为 100～1000m，传输速率为 100k～1000kb/s。为了提高可靠性，采用冗余的 PCU、I/O 板、IOBus 和电源。另外，PCS 不仅扩展了功能，而且增加了先进控制算法，并采用了 PID 参数自整定技术。

（2）操作员站（OS）

OS 采用 32 位高档微处理机、高分辨率彩色 CRT、触摸屏幕和多窗口显示，并采用语音合成和工业电视（Industry Television，ITV）等多媒体技术，使其操作更为简单，响应速度更快，更具现场效应。

（3）工程师站（ES）

ES 组态一改传统的填表方式，而采用形象直观的结构图连接方式和多窗口技术，并采用 CAD 和仿真调试技术，使其组态更为简便，更为形象直观，提高了设计效率。

（4）监控计算机站（SCS）

SCS 为 32 位或 64 位小型计算机，除了作为 PCS 的上位机进行各 PCS 之间的协调之外，还用来建立生产过程数学模型和专家系统，实现自适应控制、预测控制、推理控制、故障诊断和生产过程优化控制等。

（5）开放式系统

第一、第二代 DCS 基本上为封闭系统，不同系统之间无法互连。第三代 DCS 局域网（LAN）遵循开放系统互连（OSI）参考模型的 7 层通信协议，符合国际标准。向上与生产管理网络（Manufactory Management Network，MNET）互连，生产管理计算机（Manufactory Management Computer，MMC）再通过 MNET 互连；向下支持现场总线，即现场总线仪表可与 PCS 或 IOBus 互连。第三代 DCS 已成为 CIMS 或 CIPS 的基础层,很容易构成信息集成系统。

20 世纪 90 年代为 DCS 的发展期,DCS 在工业生产的各个行业得到普及,显著提高了工业生产过程的自动化程度,极大地推动了过程工业的发展,显著降低了工人的劳动强度。这一时期的典型产品有:TPS(Honeywell 公司)、CENTUM-CS(Yokogawa 公司)、Delta V(Rosemount 公司)等。

4. 第四代 DCS(1990 年以后)

20 世纪 90 年代现场总线技术和管理软件的发展使得集散控制系统开始向着两个方向发展:一个是向着大型化的 CIMS、CIPS 的方向发展,另一个是向着小型及微型化、现场变送器智能化、现场总线标准化的方向发展,即 FCS(Fieldbus Control System,现场总线控制系统)。

一般的 CIMS 系统可划分为六级子系统:第一级为现场级,包括各种现场设备,如传感器和执行机构;第二级为设备控制级,它接收各种参数的检测信号,按照要求的控制规律实现各种操作控制;第三级为过程控制级,完成各种数学模型的建立,过程数据的采集处理。这三级属于生产控制级,也称为 EIC 综合控制系统(电气控制、仪表控制和计算机系统),是狭义上的集散控制系统。由此向上的四、五、六级分别为在线作业管理级、计划和业务管理级和长期经营规划管理级,即常说的管理信息系统(MIS,Management Information System)。

现场总线技术导致 FCS 的产生,并引领着 DCS 的发展方向。DCS 发展到第三代,尽管采用了一系列新技术,但是生产现场层仍然没有摆脱沿用了几十年的常规模拟仪表。DCS 从输入输出单元(IOU)以上各层均采用了计算机和数字通信技术,唯有生产现场层的常规模拟仪表仍然是一对一模拟信号(4～20mA DC)传输,多台模拟仪表集中接于 IOU。生产现场层的模拟仪表与 DCS 其他各层形成极大的反差和不协调,并制约了 DCS 的发展。因此,变革现场模拟仪表,代之为现场数字仪表,并用现场总线(Fieldbus)互连将是推动 DCS 发展的有效方法之一,由此可以带来 DCS 控制站的变革,即将控制站内的软功能模块分散地分布在各台现场数字仪表中,并可统一组态构成控制回路,实现彻底的分散控制。也就是说,由多台现场数字仪表在生产现场构成虚拟控制站(Virtual Control Station,VCS)。这两项变革的核心就是现场总线。20 世纪 90 年代公布了现场总线国际标准,并生产出现场总线数字仪表。

现场总线为变革 DCS 带来希望和可能,标志着新一代 DCS 的产生,取名为现场总线控制系统(FCS),其结构原理如图 6-10 所示。该图中流量变送器(FT)、温度变送器(TT)、压力变送器(PT)分别含有对应的输入模块 FI-121、TI-122、PI-123,调节阀(V)中含有PID 控制模块(PID-124)和输出模块(FO-125),用这些功能模块就可以在现场总线上构成 PID 控制回路。

现场总线接口(Fieldbus Interface,FBI)下接现场总线,上接局域网(LAN),即 FBI作为现场总线与局域网之间的网络接口。将图 6-10 与图 6-9 比较可知,FCS 革新了 DCS 的现场控制站及现场模拟仪表,用现场总线将现场数字仪表互连在一起,构成控制回路,形成现场控制层,即 FCS 用现场控制层取代了 DCS 的直接控制层。操作监控层及其以上各层仍然同 DCS。这样,FCS 系统中传输的信号实现了全数字化,结束了 DCS 中模拟信号和数字信号并存的状态。

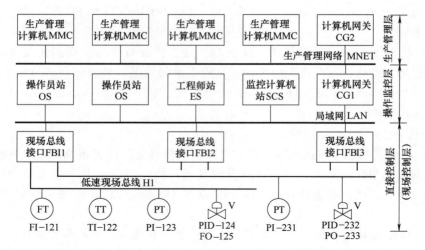

图 6-10 新一代 DCS（FCS）基本结构示意图

（三）DCS 的特点和优点

DCS 自问世以来，随着 "4C" 技术的发展而发展，一直处于上升发展状态，广泛地应用于工业控制的各个领域。究其原因是 DCS 具有一系列特点和优点，主要表现在以下 6 个方面。

1. 分散型和集中性

DCS 分散性的含义是广义的，不单是分散控制，还有地域分散、设备分散、功能分散和危险分散的含义。分散的目的是为了使危险分散，进而提高系统的可靠性和安全性。DCS 硬件积木化和软件模块化是分散性的具体体现，因此可以因地制宜地分散配置系统。DCS 纵向分层次结构，可分为直接控制层、操作监控层和生产管理层，如图 6-9 所示。DCS 横向分子系统结构，如直接控制层中一台过程控制站（PCS）可看作一个子系统，操作监控层中的一台操作员站（OS）也可看作一个子系统。

DCS 的集中性是指集中监视、集中操作和集中管理。DCS 的通信网络和分布式数据库是集中性的具体体现。用通信网络把物理上分散的设备构成统一的整体，用分布式数据库实现全系统的信息集成，进而达到信息共享。因此，可以同时在多台操作员站上实现集中监视、集中操作和集中管理。当然，操作员站的地理位置不必要求集中。

2. 自治性和协调性

DCS 的自治性是指系统中的各台计算机均可独立工作。例如，过程控制站能自主地进行信号输入、运算、控制和输出；操作员站能自主地实现监视、操作和管理；工程师站的组态功能更为独立，既可在线组态，也可离线组态，甚至可以在与组态软件兼容的其他计算机上组态，形成组态文件后再装入 DCS 运行。

DCS 的协调性是指系统中的各台计算机通过通信网络互连在一起，相互传送信息，相互协调工作，以实现系统的总体功能。

DCS 的分散和集中、自治和协调不是相互对立，而是相互补充。DCS 的分散是相互协调的分散，各台分散的自主设备是在统一集中管理和协调下各自分散、独立地工作，构成统一的有机整体。正因为有了这种分散和集中的设计思想、自治和协调的设计原则，才使 DCS 获得进一步发展，并得到广泛应用。

3. 灵活性和扩展性

DCS 采用积木式结构，类似儿童搭积木那样，可灵活地配置成小、中、大各类系统。另外，还可以根据企业的财力或生产要求，逐步扩展系统，改变系统的配置。

DCS 的软件采用模块式结构，提供各类功能模块，可通过灵活地组态构成复杂程度不同的各类控制系统。另外，还可根据生产工艺和流程的改变，随时修改控制方案，在系统容量允许范围内，只需通过组态就可以构成新的控制方案，而不需要改变硬件配置。

4. 先进性和集成性

DCS 综合了"4C"技术，并随着"4C"技术的发展而发展。也就是说，DCS 硬件上采用先进的计算机、通信网络和屏幕显示技术，软件上采用先进的操作系统、数据库、网络管理和算法语言，算法上采用自适应、预测、推理、优化等先进控制算法，建立生产过程数学模型和专家系统。

DCS 自问世以来，更新换代比较快，几乎一年一个样。当出现新型 DCS 时，老 DCS 作为新 DCS 的一个子系统继续工作，新、老 DCS 之间还可互相传递信息。这种 DCS 的继承性给用户消除了后顾之忧，不会因为新、老 DCS 之间的不兼容给用户带来经济上的损失。

5. 可靠性和适应性

DCS 的分散性带来系统的危险分散，提高了系统的可靠性。DCS 采用了一系列冗余技术，如控制站主机、I/O 板、通信网络和电源等均可双重化，而且采用热备份工作方式，自动检查故障，一旦出现故障立即自动切换。DCS 安装了一系列故障诊断与维护软件，实时检查系统的硬件和软件故障，并采用故障屏蔽技术，使故障影响尽可能地小。

DCS 采用高性能的电子器件、先进的生产工艺和各项抗干扰技术，可使 DCS 能够适应恶劣的工作环境。DCS 设备的安装位置可适应生产装置的地理位置，尽可能地满足生产的需要。DCS 的各项功能可适应现代化大生产的控制和管理需求。

6. 友好性和新颖性

DCS 的操作员站采用彩色 CRT 和交互式图形画面，为操作人员提供了友好的人机界面（HMI）。常用的画面有总貌、组、点、趋势、报警、操作指导和流程图画面等。由于采用了图形窗口、专用键盘、鼠标器或球标器等，使得操作变得非常简便。

DCS 的新颖性主要表现在 HMI 上，采用动态画面、工业电视、合成语音等多媒体技术，图文并茂，形象直观，使操作人员有如身临其境之感。

第二节　DCS 的基本组成与典型架构

自 1975 年 DCS 诞生以来，一直在不断地发展和更新。尽管不同 DCS 产品在硬件的互换性、软件的兼容性、操作的一致性上很难达到统一，但从其基本构成方式和构成要素来分析，仍然具有相同或相似的体系结构。本节将重点讨论 DCS 的体系结构问题。

一、DCS 的基本组成

尽管集散控制系统的种类和制造厂商繁多（如 Siemens、Honeywell、Tayler、Foxboro、Yokogawa、AB、ABB 等），控制系统软、硬件功能不断完善和加强，但从系统的结构分析，它们都是由过程控制站、操作管理站和通信系统三部分组成。这三部分之间的关系如图 6-11 所示。

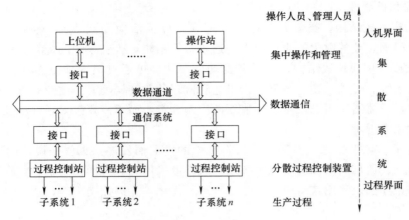

图 6-11　DCS 的基本组成

1. 过程控制站

过程控制站由分散过程控制装置组成，是 DCS 与生产过程之间的界面，它的主要功能是分散的过程控制。生产过程的各种过程变量通过分散过程控制装置转化为操作监视的数据，而操作的各种信息也通过分散过程控制装置送到执行机构。在分散过程控制装置内，进行模拟量与数字量的相互转换，完成控制算法的各种运算，对输入与输出量进行有关的软件滤波及其他的一些运算。其结构具有如下特征：

（1）需适应恶劣的工业生产过程环境

分散过程控制装置的一部分设备需安装在现场，所处的环境差，因此，要求分散过程控制装置能适应环境的温、湿度变化，适应电网电压波动的变化，适应工业环境中的电磁干扰的影响，适应环境介质的影响。

（2）分散控制

分散过程控制装置体现了控制分散的系统构成。它把地域分散的过程控制装置用分散的控制实现，它的控制功能也分为常规控制、顺序控制和批量控制等；它把监视和控制分离，把危险分散，使得 DCS 的可靠性提高。

（3）实时性

分散过程控制装置直接与过程进行联系，为能准确反映过程参数的变化，它应具有实时性强的特点。从装置来看，它要有快的时钟频率，足够的字长；从软件来看，运算的程序应精练、实时和多任务作业。

（4）独立性

相对整个 DCS，分散过程装置具有较强的独立性。在上一级设备出现故障或与上一级通信失败的情况下，它还能正常运行，从而使过程控制和操作得以进行。因此，对它的可靠性要求也相对更高。

目前的分散过程控制装置由多回路控制器、多功能控制器、可编程序逻辑控制器及数据采集装置等组成。它相当于现场控制级和过程控制装置级，实现与过程的连接。

2. 操作管理站

操作管理站由操作管理装置，如由操作台、管理机和外部设备（如打印机、拷贝机）等组成，是操作人员与 DCS 之间的界面，相当于车间操作管理级和全厂优化和调度管理级，实现人机接口（MMI）。它的主要功能是集中各分散过程控制装置送来的信息，通过监视和操作，把操作和命令下送各分散控制装置。信息用于分析、研究、打印、存储并作为确定生产计划、调度的依据。其基本特征如下：

（1）信息量大

它需要汇总各分散过程控制装置的信息以及下送的信息，对此，从硬件来看，它具有较大的存储容量，允许有较多的显示画面；从软件来看，应采用数据库、压缩技术、分布式数据库技术及并行处理技术等。

（2）易操作性

集中操作和管理部分的装置是操作人员、管理人员直接与系统联系的界面，它们通过CRT、打印机等装置了解过程运行情况并发出指令。因此，除了部分现场手动操作设备外，操作人员和管理人员都通过装置提供的输入设备，如键盘、鼠标器、球标器等来操作设备的运行。为此，对集中操作和管理部分的装置要有良好的操作性。

（3）容错性好

由于集中操作和管理部分是人和机器的联系界面，为防止操作人员的误操作，该部分装置应有良好的容错特性，即只有相当权威的人员才能对它操作。为此，要设置硬件密钥、软件加密，对误操作不予响应等安全措施。

3. 通信网络

DCS要达到分散控制和集中操作管理的目的，就需要使下一层信息向上一层集中，上一层指令向下一层传送，级与级或层与层进行数据交换，这都靠计算机通信网络（即通信系统）来完成。通信系统是过程控制站与操作站之间完成数据传递和交换的桥梁，是DCS的中枢。

通信系统常采用总线型、环型等计算机网络结构，不同的装置有不同的要求。有些DCS在过程控制站内又增加了现场装置级的控制装置和现场总线的通信系统，有些DCS产品则在操作站内增加了综合管理级的控制装置和相应的通信系统。与一般的办公或商用通信网不同，计算机通信系统完成的是工业控制与管理，具有如下特点：

（1）实时性好，动态响应快

DCS的应用对象是实际的工业生产过程，它的主要数据通信的信息是实时的过程信息和操作管理信息，所以网络要有良好的实时性和快速的响应性。一般响应时间在 $0.01 \sim 0.5s$，快速响应要求的开关、阀门或电机的运转都在毫秒级，高优先级信息对网络存取时间也不超过 10ms。

（2）可靠性高

对于通信网络来说，任何暂时中断和故障都会造成巨大的损失，为此，相应的通信网络应该有极高的可靠性。通常，DCS是采用冗余技术，如双网备份方式，当发送站发出信息后的规定时间内未收到接收站的响应时，除了采用重发等差错控制外，也采用立即切入备用通信系统的方法，以提高可靠性。

（3）适应恶劣的工业现场环境

DCS运行于工业环境中，必须能适应于各种电磁干扰、电源干扰、雷击干扰等恶劣的工业现场环境。现场总线更是直接敷设在工业现场，因此，DCS采用的通信网络应该有强抗扰性，如采用宽带调制技术，减少低频干扰；采用光电隔离技术，减少电磁干扰；采用差错控制技术，降低数据传输的误码率等。

（4）开放系统互连和互操作性

大多数的 DCS 的通信网络是有各自专利的，但为了便于用户的使用，能实现不同厂家的 DCS 互相通信（开放），对网络通信协议的标准化受到普遍重视，国际标准化组织（ISO）提出一个开放系统互连（OSI）体系结构，它定义异种计算机链接在一起的结构框架，采用网桥实现互联。

开放系统的互连，使其他网络的优级软件能够很方便地在系统所提供的平台上运行，能够在数据互通基础上协同工作，共享资源，使系统的互操作性、信息资源管理的灵活性和更大的可选择性得到增强。

二、DCS 的产品结构类型和技术特征

1. DCS 的产品结构类型

根据分散过程控制装置、集中操作和管理装置以及通讯系统的不同结构，集散控制系统大致可分为下列几类。

（1）DCS 供应商提供的产品结构类型

① 模块化控制站＋与 MAP 兼容的宽带、载带局域网＋信息综合管理系统。这是一类最新结构的 DCS，通过宽带和载带网络，可在很广的地域内应用。通过现场总线，系统可与现场智能仪表通信和操作，从而形成真正的开放互连、具有互操作性的系统。这是第三代 DCS 的典型结构，也是当今 DCS 的主流结构。TDC300 系统，I/A 系统和 CENTUM-XL 系统皆属此类。

② 分散过程控制站＋局域网＋信息管理系统。由于采用局域网技术，使通信性能提高，联网能力增强。这是第二代 DCS 的典型结构。

③ 分散过程控制站＋高速数据通路＋操作站＋上位机。这是第一代 DCS 的典型结构。如 TDC2000 系统，经过对操作站、过程控制站、通信系统性能的改进和扩展，系统的性能已有较大提高。

④ 可编程逻辑控制器 PLC＋通信系统＋操作管理站。这是一种在制造业广泛应用的 DCS 结构，尤其适用于有大量顺序控制的工业生产过程。DCS 制造商为使 DCS 能适应顺序控制实时性强的特点，现已有不少产品可以下挂接各种厂家的 PLC，组成 PLC＋DCS 的形式，应用于有实时要求的顺序控制和较多回路的连续控制场合。

⑤ 单回路控制器＋通信系统＋操作管理站。这是一种适用于中、小企业的小型 DCS 结构。它用单回路控制器（或双回路、四回路控制器）作为盘装仪表，信息的监视由操作管理站或仪表面板实施，有较大灵活性和较高性价比。

（2）实际应用中的 DCS 结构类型

在实际应用中，采用微处理器、工业级微机组成集散控制系统的结构如下：

① 工业级微机＋通信系统＋操作管理机。工业级微机用作为多功能多回路的分散过程控制装置，相应的软件也已有软件厂商开发。

② 单回路控制器＋通信系统＋工业级微机。工业级微机作为操作管理站使用，它的通用性较强，软件可自行开发，相应的管理、操作软件也有产品可购买。

③ PLC＋通信系统＋工业级微机。与②相类似，适用于顺序控制为主的场合。

④ 工业级微机＋通信系统＋工业级微机。工业级微机各有不同的功能，前者作为分散过程控制装置，后者作为操作管理，相应的机型、容量等也可有所不同。

⑤ 智能前端＋通信系统＋工业级微机。这是一种简易而较通用的集散控制小系统的结

构，偶有应用。

前 5 类通常是 DCS 制造厂商的专利产品，后 5 类大多是由通用产品组合而成的。但不管哪一类型，DCS 都应有三大基本组成，这是与微机控制系统相区别的，只是具体产品的硬件组成和软件有所不同，形成各自特色，以其自身优势占领着国际市场。

2. DCS 的技术特征

DCS 因其一些优良特性而被广泛应用，成为过程控制的主流。与常规模拟仪表相比，它具有连接方便，采用软连接方法进行连接，容易改变；显示方式灵活，显示内容多样；数据存储量大等优点。与计算机集中控制系统比较，它具有操作监督方便、危险分散、功能分散等优点。它始终围绕着功能结构灵活的分散性和安全运行维护的可靠性，紧跟时代的发展成为前沿技术。其主要技术特征表现在分级递阶结构、分散控制、局域通信网络和高可靠性四个方面。

（1）分级递阶结构

采用这种结构是从系统工程出发，考虑系统的功能分散、危险分散，提高可靠性，强化系统应用灵活性，降低投资成本，便于维修和技术更新及系统最优化选择而得出的。

分级递阶结构方案如图 6-12 所示，它在纵向和横向都是分级的。最简单的集散控制系统至少在垂直方向上分为二级：操作管理级和过程控制级。在水平方向上各过程控制级之间是相互协调的分级，它们把现场数据向上送达操作管理级，同时接受操作管理级的下发指令，各个水平级之间也进行数据交换。

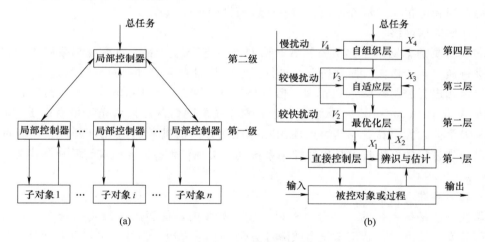

图 6-12　DCS 的分级递阶结构示意图
（a）横向协调分工示意图　（b）纵向分层的垂直分解图

集散控制系统的规模越大，系统的垂直和水平级的范围也越广。常见的 CIMS 是 DCS 的一种垂直方向和水平方向的扩展。从广义的角度讲，CIMS 是在管理级扩展的集散系统，它把操作的优化、自学习和自适应的各垂直级与 DCS 集成起来，把计划、销售、管理和控制等各水平级综合在一起，因而有了新的内容和含义。目前，大多 DCS 的管理级仅限于操作管理。但从系统构成来看，分级递阶是其基本特征。

分级递阶系统的优点是：各个分级具有各自的分工范围，相互之间有协调。通常，这种协调是通过上一分级来完成的［如图 6-12（a）所示］。上下各分级的关系通常是：下面的分级把该级及其下层的分级数据送到上一级，由上一级根据生产的要求进行协调，并给出相应的指令（即数据），通过数据通信系统把数据送到下层的有关分级。

包括 DCS 在内的 CIMS 或 CIPS 在垂直方向上可分为四层［见图 6-12（b）］。第一层为过程控制级，根据上层决策直接控制过程或对象的状态，即 DDC 控制。以高级控制为出发点的参数辨识与状态估计也属于第一层任务。第二层为优化控制级，根据上层给定的目标函数与约束条件或依据系统辨识的数学模型得出的优化控制策略，对过程控制级的给定点进行设定或整定控制器（如 PID）参数。第三层为自适应控制级，根据运行经验补偿工况变化对控制规律的影响，以及元器件老化等因素的影响，始终维持系统处于最佳或最优运行状态。第四层为自组织级或工厂管理级。其任务是决策、计划管理、调度与协调，根据系统的总任务或总目标，规定各级任务并决策协调各级的任务。

（2）分散控制

分散的含义不单是分散控制，还包含了其他意义，如人员分散、地域分散、功能分散、危险分散和操作分散等。分散的目的是克服计算机集中控制危险集中、可靠性低的缺点。

分散的基础是被分散的系统是各自独立的自治系统。分级递阶结构就是各自完成各自功能，相互协调，各种条件相互制约。在 DCS 中，分散内涵是十分广泛的，包括分散数据库、分散控制功能、分散通信、分散供电、分散负荷等。但系统的分散是相互协调的分散，也称为分布。因此，在分散中有集中的数据管理、集中的控制目标、集中的通信管理等，为分散作协调和管理。各个分散的自治系统是在统一集中管理和协调下各自分散工作的。

DCS 的分散控制具有非常丰富的功能软件包，它能提供控制运算模块、控制程序软件包、过程监视软件包、显示程序包、信息检索和打印程序包等。

（3）局域通信网络

DCS 的数据通信网络是典型的局域通信网络。当今的集散控制系统都采用工业局域网络技术进行通信，传输实时控制信息，进行全系统信息综合管理，对分散的过程控制单元、人机接口单元进行控制、操作和管理。信息传输速率可达 $5\sim10\text{Mb/s}$，响应时间仅为数百 ms，误码率低于 $10^{-10}\sim10^{-8}$。大多数集散控制系统的通信网络采用光纤传输媒质，通信的可靠性和安全性大大提高。通信协议向国际标准化方向前进，达到 ISO 开放系统互联模型标准。采用先进局域网络技术是集散控制系统优于常规仪表控制系统和计算机集中控制系统的最大特点之一。

（4）高可靠性

可靠性一般是指系统的一部分（单机）发生故障时，能否继续维持系统全部或部分功能，即部分发生故障时，利用未发生故障部分仍可使系统运行继续下去，并且还能迅速地发现故障，立即或很快地修复。它通常用平均无故障间隔时间（Mean Time Between Failure，MTBF）和平均故障修复时间（Mean Time to Repair，MTTR）来表征。高可靠性是集散控制系统发展的关键，没有可靠性就没有集散控制系统。目前，大多数集散控制系统的 MTBF 达 5 万 h，超过 5.5 年，而 MTTR 一般只有 5min。

保证可靠性首先采用分散结构设计及硬件优化设计。把系统整体设计分解为若干子系统模块，如控制器模块、历史数据模块、打印模块、报警模块等，软件设计各自独立，又资源共享。电路优化设计采用大规模和超大规模的集成电路芯片，尽可能减少焊接点，还可以使系统发生局部故障时能降级控制，直到手动操作。

保证高可靠性，另一个不可缺少的技术就是冗余技术。冗余技术也是表征集散控制系统的特点之一。系统中各级人机接口、控制单元、过程接口、电源、I/O 接口等都采用冗余化配置，冗余度为双重冗余和多重化（$n : 1$）冗余。信息处理器、通信接口、内部通信总线、系统通信网络都采用冗余化措施，保证高可靠性。另外，系统内还设有故障诊断、自检专家系统。一个简单的故障诊断专家系统流程图如图 6-13 所示。

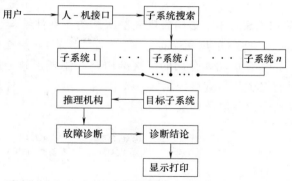

图 6-13　故障诊断专家系统流程图

故障自检、自诊断技术包括符号检测、动作间隔和响应时间的监视，微处理器及接口和通道的诊断。故障信息的积累和故障判断技术将人工智能知识引入到系统故障识别，利用专家知识、经验和思维方式合理地做出各种判断和决策。

此外，采用标准化软件也可以提高软件运行的可靠性。目前，新一代集散控制系统在硬件上大多采用 32 位 CPU 芯片，如 Motorola 公司的 MC68020 和 MC68030、Intel 公司的 80386、80486，软件上则采用著名的多用户分时操作系统，如 UNIX、XENIX、LINUX，采用 Windows 编辑技术软件和关系数据库等。随着系统开放性的增强，还可以移置其他软件公司的优秀软件。

3. DCS 的共同特点

自 1975 年美国 Honeywell 公司推出第一套集散控制系统 TDC2000 以来，集散控制系统已经经历了 4 代，当前是 CIPS 系统。散控制系统主要有以下共同特点：

（1）标准化的通信网络

作为开放系统网络，符合标准的通信协议和规程。集散控制系统已采用的国际通信标准有：IEEE802 局部网络通信标准、PROWAY 过程控制数据通信协议和 MAP 制造自动化协议。这些标准使集散控制系统具有强的可操作性，可以互相连接，共享系统资源，运行第三方的软件等。

（2）通用的软、硬件

早期的集散控制系统厂家为了技术保密而自行设计开发生产，各集散控制系统间不能互联，用户需储备大量备品备件，极不方便。目前，各集散控制系统厂家纷纷采用专业厂家的标准化、通用化、系列化、商品化的产品。如在硬件方面，实现了机架、板件的标准化，降低了系统的价格，大大减轻了用户备品备件的压力和费用；在软件方面，集散控制系统已经被移植到 Windows 网络平台，加速了集散控制系统功能软件的开发，使其功能更加完善和加强。

（3）完善的控制功能

集散控制系统依靠运算单元和控制单元的灵活组态，可实现多样化的控制策略，如 PID 系列算法、串级、比值、均匀、前馈、选择、解耦、Smith 预估等常规控制以及状态反馈、预测控制、自适应控制、推断控制、智能控制等高级控制算法。

（4）安全性能进一步提高

集散控制系统除采用高可靠性的软硬件以及通信网络、控制站等冗余措施外，还使用了故障检测与诊断工程软件，可对生产工况进行监测，从而及早发现故障，及时采取措施，进一步提高了生产的安全性。

三、DCS 的体系结构

DCS 的体系结构表现在层次结构、硬件结构、软件结构和网络结构等四个方面。

1. DCS 的层次结构

DCS 按功能分层的层次结构充分体现了其分散控制和集中管理的设计思想。DCS 自下而上依次分为直接控制层、操作监控层、生产管理层和决策管理层，如图 6-14 所示。下面分别介绍各层的构成和功能。

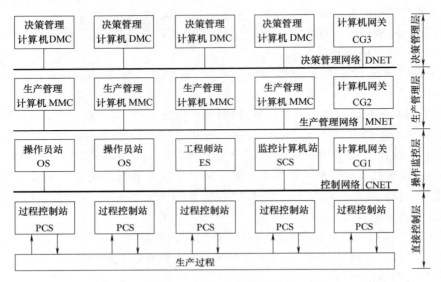

图 6-14　DCS 的层次结构

（1）DCS 的直接控制层

直接控制层是 DCS 的基础，其主要设备是过程控制站（PCS）。PCS 主要由输入输出单元（IOU）和过程控制单元（PCU）两部分组成。

IOU 直接与生产过程的信号传感器、变送器和执行机构连接，其功能有二：一是采集反映生产状况的过程变量（如温度、压力、流量、料位、成分）和状态变量（如开关或按钮的通或断、设备的启或停），并进行数据处理；二是向生产现场的执行器传送模拟量操作信号（4-20mA DC）和数字量操作信号（开或关、启或停）。

PCU 下与 IOU 连接，上与控制网络（CNET）连接，其功能有三：一是直接数字控制（DDC），即连续控制、逻辑控制、顺序控制和批量控制等；二是与 CNET 通信，以便操作监控层对生产过程进行监视和操作；三是进行安全冗余处理，一旦发现 PCS 硬件或软件故障，就立即切换到备用件，保证系统不间断地安全运行。

（2）DCS 的操作监控层

操作监控层是 DCS 的中心，其主要设备是操作员站、工程师站、监控计算机站和计算机网关。

操作员站（OS）为 32 位或 64 位微处理机或小型机，并配备彩色 CRT、操作员专用键盘和打印机等外部设备，供工艺操作员对生产过程进行监视、操作和管理，具备图文并茂、形象逼真、动态效应的人机界面（MMI）。

工程师站（ES）为 32 位或 64 位微处理机，或由操作员站兼用，供计算机工程师对

DCS 进行系统生成和诊断维护，供控制工程师进行控制回路组态、人机界面绘制、报表制作和特殊应用软件编制。

监控计算机站（SCS）为 32 位或 64 位小型机，用来建立生产过程的数学模型，实施高等过程控制策略，实现装置级的优化控制和协调控制，并对生产过程进行故障诊断、预报和分析，保证安全生产。

计算机网关（CG1）用作控制网络（CNET）和生产管理网络（MNET）之间的相互通信。

（3）DCS 的生产管理层

生产管理层的主要设备是生产管理计算机（MMC），一般由一台中型机和若干台微型机组成。

该层处于工厂级，根据订货量、库存量、生产能力、生产原料和能源供应情况及时制定全厂的生产计划，并分解落实到生产车间或装置；另外，还要根据生产状况及时协调全厂的生产，进行生产调度和科学管理，使全厂的生产始终处于最佳状态，并能应付不可预测事件。

计算机网关（CG2）用作生产管理网络（MNET）和决策管理网络（DNET）之间的相互通信。

（4）DCS 的决策管理层

决策管理层的主要设备是决策管理计算机（Decision Management Computer，DMC），一般由一台大型机、几台中型机、若干台微型机组成。

该层处于公司级，管理公司的生产、供应、销售、技术、计划、市场、财务、人事、后勤等部门。通过收集各部门的信息，进行综合分析，实时做出决策，协助各级管理人员指挥调度，使公司各部门的工作处于最佳运行状态。另外，该层还协助公司经理制定中、长期生产计划和远景规划。

计算机网关（CG3）用作决策管理网络（DNET）和其他网络之间的相互通信，即企业网和公共网络之间的信息通道。

目前世界上有多种 DCS 产品，具有定型产品供用户选择的一般仅限于直接控制层和操作监控层。其原因是下面两层有固定的输入、输出、控制、操作和监控模式，而上面两层的体系结构因企业而异，生产管理与决策管理方式也因企业而异，因而上面两层要针对各企业的要求分别设计和配置系统。

2. DCS 的硬件结构

DCS 硬件采用积木式结构，可灵活地配置成小型、中型和大型等各种不同规模的系统。另外，还可以根据企业的财力或生产要求，逐步扩展系统和增加功能。

DCS 控制网络（CNET）上的各类节点数量，即过程控制站（PCS）、操作员站（OS）、工程师站（ES）和监控计算机站（SCS）的数量，可按生产要求和用户需求而灵活地配置，如图 16-14 所示。同时，还可以灵活地配置每个节点的硬件资源，如内存容量、硬盘容量和外部设备种类等。

（1）DCS 控制站的硬件结构

控制站（CS）或过程控制站（PCS）主要由输入输出单元（IOU）、过程控制单元（PCU）和电源三部分组成，如图 6-15 所示。

IOU 是 PCS 的基础，由各种类型的输入输出处理板（Input/Output Processing Card，

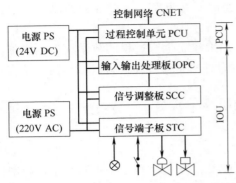

图 6-15　过程控制站（PCS）的硬件构成

IOPC）组成，如模拟量输入板（4～20mA DC，0～10V DC）、热电偶输入板、热电阻输入板、脉冲量输入板、数字量输入板、模拟量输出板（4～20mA DC）、数字量输出板和串行通信接口板等。这些输入输出处理板的类型和数量可按生产过程信号类型和数量来配置。另外，与每块输入输出处理板配套的还有信号调整板（Signal Conditioner Card，SCC）和信号端子板（Signal Terminal Card，STC）。其中，SCC 用作信号隔离、放大或驱动，STC 用作信号接线。上述 IOPC、SCC 和 STC 的物理划分因 DCS 而异，有的划分为三块板结构；有的划分为两块板结构，即 IOPC 和 SCC 合并，外加一块 STC；有的将 IOPC、SCC 和 STC 三者合并成一块物理模块，并附有接线端子。

　　PCU 是 PCS 的核心，并且是 PCS 的基本配置，主要由控制处理器板、输入输出接口处理器板、通信处理器板、冗余处理器板等组成。控制处理器板的功能是运算、控制和实时数据处理；输入输出接口处理器板是 PCU 与 IOP 之间的接口；通信处理器板是 PCS 与控制网络（CNET）的通信网卡，实现 PCS 与 CNET 之间的信息交换；当 PCS 采用冗余 PCU 和 IOU 时，冗余处理板用来实现 PCU 和 IOU 中的故障分析与切换功能。上述 4 个块板的物理划分因 DCS 而异，可以分为 4、3、2 块，甚至可以合并为 1 块。

　　（2）DCS 操作员站的硬件结构

　　操作员站（OS）为 32 位或 64 位微处理机或小型机，主要由主机、彩色显示器（CRT）、操作员专用键盘和打印机等组成。其中主机的内存容量、硬盘容量可由用户选择，彩色 CRT 可选触屏式或非触屏式，分辨率也可选择（1280×1024）。一般用工业 PC 机（IPC）或工作站做 OS 的主机，个别 DCS 制造商配专用 OS 主机，前者是发展趋势，这样可增强操作员站的通用性及灵活性。

　　（3）DCS 工程师站的硬件结构

　　工程师站（ES）为 32 位或 64 位为处理机，主要由主机、彩色显示器（CRT）、键盘和打印机等组成。一般用工业 PC 机或工作站作 ES 主机，个别 DCS 制造商配专用 ES 主机。工程师站既可用作离线组态，也可用作在线维护和诊断。如果用作离线组态，则可以选用普通 PC 机。有的 DCS 用 OS 兼作 ES，此时只需用普通键盘。

　　（4）DCS 监控计算机站的硬件结构

　　监控计算机站（SCS）为 32 位或 64 位小型机和高档微型机，主要由主机、彩色显示器（CRT）、键盘和打印机等组成。其中主机的内存容量、硬盘容量、CD 或磁带机等外部设备均可由用户选择。

　　一般 DCS 的直接控制层和操作监控层的设备（如 PCS、OS、ES、SCS）都有定型产品供用户选择，即 DCS 制造商为这两层提供了各种类型的配套设备，而生产管理层和决策管理层的设备无定型产品，一般由用户自行配置，当然要由 DCS 制造商提供控制网络（CNET）与生产管理网络（MNET）之间的硬、软件接口，即计算机网关（CG）。这是因为一般 DCS 的直接控制层和操作监控层不直接对外公开，必须由 DCS 制造商提供专用的接口才能与外界交换信息，所以说 DCS 的开放是有条件的开放。

3．DCS 的软件结构

DCS 的软件采用模块式结构，给用户提供了一个十分友好、简便的使用环境。在组态软件支持下，通过调用功能模块可快速地构成所需的控制回路；在绘图软件支持下，通过调用绘图工具和标准图素，可简便地绘制出人机界面（MMI）。

（1）DCS 控制站的软件结构

控制站（CS）或过程控制站（PCS）用户软件的表现形式是各类功能模块，如输入模块、输出模块、控制模块、运算模块和程序模块等。在工程师站组态软件的支持下，用这些功能模块构成所需的控制回路。例如，若要构成单回路 PID 控制，只需调用一个模拟量输入模块（AI）、一个 PID 控制模块（PID）和一个模拟量输出模块（AO），如图 6-16 所示。

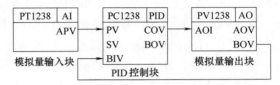

图 6-16　DCS 中单回路 PID 控制组态图

PCS 的输入输出单元（IOU）中，每个信号输入点对应一个输入模块，如模拟量输入模块、数字量输入模块；每个信号输出点对应一个输出模块，如模拟量输出模块、数字量输出模块。在工程师站组态软件的支持下，对每个信号点组态，定义工位号（Tag Name）、信号类型（如 4～20mA DC 电流、热电偶、热电阻、0～10V DC 电压等）、工程单位（如℃、m^3/h 等）和量程等，即可在过程控制单元（PCU）中建立相应的输入、输出模块。

在 PCS 的过程控制单元（PCU）中，还为用户准备了运算模块和控制模块。常用的运算模块有加、减、乘、除、求平方根、一阶惯性、超前滞后和纯滞后补偿等。控制模块又可分为连续控制模块、逻辑控制模块和顺序控制模块 3 类，每类又有多种控制算法，如连续控制模块中有 PID 控制模块，可以构成单回路、前馈、串级、比值、选择等控制回路，逻辑控制模块中有与（AND）、或（OR）、非（NOT）、异或（XOR）等算法模块。

PCS 中的各类功能模块也被称作点（Point）或内部仪表，如在 TDC3000 或 TPS 中被称作点，而在 CENTUM 中又被称作内部仪表，至今仍无统一的名称，也有人形象地称其为软点、软模块或软仪表。

（2）DCS 操作员站的软件结构

操作员（CS）是 DCS 的人机界面（MMI），其用户软件的表现形式是为用户提供了丰富多彩、图文并茂、形象直观的动态画面。一般有如下几类画面：总貌、组、点、趋势和报警等通用操作画面；工艺流程图、操作指导和操作面板等专用操作画面；操作员操作、过程点报警和事故追忆日志等历史信息画面；系统设备状态和功能模块汇总等系统信息画面。同时还提供各类报表、日志、记录和报告的打印功能，以及语音合成和工业电视（ITV）等多媒体功能。

总貌（Overview）画面汇集了数十个或数百个点的状态，用文字、颜色和符号等来简要形象地描述每个点的工作状态，如用红色"A"闪烁表示被控量（PV）处于上限或下限报警（Alarm）状态，用红色"M"表示控制回路处于手动（Man）状态，用黄色"F"表示信号处于故障（Fail）状态。操作员通过总貌画面了解重要控制回路和关键信号点的工作状态，以便及时处理有关事件。

组（Group）画面汇集了过程参量（点）的主要参数，并用数字、文字、光柱、颜色和符号等形象地描述。例如，用红、绿、黄光柱分别表示被控量（PV）、设定值（SV）和控制量（MV），并用红、绿、黄数字表示相应的数值；用文字表示 PID 控制回路的状态，如 AUTO（自动）、MAN（手动）、CAS（串级）等；用红色方框表示开关点为 ON（接通）状态，用绿色方框表示开关点为 OFF（断开）状态。操作员通过组画面可以实施主要的操作，如改变给定值（SV），改变控制回路的状态（MAN、AUTO、CAS），在手动（Man）状态下改变控制量（MV）。

点（Point）画面给出了该点的全部参数，又称细目（Detail）画面。例如，PID 控制回路点画面参数有 PV、SV、MV、AUTO（MAN 或 CAS）、比例带（P）、积分时间（I）、微分时间（D）等，以及 PV、SV 和 MV 这三条曲线。操作员通过点画面可调整改点的每个参数，比如调整比例带、积分时间和微分时间，所以点画面也称调整画面。

流程图（Flow Diagram）画面由各种图素、文字和数据等组合而成，用来模拟实际的物理装置、设备、管线、仪表和控制回路等。除静止画面外，还有颜色、图形、文字和数字等连续变化的动态画面，给人以直观形象和身临其境之感。操作员通过流程图画面可实施各种操作，如设备的启或停、阀门的开或关、PID 控制回路的有关操作。

（3）DCS 工程师站的软件结构

工程师站（ES）用户软件包括组态软件、绘图软件和编程软件三类。其主要功能是组态，一般分为操作监控层设备组态、直接控制层设备组态、直接控制层功能组态和操作监控层功能组态四部分。通过组态，生成 DCS 系统和控制系统，建立操作、监控和管理环境。

DCS 的设备组态是登记控制网络上各节点的网络地址、硬件和软件配置。例如，登记控制网络上过程控制站（PCS）、操作员站（OS）、工程师站（ES）、监控计算机站（SCS）和计算机网关（GW）的网络地址；登记 PCS 的输入输出单元（IOU）中每块输入板卡和输出板卡的地址（卡笼号和卡槽号）以及是否冗余；登记 PCS 的过程控制单元（PCU）是否冗余，并分配运算模块和控制模块数量；登记 OS 的操作权限、是否触摸屏（CRT）、打印机编号等。

DCS 的功能组态内容十分丰富，包括建立输入模块、输出模块、运算模块和控制模块，并按工艺要求构成所需的连续控制回路（如单回路、前馈、串级、比值等）和逻辑控制回路。功能模块的组态采用简便的结构图连接方式（图 6-16），以及窗口选择或填表方式。

通用画面是指总貌、组、点、趋势和报警画面等。这些画面的格式已经固定，组态时用户只需给出每幅画面上功能模块或参数的名称，如组画面上显示的功能模块的名称（或工位号），趋势画面上显示曲线的参数名称等。组态时只需按要求填表或填空便可构成相应画面。

专用画面是指工艺流程图、操作指导、操作面板、报表和报告等，采用绘图软件制作专用画面。该软件提供了多种图素（罐、塔、釜、换热器、泵、电机、阀、管线、仪表等）供用户选用，并可任意缩放或旋转。

DCS 提供两类编程语言：一类是专用控制语言（Control Language，CL），提供了各种基于过程的语句，直接面向过程并使用过程变量，因此编程简单；另一类是通用的高级算法语言，如 Visual C、Visual B 等，并提供共享 DCS 数据库的接口。

ES 在系统软件的支持下，把组态形成的目标文件下载到过程控制站（PCS），把通用画面和专用画面的目标文件下装到操作员站（OS）。

（4）DCS 监控计算机站的软件结构

监控计算机站（SCS）用户软件的表现形式是应用软件包，如自适应控制、预测控制、推理控制、优化控制、专家系统和故障诊断等软件包，用来实施高等过程控制策略，实现装置级的优化控制和协调控制，并对生产过程进行故障诊断、事故预报和处理。这些软件包的使用界面十分友好，提供了各种帮助和人机对话，易学易用。

SCS 配置了高级算法语言和数据库，供用户自行开发应用程序。由于 SCS 作为控制网络（CNET）上的一个节点，用户用算法语言（如 C 语言）编应用程序时可以直接使用过程控制站（PCS）中的各种过程变量。

4. DCS 的网络结构

DCS 采用层次化网络结构，从下至上依次分为控制网络（CNET）、生产管理网络（MNET）和决策管理网络（DNET），如图 6-17 所示。另外，过程控制站（PCS）内采用输入输出总线（IOBus）。

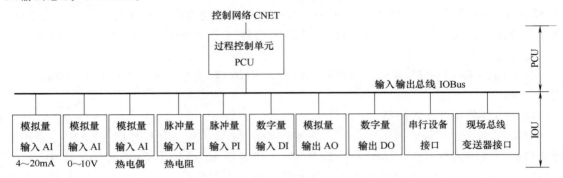

图 6-17　输入输出总线（IOBus）

（1）DCS 的输入输出总线

PCS 的输入输出单元（IOU）有各种类型的信号输入和输出板，如模拟量输入（AI）、数字量输入（DI）、模拟量输出（AO）、数字量输出（DO）、脉冲量输入（Pulse Input，PI）、串行设备接口（Serial Device Interface，SDI）板和现场总线变送器接口（Fieldbus Transmitter Interface，FTI）板等。其中 AI 板输入又分为电流信号（4～20mA DC）、电压信号（0～10V DC）、热电偶（Thermocouple，TC）、热电组（Resistive Temperature Device，RTD）等类型。这些信号板和过程控制单元（PCU）之间通过串行输入输出总线（IOBus）互联，如图 6-17 所示。

每块输入或输出板除了进行信号变换（A/D、D/A）和数据处理外，还通过 IOBus 与PCU 交换信息。由于采用 IOBus，IOU 可以远离 PCU，直接安装在生产现场，这样既节省信号线，又便于安装调试。

IOBus 一般选用 RS-232、RS-422 和 RS-485 等通信标准，也可以选用现场总线，如FF、Profibus、LON 和 CAN 等。其传输距离为 100～1000m。若要传输更远的距离，则可以采用总线驱动器或中继器。

由于信号输入和输出是 PCS 的基础，为了提高安全可靠性，一般采用冗余 IOBus，自动检测通信故障并自动切换到备用通信线。

（2）DCS 的控制网络

CNET 是 DCS 的中枢，应具有良好的实时性、极高的安全性、对恶劣环境的适应性、网络互连和网络开放性、响应速度快等特点。

控制网络选用局域网、符合国际标准化组织（ISO）提出的开放系统互连（OSI）7 层参考模型，以及电气电子工程师协会（IEEE）提出的 IEEE 802 局域网标准，如 IEEE802.3

（CSMA/CD）、IEEE802.4（令牌总线）、IEEE802.5（令牌环）。

控制网络协议选用国际流行的局域网协议，如以太网（Ethernet）、制造自动化协议（Manufacturing Automation Protocal，MAP）和 TCP/IP 等。工业以太网和 MAP 尤其适用于 DCS。

MAP 是一种适合于工业控制领域的网络互连协议，并参照了 ISO 和 IEEE 802 的有关标准，与 OSI 参考模型的 7 层对应，它依据 IEEE802.4（令牌总线）标准进行信息管理，传输速率为 10Mb/s，传输介质为同轴电缆。在 MAP 的发展过程中，先后形成了 FULL-MAP（全 MAP）、EPAMAP（增强性能结构 MAP）和 MINIMAP（小 MAP）3 种结构。其中，全 MAP 参照 OSI 7 层协议，考虑其实时性，适用于管理层的通信；小 MAP 取消了全 MAP 的一些中间层，只保留了物理层、数据链路层和应用层，从而提高了实时响应性，适用于控制设备间的通信；EPAMAP 则是以上两种结构的折中，一边可以采用全 MAP，另一边支持小 MAP。

控制网络传输介质为同轴电缆或光缆，传输速率为 1M～10Mb/s，传输距离为 1～5km。

（3）DCS 的生产管理网络

MNET 处于工厂级，覆盖一个厂区的各个网络节点。一般选用局域网（LAN），采用国际流行的局域网协议（如 Ethernet、TCP/IP），传输距离为 5～10km，传输速度为 5M～10Mb/s，传输介质为同轴电缆或光缆，网络结构模式为客户机/服务器（Client/Server）模式，操作系统为 UNIX 和 Windows 等，分布式关系数据库为 Oracle、Sybase 和 Informix 等，分布式实时数据库为 InfoPLUS、ONSPEC 和 PI 等。

（4）DCS 的决策管理网络

DNET 处于公司级，覆盖全公司的各个网络节点。一般选用局域网（LAN）或区域网（Metropolitan Area Network），采用局域网协议（如 Ethernet、TCP/IP）或光缆分布数据接口（Fiber Distributed Data Interface，FDDI），传输距离为 10～50km，传输速度为 10M～100Mb/s，传输介质为同轴电缆、光缆、电话线或无线，网络结构模式为客户机/服务器（Client/Server）模式，操作系统为 UNIX、VAX/VMS 和 Net Ware 等，分布式关系数据库为 Oracle、Sybase 和 Informix 等。

第三节　轻化工常用 DCS 系统

自 1975 年 DCS 问世以来，许多公司都步入了 DCS 系统设计与开发的道路，并一直在不断地发展和更新。本节将介绍西门子公司、ABB 公司、浙大中控公司以及和利时公司的最新的 DCS 系统，让大家对 DCS 系统有个更广阔的了解。

一、西门子公司 DCS 系统——SIMATIC PCS7

SIMATIC PCS7 过程控制系统就是在这种形势下开发的新一代过程控制系统，它是一个全集成的、结构完整、功能完善、面向整个生产过程的过程控制系统。SIMATIC PCS7 是西门子公司结合最先进的计算机软、硬件技术，在西门子公司 S5，S7 系列可编程控制器及 TELEPERM 系列集散系统的基础上，面向所有过程控制应用场合的先进过程控制系统。

PCS7 是西门子的 DCS 系统，基于过程自动化，从传感器、执行器到控制器，再到上位机，自下而上形成完整的 TIA（全集成自动化）架构。主要包括 Step7、CFC、SFC、SimaTIc Net 和 WinCC 以及 PDM 等软件，组态对象选用 S7-400 高端 CPU，一般应用于钢铁和石化等行业。

SIMATIC PCS7 采用优秀的上位机软件 WinCC 作为操作和监控的人机界面，利用开放的现场总线和工业以太网实现现场信息采集和系统通讯，采用 S7 自动化系统作为现场控制单元实现过程控制，以灵活多样的分布式 I/O 接收现场传感检测信号。

SIMATIC PCS7 是基于全集成自动化思想的系统，其集成的核心是统一的过程数据库和唯一的数据库管理软件，所有的系统信息都存储于一个数据库中而且只需输入一次，这样就大大增强了系统的整体性和信息的准确性。SIMATIC PCS7 的通讯系统采用的是工业以太网和 PROFIBUS 现场总线。工业以太网用于系统站之间的数据通信。SIMATIC PCS7 采用符合 IEC61131-3 国际标准的编程软件和现场设备库，提供连续控制、顺序控制及高级编程语言。现场设备库提供大量的常用的现场设备信息及功能块，可大大简化组态工作，缩短工程周期。SIMATIC PCS7 具有 ODBC、OLE 等标准接口，并且应用以太网、PROFIBUS 现场总线等开放网络，从而具有很强的开放性，可以很容易地连接上位机管理系统和其他厂商的控制系统。如图 6-18 所示。

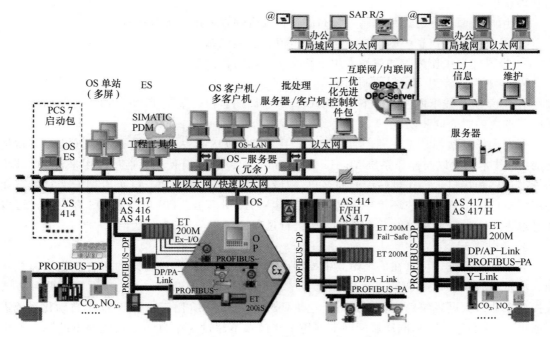

图 6-18　西门子 DCS——SIMATIC PCS7 系统架构图

PCS7 并不等同于 Step7＋WinCC，PCS7 中的 OS 中的很多模板和画面都是在 Step7 中用 CFC 和 SFC 自动生成的，变量记录和报警记录也都是由 Step7 中编译传送到 WinCC 中去的，并不需要像使用普通 WinCC 那样手动组态画面、变量记录和报警记录。

1. 操作员站

操作员站是过程控制系统 SIMATIC PCS7 的人机界面，用于用户过程的窗口。操作员站的架构非常灵活，可以适配于不同的工厂规格和客户要求。由此可实现单站系统以及客户机/服务器架构的多站系统的完美协同。操作员站的系统软件根据过程对象（PO）的数量有多种选择。

① 每个 OS 单站可有 250、2000、3000 或 5000 个 PO。

② 每个 OS 服务器可有 250、2000、3000、5000 或 8500 个 PO，为满足更高要求或系统扩展，过程对象的数量随时可以通过附加的 PowerPack 增加。

③ 使用可扩展的硬件和软件部件，灵活、模块化的设计，可以用于单站和多站系统。

④ 功能强大的操作员站基于安装有 Microsoft Windows 2000 的标准 PC 技术，可以用于办公和工业环境。

⑤ 客户机/服务器多用户系统，最多可有 12 个 OS 服务器/服务器对，每个可针对 5000 个过程对象，以及每个服务器/服务器对最多可有 32 个 OS 客户机。

⑥ 基于 Microsoft SQL 服务器的功能强大的归档系统，具有循环归档功能和集成归档备份功能，使用归档服务器可以进行选择。

⑦ OSHealthCheck，用于监控重要的服务器应用程序。

⑧ 在线修改，不会影响正在进行中的运行，通过有选择性的加载冗余服务器，可以进行在线测试。

⑨ 优化的 AS/OS 通信：AS 应答周期为 500ms，只有在数据变化之后才进行数据传输，抑制抖动报警。

⑩ 用户界面友好的过程控制，较高的运行安全性，采用多屏幕技术。

⑪ 通过在报警信息中的组合状态或模拟值，扩展状态显示。

⑫ 报警优先级作为附加属性，用于筛选重要的报警信息。

⑬ 集中用户管理，访问控制和电子签名。

⑭ 对系统总线上所连接的下位系统进行寿命周期监控，基于 UTC（通用时间同步）的系统范围内的时间同步功能。

所有操作员站都基于先进、功能强大、并为用于 OS 单站、OS 客户机或 OS 服务器优化的 PC 技术，可以与操作系统 Microsoft Windows 2000 组合使用。通过使用来自 PC 环境的标准部件和接口，操作员站为面向客户/领域的选项和扩展开放。既可以用于严苛的工业环境，也可以运行在办公环境中。通过多功能 VGA 图形卡、OS 单站和 OS 客户机，可以通过最多 4 个过程监视器对几个设备区域进行过程控制。

2. 单站系统

对于单站系统，可以在一个站集中控制一个项目（设备/子设备）的所有操作和监控功能。本机上有一个 FastEthernet RJ45 接口，可用于连接 OS LAN。OS 单站可以两种方式连接到工业以太网系统总线：通过一个通讯处理器 CP 1613（用于与最多 64 个自动化系统进行通讯），或通过一个标准局域网网卡（用于与最多不超过 8 个自动化系统通讯的基本通讯以太网）。在系统总线上，OS 单站可以与其他单站系统或多站系统并行安装使用。通过使用程序包 WinCC/Redundancy，也可以冗余运行两个 OS 单站。

3. 多站系统

客户机/服务器架构的多站系统：一个多站系统由操作终端组成（OS 客户机），这种客户机由一个或几个 OS 服务器通过一个 OS 局域网接收数据（项目数据、过程值、归档、报警）。OS 局域网可以和系统总线共享传送介质或作为单独的总线运行（TCP/IP 以太网）。在该结构中，冗余 OS 服务器可设置符合更高可用性要求（热后备）。运行在 OS 服务器上的应用程序都由 Health Check 进行监控，看是否有软件故障。若发现故障，则切换到冗余系统。冗余 OS 服务器可自动实现高速同步化。OS 客户机不仅可以访问一个 OS 服务器/服务器对上的数据，也可以同时访问几个 OS 服务器/服务器对上的数据（多客户机运行）。由此，可以将一台设备分为几个工艺子设备，并将数据相应的分配到几个 OS 服务器/服务器对。除了可扩展以外，分布式系统还可以分为几个设备单元，以提高可用性。SIMAT-ICPCS7 支持最多带有 12 个 OS 服务器或 12 个冗余 OS 服务器对的多站系统。在多客户机运行版，OS 客户机不仅可以访问一个 OS 服务器/服务器对上的数据，而且可以同时访问所有 12 个 OS 服务器/服务器对上的数据（最多可以 32 个 OS 客户机同时访问）。OS 服务器还可例外通过客户机功能，访问多站系统上的其他 OS 服务器的数据（归档、报警信息、TAG 和变量）。由此，一个 OS 服务器上的过程绘制器也可以控制其他 OS 服务器上的变量（跨范围的绘制器）。OS 服务器可以和 OS 单站一样，通过一个通讯处理器或一个简单的网卡，连接到工业以太网系统总线。本机上有一个 FastEthernetRJ45 接口，可用于连接 OS LAN。

OS 基本硬件和操作员站软件是操作员站的基本架构，即 OS 单站、OS 服务器和 OS 客户机，并相互依赖。可选过程值归档服务器基于 OS Server 250 PO/RT8K 带有 512 个变量的初始软件，通过附加 Archive PowerPack，档案的规格可以扩展为 1500、5000、30000 或 80000 个变量。所有操作员站都还可安装 SFC 可视化系统。

4. 操作员站软件系统

操作员站软件运行在本产品目录中所提供的 OS 基本硬件上，并经过了系统测试。西门子公司保证用于本产品目录中所涉及部件系统组态的硬件和软件的兼容性。如果安装有非本产品目录中所提供的基本硬件，必须参考"基本设备 ES/OS/BATCH/IT"一章中所提供的最小配置要求。如果将其他或自己的硬件部件与 SIMATIC PCS 7 操作员站（OS 单站/OS 服务器/OS 客户机）组合使用，用户应承担由于系统兼容性问题所造成的损失责任。尽管已进行了大量的测试，如果附加第三方系统，即非 SIMATIC PCS7 软件，有可能会造成故障或损坏。为此，对于在 SIMATIC PCS 7 运行版系统上安装第三方软件，对于由此所造成的后果西门子公司概不负责。在 SIMATIC PCS7 系统上安装第三方软件应由用户负责。对于可能出现的兼容性问题，西门子公司不提供免费支持。

操作员站的预定义操作界面具有所有控制系统的特点。多语言、直观、人机工程学设计。操作员可以非常容易的浏览过程，快速在不同 Plant View 之间进行切换。通过一个图形树管理器，可以根据用户的需要组织屏幕结构，并在过程执行中，直接选择下位区域。过程屏幕和测量点也可以根据名称调出。通过联机语言转换功能，操作员可以在运行过程中实现不同语言之间的转换。对于一台设备的工艺显示，可以使用一个标准窗口和一个服务器窗口，显示不同区域的概览。这两个窗口都设计有以下部件：报警栏，用于显示最近的报警信息日期、时间以及操作员的姓名区域概览，共有 36/49/64 个区域范围（根据过程监视器的配置）工作区域，用于显示设备图形，以及面板、曲线等可自由移动的窗口。

二、ABB 公司 DCS 系统——Baily Symphony

ABB Baily Symphony 分布式过程控制系统是 ABB 于 90 年代末推出的，融过程控制和企业管理为一身的新一代分布式过程控制系统。他是 Network-90、Infi-90、Infi-90 Open 的继承和创新，具有分布式控制系统所能做到的控制器物理位置相对分散、控制功能相对分散、系统功能相对分散及显示、操作、记录和管理集中基本功能，还借助当今世界上先进的多种技术如微处理器及计算机及图形显示技术、数字通讯技术、以质量和高效能为基础的先进和现代控制技术等，逐步形成一个强于一般分布式控制系统能力，功能更完善、更具有时代气息、具有决策管理性能，更加开放的新型分布式控制系统。

1. Symphony 系统的功能

Symphony 系统具有以下功能：

① 区域管理与控制。为各种生产过程提供传统意义上的过程控制、数据采集及 I/O 接口。

② 厂区管理与控制对厂区范围内的过程控制、企业数据及网络通信进行管理并涵盖过程网络服务器，以及互联网络信息。

③ 人系统接口。在相应的操作系统下，通过人系统接口实现对生产过程的控制、数据采集。企业信息的监视、记录和归档等管理。

④ 系统设计和维护工具。提供一套完整的用于工程设计和维护的工具。包括工程设计、现场维护计划，组态调试及文件管理等功能。

2. Symphony 系统的主要设备

Symphony 系统的主要设备：

① 过程控制单元（Harmony Control Unit，HCU）。用于工程控制和现场的数据处理，实现物理位置相对分散、控制功能相对分散并包括了控制器及特点模块和端子在内的设备叫作过程控制单元（HCU）。

② 人系统接口（Human System Interface，HSI）。用于过程及系统监视、操作、记录，以及报警及事件管理、数据处理、归档等功能，并以通过计算机为基础的操作员专用的设备即人系统接口（HSI）。

③ 系统组态、维护工具 Composer。采用通过计算机及相应的专用组态软件来为过程控制器、人机接口等设备组态和维护并能在线工作的设备接口叫系统工具（Composer）。

④ 计算机接入网络的接口（Network Computer Interface，ICI）。用于把系统所涉及的相关独立设备，构成一个完整的分布式控制结构，并使那些分散的过程数据贯穿整个系统的结构叫作控制网络（Cnet）。

⑤ 过程管理数据传递的网络（Control Ne twork，Cnet）。把第三方计算机或系统配置的操作员工作台，工程师工作站等重要设备接入系统的接口设备叫网络计算机接口（ICI）。

⑥ 网络至网络的接口 Cnet-Cnet Network Interface。把两个独立的控制网络接在一起，组成一种复合的控制网络结构。该设备会使系统配置的功能结构更加合理。这一通信接口设备叫网络至网络的接口（Cnet-Cnet）。

Symphony 系统的设备结构与网络：Symphony 系统的设备组成架构如图 6-19 示意图。所有设备通过下面讲述的三层网络结构连接而组成 Symphony 的硬件系统。

（1）双环状网络拓扑结构

过程控制及数据采集等有关管理层方面的数据将借助系统配置的网络硬件、软件等结构进行传递，对过程控制中有关现场、系统涉及管理方面的数据进行交流。该网络叫作控制网络 Control Network（Cnet），它采用了典型的双环状网络拓扑结构。该环利用同轴电缆为通信介质，具有 250 个节点地址。

（2）过程控制数据层

　　该层将借助网络硬件、软件等结构传递，交流过程控制中有关控制特性及为操作员参与过程等方面的数据提供了交流环境。该网络叫控制通道 Control Way（C.W），采用的是总线拓扑结构。该层控制通道采用印刷电路板为通信介质，具有32 个节点容量，即地址范围为 0～31。

　　（3）过程 I/O 数据层

　　该层将借助与网络硬件、软件等结构进行传递，交流过程现场输入、输出等方面的数据。该网络叫 I/O 扩展总线 I/O Expander Bus，它仍采用总线型拓扑结构。该层网络采用印刷电路板为通信介质，具有 64 个节点容量，即地址范围为 0～63。

　　3. Symphony 系统的操作员站

　　PGP（Power Generation Portal）为 Industrial IT Symphony 系统的人系统接口

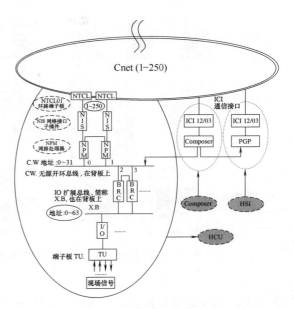

图 6-19　Symphony 系统的设备组成架构图

（即操作员站）之一。PGP 以 Windows2000/NT 为运行平台，具有完全开放性的界面，标签容量大（最大标签容量为 130000），可为运行人员随时提供监视、控制、诊断、维护、优化管理等各个方面强有力的支持和实际运行的界面。由于支持大量的标准接口，使得其不仅能完成操作员站的功能，而且可成为多种信息汇总的平台。服务器｜客户机的明晰结构易于理解与应用；服务器的多冗余功能提高了数据的安全系数。

　　作为 ABB 针对企业管理与控制解决方案的一部分，操作员站起着运行人员级信息管理系统的作用。PGP 采用开放的通信网络结构，支持多种标准协议：DDE、OLE2/COMTM、TCP/IP、ORACEL/ODBC SQLTM、OPC Server 和 OPC Client，使其不限于 Industrial IT Symphony DCS 的通信，而且有能力成为多系统的公用平台，让运行人员在相同的界面运行不同的系统，从而简化了运行人员的工作，统一了控制室的风格。

　　PGP 在设计上运用了人体工程学的原理，具有适合操作员的特性和功能，使 Industrial IT Symphony 系统具有了对过程监视和控制，故障排除及优化等更加完备的功能。如图 6-20 所示。

　　操作员站最主要的功能是让操作员对就地设备进行监控、操作；对生产过程进行监视、调节；为运行工程师、生产工程师、维护工程师提供原始信息，用于分析、优化与指导。所以下内容为 PGP 的最基本功能：采集由控制系统送来的现场模拟量和数字量信号；在数据库中存储数值与状态；存储当前和历史过程量及计算量；获取用于显示和存档的数据。对被控设备发出指令；显示过程画面，打印报表。

　　4. PGP 操作员站的硬件结构

　　PGP 是一种灵活、开放的客户机——服务器结构。基本配置如下：

　　① 客户——服务器一体设计：个人计算机一台；

　　② 客户——服务器单独设计：多台服务器 PC，客户机 PC；

　　③ 彩色显示器、数字键盘、鼠标、跟踪球；

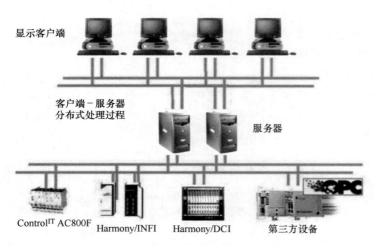

显示客户端

客户端－服务器
分布式处理过程

服务器

Control^IT AC800F　Harmony/INFI　Harmony/DCI　第三方设备

图 6-20　PGP 操作员控制站的基本架构图

④ 硬盘、软驱、CD-ROM；外部接口；

⑤ Industrial IT Symphony 系统接口：SemAPI；

⑥ 相关的辅助外部设备配置，用户可根据需要做相应的选择，例如：显示器类型、分辨率；硬盘、软驱、CD-ROM；键盘、鼠标、跟踪球；触屏及背投大屏幕等；高速打印机。

5. PGP 操作员站的特点

PGP 采用交互式的运行方式。操作员可以借助相应外部设备，完成监视和控制所有来自过程控制单元的模拟控制回路及开关量控制设备；用于用户完成需要的过程画面显示、报警汇总、历史和实时趋势等功能。过程画面为用户提供了对过程状态和操作员信息的实时查询。多优先级报警可以有效对瞬间的警报情况做出响应。可由操作员组态的画面，使关键数据成组的在画面上显示。操作员站还为工程师构成了组态接口。通过它来组态和修改结构图形画面，标签数据库，过程控制方案，以及打印报表及设定保密级等特性。通过它可立即在线对各种参数做修改，并且在下装组态前不需要进行编辑，因此，工程师在操作员站上所进行的画面及数据库的组态，不会中断过程控制。由于操作员站所具有的开放特性，使它可以为系统用户提供动态访问其他范围内信息的能力。这一功能强大的人机接口，可以作为过程控制与工程管理信息系统的接口，并使控制网络通过操作员站与其他的系统联系起来。

PGP 操作员站概括起来有如下特点：

① 采用服务器/客户机结构；

② 可实现服务器多冗余的自动切换；

③ 可通过多种标准接口接入来自各方的数据；

④ 支持大多数外部设备；

⑤ 能在线对采入数据根据需要计算，产生新的过程数据用于显示和记录；

⑥ 具备直观、灵活的画面组织结构；

⑦ 标准图库、可导入已有画面；

⑧ 组态画面支持多种语言；

⑨ 动态画面每秒刷新；

⑩ 组态画面数量只取决于硬盘容量；

⑪ 利用用户分组，授予不同权限，实现全面安全性管理；

⑫ 单个或多个弹出面板可用于操作过程画面上的设备；

⑬ 可设定"Pegboard"用于同时操作不同系统的多个设备；

⑭ 报警按照结构、画面顺序、优先级进行分类显示；

⑮ 任何数据都可拥有实时和历史数据趋势并用趋势或表格形式来显示；

⑯ 报表使用标准的微软工具实现，便于存储和打印；

⑰ 报表中可显示趋势或柱状图；

⑱ 通过标准接口向实时数据库传送信息。

三、浙大中控公司 DCS 系统——JX-300XP

JX-300XP 系统是目前国内应用最广泛的单一型号控制系统产品，在化工、石化、冶金、建材等多个流程工业行业有着 2000 多套成功应用案例。JX-300XP 是中控在基于 JX-300X 成熟的技术与性能的基础上，推出的基于 Web 技术的网络化控制系统。在继承 JX-300X 系统全集成与灵活配置特点的同时，JX-300XP 系统吸收了最新的网络技术、微电子技术成果，充分应用了最新信号处理技术、高速网络通信技术、可靠的软件平台和软件设计技术以及现场总线技术，采用了高性能的微处理器和成熟的先进控制算法，全面提高了系统性能，能适应更广泛更复杂的应用要求。同时，作为一套全数字化、结构灵活、功能完善的开放式集散控制系统，JX-300XP 具备卓越的开放性，能轻松实现与多种现场总线标准和各种异构系统的综合集成。

通过在 JX-300XP 的通信网络上挂接总线变换单元（BCU）可实现与 JX-100、JX-200、JX-300 系统的连接；在通信网络上挂接通信接口单元（CIU）可实现 JX-300XP 与 PLC 等数字设备的连接；通过多功能计算站（MFS）和相应的应用软件 AdvanTrol-PIMS 可实现与企业管理计算机网的信息交换，实现企业网络（Intranet）环境下的实时数据采集、实时流程查看、实时趋势浏览、报警记录与查看、开关量变位记录与查看、报表数据存储、历史趋势存贮与查看、生产过程报表生成与输出等功能，从而实现整个企业生产过程的管理、控制全集成综合自动化。

JX-300XP 覆盖了大型集散系统的安全性、冗余功能、网络扩展功能、集成的用户界面及信息存取功能，除了具有模拟量信号输入输出、数字量信号输入输出、回路控制等常规 DCS 的功能，还具有高速数字量处理、高速顺序事件记录（SOE）、可编程逻辑控制等特殊功能；它不仅提供了功能块图（SCFBD）、梯形图（SCLD）等直观的图形组态工具，又为用户提供开发复杂高级控制算法（如模糊控制）的类 C 语言编程环境 SCX。系统规模变换灵活，可以实现从一个单元的过程控制，到全厂范围的自动化集成。

JX-300X 控制站以先进的微控制器（30MHZ Philips P51XA）为核心，提高了系统的实时性和控制品质，系统能完成各种先进的控制算法：过程管理级采用高性能 CPU 的主机和 WINDowS95/NT 的多任务操作系统，以适合集散控制系统良好的操作环境和管理任务的多样化；过程控制网络采用双重化的 Ethernet 网技术，使过程控制级能高速安全地协调工作，做到真正的分散和集中。

从结构上划分，DCS 包括过程级、操作级和管理级。

过程级主要由过程控制站、I/O 单元和现场仪表组成，是系统控制功能的主要实施部分。

过程控制站的组成：DCS 的过程控制站是一个完整的计算机系统，主要由电源、CPU（中央处理器）、网络接口和 IO 卡件组成；DCS 的控制决策是由过程控制站完成，由过程控制站执行。

IO 单元：通常，一个过程控制站是由几个机架组成，每个机架可以摆放一定数量的模块。CPU 所在的机架被称为 CPU 单元，同一个过程站中只能有一个 CPU 单元，其他只用来摆放 IO 模块的机架就是 IO 单元。IO：控制系统需要建立信号的输入和输出通道，这就是 IO。DCS 中的 IO 一般是模块化的，一个 I/O 模块上有一个或多个 IO 通道，用来连接传感器和执行器。

操作级包括：操作员站和工程师站，完成系统的操作和组态。

操作员站：一般用 OS 表示，操作站是操作人员进行生产过程的监视、操作的主要设备，操作站提供良好的人机交互界面，用以实现集中显示、集中操作和集中管理等功能。

工程师站：一般用 ES 表示，主要用于对 DCS 进行在线、离线的组态工作和在线的系统监督、控制与维护，工程师能够借助于组态软件对系统进行系统生成、离线组态、并可在 DCS 运行时实时监控 DCS 网络上各站的运行情况。

管理级主要是指工厂管理信息系统，作为 DCS 更高层次的应用。主要用于全系统的信息管理和生产、经营过程管理，并可根据收集到的信息进行优先控制，如图 6-21 所示。

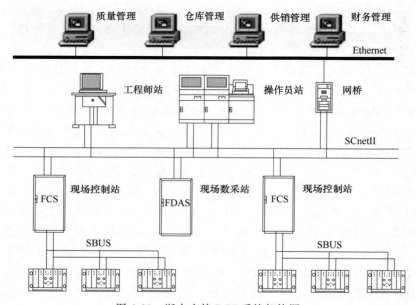

图 6-21　浙大中控 DCS 系统架构图

JX-300XP 系统采用三层网络结构：

第一层网络是信息管理网 Ethernet（用户可选）采用以太网络，用于工厂级的信息传送和管理，是实现全厂综合管理的信息通道。

第二层网络是过程控制网 SCnetII 连接了系统的控制站、操作员站、工程师站、通信接口单元等，是传送过程控制实时信息的通道。

第三层网络是控制站内部 IO 控制总线，称为 SBUS，用来控制站内部 IO 控制总线。主控制卡、数据转发卡、IO 卡件都是通过 SBUS 进行信息交换的。SBUS 总线分为两层：双重化总线 SBUS-S2 和 SBUS-S1 网络。主控制卡通过它们来管理分散于各个机笼内的 IO 卡件。

控制站是 JX-300XP 系统实现过程控制的主要设备之一，其核心是主控制卡。主控制卡安装在机笼的控制器槽位中，通过系统内高速数据网络-SBUS 扩充各种功能，实现现场信号的输入输出，同时完成过程控制中的数据采集、回路控制、顺序控制以及优化控制等各种控制算法。

控制站由主控制卡、数据转发卡、IO卡件、供电单元等组成。通过软件设置和硬件的不同配置可构成不同功能的控制结构，如过程控制站、逻辑控制站、数据采集站。它们的核心单元都是主控制卡XP243。

过程控制站：简称控制站，是传统意义上集散控制系统的控制站，它提供常规回路控制的所有功能和顺序控制方案，控制周期最小可达0.1s。

逻辑控制站：提供马达控制和继电器类型的离散逻辑功能，特点是信号处理和控制响应速度快，控制周期最小可达0.5s。逻辑控制站侧重于完成联锁逻辑功能。

数据采集站：提供对模拟量和开关量信号的基本监测功能。

JX-300X系统软件基于中文Windows 95/98/NT开发，用户界面友好，所有的命令都化为形象直观的功能图标，只需用鼠标即可轻而易举地完成操作，使用更方便简洁；再加上SC8004B操作员键盘的配合，控制系统设计实现和生产过程实时监控快捷方便。

基本组态软件SCKey用户界面友好，只需填表就可完成大部分的组态工作。软件提供专用控制站编程语言SCx（类C语言）、功能强大的专用控制模块、超大编程空间，可方便实现各种理想的控制策略。图形化控制组态软件SCcontrol集成了LD编辑器、FBD编辑器、SFC编辑器、数据类型编辑器、变量编辑器、DFB编辑器。SCcontrol的所有编辑器使用通用的标准菜单File、Windows、Help。灵活的自动切换不同编辑器的特殊菜单和工具条。

SCcontrol在图形方式下组态十分容易。在各编辑器中，目标（功能块、线圈、触点、步、转换等）之间的连接在连接过程中进行语法检查。不同数据类型间的链路在编辑时就被禁止。SCcontrol提供注释、目标对齐等功能改进图形程序的外观。SCcontrol采用工程化的文档管理方法，通过导入导出功能，用户可以在工程间重用代码和数据。

实时监控软件AdvanTrol是基于中文Windows NT/95开发的应用软件，支持实时数据库和网络数据库，用户界面友好，具有分组显示、趋势图显示打印、动态流程、报警管理、报表及记录、数据存档、现场控制站远程自诊断等监控功能。操作员通过丰富灵活的动态画面，可以方便准确地完成生产过程的监视、操作任务。

JX-300X提供了功能强大的过程顺序事件记录、操作人员的操作记录、过程参数的报警记录等多种事件记录功能，并配以相应的事件存取、分析、打印、追忆等软件。系统具有最小事件分辨间隔（1ms）的事件序列记录（SOE）卡件，可以通过多卡时间同步的方法同时对256点信号进行高速顺序记录。

四、和利时公司 DCS 系统——MACSV

和利时公司在成功地开发并应用了HS-DCS-1000系统和HS2000、SmartPro系统之后，在系统地总结了各行业用户的意见和建议，充分调查了计算机技术、网络技术、应用软件技术、信号处理技术等最新发展动态的同时也借鉴了其他公司DCS系统的优点的情况下，基于当今最先进的技术，采用成熟的先进控制算法，推出了公司的第四代DCS系统HOL-LiAS-MACSV系统。

1. 系统的体系结构

该系统是由以太网和使用现场总线技术的控制网络连接的各工程师站、操作员站、现场控制站、通信控制站、打印服务站、数据服务器（上述各站是根据其在控制系统中的担负的任务不同来命名，其实都是普通的计算机）组成的综合自动化系统，完成大型、中型分布式

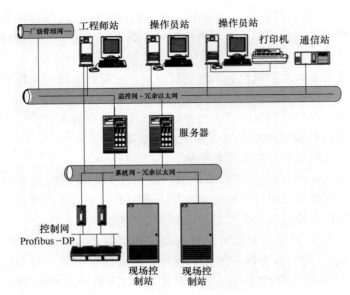

图 6-22　和利时公司 DCS 系统架构图

控制系统（DCS）、大型数据采集监控系统（SCADA）功能。该系统软件包括：ConMaker 控制器软件、ConRTS 现场控制器运行软件、FacView 人机界面软件、Internet 浏览软件、OPC 工具包等，如图 6-22 所示。

（1）工程师站

工程师站一般采用 Windows 操作系统，运行相应的组态管理程序，对整个系统进行集中控制和管理。工程师站主要有以下功能：

① 控制策略组态（包括系统硬件设备、数据库、控制算法）、人机界面组态（包括图形、报表）和相关系统参数的设置。

② 现场控制站的下装和在线调试，操作员站人机界面的在线修改。

③ 在工程师站上运行操作员站实时监控程序后，可以把工程师站作为操作员站使用。

（2）操作员站

操作员站采用 Windows 的操作系统，运行相应的实时监控程序，对整个系统进行监视和控制。操作员站主要完成以下功能：

① 各种监视信息的显示、查询和打印，主要有工艺流程图显示、趋势显示、参数列表显示、报警监视、日志查询、系统设备监视等。

② 通过键盘、鼠标或触摸屏等人机设备，通过命令和参数的修改，实现对系统的人工干预，如在线参数修改、控制调节等。

（3）通信站

通信站作为 SmartPro 系统与其他系统的通信接口，可以连接企业的 ERP 系统（如：和利时的 HS2000ERP）和实时信息系统 Real MIS，或者接入 Internet/Intranet/Extranet。工厂的各个部门可以掌握更多的生产信息，从而为最终用户提供更多的产品和更好的服务。它不仅提供了对生产过程、人员、设备和资源的管理，还可以帮助用户寻找出现问题的原因和生产过程的瓶颈。

（4）现场控制站

现场控制站由主控单元智能 IO 单元、电源单元、现场总线和专用机柜等部分组成，采用分布式结构设计，扩展性强。其中主控单元是一台特殊设计的专用控制器，运行工程师站所下装的控制程序，进行工程单位变换、控制运算，并通过监控网络与工程师站和操作员站进行通信，完成数据交换；智能 IO 单元完成现场内的数据采集和控制输出；电源单元为主控单元、智能 IO 单元提供稳定的工作的电源；现场总线为主控单元与智能 IO 单元之间进行数据交换提供通信链路。

① 主控单元采用冗余配置，通过现场总线（Profibus-DP）与各个智能 IO 单元进行连接。

在主控单元和智能 IO 单元上，分别固化了相应的板级程序。主控单元的板级程序固化在半导体存储器中，而将实时数据存储在带掉电保护的 SRAM 中，完全可以满足控制系统可靠性、安全性、实时性要求。而智能 IO 单元的板级程序同样固化在半导体存储器中。

② 现场控制站是 MACS 系统实现数据采集和过程控制的前端，主要完成数据采集、工程单位变换、开闭环策略控制算法、过程量的采集和控制输出、系统网络将数据和诊断结果传送到系统监控网，并有完整的表征 I/O 模件及 MCU 运行状态提示灯。

③ 现场控制站由主控单元、智能 IO 单元、电源单元、现场总线和专用机柜等部分组成，在主控单元和智能 IO 单元上，分别固化了实时监控（MCU）软件和 IO 单元运行软件。

④ 现场控制站内部采用了分布式的结构，与控制网络相连接的是现场控制站的主控单元，可冗余配置。主控单元通过现场总线（Profibus-DP）与各个智能 IO 单元实现连接。

2. 系统的网络

HOLLiAS-MACS 系统由上下两个网络层次组成：监控网络（SNET）和控制网络（CNET）。上层监控网络主要用于工程师站、操作员站和现场控制站的通信连接；下层控制网络存在于各个现场控制站内部，主要用于主控单元和智能 I/O 单元的通信连接。

（1）监控网络

① 上层监控网络为冗余高速以太网链路，使用五类屏蔽双绞线及光纤将各个通信节点连接到中心交换机上。该网络中主要的通信节点有工程师站、操作员站、现场控制站，采用 TCP/IP 通信协议，不仅可以提供 100Mb/s 的数据连接，还可以连接到 Intranet、Internet，进行数据共享。

② 监控网络实现了工程师站、操作员站、现场控制站之间的数据通信。通过监控网络，工程师站可以把控制算法程序下装到现场控制站主控单元上，同时工程师站和操作员站也可以从主控单元上采集实时数据，用于人机界面上数据的显示。

（2）控制网络

① 控制网络位于现场控制站内部，主控单元和智能 IO 单元都连接在 Profibus-DP 现场总线上，采用带屏蔽的双绞铜线（串行总线）进行连接，具有很强的抗干扰能力。该网络中的通信节点主要有 DP 主站（主控单元中的 FB121 模件）和 DP 从站（智能 IO 单元、FM 系列的输入/输出模件）。利用总线技术实现主控单元和过程 I/O 单元间的通信，以完成实时输入/输出数据和从站设备诊断信息的传送，并且通过添加 DP 重复器模件，可以实现远距离通信，或者连接更多的智能 I/O 单元。

② 各个节点用固定分配的 IP 地址进行标识。为实现监控网络的冗余，网中每个节点的主机都配有两块以太网卡，分别连接到 128 网段和 129 网段的交换机上。监控网络的前两位 IP 地址已作了规定，分别为 128.0 和 129.0，现场控制站主控单元 IP 地址的后两位已经由程序自动分配好，工程师站、操作员站 IP 地址的后两位则可以自行定义。

③ 现场总线是连接智能现场设备和自动化系统的数字式、双向传输、多分支结构的通信网络，它的关键标志是能支持双向、多节点、总线式的全数字通信。随着计算机技术、通信技术、集成电路技术、智能传感技术的发展，在工业控制领域产生现场总线技术是一场革命，代表了一种具有突破意义的控制思想，改变传统 DCS 结构——→FCS 结构，真正做到"危险分散，控制分散，集中监控"。和利时公司完全自主知识产权的 Profibus-DP 技术，主站和从站物理层、链路层完全自主开发，为国内第一家，其优点是：可以直接连接其他各大

厂商的 PLC，如 Siemens，VIPA，GE 等，目前已有数十个项目直接受益：可以通过耦合器或连接器方便接入 Profibus-PA 智能变送器或执行器；集中安装或分布安装，仍由用户选择，节省电缆；MACS 软件成功与 IO 设备独立，添加硬件设备极为方便；I/O 设备变成了标准的可以集成的 DCS 部件。在 ProfiBus-DP 现场总线的应用开发中，和利时公司于 2001 年任国际现场总线基金会常务委员会单位，自主开发给予 ProfiBus-DP 技术的主控制器、各种类型 I/O 卡件等，是国内第一家自主开发主站和从站物理层、链路层产品的系统供应商。采用给予 ProfiBus-DP 现场总线技术的产品后，HOLLiAS-MACS 系统可以方便地和其他生产厂家的智能仪表通信和进行数据交换；IO 模块可以随用户现场需要集中安装或分散安装，节省大量的电缆费用；可以通过耦合器或连接器方便接入 Profibus-PA 智能变送器或执行器；MACS 软件成功与 I/O 设备独立，添加硬件设备极为方便；I/O 设备变成了标准的可以集成的 DCS 部件。

3. 系统的特点

① 在统一的系统平台上提供管控一体化解决方案；

② 标准的 Client/Server 结构；

③ 应用先进的现场总线技术；

④ 支持 OPC 数据处理；

⑤ 开放的网络系统；

⑥ 开放的操作系统；

⑦ 开放的硬件结构体系；

⑧ 标准的组态软件功能；

⑨ 控制软件提供方便的系统仿真、无扰下装和数据回读功能；

⑩ 系统安装的方便性；

⑪ 系统的冗余设计保证了系统的高可靠型；

⑫ 系统的故障监视和转移能力；

⑬ 系统强大的处理能力。

思　考　题

1. DCS 的控制程序是由谁执行的？

2. 请简述过程控制站的组成。

3. 什么是 I/O 单元？

4. 请简述什么叫作系统冗余。

5. 什么是集散控制系统，其基本设计思想是什么？

6. 什么是 DCS 的"三站一线"结构，三站一线分别指的是什么？

7. 一个简单的调节系统由哪些单元组成？

8. 串级调节系统有什么特点？

9. DCS 系统中工程师站的作用是什么？

10. DCS 系统中网络的作用是什么？

11. 请简述分散控制系统（DCS）与现场总线控制系统（FCS）的区别与联系。

参 考 文 献

[1]　马菲，编. DCS 控制系统的构成与操作 [M]. 北京：化学工业出版社，2012.

［2］ 李占英，主编. 分散控制系统（DCS）和现场总线控制系统（FCS）及其工程设计［M］. 北京：电子工业出版社，2015.

［3］ 王树青，赵鹏程，编. 集散型计算机控制系统（DCS）［M］. 杭州：浙江大学出版社，1994.

［4］ 凌志浩，编. DCS与现场总线控制系统［M］. 上海：华东理工大学出版社，2008.

［5］ 黄海燕，余昭旭，何衍庆，著. 集散控制系统原理及应用（第四版）［M］. 北京：化学工业出版社，2021.

［6］ 刘美，著. 集散控制系统及工业控制网络［M］. 北京：中国石化出版社，2014.

［7］ 刘翠玲，黄建兵，编. 集散控制系统［M］. 2版. 北京：北京大学出版社，2013.

［8］ 张岳，著. 集散控制系统及现场总线［M］. 2版. 北京：机械工业出版社，2017.

第七章 制浆过程控制

制浆是指利用化学法、机械法或化学机械法，由植物纤维原料分离出纤维而得到纸浆的过程，一般包括蒸煮、洗涤、筛选、漂白等工艺过程。本章主要讲述蒸煮过程控制、废纸制浆过程控制、洗涤筛选过程控制、漂白过程控制等方面的典型控制方案。由于制浆原料的种类很多，导致制浆设备和工艺差别很大，控制方案也不尽相同。这里结合我国造纸工业实际情况，讲述普遍采用且节能环保的制浆工艺，如间歇式置换蒸煮制浆、横管连蒸制浆、ECF漂白等生产过程所配套的过程控制方案。

第一节 蒸煮过程控制

一、浆料蒸煮的目的和质量评价指标

制浆过程通常包括备料、预处理、蒸煮、磨浆、洗涤、筛选、净化、漂白等工艺环节。其中，蒸煮是制浆过程各环节中最重要的一环，它是在一定压力下，用化学药液对天然纤维原料进行加热处理的工艺过程。浆料蒸煮一般需要在制浆原料中加入碱液等化学药剂，所以通常称为碱法蒸煮，其目的就是利用化学药剂，根据不同类型纸浆的需要尽可能地去除纤维原料中的木素，保留纤维素和半纤维素，并使纤维离解成纸浆。

从蒸煮工艺的发展角度而言，蒸煮工艺已经由蒸球、蒸煮锅、间歇蒸煮发展到连续蒸煮等多种方式。但不管采用哪种蒸煮工艺，蒸煮质量的评价指标是一样的，主要有：纸浆得率、纸浆硬度和物理性能等。

（1）纸浆得率

又叫收获率，指原料经蒸煮后所得绝干（或风干）粗浆质量相对于未蒸煮前绝干（或风干）原料质量的百分比。

（2）纸浆硬度

表示原料经蒸煮后残留在纸浆中木素和其他还原性物质的量，常用卡伯值来表示。

卡伯值（Kappa number），又称卡伯价，表示原料经蒸煮后残留在纸浆中的木素和其他还原性物质的相对含量，它是反映纸浆中脱木素程度的一个重要质量指标。其定义为：把1g绝干浆在特定条件下，测定10min内所消耗的0.02mol/L高锰酸钾标准溶液的量（以毫升计），再将所得到的结果校正成相当于加入的高锰酸钾消耗量的50%。实验室测定纸浆卡伯值的方法是：在酸性介质中，将已经疏解的浆在一定条件下与一定量的高锰酸钾溶液反应一定时间；所选定的浆量应为：在反应时间终止时，约有50%的高锰酸钾未被消耗；加入碘化钾溶液终止反应，并用硫代硫酸钠标准溶液滴定游离碘；然后将得到的值换算成消耗50%高锰酸钾的量。

（3）物理性能

如物理强度、白度和黏度等。

二、浆料蒸煮过程影响因素及控制要点

（一）蒸煮过程影响因素

蒸煮过程是一个复杂的多相反应过程，主要影响因素有：a. 原料的种类、质量、数量和水分；b. 蒸煮药液的成分、浓度和数量；c. 蒸煮温度和压力；d. 蒸煮时间；e. 蒸煮设备的类型和容积的大小。在这些影响因素中，除原料的种类和质量，蒸煮设备的类型和容积的大小外，其他因素都可在生产过程中进行控制。在蒸煮过程控制实践中，常常采用"分头把关"的控制策略来控制好各主要影响因素，稳定蒸煮条件，以期获得质量均匀的纸浆。因此，对于常规蒸煮过程控制系统而言，其控制要点主要包括如下三个方面：

① 原料水分和装锅量的测量和控制；

② 蒸煮液浓度和用量的控制，液比和用碱量的控制；

③ 蒸煮温度、压力和蒸煮时间的控制，即蒸煮曲线的控制。

（二）蒸煮过程控制要点

对蒸煮过程进行自动控制的主要目的是生产出硬度（卡伯值）一定且均质的纸浆。达到这一目的的难点主要有如下几个方面：

① 卡伯值的在线测量问题。迄今为止，尚无价格低廉且性能可靠的蒸煮过程纸浆卡伯值在线测量仪表，因此难以用卡伯值作为被控变量组成质量控制系统。为了达到控制纸浆卡伯值的目的，需要用经验法或软测量方法获得卡伯值的预测数学模型，间接得到蒸煮纸浆的卡伯值，为控制系统提供依据。

② 制浆原料的质量稳定性问题。由于制浆原料的质量（种类和特性）经常变化，且难于分类和测量，直接影响到工艺条件的制定和最后的成浆质量。

③ 蒸煮过程的时滞问题。由于蒸煮锅容积大，蒸煮时间长，在控制上表现出较大的时滞特性，并且时滞常数难以确定，现有的常规控制系统包括反馈和前馈控制系统都难以通过改变过程条件去稳定纸浆质量。

④ 蒸煮过程的能耗问题。常规的蒸球蒸煮和立锅蒸煮都采用热喷放的出浆方式，不但残余的化学药品不能回收利用，导致严重的环保负担，而且也造成了大量的能量浪费。怎样降低蒸煮过程能耗是造纸工业的一个研究热点。

三、间歇式置换蒸煮系统典型流程及控制方案

置换蒸煮系统是 20 世纪 80 年代发展起来的一项高效节能的间歇式制浆技术，它是以间歇式反应器为基础的纸浆蒸煮系统，在常规的间歇蒸煮系统之上增加了温黑液、热黑液、热白液等槽罐，并通过分步蒸煮和多个置换阶段实现化学品与热能的置换回用，是国际上应用成熟的一项节能环保型制浆新工艺。与传统的间歇蒸煮相比，具有如下优点：

a. 节能，吨浆消耗蒸汽可从 2.5t 下降到 1.0t 以下；b. 可实现深度脱木素，得到低卡伯值、高强度纸浆，可节约漂白费用、减少中段水负荷，并为氧脱木素 ECF/TCF 等清洁漂白奠定基础；c. 蒸煮时间短，提高制浆得率，降低总碱消耗。

目前我国以木片或竹子为制浆原料的制浆生产线多采用间歇式置换蒸煮工艺，所引进的置换蒸煮系统主要有两种，一种是美国 CPL 公司的系统，另一种是加拿大 GL&V 公司的系统。以加拿大 GL&V 公司的置换蒸煮系统为例，工艺流程包括装锅、通汽和水解、中和、热充、加热蒸煮、洗涤黑液置换和卸料等 7 个步骤，工艺步骤图解示意如图 7-1 所示。现以

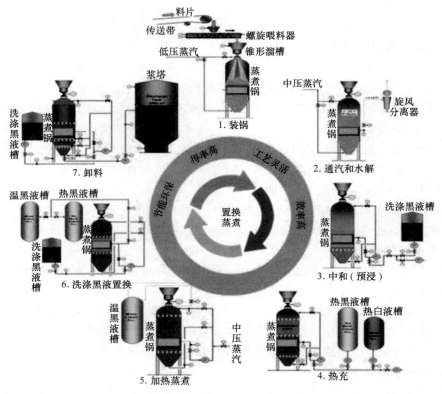

图 7-1　置换蒸煮系统工艺步骤图解示意

立锅容积为 $175m^3$、立锅数量为 3 台的置换蒸煮生产线来阐述具体的控制过程。

（一）装锅控制

装锅控制的目的是用输送设备将料片有序地输送到蒸煮锅内，并保证装锅量和料片分布匀度的上下一致性。为此，当锅内的料片装填到一定量的时候，用低压蒸汽压实料片，在提高装锅量的同时，也使得料片在锅内分布均匀。另外，装锅期间还要用排风机将锅内的臭气排出。操作人员需要在 DCS 系统中设定如下参数：最小装锅间隔、顶部蒸汽进入时锅重、蒸汽装锅开始时的蒸汽压力、蒸汽装锅开始后的蒸汽压力、底部蒸汽进入时的锅重、顶部液位开关延时、最小装锅质量等参数。

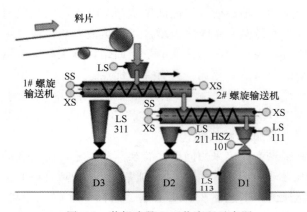

图 7-2　装锅步骤 1 工艺流程示意图

装锅流程开始前，蒸煮锅必须按照控制系统要求设置在"自动"模式。当装锅流程准备就绪后，操作人员给出许可信号，装锅启动，当系统检测到所有启动条件都具备时，蒸煮锅锅盖阀 HSZ-101 在装锅开始时打开。锅盖阀的开度达到限定值后，1#螺旋输送机将投料系统调向 2#螺旋输送机，2#螺旋输送机转到蒸煮锅 D1 的方向，对应的启动程序也都转向了蒸煮锅 D1，如图 7-2 所示。如果 1#螺旋输送机将投料系统调向 2♯螺旋输送机，2♯螺旋输送机反转到蒸煮锅 D2 的方向，程序也就会都转向蒸煮锅 D2。关闭 2♯螺旋输送机，1♯螺旋输送机反转就会转到蒸煮锅 D3 的方向。

下面均以蒸煮锅 D1 为例进行控制流程讲解。螺旋输送机的旋转开关运行后会给一个许可，启动传送带系统向螺旋输送机投料。当蒸煮锅质量 WI-114（图 7-3 所示）超过设定的质量（如 5t）时，顶部蒸汽装锅开始，通过蒸汽压力控制回路 PIC-112 来控制顶部进汽量；当蒸煮锅质量 WI-114 超过设定质量（如 45t）时，蒸煮锅底部直接接通蒸汽，遥控阀 HIC-132 开至设定位置，装锅过程中底部通汽阀 HIC-132 以每分钟 30% 的梯度打开，最大开度是 35%；当 WI-114 达到装锅质量设定值或者蒸煮锅顶部的料位开关 LS-113 动作时装锅顺序结束，锅盖阀 HSZ-101 关闭，抽气系统继续运行，抽气阀 HSZ-104 保持打开。

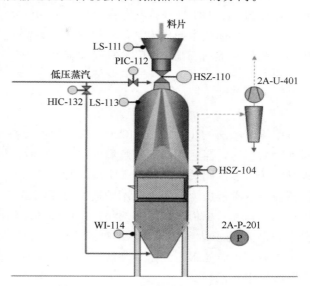

图 7-3　装锅步骤 2 工艺流程示意图

如果蒸煮锅内料片质量 WI-114 少于 DCS 系统中设定的最小装锅量，控制系统报警，等待操作人员检查是否装满料片。操作人员可以手动操作继续装锅流程，或者允许接受装锅量进行确认，使流程进入到通汽水解（生产溶解浆）或预浸流程（生产化学浆）。

（二）通汽水解控制

生产溶解浆时，装锅流程结束后直接进入通汽水解流程，向蒸煮锅中通入中压蒸汽对木片进行预蒸煮，使木片内的酸性物质溶出，具体的工艺流程示意图如图 7-4 所示。在 DCS 系统中，有以下设定和选择，需要操作人员在通汽水解流程启动前设定如下参数：水解目标温度、水解目标 P 因子值、从低压蒸汽到中压蒸汽的转换温度、底部中压通汽阀初始位置/最大开度/打开梯度、顶部中压通汽阀初始位置/最大开度/打开梯度、抽气阀关闭温度。

直接通汽流程启动前，系统必须处于"自动"模式，在直接通汽流程开始时，使用低压蒸汽，装锅时装锅蒸汽阀

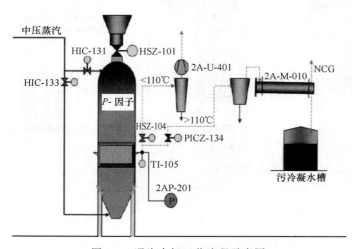

图 7-4　通汽水解工艺流程示意图

PIC-112 和底部通汽阀 HIC-132 均已被开至设定位置。当转换温度到达时，低压蒸汽阀

HIC-132 和装锅蒸汽阀 PIC-112 关闭，中压蒸汽阀 HIC-131 和 HIC-133 从初始位置以每分钟设定梯度打开至设定初始位置。温度测量 TI-105 达到设定温度时，抽气阀 HSZ-104 关闭，除气阀 PIC-134 打开控制蒸煮锅压力，抽气系统 2A-U-401 继续运行。

P 因子目标值由操作人员集中设置，在装锅顺序最后一步，就已经开始计算 P 因子值，P 因子的计算是基于出蒸煮锅的气体温度 TI-105 测量值，其本质是温度关于时间的积分，即：

$$P = \int_0^t e^{\left(40.5 - \frac{15106}{T}\right)} \, dt \tag{7-1}$$

中压蒸汽阀 HIC-131、HIC-133 从初始位置按梯度打开至最大位置，使得目标温度能在目标时间到达，当达到目标水解温度以上 2℃ 时，中压蒸汽阀按照自己的关闭梯度每秒 3% 进行关闭。蒸汽阀关闭后，进入水解流程，除气阀 PICZ-134 继续除气，按照设定的压力目标值控制蒸煮锅压力，使气流不断通过温度测量 TI-105，确保 P 因子计算顺利进行。当 P 因子已经达到目标值，但没有获得进入中和顺序的许可，许可就一直显示，控制系统发出报警。如果 P 因子达到目标值，水解流程就已经完成，蒸煮锅就准备进入中和流程，系统检查是否有其他蒸煮锅正处于中和流程，如果没有，在得到操作员许可之后，蒸煮锅控制系统会跳转至中和流程。

（三）中和控制

中和流程旨在向蒸煮锅内通入洗涤黑液，中和蒸煮锅内料片在装锅和水解流程中产生的酸性物质，同时也使得料片变得润胀，便于后续工段药液的渗透，中和流程工艺流程示意如图 7-5 所示。

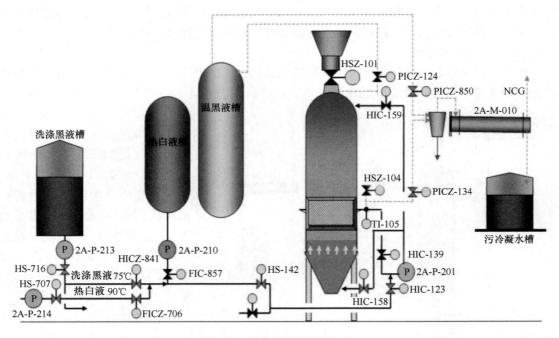

图 7-5　中和工艺流程示意图

在 DCS 系统中，有以下设定和选择，由操作人员在中和流程启动前设定：除气压力设定 PICZ-124、除气压力设定 PICZ-134、除气换算质量、白液管路压力设定、总中和液体积、最大中和液体积、底部循环阀 HIC-158 开度、中和液流量、白液和黑液比例。

　　进入中和流程的第一步，先中止水解阶段 P 因子的计算，将其值储存起来作报告用。控制系统检查冷白液是否可用，白液泵 2A-P-214 进口压力是否满足工艺要求，置换黑液槽的液位是否超过 7%，同时检查热黑液填充管路是否闲置，是否有其他蒸煮锅正在进行热黑液置换。启动条件满足之后，打开流量控制阀 FICZ-706，当其离开关闭限位后，如果置换黑液泵 2A-P-213 没有运行，就准备启动，连锁阀门 HS-716 打开，回路 FICZ-706 和 FIC-857 对 HICZ-841 进行给定，阀门 FICZ-706 控制白液流量，阀门 HICZ-841 控制总流量中的洗涤黑液流量。蒸煮锅专用黑液阀门 HIC-123 按每秒 1% 的梯度开至最大位置，当阀门 HIC-123 离开关闭限位，蒸煮锅黑液循环泵 2A-P-201 启动，底部循环阀 HIC-158 开至设定值。pH 除气阀 PICZ-134 打开，蒸煮锅除气开始，直至蒸煮锅质量 WI-114 超过设定的换算质量，除气阀 PICZ-134 关闭，PICZ-124 激活并控制蒸煮锅压力。

　　在这一过程中，总的中和液流量通过回路 FIC-857 测量，这个流量在中和的每一步中都是变化的，操作人员必须保证总中和液体积足够达到中和后的温度目标值。

（四）预浸控制

　　生产化学浆时装锅流程结束后，蒸煮过程直接进入到预浸流程，用洗涤黑液对蒸煮锅内的料片进行预浸，具体的工艺流程示意图如图 7-6 所示。

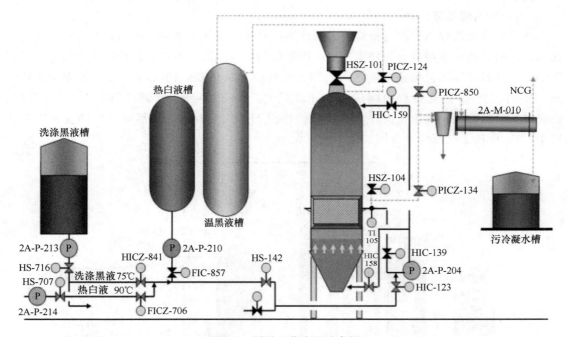

图 7-6　预浸工艺流程示意图

　　在 DCS 系统中，有以下设定和选择，由操作人员在预浸流程启动前设定：除气压力设定 PICZ-124、总的预浸液量、最大预浸液量、预浸时阀门 HIC-123 的开度、底部循环阀 HIC-158 的开度、预浸液加入体积步骤（最少需要 6 步）、预浸液流量、白液和黑液的比率。

　　预浸时使用生产溶解浆过程的中和管路，控制系统启动预浸白液计量器 FICZ-706，同时给定白液体积目标值。预浸液投加期间，蒸煮锅循环泵 2A-P-201 一直运行。由冷白液和洗涤黑液组成的预浸液通过循环管路由蒸煮锅底部导入，预浸过程中白液和黑液比率变化依照预浸控制表进行。压力测量 PIC-784 对白液泵 2A-P-214 进行变频控制，根据预浸控制表运行达到目标流量。

当流量控制阀 FICZ-706 离开关闭限位之后，启动置换黑液泵 2A-P-213，阀门 HS-716 连锁打开。置换黑液泵开始运行，控制回路 HICZ-841 激活并根据预浸控制表控制预浸黑液流量，与 HICZ-841 相关联的回路 FICZ-706 和 FIC-857 对 HICZ-841 进行给定。如果中部循环阀 HIC-139 和顶部循环阀 HIC-159 处于打开的状态，那么关闭这两个阀门。蒸煮锅专用黑液阀门 HIC-123 按每秒 1% 的梯度，开至设定位置。当阀门 HIC-123 离开关闭限位，黑液循环泵 2A-P-201 启动，底部循环阀 HIC-158 开至设定位置。

预浸时蒸煮锅泄气由阀 HSZ-194 控制执行，直至蒸煮锅质量 WI-114 超过最大质量 170t 或预浸液总量 90m³，阀门 HSZ-194 关闭，PICZ-124 激活并控制蒸煮锅压力，匹配的设定值是 0.65MPa。总的进蒸煮锅预浸液流量在控制表中进行设定，通过回路 FIC-857 进行流量控制，这个流量在预浸的每一步中都是变化的，白液体积目标值由 DCS 系统按照总用碱量的百分比计算，如 10%～30%。如果白液目标值已经达到，蒸煮锅可以由操作人员操作进入热黑液填充流程。如果白液目标值没有达到，所缺的白液量必须在后面的蒸煮循环中加入，这在热黑液填充中自动进行。当达到计算的白液量，并且全部预浸液量已经加入，预浸流程完成。

（五）热黑液填充控制

热黑液填充简称热充，是指将高温的热黑液和热白液加入到蒸煮锅内，然后对料片进行加热，进而置换出中和或者预浸流程中锅内温度较低的碱液。在热充流程启动前操作人员需要设定：热黑液体积目标值、蒸煮锅顶部的酸性中和液体积、PICZ-196 压力设定值、PIC-867 压力设定值、热充过程中阀门 HIC-123 开度、热充过程中底部循环阀 HIC-158 开度、热充过程中蒸煮锅顶部篦子反冲洗时顶部循环阀 HIC-159 开度、顶部篦子反冲洗压降限值 PDI-171。所述工艺流程示意图如图 7-7 所示。

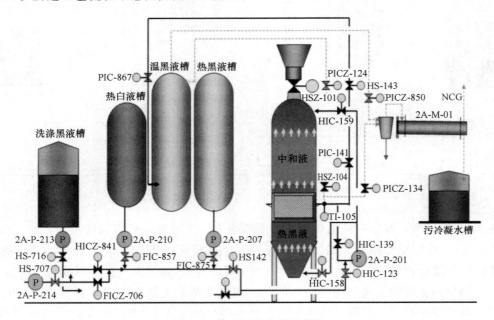

图 7-7　热充工艺流程示意图

中和和预浸流程结束后，热充流程立即启动。热充流程第一步，热白液和热黑液计数器复位并激活。先启动热白液泵 2A-P-210，热黑液泵 2A-P-207 随后启动，泵后连锁阀门打开，流量控制回路 FIC-857 和 FIC-875 开始控制热黑液填充流量。如果进蒸煮锅的热黑液开关阀 HS-142 在中和顺序后关闭，则打开阀 HS-142，控制阀 HIC-123 开到热充顺序设置的开度。除气阀 PICZ-124 控制蒸煮锅压力，其开度大小在中和流程中也已经设定好。底部循环阀 HIC-158 开至设定开度。热液（FIC-857 和 FIC-875）流量目标值及白液黑液比都在DCS 系统的热充控制表中设置，蒸煮锅回流液回流至温黑液槽 2A-T-102 时是通过压力控制阀 PIC-867 进行控制的，该回路的设定值必须高于温黑液槽的压力，并与 PIC-196 的压力设定值有适当的比率。

当热充体积达到目标值时，热充流程结束。热白液泵 2A-P-210 和热黑液泵 2A-P-207 停止，泵后阀门关闭。中部循环阀 HIC-139 打开，循环泵 2A-P-201 保持运行，顶部和底部循环阀（HIC-158 和 HIC-159）打开至加热蒸煮顺序的位置，H—因子计数器开始运行，除气阀 PICZ-124 设定值复位，热黑液填充完成，控制系统进入蒸煮锅加热蒸煮流程，黑液、白液体积储存在控制系统中留作报告之用。

（六）加热蒸煮控制

热充流程结束后蒸煮过程即可进入加热蒸煮流程，而且同时可以有多个蒸煮锅进行该流程，使木片在高温环境下进行脱木素反应，其工艺流程示意如图 7-8 所示。

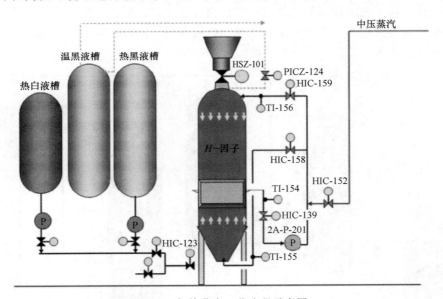

图 7-8　加热蒸煮工艺流程示意图

在进入加热蒸煮流程前，系统会检查总白液量，最小白液量在热充流程中由操作人员在DCS 系统中设置，如果总白液量太少，DCS 系统报警并且阻止该流程进行。DCS 系统中，有以下设定和选择，由操作人员在加热蒸煮流程启动前设定：H 因子目标值、蒸煮温度目标值、顶部循环阀开度、底部循环阀开度、蒸汽阀 HIC-152 开度、均化时间、除气压力设定值 PICZ-124。

H—因子从热黑液填充顺序最后一步开始计算，它的计算是基于蒸煮锅 TI-154 出来的黑液和进蒸煮锅 TI-156（顶部）、TI-155（底部）的黑液平均温度。计算公式如下：

THF＝（TI-156＋2＊TI-154＋TI-155)/4，THF 显示了蒸煮锅内的温度。H—因子由 DCS 根据公式（7-2）计算：

$$H = \int_0^t e^{\left(43.2 - \frac{16115}{T}\right)} \mathrm{d}t \qquad (7\text{-}2)$$

如果蒸煮锅黑液循环的温度测量给出了检测报警，控制系统将使用已经储存的蒸煮温度进行 H—因子计算。热充流程结束后，循环泵 2A-P-201 运行，循环阀 HIC-158 和 HIC-159 根据各自的打开梯度（每秒 1％）开至设定开度。启动加热流程前，有一个均化循环的过程，均化延时时间由操作人员设定。在均化过程中，除气阀门 PICZ-124 打开，蒸煮锅开始除气，直到加热蒸煮流程结束。如果在均化后循环泵的负荷仍然比较低，系统立即给出低负荷报警信号。加热使用中压蒸汽，蒸汽阀 HIC-152 根据自己的打开梯度打开至最大开度，蒸汽阀 HIC-152 的打开梯度是每秒 0.75％，蒸汽阀的关闭遵照一样的梯度。当 THF 超过蒸煮温度设定值 2℃时加热停止；温度达到设定值以上 2℃时，进入蒸煮流程，蒸汽阀 HIC-152 关闭。如果进入置换流程前，需要得到许可，当 H—因子低于目标值 50 时，系统会发出许可请求；当 H—因子达到了设定值，许可已经通过，蒸煮锅将直接进入置换流程。当 H—因子达到设定值，需要置换许可但还没有给出，控制系统会发出报警。如果在加热蒸煮过程中，顶部和底部循环的黑液温差高于 5℃，控制系统也会报警。

（七）洗涤黑液置换控制

置换流程旨在用温度较低的洗涤黑液将锅内温度较高的黑液置换出来，分温度区间存放在热黑液槽和温黑液槽内，在下一锅蒸煮时回收再利用，同时也降低锅内温度，实现浆料的冷喷放，其工艺流程示意图如图 7-9 所示。

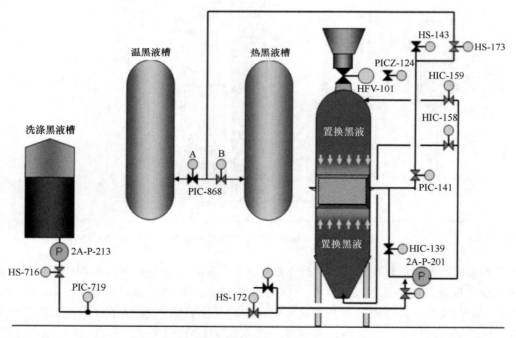

图 7-9 洗涤黑液置换工艺流程示意图

DCS 系统中，有以下设定和选择，由操作人员在置换流程启动前设定：出蒸煮锅黑液压力 PIC-141 设定值、绝对最小置换黑液量、底部循环阀 HIC-158 开度、顶部循环阀 HIC-

159 开度、循环时间、反冲洗延时中部篦子反冲洗压降限值。

洗涤黑液置换过程根据初始设定值和黑液置换控制表进行控制，控制系统检查热黑液槽 2A-T-101 液位 LI-872、温黑液槽 2A-T-102 液位 LI-863、置换黑液槽 2A-T-105 液位 LIC-730，压力达到设定值 1.0MPa 时，除气阀 PICZ-124 关闭，开关阀 HS-162 进口端和回流端阀门 HS-173 打开。

黑液置换开始后，置换黑液泵 2A-P-213 启动，联锁阀门 HS-716 打开，流量计 FIC-719 开始测量置换黑液量，蒸煮锅专有的黑液阀门 HIC-123 按梯度打开，在黑液置换过程中，循环泵一直保持运行，置换黑液流量 FIC-719 根据 HIC-123 调整。在黑液置换各步骤内，循环阀开度都有初始设定值，回流液压力控制阀 PIC-141 控制蒸煮锅压力，压力设定值为 0.8MPa，由操作人员在 DCS 系统中设定。置换黑液流量在黑液置换过程的各步骤中都是变化的，置换黑液开始时流量较低（如 50L/s），然后慢慢升至最大量（如 170L/s）。

黑液流量根据 DCS 系统中的控制表进行，操作人员必须注意，最优化的置换黑液量是与浆料洗涤的稀释因子（DF）有一个恰当的比值，在 DCS 系统的初始设定中，需要对最小、最优、最大置换黑液量进行设定。如果置换黑液槽内的液位在黑液置换顺序开始时高于 70%，应用最大值；如果液位低于 30%，应用最小值；液位在 30%～70% 之间时，用最优值。

置换过程的热平衡计算，相匹配的绝对最小值是 170m^3，如果其他的蒸煮锅需要进入黑液置换顺序，这个绝对最小值也可以用于黑液置换顺序的中段标准。从蒸煮锅先出来的、最热的置换黑液通过压力控制阀 PIC-868A 回流至热黑液槽 2A-T-101，PIC-868A 的设定值必须高于黑液槽中的压力，和压力 PIC-141 保持合适的比值。一定量的置换黑液加入蒸煮锅后，回流黑液从热黑液槽转至温黑液槽 2A-T-102。回流发生时，控制阀 PIC-868B 随即打开并且控制管路上的压力，控制阀 PIC-868A 关闭，PIC-868B 相匹配的压力是 0.5MPa。如果热黑液槽 2A-T-101 液位 LI-872 达到 90%，回流黑液移入温黑液槽 2A-T-102。如果置换黑液的投加量达到了目标设定值，蒸煮锅阀门 HIC-123 和 PIC-141 关闭，当 HIC-123 关闭限位，开关阀 HS-162 关闭。如果蒸煮锅没有处于中和或预浸流程，无须洗涤黑液，置换黑液泵停止运行、连锁阀门 HS-716 关闭。如果有蒸煮锅处于中和或预浸流程，需要洗涤黑液，该泵保持运行。当 PIC-141 达到关闭限位，开关阀 HS-173 关闭，循环泵 2A-P-201 持续运行，循环阀 HIC-159 和 HIC-158 保持开的状态，按黑液循环步骤启动。达到设定的循环时间后，蒸煮锅进入卸料流程。如果不能进入卸料流程，循环泵停止运行，10min 后，循环阀关闭。黑液置换流程完成后，控制系统进入蒸煮锅卸料流程，置换黑液体积记录在控制系统中，留作报告之用。如果需要许可，控制系统会请求进入卸料流程的许可。预防通道和反冲洗时间都记录在控制系统中，留作报告之用。

（八）卸料控制

卸料是指将蒸煮锅内蒸煮好的浆料通过卸料泵送到浆塔里面，在这一过程中要用洗涤黑液对浆料进行稀释，工艺流程如图 7-10 所示。

在 DCS 系统中，有以下设定和选择，由操作人员在卸料流程启动前设定：蒸煮锅排空最大质量、是否使用蒸汽、蒸汽压力设定、蒸汽停止质量。

如果卸料等待时间超长，蒸煮锅循环泵启动，蒸煮锅循环管路运行，防止浆料成块。黑液通过下部循环阀 HIC-158 送入蒸煮锅底部，同时打开中部循环阀 HS-139，进蒸煮锅稀释液阀 HS-172 打开，蒸煮锅专用进液阀 HIC-123 打开至 100%。

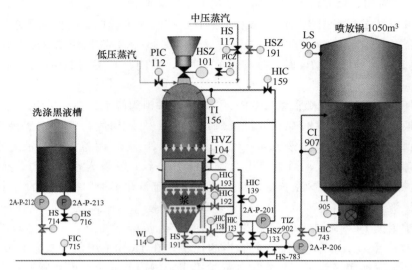

图 7-10　卸料工艺流程示意图

卸料阀 HS-191 泄压，稀释泵 2A-P-212 及连锁阀门 HS-714 打开，稀释黑液流量控制 FIC-715 启动，稀释黑液计数器准备启动。中部循环阀 HS-139 关闭，当卸料阀门 HS-191 关闭限位移除，卸料泵 2A-P-206 启动。卸料阀 HIC-743 先开至 30％，然后按照 1min 的时间梯度打开到 DCS 系统卸料控制表中的设定开度。

卸料稀释阀 HIC-192、HIC-193 和底部循环阀 HIC-158 按照卸料控制表开始控制稀释黑液流量，稀释阀门相互间的比例在控制表中设定，在卸料过程中，稀释黑流量和各阀门之间的相互比例依照控制表而变化。控制表基于卸料过程中蒸煮锅的质量（WI-114）变化。

当蒸煮锅压力 PIZ-102 低于 0.0MPa 时，更换空气阀 HSZ-194 打开。如果选用低压蒸汽，压力控制阀 PIC-112 和压力测量 PIZ-102 激活并控制蒸煮锅压力到压力设定值（如 0.03MPa），直到蒸煮锅质量 WI-X14 低于蒸汽停止供给值（如 10t）。当蒸煮锅质量低于控制表上的最后一次称重步骤的设定值（如 2t）时，稀释阀 HIC-192、和 HIC-193 关闭。当这两个阀门达到关闭限位时，稀释泵 2A-P-212 停止运行。循环管路的排水阀 HSZ-133 打开。中部循环阀 HS-139、上部循环阀 HIC-159 和下部循环阀 HIC-158 完全打开。120s 延时后，卸料泵 2A-P-206 停止运行，卸料阀 HIC-743 关闭。

上述所有限定质量都由操作人员在 DCS 系统中进行设定，为了停止卸料流程，操作人员也可以接受更高的蒸煮锅质量。阀门 HIC-743 达到关闭限位后，循环管路排水阀 HSZ-133、循环阀 HIC-139、HIC-158、HIC-159 和卸料阀 HS-191 关闭，抽气阀 HSZ-104 打开，换气阀 HSZ-194 关闭，最后，自动阀 HS-117 对除气筛进行 30s 的冲洗，卸料完成，蒸煮锅准备好进入备用状态。稀释液体积、蒸煮锅排空质量、间歇稀释次数，储存在控制系统中留作报告用，蒸煮循环流程进入准备状态，等待新的装锅。

四、横管连续蒸煮系统典型流程及控制方案

连续蒸煮工艺的应用成功是制浆工业的一大进步，它使蒸煮过程实现了连续化和自动化。同间歇式制浆过程相比，物料（包括草料、碱液和蒸汽等）连续进入连蒸管，浆料排放也是连续的，具有单位设备容积的生产能力大、电和蒸汽的供应量均衡、吨纸耗气量及耗药

量低、纸浆得率较高等优点。但由于是连续生产，对自动控制提出了更高的要求。

当前，制浆工业常采用的连续蒸煮系统有卡米尔立式连蒸系统和潘迪亚横管连蒸系统。由于前者的一次性投资成本更高，所以我国制浆工业一般多采用潘迪亚横管连蒸系统，用于草浆、苇浆、蔗渣浆等非木材纤维原料的制浆。本节也以横管连蒸系统为例，讲述对该制浆过程的控制。

（一）连续蒸煮工艺的主要控制环节

由于连续蒸煮系统是连续生产的，从进料到出浆都要求连续平稳进行，所以对生产过程的每一个环节都需要进行严格的监视和控制，主要包括原料进化控制、供料控制、喂料安全控制、用碱量控制、连蒸管工况控制、卸料器工况控制和喷放锅工况控制等。

1. 原料净化控制

非木材纤维原料含有沙子、石粒、泥土、节穗等有害杂物或无用成分，它们的存在不仅会加剧连蒸设备的磨损、堵塞及化学药品消耗的增加，而且会降低成浆的质量，因此备料净化的效果是连蒸系统能否正常运转的关键之一。湿法备料可较好地达到净化的效果，主要设备有：水力碎草机、螺旋脱水机、草片泵等，对这部分自动控制的要求主要有：料仓料位控制报警、水力碎草机水位控制、水力碎草机排渣控制、水力碎草机进水量控制、螺旋脱水机排渣控制、循环水槽液位控制等。

2. 供料控制

供料情况决定着喂料器的压缩比，来料过多容易造成堵塞；来料过少或不连续容易造成反喷。另外，来料忽多忽少也会影响蒸煮管的正常工作及纸浆的最终质量。因此，稳定、均匀、连续地供料是横管连蒸正常运转十分重要的先决条件，对这部分自动控制的要求主要有：料仓出料量控制、1♯草片泵速度控制、2♯草片泵速度控制、销鼓计量器速度控制等。

3. 喂料安全控制

螺旋喂料器是连蒸系统中的关键设备，主要作用有两个：a. 把料片加压送入带压力的蒸煮管内；b. 使压缩的料片起密封作用，保证蒸煮不漏气、不反喷。螺旋给料器由进料螺旋、锥形壳体和料塞管等部件组成，它可连续均匀地送料并挤压出多余药液，使得原料逐步压缩成密封料塞而进入蒸煮管。在喂料器与蒸煮管之间设置有气动止逆阀，用于防止料塞不紧密或操作不正常时，蒸煮管中的蒸汽与药液穿过进料器反喷。采用的办法是在喂料器的电机上装有负荷变送器，当负荷上升到设定上限时，止逆阀退到正常工作位置，这时料塞较紧密，足以密封带压蒸汽，当料塞失效时，电机负荷下降至设定下限，止逆阀自动顶到料塞扩散管上阻止反喷。螺旋喂料器的防反喷控制是横管连蒸系统的核心控制内容，对这部分自动控制的要求主要有：汽蒸管温度控制、汽蒸管及喂料器断链保护、喂料器电机负荷检测及止逆阀控制等。

4. 用碱量控制

用碱量主要依据原料的组成和性质，以及纸浆的质量要求而定。增加用碱量有利于加快蒸煮速度、降低纸浆硬度和提高纸浆的可漂性，但用碱量过多会降低浆的得率和物理强度；反之，用碱量过低时，成浆较硬而色暗，不易漂白，而且筛渣增多。用碱量一般控制在9％～15％之间。本部分自控的要求主要有：碱液流量控制、白液流量控制、进喂料器药液流量控制、药液温度控制等。

5. 连蒸管工况控制

蒸煮管是横管连蒸系统最核心的设备，通常为一类压力容器，主要由筒体、端盖、螺旋轴、轴承座、鞍座、进料管、出料管、进气管、备用排气管、仪表接口、维护（观察）孔、传动装置等部分组成，规格参数一般以公称直径和有效长度（进、出料管中心之间的距离）来表示，常用直径有 1.2m、1.35m、1.5m、1.8m、2.0m 和 2.2m，有效长度为 8～12m。按制浆系统产能的不同，在一套横管连蒸系统中，通常需要配置一至四根相同规格的蒸煮管，他们之间大多采用上下串联叠置的组成方法。纤维原料先由螺旋喂料器送入第一根蒸煮管，随后受到螺旋叶片的推动与搅拌，在缓慢地行进中与药液充分混合，同时被通入蒸煮管内的压力蒸汽加温或者保温。在一定温度下，物料按照工艺预定的制浆反应时间，依次通过各根蒸煮管，直至最后一根管的出料口排出，完成浸渍和蒸煮过程。为确保蒸煮过程平稳进行，需要监控的主要参数有：蒸煮温度、蒸煮压力及蒸煮时间（由蒸煮管速度决定），自动控制的要求主要有：蒸煮压力控制、蒸煮温度控制、蒸煮管螺旋片转动速度控制等。

6. 卸料器工况控制

蒸煮后的粗浆被送入立式卸料器，为了顺利喷放，需要进行冷却处理。其办法是将冷黑液加压后送入卸料器，其流量与卸料器内温度进行串级调节。卸料器的液位则通过调节喷放阀的开度来加以稳定。这部分自动控制的要求主要有：黑液流量控制、卸料器内温度控制、卸料器液位控制等。

7. 喷放锅工况控制

经卸料器出来的粗浆进入喷放锅，在这部分自动控制的要求主要有：喷放锅液位指示、出喷放锅浆料的流量和浓度控制；稀释粗浆用的黑液流量控制等。

（二）连续蒸煮工艺的典型控制方案

现以二管式，连续蒸煮系统为例，介绍其工艺流程及控制方案。带测控点的工艺流程图如图 7-11 所示。

由备料工段来的草片被送往销鼓计量器，定量地送入蒸煮设备，多余的草片被送回备料工段。计量器由变频器 SRC-204 来加以控制，为了使加料量与加药液量成一定的比例，SRC-204 与药液流量 FFRC-203 是比例控制关系。草料经计量后被送至螺旋输送机进行预热，那里设置有温度控制点 TIC-201 及断链零速报警 SSA-202。接着，草料被送往螺旋喂料器，将草片加压形成料塞，在不断送往汽蒸管的同时，还有保证不反喷的作用。EI-201 为喂料器电机的功率检测，它在一定程度上反映了料塞的紧密程度，如果功率太小，则表示料塞太松，有反喷的危险。此时，会自动地通过 HIS-201 开启压缩空气，将气动止回阀顶到料塞扩散管上阻止反喷。喂料器还设置有断链零速报警 SSA-201。在扩散管中，还通入药液及蒸汽。以后，拌有药液的草料在汽蒸管中被连续蒸煮。

在每个蒸煮管上，设置有温度测点 TI-202、TI-203，并设置有压力控制回路 PIC-203，它由压力检测、通往汽蒸管的调节阀及通往喂料器的调节阀组成。蒸煮管还设有转速控制点 SRC-201、SRC-202，以此可控制草料在蒸煮管内的蒸煮时间。SSA-203、SSA-204 为断链零速报警点。汽蒸后的浆料被送往"立式卸料器"。TIA-204、TIA-205 是卸料器中间管的上、下温度检测点。为了便于喷放，需要将浆料作适当冷却和稀释。为此，将来自洗筛工段的稀黑液经冷却后，送往卸料器，FIC-204 是控制进入卸料器的冷黑液流量，它与 TIC-206 组成温度流量串级控制回路，以温度为最终控制量。液位控制回路 LIC-207 通过控制喷放阀的开度来维持卸料器内浆料的液位。KS-201 是排渣控制。

药液由碱液、白液配制而成（有的还加入一定量的黑液），配制比例由 FFRC-201（碱液）、FFRC-202（白液）加以控制。LIA-201、LIA-202、LIA-203 分别是碱液存储槽、白液

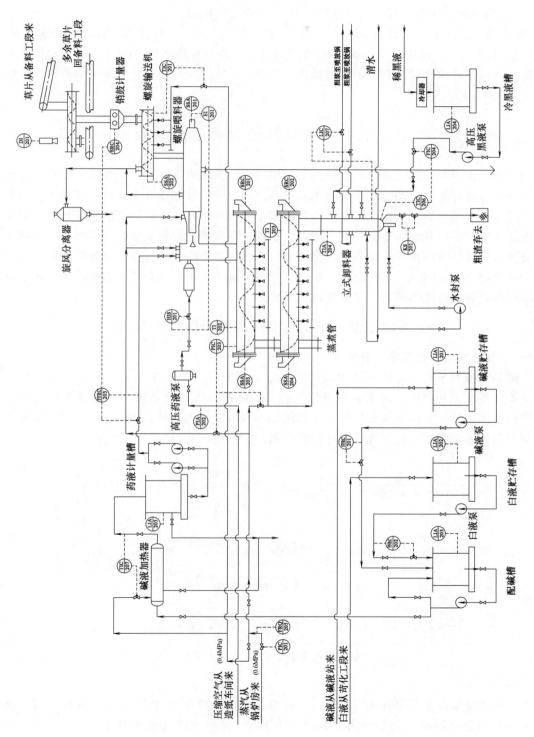

图 7-11 带测控点的连续蒸煮工艺流程示意图

存储槽和配碱槽的液位检测及报警。配制好的药液经碱液加热器加热后送往药液计量槽，然后被泵往喂料器。TIC-207 是药液的温度控制，LIA-205 是药液计量槽的液位检测、报警。FFRC-203 控制泵出的药液量，与前述的 SRC-204 成比例控制。

PIC-201 为压力控制，约控制在 0.6MPa，然后分成二路，一路被送往喂料器及蒸煮管，另一路经减压（至 0.4MPa）后，被送往螺旋输送机，作为预热之用。DI-201 为工业监视电视，监视回料口，要求保持有一定的回料量，如果极少或者没有回料，则要增加备料工段的投入量。

第二节　废纸制浆过程典型控制

近年来，世界各国高度重视废纸资源的利用，废纸的回收率和利用率在逐年增长，处理废纸的技术日臻完善，自动化水平也在不断提高。因回收的废纸通常是各种类型的纤维及各种等级的纸张的混合物，其内部还含有一部分污染物和一些有害物质，所以再生纤维的加工处理系统通常比原生纤维的更为复杂。废纸制浆的主要目的是在最大限度地保持废纸中纤维的原有强度的条件下将废纸分散成纤维悬浮液，并将废纸中的固体污染物（如砂、石、金属等重杂质及绳索、破布条、玻璃纸、金属箔、塑料薄膜等体积大的杂质）有效分离。本节以办公废纸为例讲述废纸制浆的工艺流程和控制方案。

一、废纸制浆基本工艺流程和各环节控制要求

（一）废纸制浆过程基本工艺流程

与商品浆板制浆相比，因废纸原料的特殊性，其制浆过程中增添了一些筛选与净化环节。主要包括废纸的碎解、疏解，废纸浆的净化、浓缩、热熔物处理和浮选脱墨等重要环节。根据废纸的特征及废纸浆的用途，废纸制浆一般可以分为 2 种工艺流程：非脱墨废纸浆工艺流程和脱墨废纸浆工艺流程。废纸制浆常用的工艺流程框图如图 7-12 所示。

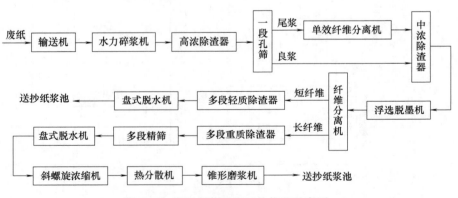

图 7-12　废纸制浆过程工艺流程示意图

非脱墨废纸浆的工艺流程相对简单，一般为：废纸→散包/分拣→碎浆→纤维分离→粗选→洗涤→精选→净化→调整→供抄造用；脱墨废纸浆的工艺流程相对复杂，一般为：废纸→散包/分拣→碎浆→粗选→揉搓或纤维分离→脱墨→净化→精选→浓缩→热分散→洗涤→漂白→调整→供抄造用。

对于脱墨废纸制浆过程，其工艺流程可描述如下：废纸进入碎浆机之前要对废纸进行拣选，以去除其中铁丝、塑料等各种杂质，然后送到碎浆机进行碎解；碎解之后的粗浆需要进行多级筛选，通常先通过杂质分离机做初步筛选，而后进入除渣器，良浆进入纤维分离机，从纤维分离机出来的良浆经过滤池进入压力筛，而分离机的尾浆经轻渣分离机、振框平筛做进一步的处理后回到分离机机前池；压力筛良浆经中浓除渣器除渣后经过浮选脱墨机组进行浮选脱墨；脱墨后的浆料先后通过三段除渣器、压力筛做进一步筛选，良浆经过浆泵送至多圆盘浓缩机加以洗涤、浓缩；浓缩后的浆料通过热分散机除去其中的热熔物；处理后的浆料经洗涤、漂白后备用。对于非脱墨废纸制浆过程，除了不包含浮选脱墨、热分散和漂白环节之外，其他过程与脱墨废纸制浆过程基本相同。

（二）废纸制浆过程各主要环节控制要求

如前所述，废纸制浆过程主要包括废纸的碎解、疏解、净化和浓缩等主要环节，自控系统是保证废纸制浆过程得以顺利进行不可缺少的手段。这些环节的控制要求如下。

1. 废纸碎解的控制要求

碎解的主要设备有水力碎浆机、初选机和转鼓式碎浆机，碎解操作能使重的和大的杂质与纤维分离。对碎解过程进行控制的目的是使废纸离解，使原先交织成纸张的纤维最大限度地离解成单根纤维而又最大限度地保持纤维的原有形态和强度。碎浆工艺要求对碎解温度、浓度及碎解时间进行控制。碎解温度的提高可加速废纸的软化，有利于碎解和脱墨，并可减少动力消耗，根据不同纸种，温度可控制在 $55 \sim 80℃$。碎解浓度的提高，可降低单位产量的能耗，这缘于浓度的提高能增强废纸间的摩擦，但浓度增加也有一定的限度。碎解时间视设备类型及废纸种类而定，每一类废纸都有合适的碎解时间，在其他条件不变的情况下，碎解时间过长或过短均对碎解效果不利，当碎解程度到达 $60\% \sim 70\%$ 之前，电耗与碎解程度成正比，但超过之后，电耗增加而碎解作用减慢。在碎解过程中，由于碎浆设备、阀、泵之间有严格的开关顺序及一定的延续时间，一般要求采用 PLC 进行时序逻辑控制。

2. 废纸疏解的控制要求

疏解的主要设备是纤维分离机，其对纤维有理想的疏解作用，而对纤维的损伤极小，是能继续离解来自水力碎浆机废纸浆料的筛选设备，能同时分离出废纸浆中的重杂质和轻杂质，分离性能良好。疏解工艺要求控制好纤维分离机的进浆压力，使纤维分离工作在最佳工况；另外，还需检测分离机电机的功率，用于监控分离机的工作状态。

3. 废纸净化的控制要求

经碎解和疏解的废纸浆中含有较多的杂质，其中有重的杂质如小石块、砂粒、玻璃屑、铁屑、钢针、黏土等，轻的杂质如木片、塑料膜片、树脂、橡胶块、纤维束等。去除废纸浆中杂质的过程称为净化，净化过程包括除渣、筛选两个工序，分别由除渣器（如高浓除渣器、低浓除渣器和逆向除渣器等）和压力筛（如孔筛和缝筛等）来完成。

高浓除渣器用于除去相对密度较大的杂质，如石块、金属等，一般可处理浓度为 $3\% \sim 6\%$ 的浆料。工艺要求保证高浓除渣器的进浆压力和进浆浓度，以保证良好的除渣效率。另外，由于渣子需要从高浓除渣器下部的集渣器排出，在集渣器上安装有二个排渣阀，进行间歇排放，需要用 PLC 加以控制。

逆向除渣器用于除去轻杂质，其使用方法与低浓除渣器相反，良浆从锥形底部排出，比纤维轻的杂质则从上部中心管排出，它能排出 95% 以上的轻杂质。逆向除渣器正常工作要求的工艺条件是：进口压力 $0.2 \sim 0.7MPa$、轻杂质出口压力 $0.05MPa$ 左右，良浆出口压力大于零，排杂质量为进浆量的 20%～50%。在操作不合适时，杂质带出的良浆将超过 20%，甚至高达 50%。因此，需要对逆向除渣器的进浆压力进行控制，并对良浆和排渣口进行压力监控，还有必要设置流量控制回路。此外，对逆向除渣器的进浆浓度也需要控制，由于工艺要求是低浓浆，而一般的浓度计难于检测，故可采用控制来浆的绝干浆量和稀释水量的方法来达到间接控制进浆浓度的目的。

压力筛主要是除去大多数剩余的非纤维杂质。压力筛有孔筛、缝筛之分，前者用于作粗筛，后者用于作细筛。筛选工艺要求对压力筛进浆浓度进行控制，以保证稳定的杂质去除率，并避免堵筛。另外，压力筛的入口压力需要保持稳定，进浆压力及进浆-良浆差压也是很重要的过程参量，可以用来监测压力筛是否出现堵塞，从而可以作为自冲洗程序的启动条件。

4. 浮选脱墨的控制要求

浮选脱墨是根据纤维、填料及油墨等成分所具有的可湿性不同而设计的一种油墨分离方法。其基本思想是：利用气泡来捕集油墨粒子，当携带油墨的气泡上升到液面时，自动形成泡沫层，再通过溢流、机械装置或真空抽吸等办法将油墨去除。该分离方法一般分为三个过程：油墨粒子和气泡之间的碰撞、油墨粒子黏附在气泡上、含油墨泡沫的分离。浮选脱墨系统通常由几个浮选槽组成，每个浮选槽装有空气泡发生装置。经过筛选净化后的废纸浆，稀释至 0.8%～1.5% 浓度后送入浮选槽的混合室，与空气、脱墨剂充分混合后进入浮选槽。气泡带着油墨粒子螺旋地向上漂浮，形成的油墨泡沫层被真空吸墨装置吸去，从而达到脱墨的目的。浮选脱墨工艺要求对进入脱墨机的浆流量进行控制，使其稳定在最佳的工艺状态；还需对泡沫抽吸管的负压进行控制，以保持对油墨足够的抽吸力；对于没有设置溢流装置的设备，还需设置液位控制回路，使浆面始终稳定在油墨泡沫抽吸管口所在的位置。

5. 废纸浓缩的控制要求

废纸浆进行浓缩的目的就是为了提高纸浆的浓度，满足浆料贮存、漂白和热分散等工段的浓度要求。废纸浓缩设备主要有斜螺旋浓缩机、螺旋挤浆机和多圆盘浓缩机。对于斜螺旋浓缩机和螺旋挤浆机，对自控的要求主要是电机功率的检测和零速报警（断链保护）。而多圆盘浓缩机的工作原理是利用多盘的转动和"水腿"效应使转鼓内外产生压力差，从而脱去浆料中的部分水，使其浓度增大，因此工艺要求对进浆流量、转鼓转速、槽体液位、拨浆和洗网水压力等进行自动控制，以保证浓缩机的处理能力。

6. 热熔物处理的控制要求

回收的废纸绝大多数是使用过的加工纸和纸制品，它们在加工过程中使用了热熔性胶黏剂，若这些热熔性胶黏剂留在纸浆中，在抄纸时易黏在网子、毛毯、辊子或烘缸表面上，造成纸张断头或出现孔洞、掉毛等纸病，必须对这些热熔性杂质进行处理。解决的办法是采用热分散机，通入 100℃ 左右的饱和蒸汽，使浆料中挥发性物质蒸发，再利用推进螺旋，使高浓纤维之间产生强烈摩擦，从而使黏在废纸上的热熔物在机械力作用下与纤维分开，并分散成微小颗粒，均匀地分散在纤维之间，不对纸张造成危害。工艺对自控的要求是通过调节蒸汽阀，对热分散机的进浆温进行控制，以保证在剔除热熔物的同时不对纤维质量产生影响；对螺旋挤浆机的速度加以控制，以选择合适的作用时间；热分散机还设有零速报警功能，以进行故障报警。

二、废纸制浆过程典型环节控制方案

本小节主要讲述废纸制浆过程典型环节的控制方案，主要包括：浆料碎解控制方案、压力筛自动排堵控制方案、废纸脱墨控制方案和热分散控制方案。

1. 浆料碎解控制方案

浆料碎解的常用设备是 D 型水力碎浆机和转鼓式碎浆机。其中，转鼓式碎浆机用于连续碎浆，主要由高浓离解区和筛选区两部分组成（如图 7-13 所示），其优点是：有良好的除杂能力，废纸原料可不经分选就直接使用，可节省大量分选费用；动力消耗比水力碎浆机节省 50% 左右；化学药品可减少 10% 以上，蒸汽可节省 60%；设备易维修保养，筛孔不易堵塞，可长时间连续运转。

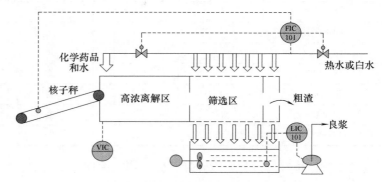

图 7-13　转鼓式碎浆机工作原理示意图

转鼓式碎浆系统的主要控制回路有 3 个：

① 热水或白水加入量控制 FIC-101，根据废纸加入量来控制热水或白水加入量，从而保持相对稳定的良浆浓度；

② 良浆液位变频控制 LIC-101，根据良浆池液位来控制良浆泵转速，达到节能的目的；

③ 转鼓式碎浆机自身的转速控制 VIC-101，可以采用变频控制，节能的同时，还可以根据废纸种类的不同来调节转鼓转速（调节碎浆时间），以获得满意的碎浆效果。

D 型水力碎浆机是最常用的碎浆设备，可用于连续碎浆和间歇碎浆。当用于间歇碎浆时，可根据浆包的加入数量来准确控制水的加入量，出浆浓度非常稳定。当用于连续碎浆时，因其自身除渣功能相对较弱，往往需要同杂质分离机配合在一起完成浆料的初级净化，因此排渣顺控是该碎解过程控制的关键，具体工作原理如图 7-14 所示，一般分为 5 个过程：排浆、淘洗、排轻渣、排重渣、初始化，各阀门动作时序见表 7-1。

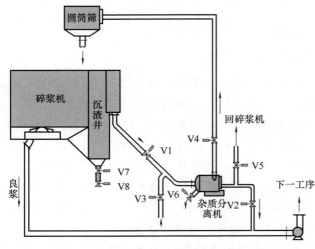

图 7-14　D 型水力碎浆机连续碎浆工作原理示意图

过程一：排浆过程，杂质分离机进浆阀 V1 和出浆阀 V2 打开，排渣 T1 时间，并分别在 1/2T1 时刻和 3/4 T1 时刻将 V2 关闭 8s，以防止筛板堵塞。在这一过程中，浆料从沉渣井经杂质分离机分离出良浆，与碎解机的良浆一起由浆泵送入下一工序。

过程二：淘洗过程，T1 时间到后，V1、V2 关闭，V1、V2 的完全关闭信号启动冲洗水阀 V3、冲洗水回碎浆机阀 V5 打开，淘洗 T2 时间。这一过程将杂质分离机内的残留浆料用冲洗水冲回碎浆机。

表 7-1　　　　　　　　　D 型水力碎浆机连续碎解排渣系统阀门动作时序表

	排浆	淘洗	排轻渣	排重渣	初始化
进浆阀 V1	开	关	关	关	关
出浆阀 V2	开	关	关	关	关
白水阀 V3	关	开	开	关	关
排渣阀 V4	关	关	开	关	关
排水阀 V5	关	开	关	关	关
排重渣阀 V6	关	关	关	开	关
提浆泵	开	关	关	关	关
过程时间	T1	T2	T3	T4	—

过程三：排轻渣过程，T2 时间到后，V5 关闭，V5 的完全关闭信号启动排轻渣阀 V4，排轻渣 T3 时间。这一过程将杂质分离机内的轻杂质用高压冲洗水冲向圆筒筛。

过程四：排重渣过程，T3 时间到后，V3、V4 关闭，V3、V4 的完全关闭信号启动排重渣阀 V6，排重渣 T4 时间。

过程五：初始化过程，T4 时间到后，V6 关闭，过程初始化，用 V1～V6 的完全关闭信号再去启动过程一，系统进入下一循环，周而复始。

另外，碎解机还有一个独立于连续碎解系统之外的附带控制系统，它通过控制沉渣井下的两个排渣阀 V7、V8，让它们交替开关，将碎浆机的重渣间歇排出，具体时序控制逻辑如图 7-15 所示。

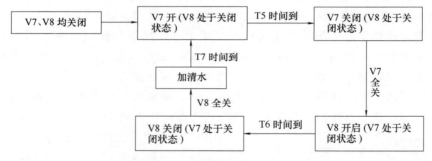

图 7-15　水力碎浆机沉渣井时序控制逻辑图

2. 压力筛自动排堵控制方案

压力筛用来除去浆料中有可能含有的纤维束、砂粒、金属屑等杂质，以达到均匀分散浆料、保护后续设备、提高成纸质量的目的，其工作原理是：浆料在很高的流速和压力下由切线方向泵送至压力筛内，压力筛内旋翼高速旋转，在流动过程中良浆通过筛板（网）排出，尾浆和粗渣从底部排出，再经振框筛将尾浆和重渣分离。压力筛在运行过程中，由于原浆质量恶化、进浆量剧增等原因，往往会出现杂质堵塞筛网的现象。因筛选系统是封闭的，如果设备或管道一旦发生堵塞，必将导致严重事故，所以系统必须具备很强的自动排堵和故障诊断功能。该功能是通过阀门、泵、电机及控制回路的连锁来实现的。一旦出现堵塞现象，DCS 会通过连锁关系使相关设备做出相应的反应，避免严重事故发生。

压力筛的堵塞在线监测和自动排堵的基本原理示意图如图 7-16、图 7-17 和图 7-18 所示，具体的控制逻辑如图 7-18 所示。

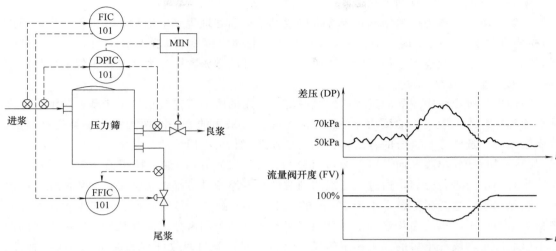

图 7-16　压力筛自动排堵控制方案示意图　　　　图 7-17　压力筛自动排堵控制原理示意图

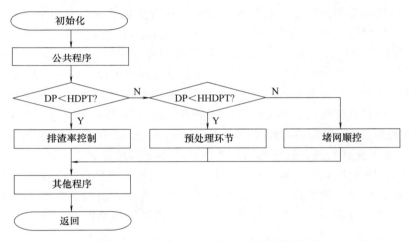

图 7-18　压力筛堵塞监视和自动排堵控制逻辑

　　在压力筛正常工作的情况下，进、出浆口的压差一般很小，通常在 $10\sim40\mathrm{kPa}$。在这种情况下，MIN 选择排渣率控制程序，压力筛进浆管道上的流量计与出浆管道上的阀门组成压力筛进浆流量控制回路 FIC-101，尾浆管道上的流量计与阀门组成排渣流量比值控制回路 FFIC-101。一旦压力筛出现堵网，则进、出口差压便会急剧攀升。当检测到的压力差大于 HDPT，但又同时小于堵网设定值 HHDPT（如 $300\mathrm{kPa}$）时，进入排堵预处理程序，DCS 将做出如下的动作：在良浆管道阀门原有开度值的基础上，以较大的递减量关小此阀门，减小良浆产量；同时，以较大的递增量开大尾浆出口管道上的阀门，提高排渣率，增加尾浆流量；打开稀释水管道上的阀门，向压力筛注水，降低浆的浓度。这样，在较低的浆浓和较大的排渣率条件下，网孔的堵塞状况会得到良好的改善，一般都能很快消除堵塞，进出口的压力差随之降低，然后关闭冲水阀，使系统自动回到流量比值控制状态。

　　当检测到进、出口差压达到堵网设定值 HHDPT，DCS 将认为此时压力筛已经处于堵网状态，DCS 将及时做出反应，MIN 选择反冲洗工作方式：停止进浆泵工作，关闭良浆管道上的阀门，将尾浆管道上的阀门全开，压力筛内余存的浆料从尾浆管道排出；冲洗水阀全开，全力进行反冲洗，直到消除堵塞。

一般情况下，压力筛的堵网现象都可以通过排堵预处理程序来消除，其动作与堵网顺控（当检测值大于 HHDPT 时，即检测值急剧增大）相比，幅度大大降低，而且浆泵始终处于开状态，保证了系统连续平稳运行，避免了停车事件的频繁发生，大大改善了控制质量。

3. 废纸脱墨控制方案

将油墨从废纸浆中脱除的过程叫废纸脱墨。常用的脱墨工艺包括三个步骤：疏解分离纤维、油墨从纤维上脱离，油墨从纤维悬浮液中除去。采用的方法有两大类：一类是浮选法、洗涤法或者浮选洗涤相结合的方法；另一类是筛选法和离心净化法。其中，浮选法是利用空气泡使油墨粒子浮出浆面而予以分离，对粒径为 $10 \sim 100 \mu m$ 的油墨粒子去除效果最佳；洗涤法是利用水力进行分离，通过筛板或筛网对纸浆悬浮液进行筛选，水夹带油粒而除去的原理来脱除油墨，适合脱除粒径小于 $10 \mu m$ 的油墨粒子；筛选法是通过粒子的大小和挺度不同来分离油墨粒子；离心净化法则主要是根据相对密度的不同来分离油墨粒子。脱墨方式的选择不但取决于剥离纤维后的油墨粒子的尺寸分布，同时还与回收纤维的性质、油墨的特性、需除去的杂质量以及纸浆的用途等密切相关。

浮选脱墨机是最常用的废纸脱墨设备，用于去除废纸浆中的疏水性杂质，如油墨颗粒、胶黏物、塑料、填料等。常用的设备有 Swemac 立式柱形浮选机、Lamort 对流式浮选机、Escher Wyss 阶梯扩散式浮选机、Voith 多喷射器椭圆形浮选机、Beloit 压力浮选机、Kamyr 旋风分离式浮选机、国产浮选机等。尽管废纸制浆过程采用的浮选脱墨工艺相近，但供应厂商不同，设备结构及工作原理却区别非常大。但从控制的角度而言，控制要点主要有三个：脱墨机的进浆流量和进浆浓度、真空吸墨装置的真空度（如果采用真空抽吸原理的话）。具体的带测控点的废纸脱墨工艺流程如图 7-19 所示。由于进脱墨槽的废纸浆浓度不高于 1.5%，其浓度难以在线检测，这里采用冲浆稀释的办法来满足脱墨工艺要求，为此冲浆池需要通过 LIC-101 液位控制回路来保持液位稳定，高位箱 1 的液位采用 LIC-102 变频控制，以降低上浆能耗，流量控制回路 FIC-101 用来调节进浆流量。而脱墨机组内气泡与高位箱 2 之间的液位差需要通过调节高位箱 2 的安装高度或其内的隔板高度来调节。

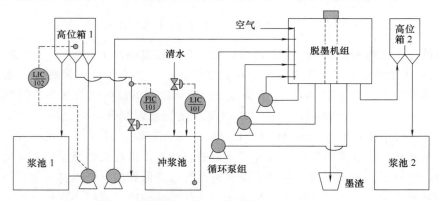

图 7-19　带测控点的废纸脱墨工艺流程示意图

4. 热分散控制方案

热分散在废纸处理中的主要作用是：疏解未离解的细小纤维，提高浆料的结合度和打浆度；去除浆料中的黏胶剂和热熔物，降低成纸的尘埃度值，减少纸病，提高废纸造纸的成纸质量。

热分散时，经过浓缩和加热的浆料由喂料螺旋送入热分散机的中心，采用机械与热作用相结合的方法，使浆料通过磨盘间的磨浆区、精磨区时在高温下热磨。由于磨片对高浓浆料的搓揉和摩擦作用，浆料得到进一步均匀纤维化，使其匀整程度和物理强度得到进一步改善；另一方面，浆料中含有的油墨、蜡、塑料薄膜、树脂等热熔物和黏胶剂随浆料一起进入热分散机，在磨盘的揉搓和挤压下被分散成许多微小的肉眼看不见的颗粒，均匀地混杂于纤维之间，并在随后的筛选、除渣、浮选、洗涤等工序中被除去。

热分散通常是在高浓（30％～35％）和高温（80～120℃）的条件下，用热分散机对浆料进行强烈的搓揉。高浓是为了消除水载体的润滑作用，保证浆料以及油墨粒子类固体可以获得强烈的摩擦剪切；高温是为了使热熔胶、塑料片、油墨粒子等残存杂质软化，更容易经受分散作用。热分散机通常可分为盘式和辊式两种类型（见图 7-20）。其中，盘式热分散机的结构与盘磨机相似，但工作浓度要高得多，定盘、转盘及磨齿要比普通磨浆机的强度要大得多，通过分散齿的强烈剪切和搓揉而完成热分散作用；辊式热分散机又叫搓揉机，分双辊和单辊两种，工作原理与盘式热分散机相同，但其工作部件的转速比盘式热分散机的转盘要慢得多。

图 7-20　盘式和辊式热分散机示意图
（a）盘式热分散机　（b）辊式热分散机

为使热分散机处于最佳工况下，需要对进浆浓度、进浆流量、工作温度、分散机盘隙间距等参数进行有效控制。一般而言，盘式热分散机操作温度在 90～130℃，搓揉机操作温度低于 100℃；盘式热分散机的功率输入较高，为 50～80kW·h/t（最高 120kW·h/t），而搓揉机为 30～60kW·h/t（最高 80kW·h/t）；盘式热分散机定盘和转盘之间的速差是搓揉机的 4 倍；两者的工作浓度都是 25％～35％。具体的带测控点的热分散系统工艺流程如图 7-21 所示。

通过高位箱保持热分散机进浆流量的稳定，当进高位箱的上浆浓度相对稳定时，那么进热分散机的绝干浆量就能保持稳定。对于热分散机而言，主要控制回路就是由 TIC-101 和 PIC-101 组成的串级控制回路，保持热分散机内的浆料温度维持在工艺要求的范围内且保持稳定。EIC-101 为恒功率控制回路，控制原理同磨浆机类似，用于控制动、定盘之间的间隙。SSC-101 为螺旋挤浆机的启停控制，液位变频控制回路 LIC-101 用于控制上浆泵转速，使得高位箱的回流保持较少状态，从而达到节能的目的。

三、多圆盘白水及纤维回收控制方案

纸张抄造过程中排出的白水里含有大量的纤维、填料等物质，若直接排放不但会造成纤维、填料的大量浪费，而且还会污染环境。多圆盘过滤机可用于白水的回收，不但能过滤出高澄清度的滤液替代部分清水，循环使用，减少白水排放负荷，降低废水处理费用，而且还

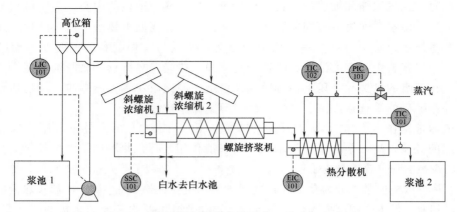

图 7-21 带测控点的热分散系统工艺流程示意图

能从白水中回收纤维，减少纤维流失，获得良好的经济效益。

（一）多圆盘过滤机的结构、工作原理和用途

1. 多圆盘过滤机的结构

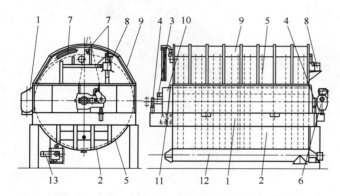

图 7-22 多圆盘过滤机结构示意图

1—进料箱 2—槽体 3—中心主轴 4—轴承总承
5—过滤圆盘 6—主轴电机 7—喷淋管 8—喷淋
管传动（摇摆电机）9—上罩 10—滤液阀
11—水腿 12—螺旋输送机 13—螺旋输送机传动

多圆盘过滤机主要由槽体、机罩、滤盘、圆盘轴、主传动装置、分配阀、剥浆喷水装置、洗网喷水装置、出浆装置（即螺旋输送机）等部分组成，其结构示意图如图 7-22 所示。安装在槽体上的圆盘轴由空心轴及固定在空心轴上的若干盘片组成，每个盘片由若干个扇形板构成，每个扇形板与空心轴相连，分配阀的分区对应于主轴的腔道，形成滤液通路，利用滤液水腿管在盘内面产生的真空与盘外面的大气压形成的压力差作为过滤推动力，采用滤饼过滤方法来净化白水，并回收纤维和填料。

2. 多圆盘过滤机的工作原理

白水与垫层浆被泵送至多圆盘过滤机的进料箱内，混合后溢流进入到过滤机槽体内。设备运转时，主轴带动过滤盘转动，当扇形板浸入液面以下时，通过滤网过滤作用，浆液中的纤维吸附在滤网上，形成纤维垫层，此区域叫自然过滤区；在这一区域，少部分纤维与滤液一起穿过滤网，形成浊滤液。主轴继续转动，在扇形板转出液面前后，真空作用继续存在，此时扇形板上的纤维垫层已达到一定的厚度，过滤介质不仅仅是滤网，还包括已形成的纤维垫层，过滤能力增强，滤网内部形成真空，此区域在扇形板转出液面前为真空过滤区；在真空抽吸作用下，穿过扇形板的固形物大大降低，形成清滤液和超清滤液。滤液流经滤盘、中心主轴而后通过分配阀的分配作用，形成浊滤液、清滤液和超清滤液三种滤液，每个扇形板均有管道经过中心主轴将滤液引出。在真空吸干区，滤网上的浆层继续脱水，滤层干度将继续增高，主轴带动扇形板继续转动，扇形板通过主轴的连接进入分配阀与大气的连通区，真空作用消失，此区域叫大气区；在此区域，完成剥浆和冲洗网面的任务，使滤网面恢复过滤能力，进入下一个过滤周期。生产过程可根据超清滤液、清滤液和浊滤液的需要量或超清滤液、清滤液和浊滤液的澄清度要求，通过分配阀的可调阀芯来调节各滤液的分配比例。由于扇形板是隔开的，互不相通，随着圆盘的旋转，过滤、干燥、卸料和洗涤诸步骤可连续循环进行。

3. 多圆盘过滤机的用途

多圆盘过滤机的主要用途可总结为如下 4 个方面：

① 用于各种筛后或漂后纸浆再精选的浓缩，尤其适用于低浓、滤水性能较差的纸浆；

② 用于纸机的白水处理，回收浆料、填料和清水；

③ 用于纸浆的洗涤，可对转出液面的盘上浆层进行喷淋置换洗涤，然后再用清水剥浆；

④ 用于碱回收苛化白液的过滤和白泥盘上洗涤。

（二）多圆盘过滤机控制方案

根据多圆盘过滤机的工作原理可以看出，进白水浓度和流量、过滤机转速和真空度、滤液储存槽液位等都是重要的被控参量。带测控点的工艺流程示意图如图 7-23 所示。回路 CIC-101 用于控制垫层浆池的出浆浓度，回路 FIC-101 和 FFIC-102 分别用于控制白水和垫层浆的加入量和流量比例，液位变频控制回路 LIC-107 通过调节主轴转速来控制多圆盘槽体液位，从而调节槽体的真空度、多圆盘处理能力和白水回收效率。另外，为维持各水池、浆池液位的稳定，为超清滤液池、清滤液池、浊滤液池、回收浆池、白水池和垫层浆池配置了液位控制回路 LIC-101 至 LIC-106。

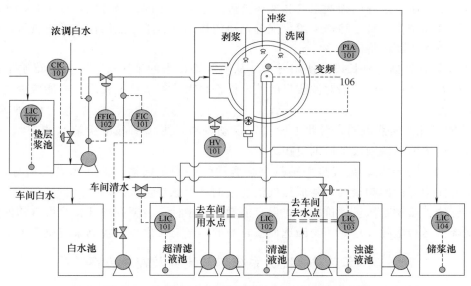

图 7-23　多圆盘过滤机带测控点的工艺流程示意图

第三节　洗涤和筛选过程控制

一、浆料洗涤和筛选的目的及质量评价指标

蒸煮后的浆料中含有大量有机物、可溶性无机物，这些物质的存在不利于浆料的后续漂

白和纸张抄造，一般采用洗涤的方法将其去除。这个工段通常也被称为"黑液提取"，通过洗涤将含有上述可溶性固形物的黑液与浆料分离，并把黑液送往碱回收工段进行燃烧，回收可用物料（如烧碱）。

洗涤的目的有二：a. 把纸浆中的黑液洗涤干净，利于后续工序的顺利进行；b. 尽可能地获得高浓度黑液，降低碱回收工段处理黑液的成本。目前，多数工厂采用多台串联的真空洗浆机用逆流洗涤原理进行浆料洗涤，以提升洗涤效果。

洗涤工段的质量评价指标有二：洗后浆残碱和首段黑液浓度（波美度）。顾名思义，残碱是指洗后浆中残留的烧碱含量，而波美度是指黑液中溶解的固形物的含量。洗涤工艺要求洗后浆残碱越低越好，首段黑液波美度越高越好。然而，这两个要求是相互矛盾的。一般说来，为了将浆料洗干净，要多加水，并延长洗涤时间，这不但造成洗涤效率低，能耗大，而且产生的黑液多，浓度低，这会明显加重碱回收车间蒸发工段的压力和运行成本；为了提高首段黑液波美度，最直接的方法是少加洗涤清水，但这又很可能会造成洗后浆残碱量提高和浆料里附着的有机质（如木素等）增多，这会明显增加后续漂白工段的药剂使用量，增加漂白工段的负担，并带来更多的环境污染。因此，浆料洗涤过程是一个对洗后浆残碱和首段黑液波美度这两个质量指标的平衡过程，也是这一工段优化控制的重点和难点。

浆料筛选是制浆过程不可缺少的重要环节，其主要目的是：除去浆料中未蒸解的木片、木节、草节、粗大纤维等粗渣，以及砂石、泡膜及塑料薄膜等杂质，为后续工序服务。目前，造纸工业通常采用多台压力筛（包括孔筛和缝筛）级联组成浆料筛选系统对浆料进行筛选净化。

一般而言，制浆过程的筛选工段和洗涤工段位于同一车间，两者配合在一起，完成浆料的筛选、洗涤和净化。对于筛选工段，配置合适的控制方案不仅能够提高纸张质量，还会带来以下几个方面的经济价值：

① 减少设备磨损，延长设备使用寿命。从喷放锅出来的纸浆中，尤其是草浆中，夹杂着大量的砂石、铁钉等，它们对洗浆机的洗网损伤很大，每节约一张网，便能减少直接经济损失近 2 万元。

② 节能降耗。实践表明，对此工段实行自动调节，可以明显减少清水或白水的消耗，从而减轻浆料浓缩和碱回收工段的负担。

③ 减少氯气消耗量。氯气是一种具有强腐蚀性的剧毒气体，对操作人员的身体健康、漂白设备的使用寿命影响很大，降低氯气消耗量的环保意义重大。

浆料筛选工段没有质量评价指标，但有能耗评价指标，希望在保证良浆得率的前提下尽可能多地降低运行电耗，这除了与筛选设备自身的质量有关之外，控制系统也至关重要。

二、真空逆流洗涤系统工艺流程及控制方案

（一）真空逆流洗涤系统工艺流程

浆料的洗涤和浓缩都是通过真空逆流洗浆系统来完成的，通常采用 3～4 台真空洗浆机再串联 1 台浆料浓缩机组成，常用的四段真空逆流洗浆系统的工艺流程示意图如图 7-24所示。

来自蒸煮车间的粗浆在喷放锅内稀释，然后由上浆泵送出，经加黑液稀释后进入Ⅰ段真空洗浆机，由Ⅱ段黑液桶来的黑液继续喷淋洗涤，过程中产生的黑液进入Ⅰ段黑液桶，洗后浆由压料辊送入Ⅱ段真空洗浆机，由Ⅲ段黑液桶来的黑液再次喷淋洗涤，如此进行下去。当

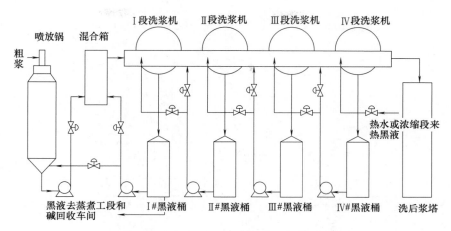

图 7-24　纸浆洗涤工艺流程示意图

纸浆进入Ⅳ段真空洗浆机时，用清水或浆料浓缩段黑液进行喷淋洗涤，洗后黑液进入本段黑液桶，而洗后的纸浆被送到洗后浆塔等待筛选或浆料浓缩机进行浓缩。在整个过程中，纸浆与洗涤液的流向是反向的。因此，浆由Ⅰ段进入Ⅳ段，残碱越来越小，洗涤液由Ⅳ段逆流到Ⅰ段，黑液波美度越来越高。

影响洗涤效果的因素主要有：

① 浆层压力差。浆层在洗鼓上所受的里外压力差越大，洗浆效果越好。

② 浆层厚薄。浆层较厚洗涤效果较差，但浆层薄产量低，浆层厚薄由浆槽内的纸浆浓度、浆位和洗鼓转速决定，洗鼓转速一般是固定的，因此，浆槽中浓度和浆位便决定了浆层厚度。

③ 纸浆和洗涤水的温度与流量。温度高、滤液的黏度低，有利于过滤洗涤；洗涤水用量多，浆洗得净，但黑液浓度低。

为了达到稳定纸浆的洗净度，又稳定黑液的浓度和提取率这两个目的，需要对串联真空洗浆过程的下列变量进行自动检测或控制：a. 喷放锅纸浆浆位的检测；b. 从喷放锅送往真空洗浆机的纸浆浓度和流量的自动控制；c. 用于洗浆的热水的流量和温度的自动控制；d. 洗浆机浆槽中浆位的自动控制；e. 送碱回收的黑液浓度的自动控制和流量的检测；f. 各段黑液桶液位的自动控制和温度的自动检测。

（二）真空逆流洗涤系统控制方案

典型的纸浆洗涤过程控制方案有：黑液浓度控制、残碱量控制、稀释因子优化控制、基于模型的优化控制和多组分控制等。图 7-25 为国内常见的真空逆流洗涤过程带测控点的工艺流程示意图，具体的洗涤过程测控点一览表见表 7-2。

对于图 7-25 和表 7-2 所描述的浆料洗涤过程测控方案，其控制思路是：首先稳定送到洗浆机的纸浆浓度和流量，（即稳定进浆的绝干纤维和黑液量），然后用温度和流量稳定的热水进行逆流洗涤，只要洗浆机台数和洗浆面积选型合适，并且保持浆层厚薄均匀，便能达到获得干净洗后浆的同时又获得浓度一定的黑液的目的。

在图 7-25 中，蒸煮来的浆料被送入压力混合箱，通过 FICQ-01 回路进行流量控制并累计进浆量，通过 1# 黑液桶来黑液进行稀释，稀释黑液流量由 FIC-01 回路来调节，并与 FICQ-01 构成流量比例控制，以保证进入洗浆机的未洗浆浓度保持稳定。对于每一台真空洗

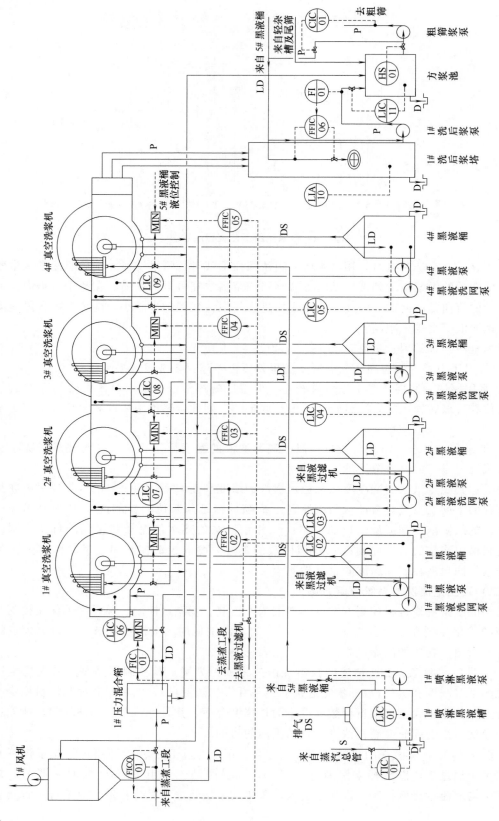

图 7-25 真空逆流洗涤过程带测控点的工艺流程示意图

表 7-2　　　　　　　　　　　　　　洗涤过程测控点一览表

序号	工位号	用　途	测量范围
1	LIC-01	1#喷淋黑液槽液位调节	0～4m
2	LIC-02	1#黑液桶液位调节	0～8m
3	LIC-03	2#黑液桶液位调节	0～8m
4	LIC-04	3#黑液桶液位调节	0～8m
5	LIC-05	4#黑液桶液位调节	0～8m
6	LIC-06	1#真空洗浆机液位调节	0～4m
7	LIC-07	2#真空洗浆机液位调节	0～4m
8	LIC-08	3#真空洗浆机液位调节	0～4m
9	LIC-09	4#真的空洗浆机液位调节	0～4m
10	LIA-10	1#洗后浆塔液位显示报警	0～16m
11	LIC-11	方浆池液位调节	0～4m
12	FIC-01	1#压力混合箱进黑液流量调节	0～300m³/h
13	FIQC-01	1#压力混合箱进浆流量调节累积	0～300m³/h
14	FFIC-02	进1#真空洗浆机黑液喷淋量调节	0～100m³/h
15	FFIC-03	进2#真空洗浆机黑液喷淋量调节	0～100m³/h
16	FFIC-04	进3#真空洗浆机黑液喷淋量调节	0～100m³/h
17	FFIC-05	进4#真空洗浆机黑液喷淋量调节	0～100m³/h
18	FFIC-06	进1#洗后浆塔黑液注入量调节	0～160m³/h
19	FI-01	1#洗后浆塔出浆量检测显示	0～160m³/h
20	DIC-01	方浆池出浆浓度调节	2%～6%
21	TIC-01	1#喷淋黑液槽温度调节	0～300℃

浆机，其转鼓内的洗涤黑液通过黑液桶的"水腿"效应被吸入黑液桶，流入黑液桶里的黑液通过黑液泵送往上一级真空洗浆机，根据用途不同，分成二路：一路至上一级真空洗浆机的喷淋部，对鼓上的浆进行冲洗。另一路被送至上一级真空洗浆机浆槽，对鼓上剥离下来的浆块进行离解、漂洗。每台真空洗浆机的控制回路主要有两个：一个是浆槽液位单回路控制，通过控制进入浆槽的黑液量来保持浆槽液位的稳定；另一个是喷淋黑液流量与下一级黑液桶最低液位的 MIN 复合切换控制，其基本思想是：当下一级黑液桶液位在最小液位之上时，该复合切换控制回路置于流量控制状态，保证洗浆机有充足的黑液喷淋，从而保证浆料的洗净度和洗涤效率，然而当下一级黑液桶液位进入最低警戒液位时，该复合切换控制回路无条件地切换到黑液桶液位控制，以保证黑液桶的"水封"状态完好（利用"水腿"效应产生真空），从而保证整个逆流洗涤系统的正常运行。

三、封闭筛选系统工艺流程及控制方案

筛选工段可以置于洗涤工段之前，也可以置于其后。而且，对于不同的浆种及蒸煮浆中含杂质的不同，筛选设备的选型和组合也不尽相同。国内浆料筛选常用的设备是由跳筛和缝筛组成的三段筛选系统，其缺点是杂质剔除率低、水耗和能耗大，但控制方案简单。安德里兹-奥斯龙（Andritz-Ahlstrom）公司生产的筛选设备具有杂质剔除率高，设备组合灵活，

浆料滞留时间短、水耗和能耗低等优点，但该设备对操作要求严格，控制方案复杂。本节以麦草浆筛选为例，介绍一种基于安德里兹-奥斯龙筛选设备的浆料筛选工艺和相配套的控制方案。

（一）安德里兹-奥斯龙浆料筛选工艺流程

1. 封闭筛选工艺流程介绍

用于麦草浆筛选的安德里兹-奥斯龙筛选系统主要由粗筛、一段细筛、锥形除渣器、二段细筛、尾筛和轻杂质槽等组成。工艺流程如图 7-26 所示。从喷放锅出来的蒸煮浆经真空洗浆机洗涤后，被输送到洗后浆塔。洗后浆塔的成浆经方浆池泵入粗筛，进行初步筛选；良浆送往一道细筛进行精选，尾浆被送到尾筛进行残余纤维提取。一道细筛良浆经真空洗浆机（浓缩机）浓缩后，被送往筛后浆塔，等待漂白；其尾浆，连同尾筛尾浆一起，被送到锥形除渣器进行除渣，所得

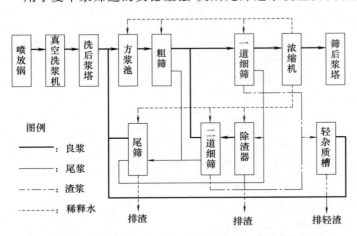

图 7-26 安德里兹-奥斯龙浆料筛选系统工艺流程示意图

良浆进入二道细筛，进行再次精选。二道细筛良浆进入一道细筛，尾浆进入尾筛。各筛选设备的稀释水都由真空浓缩机提供。因此，整个系统的运行环境是封闭的，而中间的筛选过程是带压的。这有利于浆料筛选效率的提高。

2. 控制难点分析

影响筛选效果的因素较多，主要有进浆的浓度、流量、稀释水量、排渣率、进浆入口与良浆出口之间的压差等。安德里兹-奥斯龙设备筛选效率高的关键原因在于其设备的高质量和对控制系统的高要求，上述参量都必须进行可靠控制。其控制难点主要表现在以下几个方面：

① 上浆浓度要求苛刻。奥斯龙筛选设备已构成一个产品系列。设备选型是根据浆种、浆浓和产量而定的；而且，控制系统中大量采用了流量比值加串联控制，所以要求上浆浓度相对稳定。鉴于浓度难以准确测量的现状及麦草浆中杂质含量高的现实，上述要求很难实现。

② 比值加串联控制繁多。为了保证杂质剔除率和降低纤维损失，各筛选设备的进浆、出浆和稀释水流量都必须按照设备筛选效率和产量进行严格配比和精确控制，系统中便大量采用了比值加串联控制，因此只要有一个回路，尤其是前级回路出现波动或信号检测误差偏大，后续回路便会出现较大波动，甚至振荡，系统能否正常运行的关键是这些回路能否正常工作。

③ 设备连锁关系复杂。由于系统是封闭的，设备或管道堵塞将会导致严重事故，所以系统必须具备很强的自动排堵和故障诊断功能，这一功能是通过阀门、泵、电机及控制回路间的连锁来实现的，一旦出现堵塞现象，DCS 会通过连锁关系使相关设备做出相应反映，避免严重事故发生。

④ 系统的启停顺序要求严格。系统是封闭的，希望正常停机后，浆料完全排除，整个系统充满清水；另外，系统工作是带压的，启动时，压力筛进口压力可高达 0.5MPa，因此必须严格按照操作规程，进行系统的启停。

⑤ 系统排渣阀门动作时序要求严格。奥斯龙工艺的关键之一是除渣和排渣。系统正常运行时必须实现杂质的有效捕集和及时排空，否则渣浆堆积成硬块会堵塞渣口，不但不能使渣浆沉降到渣捕集器中，反而会卷入良浆中去，造成设备，如筛篮的磨损，导致严重事故；同时，排渣过程中，还要防止空气进入封闭系统，安德里兹-奥斯龙工艺对渣浆排放要求严格，具体表现在排渣阀门的动作时序上。

（二）安德里兹-奥斯龙浆料筛选控制方案

1. 带测控点的工艺流程图

鉴于安德里兹-奥斯龙设备对上浆浓度要求严格，而麦草浆含杂质量大，随机干扰严重，浓度波动频繁的特点，采用基于继电反馈辨识的自整定 PID/PI 对其进行控制，采用比值加串联控制策略来满足安德里兹-奥斯龙各筛选设备进、出口浆流量和稀释水之间严格的流量配比要求，采用 PLC 来实现对锥形除渣器、一道细筛、二道细筛和尾筛排渣阀门的时序控制。带测控点的封闭筛选控制系统流程图如图 7-27 所示，具体的筛选工段测控点一览表见表 7-3。

表 7-3　　　　　　　　　　　　　　　　筛选工段测控点一览表

序号	工位号	功能说明	测量范围
1	LI-01	尾筛主筛液位检测显示	0～1.5m(15kPa)
2	LIC-02	尾筛尾浆液位调节	0～1.5m(15kPa)
3	LI-03	轻杂质槽液位检测显示	0～1.5m(15kPa)
4	FIC-01	粗筛出浆流量控制（良浆）	0～540m³/h
5	FFIC-02	粗筛尾浆流量指示、控制	0～72m³/h
6	FFIC-03	粗筛出浆流量调节（尾浆）	0～72m³/h
7	FFIC-04	一段细筛良浆出口流量调节	0～720m³/h
8	FFIC-05	一段细筛尾浆出口流量调节	0～108m³/h
9	FFIC-06	进一段细筛黑液流量调节	0～36m³/h
10	FFIC-07	二道细筛良浆出口流量调节	0～216m³/h
11	FFIC-08	二段细筛尾浆出口流量调节	0～36m³/h
12	FFIC-09	二段细筛进黑液流量调节	0～36m³/h
13	FFIC-10	尾筛进黑液流量调节	0～36m³/h
14	FI-01	一道细筛排渣稀释黑液流量显示	0～10m³/h
15	FI-02、03	锥形除渣器排渣稀释黑液流量显示	0～10m³/h
16	FI-04	二道细筛排渣稀释黑液流量显示	0～10m³/h
17	PIC-01	粗筛进浆压力控制	0～600kPa
18	PI-02	粗筛良浆压力检测指示	0～600kPa
19	PDIA-03	粗筛进出口差压显示报警（浆）	60kPa
20	PI-04	一段细筛进浆压力指示	0～600kPa
21	PI-05	一段细筛良浆压力指示	0～600kPa
22	PDICA-06	一段细筛浆进出口差压调节	60kPa

续表

序号	工位号	功能说明	测量范围
23	PI-07、08	锥形除渣器进口压力检测显示	0～600kPa
24	PI-09、10	锥形除渣器出口压力检测显示	0～600kPa
25	PI-11	二段细筛进浆口压力检测显示	0～600kPa
26	PI-12	二段细筛良浆出口压力检测显示	0～600kPa
27	PDICA-13	二段细筛浆进出口差压调节	60kPa
28	HS-01、02	1#/2#细筛浆泵出口开关阀门连锁	保护1#/2#细筛浆泵
29	HS-03～07	排渣远程连锁	—
30	HS-08	方浆池出口开关阀连锁	—
31	II-01	一道细筛电机电流显示	—
32	SS-01	尾筛电机转速开关检测	—
33	FSA-01	粗筛密封水流量开关	—
34	FSA-02	一道细筛密封水流量开关	—
35	FSA-03	二道细筛密封水流量开关	—
36	FSA-04	尾筛密封水流量开关	—
37	HV-01	气动开关阀	粗筛排渣进黑液
38	HV-02	气动开关阀	锥形除渣器良浆出口
39	HK-01～05	黑液入口开关阀连锁	一道细筛、二道细筛、粗筛、锥形除渣器和尾筛

需要解释的是最小选择控制 MIN 的作用是：当进浆-良浆差压为正常值时，选择的工作方式为正常的流量调节；当上述差压反常变大时，说明压力筛即将堵塞或已经堵塞，需要自动停止正常的流量调节，进入反冲排堵工作方式。

2. 主要控制算法

这里重点介绍安德里兹-奥斯龙封闭筛选控制方案中涉及的几个重要控制算法。

（1）自整定 PID/PI

继电反馈辨识的优点是：整定过程在闭环中进行，系统仍然运行在工作点附近；既不影响系统的正常运行，又可克服系统非线性对参数整定的影响。系统采用图 7-28 所示的改进型继电反馈自整定方法，用于对纸浆浓度回路动态特性的获取。

图 7-28 中，继电特性的负倒描述函数为：

$$-\frac{1}{N(a)} = -\frac{\pi a}{4d} \tag{7-3}$$

其中，d 为继电特性幅值，a 为继电器输入信号幅值（也即闭环系统输出信号幅值）。若将开关切换到 a 点，则根据非线性系统产生稳定极限环条件可得：

$$N(a)\frac{1}{(j\bar{\omega})}G_p(j\bar{\omega}) = -1 \tag{7-4}$$

$G_p(.)$ 为被控对象。将式（7-3）代入式（7-4）得：

$$G_p(j\bar{\omega}) = -\frac{1}{N(a)}j\bar{\omega} = -\frac{\pi a \bar{\omega}}{4d}j \tag{7-5}$$

由式（7-5）可知，等幅振荡发生在图 7-29 中的，$\bar{\omega}_{90}$ 处，且系统输出等幅振荡的幅值 a 与继电器幅值 d 成正比。因此，a 的数值可以通过 d 来调节。这是继电反馈参数自整定方法

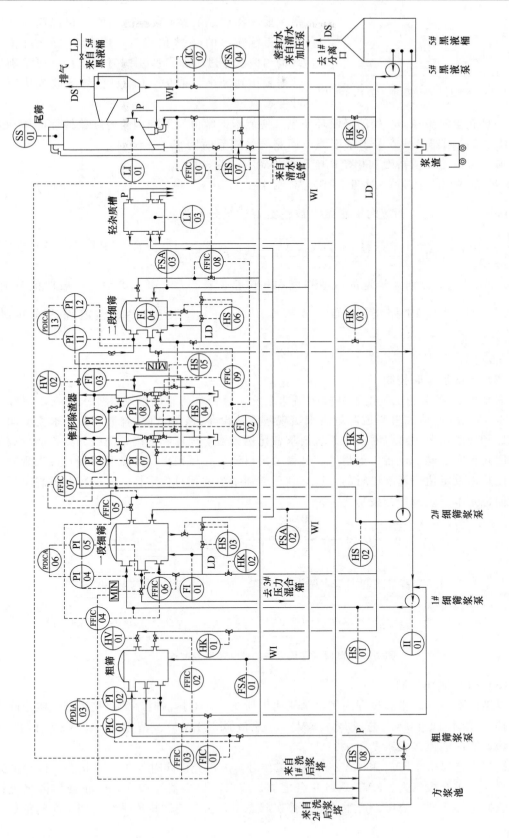

图 7-27　安德里兹-奥斯龙封闭筛选控制系统带测控点的工艺流程示意图

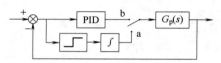

图 7-28　继电反馈参数辨识方法示意图

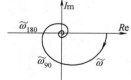

图 7-29　被控对象 Nyquist 曲线

最主要的优点。工程上，振荡幅值 a 可以简单地通过测量系统输出的峰-峰值得到，周期 T 可通过测量系统输出两次穿过工作点所用的时间获得。更精确地估计需要用到最小二乘法（LS）、信号滤波或快速傅立叶变换（FFT）等。

一旦获得对象在 $\tilde{\omega}_{90}$ 处的极限环信息，便能根据幅值裕度和相角裕度鲁棒性能指标来确定 PID/PI 控制器参数。由于浓度调节回路的纯滞后时间很短，所以可以将幅值裕度和相角裕度取得相对小一些，以加快系统的响应速度。对于 PID 控制器：$G_c(s)=K_p\left(1+\dfrac{1}{T_i s}+T_d s\right)$，相应的控制器参数整定表达式分别为：

$$K_p=\frac{4d\sin\phi_m}{\pi a\bar{\omega}_{90}A_m},\quad T_d=\frac{-\cot\phi_m+\sqrt{\cot^2\phi_m+4/\delta}}{2\bar{\omega}_{90}},\quad T_i=\delta T_d。$$

其中，A_m 和 ϕ_m 分别为给定的幅值裕度和相位裕度；δ 为一可调参数，一般取值范围为：$\delta=1.5\sim4$。对于 PI 控制器：$G_c(s)=K_p\left(1+\dfrac{1}{T_i s}\right)$，相应的参数整定表达式分别为：

$$K_p=\frac{4d\sin\phi_m}{\pi a\bar{\omega}_{90}A_m},\quad T_i=\frac{\tan\phi_m}{\bar{\omega}_{90}}。$$

（2）比值加串联控制

安德里兹-奥斯龙工艺由于是封闭筛选系统，对物料衡算的准确性要求很高，一般采用图 7-30 所示的比值加串联控制策略来实现各筛选设备进、出口浆流量和稀释水流量间的流量配比和回路调节。可以看出，系统要求各比例系数必须计算准确，前级回路检测仪表的测量精度高。对于同一设备，如粗筛，其良浆出口流量、尾浆出口流量及稀释水注入量间的流量配比是以设定值为基准进行的，这有利于增强系统的相对稳定性。这一控制思想是反常规的，但也是本系统设计的技巧之一。

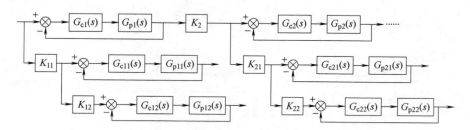

图 7-30　奥斯龙筛选设备比值加串联控制连接示意图

（3）PLC 顺序控制

以锥形除渣器的排渣过程为例，来说明奥斯龙工艺对排渣时序的严格要求。锥形除渣器的渣捕集器有四个阀：进渣阀（KV1）、排渣阀（KV2）、清水阀（KV3）和排气阀（KV4），阀门的连接关系见图 7-31。

根据工艺要求，KV1 和 KV2 在正常工作时，决不允许同时处于打开状态，以免渣浆连续排空，造成纤维流失。KV1 重新开启之前，应对渣捕集器注满水，防止锥体内浆流快速进入渣捕集器，使系统压力产生波动。停机状态下，由于控制排渣系统的四个阀门都处于断

电状态，故它们均处于关的位置。正常运行时，进
渣阀（KV1）打开，其他阀关闭，处于装渣状态。
装渣设定时间 T1 到，系统开始排渣。各阀门开闭顺
序为：KV1 关闭→KV2、KV4 打开→KV2 关闭、
KV3 打开→KV3、KV4 关闭→KV1 打开→进入下
一轮排渣循环。T1、T3 和 T4 的长短设定决定于渣
浆量、渣捕集器的排空速度及对渣捕集器注满水的
时间。当采用 PLC 控制时，相应的连锁控制时序见表 7-4。

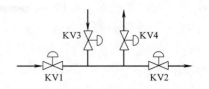

图 7-31　渣捕集器阀门连接关系示意图

表 7-4　　　　　　　　　　　　　　PLC 连锁控制时序表

状态	正常时	排渣时		进水时	
进渣阀 KV1	开	关	关	关	关
排渣阀 KV2	关	关	开	关	关
进水阀 KV3	关	关	开	开	关
排气阀 KV4	关	关	开	开	开
T0	T1	T2	T3	T4	T5

第四节　漂白过程典型控制

　　经蒸煮和洗涤筛选后的纸浆均有一定的颜色，其颜色主要来自木素中的发色基团，可以
通过漂白剂除去纸浆中的有色物质，使纸浆达到要求的白度。本小节主要讲述当前制浆造纸
工业正在着力推广应用的无元素氯漂白 ECF（Elemental Chlorine Free）工艺流程及其控制
方案。

一、浆料漂白的目的和质量评价指标

（一）浆料漂白的目的和方法

　　漂白的主要目的是：a. 提高纸浆的白度和白度稳定性；b. 改善纸浆的物理化学性质；
c. 纯化纸浆，提高纸浆的洁净度。漂白的原理是：通过化学作用，破坏或改变木素等有色
物质的化学结构，达到提高纸浆白度的目的。

　　纸浆漂白的方法主要有两大类：a. 溶出木素式漂白，把带有发色基团的木素从纸浆中
除去，即通过化学品的作用溶解纸浆中的木素使其结构上的发色基团和其他有色物质受到彻
底的破坏和溶出，常用于化学浆的漂白；b. 保留木素式漂白，把发色基团氧化变成非发色
基团，即在不脱除木素的条件下，改变或破坏纸浆中属于醌结构、酚类、金属螯合物、羧基
或碳碳双键等结构的发色基团，减少其吸光性，增加纸的反射能力，常用于机械浆和化学机
械浆的漂白。这两种方法都是通过纸浆与漂白剂之间发生温和的化学反应来实现纸浆漂白
的，常用的漂白剂有：氯气（Cl_2）、二氧化氯（ClO_2）、氧气（O_2）、过氧化氢（H_2O_2）、
臭氧（O_3）等。

　　漂白工段控制的主要目的是：a. 用漂白剂有效除去纸浆中的有色物质，使纸浆达到要
求的白度；b. 在获得均匀的纸浆白度的同时减少对纤维的降解，保持纸浆纤维的强度；

c. 减少漂白剂和洗涤水的用量，以节约原料和能源，减少污染。

CEH 三段漂是曾被造纸工业广泛采用的漂白工艺，它是指分别利用氯化、碱处理、次氯酸盐漂白等三种方法分三段进行纸浆漂白的工艺。该工艺的原理是：首先利用廉价的氯气对未漂浆进行处理，脱去纸浆中的大部分木素，起到纯化作用而又不会损伤纤维；氯化后的纸浆经水洗涤只能溶出部分氯化木素，纸浆中仍然残留大部分氯化木素，因此第二段是采用碱处理工艺以溶出全部氯化木素；最后一段采用次氯酸盐或二氧化氯进行末段漂白，以脱去纸浆的褐色。由于以氯气为漂白剂的漂白过程会产生二噁英等高致癌物质，同时氯气本身也是一种具有强腐蚀性的剧毒气体，因此它在造纸工业中的使用越来越受到限制。当前，采用 TCF（Totally Chlorine Free，全无氯漂白）或 ECF（Elemental Chlorine Free，无元素氯漂白）代替 CEH 三段漂是造纸工业发展的趋势。其中，TCF 是用不含氯的物质如 O_2、H_2O_2、O_3 等作为漂白剂对纸浆在中高浓条件下进行漂白；ECF 主要采用 ClO_2 作为漂白剂对纸浆在中浓条件下进行漂白。由于 TCF 和 ECF 能在提高漂白浆质量的同时，还具有良好的环境友好性，已逐步取代了传统的元素氯漂白工艺。

（二）漂白浆料的质量评价指标

漂白浆料的质量评价指标主要包括：光学性能（亮度）、木素残留量（卡伯值）及纤维素特性。

未漂白的纸浆都是具有颜色的，其主要由浆中残留木素和原料中原有的或在蒸煮过程中形成的有色物质造成的。经漂白后的浆料的亮度和白度都会发生变化。纸浆的亮度是指在特定波长（457nm）下纸浆等产品显白的反应，即特定条件下的白度值。白度是指在可见光范围内纸浆等产品显白的反应，常采取目测对比来测定。纸浆的白度是指纸浆对可见光谱中 7 种单色光全反射的能力，国际上是用波长为 457nm 的蓝色单光测定的反射率与相同条件下测得的纯净氧化镁表面反射率之比，以百分率表示。造纸行业中习惯将白度与亮度互为同义词，往往以白度代替亮度。

卡伯值，又称卡伯价，表明纸浆的木素含量（硬度）或漂白率，它是反映纸浆中脱木素程度的指标之一。关于卡伯值的定义及实验室测定方法已在本章第一节中给予了介绍。

漂白纸浆的纤维素特性主要包括还原性能、黏度和聚合度。在天然纤维素中，还原性末端基含量很少，但在制浆和漂白过程中，纤维素受到氧化和水解作用，而使还原基大大增加。漂白浆还原性能的测定是检定纸浆的纤维素还原性末端基含量的多少，可以相对表示纤维素大分子的平均纤维长度与纸浆的变质程度，漂白浆的返色也与其相关。纸浆黏度表示在蒸煮和漂白等工艺过程中纤维素被降解破坏的程度，主要用于测定纤维素分子链的平均长度。纸浆的平均聚合度是浆料中纤维素分子链的平均长度的反映，也直接影响纸浆黏度的大小。纸浆黏度对于纸浆和纤维的物理性质，特别是机械性质有着明显的影响。

二、ECF 无元素氯漂白系统工艺流程及控制方案

为了进一步减轻漂白废水的污染程度，造纸工业开始采用深度脱木素、氧脱木素及低用氯量多段漂白工艺。ECF 漂白是用二氧化氯（ClO_2）取代氯气（Cl_2）的一种新型漂白工艺，称之为无元素氯漂白。

ClO_2 是一种优良的漂白剂，其能得到广泛推广，是因为它在破坏木素而不显著降解纤维素或半纤维素方面具有很高的选择性。由于这一优点，使其在获得显著稳定白度的同时保

护了纸浆的强度。在漂白过程中，Cl_2 和 ClO_2 都会形成氯化有机物。然而，Cl_2 倾向于与木素结合，ClO_2 一般使木素分裂开，而留下的氯化有机物是水溶性的，非常类似于自然环境中的原本存在的化学物质。因此，ECF 漂白废水中的二氧杂芑和呋喃含量很少，采用 ECF 漂白可大幅减少漂白废水中的总活性卤素和总氯代酚等有毒物质，所得纸浆具有白度高、强度好，对环境影响小，成本相对低等特点，当前得到广泛应用。

（一）ECF 无元素氯漂白工艺流程

ECF 的流程组合种类很多，D_0-Eo-D1（第零段二氧化氯-氧碱抽提-第一段二氧化氯）是工业中常用的 ECF 漂白序列之一，称之为短三段加氧漂白，用来漂白针叶木或阔叶木硫酸盐浆，白度可达 87%ISO 以上。O-D_0-Eo-D1 序列是在短三段加氧漂白前再加一段氧脱木素漂白，用来进行针叶木硫酸盐浆漂白，最终白度可达 90%ISO。另外，有不少工厂采用臭氧漂白，如 OZD（氧气-臭氧-二氧化氯）或 ODZ（氧气-二氧化氯-臭氧）、ODEOZ（氧气-二氧化氯-碱处理-氧气-臭氧）等序列，均能显著减轻漂白废水污染负荷。O-D_0-E_{OP}-D_1（氧气-第零段二氧化氯-氧气过氧化氢碱抽提-第一段二氧化氯）是另一种常用的漂白序列，用来漂白竹浆和木浆。下面以 O-D_0-E_{OP}-D_1 漂白流程为例，介绍 ECF 漂白生产线工艺流程，具体的漂白工艺流程框图如图 7-32 所示。

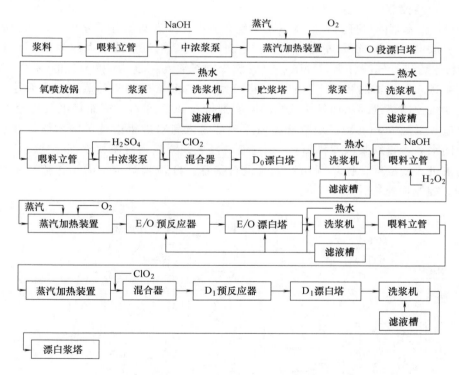

图 7-32 ECF（O-D_0-E_{OP}-D_1）漂白工艺流程示意框图

经洗涤筛选后的纸浆储存于喂料立管中，加入一定量的 NaOH 后，由中浓浆泵送入蒸汽加热装置，与氧气、蒸汽混合后进入 O（氧抽提）段漂白塔进行氧脱木素反应，纸浆漂后进入氧喷放锅，进一步脱除木素，纸浆随后用热水稀释，并由浆泵泵入洗浆机洗涤后送至贮浆塔，滤液经滤液槽送入洗浆机顶部作洗涤水用。纸浆再用热水稀释后由中浓浆泵送入喂料立管，与一定量的 H_2SO_4 混合后由中浓浆泵送至混合器，与 ClO_2 混合后进入 D_0 段漂白塔进行"氯化"反应。纸浆漂后经浆塔顶排出，并经洗浆机洗涤，排出酸性废液。洗涤后纸浆又与适量 NaOH 混合送入喂料立管，与 H_2O_2 混合后再与一定量的蒸汽、氧气混合后送入 E/O 预反应器（也可称为 EOP 预反应器）。反应一段时间后送至 E/O 漂白塔（也可称为 EOP 漂白塔）进行强化碱处理，经碱处理后送入洗浆机洗涤，E/O 段废液经滤液槽送至 E/O 预反应器、E/O 漂白塔。纸浆由洗浆机洗涤后再送入喂料立管，由中浓浆泵送入蒸汽加热装置，与 ClO_2 混合后再送入 D1 预反应器，反应一段时间后送入 D_1 漂白塔漂白。纸浆出 D1 漂白塔后经洗浆机再次洗涤，滤液经滤液槽送入洗浆机顶部作洗涤水用，经 D1 段漂白的纸浆送入漂后浆塔备用。

（二）ECF 无元素氯漂白控制方案

$O\text{-}D_0\text{-}E_{OP}\text{-}D_1$ 漂白工艺带测控点的工艺流程图如图 7-33 至图 7-36 所示，其工艺流程是：经氧脱木素的纸存于贮浆塔中，经热水稀释及洗浆机洗涤后，由中浓浆泵送至中浓混合器，在液压下与 ClO_2 混合后进入 D_0 段漂白塔进行氯化反应，纸浆漂后经塔顶排出，并经过洗浆机洗涤，洗涤后的浆料又与 H_2O_2 混合，用中浓浆泵输送至混合器，通氧混合后送至 E/O 漂白塔，经碱处理后的纸浆经塔顶排出，纸浆在塔顶用热水洗涤后与 ClO_2 混合进入 D_1 漂白塔漂白，漂白后的纸浆经洗浆机洗涤后送贮存槽备用。

1. O 段带测控点的工艺流程图

氧（O）脱木素的机理为在高压下于碱性介质中让木素与氧分子起反应，达到脱除木素的目的，一般可以脱除 50% 左右的木素。经洗涤筛选后的纸浆浓度大约为 $10\% \sim 14\%$，送入 1# 喂料立管进行气液分离，经喂料立管流出的纸浆与浓度为 400g/L 的 NaOH 混合后，经中浓浆泵送入蒸汽加热装置。在液压下将压力为 350kPa 的氧气与蒸汽混合后送入蒸汽加热装置，通过控制蒸汽的添加量使纸浆的温度维持在 90℃ 左右，进而将纸浆送至 O 段漂白塔进行反应。反应 50min 后，纸浆从漂白塔顶部送入氧喷放锅继续脱除木素，在氧喷放锅底部有一圈水环，将纸浆浓度稀释至 4% 左右，经上浆泵送入洗浆机洗涤、浓缩，再送入贮浆塔，滤液进入滤液槽，循环利用对纸浆进行稀释。O 段带测控点的工艺流程示意图如图 7-33 所示，控制回路统计见表 7-5。

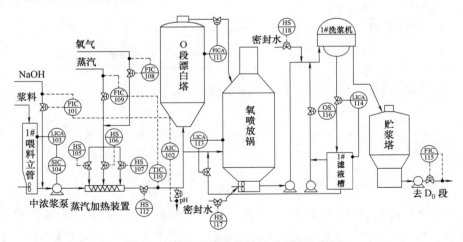

图 7-33　O 段带测控点的工艺流程示意图

2. D_0 段带测控点的工艺流程图

来自 O 段的纸浆进洗浆机继续洗涤与浓缩，同时向洗浆机中通入部分热水以便减少

ClO_2 用量，之后纸浆被送入 2# 喂料立管进行气液分离。从立管贮槽出来的纸浆与一定量的 H_2SO_4 和 ClO_2 进行混合后被送入 D_0（第零段二氧化氯）漂白塔，反应 60min。在 D_0 漂白塔的顶部通入一定量的 SO_2 与纸浆混合后送入洗浆机进行洗涤、浓缩。从滤液槽出来的浆料与一定量的热水混合送入洗浆机，继续对纸浆进行稀释。从洗浆机出来的纸浆与一定量的 NaOH 混合后送去 E/O 段继续进行漂白。D_0 段带测控点的工艺流程示意图如图 7-34 所示，控制回路统计见表 7-6。

表 7-5　　　　　　　　　　　O 段测控回路统计一览表

序号	工位号	功能描述	序号	工位号	功能描述
01	PICA-111	O 段漂白塔总压控制	06	FIC-115	贮浆塔出浆口流量控制
02	TIC-110	进入 O 段漂白塔纸浆温度控制	07	LICA-103	1# 喂料立管液位控制、报警
03	FIC-109	通入蒸汽加热装置的蒸汽流量控制	08	LICA-113	氧喷放锅液位控制、报警
04	FIC-101	纸浆加碱液流量控制	09	LICA-114	1# 滤液槽液位控制、报警
05	FIC-108	通入蒸汽加热装置的氧气流量控制			

表 7-6　　　　　　　　　　　D_0 段测控点数统计结果

序号	工位号	功能描述	序号	工位号	功能描述
01	FIC-201	2# 洗浆机入口纸浆流量控制	06	FIC-220	通入 3# 洗浆机热水流量控制
02	FIC-208	加入 ClO_2 流量控制	07	LICA-203	2# 滤液槽液位控制、报警
03	FIC-214	通入 D_0 漂白塔的 SO_2 流量控制	08	LICA-216	3# 滤液槽液位控制、报警
04	FIC-218	通入 3# 洗浆机的滤液流量控制	09	LIC-205	2# 喂料立管液位控制
05	FIC-219	通入 NaOH 流量控制			

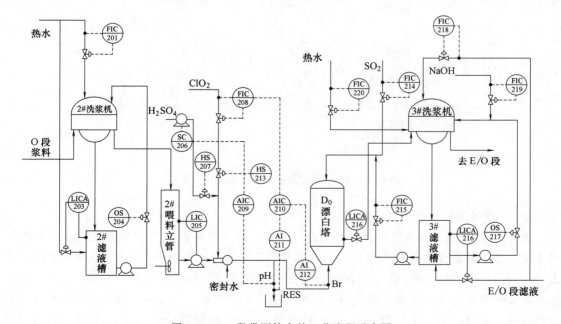

图 7-34　D_0 段带测控点的工艺流程示意图

3. E/O 段带测控点的工艺流程图

来自 D_0 段的纸浆送入 3# 喂料立管进行气液分离，与一定浓度的 H_2O_2 混合后经浆泵送入蒸汽加热装置，将氧气与蒸汽混合后送入蒸汽加热装置，通过控制蒸汽的添加量使纸浆的温度维持在 78℃ 左右。纸浆进入 E/O（氧气过氧化氢碱抽提）预反应塔进行反应，之后再进入 E/O 漂白塔反应，滞留时间为 120min。从漂白塔出来的纸浆经浆泵送入洗浆机进行洗涤、浓缩送入 D_1 段，一部分滤液与热水混合后送入洗浆机对纸浆进行稀释，另一部分则送入 D_0 段滤液槽。E/O 段带测控点的工艺流程示意图如图 7-35 所示，控制回路统计见表 7-7。

表 7-7   E/O 段测控点数统计结果

序号	工位号	功能描述	序号	工位号	功能描述
01	LIC-301	3# 喂料立管液位控制	06	FIC-309	通入蒸汽加热装置的氧气流量控制
02	LIC-313	E/O 漂白塔液位控制	07	FIC-312	E/O 漂白塔出浆流量控制
03	LICA-315	4# 滤液槽液位控制、报警	08	FIC-317	进入 4# 洗浆机的热水流量控制
04	FIC-302	加入 H_2O_2 流量控制	09	TIC-310	进入 E/O 预反应塔的纸浆温度控制
05	FIC-308	通入蒸汽加热装置的蒸汽流量控制			

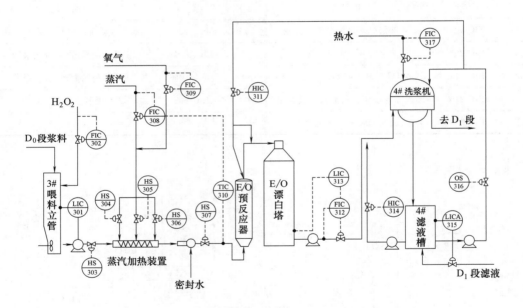

图 7-35　E/O 段带测控点的工艺流程示意图

4. D_1 段带测控点的工艺流程图

来自 E/O 段纸浆送入 4# 喂料立管进行气液分离，经喂料立管流出的纸浆送入蒸汽加热装置，使纸浆温度维持在 70℃。从蒸汽加热装置流出的纸浆与一定浓度的 ClO_2 混合后送入 D_1 预反应器、D_1（第一段二氧化氯）漂白塔进行反应，滞留时间为 60min。经漂白塔流出的纸浆经浆泵送入洗浆机进行洗涤、浓缩后送入漂后浆塔，一部分滤液与热水混合后对本段纸浆进行洗涤，另一部分则送入 E/O 段滤液槽。D_1 段带测控点的工艺流程示意图如图 7-36 所示，控制回路统计见表 7-8。

表 7-8 　　　　　　　　　　　　　　　D₁ 段测控点数统计结果

序号	工位号	功能描述	序号	工位号	功能描述
01	LIC-401	4#喂料立管液位控制	06	FIC-414	D₁漂白塔出浆流量控制
02	LIC-415	D₁漂白塔液位控制	07	FIC-419	加入5#洗浆机的白水流量控制
03	LICA-418	5#滤液槽液位控制、报警	08	FIC-420	加入5#洗浆机的热水流量控制
04	FIC-407	通入蒸汽加热装置的蒸汽流量控制	09	TIC-410	D₁反应器室内温度控制
05	FIC-408	加入ClO₂流量控制			

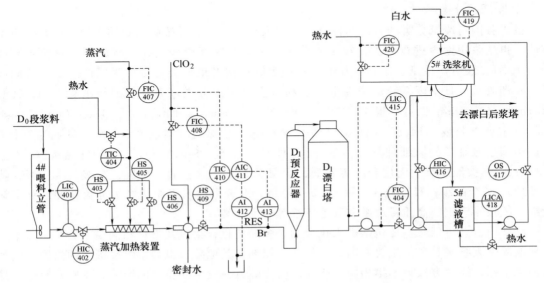

图 7-36　D₁ 段带测控点的工艺流程示意图

三、废纸浆漂白

　　废纸也叫再生用纸，是重要的可再生二次纤维原料，利用废纸浆取代木浆、草浆等一次纤维原料，可以达到节约纤维资源、化工原料和能源，减轻环境污染，降低基建投资和生产成本等目的。废纸的回收利用是解决造纸工业面临的原料短缺、能源紧张和污染严重等问题的有效途径。因而近年来废纸利用技术获得了迅速发展，当前我国废纸的回收利用率已超过 70%。

　　一般而言，废纸可用来抄造涂布白纸板、瓦楞原纸等包装用纸，经脱墨和漂白处理后，还可用来生产文化用纸和生活用纸等纸种。废纸的种类不同，采用的漂白工艺也不尽相同，本节重点讲述废纸的分类及其漂白方法，废纸脱墨技术将在下一节中详细介绍。

　　（一）废纸浆漂白的目的

　　废纸浆料是各种纤维的混合物，其纤维包括各种机械浆纤维和化学浆纤维，还含有一些在抄纸过程中加入的填料、染料和颜料，以及在印刷过程中附着在纤维表面上的油墨颗粒等杂质。当前，随着纸张的彩色化和美观化，对废纸浆的质量提出了更高的要求，包括提高白度，减少墨迹尘埃和杂质，改善纸张的印刷性能等。因此，废纸脱墨和漂白技术是实现废纸有效利用的关键技术。

　　废纸浆料经过筛选、净化、洗涤和脱墨处理后，废纸浆的色泽一般会发黄和发暗，这主要是由于废纸中所含机械木浆以及当今世界普遍采用的碱性条件下脱墨等因素而致。除原浆中木素等引起的颜色之外，染料和油墨也是废纸浆着色的主要原因。随着印刷和涂布技术的发展，废纸的化学特性变得更加复杂，引起废纸浆发色的原因比单纯的浆料更多，漂白的难度更大。另外，废纸浆经漂白前处理后，虽然大部分杂质被除去，但浆料中仍含有一些杂质影响纸浆的颜色和漂白性能。

因此，对废纸浆料进行漂白的目的有二：一是脱去由木素中的发色基团而导致的颜色，二是脱去由化学工程因素而导致的颜色。

（二）废纸的分类及漂白方法

1. 废纸的分类

世界各国对废纸分类的方法和标准存在较大差异，一般可按照废纸的来源、产地、再生方法和再生浆用途等进行分类。按来源分类，可分为家庭废纸、办公室废纸、商业包装废纸、印刷厂/装订厂废纸、纸箱厂和纸制品厂废纸；按产地分类，可分为国产废纸、美国废纸、欧洲废纸、日本废纸等；按再生方法和再生浆用途分类，可分为旧箱纸板 OCC（Old Corrugated Container）、旧报纸 ONP（Old News Paper）、旧杂志纸 OMG（Old Magazine）、混合办公废纸 MOW（Mixed Office Waste）、废纸边、本色浆纸、混合废纸等7个类别。美国按照废纸的原纸种类分为51个品种（PS-1至PS-51）和35个特殊品级（S-1至S-35）；欧洲按照废纸中无用和有害物质的含量分为5类（普通、中级、高级、牛皮纸、特殊品种）57个品级；日本分为9大类29个品级；联合国粮农组织将废纸分为新闻纸和书籍废纸、纸板箱废纸、高质量废纸和其他废纸等4个大类。

广义而言，废纸浆主要包括碳水化合物、多酚类化合物以及染料和油墨三大类，其中染料和油墨是废纸浆着色的主要原因，涂料、添加剂及其他杂质也会影响废纸浆的白度。废纸的种类不同，漂白方法也不尽相同。研究表明，颜料一般不受漂白的影响，染料一般也不受氧化性漂白（如过氧化氢）的影响，但可以通过还原性漂白而脱除。因此选择废纸浆的漂白工艺时，要根据废纸原料的情况来确定。

2. 废纸浆的主要漂白方法

废纸浆的漂白主要分为氧化性漂白与还原性漂白。氧化性漂白即脱出木素式漂白，主要包括氯漂、二氧化氯漂、次氯酸盐漂、氧漂、臭氧漂等；还原性漂白即保留木素式漂白，主要包括过氧化氢漂白、连二亚硫酸钠漂白、甲脒亚磺酸（FAS）漂白等。废纸浆料主要处理方法以及特性如表7-9所示，主要控制参量和具体的带测控点的工艺流程图与上一小节类似，这里不再赘述。

表7-9 废纸浆料处理方法和相关特性一览表

漂白方法	优点	缺点	适用废纸浆料
过氧化氢漂白（P）	对机械浆与化学浆都非常有效、有利于环保、漂后浆的白度较高	需要稳定剂和金属控制剂、自身不能对所有的染料有效脱色、降低其漂白活性	旧报纸浆、办公废纸浆、旧杂志浆
甲脒亚磺酸 FAS 漂白（F）	具有很强的脱色能力	FAS 漂白需 NaOH 参与反应、并易与氧气发生反应	旧报纸浆和办公废纸浆
二氧化氯漂白（D）	在不损伤纤维的情况下，迅速氧化木素和色素并能脱除其他杂质	属含氯漂白，污染环境，生产成本较高，对纸浆的增白能力不强，对设备要求严格	大量彩色印刷品的办公废纸浆

续表

漂白方法	优点	缺点	适用废纸浆料
氧气漂白(O)	提高废纸浆的清洁度、使水溶性染料脱色、降低胶黏物的黏性、除去湿强树脂、促进激光和静电复印油墨的脱除、使蜡、热熔物等黏性物碎解、促进油墨中连接料的溶解	氧气漂白需要高温和一定的压力且漂白过程中伴有得率损失	办公废纸浆
臭氧漂白(Z)	脱色能力强、能够有效脱除荧光物质、可在室温常压下进行、并可与其他漂剂配用等优点	选择性差、伴有得率损失,尤其对机械浆影响较大,而且成本较高	办公废纸浆
连二亚硫酸钠 $Na_2S_2O_4$ 漂白(Y)	脱色能力强和可漂白含机械浆的废纸浆的优点	$Na_2S_2O_4$ 不稳定、易被氧气氧化、受潮易分解、副产物还具有很高的腐蚀性	旧报纸浆和办公废纸浆
DBI 漂白	脱色能力强、漂后白度较高、可采用质量较差的废纸、漂剂均易于处理,便于应用、容易操作、成本较低、适用范围非常广、漂白效率较高	易受空气尤其是氧气的影响	旧报纸浆、办公废纸浆、旧杂志浆和含有家庭搜集废纸的混合废纸浆

注:DBI 漂白,即 Direct Borol Injection 漂白,是在漂白废纸浆中连续相继加入亚硫酸氢钠溶液和硼氢化钠溶液的一种还原性漂白方法。

思　考　题

1. 浆料蒸煮的目的和质量评价指标是什么?试述浆料蒸煮过程影响因素及控制要点。

2. 间歇式置换蒸煮有何优点?置换蒸煮终点如何确定?试述其工艺流程及控制方案。

3. 试述横管连续蒸煮系统典型流程及控制方案。

4. 浆料洗涤的目的及主要质量评价指标是什么?

5. 逆流洗涤原理是什么?影响洗涤效果的因素主要有哪些?试列举几种典型的纸浆洗涤过程控制方案,并简要阐述其控制原理。

6. 什么是筛选?筛选的目的是什么?影响筛选效果的主要因素有哪些?试简述国内外筛选设备之间的主要区别。

7. 安德里兹-奥斯龙筛选设备筛的控制难点是什么?试简述采用基于继电反馈辨识的自整定 PID/PI 对奥斯龙筛选设备进行控制的理由。

8. 浆料漂白的目的是什么?漂白的质量评价指标主要有哪些?试列举当前常采用的浆料漂白工艺?

9. 试简述 ECF 无氯漂白过程控制方案,并简要阐述其控制原理。

10. 常用的废纸浆漂白方法有哪些?试简述废纸浆漂白与其他纸浆漂白的异同点。

11. 废纸碎浆的常用设备有哪些?控制的要点和难点是什么?

12. 试简述压力筛自动排堵策略以及排堵预处理过程。

13. 多圆盘过滤机的主要功能是什么?试述其控制策略。

参　考　文　献

[1]　陈启新,薛宗华. 纸浆洗涤与浓缩设备 [M]. 轻工业出版社,1986.

[2]　陈克复. 制浆造纸机械与设备(上)[M]. 3 版. 中国轻工业出版社,2011.

［3］ 刘焕彬. 制浆造纸过程自动测量与控制［M］. 中国轻工业出版社，2003.

［4］ 王孟效，孙瑜，汤伟，等. 制浆造纸过程测控系统及工程［M］. 化学工业出版社，2003.

［5］ 陈安江，马焕星. 节能高效间歇置换蒸煮技术及装备［J］. 中华纸业，2013，4（21）：41-49.

［6］ 时圣涛，吴学栋. DDS 蒸煮反应的相关理论［J］. 中国造纸，2012，31（05）：63-69.

［7］ 丁仕火，张铭锋，王武雄，等. DDS-（TM）置换蒸煮系统 RDH 间歇蒸煮技术新进展［J］. 中国造纸，2005，（06）：62-63.

［8］ 景罗荣. DualCTM 溶解浆双置换蒸煮技术［J］. 中国造纸，2010，30（03）：46-48.

［9］ Munawar A. Shaik，SHrikant Bhat. Scheduling of displacement batch Digesters using discrete time formulation［J］. Chemical Engineering Research and Design，2014，92：318-336.

［10］ Meenakshi Sheoran，Sunil Goswami. Measurement of residence time distribution of liquid phase in an industrial-scale continuous pulp digester using radiotracer technique［J］. Applied Radiation and Isotopes，2016，111：10-17.

［11］ 吕定云，韩小娟，汤伟. 置换间歇式蒸煮的新进展［J］. 中国造纸，2007，26（12）：63-66.

［12］ 汤伟，施颂椒，赵小梅，等. 纸浆洗涤过程双目标优化分布式控制系统［J］. 控制理论与应用，2002，19（4）：555-560.

［13］ Wei Tang，Mengxiao Wang，Lifeng He，Hidenori Itoh. Neural network based doubleobjective optimization and application to pulp washing process improvement［J］. Industrial and Engineering Chemistry Research. 2007，46，5015-5020.

［14］ 王孟效，汤伟，施颂椒. 制浆过程筛选工段 DCS 控制［J］. 中国造纸，2002，21（6）：24-270.

［15］ 李瑾，汤伟，李明辉. 制浆漂白工段控制系统的设计及局部方案改进［J］. 中华纸业，2007，28（z1）：59-60.

［16］ 李文龙. 浅谈纸浆的 TCF 及 ECF 漂白［J］. 中国造纸，2012，31（10）：69-72.

［17］ 郭彩云，冯文英，邝仕均. 废纸浆漂白技术［J］. 中国造纸，2006，25（8）：44-47.

［18］ 李明辉，李艳，陈利军，等. 废纸制浆中压力筛控制方案的改进［J］. 中国造纸，2005，24（2）：38-40.

［19］ 赵博，李红艳. 基于 S7-200PLC 的新型转鼓碎浆机控制系统［J］. 中华纸业，2009，30（20）：90-92.

［20］ 吴清，江化民，陈志勇，等. 采用多圆盘过滤机回收卫生纸机白水［J］. 中国造纸，2013，32（12）：70-72.

［21］ 王月洁，陈振，张林涛，等. 国产多圆盘过滤机的发展现状及生产实践［J］. 中国造纸，2012，31（7）：45.

［22］ 汤伟，王孟效，李明辉. 一种新的打浆度测量方法及精浆机控制［J］. 中国造纸学报，2005，20（2）：168-173.

第八章　造纸过程控制

造纸俗称抄纸，对于普通长网造纸机而言，抄纸过程一般包含散浆、除杂质、精浆、打浆、添加剂配制、纸料混合、纸料流送、纸张成形、纸张网部脱水、纸张压榨脱水、纸张干燥、表面施胶、再干燥、压光、卷取成纸等环节。对造纸过程进行自动控制非常重要，直接影响到成纸的质量和生产成本。本章主要讲述打浆过程控制、配浆与流送过程控制、造纸过程与纸机传动控制和纸张质量控制等内容。

第一节　打浆过程控制

本节主要介绍比能量控制、比能量—比边缘负荷控制及打浆质量控制等三种打浆控制方案以及打浆度软测量和盘磨进退刀智能控制等内容。

一、打浆的目的和质量评价指标

（一）打浆的目的及打浆设备

打浆是通过打浆设备的机械作用，处理悬浮于水中的纸浆纤维，使纤维产生切断、压溃、润胀和细化等物理变化，从而获得性质良好的特定纤维，以满足纸或纸板生产的质量要求。在造纸界素有"三分造纸，七分打浆"之说，可见打浆是造纸过程中极其重要的环节。

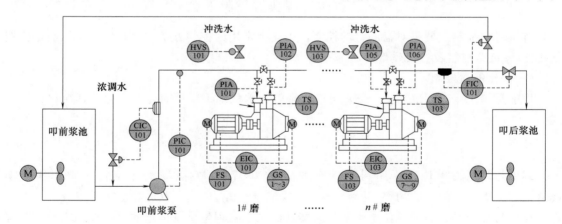

图 8-1　多机串联打浆过程及其控制原理

自 1932 年 Arne Asplund 发明了盘磨磨浆技术以来，盘磨机便成为最理想的连续打浆设备。打浆过程通常采用如图 8-1 所示的多机串联打浆系统，一般串联配置 n（$n=2\sim4$）台盘磨机组，其中数目 n 由浆种、打浆要求确定。叩前浆池中的浆料经泵升压后送往串联打浆系统，经盘磨机的机械作用后送往叩后浆池。

整个系统主要设置有以下测控功能：a. 进浆浓度控制 CIC-101；b. 进浆流量控制 FIC-101；c. 进浆压力控制 PIC-101；d. 盘磨电功率控制 EIC-101；e. 冲洗水控制 HVS-101；f. 其他连锁保护控制。其中，浓度和流量控制用以稳定打浆条件，即稳定进浆绝干浆量；

盘磨电功率控制通过自动进、退刀，调节盘磨机动刀和静刀间隙来实现。另外，打浆度在线软测量是保证打浆质量稳定的重要测量技术。

（二）打浆机理假说和质量评价指标

打浆过程依据的机理假说主要有：帚化理论（Fibrage Theory）、比边缘负荷理论（Specific Edge Load Theory，SEL）及比表面负荷理论（Specific Surface Load Theory，SSL）。当前对盘磨机齿形的结构设计和打浆过程控制方案都主要是依据这 3 种机理假说进行设计的。帚化理论认为打浆刀面均匀地覆盖着纤维层，飞刀边缘与底刀边缘交错时，飞刀对纤维进行剪切与挤压，使纤维帚化，帚化程度可以通过打浆比压来表示。比边缘负荷理论认为当动刀边缘与定刀边缘交错时叩击纤维，使得纤维变形，将有效磨浆能量传递给纤维，能量传递的多少可以通过比边缘负荷来表示。比表面负荷理论认为打浆过程中磨片对纸浆纤维的作用可分解为边缘-边缘、边缘-刀面及刀面-刀面等三个阶段，不同齿形的磨片，各阶段的功耗不同，对纤维的切断、挤压、压溃、纤维细化的程度也不同，对纤维的处理程度可以比表面负荷来表示。

常用的打浆质量评价指标有打浆度、湿重和游离度等。打浆度也称叩解度或磨浆度，常用°SR 表示，用来衡量纸浆脱水的难易程度（或滤水性能），综合反映纤维被切断、润胀、分丝帚化及细纤维化的程度，即打浆程度。湿重间接反应纤维的平均长度，该值越小说明纤维的平均长度越小，反之越长。游离度亦是一种对纸浆滤水性能的表征方法，加拿大标准的游离度多被北美国家和日本所采用，如同国内惯用的肖氏打浆度，二者仅是测定方法的差别。一般说来，打浆度越小，游离度越大，纸浆滤水速度越快，反之亦然。当前，恒打浆度控制是最理想的打浆过程控制方案。

二、打浆过程典型控制方案

打浆过程控制主要是对盘磨机的控制，工业上常用的控制方案主要有比能量控制、比能量-比边缘负荷控制及打浆质量控制等三种。

（一）比能量控制

比能量（Specific Energy，SE）可广义理解为单位绝干浆量的打浆功耗，其简化计算公式为：

$$P_{\text{net}} = \frac{P_1 - P_0}{q_V \times c} \tag{8-1}$$

式中，P_{net} 为单位绝干浆料所需有效功率（kW），P_1 为盘磨主电机正常工作功率（kW），P_0 为盘磨的空载功率（kW），q_V 为浆流量（m³/h），c 为浆浓度（%）。

比能量控制是将表征单位绝干浆打浆能耗的某个物理量维持恒定的一种控制方式。工程实践中，通常将盘磨间隙作为操作变量，通过改变盘磨负载，从而跟踪比能量设定值。比能量控制有恒功率控制、温差控制和打浆功率（Hqb/t）控制等三种经典衍生方式。

1. 恒功率控制

该方案将盘磨机主电机工作功率作为控制量，磨盘间隙作为操作量，浆料的流量、浓度、压力等因素作为扰动量，通过调节动定磨盘之间的间隙，将功率控制在设定值附近。恒功率控制是最基本及目前应用最成熟的控制方式，其将单位打浆量的功耗作为表征，当盘磨机功率维持恒定时，即认为比能量表征值恒定。但该方式的缺点是，只有在反应绝干浆量的过程变量（如浓度、流量）处于动态稳定的情况下，其控制效果才最佳。

2. 温差控制

该方案以打浆中机械能到热能的转化量，即打浆前后原浆与成浆的温度之差（温升）来度量打浆过程做功的多少。设定温度差为 ΔT，仍以盘磨间隙为操作量，主电机驱动功率为反馈信号，控制器通过调整磨盘间隙来维持纸浆温升 ΔT 恒定。该控制方式的优点是对进浆流量一定范围内的变化能够做出响应，缺点是温度传感器检测存在滞后现象，且环境温度、进浆性质等因素变化都会影响温升。因此，通常将温差控制作为一种反馈补偿手段并与其他控制方式结合，在计算实际比能量时，扣除温升部分的能量，进而提高控制精度。

3. 打浆功率（Hqb/t）控制

该方案先给定单位绝干浆量的打浆功率，即 Hqb/t，再由实时过程变量检测值计算单位时间的绝干浆量，二者相乘得到当前所需有效打浆功率，再加上盘磨空载功率，所得总功率作为功率控制器输入，最后通过盘磨间隙调节使之达到功率的计算值，其基本控制原理如图 8-2 所示。Hqb/t 控制的

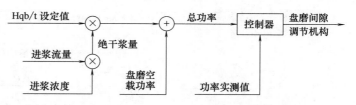

图 8-2　打浆功率 Hqb/t 控制的基本原理

优点在于它对过程变量，即进浆流量与浓度的波动能及时响应，且响应滞后减到最小，控制精度高。

（二）比能量—比边缘负荷（SE-SEL）控制

打浆过程中纸浆的打浆强度和打浆程度可分别用比能量和比边缘负荷描述，比能量-比边缘负荷（SE-SEL）控制就是对二者分别进行控制。为维持比能量值稳定需对磨盘主电机转速和纸浆绝干浆量进行实时调控；为维持期望的打浆性质要根据比边缘负荷理论对动定盘的间隙进行调节。因此，通常认为 SE-SEL 控制属于二维度打浆控制，它是目前比较先进的控制方式，该系统相对复杂，需同时实施盘磨主轴调速、过程变量调控与间隙调控。

（三）打浆质量控制

打浆质量控制是指直接采用纸浆的质量指标（如游离度或打浆度）作为被控变量构成闭环反馈控制，主要有游离度串级反馈控制和打浆度串级反馈控制。

1. 游离度串级反馈控制

游离度控制是最早出现的成浆质量控制系统，该控制方式以游离测量仪在线测量成浆游离度，根据测量值与游离度设定值的偏差来调整磨盘间隙，从而稳定纸浆质量。游离度控制方法对比能量控制的反馈信号进行了改进，以游离度信号代替了磨浆机主电机功率信号，实现了质量指标（游离度）的直接控制。但是，该方法一次测量时间间隔较长，测量频率低，易引起较大误差。因此，游离度控制通常与一般比能量控制结合，组成游离度—比能量串级反馈控制方式，系统结构如图 8-3 所示。其中，外环主回路为游离度控制，内环副回路

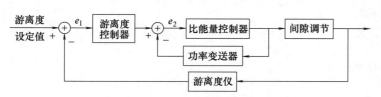

图 8-3　游离度—比能量串级反馈控制原理

为比能量控制；游离度控制回路作为主控制器给定比能量值，由内环比能量控制回路的输出

去调整磨盘间隙，维持成浆的质量稳定。

2. 打浆度串级反馈控制

打浆度串级反馈控制方案同游离度串级反馈控制方案类似，其控制原理如图 8-4 所示。该串级方案与单回路功率控制相结合，内环为盘磨主电机功率控制的副回路，外环为打浆度控制的主回路，通过内外环的共同作用来保证打浆度恒定。具体地，内环根据功率检测值与外环的功率给定值之间的偏差，通过调节机构改变盘磨间隙，实现功率动态稳定；外环先由纸浆流量、浓度及功率检测值，经打浆度软测量模型在线估测当前打浆度，并与打浆度设定值比较，再根据其偏差给定内环的功率设定值，使实际功率随工况而变化，最终维持打浆度稳定。有关打浆度软测量方面的知识将在本节三小节中介绍。

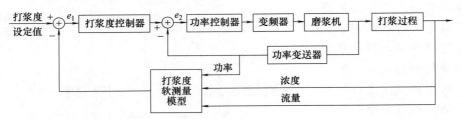

图 8-4　打浆度串级反馈控制原理

三、打浆度软测量及盘磨进退盘智能控制方案

（一）打浆度软测量模型

打浆度是评价纸张滤水性能的经验指标，通常采用打浆度来综合反映打浆质量。而打浆质量不仅与纸浆纤维的切断和帚化程度有关，还受纸浆 pH、进浆流量 q_V、进浆浓度 c、进浆压力 p、打浆前后的纸浆温度差 ΔT、打浆设备数量 n、浆料种类（如：木浆、草浆、苇浆等）K_{jz}、打浆用水种类（如：清水、白水等）K_{sh}、循环或连续打浆 K_{xh}、打浆设备种类（如：双盘、大锥度精浆机等）K_{sb} 等过程因素影响。因此，我们可以把衡量打浆度 SR 的关系式表示为：

$$SR = f(q_V, c, p, \Delta T, \sum_{i=1}^{n} P_i, K_{jz}, K_{sh}, K_{xh}, K_{sb}, SR_0) \tag{8-2}$$

在实际测量中，影响打浆度的主要因素有进入打浆设备的绝干浆量、打浆设备的数量、消耗的电功率等，因此打浆度关系式（8-2）可用式（8-3）表示：

$$SR = K \frac{\sum_{i=1}^{n} P_i}{q_V \times c} + SR_0 \tag{8-3}$$

式中　SR——打浆后浆的打浆度

　　　SR_0——打浆前浆的打浆度

$\sum_{i=1}^{n} P_i$——打浆过程消耗的电功率

　　q_V——进浆流量

　　c——进浆浓度

　　K——与其他因素有关的系数，在线进行调整

基于软测量式（8-3），只要测得纸浆流量、浓度及打浆设备消耗的电功率即可求得打浆

度。式（8-3）即为打浆度的在线软测量模型。

（二）盘磨进退刀智能控制方案

根据式（8-3），可以通过控制磨浆机进刀量来直接调节打浆度。然而在实践上有一定的技术难度，具体表现在：

a. 进刀量一般只能通过磨浆电流间接判断，难以精准确定，进刀量过少不能满足打浆度要求，过多则可能发生"飞刀"现象；b. 退刀条件判断要求非常及时，如当密封水欠压或进浆流量过低时，必须快速退刀，否则会造成刀刃磨损，甚至"飞刀"；

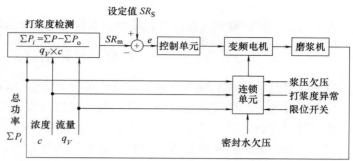

图 8-5　打浆度仿人智能控制原理示意图

c. 主电机的功率调节追求速度快、无超调，而常规 PI 算法难以同时满足所述要求。为此，采用仿人智能三步控制方案来实现磨浆机的可靠控制，其控制原理见图 8-5，智能进退刀控制逻辑见图 8-6。

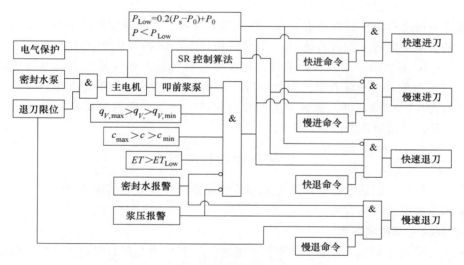

图 8-6　仿人智能控制进退刀逻辑示意图

仿人智能三步控制的基本思想是：a. 快速进退刀控制。在上浆浓度（c）、上浆流量（q_V）都在正常值范围内且密封水压力正常的情况下，若主电机功率（P）小于下限值 $P_{Low}=0.2(P_s-P_0)+P_0$，P_s 与 P_0 分别为设定功率与空载功率；根据 P 值的大小做速度渐慢的快速进刀动作，直到 $P_{Mid1}=0.7(P_s-P_0)+P_0$ 为止；若 c、q_V、P、密封水压力及打浆度软测量结果异常，则以某一恒定速度无条件快速退刀至原点位置；b. 慢速进退刀控制。当主电机功率在 P_{Mid1} 和 $P_{Mid2}=0.9(P_s-P_0)+P_0$ 之间波动时，根据打浆度软测量结果与设定值之间的偏差，对进、退刀量进行慢速调节，此过程采用恒定的进退刀速度，其中进退刀量由动作时间（脉冲个数）来控制；c. 变参数 PI 精确控制。当 $P_{Mes}>0.9(P_s-P_0)+P_0$ 时，进刀过程要格外小心，防止"飞刀"，这里通过调节 PI 控制参数（即比例因子和积分时间）来控制输出，务必保证主电机的实际功率小于或等于额定功率的 1.05 倍。

第二节　配浆与流送过程控制

本节主要介绍间歇和连续配浆过程控制以及流送过程控制等内容。

一、配浆与流送的目的

备浆流送包含配浆工段和流送工段两个部分，这一工段的运行状况直接影响成纸的质量。因此，对这一工段的控制历来倍受重视，控制方案也非常成熟，主要涉及配浆比值控制、绝干浆量控制、筛选净化控制和时序联锁控制等。

配浆是指用各种不同的纸浆、填料、胶料等添加物料，以一定的比例配成混合浆的过程，以满足不同纸种的抄造要求，同时可以回收利用一部分损纸浆达到节约生产成本的目的。在配浆过程中，由于各种浆料的浓度、流量、打浆度等参数的动态变化，人工操作难以做到对各种浆料、辅料的精确配比，容易出现配比不稳定，引起成浆的浓度波动及各浆池的液位波动，恶化该工段及后续工段的抄造条件，造成断纸、水分定量频繁波动等现象，甚至导致成纸质量降级。实行配浆过程的计算机控制可保证正确配比，节约造纸原料，降低吨纸成本。

纸浆流送包括从浆槽到网前压力筛的这段工艺流程，一般由锥形除渣器、浆泵和浆筛等组成。纸机流送系统的主要目的是：a. 将浆料和化学品以各种比例在流送系统中与白水进行充分混合；b. 有效除去由浆料，填料、化学品等材料带入系统的杂质，提高浆料上网的洁净度；c. 尽可能有效地除去系统中的空气；d. 浆料通过系统后获得良好的分散，除去纤维束及絮聚物等；e. 保证进入流浆箱上网浆料浓度、流量、压力的稳定，尽可能降低由于设备（泵、筛）性能所产生的脉冲作用。

二、配浆典型过程控制方案

工程中，常用的配浆方法有间歇配浆和连续配浆两种，对应的配浆控制方案有间歇配浆控制方案和连续配浆控制方案。

（一）间歇配浆控制方案

间歇配浆控制方案是一种基于体积配浆的方案，其前提是假设浆料的浓度是稳定的，同时配浆池的截面积是恒定不变的，不同种浆料依次加入配浆池，具体的配浆控制原理示意图如图 8-7 所示。配浆的核心控制回路是 LIC-101 液位控制回路，根据工艺确定 A 浆和 B 浆的

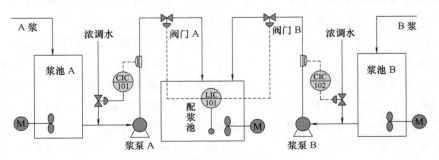

图 8-7　间歇配浆控制原理示意图

加入量，换算成对应浆池的高度，通过开关阀门 A 或阀门 B 依次把 A、B 浆料送入混合浆池内。配浆完毕后，启动配浆池出口浆泵将混合浆送到后续浆池，送完后进行下一次配浆过程。采用间歇配浆方式，自控设备投入少，配浆准确，但配浆速度慢，不能满足高车速造纸机的要求。

（二）连续配浆控制方案

连续配浆控制方案是一种基于绝干浆配浆的方案，不同种浆料同时连续地加入到配浆池，具体的配浆控制原理示意图如图 8-8 所示。配浆的核心控制回路是 FIC-101、FIC-102 两个流量控制回路和 CIC-101、CIC-102 两个浓度控制回路，根据浆料的绝干浆量配比进行连续化配浆。因绝干浆量是浆料浓度和流量的乘积，因此连续配浆首先要通过浓度控制回路 CIC 将混合前的浆料的浓度控制稳定，然后通过流量比值控制来实现浆料的连续配制。采用连续配浆方式，配浆速度快，能够满足高车速造纸机的要求，但需要配置价格相对昂贵的电磁流量计，自控设备投入大；同时，若流量检测控制不稳定，会影响配浆精度。

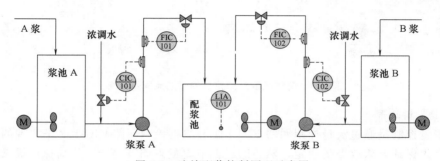

图 8-8　连续配浆控制原理示意图

三、流送典型过程控制方案

（一）流送过程控制基本要求

流送工段的主要功能是把抄前浆池中的成浆经高位箱（中低车速造纸机包含此设备）、上浆泵（或冲浆泵）、多段除渣器（通常 4 段）、压力筛等设备将浆料泵送到流浆箱，实现纸浆成分的混合、稀释、纸浆的除渣以及浓度和流量的稳定，把纸料均匀而稳定的喷布到成形网上，为纸幅的良好成形提供必要条件。其中，冲浆泵用来保证上浆量，除渣器和压力筛用来对上网浆进行净化，流浆箱用来均匀布浆。纸机网前流送系统的平衡对提高纸张匀度、平滑度、减少纵横向定量差、提高纸机运行车速有较大的影响。

对于流送系统，从控制的角度而言，应满足以下要求：

① 在一定的纸机车速下，送上造纸机的纤维量（按绝干量计）应保持稳定，其偏差不应超过造纸机产品定量的允许偏差值；

② 保证纸浆中各种组成的配比稳定；

③ 保证送上造纸机的纸浆浓度、酸碱度等工艺条件稳定；

④ 供浆纤维量可按造纸机车速的变动或产品纸种定量要求进行调节；

⑤ 保证纸浆的精选质量；

⑥ 在一定的流速下保证纸浆上网的平均流速稳定，不产生过分的扰动、大的涡流和纤维沉降、絮聚，同时能使纸料在成形网上横向展开到适当的宽度，防止送到成形网上的浆流中产生横流，保证浆流截面成矩形（这部分内容将在造纸机湿部流浆箱控制中详细介绍）。

（二）流送过程控制方案

流送工段的控制要点包括中浓浆的绝干浆量控制、浆料筛选净化控制和时序联锁控制，具体的带测控点的工艺流程图见图 8-9。图中关于流浆箱控制方面的内容，将在下一小节长网造纸机湿部控制方案中介绍。

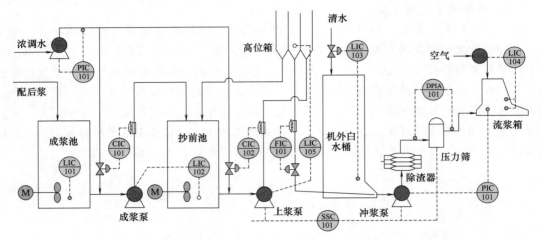

图 8-9　流送工段带测控点的工艺流程示意图

1. 绝干浆量控制

绝干浆量控制是通过流量控制回路 FIC-101 和浓度控制回路 CIC-102 来实现的。其基本思想是：首先保证上浆浓度的稳定，然后通过调节流量来调节绝干，从而保证成纸定量的稳定。为此，要求浓度调节水压力和抄前池液位保持稳定，这里分别通过压力变频控制回路 PIC-101 和液位变频控制回路 LIC-102 来实现。浓度控制回路 CIC-101 是一个辅助控制回路，起到"粗调"的作用，CIC-102 起"精调"的作用。高位箱液位变频控制回路 LIC-105 也是为绝干浆量控制服务的，其目的是在保证微小溢流的前提下尽可能地节约上浆泵能耗。对于中高速及其以上车速造纸机，因不再采用高位箱，FIC-101 的执行器除了定量阀之外，还要通过变频器来控制上浆泵转速，这时定量阀起到分级粗调的作用，可以采用普通的电动调节阀门。

2. 时序连锁控制

在流送工段，常见的故障之一就是网前压力筛堵塞。导致堵塞的主要原因就是启停机时序混乱。为此，时序连锁控制非常重要。图 8-9 中的 SSC-101 回路即为启动停止时序连锁控制回路。开机时，要求逆物料流动的方向启动压力筛、冲浆泵和上浆泵；停机时，要求顺物料流动的方向停止上浆泵、冲浆泵和压力筛，从而防止物料在流送过程中出现堆积。

3. 浆料筛选净化控制

浆料的筛选净化是流送工段的重要功能之一，该功能是通过压力筛和锥形除渣器来完成的。最常用的筛选净化工艺是芬兰奥斯龙公司（现已被安德里兹公司收购）开发的，具体的工艺流程示意图如图 8-10 所示。

纸浆经过白水塔稀释后送往一段除渣器，进行一次除渣，良浆直接通过一段筛进入流浆箱，尾浆进入二段除渣器；二段良浆作为外循环进入机外白水塔，尾浆进入三段除渣器；三段良浆返回二段除渣器进浆端，尾浆进入四段除渣器；四段良浆返回三段除渣器，尾浆排掉。锥形除渣器利用流体旋涡运动所产生的离心作用对浆料中不同比重的悬浮物进行分离，

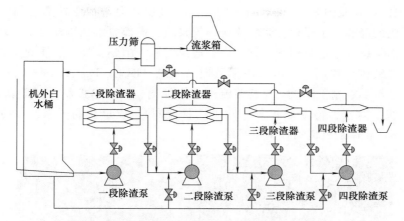

图 8-10 流送工段浆料筛选净化工艺流程示意图

从而有效的除去杂质、细砂等。

奥斯龙流送设备除了满足一般物料传送过程的要求外，还要求泵与泵，泵与阀之间满足一定的连锁和互锁关系，即各泵必须按规定的顺序启动和停止，开泵前，阀门的开度必须为最小，泵开启后，阀门逐渐开到额定开度。阀门开度可根据气动远传压力表指示遥控调节。关泵后，阀门开度必须为最小。图 8-11 是除渣系统的时序控制流程图。

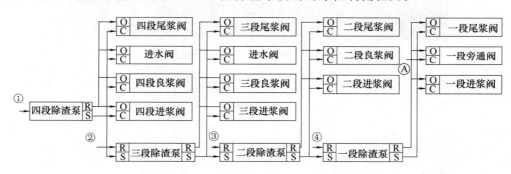

图 8-11 除渣系统时序控制流程图
R—RUN S—STOP O—OPEN C—CLOSE

第三节 造纸过程与纸机传动控制

本节主要介绍长网造纸机湿部控制、干燥部控制和传动控制，然后简要介绍一下中高速生活用纸机过程控制等内容。

一、长网造纸机造纸工艺流程及总体控制方案

普通长网造纸机［图 8-12（a）］的工艺流程如图 8-12（b）所示。来自制浆过程的原浆，与回收的损纸和化学助剂混合，形成成浆。经过浓度调节成为 3% 左右的中浓浆。将其泵入调浆箱（可以是抄前池或高位箱）与白水混合稀释成 0.7% 左右的低浓浆。再经除渣和筛选，加入造纸填料，送入流浆箱底部的堰板，喷射到铜网上。然后又经铜网尾部的吸水箱及伏辊脱水，纸张即已基本成形。再经压榨、烘干、压光和卷取便形成成品纸。

对于图 8-12（a）及图 8-12（b）所示的长网造纸机，通常把压榨部之前（含压榨）的部分叫作造纸机的湿部，主要包含浆料流送、流浆箱、网部脱水和压榨等工艺环节；压榨部之后的部分叫作干燥部，主要包含烘缸干燥、通风气罩、施胶、涂布、压光、卷取等工艺环节。对于长网造纸机的控制，一般采用集散控制系统（DCS，Distributed Control System）方案，通常包括湿部控制子系统（含备浆流送工段控制、流浆箱控制、网部真空控制）、干燥部控制子系统（含蒸汽冷凝水控制、通风气罩控制）、质量控制子系统（QCS，Quality Control System）和造纸机传动控制子系统。

图 8-12（a）　典型的瓦楞原纸长网造纸机

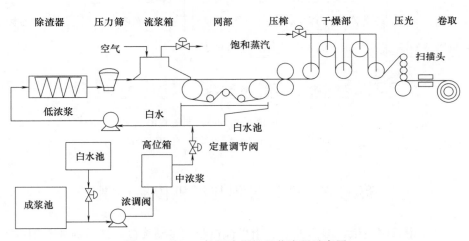

图 8-12（b）　长网造纸机工艺流程示意图

图 8-13 是一种基于西门子 PLC 的两级 DCS 总体控制方案示意图，系统设置了三级通信网络，工程师站与操作员站之间通过工业以太网进行数据通信，上位操作员站与下位控制站之间通过 MPI 或 DP 进行数据通信，控制站 CPU 与各 ET200M 站之间通过 Profibus-DP 进行数据通信。下位各控制站根据地域就近设置，通过高速通信网络实现控制站之间的互联，从而实现分散控制和集中管理。PID 等过程控制算法在各下位 PLC 中实现，操作员站作为人机接口 HMI，实现对生产过程的监控和运行参数的输入，工程师站用作对应用软件的运行维护和修改完善。

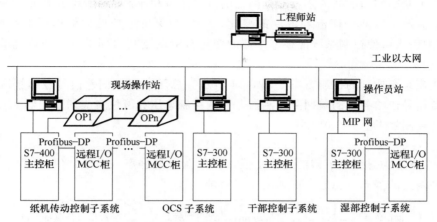

图 8-13 长网造纸机总体控制方案示意图

从控制算法的角度而言，由于抄纸过程是一个高度复杂的传热传质过程，各种控制策略都在这一过程中有所应用或尝试。除了简单的 PID 系列过程控制算法之外，一些复杂过程控制算法，如比值控制、前馈反馈控制、串级控制、解耦控制、大时滞过程控制、分程控制、选择控制，以及一些先进过程控制算法，如预测控制、自适应控制、最优控制、仿生优化控制、智能控制等都在制浆造纸过程中得到应用。

二、长网造纸机湿部控制方案

典型长网造纸机的湿部一般包括纸浆流送段、网上脱水段和压榨脱水段三个部分，涉及液位控制回路、纸浆流量和浓度控制回路、管道压力控制回路、真空度控制回路等。由于前面已经详细介绍了备浆流送的控制原理和控制方案，下文将重点介绍流浆箱控制及纸浆脱水过程控制的相关内容。

（一）流浆箱控制基本原理及控制方案

流浆箱是造纸机的关键部件，是连接"备浆流送"和"纸张成形"两部分的关键枢纽，决定着纸幅横幅定量的分布，影响纸幅成形的质量，被称为造纸机的"心脏"。因此，流浆箱的有效控制对保证成纸质量有着十分重要的意义。

流浆箱的基本任务是为纸张成形提供良好的前提条件，即沿造纸机幅宽方向均匀地分布纸料，保证压力均布、速度均布、流量均布、浓度均布以及纤维定向的可控性和均匀性；有效地分散纸浆纤维，防止纤维絮聚，按照工艺要求，提供和保持稳定的上浆压头和浆网速比。

在造纸技术的长期发展过程中，尽管出现了诸如翻浆闸板敞开式流浆箱、双匀浆辊敞开式流浆箱、双匀浆辊气垫式流浆箱、稀释水水力式流浆箱等多种结构形式的流浆箱，但其主要功能基本不变，即：布浆、匀浆和喷浆。流浆箱自动控制系统就是为了保证流浆箱能更好地实现上述功能，使浆料沿纸机横幅均匀分布，减少纤维在纸机横向上的流动，防止纤维的絮聚，获得稳定的浆网速比和着网点，从而抄造出品质优良的纸张。本节主要讲述当前工业上广泛采用的气垫式流浆箱控制方案和稀释水水力式流浆箱的控制方案。

双匀浆辊气垫式流浆箱是目前国内使用最为广泛的一种流浆箱形式，抄速超过 200m/min 的造纸机上，必须配备气垫式流浆箱。其主要控制参数是总压、浆位和浆网速比。控制总压的目的是为了获得均匀的从流浆箱喷到网上的纸浆流量和流速；控制浆位的目的是为了获得适当的纸浆流域，以减少横流和浓度的变化，产生和保持可控的湍流以限制纤维的絮聚；浆/网速比的引入可使控制系统能根据车速的变化自动调整其内部参数，获得合适的总压和浆位。

气垫式流浆箱典型的控制方案如图 8-14 所示。总压和液位偏差信号经解耦网络进行解耦后，所得信号送给各自的单回路控制器，分别控制总压和液位对应的变频器。对于总压控制环，外环控制器 EC 表达式为：

$$TP_{SP} = TP_0 \times (VW/VW_0)^2 \tag{8-4}$$

其中，TP_{SP} 为总压调节器的外给定值，TP_0 为总压静态（稳定）值，VW_0、VW 分别表示成形网网速的静态（稳定）值和动态（测量）值。

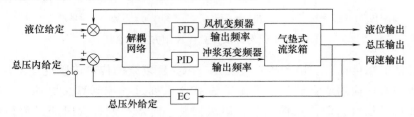

图 8-14　气垫式流浆箱控制方案示意图

为满足纸机车速的提高、幅宽的增大以及市场对纸张质量的更高要求，对双匀浆辊气垫式流浆箱的控制也变得更加复杂。在上述基本控制方案的基础上，国内一些自动化公司（如陕西西微测控工程有限公司）开发了如下辅助控制功能：浆速自动跟踪、零差压控制、匀浆辊及唇板辅助传动、低车速抽负压、远程故障诊断等功能。

（二）稀释水水力式流浆箱控制方案

稀释水水力式流浆箱的产生，一方面源于高速造纸机发展的需要，另一方面是因为纸张横幅定量调节的需要。就稀释水水力式流浆箱控制而言，包括流浆箱本体控制和稀释水阀控制（即纸张横向定量控制）两个部分。

1. 稀释水水力式流浆箱本体控制方案

稀释水水力式流浆箱本体控制系统控制原理示意图如图 8-15 所示，主要控制参数有总

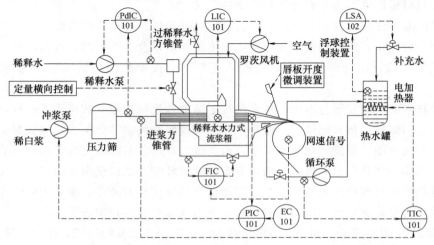

图 8-15　稀释水水力式流浆箱本体控制系统控制原理示意图

压、浆位、浆网速比、边流、稀释水与方锥管稀白浆之间的压差、唇板温度等。

其中，总压变频控制（PIC-101）、浆位变频控制（LIC-101）和浆网速比控制（EC-101）的目的同气垫式流浆箱。其他控制回路，如边流控制（FIC-101）的目的是补充纸幅两边的纤维分布量，防止纤维向纸幅两边散流，获得理想的纤维分布状态，提高纸张的抗张抗拉强度和耐折度；稀释水与方锥管稀白浆之间压差变频控制（PdIC-101）的目的是保证稀释水能够根据横幅定量调节的需要平稳地注入箱体束管；唇板温度控制（TIC-101）的目的是防止箱体唇板部位变形，维持定量稳定。另外，唇板开度微调装置用来调节唇板的位置和喷浆角度，以满足车速、纸种的生产要求。

对于稀释水水力式流浆箱，总压头由冲浆泵提供，根据压力变送器检测流浆箱进浆压力，通过变频器调节冲浆泵的频率，从而控制流浆箱进浆压力。因为喷浆速度

$$v = \mu \sqrt{2gp} \tag{8-5}$$

其中，μ 是唇板的摩擦损失系数，又称喷浆系数，它对上浆的稳定起着决定性作用，该系数与纸浆种类和流浆箱唇口形状有关，而唇板的机械结构除了受浆流冲击外，很大程度上由于摩擦产热造成唇板变形，从而影响喷浆系数不稳定。因此，在实际生产中，需要维持上下唇板的温度恒定，进而保持 μ 为常数。p 为进浆压力。

另外，浆网速比的设定值与生产纸张的定量、纸浆的种类、流浆箱的结构和喷嘴角度等因素有关，它对纸张成形、纤维定向、纸张纵向和横向的撕裂强度等质量指标有着重要的影响。往往通过检测网速信号和流浆箱出口总压，与总压控制回路构成串级控制，来调节冲浆泵的转速、从而达到调节喷浆速度的目的，维持浆网速比恒定。

2. 稀释水水力式流浆箱横向定量控制方案

稀释水水力式流浆箱创造性地采用了浓度调节的新方法，突破了传统的通过调节流浆箱唇口弯曲变形来调节纸张横幅定量偏差的方法，以一种全新的概念实现纸张横向定量调节。其基本原理：当扫描架上的探头检测到纸张横幅上某处的定量偏离标准值时，控制器发出信号来调节稀释水阀的开度，通过向对应于该处的阶梯扩散管增加或减少稀释水的注入量，从而达到调节纸浆浓度的目的，确保纸张横向定量一致。基于稀释水水力式流浆箱的纸幅横向定量控制系统，包括纸张横向定量数据的采集、预处理、结果运算和执行动作等一系列操作步骤，该系统的组成结构及控制原理如图 8-16 所示。

基于稀释水水力式流浆箱的纸幅横向定量控制的基本控制原理如下：

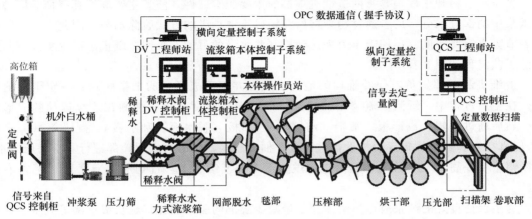

图 8-16　长网造纸机横向定量控制方案示意图

① 扫描架取得一个采样周期内的纸张定量数据，然后传输给质量控制系统（QCS）的上位机，由上位机对采集的数据进行预处理；

② 上位机运行横幅定量控制算法，计算出执行器的动作量后，将控制信号传输给横幅定量控制系统的下位机（PLC）；

③ PLC通过现场总线通信网络，按照上位机所给出的控制动作，将控制命令传输给执行器，由执行器完成调节过程。

纸张定量控制子系统与QCS之间通过OPC协议、工业以太网（MPI）进行数据通信，以实时获取定量数据，PLC与执行器之间采用串行的通信方式。稀释水水力式流浆箱横向定量控制系统的通信网络结构如图8-17所示。

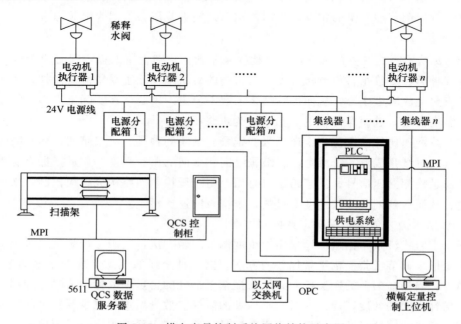

图 8-17　横向定量控制系统网络结构示意图

（三）湿部真空脱水基本原理及控制方案

1. 湿部真空脱水基本原理

真空吸水箱和压榨辊是长网造纸机湿部的主要脱水元件，前者主要利用真空抽吸原理带走纸浆中的部分水分，后者通过物理挤压并辅以真空抽吸的方式脱除水分。因此，可分别通过调节吸水箱真空度、压榨辊压力来达到控制脱水量的目的。长网造纸机湿部脱水段带测控点的工艺流程如图8-18所示。

造纸机的湿部担负着使纤维均匀地交织成形并把已成形好的纸幅脱水到一定干度的任务。在生产过程中，纸浆从流浆箱的喷浆口以一定的速度和角度铺洒在连续运动的成形网上，然后通过胸辊、成形板、案辊（沟纹辊）、案板（脱水板、刮水板）、湿吸箱（低真空箱）、真空箱和真空伏辊等脱水设备进行真空抽吸脱水，然后进入压榨部进行真空挤压脱水，将纸幅干度提高到42%左右，最后进入烘缸干燥部继续脱水，直到形成干度为93%左右的成纸。

为了保证良好的纸张成形质量，并尽量减少湿部的驱动能耗，延长成形网等脱水设备的使用寿命，要求沿着成形网运动方向的真空吸水箱内部的真空度按照一定梯度逐渐提高。为

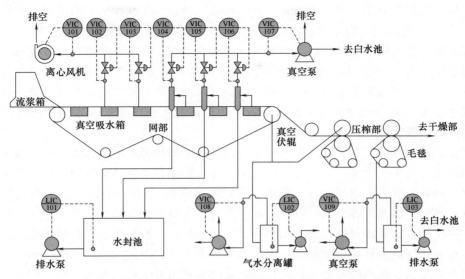

图 8-18　长网造纸机湿部脱水段带测控点的工艺流程示意图

此，脱水前段采用自然脱水的方式，通过辊子转动形成低真空带把水甩出，干度可达 1.5％～4.0％之间，产生的白水进入网下白水池。当展开的浆料进入湿真空箱时，纸张基本成形，进入脱水的中间阶段，需要通过高压差法进行强制脱水，一般通过离心风机和水环真空泵（或透平风机）施以 10～33kPa 真空度进行抽吸脱水，纸张进入干真空箱时，干度达 7％左右，纸张离开真空伏辊时，干度达 12％左右。脱水后段在压榨部进行，采用真空挤压的方式进行脱水，通过挤压抽吸从真空伏辊、压榨辊及毛毯等处获取的气水混合物经气水分离罐分离后，所得白水被排水泵送往白水池，空气被真空泵抽吸以形成工艺需要的真空度。

2. 真空度控制方案

抄纸过程中，常用真空度来表征吸水箱中抽负压的大小，真空度数值越高，说明抽负压能力越强，表现为纸浆在网上的脱水量越多，反之亦然。在造纸机的湿部，工艺要求横幅脱水必须均匀一致；若脱水程度不均一稳定，容易产生纸张表面缺陷。

在图 8-18 中，为了确保纸浆在网上能够高效而稳定地脱水，通过真空调节回路 VIC-102～VIC-106 来控制每个真空箱的真空度，并分别采用回路 VIC-101 和 VIC-107 来调节通往离心风机和真空泵的真空箱总管的真空度；在压榨部，通过真空度变频控制回路 VIC-108 和 VIC-109 来控制真空压榨辊（含真空伏辊）、毛毯等处的真空度，气水分离罐内的液位高度分别通过液位变频控制回路 LIC-102 和 LIC-103 来调节。液位变频控制回路 LIC-101 用来调节水封池的液位，以确保湿部脱水工作的稳定运行。

三、长网造纸机干燥部控制方案

（一）长网造纸机干燥部热力流程系统发展综述

纸张抄造的过程实质上是一个纤维分散和脱水的过程。纸幅从造纸机压榨部出来以后，其干度一般在 42％左右（在新式压榨，如靴式压榨中，干度可高达 50％）。残余的水分必须在造纸机干燥部蒸发脱除，最终纸幅干度达到 93％左右。造纸机干燥部的主要任务就是利用加热的方法来蒸发湿纸幅中所含的大量水分，使其变干。就制浆造纸各个环节的能耗而言，干燥部一般是耗能最大的工段，其消耗的蒸汽量占制浆造纸生产过程汽耗总量的 65％

以上。干燥部能耗主要用于两个方面：一是烘缸蒸汽冷凝水系统能耗，对纸幅干燥的贡献度为 $65\% \sim 70\%$，利用进入纸机烘缸内的蒸汽冷凝，放出热量，通过烘缸壁传给贴在烘缸表面上的湿纸幅，把湿纸幅加热，使其中的水分受热蒸发而变干；二是通风气罩能耗，对纸幅干燥的贡献度为 $30\% \sim 35\%$，通过把气罩内的湿热蒸汽抽走来降低气罩内的空气湿度，提高纸幅蒸发效率，同时回收湿热蒸汽夹带的热能。虽然干燥部脱除的水量仅为整个纸张抄造过程中脱水总量的 $1\% \sim 2\%$，但干部脱水费用为湿部脱水费用的 $9 \sim 70$ 倍，所以提高干燥效率成为降低纸机能耗和生产成本的重要环节。

在纸张干燥过程中，在保证烘缸不积水的前提下，怎样循环利用二次蒸汽、减少对新鲜蒸汽的消耗量是造纸机干燥部热能综合利用的关键。造纸界通常从烘缸内外两个方面来考虑造纸机节能问题。就烘缸内部而言，发展了诸如单段供汽（即直接通汽）、多段供汽（常用三段供汽）和热泵供汽三种方式；就烘缸外部而言，由敞开式气罩发展到半封闭式气罩和密闭气罩。近年来，随着能源成本的增加和环保力度的加大，造纸机干燥部热力设备、热力流程和热力控制系统成为行业研究热点。就热力流程而言，多段供汽和热泵供汽相结合的蒸汽冷凝水热力系统以及蒸汽冷凝水和密闭气罩能耗协同热力系统成为我国当前普遍采用的造纸机干燥部热力流程方案。本节重点介绍这两个热力流程方案及其相对应的控制方案。

（二）多段供汽和热泵供汽相结合的蒸汽冷凝水热力系统及控制方案

一般而言，多段供汽考虑了二次蒸汽的逐级循环利用，较单段供汽节能。但早期的多段供汽，因自动控制系统配置不完备，烘缸积水问题不能在线及时预警，二次蒸汽和冷凝水过剩，因此常常给人留下能耗高的印象，其对供汽汽源压力品质要求不高、生产纸种适应范围宽等优点也因其缺点而没有得到足够的重视。热泵供汽因其自身具有抽吸能力，不但可以逐级（开式）或封闭（闭式）循环利用二次蒸汽，而且可以有效降低闪蒸罐压力，增大烘缸进出口差压，避免烘缸积水，表现出良好的节能效果，因此受到业界青睐。但热泵供汽也有诸如对供汽汽源压力品质要求高（一般必须在 0.8MPa 以上）、生产纸种适应范围窄、热泵尺寸设计要求高、一次性投资成本大等缺点。

1. 多段供汽热力系统流程

传统的多段供汽热力系统流程示意图如图 8-19 所示，主要由闪蒸罐、疏水阀、管道、烘缸和少许控制回路组成。其设计思想是利用多级闪蒸，合理使用不同品位的能量，达到节能和改善工艺的目的。因其设计简单，操作方便，曾在国内浆纸企业得到普遍采用。

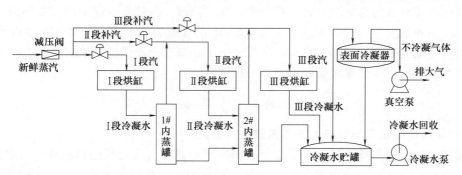

图 8-19　传统造纸机干燥部多段供汽系统热力流程示意图

相对于早期的直接通汽系统，多段供汽系统的干燥效率相对较高，蒸汽利用方式由以前的直接利用改为了梯级利用，符合逐级用能的原则，有利于充分利用蒸汽的潜热，并能有效排出冷凝水，减少新鲜蒸汽用量。由于各段烘缸之间的蒸汽压力是逐级递减的，还可以有效地调节干燥曲线，改善纸张质量。但因该系统属于被动式蒸汽串联供热系统，自身也存在一些缺陷，如不利于调节造纸机干燥部各段烘缸的供汽压力和用汽量、烘缸中冷凝水难以顺畅排出、烘缸的传热效率低、热能得不到充分利用等。

2．热泵供汽热力系统流程

（1）热泵工作原理及种类

蒸汽喷射式热泵是一种没有运转部件的热力压缩机，它利用高压工作蒸汽减压前后的能量差为动力，提高冷凝水二次蒸汽或废热蒸汽等低品位蒸汽的压力后再供生产使用，是一种自身不直接消耗机械能和电能的高效节能设备。用于纸机蒸汽冷凝水系统的热泵装置主要由拉伐尔喷嘴、接收室、混合室和扩压室四部分组成（见图8-20）。工作流体（新鲜蒸汽）以很高的速度（如超音速）

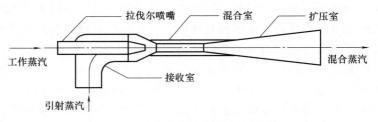

图 8-20　蒸汽喷射式热泵结构示意图

通过喷嘴进入接受室形成负压，从而可以把引射流体（较低压力的蒸汽，如二次汽）引入到接受室。在混合室中，工作流体和引射流体两股共轴流体混合并进行能量交换。在扩压室中，流体的速度降低（即动能减小，势能增大），其压力逐渐升高，使蒸汽压力上升到烘缸和其他换热设备所需要的压力，然后进入热力系统中。因此，热泵节能并不是指热泵本身消耗的能量减少了，而是指热泵利用了喷射器的原理，最大限量地将引射蒸汽的品位提升到生产工艺要求的程度之后，循环利用，从而达到节约新鲜蒸汽的目的。

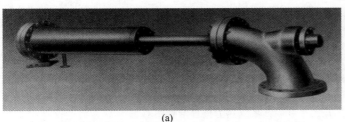

(a)

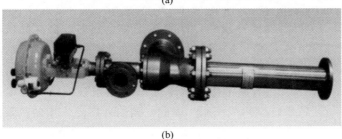

(b)

图 8-21　不可调热泵和可调热泵
（a）不可调热泵（质量调节热泵）　（b）可调热泵（流量调节热泵）

根据工作蒸汽进入混合室控制方式的不同，热泵可分为不可调热泵［或质量调节热泵，图8-21（a）］和可调热泵［或流量调节热泵，图8-21（b）］。

对于不可调式热泵，当纸机运行工况即用汽压力和流量发生变化（如车速或纸张定量的变化），需要通过调节热泵入口新鲜蒸汽的压力和流量（调节工作蒸汽干管上蒸汽调节阀开度）来实现，而热泵本身不带调节装置。在调节过程中，由于蒸汽调节阀开度变化，就会改变进入热泵的工作蒸汽压力，从而改变了热泵进口新蒸

汽做功的能力。特别是当纸机用汽负荷减少，蒸汽调节阀开度减小，供给热泵进口的新蒸汽压力降低时，致使新蒸汽和热泵出口蒸汽压力差降低，导致热泵做功能力降低，工作效率

降低。

对于可调节热泵，在热泵进口工作蒸汽干管上不需设置调节阀，热泵本身配置调节机构和热泵喷嘴断面调节阀芯等，当纸机运行工况发生变化时，通过热泵自身调节机构调节和改变喷嘴通过蒸汽的有效截面积。在调节过程中不会改变新鲜蒸汽压力，使其在适应纸机运行工况变化的调节过程中，只需调节喷嘴的有效截面积，则其单位流量新蒸汽做功能力不会改变，纸机在各种运行工况条件下可调热泵均可优化运行，调节性能好、热泵效率高。

（2）开式热泵供汽热力系统流程

干燥部热泵供汽系统属于主动式蒸汽并联供热系统，它利用蒸汽喷射式热泵代替节流减压，向纸机各段烘缸供给所需品位和数量的蒸汽，利用蒸汽减压前后的能量差来提高冷凝水二次蒸发汽的品位供生产循环使用。各段烘缸排出的蒸汽冷凝水依次经过多效蒸发、热量回收和降低温度后，再送回热电站或锅炉房。

开式热泵供汽系统热力流程示意图如图8-22所示。同图8-19所示的传统多段供汽系统相比，主要区别是在1#和2#闪蒸罐顶部各安装了一只蒸汽喷射式热泵。利用热泵的抽吸功能，尽可能多地引射出低品位的二次蒸汽，从而有效降低了闪蒸罐内的蒸汽压力，增大了烘缸进、出口压差，使其排水畅通。这样烘缸的积水问题便能得到很好解决。同时，闪蒸罐压力的降低有助于闪蒸罐闪蒸量的加大，从而使二次蒸汽能得到充分地回收利用。因此，采用这一系统对传统多段供汽系统进行改造，能够收到良好的节能效果，明显提高纸张质量。

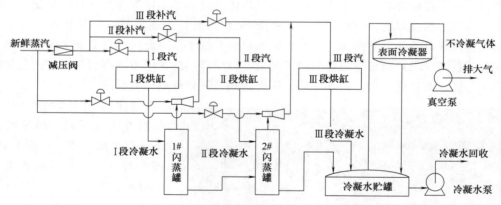

图 8-22　开式热泵供汽系统热力流程示意图

但是，该系统也存在如下一些问题：a. 因前一段的二次蒸汽经热泵引射、提高品位后供给下一段使用，所以前一级热泵的输出量会受到下一段烘缸用汽量的制约，不利于二次蒸汽的充分利用；b. 各段烘缸之间通过二次蒸汽管道发生了联系，前一级闪蒸罐的闪蒸量、下一段烘缸的用汽量和补汽量之间相互影响，增加了控制的难度；c. 当出现断纸等异常现象时，系统自动反应的速度慢，容易导致烘缸过热或积水。因此，国内外广泛采用的热泵系统是闭式热泵供汽系统。

（3）闭式热泵供汽热力系统流程

闭式热泵供汽系统的热力流程示意图如图8-23所示。同开式热泵供汽系统相比，一个显著特点是其二次蒸汽经由热泵提升品位后只供本段烘缸使用，不足的部分通过补汽来实现。这样，各段烘缸之间的联系几乎完全被切断，相互之间的耦合作用小，容易控制。为了便于不凝气体的及时有效地排出，系统设置了不凝气体流通管道，使得烘缸中热传递效率

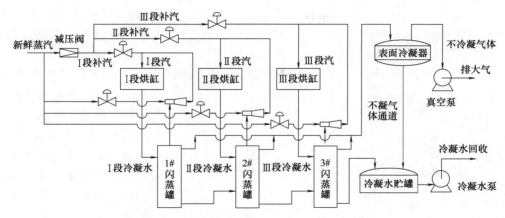

图 8-23　闭式热泵供汽系统热力流程示意图

更高。

　　但是，同多段供汽相比，闭式热泵供汽系统也存在如下一些问题：

　　a. 高温段实际供给的蒸汽是新鲜蒸汽和二次闪蒸汽的混合蒸汽，同纯新鲜饱和蒸汽相比，其热熔值会降低，表现为单位质量蒸汽的做功能力或热交换能力降低；b. 需要专门设置不凝气体排出通道，热力系统流程及热力平衡计算相对复杂；c. 热力系统中使用的热泵数量多，一次性投资成本高。

　　3. 多段供汽和热泵供汽相结合的热力系统流程

　　鉴于多段供汽和热泵供汽各有自己的优缺点，一种兼顾二者优点的多段供汽和热泵供汽相结合的供汽方案便应运而生。这一方案的基本思想是：在高温段（一般分上排缸和下排缸）和中温段，采用多段供汽方式，高温段进新鲜蒸汽，产生的二次蒸汽进中温段，不足部分通过新鲜蒸汽来补充，以最大限度地回收利用二次闪蒸蒸汽；低温段不再补充新鲜蒸汽，通过热泵来供汽，在提高烘缸排水压差的同时，可有效解决低品位二次蒸汽的回用问题。具体的热力系统方案示意图见图 8-24 和图 8-25。

　　上述两种热力流程的主要区别是：低温段热泵引射的分别为中温段闪蒸罐产生的二次蒸汽和低温段本身闪蒸罐产生的二次蒸汽。如何用好多段供汽与热泵供汽相结合的热力系统方案，需要对蒸汽冷凝水系统进行精确的热力衡算，以合理分配烘缸分组、规划蒸汽流向、计算热力管道直径，设计控制方案等。另外，低温段的

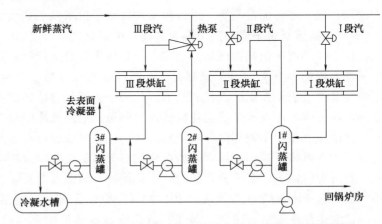

图 8-24　多段供汽与开式热泵供汽相结合的热力流程示意图

供汽方案设计非常重要，一般再分成三小段进行设计，冷凝水和多余的二次蒸汽还可以去通风气罩再次进行热能回收。

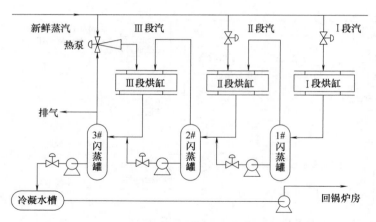

图 8-25　多段供汽与闭式热泵供汽相结合的热力流程示意图

（三）蒸汽冷凝水和密闭气罩能耗协同热力系统及控制方案

长网造纸机气罩的发展，经历了从敞开式气罩到密闭式气罩，从低露点气罩到高露点气罩的发展过程。长期以来，我国造纸机通风气罩多采用敞开式气罩，业界的主要精力多集中在蒸汽冷凝水系统上，忽视了通风系统对干燥部能耗的影响。蒸汽冷凝水热力系统供应商和密闭气罩设备供应商各自只考虑自己的供汽方案，不考虑二者之间的能量综合利用问题，导致了蒸汽能量的浪费。

传统多段供汽的突出缺点就是低温段二次蒸汽不能完全消耗掉，优点是高温段使用纯新鲜蒸汽，热熔值高，对供汽汽源压力要求低。随着密闭气罩的推广应用，蒸汽冷凝水热力系统产生的二次蒸汽有了新的应用场合，需要重新认识多段供汽和热泵供汽的优缺点，采用多段供汽和热泵供汽相结合的热力系统方案，将二者结合起来，高温和中温段采用多段供汽，低温段采用热泵供气，中温段的二次蒸汽进入密闭气罩。这样既能解决能量平衡问题，又能充分利用蒸汽冷凝水热力系统的余热。带测控点的密闭气罩通风系统热力流程示意图如图 8-26 所示。其中，气罩内差压变频控制回路 PdIC-101 用来调节气罩补充干空气的进风量，排风温湿度变频控制回路 HTIC-101 用来调节气罩湿热蒸汽的排放量，温度控制回路 TIC-101 用来调节气罩补充干空气的进风温度。至于将蒸汽冷凝水哪一部位的数量多少的冷凝水和二次蒸汽送给密闭气罩，需要根据纸机、纸种、车速、汽源等不同因素，设计科学合理的热力流程，统一进行能量衡算，通过控制和优化手段来调节余热余能的流向和流量。

（四）长网造纸机干燥部热力控制方案和控制算法

纸机干燥部能源消耗由两部分组成：一是因干燥部运行时所需要的电耗，约为整个纸机运行所需电耗的 50%；二是干燥部对新鲜蒸汽的消耗，为整个生产成本的 12%～15%。而蒸汽消耗又主要表现在烘缸汽耗和气罩汽耗两个方面，合适的供汽方式和有效的烘缸积水排除方法可保证蒸汽冷凝水系统能耗最低，只要保证通风系统中蒸汽消耗和电量消耗都降为最低时，就能保证整个干燥部的能耗最低。这一任务可以通过有效的控制方案来完成。

在长网造纸机干燥部，通常采用过程控制级和优化联动级两级控制策略实现能耗的协同控制。在过程控制级，采用分程控制、选择控制、前馈反馈控制、串级控制等高级控制算法及不完全微分 PID 控制、带死区的 PID 控制、积分分离 PID 控制等实际 PID 控制算法保证干燥部控制系统中温度、压力、差压、液位等过程参量的自动控制和安全控制，使生产过程平稳运行；在优化联动级，建立通风系统的送风温度与系统能耗费用之间的能耗优化数学模型，寻找蒸汽消耗量与气罩送风量、送风温度、排风量、排风温度和排风湿度之间量化的关系，通过优化控制算法求解出最优送风温度和送风量，从而保证干燥部能耗费用趋于最低。

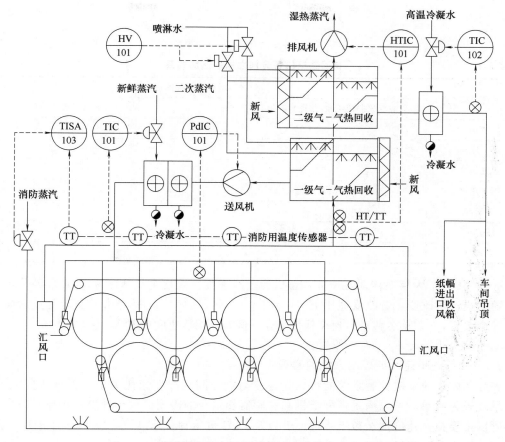

图 8-26 带测控点的密闭气罩通风系统热力流程示意图

四、长网造纸机传动控制方案

长网造纸机传动控制系统是一种转速、负载基本恒定的稳速系统，从特征上可分为速度控制、转矩控制和负荷分配控制等三种基本控制方式，控制的基本要求是速度长期稳定、动态恢复时间尽可能短。常用的造纸机传动控制系统有多分部同步速度链控制系统和具有负荷分配控制的分部传动系统。

（一）多分部同步速度链控制系统

长网造纸机由网部到卷取部，需经过多个分部（如电容器纸机为 13 个分部），因此，它是包含多个单元的速度协调系统，要求各个分部间的速度严格配合。根据工艺流程，通常有表 8-1 所示关系。只要其中一个分部速度出现紊乱，就无法维持正常的生产，纸幅不是断裂就是松垮下来。如果整台纸机车速不稳，就不能保证纸张定量的稳定。通过多分部同步速度链控制系统，可保持造纸机的各部分都能稳速运行，且各部分之间满足一定的速比关系。

1. 多分部同步速度链控制原理

假设长网造纸机传动系统有 n 个分部，各分部速度分别为：n_1、n_2、$\cdots$、n_n，相邻两个分部的速度比分别为 K_1、K_2、$\cdots$、K_{n-1}，那么可有如下关系式：

$$n_2 = K_1 n_1$$

$$n_3 = K_2 n_2 = K_2 K_1 n_1$$

$$n_4 = K_3 n_3 = K_3 K_2 K_1 n_1$$

$$\cdots\cdots$$

$$nn = K_{n-1} n_{n-1} = K_{n-1} K_{n-2} \cdots K_1 n_1 \qquad (8\text{-}6)$$

表 8-1 　　　　　　　　　　　　长网造纸机各分部之间的速比关系

各部名称	长网造纸机各分部的速比	
	以黏状浆制成纸浆（如电容器纸、仿羊皮纸）	一般纸张（如书写纸、印刷纸）
伏辊	89～91	94～95.5
第一压榨	94～95	96～97
第二压榨	97～98	97.5～98
第三压榨	98.5～99	98.5～99
干燥部	100	100
压光机	100.05～100.15	100.05～100.15
卷取机	100.10～100.30	100.10～100.30

式（8-6）中，n_1 为第一传动点速度，也成为全线速度。改变全线速度 n_1，其余各传动点速度都随之成比例改变，若改变速比 K_i（$i=1$，2，$\cdots$，$n-1$），只有第 i 个传动点后面的传动速度会改变，i 之前各传动点速度保持不变。例如，调整速度比 K_3，传动速度 n_4、n_5、$\cdots$、n_n 都会改变，但 n_1、n_2、n_3 不改变。

2. 多分部同步速度链控制系统的实现

多分部同步速度链控制系统的特点是各传动点之间只存在速比关系，无负荷分配控制。这种系统较为简单，可以满足多种纸机和变频器相结合的需要。同步速度链控制系统中的速度链可以是模拟式速度链、数字式速度链以及 PLC 可编程式速度链，以下分别说明其原理。

（1）模拟式速度链

这种速度链在直流传动时代就已经被广泛采用，其原理如图 8-27 所示。

在图 8-27 中，n_1 是全线速度，只有第一传动点能改变全线速度，其余各点只能微调，范围大约在 5%～10%。模拟速度链的优点是简单、灵活、成本低，缺点是抗干扰能力较差，当信号线较长时使用受到限制，可在每一

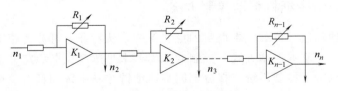

图 8-27　模拟速度链示意图

级输出端加入电压-电流转换器，使电压转换为 0～20mA 电流信号，增加长距离抗干扰能力。

（2）微机数字式速度链控制器

模拟式速度链简单经济，但存在可靠性差、功能不足等缺点，对于大型多传动点纸机，不能适应控制系统的要求。微机数字式速度链控制器很好地解决了上述问题，该控制器由 51 单片微机做核心控制器，输入输出都经光电隔离与外部连接，给定信号可以是开关数字信号也可以是电流信号，这就为适合多种不同变频器提供了方便，反馈信号同样既有脉冲输入，也有 A/D 输入端，对现场的适应性大大提高。控制器结构框图如图 8-28 所示，由该控制器组成多分部系统传动结构如图 8-29 所示。

操作台上的加减、松紧等按钮信号，以级联形式组成传输控制结构。每一控制器输出两路电流信号，一路作为给定量，一路作为反馈量。利用变频器自身的过程控制 PI 调节器实现闭环控制。也可以不经过变频器直接由控制器实现 PI 闭环运算，然后输出电流信号实现闭环控制。由本控制器组成多分部控制系统具有

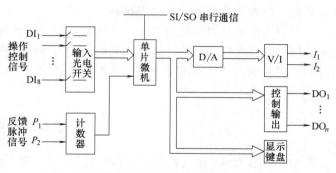

图 8-28　数字式速度控制链控制器结构框图

灵活的脉冲和模拟反馈输入通道，为现有纸机传动系统的技术改造打下了基础。实现了完全数字操作、数字显示以及电流环接口输入输出，具有较高的抗干扰能力。可以不依赖变频器独立进行闭环 PID 调节，实现速度闭环，为组成低成本多功能的闭环传动系统提供了条件。

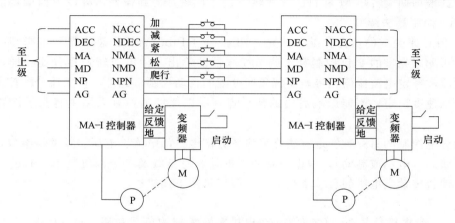

图 8-29　数字速度链控制器系统传动结构图

（3）PLC 可编程速度链控制系统

本方案是在单片微机实现速度控制的基础上，采用可编程控制器对其进一步集成化、模块化和标准化。该控制器有一个通信接口和一个编程接口，利用通信接口和 RS232/485 转换模块，可以使所有变频器连接成一个局部网络，在 PLC 的控制下进行协调工作，具体工作原理如图 8-30 所示。

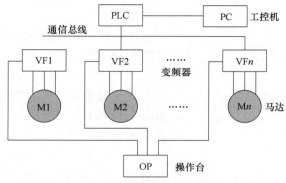

图 8-30　PLC 可编程速度链控制系统结构图

（二）具有负荷分配控制的分部传动系统

1. 负荷分配控制原理

在纸机的网部及压榨部，存在多个传动点共同拖同一个负载，如多个传动点对同一条成形网或毛毯产生传动力矩，所以它们之间要求速度同步的同时，也要求负载率均衡，否则会影响正常抄纸。当负荷不能均匀分布时，有可能撕坏毛毯、成形网或造成断纸，所以需要在各

自传动点之间实施负荷分配自动控制。

在工程实际中，因电机功率是一间接量，常以电机定子电流或转矩代替电机功率。负荷分配采样各分部电机的转矩，计算出系统总负荷转矩，再根据系统总负荷转矩计算出负载平衡时的期望转矩。计算负荷平衡期望转矩的公式如式（8-7）：

$$M = \frac{\sum_{i=1}^{N} P_{ei} * M_{Li}}{\sum_{i=1}^{N} P_{ei}} \tag{8-7}$$

其中，M_{Li} 为第 i 台电机的实际输出转矩，P_{ei} 第 i 台电机的额定功率，M 为负荷平衡期望转矩。负荷分配控制器根据平均期望转矩 M 和自己实际转矩 M_{Li} 比较进行调节。纸机负载随时波动，计算出的平均期望转矩 M 也根据实际负载变化，所以这种控制算法可以准确计算出总负荷和每台电机应该输出转矩，为准确控制提供了方便。

纸机对传动系统要求快、准、稳，所以负荷分配控制也要求快速稳定无振荡。负荷分配控制器根据平均期望转矩 M 和自己实际转矩 M_{Li} 比较，得到偏差，应该根据偏差信号的大小进行 PID 控制算法调节。

通过 PLC 来完成的负荷分配方法是：PLC 通过 Profibus-DP 总线得到电机转矩，利用上述原理再配以先进的 PID 控制算法调节变频器的输出，使电机转矩百分比一样，即各电机转矩电流和额定电流比值相等，实现负荷分配的自动控制。此外，在负荷分配控制调节过程中，要求速度恒定，不能影响后边的传动点，所以速度链控制采用主链与子链相结合的方法。

负荷分配控制的另一种实现方法是采集各分部电机的电流、电压、频率等参数，获取电机的工作状态（电动或制动），根据得到的数据计算总负载及各分部负载率，通过 PID 等控制算法，使各传动点电机的负载率相等。负载率可用下式描述：

$$\delta = P_i / P_{ie} \tag{8-8}$$

式中，δ 为电机负载率，P_i 为第 i 台电机实际承担的负载功率，P_{ie} 为第 i 台电机的额定功率。

2. 基于负荷分配的分部传动控制系统的实现

交流变频系统负荷分配控制的特点是任一个传动点都不允许有被动运行的情况发生。因为大功率变频器一般都不具有内置制动功能，一旦发生被动运转时，在变频器内部会产生回馈电压，当能量累积超过保护工作点时就会出现故障保护。工程实践中，可以通过硬件和软件两种方式实现负荷分配，具体为基于负荷分配控制器的多分部传动控制系统和基于 PLC 软件的负荷分配控制传动系统。

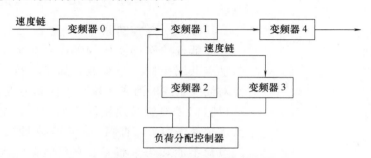

图 8-31　基于负荷分配控制器的控制系统示意图

（1）基于负荷分配控制器的多分部传动控制系统

以三点负荷分配为例，负荷分配控制系统构成框图如图 8-31 所示。变频器 1-变频器 4 是速度链的主链，而变频器 1-变频器 2-变频器 3 为副链。变频器 1-变频器

2-变频器 3 三点共用一个毛毯，在不打滑的情况下，三者线速度必须一致。负荷分配的控制作用是以速度的形式加入到相应的传动点。在调节平衡的前后，变频器 1 的速度必须保持不变，作为 3 个点的基准速度（当然也是速度链变频器 4 的基准速度），通过调节另外两个点变频器 2、变频器 3 的速度，使负荷平衡。变频器 2 和变频器 3 同时接收来自负荷分配控制器的速度增量信号和变频器 1 的速度基准信号。假设某电机负荷偏小，通过负荷分配控制器输出一速度增量信号，使

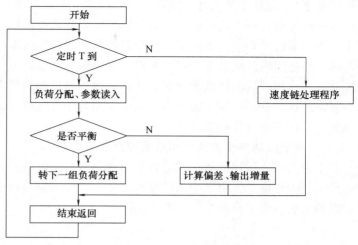

图 8-32　PLC 负载分配流程图

之产生所需的电流增加值，使该电机的负载率 P_i 增加，同时又不使整体速度产生明显变化。

（2）基于 PLC 软件的负荷分配控制传动系统

上述负荷分配控制器的传动系统解决了速度和负荷分配的问题，但是硬件显得复杂，增加了系统故障率。以 PLC 通信方式的传动系统，PLC 和变频器之间直接进行数据传输，使软件负荷分配控制得以实现。其工作原理和上述方案相同，只是硬件所完成的任务全部由软件程序来完成，控制流程原理如图 8-32 所示。

五、生活用纸造纸过程控制方案

生活用纸是唯一可直接提供给消费者使用的一个纸种，一般指为照顾个人居家，外出等所使用的各类卫生擦拭用纸，包括卷筒卫生纸、抽取式卫生纸、盒装面纸、袖珍面纸、纸手帕、餐巾纸、擦手纸、厨房纸巾等，是日常必需的快速消费品，其消费水平是衡量一个国家现代化水平和文明程度的标志之一。当前，我国造纸工业已经步入由成长期向成熟期转变发展的转型期，处于调整结构、转型升级和寻求新平衡的过程之中，传统上的单缸、开式气罩、车速低于 200m/min 的老生活纸机因存在产能低、能耗大、利润率低的缺点，已经被市场无情的淘汰。当今，幅宽为 2500～4500mm、车速 600～1300m/min 的中高速国产生活用纸机（单大缸，直径一般都不小于 3600mm，见图 8-33）已大面积推广，相配套的控制系统的先进程度不亚于长网造纸机，且长网造纸机中应用成熟的控制方案和控制算法也被成功地移植到生活用纸机的控制中去。

一般而言，生活用纸的主要抄造原料为商品木浆，碎浆之后

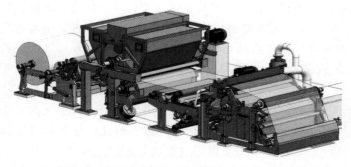

图 8-33　单大缸中高速生活用纸机生产工艺流程示意图

需要经过打浆才能进入抄纸工段。因生活用纸不同于其他纸张的质量指标要求（对蓬松度等的特殊要求），打浆非常关键，素有"三分造纸、七分打浆"之说。对于真空网笼纸机，常采用长短纤混合打浆工艺。而对于星月形纸机，常采用长短纤分开打浆工艺。这部分的控制在本章第一节已经介绍。生活用纸抄造过程的备浆和流送工段同长网造纸机基本相同，只是流浆箱一般采用满流式的水力式流浆箱，主要控制回路为流浆箱系统总压控制，冲浆泵采用低脉冲泵。压榨部后到成纸部分的工艺同长网造纸机差别很大，控制方案也有很多不同。本节主要讲述这部分的控制方案，主要内容包括基于可调热泵的生活用纸机过程控制方案和免热泵的生活用纸机过程控制方案。

（一）基于可调热泵的生活用纸机过程控制方案

对于中高速生活用纸机，其对锅炉房或热电厂来的新鲜蒸汽的供汽压力要求比较高，一般都在 1.0MPa 以上。当这个条件能够满足时，便可以采用基于热泵的供汽方案，具体的带测控点的供热流程示意图如图 8-34 所示。

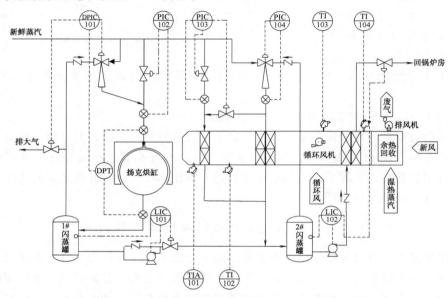

图 8-34　基于热泵的带测控点的生活用纸机供热流程示意图

带有通风气罩的生活用纸机的热力系统流程是一个典型的能耗协同控制流程，扬克烘缸产生的蒸汽冷凝水流经下一级闪蒸罐（2#）扩容闪蒸后，产生的二次蒸汽供气罩使用，不足的部分通过新鲜蒸汽补充。2#闪蒸罐储存的冷凝水进入气液加热器，用来给即将进入气罩的干空气预热。为了保证热力系统高效平稳运行，需要配置的主要控制回路有：烘缸进出口差压分程控制回路（DPIC-101）、烘缸补汽压力控制回路（PIC-102）、高温热交换器进汽压力分程控制回路（PIC-103）、中温热交换器进汽压力热泵控制回路（PIC-104）、1#闪蒸罐液位控制回路（LIC-101）及2#闪蒸罐液位控制回路（LIC-102）等，从而实现对纸机干燥部运行参数的实时监控和调整。

上述控制回路中，DPIC-101 至关重要，直接关系到干燥部的干燥效率。一般认为，当烘缸进出口差压不小于 30kPa 时，烘缸排水正常，不存在积水现象。因此，这个回路的设定值一般设置在 50kPa，当烘缸进出口差压小于 25kPa 以后（烘缸积水现象发生），排气阀自动打开，使1#闪蒸罐压力瞬间降低，烘缸进出口差压迅速升高，使烘缸快速排水，把烘缸积水问题消灭于"萌芽"状态。

（二）免热泵的生活用纸机过程控制方案

对于热电联产的造纸厂功能区，一般将热电厂产生的背压蒸汽用于造纸机干燥部。但是，背压蒸汽的压力往往都会低于 0.8MPa，而中高速生活用纸机的用汽压力一般都在 0.5MPa 左右，热泵难以正常工作，这时只能采用免热泵的供汽方案，具体的带测控点的供热流程示意图如图 8-35 所示。

对于图 8-35 所示的供热方案，扬克烘缸产生的蒸汽冷凝水经 1# 闪蒸罐扩容闪蒸后进入通风气罩，加热即将进入气罩的干空气。PIC-103 压力分程控制回路用来调节新鲜蒸汽的加入量，DPIC-101 差压控制回路用来调节烘缸的进出口差压，确保烘缸不积水，PIC-102 压力控制回路用来调节烘缸的进汽压力。这一热力系统的一个缺点是闭式水箱顶部的排汽阀需要一直处于打开状态，导致汽耗增加。

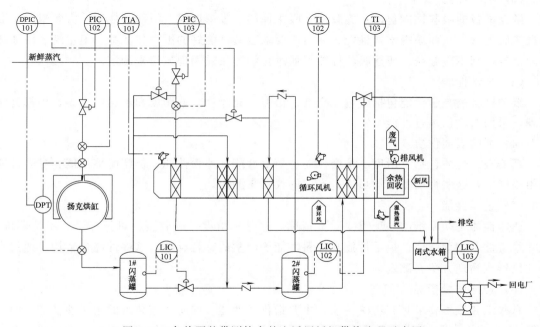

图 8-35　免热泵的带测控点的生活用纸机供热流程示意图

对于真空网笼式的中高速生活用纸机，其热力流程比较简单，一般采用图 8-34 和 8-35 所示的热力方案，而对于国产星月型中高速生活用纸机，由于车速更快，一般高达 1300m/min，其热力流程比较复杂，其通风气罩热力流程一般采用干端和湿端分离的供热方式，但控制思想和控制回路设计与前述方案类似，这里不再赘述。

第四节　纸张质量控制

纸张质量控制是造纸机控制的最后一道关口，对造纸机控制的最终目的就是生产出符合质量指标要求的纸张。评价纸张质量的指标很多，如纸张的水分、定量、灰分、厚度、透气度、光学指标（不透明度、白度、颜色等）和机械强度指标（耐破度、耐折度、裂断长、撕裂度等）等。然而，定量和水分是评价纸张质量最重要的两个通用指标，因而对纸张定量、水分的在线测量和控制便成为最基本的纸张质量控制系统（QCS，Quality Control System)。本章重点讲述纸张定量和水分的在线控制，内容包括纸张主要质量评价指标、纸张质量控制系统 QCS、纸张定量水分控制方案。

一、纸张主要质量评价指标

不同用途的纸张有着不同的质量要求，但对所有纸种而言，主要的质量指标有以下几个方面。

（1）物理性能

纸和纸板的物理性能包括定量、水分、厚度、紧度、机械强度（又称物理强度、包括抗张强度、裂断长、耐破度、伸长率、环压强度、压断弹性、弯曲性能等）、伸缩性、可压缩性、挺度、透气度、柔软性等，它们均需通过专门仪器测定。

（2）吸收性能

纸与纸板的吸收性能包括：施胶度、吸水性能、吸墨性能、吸油性能等。大多数纸均需经过施胶处理，从而获得憎液性能，而对于要求吸液性能好的纸，如滤纸、卫生纸、浸渍加工原纸等，则不应施胶。所述吸收性能可通过化学方法或物理方法来测定。

（3）光学性能

纸和纸板的光学性能包括颜色、亮度、白度、光泽度、透明度和不透明度等，根据光学原理，采用白度仪进行性能测定。

（4）纸的表面性质

纸的表面性质包括平滑度、抗磨性能、掉毛性能、掉粉性能、抗摩耐擦性能、黏合性能和粗糙度等，这些性能参数均可通过专门的仪器来测定。

（5）适印性能

适印性能是印刷纸的一项重要质量指标，它是平滑度、施胶度、可压缩性、不透明度、尺寸稳定性、物理强度、掉毛性能和掉粉性能等因素的综合反映，这些性能参数均可通过专门的仪器或物理方法来测定。

（6）特殊质量指标

有些纸和纸板要求具有特殊性能，主要指化学性能（如防锈包装纸的耐腐蚀性能、耐碱性等）、水溶性（如保密文件用纸等）、水不溶性、电气性能、电气绝缘纸的绝缘性能、介点性能和击穿性能等，这些性能参数均可通过化学方法或物理方法来测定。

（7）外观质量

纸的外观质量一般通过观察来评价，在产品标准中对其均有明确规定。不良指标包括：尘埃、孔洞、针眼、透明点、皱纹、褶子、劲道、网印、毛毯痕、斑点、浆疙瘩、鱼鳞斑、裂口、卷边、云彩花和色泽不一等，上述部分指标可通过专门仪器来测定，部分指标还需要人工肉眼来识别。

定量和水分是评价纸张质量最常用、最重要的两个通用指标，其基本定义是：定量表示单位面积纸张的质量，基本单位为 g/m^2；水分表示单位面积纸张的含水量与定量的比值，单位为％。影响定量的主要因素除了水分之外，主要还有流送工段中浓浆的流量波动和浓度波动以及化学助剂和填料等的加入量波动，通常通过调节绝干浆量来调节成纸的定量；影响水分的主要因素是定量的波动，除此之外，干燥部的蒸汽压力变化对水分的影响也十分巨大，通常通过调节最后一段的蒸汽压力来调节成纸的水分。

二、纸张质量控制系统 QCS

纸张质量控制系统 QCS（Quality Control System）是现代大型高速纸机中重要的自动控制系统之一，主要用来对纸张定量、水分、厚度、灰分、颜色等质量指标进行实时在线检测和控制，以提高并稳定产品的质量，满足用户要求。

（一）QCS 基本组成

QCS 主要由现场在线连续往复扫描测量的智能扫描架、现场负责控制纸张质量指标的执行机构和负责对数据集中分析处理的计算机系统等三部分组成。其组成结构示意图如图 8-36 所示。

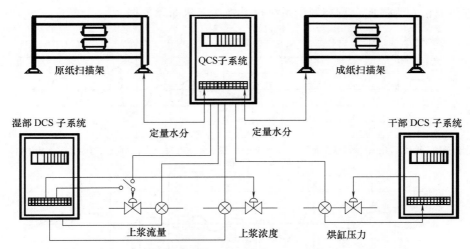

图 8-36　纸张质量（定量水分）控制系统 QCS 组成结构示意图

1. 智能扫描架

智能 O 形扫描架（图 4-89 所示）是用来带动定量、水分等传感器长时间连续往复运行的机械部件，是纸张质量指标传感器的载体，通过传动装置，带动上下两个传感器头箱沿纸张的横幅方向作往返运动。扫描架的操作侧安装有处理器和触摸屏，赋予扫描架以智能化；传动侧安装有驱动电机和传动机构，是拖动上、下头箱往复运行的动力机构；上下横梁内有传动导轨，带动上、下头箱同步平行移动。定量和水分等传感器探头安装在上、下头箱内，一个头箱里安装信号发射探头，另一个头箱里安装信号接收探头。扫描头箱每扫描一次，可得到一组定量和水分横幅测量数据，并在屏幕上加以显示并作为横幅调整的依据。扫描架及定量水分信号以 TCP/IP 协议和操作员站 OS 交换数据，实现对数据的采集。

对于高定量板纸机，一般采用成纸和原纸两台扫描架。而对于文化纸机和瓦楞纸机，只需要采用一台成纸扫描架。另外，可以根据需要增加对纸张其他质量指标，如厚度、灰分、白度（颜色）等的检测和控制。

2. 执行机构

QCS 的执行机构不是一个简单的硬件部件，而是造纸机集散控制系统 DCS 的一个子系统。对于定量控制，其执行器是湿部 DCS 子系统，定量调节回路与上浆流量调节回路构成串级控制回路，定量调节为外环，上浆流量调节为内环，最终执行器为流量调节定量阀（一般为高精度的电动调节阀门）。对于水分控制，其执行器是干部 DCS 子系统，水分调节回路与最后一组烘缸蒸汽压力调节回路构成串级控制回路，水分调节为外环，蒸汽压力调节为内环，最终执行器为蒸汽压力调节气动阀。

3. 计算机系统

对于 QCS 系统而言，计算机系统包括安装于扫描架操作侧的处理器（如 PLC）和配置在中央控制室的上位机等两个部分。现场处理器的主要功能是实时采集定量和水分数据并对其进行实时处理，一方面通过控制运算，计算出流量内环的设定值，另一方面将数据发送给上位机，做定量数据的实时显示。上位机的主要功能是接收现场处理器传来的定量和水分实时数据，一方面处理成横向定量和水分数据（如图 8-37 所示）及纵向定量和水分数据（横向定量和水分数据的平均值，如图 8-38 所示），并将其显示出来，另一方面同横向定量控制子系统进行通信，为横向定量控制子系统提供横向定量原始数据。

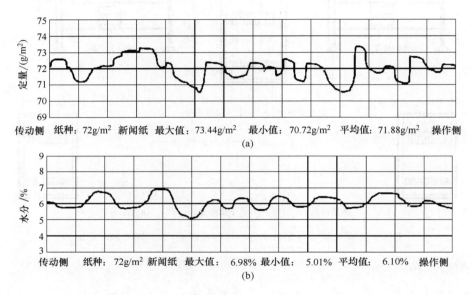

图 8-37　纸张横向定量和水分分布曲线显示示意图
（a）定量横向分布曲线示意图　（b）水分横向分布曲线示意图

（二）QCS 工作原理

配置有定量和水分变送器的扫描头箱在扫描架的两竖梁之间往复运动，高速等间隔地在线检测纸幅的定量和水分，并把检测到的信号传输给 QCS 子系统的信号处理器（PLC 或工控机）；每次扫描结束时，信号处理器算出平均的定量和水分值（纵向定量和纵向水分），分别传输给定量控制回路和水分控制回路，用于计算中浓浆上浆流量设定值和最后一组烘缸蒸汽压力设定值；用中浓浆流量设定值来调节纸张定量，用烘缸蒸汽压力设定值来调节纸张水分，其中定量调节通过湿部 DCS 子系统来实现，水分调节通过干部 DCS 子系统来实现。

对于纵向定量控制，涉及的控制回路有中浓浆上浆浓度控制回路和上浆流量控制回路，即通过控制绝干浆量来调节并稳定成纸的定量，这部分内容在前面备浆流送控制部分已经详细阐述。对于横向定量控制，主要涉及基于稀释水水力式流浆箱的稀释水阀控制子系统，这部分内容在前面流浆箱控制部分已经详细阐述。对于纵向水分控制，涉及的控制回路主要是最后一组烘缸进蒸汽压力的控制，当水分偏大时，需要增大进蒸汽压力设定值，从而通过提高烘缸表面温度来增大纸幅水分蒸发量，反之亦然。

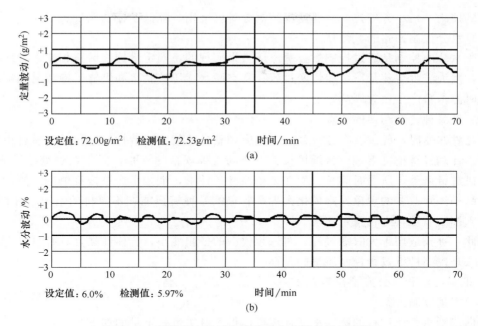

设定值：72.00g/m²　检测值：72.53g/m²　　时间/min

(a)

设定值：6.0%　检测值：5.97%　　时间/min

(b)

图 8-38　纸张纵向定量和水分分布曲线显示示意图
（a）定量纵向分布曲线示意图　（b）水分纵向分布曲线示意图

QCS 系统除了具备上述检测控制功能外，还能监测断纸信号并快速做出断纸响应，实时检测并显示造纸机运行车速，进行产量统计、运行成本核算等功能。

（三）纸张定量水分控制方案

1. 纸张定量水分控制难点分析

影响纸张质量指标的因素很多，主要包括纸浆浓度、流量、蒸汽压力和车速。具体说来，定量的影响因素主要是上网纸浆的浓度、流量和车速，同时任何引起这三个参数变化的因素，包括从成浆池来的纸浆浓度和纸浆流量，从调浆箱到网部各环节造成的纤维流失情况以及电源负载波动引起的车速变化对纸张定量都会产生影响。纸张水分波动对定量的影响也很大，并表现出强耦合特征。影响纸张水分的因素也很多，包括真空脱水、压榨脱水和烘缸干燥等各个环节的运转情况。正常情况下，真空脱水、压榨脱水都比较稳定，而烘缸干燥因蒸汽压力波动较大造成纸张水分变化较大。另外，成纸的均匀度取决于纤维在流浆箱中的分散程度和流浆箱唇口的喷浆均匀度，因此流浆箱的控制问题也直接影响着纸张的横向定量分布，必须严格加以控制。诸多不利因素增加了实现纸张定量和水分自动控制的难度。具体说来，控制难点表现为：

（1）定量控制回路的大时滞特性

纸张定量检测点（纸张卷取处）与执行机构（定量调节阀，调浆箱进浆口管道上）之间的距离较长，滞后时间根据纸机车速的不同大约为一分钟到十几分钟不等。

（2）定量与水分之间的强耦合特点

为解决这一问题，一般的做法是通过解耦将定量控制回路和水分回路分开。但由于抄纸过程机理复杂，建模的不准确性常导致这一策略失灵。

（3）抄纸过程自身的时变非线性因素

这些因素使得抄纸过程精确的数学模型难以得到，导致一些高级的过程控制算法，如多

303

变量解耦控制、最小方差控制、自适应控制等难以适用，降低了控制质量。

（4）水分控制回路的大惯性

纸张水分的控制是通过控制烘缸蒸汽压力来实现的，同定量控制回路相比，表现出大惯性特征，因为温度变化是一个缓慢变过程。真空脱水、压榨脱水和烘缸干燥状况等都会对水分回路时间常数产生很大影响。

（5）纸品种自动切换的要求

纸品种改变时，配浆、车速等都要做相应调整，这就意味着抄纸过程数学模型将发生大的变化。计划经济情况下，一台纸机长期生产同一种规格的纸张，偶尔遇到纸品种改变时，往往停机进行调整，所需时间长；而在市场经济条件下，纸张生产是按订单进行的，便会出现生产品种经常改变的现象，规模化大生产要求纸品种切换能在不停机的情况下在线进行，这就要求控制系统具有自整定功能。

因此，寻找适用于大时滞过程，对过程模型的依赖性小，鲁棒性强且具有自整定功能的控制算法是提高抄纸过程控制质量的关键。

2. 纸张定量和水分典型控制方案

（1）定量控制方案

根据造纸机生产过程的物料平衡计算可以得到有关纸张定量的如下方程：

$$q_{ad} = \left(\frac{1-T}{1-T+L} \right) \times \frac{q_V c}{v_b} = k \frac{q_V c}{v_b} \tag{8-9}$$

式中，q_{ad} 为纸张绝干定量，q_V 为进入纸机纸浆的流量，c 为进入纸机纸浆的浓度，v 为纸机网速，b 为纸机抄宽，$(1-T)$ 为保留率，L 为浆流失率，k 为常数，与保留率、流失率等因素有关，可根据纸机结构和生产经验得出。

在纸机正常运行时，保留率、流失率、网速、抄宽一般变化不大，因此影响定量的主要因素是进入造纸机的纤维绝干浆量（流量和浓度的乘积）。如果纸浆浓度也稳定，则调节上浆流量便可改变纸张定量。因此，通常选择上浆流量作为纸张定量的调节量。在组成定量调节系统时，定量的测量在卷纸机前，而纸浆流量则在纸机前面调节，纸机的容量滞后和传送滞后都很大，因此采用简单的单回路 PID 调节系统不能满足要求，常常采用图 8-39 所示的串级调节方案。纸浆浓度由单独的浓度调节系统使之稳定，纸浆流量调节与定量调节组成串联调节系统，流量调节为副环，定量调节为主环。

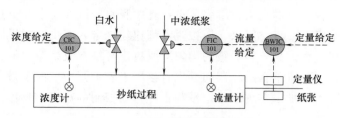

图 8-39　抄纸过程定量控制方案

（2）水分控制方案

湿纸张进入干燥部与烘缸接触干燥，要求干燥温度按一定的规律变化，称为干燥曲线。要在生产过程中得到合适的干燥曲线，首先要选择好烘缸的分组和各组的烘缸个数，其次是通过控制手段来调节和稳定干燥曲线。为了便于排除烘缸内的冷凝水，还必须保持烘缸进出口差压稳定。

由于影响水分最直接的因素是烘缸表面温度，而烘缸表面温度与烘缸进新鲜蒸汽压力和烘缸积水状态密切相关。当烘缸排水正常、不存在积水现象时，可以认为烘缸表面温度与进烘缸新鲜蒸汽压力成正比，可以通过调节进烘缸蒸汽压力来调节水分。在组成水分调节系统时，水分的测量也在卷纸机前，但水分的控制位于最后一组烘缸组。尽管该回路的容量滞后和传送滞后都不大，但温度控制表现出大惯性特性，因此采用简单的单回路 PID 调节系统也不能满足要求，常常采用图 8-40 所示的串级调节方案。最后一组烘缸进蒸汽压力调节与水分调节组成串联调节系统，蒸汽压力调节为副环，水分调节为主环。当然，

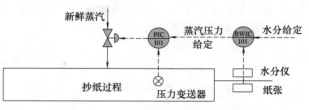

图 8-40　抄纸过程水分控制方案

各段烘缸组的进出口差压调节也非常重要，直接关系到该段烘缸组是否积水。一旦出现烘缸积水，不但会严重影响成纸质量，而且会导致大量的能量浪费，严重时会导致停机。

（3）定量和水分串级解耦控制方案

如前所述，抄纸过程是一个相当复杂的传热传质过程，过程控制中诸如大时滞、强耦合、大惯性、多干扰、时变非线性等棘手问题，在这一生产过程中都相继出现。针对定量和水分控制的这些难点，采用下述方案实现对这两种质量指标的在线控制：通过纸浆浓度、纸浆流量和烘缸蒸汽压力三个基本控制回路保持这三个关键过程参量稳定，从而使定量和水分保持基本稳定；对定量和水分进行在线连续测量，分别同上浆流量环和蒸汽压力环构成串级控制，根据定量和水分的波动情况分别改变纸浆流量和蒸汽压力控制回路的设定值，以纸浆流量来调节定量，以蒸汽压力来调节水分，使定量和水分的测量值与设定值间的偏差尽量小；对气垫式流浆箱或稀释水水力式流浆箱实行浆、网速比串级控制，以稳定成纸纤维分布的均匀度和纸张厚度。总体控制方案的图解描述见图 8-41。

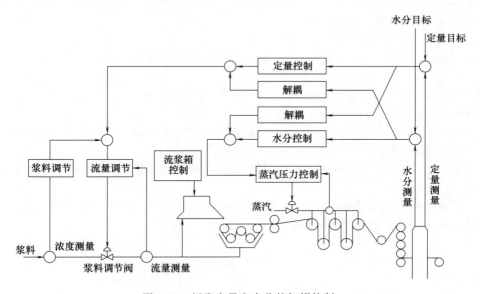

图 8-41　纸张定量和水分的解耦控制

考虑到定量和水分之间的强耦合特性，在串级控制结构的内部还要嵌入解耦网络，以消除二者之间的耦合关系。为此，主回路检测纸张定量和水分，经解耦算法（如前馈解耦）和控制运算后，对浆流量和烘缸蒸汽压力分别实行串级控制，具体控制方案示意图如图 8-42 所示。当对其中一个质量指标进行控制时，计算机根据解耦方案计算出对另一个的影响，并输出相应的补偿信号，去消除这种影响。例如，当定量变低，控制作用使纸浆流量增加时，

计算机算出由于浆流量增加将对纸张水分产生的影响，并发出补偿信号去增大最后一组烘缸的蒸汽压力，以保持纸张水分不变。

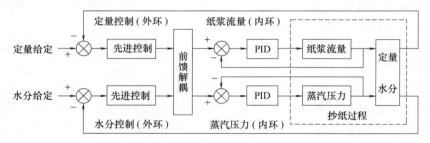

图 8-42　定量水分回路复合控制方案

思 考 题

1. 什么是打浆？打浆的目的及常用质量评价指标是什么？

2. 试述常用的几种打浆过程控制方案，并简要阐述其控制原理，思考游离度控制与恒打浆度串级控制有何异同？

3. 什么是软测量？简述打浆度软测量的基本原理，试绘制盘磨进退刀仿人智能控制方案示意图。

4. 常用的配浆方法有哪些，分别阐述其控制方案，比较其优缺点。

5. 流送系统的控制要点是什么？简述流送工段的绝干浆量控制方案和时序启停控制方案。

6. 简述气垫式流浆箱和稀释水水力式流浆箱的适用场合，并分别给出其控制方案，并进一步阐述基于稀释水水力式流浆箱的横幅定量控制方案。

7. 简述造纸机湿部真空度控制方案。

8. 阐述热泵工作原理，简述开式热泵供汽热力系统流程和闭式热泵供汽热力系统流程，并分析其优缺点。

9. 简述多段供汽热力系统流程，分析多段供汽和热泵供汽相结合的热力系统流程的优点。

10. 阐述蒸汽冷凝水和密闭气罩能耗协同热力系统及控制方案。

11. 长网纸机传动控制系统有哪些？试述多分部同步速度链控制原理，有哪几种实现方式，各自优缺点是什么？简述基于负荷分配的分部传动控制系统的实现方式。

12. 同长网造纸机相比，生活用纸纸机在控制方面有何不同？试简述生活用纸纸机含热泵和免热泵两种控制方案。

13. 纸张质量的主要评价指标有哪些？纸张质量控制系统有哪几部分组成？纸张定量水分的控制难点是什么？阐述定量和水分串级解耦控制方案。

参 考 文 献

［1］ 王孟效，孙瑜，汤伟，等. 制浆造纸过程测控系统及工程［M］. 北京：化学工业出版社，2003.

［2］ 刘焕彬，白瑞祥，胡幕伊，等. 制浆造纸过程自动测量与控制［M］. 2 版. 北京：中国轻工业出版社，2009.

［3］ 陈克复，张辉. 制浆造纸机械与设备（下）［M］. 3 版. 北京：中国轻工业出版社，2013.

［4］ 卢谦和. 造纸原理与工程［M］. 3 版. 北京：中国轻工业出版社，2007.

［5］ 潘福池. 制浆造纸工艺基本理论与应用（下册）［M］. 大连：大连理工大学出版社，1991.

［6］ 李玉刚. 多烘缸造纸机干燥部能量系统分析建模与优化研究［D］. 广州：华南理工大学，2011.

［7］ 汤伟，罗斌，周红，等. 打浆过程控制的新进展［J］. 中国造纸学报，2009，24（1）：122-129.

［8］ Le Quang Dien, Phan Huy Hoang, Do Thanh Tu. Application of enzyme for improvement of acacia APMP pulping and refining of mixed pulp for printing papermaking in Vietnam ［J］. Applied Biochemistry and Biotechnology, 2014, 172 (3): 1565-1573.

［9］　徐苏明，何永，薛国新. 高速纸机配浆工段的控制方案与程序设计 ［J］. 纸和造纸，2017，(1)：6-9.

［10］　刘英政. 法国 ALLIMAND 纸机与德国 VOITH 纸机的流送系统及流浆箱 ［J］. 中华纸业，2008，(4)：71-73.

［11］　汤伟，施颂椒，王孟效. 抄纸过程的建模检测及控制 ［J］. 中国造纸，2000，19 (6)：53-59.

［12］　汤伟，王孟效，李明辉，等. 流浆箱先进控制策略及解耦控制算法 ［J］. 中国造纸学报，2006，21 (1)：108-114.

［13］　汤伟，孙振宇，方辉，等. 纸机干燥部热力控制系统发展综述 ［J］。中国造纸，2017，36 (2)：59-66.

［14］　汤伟，周阳，王樨，等. 纸板机密闭气罩控制系统的设计 ［J］. 中国造纸，2012，31 (7)：38-44.

［15］　汤伟，王孟效，陈玉钟. 一种进口 QCS 的改造实现 ［J］. 中国造纸，2004，23 (7)：27-33.

［16］　单文娟，汤伟，刘炳. 纸张横幅定量多变量解耦控制策略研究 ［J］. 中国造纸学报，2018，33 (2)：44-50.

［17］　刘文波，汤伟，王樨，等. 纸张横向定量数据的小波去噪 ［J］. 中国造纸学报，2015，30 (2)：53-57.

［18］　黄蓓，李继庚，张占波，等. 造纸机气罩运行优化控制系统设计与开发 ［J］. 纸和造纸，2013，32 (5)：8-12.

［19］　Jobien Laurijssen, Frans J. De Gram, Ernst Worrell, Andre Faaij. Optimizing the energy efficiency of conventional multi-cylinder dryers in the paper industry ［J］. Energy 2010 (35)：3738-3750.

［20］　陈晓彬，李继庚，张占波，等. 高强瓦楞原纸干燥曲线在线测量与分析 ［J］. 中国造纸，2014，33 (8)：7-13.

［21］　Lars Nilsson. Heat and mass transfer in multicylinder drying：Part I. Analysis of machine data ［J］. Chemical Engineering and Processing，2004，43 (12)：1547-1553.

［22］　Lars Nilsson. Heat and mass transfer in multicylinder drying：Part II. Analysis of internal and external transport resistances ［J］. Chemical Engineering and Processing，2004，43 (12)：1555-1560.

［23］　钟益联. 纸机蒸汽冷凝水系统测控方法介绍 ［J］. 中国造纸，2013，32 (3)：40-45.

第九章　发酵过程控制

发酵指人们借助微生物在有氧或无氧条件下的生命活动来制备微生物菌体本身、直接代谢产物或次级代谢产物的过程。通常所说的发酵，多是指生物体对于有机物的某种分解过程。发酵过程控制是指把发酵过程中的物理参数、化学参数及生物参数等重要物理量控制在某一期望的恒定水平上或者时间轨道上，以得到期望的发酵产品质量。本章在介绍发酵过程工艺流程和重要控制参数的基础上，重点介绍发酵过程的单元控制方案和运行优化控制方案。

第一节　发酵过程及主要过程参数

一、发酵过程工艺流程

发酵过程是发酵工程的重要组成部分。发酵工程是指采用现代工程技术手段，利用微生物的某些特定功能，为人类生产有用的产品，或直接把微生物应用于工业生产过程的一种技术，是生化工程和现代生物技术及其产业化的基础。发酵工程包含从投入发酵原料到获得最终产物的整个过程，其内容包括菌种的选育、培养基的配制、灭菌、扩大培养和接种、发酵和产品的分离提纯等方面，基本工艺和设备流程如图 9-1 所示，可大致分为菌种的选择、发酵和提炼三个步骤，通常也称为发酵的上游工程、中游工程和下游工程。

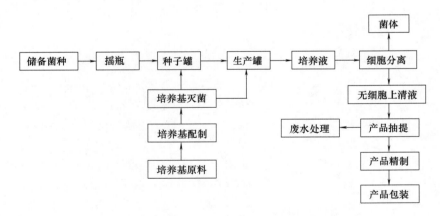

图 9-1　发酵生产过程基本工艺和设备流程示意图

上游工程主要需要完成对优良种株的选择、培育及确定优良种株的培养条件，如 pH、温度、溶解氧和营养液等。另外，对原材料的物理和化学处理、培养基的配置和灭菌处理也均在上游工程中完成。中游工程的主要任务是在最适宜的发酵条件下，在发酵罐中培养大量的细胞和生产代谢产物。根据不同需要，可以把发酵工艺分为分批发酵、补料分批发酵和连续发酵。分批发酵是一次投料；补料发酵是在一次投料发酵的基础上另加一定的营养，使细胞进一步生长或得到更多的代谢产物；连续发酵是不断地补给营养，同时不断地取出发酵液。下游工程主要是实现对目的产物的提取和精制。这一过程的实现较为困难,涉及固液分离技术、细胞破壁技术、蛋白质纯化技术及包装处理技术等。虽然发酵工业生产以发酵为主,发酵的好坏是整个生产的关键,但后续处理也很重要,会因后处理操作和设备选用不当而大大降低最终产品的总得率。

二、发酵过程主要过程参数

反映发酵过程变化的参数非常多,按照参数的性质可分为物理参数、化学参数和生物参数。其中,物理参数主要有:发酵罐温度 T、搅拌转速 n、罐压 p、空气流量 q_A、补料速率 q_B、表观黏度、排气氧/二氧化碳浓度、泡沫高度 H、发酵液体积 V、冷却水流量 q_W 等;化学参数主要有:溶解氧浓度 DO、酸碱度 pH、二氧化碳溶解度 DCO_2、氧化还原电位、气相成分等;生物参数主要有:菌丝形态、菌体浓度 X、产物浓度 ρ、基质(底物)浓度 ρ_s、呼吸代谢参数(如摄氧率 γ 或 OUR、二氧化碳释放速率 CER、呼吸强度 Q_{O_2}、呼吸商 RQ)、体积溶氧系数 K_{La}、关键酶活力及各种比速率(比生长速率 μ、比底物消耗速率 q_s、比产物生成速率 q_p)等。

按照参数获取方式可分为直接参数和间接参数。直接参数指通过仪表或其他分析手段可以测得的参数。它按检测方法又可分为在线检测参数和离线检测参数,前者不经取样可以直接通过发酵罐上安装的各类传感器得到,如温度、压力、流量、搅拌功率、转速、泡沫、黏度、浊度、pH、离子强度、溶解氧和基质浓度等物理化学参数,常用的在线检测仪器有 pH 电极、溶氧电极、温度电极、液位电极、泡沫电极、尾气分析仪等;后者是指从发酵罐中取出样品后进行分析测定得到,如菌体浓度、基质浓度(糖、脂质、氨基氮等)、产物浓度(抗生素、酶、有机酸和氨基酸等)等生物参数,常用的离线检测仪器有分光光度计、pH 计、温度计、气象色谱(GC)、液相色谱(HPLC)、色质联用(GC-MS)等。间接参数指可以利用直接参数通过公式计算来获得的参数,如摄氧率 OUR、二氧化碳释放速率 CER、呼吸商 RQ 等呼吸参数。通过对发酵罐作物料平衡,可计算出 OUR、CER 及 RQ,这些参数能反映微生物的代谢状况。

在工程实践中,通常可以以直接状态参数和间接状态参数为依据对发酵过程进行有效控制。其中,直接状态参数是指能直接反映发酵过程中微生物生理代谢状况的参数,如 pH、DO、溶解 CO_2、尾气 O_2、尾气 CO_2、黏度等(如表 9-1 所示);间接状态参数是指采用直接状态参数经计算而得到的参数,如比生长速率(μ)、摄氧率(γ 或 OUR)、CO_2 释放速率(CER)、呼吸商(RQ)等(如表 9-2 所示)。综合各种状态变量,可以提供反映过程状态、反应速率、设备性能、设备利用效率等信息,以便及时做出调整。

表 9-1   发酵过程直接状态参数一览表

参数名称	单位	测定方法	意义及主要作用
温度	K,℃	温度传感器	维持生长,合成代谢产物
罐压	Pa	压力表	维持正压,增加溶氧
空气流量	m^3/h	传感器	供氧,排除废气
搅拌转速	r/min	传感器	物料混合,提高传质效果
黏度	Pa·s	黏度计	反应菌体生长,K_{La} 变化
密度	g/cm^3	传感器	反应发酵液性质

续表

参数名称	单位	测定方法	意义及主要作用
装量	m^3,L	传感器	反应发酵液体积
浊度/透光度	%	传感器	反应菌体生长情况
传氧系数 K_{La}	L/h	在线检测,间接计算	反应供氧效率
加糖速度	kg/h	传感器	反应耗氧及糖代谢情况
加消泡剂速度	kg/h	传感器	反应泡沫情况
加中间体或前体速度	kg/h	传感器	反应前体和基质利用情况

表 9-2　　　　　　　　　　发酵过程间接状态参数一览表

计算对象	所需基本参数	计算公式
摄氧率 OUR	空气流量 q_A,发酵体积 V_L,进气和尾气中的 O_2 含量 $c_{O_2,in}$,$c_{O_2,out}$(菌体浓度 X)	$OUR = q_A(c_{O_2,in} - c_{O_2,out})/V_L = Q_{O_2}X$
呼吸强度 Q_{O_2},$Y_{x/o}$	OUT、菌体浓度 X、$(Q_{O_2})_m$、μ	$Q_{O_2} = OUR/X$ $Q_{O_2} = (Q_{O_2})_m + \mu/Y_{X/O}$
CO_2 释放率 CER	空气流量 q_A、发酵体积 V_L、进气和尾气中的 CO_2 含量、菌体浓度 X	$CER = V(c_{O_2})_m + \mu/Y_{X/O}$
比生长速率 μ	Q_{O_2}、$Y_{x/o}$、$(Q_{O_2})_m$	$\mu = [Q_{O_2} - (Q_{O_2})_m]Y_{X/O}$
菌体浓度 X	$Y_{x/o}$、Q_{O_2}、$(Q_{O_2})_m$、X_t	可采用活菌计数法、比浊法等直接测量
呼吸熵 RQ	进气和尾气中 O_2 和 CO_2 含量	$RQ = CER/OUT$
体积溶氧系数 K_{La}	OTR、c_L、c^*	$K_{La} = OTR/(c^* - c_L)$

目前，尚没有一种可在线检测培养基成分和代谢产物的传感器，所以目前发酵液中的基质（糖、脂质、盐、氨基等）、前体和代谢产物（抗生素、酶、有机酸和）以及菌量的检测还是依赖于人工取样和离线分析，即离线发酵分析法。其特点是所有过程和信息是不连贯和滞后的。随着软测量技术的发展，一些生物参数可通过软测量技术来解决，为实现闭环控制创造了条件。表 9-3 是离线测定生物参数的方法。

表 9-3　　　　　　　　　　离线测定生物参数的方法一览表

离线测定方法	测定原理	效果评价
压缩细胞体积	离心沉淀物	粗糙但快速
干重	悬浮颗粒干燥至恒重后质量	如培养基含有固体,结果不准确
光密度	浊度	要保持线性稀释才准确
荧光或其他化学方法	分析与生物量有关的化合物如 ATP、DNA、蛋白质等含量	只能间接测量和计算
显微观察	血球计数器上细胞计数	费力但可通过成像分析实现可视化、简单化
平板计数	经适当稀释后,在平板上计数	只能测活菌,需要培养时间长,结果滞后

第二节　发酵过程单元控制方案

尽管不同生物产品或菌体的发酵过程不尽相同，但就过程参数的控制角度而言，有许多共性之处。本节主要介绍发酵过程单元控制方案，主要包括：温度控制、pH 控制、溶解氧控制、罐压控制、搅拌转速、通气流量控制和自动消泡控制。

一、发酵过程温度控制

发酵温度是发酵过程最重要的控制参数。温度是维持生产菌的生长和产物合成的重要条件，也是确保发酵过程中各种酶活性的重要因素。在适宜的温度条件下，微生物才能够确保良好的生长及产物形成。

1. 发酵温度影响因素

在发酵过程中，引起温度变化的原因是发酵过程中所产生的净热量，称为发酵热，通常包括：生物热、搅拌热、蒸发热、通气热、辐射热和显热等。

① 生物热（$Q_{生物}$）。是指微生物在生长繁殖过程中，本身产生大量热量，这种热主要来源于培养基中的碳水化合物、脂肪以及蛋白质被微生物分解成 CO_2、NH_3、水和其他物质时所产生的热量。

② 搅拌热（$Q_{搅拌}$）。好氧培养发酵罐都有一定的搅拌装置，对液体进行搅拌时液体会与设备产生摩擦，由此产生一定的热量，称为搅拌热。

③ 蒸发热（$Q_{蒸发}$）。在发酵过程中以蒸汽形式散发到发酵罐的液面、再由排气管带走的热量。

④ 辐射热（$Q_{辐射}$）。因发酵罐内外温差，使发酵液中有部分热量通过罐体向外辐射。辐射热的大小取决于发酵罐内外温差的大小，通常冬天影响大，夏天影响小。

在发酵过程中，随着培养菌对培养基的利用以及机械搅拌的作用，将产生一定的热量，随着反应的进行罐壁有散热现象，通气和水分蒸发的作用，也会导致一定的热交换。所以，发酵过程所产生的热量可以表示为：

$$Q_{发酵} = Q_{生物} + Q_{搅拌} + Q_{通气} - Q_{蒸发} - Q_{辐射} \qquad (9\text{-}1)$$

2. 发酵罐温度控制

发酵常在发酵罐中进行。一般而言，它是一个放热过程，均会产生热量。温度多数要求控制在 30～50℃，一般有 ±0.5℃ 的上下浮动属于正常现象。发酵过程所产生的生物热，搅拌热等都会随着时间的变化而发生变化，因此发酵热也会在整个发酵过程中也随时间变化。

为了使发酵在一定温度下进行，一般在生产中都采取在发酵罐上安装夹套或盘管。温度高时，通过循环冷却水加以控制；温度低时，通过加热使夹套或盘管中的循环水达到一定的温度，从而实现对发酵罐温度的有效控制。图 9-2 是发酵罐温度控制方案示意图，其中温度控制回路 TIC-101 可采用常规 PID 控制器进行粗略控制，也可以采用模糊＋PI 控制器进行比较精细的控制，速度控制回路 SIC-101 根据温度的高低采用开环分级控制，达到辅助调节发酵罐温度控制的目的。

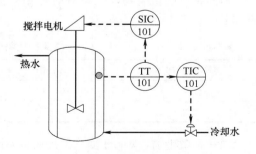

图 9-2　发酵罐温度控制流程图

由于发酵过程对温度的控制精度要求较高，同时由于过程中热量的产生有很大的间歇性，导致温度在发酵不同阶段可能会发生大的波动。另外，在发酵过程的不同阶段有不同的温度设定值，发酵工艺要求温度控制系统应具有较好的动态特性和稳态特性。单回路常规

PID 控制难以满足上述控制要求，为此常采用"模糊＋PI"切换控制的思想来满足发酵工艺对温度控制在稳、准、快方面的严格要求，利用模糊控制（类似 PD 控制的特性）获得良好的动态特性，利用 PI 控制获得良好的稳态性能。具体的控制系统结构框图如图 9-3 所示。

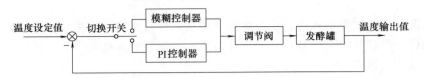

图 9-3　发酵过程"模糊＋PI"控制系统结构示意图

通过比较实际温差 e（温度设定值与检测值的差值）的绝对值 $|e|$ 与温度设定阀值 Δ 来切换控制模式。具体的切换原则如下：

当温度偏差较大，即 $|e| < \Delta$ 时，采用模糊控制，以加快系统响应速度，缩短调节时间；当温差较小时，$|e| \leqslant \Delta$ 时，采用 PI 控制，以消除静态误差，提高控制精度。模糊控制器采用温差 e 和温差的变化率 ec 作为输入变量，温度控制信号 u 为输出变量。

3. 发酵最适温度的选择

发酵最适宜温度是一个相对概念，是指最适于菌生长或产物生成的温度。不同的微生物或产物，最适发酵条件不同，所以常常会进行二阶段发酵。例如青霉素产生菌的最适温度是 30℃，而青霉素合成分泌物最适温度是 20℃，所以首先在抗生素还未开始合成的阶段采用适合青霉素生产菌繁殖的最适温度 30℃，在产物分泌阶段优先考虑 20℃。这样，就需要根据工艺要求的温度曲线进行温度设定值的切换。

二、发酵过程 pH 控制

1. pH 对菌生长和代谢产物形成的影响

pH 表示溶液中氢离子浓度的负对数，纯水的 $[H^+]$ 浓度是 10^{-7} mol/L，pH 为 7。对发酵过程而言，pH 是一种化学参数，也是一种直接参数。发酵过程中培养液的 pH 是微生物在一定环境条件下代谢活动的综合指标，对菌体的生长和产品的积累有很大的影响，反映了微生物对营养物质进行同化和异化作用后达到的最终氢离子浓度。

不同种类的微生物，代谢活动的 pH 范围不同，表 9-4 所示为一些常见微生物代谢活动的 pH 范围。

表 9-4　　　　　　　　　　常见微生物代谢活动的 pH 范围

微生物名称	pH 范围	微生物名称	pH 范围
酵母	3.8～6.0	霉菌	4.0～5.8
细菌	6.5～7.5	放线菌	6.5～8.0

同一种微生物，对 pH 变化的反应也不同。例如，对于石油代蜡酵母，当 pH < 3.0 时，生长受抑制，易自溶；当 3.5 ≤ pH ≤ 5.0 时，生长良好，不易染菌；当 pH > 5.0 时，易染细菌。

pH 不同，微生物的代谢产物不同。表 9-5 列出了在不同 pH 下三种常见微生物的代谢产物。

微生物生长与发酵的最适宜 pH 可能不同，表 9-6 列出了三种常见微生物生长和发酵的最适 pH。

表 9-5　不同 pH 下微生物的代谢产物一览表

微生物名称	pH	代谢产物名称
黑曲霉	2.0～3.0	柠檬酸发酵
	7.0	草酸发酵
酿酒酵母	4.5～5.0	乙醇发酵
	8.0	甘油发酵
谷氨酸菌	7.0～8.0	GA 发酵
	5.0～5.8	谷氨酰胺发酵

表 9-6　微生物生长和发酵最适 pH 一览表

微生物名称	最适生长 pH	最适发酵 pH
丙酮丁醇菌	5.5～7.0	4.3～5.3
青霉素菌	6.5～7.2	6.2～6.8
链霉素菌	6.3～6.9	6.7～7.3

总体而言，pH 对菌生长和代谢产物形成会造成如下影响：

① 影响到酶的活性，造成抑制作用，进而影响菌体的新陈代谢；

② 影响到微生物细胞膜所带电荷，导致通透性的改变，进而影响微生物对营养物质的吸收和代谢产物的排泄；

③ 影响到培养基中某些组分的解离，进而影响微生物对这些成分的吸收；

④ 不同的 pH，会引起菌体代谢过程的不同，进而使代谢产物的质量和比例发生改变；

⑤ 影响到氧气的溶解和氧化还原电势的高低，进而影响孢子发育。因此，调节或改变 pH，能够影响发酵的进程及代谢产物的形成。pH 的测量方法很多，主要有化学分析法、试纸法、电极电位法。因发酵过程最佳 pH 范围较窄，需要精确测定，通常采用电极电位法。

2. 影响 pH 变化的主要因素

发酵过程中，pH 的变化决定于所用的菌种、培养基的成分和培养条件。在产生菌的代谢过程中，菌体本身具有一定的调整周围环境 pH、构建最适 pH 的能力。引起 pH 变化的主要因素有基础代谢、产物形成、菌体自溶、发酵液成分等。准确检测并控制这些因素，有助于稳定发酵过程 pH。

① 基础代谢。糖代谢、氮代谢和生理物质的利用都会导致 pH 的变化。对于糖代谢，当糖被利用和分解成小分子时，pH 会下降；糖缺乏，pH 上升，是补料的标志之一。对于氮代谢，当氨基酸中—NH_2 被利用时，pH 会下降；当尿素被分解成 NH_3 时，pH 上升。对于生理物质，当生理酸碱物质被利用后，pH 会上升或下降。

② 产物形成。当某些产物本身呈酸性或碱性时，会使发酵液 pH 变化。有机酸类的产生，会使 pH 下降；抗生素的产生，会使得 pH 上升。

③ 菌体自溶。菌体自溶后，pH 上升，发酵后期，pH 上升。

④ 发酵液成分。当培养基中 C/N 不当、有机酸积累，消沫油加得过多，生理酸性物质过多时，会引起发酵液 pH 下降；当 C/N 比例不当、N 过多、氨基氮释放，生理碱性物质过多，中间补料时碱性物质加入量过大时，会引起发酵液 pH 上升。

3. 发酵过程 pH 控制方案

在发酵过程中，常常采用加酸或加碱的方式来调节 pH。采用复合电极在线检测 pH，通过连续流加方式（调节阀）或脉冲流加方式（隔膜阀/计量杯）来控制酸/碱液的加入量，具体控制方案如图 9-4 所示。由于发酵过程中为控制 pH 而加入的酸碱性物料往往就是工艺中要求所需的补料基质，所以在 pH 控制系统中还需对所加酸碱物料进行计量，以便进行有关离线参数的计算。

对于 pH 的控制，还需要着重考虑如下四点：

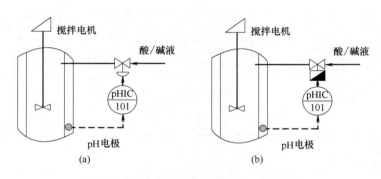

图 9-4　流加酸碱物料方式控制 pH 示意图

（a）连续流加方式　（b）脉冲流加方式

① 发酵 pH 的确定。绝大多数的菌种的 pH 一般在 5～8 之间，但同一菌种的生长最适 pH 可能与产物合成的最适 pH 是不一样的，在发酵的不同时段需要进行分段控制 pH，以获得最大产量。

② 最适 pH 确定。在发酵过程中，发酵液的 pH 随着微生物的活动不断变化，为提供菌体适宜的生长或产物积累的 pH，需要对发酵生产过程各阶段的 pH 进行实时监控，最适 pH 的确定一般采取实验法得到。

③ pH 的控制步骤。一般按照如下步骤来控制 pH：调节好基础料的 pH；在基础料中加入维持 pH 的物质，如 $CaCO_3$ 或者具有缓冲能力的试剂，如磷酸缓冲液等；通过补料调节 pH。常用的控制方法有：添加 $CaCO_3$ 法、氨水流加法和尿素流加法。

④ 同发酵过程中的温度类似，发酵液的 pH 也呈现典型的非线性和时滞特性，可以采取"智能分区"的控制思想来选择加入酸（碱）液，并控制酸（碱）液的加入量，根据 pH 的绝对偏差的大小分成若干个（如 3 个）偏差域，对不同的偏差域，可以采用不同的控制算法进行控制运算，实现发酵过程 pH 的准确控制。

三、发酵过程溶解氧控制

1. 溶解氧及发酵过程中溶氧的变化

溶解氧指溶解在水中的分子态氧。在好氧菌发酵过程中，必须连续通入无菌空气，使空气中的氧气溶解到培养液中，然后在液流中传给细胞壁进入细胞质，以维持菌体生长和产物的生物合成。溶解氧是好氧发酵的必备条件，是生化反应的最终电子受体，也是细胞及产物的重要组分。溶解氧浓度是表征溶解在水溶液中氧的浓度，用每升水中氧的质量（mg）或饱和百分率表示。在发酵过程中，必须控制溶解氧浓度，使其在发酵过程的不同阶段都略高于临界值。这样，既不影响菌体的正常代谢，又不至于为维持过高的溶氧水平而大量消耗动力。溶解氧可以采用化学滴定法来测定，发酵过程中溶解氧的测定大多使用溶氧电极法，用饱和百分率来表示溶解氧浓度。

溶解氧的饱和含量与空气中氧的分压、大气压、水温和水质有密切关系。在发酵过程的不同阶段，溶解氧的浓度会发生明显变化。在发酵前期，微生物处于大量繁殖期，需氧量不断大幅度增加，此时需氧超过供氧，溶解氧明显下降；在发酵中后期，溶解氧的浓度明显地受到工艺控制手段的影响，如补料的数量、时机和方式等；在发酵后期，菌体衰老，呼吸减弱，溶解氧浓度会逐步上升，一旦菌体自溶，溶解氧就会明

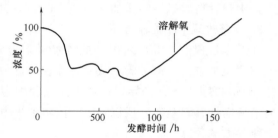

图 9-5　发酵时间与溶解氧的关系示意图

显地上升。图 9-5 是发酵过程中溶解氧浓度与发酵时间之间的变化曲线。

　　2. 发酵过程溶氧控制方案

　　培养液的溶解氧水平实质上是供氧和需氧矛盾的结果，在控制中可以从供氧效果和需氧效果两方面加以考虑。在需氧效果方面，要考虑菌体的生理特性等因素；在供氧效果方面，要考虑通气流量、搅拌速率和气体组分中的氧分压、罐压、罐温，以及培养液的物理性能。工程实践中，通常用控制供氧量的手段来控制溶解氧浓度，最常用的控制方案是改变搅拌速率和改变通气速率。

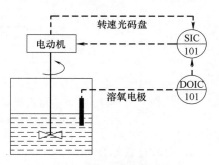

图 9-6　改变搅拌转速的溶解
氧串级控制方案示意图

　　（1）通过改变搅拌速率来调节溶解氧浓度

　　通过改变搅拌转速来提高溶解氧浓度的控制方案如图 9-6 所示。这一控制方案适合于微生物及其他对搅拌剪切力不太敏感的生物培养。通过搅拌可以将通入的气泡充分破碎，增大有效接触面积。而且通过搅拌使液体形成涡流，减少气泡周围液膜厚度和菌丝表面液膜厚度，延长气泡在液体中的停留时间，提高供养能力。图 9-6 中，由溶解氧控制回路 DOIC-101（外环）和转速控制回路 SIC-101（内环）构成串级控制系统，确保发酵过程培养液中溶解氧浓度的稳定。

　　（2）通过改变通气速率来调节溶解氧浓度

　　当通气速率相对较低时，改变通气速率与增加反应器内氧气分压具有类似效果，都能提高氧气进入液相的推动力，对提高溶解氧浓度具有明显效果。但在空气流速已经很大时，再提高通气速率，控制作用并不明显，有时反而会产生副作用，如泡沫形成、罐温变化等。

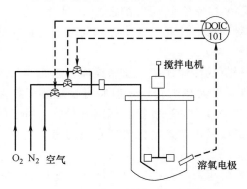

图 9-7　改变氧气流通速率的溶解氧
浓度分程控制方案示意图

　　图 9-7 所示的控制方案采用了 3 只调节阀，分别调节高浓度氧气、氮气和空气的进入速度。在生物培养的开始和结束阶段，生物的耗氧量比较小，采取同时通入空气和氮气的方法，以实现对空气中的氧气进行稀释。在生物高速生长阶段，可以单独通入空气，或者空气和高纯度氧气同时通入以增加氧气的浓度。各调节阀门的动作可以通过分程控制回路 DOIC-101 进行调节。这种调节方案，不调节搅拌速度，适用于动物和植物细胞等对搅拌剪切力比较敏感的生物培养。

四、发酵过程罐压、搅拌转速和通气流量控制

　　将搅拌转速、罐压（或通气流量）组成单回路控制系统，可以作为副回路与溶解氧控制回路一起构成串级控制系统，保证发酵罐中溶解氧浓度的稳定。由于同一发酵罐中罐压和通气流量相互关联（耦合）严重，因此这两个控制回路一般不同时使用，一般常常采用搅拌转速—罐压控制系统［图 9-8（a）所示］及搅拌转速—通气流量控制系统［图 9-8（b）所

示]。

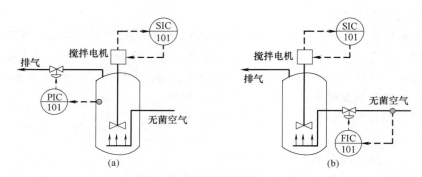

图 9-8　发酵过程罐压、搅拌转速和通气流量控制方案示意图
(a) 搅拌转速—罐压控制系统　(b) 搅拌转速—通气流量控制系统

1. 发酵过程罐压控制

对于通气发酵过程而言，都需要对发酵罐中进行无菌空气注入，以达到满足供给物生物呼吸所需要的氧气，同时确保发酵罐内保持正压，以防外界杂菌进入发酵罐进而造成污染。罐压一般需要控制在 $0.2 \times 10^5 \sim 0.5 \times 10^5 Pa$。发酵容器一般都装有压力测量装置，在培养过程中和高压蒸汽灭菌时都需要监视压力的变化情况。控制罐压的方法一般采用调节阀控制回路［如图 9-8（a）中的压力控制回路 PIC-101］，通过调节进出口阀门开度，改变进入或排除的空气量，以维持工艺过程所需的压力。

2. 发酵过程搅拌转速控制

搅拌的目的是把气泡打碎，强化流体的湍流程度，使空气与发酵液充分混合，使气、液、固更好地相互接触，改善供氧性能。搅拌一般受到醪液流变学性质影响同时也受到发酵罐的容积限制，一般可分为轴向搅拌和径向搅拌两种类型。

搅拌器在发酵过程中的转速大小，影响发酵过程氧的传递速率。控制搅拌转速能调节溶解氧和 CO_2 浓度。一般情况下，小罐的搅拌器转速大于大罐的转速，但所有发酵罐搅拌器的叶尖线速度几乎恒定，一般为 $150 \sim 300 m/min$。图 9-8 中的速度控制回路 SIC-101 用于调节发酵罐转速，可以通过变频器实现无级调速，也可以采用调速电机实现有级调速。

3. 发酵过程通气流量控制

空气流量是需氧发酵的一个重要控制参数。在发酵生产中，一般以通风比（通风量）来表示空气流量，指每分钟内单位体积发酵液通入空气的体积，单位为 m^3 空气/（m^3 发酵液、min）即 VVM。一般控制在 $0.5 \sim 1.0 VVM$ 范围内。

测定空气流量最简单的方法是转子流量计，转子流量计使用时必须安装在垂直走向的管段上，被测流体自下而上从转子和锥管内壁之间的环隙中通过，由于流体通过环隙时突然收缩，在转子上、下两侧就产生了压差，使转子受到一个方向上的冲力而浮起。当这个力正好等于沉浸在流体中的转子重量时，则作用在转子上的上、下两个作用力达到平衡，转子就停留在某一高度上。流量的大小决定了转子平衡时所在的位置的高低，因此，可以通过刻度来反映空气流量。图 9-8(b) 中的 FIC-101 为由调节阀门、转子流量计组成的通气量控制回路。

五、发酵过程自动消泡控制

1. 泡沫的产生及影响

在发酵过程中，因通气搅拌、发酵产生的 CO_2 以及发酵液中的糖、蛋白质和代谢物等稳定泡沫物质的存在，使发酵液中含有一定数量的泡沫。一般在含有复合氮源的通气发酵过程中会产生大量的泡沫，从而给发酵带来许多负面影响，主要表现在：a. 降低了发酵罐的装料系数；b. 增加了菌群的非均一性；c. 增加了污染杂菌的机会；d. 大量起泡，当控制不及时时，会引起"逃逸"现象，导致产物的流失；e. 消泡剂的加入有时会影响发酵产量，或给下游分离纯化与精制工序带来麻烦。

发酵液的理化性质对泡沫的形成起决定性作用。气体在纯水中鼓泡，生成的气泡只能维持一瞬间，其稳定性几乎等于零，这是由于围绕气泡的液膜强度很低所致。发酵液中的玉米浆、皂苷、蜜糖所含蛋白质以及细胞本身都具有稳定泡沫的作用，其中的蛋白质分子除具有分子引力之外，在羟基和氨基之间还有引力，因而形成的液膜比较牢固，泡沫比较稳定。此外，发酵液的温度、pH、基质浓度以及泡沫的表面尺寸，都对泡沫的稳定性有很大影响。

2. 发酵过程中泡沫的消长规律

发酵过程中泡沫的多少与通气和搅拌的剧烈程度、培养基的成分等有关。玉米浆、蛋白胨、花生饼粉、酵母粉、糖蜜等都是引起泡沫的主要因素。其起泡能力随品种、产地、加工、贮藏条件有所不同，且与配比有关。如丰富培养基，特别是花生饼粉或黄豆饼粉的培养基，黏度比较大，产生的泡沫多且持久。糖类本身起泡能力较低，但在丰富培养基中，高浓度的糖会增加发酵液的黏度，起稳定泡沫作用。此外，培养基的灭菌方法、灭菌温度和时间也会改变培养基的性质，从而影响培养基的起泡能力。

在发酵过程中，发酵液的性质随菌体的代谢活动而不断变化，也是泡沫消长的重要因素。发酵前期，泡沫的高稳定性与高表观黏度同低表面张力有关。随着发酵过程中碳源和氮源被利用，以及其稳定泡沫作用的蛋白质被降解，发酵液黏度会降低，表面张力会上升，泡沫会逐渐减小。在发酵后期菌体自溶，可溶性蛋白增加，又将导致泡沫回升。

3. 消泡控制方法

常用的消泡控制方法有两类，即化学消泡方法和物理消泡方法。

（1）消泡剂消泡（化学消泡法）

在工业发酵过程中，通常采用添加消泡剂的方法来进行消泡。发酵工业中常用的消泡剂分天然油脂类、聚醚类、高级醇类和硅树脂类。常用的天然油脂有玉米油、豆油、米糠油、棉籽油、猪油等。除作为消泡剂外，这些物质还可作为碳源。它们的消泡能力不强，使用时需要注意油脂的新鲜程度，以免菌体生长和产物合成受到抑制。应用较多的是聚醚类，主要成分是聚氧丙烯甘油（俗称泡敌），用量为 0.03％左右，消泡能力比植物油大 10 倍以上。泡敌的亲水性好，在发泡介质中易铺展，消泡能力强，但其溶解度大，消泡活性维持的时间较短。在黏稠发酵液中使用效果优于稀薄发酵液。控制的要点是消泡剂用量（即流量）的在线控制，如图 9-9 中的 LIC-101 控制回路，根据泡沫的多少（高度）来确定消泡剂的加入量。

（2）机械消泡（物理消泡法）

机械消泡是借助机械搅拌的作用到达破碎起泡、消除泡沫的目的。消泡装置可安装在罐内或罐外。罐内可在搅拌轴上方安装消泡桨，泡沫借旋风离心场作用被压碎。罐外法是将泡沫引出罐外，通过喷嘴的加速作用或离心力来破碎泡沫。机械消泡的优点在于不需要引进外援物质，如消泡剂，从而减少染菌机会，并节省原材料，同时还不会增加下游提取工艺的负

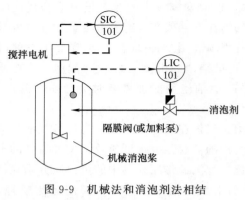

图 9-9　机械法和消泡剂法相结
合的消泡控制方案示意图

担。但其效果没有消泡剂消泡那么迅速、可靠，它不能从根本上对泡沫进行消除。当泡沫较少时，可采用机械搅拌法进行消泡，但当泡沫较多时，就必须加入消泡剂进行消泡。

图 9-9 是机械法和消泡剂法相结合的消泡控制方案示意图。这种方法采用位式控制方式，当电极检测到泡沫信号后，消泡控制回路 LIC-101 便周期性的加入消泡剂，直至泡沫消失。同时，搅拌电机带动机械消泡桨匀速转动（速度控制回路 SIC-101），加速泡沫的消除。在控制系统中可以对加入的消泡剂进行计量，以便控制消泡剂总量和进行相关参数计算。

第三节　发酵过程优化控制方案

发酵过程因其自身特殊的动力学特征，如动力学模型呈现一定的滞后性、高度的非线性和强烈的时变性，过程控制和优化的难度很大。通过优化控制使发酵过程产品生产最优（即生产能力最大、成本消耗最低、产品质量最高）是发酵工程领域的一个重要研究内容。发酵过程运行优化控制的主要问题是建立过程数学模型及制定优化控制策略和算法。本节讲述发酵过程数学模型类型及优化控制策略，并以谷氨酸生产过程为例，阐述其发酵过程的控制和优化方案。

一、发酵过程数学模型类型

实现发酵过程的控制和优化，需要建立准确和有效的数学模型。一般来说，发酵过程的数学模型可分为如下四类：结构式模型、黑箱模型，非构造式模型和混合模型。

1. 结构式模型（Structured Model）

其基本思想是从基因分子、细胞代谢和反应器等多种尺度，基于质能平衡、Monod 方程、Contois 方程等建立过程机理模型，用回归的方法确定模型参数。这种模型几乎考虑了参与生物过程的所有反应网络，有的甚至还考虑到反应物和产物在细胞内的扩散、吸收等物理现象，是包括代谢网络模型在内的、细致到考虑细胞内构成成分变化的结构式数学模型，可以最真实可靠地把握过程的内在本质和特征。但是，由于这类模型涉及过多的状态方程式和模型参数，考虑到胞内物质的测量困难问题，建模自身也非常困难，难以直接用于发酵过程的控制和优化。

2. 黑箱模型（Blackbox Model）

发酵过程是多变量、强耦合、慢时变的复杂非线性过程，机理建模尚不成熟，以最小二乘为基础的一元和多元回归辨识来建立发酵过程模型，取得了良好进展。这种模型仅考虑发酵过程的表观动力学特性，不考虑过程的本质和各类反应的机理和机制，是基于时间序列数据的黑箱性质模型。常见的黑箱模型有两种；一种是基于过程状态变量和操作变量时间序列数据的线性自回归平均移动模型，另一种是基于人工神经网络（ANN, Artificial Neural

Network）和支持向量机（SVM，Support Vector Machine）技术的黑箱模型。前者主要用于构建在线自适应控制系统和在线最优化控制系统，而后者则主要应用于过程的状态预测、模式识别、过程输入和输出变量的非线性回归等领域，同时与过程控制和优化的实施也有着非常密切的关联。近年来，人工神经网络模型和支持向量机模型在发酵过程建模中比较流行，应用相对广泛。但黑箱建模方法忽略了过程的基本知识，如发酵过程中的质量平衡方程等，重要信息的缺失使得它不能体现过程的物理意义，受实验数据量及建模方法原理约束的影响，无法表达超出实验数据的过程特性。

3. 非结构式模型（Unstructured Model）

它是描述发酵过程特征和本质最常见和使用最广泛的数学模型。在非结构式的动力学模型中，状态变量通常是一些反映生物量和化学量的浓度，如菌体浓度、底物浓度、代谢产物浓度等，可以用以发酵时间为独立变量的常微分方程或常微分方程组的形式来表示。许多常见和有名的细胞增殖和代谢产物生成模型，如 Monod 增殖模型、Luedeking.Piret 产物生成模型就属于此类。非结构式模型没有考虑参与生物过程的所有反应网络，反映的仅仅是过程表观的动力学特征，涉及的状态变量和模型参数数量不多，在发酵过程控制和优化中得到较好的应用。

4. 混合模型（Hybrid Model）

随着过程控制、仿真与优化技术的发展，对系统模型提出了更高的要求，除了较高的建模精度外，还要求大范围描述过程动态行为的能力，传统的建模方法已经不能满足要求。近年来，充分利用对象的先验知识，用辨识的方法估计机理模型参数，建立发酵过程混合模型的研究取得了进展。常用的混合建模方法有两种：一种是将机理建模与 ANN 建模相结合，通过辨识得到机理模型中的参数，在此基础上，采用遗传算法或模糊逻辑对模型进行修正，简化了计算复杂性，提高了模型精度；另一种是将机理建模与 SVM 建模相结合，将遗传算法嵌入最小二乘 SVM，用于模型参数的优化选取。混合模型是建立在人类经验和知识基础上的模糊逻辑定性模型，其预测精度和通用能力完全取决于人们对于发酵过程特性的知识积累和大量的经验，实质上仍是过程机理参数模型，模型的简化和未能机理分析的发酵过程部分仍影响模型的准确性，对发酵过程的描述不够全面。

二、发酵过程优化控制策略

1. 发酵过程优化研究内容和优化目标

对于发酵过程的控制和优化，普遍认为可以从两方面来加以解决：一方面是沿袭传统的检测技术发展思路，通过研制新型的过程检测仪表，以硬件形式实现过程参数的直接在线测量和控制；另一方面是利用专家系统、人工神经网络和智能优化算法等现代智能控制技术，来完成发酵过程的模型化、状态监测、故障诊断和优化控制等问题，从而提高生化过程自动化控制的水平。当前，采用的智能控制方法主要有：基于规则的智能控制（如模糊控制和专家系统控制）、基于连接机制的智能控制（如人工神经网络）、基于模拟生命进化机制的智能控制（如仿生智能优化算法）等。这些方法在应用上相互交叉，各有特点，在系统辨识、建模、自适应控制中被广泛应用，为解决具有不确定性、严重非线性、时变和滞后的复杂生化过程建模和控制问题提供了新的思路和手段。

发酵过程优化的主要研究内容包括：细胞生长过程研究、微生物反应的化学计量、生物反应过程动力学研究（主要研究生物反应速率及其影响因素）以及生物反应器工程（包括生物反应器及参数的检测与控制），主要是稳定操作条件和优化产率得率指标两个方面。前者主要是指 pH、温度等环境变量的优化控制，后者主要指氧传递过程、培养基添加等的优化控制。发酵过程优化的目标是使细胞生理调节、细胞环境、反应器特性、工艺操作条件与反应器控制之间的复杂的相互作用尽可能地简化，并对这些条件和相互关系进行优化，使之最适于特定发酵过程的进行。

2. 发酵过程优化控制方法

发酵过程的最优化控制方法主要可以分为两类：基于非结构式模型的最优化控制方法和基于黑箱模型的最优化控制方法。

（1）基于非结构式模型的最优化控制方法

这种方法就是求解控制律的时变函数集合，如求解温度、pH、基质流加速率、发酵罐搅拌速率等控制变量随时间变化的曲线或轨线。它属于基于线性化近似的经典优化控制范畴，以极大值原理为代表，通过迭代法直接求取最优控制律。为实现最优控制律的求解，必须具有或明确知道如下细节：a. 过程目标函数的具体形式；b. 能够比较准确地描述过程的动力学特征，反映控制变量和状态变量之间关系的数学模型，通常以常微分方程形式的状态方程式来表达，并给定初始条件；c. 状态变量和控制变量是否存在限制条件；d. 最有效的最优化控制轨线的求解方法。

一般来说，基于非结构式模型的最优化控制是一种离线的控制方法，一般不需要测定任何状态变量和进行反馈控制，只要按照计算好的最优化控制轨线随时间变更控制律即可。这种优化控制策略存在以下问题：

① 用极大值原理得出的是开环控制，不能消除和抑制参数摄动和环境变化对系统造成的扰动，当模型参数发生变化时，计算得到的控制轨线就偏离了真正的最优控制轨道，造成控制性能的恶化；

② 用极大值原理解决过程优化控制问题时，因其自身存在的求解难以及伴随矩阵不稳定等问题，常常导致控制效果不理想。

为了提高最优化控制系统对环境因子偏离的自适应能力，在一定的时间间隔内在线测量某些状态变量，再结合使用遗传算法等仿生优化方法在线追踪和更新非结构式模型的参数变化，然后按照更新的模型计算最优控制轨线，即将闭环控制的思想引入其中，就可以实现对环境变化和动力学偏离具有自适应能力的最优化控制。

随着非线性系统理论研究的不断深入，在发酵过程优化中也得到了应用。采用微分几何方法（特别是微分流形理论）来设计稳定的非线性优化控制器，用于连续发酵过程。也可以基于仿射非线性数学模型，采用微分几何线性化理论，把非线性系统转化成线性系统，设计变结构控制器，来减小微分几何方法对系统模型和参数的依赖。由于微分几何方法对系统模型精度要求很高，复杂发酵过程模型的不确定性和参数的时变性的存在，使得系统控制性能难以得到保障。

（2）基于黑箱模型的最优化控制方法

它是一类分级递阶型的在线最优化控制方法，基于可实时测定的过程输入输出时间序列数据和黑箱模型对发酵过程实施优化控制。上位在线优化机构能不断地在线探索使过程目标函数最大的最优条件，并向下位定值控制系统实时发出新的设定值。为探索最优条件，需要找到目标函数与被控状态变量之间的关系。如果过程的目标函数和被控状态变量可以在线测量或者计算，且它们之间的关系可以用函数的形式来表现，那么就可以通过逐次最小二乘回归法来求得模型参数。这样，利用反复迭代的计算方法就可以实时地搜索被控状态变量的最优设定值。但是，在线最优化控制一般只适用于连续发酵过程，间歇发酵过程、流加发酵过程等不再适用，因为它们的目标函数与发酵过程的最终状态有关，一般无法在线测量或者使用回归模型进行计算和推定。

随着仿真技术、人工智能技术的迅速发展和控制理论与其他学科的交叉渗透，基于黑箱模型的仿真技术在发酵过程优化控制中得到广泛应用。在过程仿真模型基础上，结合有效的寻优方法，获得过程最优控制律，并设计控制器跟踪过程的最优控制律，从而实现发酵过程的优化控制。在黑箱模型的基础上，以发酵产量或产率为单一优化目标，求取最优轨线的优化方法得到广泛应用。例如，在发酵过程 SVM 模型的基础上，采用遗传算法对发酵过程补料优化控制参数进行寻优，实现过程的补料优化。

发酵过程优化过程中，经常会出现多个相互之间具有竞争性的最优指标，单目标优化无法实现发酵过程最优。为解决这一问题，多目标优化策略被引入发酵过程优化控制。从发酵过程优化策略上看，多目标优化比单目标优化更加有效、更能提高发酵水平。

人工智能理论及计算机科学技术的进步促使自动控制向智能控制发展。近年来，将智能控制用于发酵过程优化取得了较好的效果，能够适应发酵过程模型的不确定性和参数的时变性，具有较强的鲁棒性。但是，智能控制方法单独模拟人类智能活动时，存在着各自的局限性。如模糊控制难以建立模糊规则和隶属度函数；神经网络控制难以确定网格结构和规模；专家控制难以进行知识获取、知识自动更新等。为弥补这方面的不足，将各种智能方法交叉应用成为控制领域的一个研究方向。

三、谷氨酸发酵过程优化控制举例

谷氨酸是生产味精的重要原料，是食品的一种基础调味成分，是人体营养物质和构成蛋白质的氨基酸之一。1909 年，日本味之素公司通过蛋白质酸水解法生产出了谷氨酸，商品味精问世。1957 年，实现了通过发酵法生产谷氨酸。1958 年，我国开始了谷氨酸发酵研究，1964 年开始工业化生产。当前，我国是世界谷氨酸生产大国。为了提高产酸率，降低能耗，需要对谷氨酸发酵过程进行优化控制。

1. 谷氨酸发酵工艺

谷氨酸发酵是在糖液和由其他生物质组成的基质溶液中，在通风供氧和适宜温度、pH条件下缓慢进行的复杂的微生物生长过程。具体工艺流程是：谷氨酸培养基（糖液等）先进入连消塔进行连续消毒，然后进入间歇式谷氨酸发酵罐；在发酵罐内，经罐内冷却蛇管将培养基冷却至 32℃ 左右，接入谷氨酸菌种，通入消毒空气，经过一段时间适应后，发酵过程便开始缓慢进行；谷氨酸菌摄取原料的营养，通过体内特定的酶进行复杂的生化反应，培养液中的反应物透过细胞壁和细胞膜进入细胞内，将反应物转化为谷氨酸。

谷氨酸进行发酵时一般需要经历三个过程：适应期、对数增长期及衰亡期。每个阶段对培养液的浓度、温度、pH 及通气量都有不同的要求。因此，在发酵过程中，必须为菌体的生长代谢提供适宜的生长环境。若环境因素控制不当，可能会改变微生物代谢途径，使谷氨酸产量锐减，副产品大量增加，直接影响生产效益。经过 30～40h 的培养，当产酸、残糖、光密度等指标均达到一定要求时，即可放罐。

2. 控制要点和难点分析

由于谷氨酸发酵过程是一个强非线性、慢时变、重复性较差的复杂生化反应过程，欲使菌体生长迅速，代谢正常，多出产物，必须为其提供良好的生长环境。控制的要点和难点如下：

① 控制回路设定值的多变性。通风量（供氧量）、pH、罐温、适时补糖是保证谷氨酸发酵过程正常进行的关键因素。但在其不同的微生物生长阶段，所需要的环境参数不同，上述被控量的设定值在不同阶段要求有所变化，需要通过优化控制来完成。

② pH 控制的非线性问题。谷氨酸发酵过程的 pH 变化是强非线性的，对于相同的 pH 偏差值，在不同的 pH 工作点上，所需氨量不同，需要采用非线性优化控制算法来控制发酵液的 pH。

③ 培养液成分补给的动态性。发酵过程的不同阶段，微生物对培养液营养成分的消耗量不同，但有一个最佳配比问题。例如补糖量，若采用一次性投料，不仅不能保持碳源、氮源的动态最优配比，还容易使一部分微生物的生长受到抑制，因此按需补加比较理想，这需要将人工智能优化控制引入到该回路的控制中去。

④ 生化参数的不可在线检测性。表征谷氨酸发酵过程状态的一些重要生化参数，如菌体浓度、基质浓度及产酸量等，目前尚无在线检测分析仪表，或价格十分昂贵，需要采用软测量技术来解决，增加了控制的难度。

综上所述，需要采用包含过程控制级、优化级以及操作员站和工程师站的三级 DCS 控制系统对谷氨酸发酵过程进行控制和优化。具体的控制系统网络结构示意图如图 9-10 所示。下位机 I/O 模块通过现场仪表将现场数据通过 RS485/232 或高低电平等通信方式将现场 4～20mA 的模拟量信号或开关电平信号传递给 CPU，并将控制信号发送到工业现场，实现对发酵生产过程的实时控制，保证生产过程平稳运行。西门子 PLC 的 CPU 与 I/O 模块之间常常采用 Profibus 总线方式进行高速通信，完成数据的快速交换。操作员站用于现场操作人员与生产过程之间的人机交互，监视生产过程的运行状况，并完成控制参数的输入。优化站用于不能被直接测量的生化参数的软测量及生产过程的优化控制。由于需要采用 Matlab 等仿真软件和专门优化软件，需要通过 OPC 技术实现 PLC 软件平台

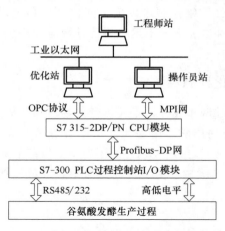

图 9-10 谷氨酸发酵过程控制系统网络结构示意图

与 Matlab 等软件平台之间的数据通信。工程师站主要用于对整个过程控制系统的维护和修改完善。

3. 主要过程控制回路及控制策略

主要过程控制回路有 6 个：发酵罐温度控制、通风量或溶解氧控制、发酵液 pH 控制、罐压控制、消泡控制和流动补液控制。通过对这些回路的闭环控制，便能保证谷氨酸发酵过程的顺利进行。具体的控制回路示意图如图 9-11 所示。

（1）温度控制

对于发酵罐温度控制回路 TIC-101，要根据发酵过程的时间进程，按最适宜的微生物生长环境以及发酵进行的时间和工艺要求，设计一个最优发酵温度设定函数。谷氨酸发酵过程通常分为三个阶段：1～12h 为培养期，温度要求控制在 32℃；12～20h 为发酵中期，温度

要求控制在 34℃；20～34h 为发酵后期，温度要求控制在 37℃。

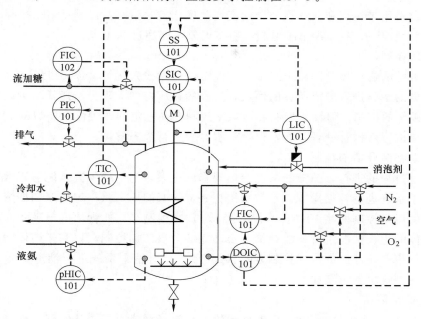

图 9-11　谷氨酸发酵罐主要控制回路示意图

（2）溶解氧（通风量）控制

谷氨酸菌是一种好氧微生物，其生长离不开氧气。并且，在不同的生长阶段，谷氨酸对氧的需求量不同，所以需要根据生长需求进行氧的输入。在对数生长期，菌体代谢生长最为活跃，所需的氧气也是最多的，此时需要进行大量氧气的通入。由于菌体生长存在于发酵液中，发酵液中的溶解氧（DO 值）对菌体极为重要。空气经过分配器的小孔进入发酵罐底部，鼓泡而上，再经过充分搅拌，对氧气向液相扩散起到重要作用。因此，生物供氧不能简单地停留在按发酵阶段调整通风量的设定值上。

一般以溶解氧为主控变量，通风量和搅拌电机转速为辅助变量组成串级复合控制系统（DOIC-101 和 FIC-101 及 SIC-101），空气流量控制回路 FIC-101 的设定值由溶解氧控制回路 DOIC-101 输出进行校正，也可以根据发酵进行的时间分段设定，以改善过程的供氧状况。一般情况下，当发酵罐内有富余的空气且搅拌电机转速适中时，通过对搅拌电机转速进行控制（SIC-101）可以得到良好的溶解氧过程；而在空气不足或者搅拌电机转速达到一定转速后，DO 变化受到限制，这时还可以通过溶解氧和风量调节回路得到继续改善。一般情况下系统会对搅拌转速进行限制，因为搅拌转速较高时，桨叶对菌体可能会造成伤害，使菌体破裂，甚至引起发酵液黏度、光密度（OD）值以及 pH 的变化。一般而言，加快搅拌电机转速，对溶解氧的动态响应、提高氧气的利用率较为有利。

（3）pH 控制

为了使谷氨酸高产，在发酵的中后期还必须根据 pH 的变化适时流加液氨。在发酵进行约 12h 后，菌体已分裂完成，光密度 OD 不再上升，pH 在短暂上升后降至 6.8 左右，这时应当流加液氨，pH 上升到 7.0 以上。约经 6h，氨离子被用于合成谷氨酸，谷氨酸又溶于培养基中，使发酵液 pH 再次下降，这时需再次流加液氨，调整 pH。此后，每当 pH 下降时，必须适时流加液氨，保证最适合的 pH，以提高谷氨酸的产量。整个发酵过程中 pH 不能低于 6.4，否则会造成产酸率和产酸量明显下降。考虑到 pH 控制的严重非线性，为了提高控制效果，常常采用带约束和非线性补偿的变增益优化控制策略，以满足 pH 控制的时变非线性要求。一般情况下，谷氨酸 pH 控制的稳态误差不能超过 0.1。

（4）罐压控制

谷氨酸发酵的罐压控制回路 PIC-101 的设定值通常设定为 0.05～0.1MPa，目的是防止外界含有污染的空气进入造成菌种的污染，过高的罐压将增大阻力与能耗。可以采用单回路 PID 实现对罐压的控制。但罐压控制和通风量控制存在一定的相关性，所以对它们进行 PID 控制之前需要进行解耦合处理，通常根据工程经验进行静态解耦。

（5）流动补液及消泡控制

随着发酵过程的进行，糖液的浓度会出现降低现象，为了确保菌体能够正常的生长，需要适时的给予系统进行补糖操作。通常采用在一定的时间内，将一定浓度的糖溶液均匀地流加到罐内，由流量控制回路 FIC-102 来完成。流加糖控制是在初糖浓度出现降低后，根据发酵时间及菌体的生长情况进行按需补给，自动完成分段流加控制，以利于菌体的生长代谢。

可以采用带有缓冲区的位式控制方式（LIC-101）对整个系统进行消泡控制。具体控制方法如前所述，这里不再赘述。

4. 优化控制策略

采用 BP（Back Propagation，误差反向传播）神经网络对谷氨酸发酵过程进行建模，采用区间遗传算法对该过程分别进行单目标优化和多目标优化。

（1）谷氨酸发酵过程神经网络建模

常用的 BP 神经网络由输入层、隐含层和输出层组成，运算过程包含正向传播和反向传播两个部分。在正向传播过程中，输入信息从输入层经隐含层单元处理后，传至输出层，每一层神经元的状态只影响下一层神经元的状态。如果在输出层得不到期望输出，就转为反向传播，即把误差信号沿连接路径返回，并通过修改各层神经元之间的连接权值，使误差信号最小。

对于谷氨酸发酵过程而言，其关键生化状态变量是：菌体浓度（x）、基质浓度（rg）和产物浓度（ga）。谷氨酸发酵时间一般为 30h，在实际发酵过程中，菌体浓度每隔 2 个小时测量一次；基质浓度的检测时间 0 和 6h 各测一次，10h 后每隔 2h 测一次；产物（谷氨酸）浓度为第 6 个小时测一次，10h 以后每隔 2h 测一次。而实际生产中，被控变量是 1h 变化一次，为了得到以被控变量为基准的数据样本，需要利用插值法得到每一时刻的菌体浓度、基质浓度和产物浓度。为保证样本数据的准确性，根据具体工艺情况，采用如下插值方法：

① 菌体浓度：采用线性插值方法来获取数据。

② 基质浓度：前 10h 的基质浓度可采用圆弧来逼近，10h 以后的数值采用线性插值法求取。其中，圆弧方程为：$(t-p)^2+(rg-q)^2=r^2$。其中圆心为（p，q），半径为 r，t 为时间变量，rg 为 t 时刻的基质浓度，以 0、6 和 10 时刻三点的值可以得到圆的方程，从而得到 1～10h 每一时刻的基质浓度。

③ 产物浓度：前 10h 的产物浓度可采用对数曲线来拟合，10h 以后的数值采用线性插值法求取。其中，对数曲线方程为：$ga=e \cdot \log t+f$，t 为时刻值，ga 为 t 时刻的产物浓度，用第 6 小时和第 10 小时的产物浓度可以获得 e 和 f 值，从而得到 1～10h 每一时刻的产物浓度。

这样，BP 神经网络的输入和输出变量可选取如下：选取当前时刻的 pH、发酵温度 T、

通风量 W、菌体浓度 X、基质浓度 S、流加糖速率 L、产物（谷氨酸）浓度 P 和发酵时间 t 等 8 个变量为输入变量，选取下一个时刻产物浓度 P $(t+\Delta t)$（其中 Δt 代表时间间隔，为 1h）为输出变量。BP 神经网络结构示意图如图 9-12 所示，其中隐含层只选择一层，节点数选为 6 个。按照 BP 神经网络的学习规则进行训练，具体步骤如下：

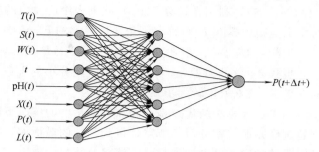

图 9-12　谷氨酸发酵过程 BP 神经网络结构示意图

步骤 1：给各连接权值分别赋一个区间（−1，1）内的随机数，设定误差函数 e，给定计算精度值 ε 和最大学习次数 M，对网络进行初始化；

步骤 2：随机选取第 k 个输入样本及对应的期望输出：
$$x(k)=[x_1(k),x_2(k),\cdots,x_n(k)],d_o(k)=[d_1(k),d_2(k),\cdots,d_q(k)];$$

步骤 3：计算隐含层各神经元的输入和输出；

步骤 4：利用网络期望输出和实际输出，计算误差函数对输出层的各神经元的偏导数 $\delta_o(k)$；

步骤 5：利用隐含层到输出层的连接权值、输出层的 $\delta_o(k)$ 和隐含层的输出计算误差函数对隐含层各神经元的偏导数 $\delta_h(k)$；

步骤 6：利用输出层各神经元的 $\delta_o(k)$ 和隐含层各神经元的输出来修正连接权值 $W_{ho}(k)$；

步骤 7：利用隐含层各神经元的 $\delta_h(k)$ 和输入层各神经元的输入修正连接权；

步骤 8：计算全局误差 $E=\dfrac{1}{2m}\sum_{k=1}^{m}\sum_{o=1}^{q}\left[d_o(k)-y_o(k)\right]^2$；

步骤 9：判断网络误差是否满足要求。当误差达到预设精度 ε 或学习次数大于设定的最大次数 M，则结束算法；否则，选取下一个学习样本及对应的期望输出，返回到步骤 3，进入下一轮学习。

通过反复学习训练，模型精度可达到谷氨酸发酵过程的建模精度要求。

（2）基于区间遗传算法的谷氨酸发酵过程优化

区间优化以区间分析为基础，按照区间运算规则用区间变量代替点变量进行区间计算，并与分支定界算法相结合，通过对每个区域的优化计算，在给定精度内求出问题的全部最优集合。区间优化借助的一个重要思想是分支定界，即对可行域逐渐进行缩减细剖，并相应地构造出最优解单调减少的上界序列或单调增加的下界序列，当上界和下界相等或者上界与下界之间的差值满足误差要求时，迭代终止，得到全局最优解；否则迭代继续进行下去。

分支定界算法的主要实现步骤可概括为分支、定界和剪枝三个基本运算。不同的分支定界方法在于这三种基本运算的不同处理上，一般步骤如下：

步骤 1（初始化）：选择可行域 S 的初始松弛集合 F，满足 $F \supseteq S$；初始可行点集合 $Q=\varPhi$；上界 $a=+\infty$，令 $P=\{F\}$，计算下界 $\beta(F) \leqslant \min\{f(x), x \in S\}$，并令 $\beta=\beta(F)$。在计算 $\beta(F)$ 的过程中，若有必要、则更新 Q 和 a。

步骤 2（分割）：将 F 分割成有限个子集 F_i，$i \in I$（指标集）满足 $F=U_{i \in I}F_i$，$\text{int}F_i \bigcap \text{int}F_j=\varPhi$，$\forall i, j \in I$，$i \neq j$，令 $P=(P \setminus F) \bigcup \{U_{i \in I}F_i\}$。

325

步骤 3（剪枝）：对每个 $i \in I$，计算 f 在子集 F_i 上的下界 $\beta(F_i)$，使其满足 $\beta(F_i) \leqslant$ $\inf f(F_i、S)$，利用在计算 $\beta(F_i)$ 的过程中所发现的所有可行点修正集合 Q，同时按照合适的删除规则，删除 P 中所有不包含最优解的 F_i 或 F_i 的一部分，剩余集合不妨仍记为 P。

步骤 4（定界）：令 $\beta = \min\{\beta(F_i) \mid F \in P\}$，$a = \min\{f(x) \mid x \in Q\}$。

步骤 5（终止判断）：若 $a - \beta \leqslant \varepsilon$（充分小的正数），则终止算法，否则从 P 中挑选合适的子集 F，$F \in P$，转入步骤 2。

分支定界算法的优点是：能在保证精度的情况下减少问题的计算量，淘汰大量的没有希望超过已知最佳本分值的节点，得到问题的最优解，即最佳的本分值；缺点是：在面对大规模问题的时候，减少的计算量不够多，算法的效率与精度，取决于变量的决策优先次序和节点目标函数的估计精度。

假设优化问题初始搜索空间为 X^0，由 X^0 细分得到的待处理的区间向量列表为 L，已验证包含最优解的区间向量列表为 C，经处理得到的宽度满足要求的区间向量列表为 U，则以分支定界算法为基础的区间优化算法的一般步骤如下：

步骤 1：将 L 初始化为 P，C、U 初始化为空集；

步骤 2：从 L 中取其中第一个区间向量，记做 X；

步骤 3：对 X 进行以下其中之一的处理：a. 删除 X；b. 缩减 X；c. 确定 X 包含最优解，并求解该最优解；d. 对 X 进行二分；

步骤 4：对上一步得到的结果区间向量根据宽度大小和是否确定包含最优解将其分别放入 L、U 或 C；

步骤 5：如果 L 非空，转步骤 2，否则算法结束。

上述区间优化算法包括定界、分枝、终止、删除、分裂等 5 个过程，涉及区间划分规则、区间删除规则和区间分裂规则，不同的区间算法在于对这几种规则的不同处理手段上。其优点是算法简单、结果可靠，但对于高维优化问题，存在耗时长、内存开销大等缺点。主要原因是：a. 目标函数或梯度函数的区间扩张的过估计；b. 问题的高维数；c. 目标函数不可微。解决办法之一是构造有效的加速工具。为此，这里采用遗传算法来解决这一问题。

遗传算法（Genetic Algorithm，GA）是一种模拟自然进化过程，通过自然选择和适者生存的竞争策略来求解优化问题的仿生优化算法，是以达尔文的生物进化论和孟德尔的遗传变异理论为基础，模拟生物进化过程，自适应启发式全局优化的搜索算法，主要包括选择、交叉和变异三个遗传操作步骤，具有搜索速度快、鲁棒性强等优点。遗传算法可以认为是一个进化迭代过程，算法的具体执行过程可描述如下：

步骤 1：随机选择 n 个初始串组成一个群体，群体内的每个串叫作一个个体，或叫染色体。群体内个体的数量 n 就是群体规模。群体内每个染色体必须以某种编码形式表示。编码的内容可以表示染色体的某些特征，随着求解问题的不同，它所表示的内容也不同。通常将求解问题中每一个变量看作一个基因，根据各个变量的类型和取值范围，选择合适位数的码分别对其进行编码。每个初始个体就表示着问题的初始解。

步骤 2：按照一定的选择策略选择合适的个体，选择体现"适者生存"的原理，根据群体中每个个体的适应性值，从中选择个体作为重新繁殖的下一代群体。

步骤 3：以事先给定的交叉概率 P_c，在选择出的 m 个个体中任意选择两个个体进行交叉运算或重组运算，产生两个新的个体，重复此过程直到所有要求交叉的个体交叉完毕。交叉是两个染色体之间随机交换信息的一种机制。

步骤 4：根据需要，以事先给定的变异概率 P_m，在 m 个个体中选择若干个体，并按一定的策略对选中的个体进行变异运算。变异运算增加了遗传算法找到最优解的能力。

步骤 5：检验程序终止条件，若满足收敛条件或固定迭代次数则终止程序；若不满足条件则转到步骤 2，重新进行进化过程。每一次进化过程就产生新一代的群体。群体内个体所表示的解经过进化最终达到最优解。

这里，将区间优化算法与遗传仿生优化算法相结合，构成一种区间遗传优化算法对谷氨酸发酵过程进行优化。其基本思想是：放弃传统区间算法区间扩张函数的构造这一过程，而保留区间算法其余过程，利用遗传算法随机搜索的能力进行目标区间的定界和各变量区间的定界，达到既能快速获得最优解，也不占用过多计算内存的目的。算法的具体流程图如图 9-13 所示。

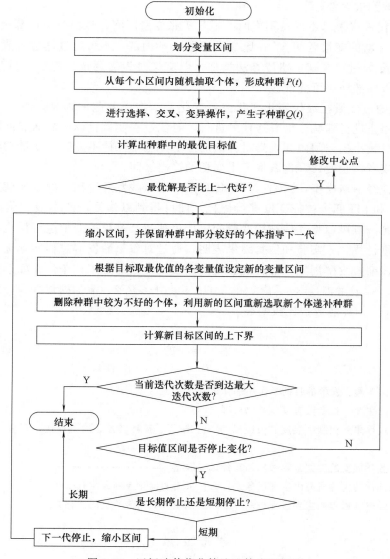

图 9-13 区间遗传优化算法运算流程框图

对于图 9-13 中的区间遗传算法，这里做如下几点说明：

轻化工过程自动化与信息化（第三版）

① 将变量空间 S 划分成 n 个小区间，在每个变量的每个小区间内部选取 num/n 个变量个体，并将其随机打乱组成种群的每个个体。这样做的优点在于：在后续过程中需要对种群重新选取个体时，减小了种群中个体的随机性，增加其收敛的确定性。划分区间的作用在于更加均匀地取得个体；

② 为了维持种群的多样性，在区间缩减和区间平移的过程中，为了不陷入局部极小，每代均要补入原变量空间的个体；

③ 记录每次迭代后的最优解和其空间位置，如出现更好的最优解，则替换最优空间位置，将其作为中心点，以区间步长作为半径，形成新的变量空间 S^*，区间步长的选取由迭代次数逐步缩减；

④ 每次迭代后的种群由三部分组成：前一代较好的个体，新变量空间 S^* 内的个体，原空间内部随机找到的个体；

⑤ 如果数代最优解基本保持不变时，适当扩张变量区间，从而避免局部极小解；

⑥ 需要保证新的变量区间 S^* 在原变量空间 S 的内部，不可超过其边界值；

⑦ 选择，变异过程与基本遗传算法类似，但交叉过程需要选择随机位置进行交叉，这样可以减小陷入局部极小可能性；

⑧ 当目标的最优值在数代停止变化或者变化基本在误差范围内时，停止进行迭代，并且变量区间也停止进行缩减。随着迭代的进行，寻优过程使得目标值逐渐靠近最优值，而区间也缩减到相对较小的空间内部，当目标值的上下界基本保持不变时，变量空间的缩减速度也相应地变慢或者停止变化，这就保证了变量的输出区间。

基于前述神经网络模型，采用区间遗传算法对谷氨酸发酵过程中的流加糖速率 L、通风量 W、温度 T 和 pH 四个被控变量进行优化，便可得到以最终产酸率最大化为目标的被控量优化运行轨迹。既可以将其他被控变量固定，单独对某一被控变量进行优化，也可以多个被控变量同时进行优化。实验和仿真结果表明，通过对谷氨酸发酵过程实施优化控制，不但能够降低能耗，缩短发酵周期，而且能够提高产酸率。当部分工艺条件在如下范围内时，通风量 $10 \leqslant W \leqslant 50$，发酵温度 $34 \leqslant T \leqslant 40$，pH$6.9 \leqslant pH \leqslant 7.2$，流加糖量 $0 \leqslant L \leqslant 3$，产酸率可以提高 5%～10%，经济效益比较明显。

思 考 题

1. 什么是发酵工程？发酵的目的、作用是什么？
2. 发酵过程的主要过程参数有哪些？包括哪几类？
3. 试述发酵过程单元控制中温度、pH、溶解氧、罐压、搅拌转速、通气流量等过程参数的影响因素和控制方案。
4. 发酵过程数学模型的类型有哪些？各有什么优缺点？
5. 发酵过程优化的主要研究内容和任务是什么？采用的优化控制方法有哪些？
6. 简述谷氨酸发酵过程的主要过程控制方案以及基于区间遗传算法的优化方案。

参 考 文 献

[1] 史忠平，潘峰. 发酵过程解析、控制与检测技术 [M]. 北京：化学工业出版社，2005.
[2] 陶兴无. 发酵工艺与设备 [M]. 北京：化学工业出版社，2011.

［3］　申培萍. 全局优化方法［M］. 北京：科学技术出版社，2006.

［4］　雷德明，严新平. 多目标智能优化算法及其应用［M］. 北京：科学出版社，2009.

［5］　陈继鸿. 发酵罐工艺参数的控制要点及其系统使用问题探讨［J］. 机电信息，2017（11）：34-37.

［6］　户红通，徐达，徐庆阳等. 谷氨酸清洁发酵工艺研究［J］. 中国酿造，2018，37（10）：51-56.

［7］　关长亮，王贵成. 基于误差补偿的谷氨酸发酵过程模型预测控制研究［J］. 沈阳化工大学学报，2016，30（1）：70-75.

［8］　陈海清. 区间优化控制算法及其在谷氨酸发酵过程中的应用研究［D］. 沈阳：东北大学硕士学位论文，2010.

［9］　高学金，王普，孙崇正 等. 微生物发酵过程建模与优化控制［J］. 控制工程，2006，13（2）：152-153，157.

［10］　王建林，冯絮影，于涛，等. 微生物发酵过程优化控制技术进展［J］. 化工进展，2008，27（8）：1210-1214.

［11］　周明，孙树东. 遗传算法原理及应用［M］. 北京：国防工业出版社，1999.

［12］　Hu C Y，Xu S Y，Yang X G. A review on interval computation software and applications［J］. International Journal of Computational and Numerical Analysis and Applications，2002，1（2）：149-162.

［13］　Moore R E，Lodwick W. Interval analysis and fuzzy set theory［J］. Fuzzy Sets and Systems，2003，135：5-9.

［14］　姜长洪，姜桶，王贵成，等. 谷氨酸发酵过程先进控制［J］. 化工自动化及仪表，2004，3 1（2）：28-30.

［15］　张国民. 遗传算法的综述［J］. 科技视界，2013（09）：33-36.

第十章 合成革生产过程控制

合成革制造一般可分为湿法和干法两种加工工艺，其中湿法工艺常用来制作人工革所用的基材（习惯上称为贝斯，BASE，即半成品革，其表面经整饰后，才能成为合成革成品。），干法工艺可直接制作合成革产品。聚氨酯合成革是最常用的一类合成革，由湿法和干法两种工艺相结合加工而成，具有光泽自然、真皮感强、机械性能和耐性优异等特点，广泛用于服装、制鞋、箱包、家具等行业。本章以传统的溶剂型聚氨酯合成革为例，分别以导热油和水蒸气为加热干燥介质，来介绍湿法制基材和干法移膜制革的工艺流程和生产过程控制方案。

第一节 合成革的质量评价指标

一、合成革的分类

广义的革包括天然皮革和人工革，其中人工革是模拟天然皮革的组织结构，用人工合成的方式在纤维层上涂覆或浸渍高分子材料形成的类似皮革外观和性能的一种高分子复合材料。我国人工革技术经历了 20 世纪 50 年代的起步阶段、70 年代的形成阶段、80 年代的引进消化吸收阶段和 90 年代的发展阶段，出现了 PVC（Poly Vinyl Chloride，聚氯乙烯）人造革、PU（Poly Urethane，聚氨酯）合成革和超细纤维合成革等三代产品。人工革的开发应用直接关系到国民的生活，可弥补天然皮革数量的不足，丰富了皮革制品市场，具有战略意义。根据制革材料的不同，人工革可分为人造革、合成革和再生革三大类。

人造革是人工革的第一代产品，俗称 PVC，是以纺织或针织材料做底基，表面涂敷以合成树脂为主要原料而制成的外观类似皮革的复合材料。其底基多用机织布（平纹、斜纹、起毛布等）和针织布，合成树脂多用聚氯乙烯，从截面上看，能观察到底基的布丝头。

合成革是在结构和性能上模拟天然革的一种仿革材料，因聚氨酯工业和非织造布技术在人工革上的应用发展而来，其特征是以聚氨酯浸渍处理无纺布形成带有连续结构的基材，再在表面经印刷、压花和移膜形成聚氨酯膜，并赋予其颜色和花纹。合成革的正反面均与皮革相似，微观结构均一，一定程度上具有与皮革类似的透气和透湿性能。在结构、外观和性能上，较人造革更接近天然皮革，灼烧时有特殊气味而不是动物皮灼烧的焦味。根据所用纤维的不同，合成革一般可分为普通聚氨酯合成革（PU 革）和聚氨酯超细纤维合成革（超纤）。

再生革是将皮革的下脚料进行磨研成细料，加上黏合剂再压制而成，所以灼烧起来也有真皮的焦味，截面看也类似真皮的纤维层，但从表面看，即使压花的也不会造出真皮表面那种形状深度的毛孔。

无论是人造革、合成革还是再生革，同天然的猪、牛、羊等皮革相比，其共同的特征是：形状规则，表面无伤残、花纹一致、质地均匀，具有较高的机械强度，其卫生性能比不上天然皮革。对于头层天然皮革而言，从表观来看，猪皮革表面的毛孔圆且粗大，毛孔深且呈一定角度，毛孔的圆形是三根一组；牛皮革（如黄牛皮）的毛孔呈圆形，较垂直地伸入革内，毛孔紧密而均匀；羊皮革表面毛孔清楚、深度较浅，毛孔呈扁圆鱼鳞状。

人工革的优点是可实行大规模连续性生产，品质稳定，物性机械性能优于天然皮革，耐酸碱耐水，花色品种多，材质均匀一致，便于加工，缺点是透气透湿性差，舒适性差，纹路和手感达不到真皮的自然。

合成革的应用范围广，市场需求量大，合成革产品占据着民众生活的各个领域，以其为材料可生产鞋类、服装、手袋箱包、沙发家具、体育用品、工艺品包装等，已日益得到市场的肯定，应用价值是天然皮革无法比拟的。

为满足国内外不断提高的环保要求以及消费者日益增强的健康安全需求，污染严重的溶剂型聚氨酯合成革生产正在减少，以环保为主题的生态型合成革已成为发展主流。目前国内外主要研究的生态型合成革包括水性聚氨酯合成革、无溶剂型聚氨酯合成革和热塑性聚氨酯合成革。与溶剂型聚氨酯合成革相比，生态型合成革的优点在于生产原料无毒无害，生产过程清洁无污染，产品安全环保。

二、合成革的质量评价指标

消费者对人工革的追求目标是：内在性能超越天然皮的柔软、舒适、透气及不透水的功用涂层厚度、透气性、透湿性，不透水性、柔软度，机械强度、回弹性等。但是，合成革产品用途不同，其质量评价指标也有很大差异。如对箱包行业而言，PU革的摩擦色牢度、拉伸强度（轻微拉伸后，革的图案纹理不产生变形）、耐高温（企业的logo、暗花需要电压）、耐寒（北方城市和一些较寒冷的国家）、pH等因素是被尤其关注的。对于运动鞋用合成革，用户对合成革的物理机械性能（简称物性）、有毒有害化学物质（简称化学物质）要求也有所不同。相比较而言，国内运动鞋品牌对物性要求高，对化学物质要求低；国外品牌对化学物质要求高，对物性要求低。对于超细纤维合成革运动鞋革，在耐水解、高剥离、不黄变、高耐磨、折纹细腻、真皮手感等质量指标方面有比较明确的要求，具体见表10-1。

表 10-1　　　　　超细纤维聚氨酯合成革物性指标一览表（1.4mm产品）

检测项目		常规要求	较高要求
厚度/克重/柔软度		略	略
常温耐折		10万次,无裂纹	10万次,无裂纹
低温耐折		（－10℃±1℃）8万次,无裂纹	（－15℃±1℃）10万次,无裂纹
耐黄变	紫外线 30W 3h	不要求	≥4 级
	日光灯 500W 24h	≥4 级	≥4 级
丛林试验 70℃×95％RH 3周剥离		不要求	≥30N/cm
常规剥离负荷		≥30N/cm	≥40N/cm
耐碱 10％NaOH(12h)剥离		≥25N/cm	不要求
耐碱 10％NaOH(72h)剥离		不要求	≥30N/cm
耐碱 10％NaOH(70℃ 48h)剥离		不要求	≥30N/cm
爆破强度		≥2700kPa	≥3500kPa
拉伸负荷		经向≥300N/cm	经向≥300N/cm
		纬向≥260N	纬向≥260N/cm

续表

检测项目	常规要求	较高要求
撕裂负荷	经向≥130N	经向≥130N
	纬向≥110N	纬向≥110N
断裂伸长率	60±20	60±20
	90±30	90±30
Taber 表面耐磨（荷重 1000g 磨轮 H-22）	300 转无破损	800 转无破损
摩擦色牢度（湿）	≥3～4 级	≥4 级

第二节　配料过程控制方案

合成革生产是一个复杂的过程，需要经过一系列的化学处理和机械加工，其加工原理是通过化学复合、浸渍、凝固、移膜等方法在基布内部或表面形成聚氨酯膜层。聚氨酯浆料的配制工艺非常重要，直接决定着最终产品的品质。因此，需要对聚氨酯浆料的配料过程进行有效控制，从而保证最终产品的质量。

溶剂型合成革配料过程一般包括固体粉料和液体溶剂之间的间歇式混合配制过程。其中，固体粉料一般有 2 种（如色粉、木质粉），通过螺旋喂料机进行送料和计量，液体溶剂一般有 3～5 种（如 DMF、TOL、MEK 等），靠输送泵进行供料，通过流量计进行计量。由于无论是螺旋喂料机还是流量计，由于在间歇式计量过程中都存在着计量误差，一般在配料槽的底部都安装有称重传感器，采取两种方式来确定每种原料的加入量。带测控点的配料工艺原理示意图如图 10-1 所示。在配料车间，一般都配置有 3～5 个配料槽，共用一套液体溶剂储存罐。在每次的配料开始，配料槽处于清空状态，HV-101 开关阀门处于关闭状态，首先加入用量最大的液体溶剂（如 1# 药液），当到达加入量设定值时，FICQ-101 控制阀将自动关闭，其他液体溶剂通过比值连锁控制回路 FICQ-102 和 FICQ-103 同时加入。液体溶剂加入完毕，根据料槽称重传感器的称量数值来确定固体粉料的加入量。固体粉料采用单独

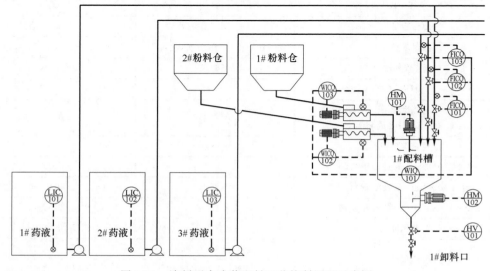

图 10-1　溶剂型合成革配料工艺控制原理示意图

加入方式（即同一时刻只能加入一种粉料），通过称重传感器来确定其加入量的多少。配料槽搅拌器 HM-101 和 HM-102 的启停时刻由配料工艺来确定，通过程序自动启停。由于生产的合成的种类不同，其配料方案、加料数量、加料顺序、反应时间等都不尽相同，因此上述配料过程一般通过 DCS 控制系统进行自动控制，工艺参数通过上位机进行设置或调整。

对于无溶剂型合成革的配料，要求连续在线配料，以控制成料的发泡时间。其带测控点的配料工艺原理示意图如图 10-2 所示，控制的要点是原料之间的流量配比。在图 10-2 中，A 料和 B 料是事先配制好的半成品料。一旦二者混合在一起，便会发生化学反应，生成制作合成革所需的树脂材料。为此，A 料和 B 料之间的流量配比非常关键，以用量较大的 A 料流量控制回路 FIC-101 为主回路，FFIC-201 为流量配比回路，实现流量比值控制。为了保持流量的稳定，实现准确的流量配比，减少因流量计的检测误差

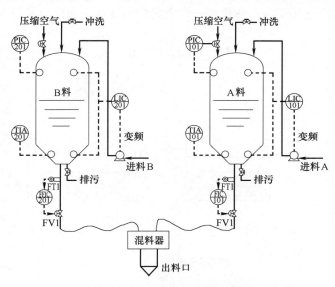

图 10-2　无溶剂型合成革配料工艺控制原理示意图

带来的流量失配，对每一个料罐内的压力和液位都进行了自动控制，分别通过压力控制回路 PIC-101、PIC-201 和液位控制回路 LIC-101、LIC-201 来实现。

第三节　湿法生产过程控制方案

聚氨酯合成革是天然皮革的最佳替代产品，具有卓越的性能．有良好的透气、透湿性，滑爽丰满的手感，优良的机械强度，结构上近似天然皮革，而且花色品种比天然皮革多样、美观，可以做服装、鞋、箱包、球类等。溶剂型聚氨酯合成革的生产是由湿法贝斯生产和干法移膜生产两部分组成。贝斯是英文"BASE"的译音，即制造合成革所采用的基材，通常指由非织造布（也称基布）经过浸渍或涂敷树脂后所形成的纤维和树脂的复合片材。由于贝斯加工是在水系统中完成凝固工序的，因此常称为湿法贝斯，是合成革生产过程中的核心技术之一。贝斯只是中间产品或半成品革，需经过后续加工工艺，如干法移膜、印刷、压花、磨皮、染色等表面整饰工序后才能成为最终合成革产品。本小节主要讲述湿法贝斯的工艺流程及对应的控制方案。

一、湿法贝斯的生产工艺流程

湿法贝斯的生产过程是：将聚氨酯树脂和溶剂 DMF（Dimethyl Formamide，二甲基甲酰胺）混合，再添加各种助剂，制成混合液（浆料），经过真空机脱泡后，浸渍或喷涂于基布上，然后将基布通入与溶剂 DMF 具有亲和性、而与聚氨酯树脂不亲相的水溶液中，聚氨酯涂层中的 DMF 被水置换，聚氨酯树脂逐渐凝固，从而形成多孔性的皮膜，即微孔聚氨酯

层，从而形成贝斯。凝固后的基布中存在大量的 DMF，需进入水洗槽进行水洗，去除 DMF，随后送入烘箱烘干，形成半成品革，即湿法贝斯。常用的湿法贝斯生产工艺流程示意简图如图 10-3（a）所示，大致包含浸渍、刮涂、凝固、水洗、烘干等几个环节，加工生产示意详图如图 10-3（b）所示，大致包括放布→预浸→预凝固→轧压烫平→涂布→凝固→水洗→压干→预热烫平→烘干定型→冷却→卷取→检验入库等几个步骤。

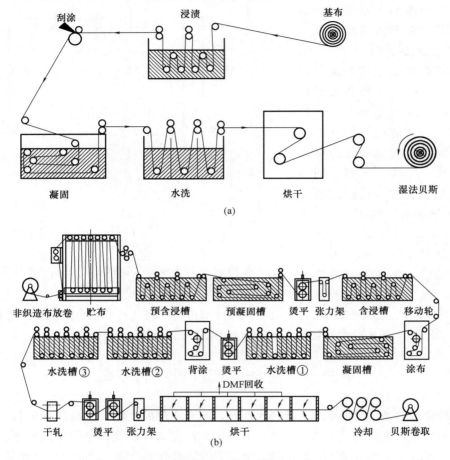

图 10-3　湿法贝斯生产工艺流程示意简图（a）和详图（b）

各道工序的主要功能如下：

① 放布。放卷机在步道中储存一定量的非织造基布，当放卷机换卷接头，或者需要裁除部分瑕疵基布时，储布机释放所储存的基布，保证生产线正常进行，不至于造成停车。

② 浸渍与涂布。将聚氨酯树脂和 DMF 溶剂混合，浸渍于基布上，经过反复浸渍，树脂均匀分布在基布中，出浸渍槽时通过上下刮刀对基布表面树脂进行适度清除。

③ 凝固与水洗。将基布通入 DMF 水溶液中，基布中的 DMF 被水置换，聚氨酯树脂逐渐凝固，附着在基布上，凝固后的基布中存在大量的 DMF，需进入水洗槽进行水洗，去除 DMF。

④ 烘干定型。凝固后的基布送入烘箱烘干，烘干冷却后形成半成品革——贝斯。

在上述操作工艺中，基布的运行速度和张力、涂层厚度、浸渍凝固和水洗时间、水洗槽的温度、干燥温度曲线是重要的过程控制参数，需要严格加以控制。

二、基布浸渍凝固和水洗过程控制方案

湿法聚氨酯合成革贝斯的制造方法主要包括单涂覆法、浸渍法和含浸涂覆法 3 种，尽管这 3 种加工工艺有所不同，但一般都包含浸水、浸渍、凝固和水洗等操作步骤。各工序的处理过程控制方案如下。

1. 基布浸水浸渍处理过程控制

基布经过储布架进入浸水槽，然后用挤压辊把其中的水分挤干，经烫平轮将其烫半干，然后进入含浸槽。

浸水处理的作用有两个：一是提高织物湿度，防止浆料渗入基布组织内，产生透底现象，浪费原材料；二是对脱脂性较差的基布，浸水槽中除清水外，还会加入 1% 的阴离子表面活性剂，以改善基布的亲水性，提高贝斯的外观质量。由于基布中所含水分过高时，易导致贝斯表面"两层皮"现象，所以需要对基布的挤水干度进行控制。采取的控制方法有二：

① 通过机械方式调整挤压辊上下两辊之间隙，来控制挤水量；

② 通过烫平辊加热，除去基布中的水分，控制烫平辊内加热介质（导热油或水蒸气）的流速或温度来调节基布的干度。对于导热油，通过调节导热油循环泵的转速来调节热交换效率；对于水蒸气，通过调节水蒸气进汽压力来调节进蒸汽温度。

由于当基布进入含浸槽时，其中的空气也同时被带入浆料中，随着时间的推移，槽内的气泡会越聚越多。这些气泡会随浆料附着在基布的表面，当气泡破裂，就会留下针孔。因此，必须采取有效措施来消除气泡。消除气泡的方法主要有 2 种：

① 在浆料配方中加入消泡剂；

② 循环使用浆料：将含浸槽（2～3 个）按阶梯式布置，使槽内的聚氨酯混合液顺序溢流，不断把新鲜无泡的浆料打入高位含浸槽内，同时将从低位含浸槽表面溢出的含有较多气泡的浆料存放在专用桶内，让其静置消泡一段时间后，重新打入高位含浸槽，循环使用。浆料的循环速度通过变频调节浆料泵的转速来实现。

2. 基布涂覆凝固处理过程控制

经处理的基布，通过涂料台，采用涂刀涂覆法把浆料混合液均匀地涂覆在基布上。涂层的厚度控制非常重要。涂层太薄，不能遮盖布毛，所生产的贝斯表面粗糙，手感发板，无弹性；涂层太厚，易造成泡孔不匀，树脂面层与底层基布分离（"两层皮"现象）等缺陷。一般湿法涂层厚度为 0.5～0.7mm。

凝固槽中的凝固液主要由水和 DMF 组成。DMF 的浓度控制也非常重要（生产干法移膜基布时，其含量一般为 20%～25%；生产磨皮贝斯时，DMF 的含量一般控制在 10%～15%）。过高的含量会影响凝固速度，并造成水中固形分含量增加，影响贝斯表面质量；浓度过低不仅会增加 DMF 的回收成本，还会使贝斯表面收缩率增大，导致卷边。

凝固槽的温度一般为常温。温度过高，会使涂层断裂强度下降，薄膜模量下降，表面均匀程度变差，但微孔结构会变得均匀。因此，合适的凝固温度很重要，通常控制在 25℃。涂层从入水凝固到出凝固槽完全凝固，需要 8～15min，这与配方、树脂牌号、水中 DMF 浓度及凝固槽温度等关系密切。

综上所述，为了获得品质优良的贝斯，需要对涂层厚度、凝固液中 DMF 浓度、凝固槽温度、凝固时间等参量进行有效控制。其中，涂层厚度由涂刮机自带的专用控制系统来实现，凝固时间根据工艺要求通过调整基布在凝固槽中的行走路线来实现。对于凝固槽内凝固

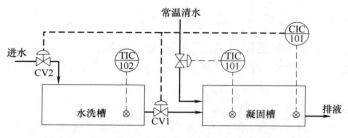

图 10-4　凝固液温度和 DMF 浓度控制方案示意图

液温度和 DMF 浓度，其控制方案示意图如图 10-4 所示。凝固槽内 DMF 浓度通过 CIC-101 浓度控制回路来调节，在线检测凝固槽排液出口处的 DFM 浓度，通过末段水洗槽排水来调节其浓度。当水洗槽有水排出时，还需要通过 CV2 阀门补水，以保持水洗槽液位的稳定。凝固槽内凝固液的温度通过温度控制回路 TIC-101 来实现。

3. 基布水洗处理过程控制

聚氨酯涂层在完全凝固以后，其泡孔层内仍残留部分 DMF，这些 DMF 必须在水洗槽中强行脱出。若 DMF 脱除不干净，烘干后贝斯表面就会出现麻点等缺陷，导致次品或废品。在工艺控制上，要确保最后一个水洗槽内 DMF 的含量在 1% 以下，这样就可以保证基布中的 DMF 脱除干净。

为了加快 DMF 的洗出速度，并减少 DMF 的残留，一般采取如下 3 种措施：

① 控制水洗槽水温。水洗温度对 DMF 的洗出速度及基布中的 DMF 残留量影响很大，可对水洗槽进行加热操作，将水温控制在 40～60℃。可以采用导热油或水蒸气来加热清洗水，也可以用干燥部产生的蒸汽冷凝水作为清洗水补充到水洗槽中，以提高水洗槽中的水温。

② 控制水流量。当车速比较快或基布比较厚，而最后一个水洗槽的 DMF 浓度超过 1% 时，可加大水的流量，反之可减少水的流量，以便节水。检测末段水洗槽的 DMF 浓度，控制清水加入量，以保证其中的 DMF 浓度维持在 1% 以下。

③ 重视对基布的挤压次数。在水洗过程中，尤其是在水洗的后半部分，由于残留在基布中的 DMF 已经很少，基布在水洗槽中的停留时间对 DMF 洗净度的影响远不如挤压次数对其影响大。增加挤压次数、加大挤压强度是提高水洗质量的有效措施。造纸过程中的真空压榨是一种非常有效的快速脱水方式。

4. 基布运行张力控制

一条湿法合成革生产线由几十台设备组成，有几百根辊子在转动，有几十台电机在以不同速度旋转。基布自放卷开始到收卷为止行程大约有 500m。在此过程中有许多因素影响着基布的同步运行。为了消除这些影响因素，避免基布缩幅变形、在凝固槽中打折起皱、断布、设备拉坏等故障，需要通过张力控制系统来监视和调节各主动辊的转速，达到同步运转的目的。

常用的张力控制方式有机械式、液压式和气动式三种形式。对于控制精度要求较高的场合，以磁粉离合器为执行元件的计算机控制系统也逐渐被广泛采用。当前，合成革生产线大多采用以气缸为执行元件的张力控制系统，在进含浸槽和干燥箱前分别安装有张力架，并在生产线的多处都安装有气缸机械式张力手动调节装置，来保证基布运行张力的稳定。另外，生产线的主车速调节是通过变频器来实现的，同时也利用变频调速来微调因基布伸缩造成的线速度的变化，从而维持张力的稳定。

一种经济实用且张力控制精度相对较高的张力控制装置如图 10-5 所示，通过浮动辊的上下位移来调节基布的运行张力。配重块的设计可以抵消浮动辊的自重，使得基布在较小的张力下运行，以减小基布的缩幅。图 10-5 中，（a）通过手动调节气缸活塞的行程来调节张力，（b）通过张力控制回路 TIC-101 来实现基布运行张力的在线自动调节，检测基布运行张力，调节气缸活塞的行程，通过配重块拉动浮动辊上下移动，从而调节基布的运行张力。

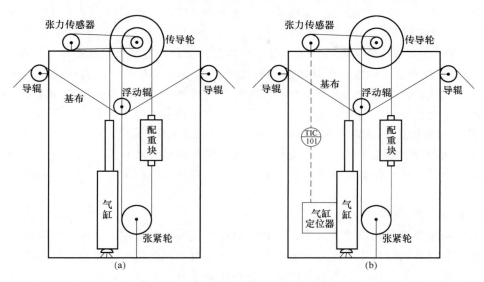

图 10-5　基布运行张力控制原理示意图

（a）手动控制张力架　（b）自动控制张力架

三、基布干燥过程控制方案

1. 基布干燥目的、原理和方法

（1）基布干燥的目的

基布出水洗以后，含水量一般在 50% 以上，残余的水分需要在干燥部蒸发除去，以满足后续加工的干度要求。同时，通过蒸发干燥，可改善基布如下性能。

① 通过干燥改变基布形状和结构，使基布定型。由于基布在运行过程中受拉伸，使得基布在运行方向上被拉长而横向上缩小，为使基布达到规定尺寸，需在烘箱吹热风干燥的过程中进行横向拉伸（扩幅干燥）。基布在高温的作用下更容易发生形变，使基布热固定型。

② 改善表观性能。基布在生产过程中由于喷涂不均匀，未完全凝固等因素使得干基布表面不平滑，而烘箱吹热风干燥属于非接触式干燥，不能改善基布表面性能，因此采用辊筒干燥技术对基布进行热贴合熨平，从而提高基布表面光洁度。

③ 促进油剂与纤维的结合，提高基布性能。基布在上油之后，油剂只是在基布孔洞中处于游离状态，还没有和纤维结合。基布干燥所产生的高温能够将油剂破乳，从而和基布内纤维结合，另外，基布内水分的蒸发使得油剂与纤维更为牢固，改善了基布手感。

（2）基布干燥原理

基布干燥过程是一个复杂的传热和传质过程，会发生一系列物理和化学变化。首先是借助热传递使基布中的水分由液态转变为气态（水蒸气）、并被空气带走的干燥过程；其次干燥过程促进了燃料、助剂等与基布活性集团的结合。

对流传质传热是基布干燥过程中最常采用的方式，即以空气为干燥介质，并通过流动的不饱和空气把水分带走。干燥的全过程必须具备两个条件：一是使基布中水分蒸发所必需的热量；二是为带走蒸发水分所必需的水分蒸汽压力梯度。当以上两个条件协调一致时，可达到最佳的干燥效果。因此空气的流速、温度、湿度是主要的干燥条件。

干燥曲线或干燥速率曲线是在恒定的空气条件（指一定的速率、温度、湿度）下获得的，对指定的基布，空气的温度、湿度不同，速率曲线的位置也不同。干燥过程具有梯形特征，基本可分为三个阶段。

① 预热阶段。该段热能大部分用于湿基布温度的上升，为汽化湿基布水分消耗少。

② 恒速干燥阶段。该段给予基布的热量几乎全部用于蒸发水分，烘燥过程大部分是在恒速烘燥区完成的。基布含水量基本与时间变化呈直线关系，即干燥速率为一定值，不随基布中的水分变化而变化。此阶段水分大量挥发，空气传热基本等于水分汽化所需热量。

③ 降速干燥阶段。干燥速率随着基布含水量的减少而降低，直至干燥速率为零，干燥结束。在降速阶段，基布干燥的速率变化与合成材料的性质及基布内部结构有关。降速的原因大致有四个：实际汽化表面减少、汽化面的内移、平衡蒸汽压下降、基布内部水分的扩散极慢。

（3）基布干燥方法

基布常采用烘箱吹热风的方式进行干燥，以热空气为干燥介质，实现强制对流干燥。基本方法是：通过换热器将冷空气加热成热风，热风通过引风机送入到烘箱，烘箱内的基布水平运行，热风从上下两面向基布进行吹送，基布中的水分受热挥发，挥发的湿热空气及时排走，使干燥室内保持低湿度。在基布脱水干燥的过程中，热风将基布内的水分加热蒸发，蒸汽通过鼓风机排出烘箱。整个干燥过程能耗大、能量回用少。利用干燥室的高温使基布在高温下定型。通过温度和送风量可有效控制干燥速度和水分含量。传统湿法贝斯干燥装置如图10-6所示。

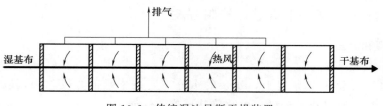

图 10-6　传统湿法贝斯干燥装置

热风温度设定要根据基布厚度和含水量进行调整，过低则水分残留高，干燥不良；过高则容易干燥过度，造成表面平整度下降。温度设定要依据由低到高的原则，依次升高，中间位置达到最高（一般不超过150℃），随着水分的蒸发，在烘箱后部温度可低些，一般120℃即可。

2. 基于导热油的基布干燥方法及优缺点分析

（1）基于导热油的基布干燥方法

当前，合成革干燥主要是以导热油为介质将冷空气加热成热风，并对基布进行吹热风干燥的一种工艺过程。导热油供热工艺流程为：储油罐内的导热油利用循环油泵泵送到导热油锅炉内加热，加热后的导热油通过换热器将热量传递给冷空气，将冷空气加热成热风。热风经循环风机、风道送入烘箱，对烘箱内的基布进行吹热风干燥。基布中水分受热挥发，挥发的湿热空气通过排气风机及时抽走。换热后的导热油经由换热器卸载后重新通过循环油泵回到导热油锅炉内再次吸收热量，如此循环用于空气的加热。具体的供热流程示意图如图10-7所示。

从控制的角度而言，对于导热油流通回路，主要是导热油锅炉出口温度控制和导热油循

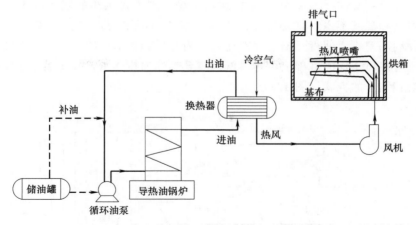

图 10-7　合成革用导热油供热流程示意图

环速度控制，前者通过调整锅炉给煤量或燃气量来实现，后者通过变频器调整循环油泵的转速来实现（检测换热器热风出口温度，调整循环油泵的转速。）；对于热风通路，只要是烘箱内的热风温度控制，主要是通过调节风机的转速来实现。当前，对于大多数生产线，对这些过程参量的控制，一般都采用手动控制方式。DCS 控制方式将是未来发展的主流方向。

（2）导热油供热系统的缺点分析

传统导热油供热系统虽然能完成合成革干燥任务，但整个供热系统存在许多不足，主要缺点如下：

① 导热油成本高，且使用寿命短，在使用过程中需要定期测定残碳、酸值、黏度、闪点、熔点等理化指标，若不达标，则需及时更换。

② 导热油易燃易爆，若泄漏则容易引起火灾，安全性差，且废弃导热油属于危险废弃物，使用、存储和回收处理的条件要求苛刻。

③ 导热油加热前需先预热，其预热升温时间长，整个导热油系统需不停机长时间运行，运行成本高。

④ 热的导热油在运输和换热过程中，若温度过高则容易在导油管壁和换热器内出现结焦现象，造成设备的严重腐蚀。

⑤ 导热油的传热系数与蒸汽相比低得多，若两者在换热器内加热空气传递同样热量时，需提高导热油的温度，或者增大导热油换热器的换热面积。

⑥ 导热油供热系统不易控制，当前合成革干燥过程一般都没有配备自动控制系统，导致生产劳动力大，效率低。

因此，寻找一种可以代替导热油的低成本、安全性好、环境友好型的介质用于合成革干燥的任务迫在眉睫。热电联产合成革工业园区的出现为合成革制造带来了新的干燥方式，可将热电联产中产生的背压蒸汽代替导热油锅炉进行供热，用于合成革干燥部。

3. 基于水蒸气的基布干燥方法及控制方案

（1）基于水蒸气供热的结合式干燥装置

如前所述，传统的基布干燥方式采用导热油为加热介质，在换热器内将冷空气加热成热风，加热后的热风在烘箱内从上下两面对水平运行的基布吹热风干燥，具体的干燥装置示意图如图 10-8 中所示（图中虚线左边部分）。该干燥方式存在以下缺点：a. 所用高温导热油易燃易爆，安全性差；b. 热风干燥属于非接触式干燥，刚进入烘箱的基布湿度较大，若热风吹向基布的力度和温度不当，容易使基布表面出现凹凸不平的现象；c. 基布干燥所用导热油的能量循环利用率小，使得干燥过程能耗大。为此，针对上述缺点，可将合成革干燥部进行改进，在原有热风干燥的基础上，将蒸汽代替导热油加热热风，并将烘箱干燥改为烘缸干燥与热风干燥相结合的方式（图10-8）。

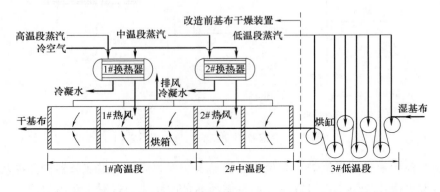

图 10-8　基布干燥装置示意图（虚线以左为改造前，整体为改造后）

对于改进后的干燥装置，其改造部分是将原有干燥部低温段的烘箱改为烘缸对湿基布进行预热干燥，目的是通过采用接触式烘缸干燥，对湿基布起到热压熨平作用，且由于低温段干燥温度小于 100℃，使得基布在贴缸运行时不会产生黏缸现象。这样，基布干燥分为预热、恒速干燥、降速干燥三个阶段，据此将合成革干燥部分为低温段的烘缸干燥、中温段的热风干燥和高温段的热风干燥三个部分。从低温段到高温段，基布干燥温度依次升高，直至最后保持稳定状态。

湿基布从水洗槽进入干燥部，在低温段，将蒸汽通入烘缸内，蒸汽通过烘缸壁将热量传给紧贴烘缸表面并绕缸运行的湿基布，对基布进行干燥，基布在运行的过程中正反两面依次接触缸面，使得基布受热均匀。在中温段和高温段，蒸汽由蒸汽总管及支管进入到换热器中，通过换热器将冷空气加热成热风，热风通过风机、风道进入到烘箱对基布进行吹热风干燥，基布中水分受热蒸发。干燥部可根据车速、基布性能来调整整个干燥的长度，确保在一定的干燥时间内能够达到基布所需的干燥强度，避免出现干燥不充分的情况。实现上述干燥功能所涉及的主要设备包括：烘箱、烘缸、翅片管换热器、高效闪蒸罐、可调节热泵、冷凝水罐、表面冷凝器和疏水阀等，具体见图10-8和图10-9。

（2）基于热泵的串联式蒸汽冷凝水热力系统流程

整个供热系统也按照基布干燥条件分为低温段、中温段和高温段。在中温段和高温段，使用蒸汽代替导热油来加热空气，蒸汽由蒸汽总管及支管进入换热器中，通过换热器将冷空气加热成热风。在低温段，将蒸汽通入烘缸内，通过烘缸进行基布干燥。

蒸汽通过换热器加热冷空气，在换热器内放热发生相变，生成蒸汽冷凝水，通过安装在换热器的冷凝水出口管道排出，冷凝水通过闪蒸罐闪蒸成二次蒸汽进行回用。由于三段干燥所需温度梯度差较大，高温段产生的二次蒸汽压力（或温度）可满足中温段供热需求，可供中温段换热器加热冷空气使用，同样中温段闪蒸的二次蒸汽可供低温段烘缸使用。这样，将它们串联在一起组成三段串联式供热系统，利用能级差别，实现能量的二次循环利用。过剩的二次蒸汽可通过表面冷凝器对水洗槽和凝固槽所需溶液进行加热，以满足基布水洗和凝固工艺的温度需求。如若对水洗和凝固所需的 DMF 水溶液质量和浓度要求不高，则可将干燥部冷凝水罐内的冷凝水经过滤净化后用于水洗，再逆向溢流到凝固槽。基于热泵的串联式蒸汽供热系统带控制点的工艺流程示意图如图 10-9 所示，具体工艺流程如下。

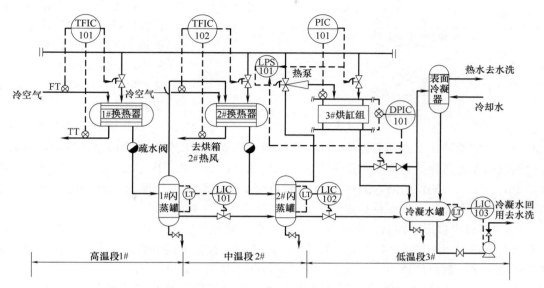

图 10-9　带测控点的串联式蒸汽供热流程示意图

①　高温段供热流程。新鲜蒸汽通入 1#换热器将冷空气加热成热风，1#热风通入到烘箱高温段对基布进行干燥，从 1#换热器排出的冷凝水进入 1#闪蒸罐进行闪蒸，闪蒸后的二次蒸汽通入 2#换热器使用，1#闪蒸罐中未闪蒸的冷凝水通过余压送到 2#闪蒸罐。

②　中温段供热流程。经 1#闪蒸罐闪蒸得到的二次蒸汽通入 2#换热器将冷空气加热成热风，当二次蒸汽温度达不到加热要求时，由新鲜蒸汽进行补汽，2#热风通入到烘箱中温段对基布进行干燥，从 2#换热器排出的冷凝水进入 2#闪蒸罐进行闪蒸，闪蒸后的二次蒸汽经过热泵加压升温，达到 3#烘缸所需蒸汽品位后进入 3#烘缸组使用，2#闪蒸罐未闪蒸的冷凝水进入冷凝水罐。

③　低温段供热流程。经 2#闪蒸罐闪蒸得到的二次蒸汽通入 3#烘缸组对基布进行干燥，当二次蒸汽温度达不到加热要求时，由新鲜蒸汽进行补汽，从 3#烘缸组排出的冷凝水进入冷凝水罐，由冷凝水泵泵送到水洗工段进行回用，冷凝水罐中剩余的二次蒸汽通过表面冷凝器将冷水加热进行利用。

（3）基于水蒸气的湿法基布干燥供热系统控制方案

对于图 10-8 所示的湿法基布干燥系统工艺流程，可采用 DCS 控制方案进行控制，主要控制回路如下：

①　热风温度控制。换热器热风出口温度直接影响基布干燥质量，应保证热风温度适宜，避免温度过高基布表面平整度下降，温度过低基布干燥不充分。根据基布干燥温度曲线设定各个干燥段的热风温度，同时将温度控制在设定的温度范围内，以确保进入烘箱内的热风温度稳定。本系统在各段换热器热风出口段分别设置了 TFIC-101 和 TFIC-102 热风温度控制回路，通过调节蒸汽管道上的蒸汽调节阀门来改变通入蒸汽的流量，对进烘箱内的热风温度进行自动控制。由于换热器温度对象具有非线性、纯滞后、参数时变等特点，单回路闭环

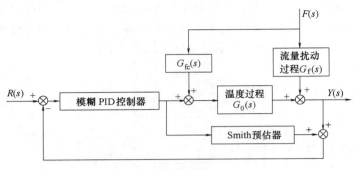

图 10-10　温度控制系统结构原理图

PID 控制难以满足其控制要求，可以采用图 10-10 所示的 Smith-Fuzzy PID 前馈反馈控制方案。副回路通过前馈控制器对冷空气流量进行前馈补偿，主回路用基于 Smith 预估器的模糊 PID 反馈控制，消除滞后，及时克服各种干扰。

② 烘缸进口压力控制。湿基布从水洗槽进入干燥部低温段，由于含水量大，要求温度保持平稳的上升趋势，因此烘缸内蒸汽的温度需保持稳定。烘缸进汽压力决定烘缸内蒸汽的温度，在低温段烘缸进气端设置了 PIC-101 压力测控回路，通过 PID 控制来调节蒸汽管道上的蒸汽调节阀门开度，对进烘缸的蒸汽压力控制，以保持稳定。

③ 烘缸进出口压差控制。烘缸进出口差压是为防止烘缸积水而设置的，以确保烘缸组正常运行。设置了 DPIC-101 差压控制回路，通过 PID 控制来调节烘缸组出口排汽管道上的阀门开度，来控制烘缸进出口的压差，保证烘缸排水畅通，防止积水。

④ 闪蒸罐液位控制。蒸汽冷凝水在闪蒸罐内通过扩容闪蒸成二次蒸汽进行循环利用，由于蒸汽循环利用率取决于闪蒸罐的闪蒸效率，因此要求各闪蒸罐的液位保持稳定。本蒸汽供热系统在 1♯ 和 2♯ 闪蒸罐上分别设置了 LIC-101 和 LIC-102 液位测控回路，通过 PID 控制来调节排出管道的调节阀开度，控制闪蒸罐液位；在冷凝水罐上设置了 LIC-103 液位控制回路，通过变频调节冷凝水泵来控制冷凝水罐的液位稳定。

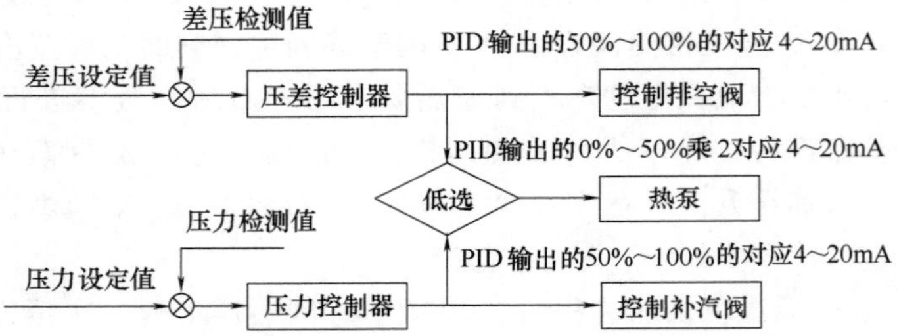

⑤ 湿法基布干燥热泵开度低端选择控制。在串联式蒸汽供热系统中，低温段采用热泵，一方面是为了提高二次蒸汽的品位，满足低温段所需蒸汽压力；另一方面是为了保证烘缸内排水畅通。低温热泵供热段设置了 LPS-101 热泵开度低选控制回路，即采用上述 PIC-101 和 DPIC-101 控制回路的 PID 理论输出值的较低的一个进行控制，其控制原理如图 10-11 所示。

图 10-11　热泵阀门开度低选控制原理图

当 PIC-101 和 DPIC-101 控制器的理论输出值小于 50% 时，排汽阀和补汽阀都关闭，这就意味着烘缸所需要的蒸汽都由闪蒸罐闪蒸出来的二次蒸汽经热泵增压后得到的混合蒸汽来供给；然而热泵的实际开度比理论计算值大，当其理论值为 50% 时，实际值就达到 100%，即处于全开状态，以尽可能多地利用二次蒸汽，减少新鲜蒸汽

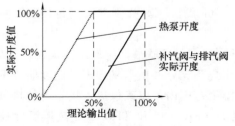

图 10-12　热泵实际开度与理论
开度之间的关系曲线图

的使用量，达到节能降耗的目的。热泵开度的实际动作规律如图 10-12 所示。

第四节　干法生产过程控制方案

干法加工工艺是聚氨酯应用于合成革的另一种重要制革技术，它将聚氨酯树脂中的溶剂通过加热干燥而挥发掉，得到相互粘连的多层薄膜，并与底布复合，构成一种多层结构体。水性聚氨酯合成革和无溶剂型合成革通常都采用干法工艺来制作。本小节主要讲述干法制革的工艺流程及对应的控制方案。

一、干法制革工艺流程

干法移膜是实现从基布到合成革的一种制革技术，它通过造面制作出类似真皮粒面层的结构和纹路，使基布表面形成所要求的颜色、手感、花纹和光泽，增加其美观性，同时在基布表面形成保护层，以提高合成革的耐用性。

干法移膜方法可分为直接刮涂法和间接刮涂法，当前，我国一般使用间接刮涂法。间接刮涂法即离型纸法，它是在离型纸表面刮涂聚氨酯溶剂，待完全均匀成膜后再剥离离型纸，从而将薄膜转帖至基布表面。

间接刮涂干法移膜制革工艺过程可描述如下：

在离型纸的表面刮涂一层涂层剂（聚氨酯树脂浆料），并通过烘箱热风干燥后在离型纸上形成连续均匀的涂层薄膜，即表面层（该表面层的花纹和离型纸上的花纹相对应）；而后在面层薄膜上再刮涂一层聚氨酯树脂涂层剂，在烘箱热风干燥的作用下形成底层；待其冷却后在底层表面涂一层黏合层涂料，随后与基布湿贴合；经过干燥固化和冷却，将离型纸进行剥离，聚氨酯膜就从离型纸上转移到基布上，形成合成革。

间接刮涂干法移膜制革工艺流程示意简图如图 10-13（a）所示，描述了干法制革过程中制作涂层、粘贴基布、离型纸剥离等三道基本工艺流程。一种详细的二次贴合间接刮涂干法移膜制革工艺流程示意图如图 10-13（b）所示，主要工序包括：离型纸→放卷→涂面层→烘干→涂底层→烘干→冷却→涂黏结剂→贴合基布（2 次）→烘干→熟成→剥离。

相对湿法加工工艺而言，干法加工工艺过程相对简单，用水很少，对环境污染小。主要控制参数是涂刮机涂层的厚度以及烘干箱温度。前者也是由涂刮机自带的专用控制系统来实现，后者通过 DCS 系统来实现。若干燥介质为导热油，那么控制思路和方案同湿法制基布（革）类似，只是工艺上各部分对温度控制的具体数值要求不同，这里不再赘述。若干燥介质为水蒸气，热力系统方案及控制方案同湿法制革有所不同，这里将介绍一种具有较好能量综合回用效果的三段并联式供汽热力系统及对应的控制方案。

二、干法移膜制革干燥方法及控制方案

1. 干法移膜干燥的目的及原理

干法移膜干燥是将聚氨酯浆料由液态变为致密完整的固态膜的干燥过程。在通过干法移膜对基布进行造面的过程中，干燥的目的是将喷涂的涂层剂烘干形成均匀的薄膜，该过程包括溶剂的挥发去除和成膜剂的凝聚成膜。

根据干燥温度的不同，干法移膜干燥可分为初期、中期和末期三个阶段，不同阶段，具有各自不同的目的和功能，具体如下：

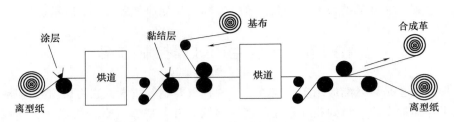

图 10-13　（a）间接刮涂干法移膜制革工艺流程示意简图

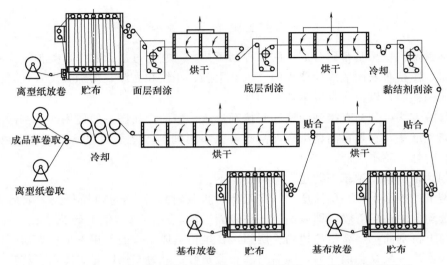

图 10-13　（b）二次贴合间接刮涂干法移膜制革工艺流程示意详图

① 干燥初期。当浆料涂于离型纸上进入烘箱后，在热风温度的作用下，液膜表面的低沸点溶剂就开始大量挥发，使得表层与内层之间的温度、表面张力以及黏度不同。这种差异将产生一种推动力，使下层浆料的溶剂向上扩散，促使液膜总体趋向平衡。在该阶段，烘箱的温度应该低于混合溶剂中低沸点溶剂的沸点温度。

② 干燥中期。逐渐提高烘箱温度，使得溶剂内的高沸点部分也开始挥发，随着新的溶剂在表面的不断挥发，会产生上下两层之间新的差异，使溶剂不断地向表层运动。这种运动反复进行，直到其黏度增加到足以阻止其流动时为止，此时表层和里层的表面张力差也趋于消失，涂层剂便在离型纸上形成了黏性凝胶。

③ 干燥末期。随着温度的不断提高，溶剂挥发继续进行。在这一过程中，溶剂要克服阻力从膜内向膜表面迁移，溶剂的汽化从表面向内推移，与成膜剂结合最紧密的溶剂最后被蒸发，涂膜被彻底固化。

2. 干法移膜干燥方法及设备

干法移膜干燥的主要设备为烘箱，如图 10-14 所示，其工作原理是：通过导热油或水蒸气将冷空气加热成热风后通入烘箱内进行吹热风干燥。三次涂布后跟三次烘干，由于对面层、底层和黏合层的性能要求不同，使得三段烘干的温度不同。烘箱的温度一般是由低温到高温分布的，在浆料涂布后，刚进烘箱时温度应低于混合溶剂中低沸点溶剂的沸点温度，使其慢慢挥发，然后逐渐提高温度，使溶剂中的高沸点部分也开始挥发，最后使残余溶剂挥发干净。一般面层温度为 90～100℃，黏结层为 100～140℃。烘箱的温度可调，以控制涂层剂的蒸发。有的层压机在贴合前有时还会添加一个 2cm 的烘箱装置，用来控制贴合时底浆干湿程度，为贴合提供湿贴、半干贴。

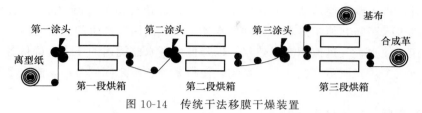

图 10-14　传统干法移膜干燥装置

3. 基于水蒸气的基布干燥控制方案

（1）基于蒸汽供热的热风干燥装置

基于水蒸气的干法移膜干燥系统仍然采用烘箱吹热风进行干燥，改变的部分是将导热油换成蒸汽来实现热风在换热器内的加热，并在此基础上结合闪蒸罐和热泵设计出一种三段并联式供汽热回收循环系统，实现蒸汽的循环利用。依然采用烘箱吹热风干燥的原因是进入烘箱内的离型纸涂覆有非固化的配合液，只能进行非接触干燥。

基于水蒸气的干法移膜干燥系统具体的干燥装置也如图 10-14 所示，根据三涂三烘过程干燥温度的不同，将烘箱分为三段：第一烘箱段、第二烘箱段和第三烘箱段。每一段配有一个换热器，蒸汽由蒸汽总管及支管进入到换热器中，通过换热器将冷空气加热成热风，热风通过风机、风道进入烘箱对合成革进行吹热风干燥固化。整个干燥可根据车速和涂层剂性能等因素来调整整个干燥区的长度和干燥温度的分配，确保在一定的干燥时间和干燥温度下能够达到合成革所要求的干燥程度，以达到预期的合成革表面质量和性能。

（2）并联式蒸汽供热系统

对于干法移膜干燥工艺，由于三段烘箱所要求的蒸汽温度的温差梯度较小、温度控制精度要求高，因此各段闪蒸罐闪蒸出的二次蒸汽不能像湿法制革那样串联逐级使用，而是通过热泵升温加压后进入本段换热器循环使用，构成并联式蒸汽供热系统，带控制点的工艺流程示意图如图 10-15 所示。

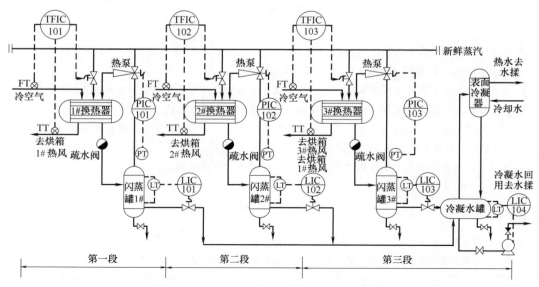

图 10-15　并联式蒸汽供热系统流程示意图

蒸汽进入换热器加热冷空气，因热交换相变成冷凝水，通过安装在换热器出口管道上的疏水阀排出进入本段闪蒸罐，冷凝水在闪蒸罐内因扩容闪蒸再次相变成二次蒸汽，通过热泵进行品位提升，进入本段换热器，循环使用。各段闪蒸罐排出的冷凝水汇入到冷凝水储罐，回到锅炉房或进入车间其他用热水部位（如水揉工段）使用，产生的二次蒸汽通过表面冷凝器进行热交换，使水蒸气迅速相变成热水，以降低冷凝水储罐内的压力，确保各闪蒸罐能通畅排水。由于三个烘箱段蒸汽循环互不影响，使得系统各段之间耦合小，整个系统变得容易控制。

（3）干法移膜干燥供热系统控制方案

干法移膜干燥过程主要是对离型纸上的涂层剂进行干燥，对于图 10-15 所示的干法移膜干燥系统工艺流程，其控制方案主要包含以下 3 个方面：

① 热风温度控制。换热器热风出口温度直接影响合成革成品质量。根据各段涂层剂干燥要求设定各个烘箱段的热风温度，并将温度控制在设定的温度范围内，以确保进入烘箱内的热风温度稳定。本系统在各段换热器热风出口段分别设置了 TFIC-101、TFIC-102 和 TF-IC-103 等 3 个热风温度控制回路，通过调节蒸汽管道上的阀门改变通入蒸汽流量，来对进入烘箱内的热风温度进行自动控制。具体的控制方案同湿法制革过程。

② 二次蒸汽管道压力控制。在与热泵相连的二次蒸汽管道设置了 PIC-101、PIC-102 和 PIC-103 三个压力控制回路，通过 PID 控制来调节热泵的阀门开度，对二次蒸汽管道进行压力控制。其目的是使闪蒸罐能够充分闪蒸，同时使冷凝水能通过余压自排，确保闪蒸罐不会因为负压而破坏。

③ 闪蒸罐液位控制。冷凝水通过闪蒸罐闪蒸成二次蒸汽进行循环利用，由于蒸汽循环利用率取决于闪蒸罐的闪蒸效率，因此要求各闪蒸罐的液位保持稳定。水蒸气供热系统在闪蒸罐和冷凝水罐设置了 LIC-101、LIC-102 和 LIC-103 三个液位控制回路。通过 PID 控制来调节排出管道的调节阀开度，控制闪蒸罐液位；冷凝水罐则通过变频调节冷凝水泵来控制冷凝水罐的液位稳定。

思 考 题

1. 试述合成革的种类和质量评价指标。

2. 试述溶剂型和无溶剂型合成革配料过程控制方案。

3. 湿法基布生产工艺和干法移膜生产工艺有哪几部分组成？试简述湿法和干法制革的基本工艺。

4. 基于导热油的传统合成革干燥方法有何缺点？利用水蒸气取代导热油有何优点？

5. 从工艺的角度而言，湿法制革和干法制革的主要区别是什么？试阐述基于热泵的串联式蒸汽冷凝水热力系统流程和并联式蒸汽供热系统流程。

6. 列举几种典型合成革干燥供热过程控制方案，并简要阐述其控制原理。

参 考 文 献

[1] 曲建波. 合成革工艺学 [M]. 北京：化学工业出版社，2010.

[2] 陈丽华. 不同种类防水透湿织物的性能及发展 [J]. 纺织学报，2012，33（7）：149-156.

[3] 郑兆祥. 浅析水性聚氨酯与溶剂型聚氨酯合成革加工工艺区别 [J]. 中国皮革，2011，40（9）：42-44，50.

[4] 李鹏妮. 全水性聚氨酯合成革制备工艺研究 [D]. 西安：陕西科技大学，2012.

［5］　徐兴元. 导热油的安全隐患、防护及选用［J］. 环球市场信息导报，2014，（15）：134，132.

［6］　张怡真. 合成革干燥工艺改进探索及控制策略研究［D］. 西安：陕西科技大学，2016.

［7］　宋跃群，陶甄彦，胡长敏，等. 聚氨酯合成革清洁生产措施浅谈［J］. 中国资源综合利用，2005，（7）：23-26.

［8］　王彩云. 有关聚氨酯合成革标准的对比分析［J］. 质量技术监督研究，2015（1）：39-42，46.

［9］　许刚，徐亦萍，吴琼，等. 丽水水性聚氨酯合成革质量安全技术标准体系研究［J］. 中国标准导报，2015. 9，40-43.

［10］　党睿，董继先. 蒸汽喷射式热泵供热系统在纸机干燥部的应用［J］. 科学技术与工程，2011，11（9）：2025-2029.

［11］　倪春林. 适合高湿高粘物料的干燥设备的研究与开发［D］. 天津：天津大学，2008.

［12］　郝景标. 热风穿透烘燥在水刺非织造布上的应用［J］. 产业用纺织品，2000，（1）：25-26.

［13］　Ben Wilson, Maximizing. heating and drying efficiencies during production［J］. Nonwovens World，2004，13（2）：79-88.

［14］　汤伟，李清旺，王孟效. 一种新的纸机干燥部蒸汽冷凝水热泵控制系统［J］. 化工自动化及仪表，2007，34（3）：62-66.

［15］　张亚锋. 气动张力控制系统在放卷装置中的应用［J］. 机电工程，2014，31（4）：482-485.

第十一章　热电联供控制

传统化石燃料发电系统的平均综合效率为 35%～55%，而热电联产系统的综合效率达 60%～80%，最先进的热电联产机组的综合效率可达到 90%。因此，热电联产是热能高效利用的典型代表，是节能减排的关键技术之一。

制浆行业是高能耗的行业之一，其生产过程会产生大量的汽耗、电耗以及水耗。一般情况下，生产所需热电都要外购，且造纸过程中会产生大量的废液和废料，如制浆废液，若不加以回收利用会造成环境污染。为了响应国家"十三五"提出的节能减排政策，防止、减少生产过程中造成的大气污染以及能耗，对制浆造纸行业实施节能减排势在必行。

20 世纪 30 年代，汤林逊公司发明了第一台碱回收炉，可将制浆废液蒸发燃烧，回收的高压蒸汽用于发电，经汽轮机排出的低压蒸汽用于制浆造纸和碱回收。因此，造纸企业具有建立热电联产机组的条件。目前，造纸行业自备能源主要采用浓黑液、树皮、木屑、废渣等为燃料来代替部分燃油、燃煤来产生高压蒸汽，高压蒸汽用于驱动汽轮机发电机组产生电能，同时抽取中压蒸汽、低压蒸汽用于工厂加热、蒸煮、黑液浓缩、纸张干燥和配制化学品等工艺过程。产生的电能用于厂内生产过程，多余电能可输送到电网。热电联产过程的自动控制主要是针对锅炉、汽轮机及其他辅助设备运行的自动控制。本章将以热电联产机组为控制对象，分别介绍热电联产的组成以及关键控制系统（锅炉、汽轮机控制系统）。

第一节　热电联产的组成

造纸企业的热电联产是以锅炉，高压和中、低压汽轮机，泵与风机和发电机为主体设备的将热能转换为电能的过程。其基本原理为：工质水连续地在锅炉、汽轮机和发电机三大设备中完成从化学能到热能，从热能到机械能，再从机械能到电能的转化。热电联产包括锅炉汽水两个主要控制系统。下面两节将对燃烧系统以及汽水系统进行详细的介绍，因此本节不多做阐述。

就燃料种类而言，造纸企业的热电联产机组可分为燃煤、燃气和黑液三类热电联产机组。

① 燃煤热电联产机组：指利用燃煤燃烧的热能通过锅炉和汽轮机进行发电和供热。热电联产机组主要由 4 种模式：常规热电机组的汽轮机抽气供热模式、锅炉与汽轮机抽气双供热模式、锅炉直接供热模式和背压式供热模式（含抽气背压式）。其机组工作流程图如图 11-1 所示。

② 燃气热电联产机组：指以天然气为主要燃料带动燃气轮机或内燃机等产生动力驱动发电机发电，满足造纸企业的电力需求，系统排出的废热通过余热回收利用设备（余热锅炉）对造纸干燥部供热。燃气热电联产机组的示意如图 11-2 所示。

③ 黑液热电联产机组。指通过黑液气化技术将黑液气化后燃烧发电的技术。黑液气化技术具有产电率高，化学药品回收率高，硫氧化物、氮氧化物以及碳氧化物排放较低的特点。为此，十分适合于造纸企业的节能减排。其结构图如图 11-3 所示。

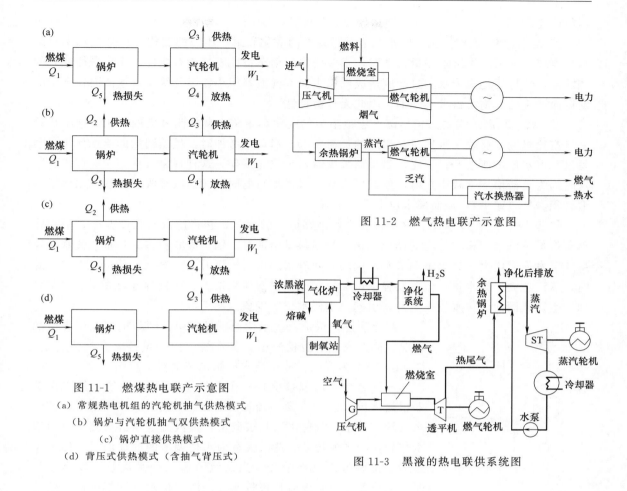

图 11-1　燃煤热电联产示意图
（a）常规热电机组的汽轮机抽气供热模式
（b）锅炉与汽轮机抽气双供热模式
（c）锅炉直接供热模式
（d）背压式供热模式（含抽气背压式）

图 11-2　燃气热电联产示意图

图 11-3　黑液的热电联供系统图

第二节　热力锅炉及其控制方案

　　锅炉自动控制系统的任务是根据机组的负荷要求，向汽轮机供给相应流量、压力和温度在规定范围内、品质合格的新蒸汽，同时保证锅炉安全、经济、持续地运行。本节主要介绍热力锅炉控制系统的组成部分，即给水控制系统、气温控制系统和燃烧控制系统。

一、给水自动控制系统

　　给水自动控制的目的是保持锅炉的给水量与锅炉的蒸发量之间的平衡，维持汽包水位在规定的范围内。汽包水位过高会影响汽包内汽水分离装置的工作，造成出口蒸汽带水过多而品质恶化，带水的蒸汽能使过热器管内壁结垢，并使蛇形管部分形成水塞而烧坏，更甚有时会导致主机进水，严重危害汽轮机安全运行。汽包水位过低，会破坏锅炉正常的汽水工质循环，甚至引起爆管。

　　汽包水位决定于汽包中的贮水量和水面下的气泡容积。引起汽包中贮水量和水面下气泡容积变化的因素很多，凡是引起汽包中储水量和水面下气泡容积变化的各个因素都是给水控制对象的扰动。因此给水控制对象的扰动主要包括锅炉的蒸汽负荷 D、给水流量 W 和炉膛

热负荷 Q 等。

① 给水量 W 扰动。包括给水调节阀门开度的变化和给水压力的变化，这个扰动来自给水管道或给水泵。当给水流量扰动时，水位变化的动态特性表现为有惯性、无自平衡能力的特征。惯性特征是因为水的过冷度造成汽包水面下气泡容积小，以及给水管道曲而长产生的延迟而产生的。物质供求不平衡，因此无自衡特性。

② 蒸汽负荷 D 扰动。包括蒸汽管道阻力的变化和主蒸汽调节闭开度的变化，这个扰动来自汽轮机侧，反映了汽轮机对锅炉的负荷要求。当负荷增加时，虽然锅炉的给水量小于蒸发量，但水位迅速上升；反之，当负荷减少时，水位先下降，这种现象常称为"虚假水位"。这是因为负荷增加（减少）时，汽包压力减小（增加）的同时放出（吸收）潜热，水面下气泡容积增加（减少），从而使水位上升（下降）。

③ 炉膛热负荷 Q 扰动。这个扰动主要是燃烧率的变化，它将使蒸发强度改变，引起输出蒸汽量和汽水容积中气泡的体积变化。当燃料量增加时．锅炉吸收更多的热量，使水循环系统蒸发强度增大。如果不调节蒸汽阀门，随着锅炉出口气压升高，蒸汽负荷也将增加。此时，蒸汽量大于给水量，但蒸发强度增加，水面下气泡体积增大，而这种现象先于蒸发量增加发生，从而使汽包水位先上升，引起"虚假水位"现象。

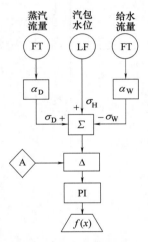

图 11-4　单级三冲量给水
控制系统结构示意图

综上所述，锅炉汽包水位控制过程中，频频出现水位虚假的情况，而在汽包水位检测中，基本是以三冲量控制系统进行的。图 11-4 所示为三级三冲量给水控制系统结构示意图。

三冲量给水调节系统是一个前馈-反馈调节系统，给水调节器根据汽包水位 H、蒸汽流量 D 和给水流量 W 三个信号调节给水流量。其中，汽包水位是被调量，蒸汽流量和给水流量是引起水位变化的主要扰动。蒸汽流量为水位调节的前馈信号，给水流量为水位调节的反馈信号。当蒸汽流量（给水流量）发生变化时，调节器会对给水流量进行调节，使汽包水位恢复到原来的数值。由于引入蒸汽流量前馈信号，从而减少、抵消了由于"虚假水位"现象使给水流量向与负荷相反方向变化的趋势。该系统适合于中型以上锅炉给水控制。

二、汽包蒸汽温度自动控制系统

过热蒸汽温度（下面都简称为过热汽温）是影响机组安全运行及经济运行的重要参数之一，其任务是维持过热器出口蒸汽温度在允许的范围之内，并保护过热器，使其管壁温度不超过允许的工作温度。过热蒸汽温度是锅炉汽水系统中工质的最高温度，蒸汽温度过高会使过热器管壁金属强度下降，易烧坏过热器的高温段，也会引起汽轮机高压部分过热，严重影响机组运行安全；而温度过低，则会影响全厂热效率，引起汽轮机末级蒸汽湿度增加，甚至出现带水现象，严重影响汽轮机运行安全。因此，在锅炉运行中，必须严格控制过热汽温在给定值附近。一般来说，中、高压锅炉过热汽温的瞬时偏差值不允许超过 $\pm 10^{\circ}C$，长期偏差不允许超过 $15^{\circ}C$。

过热汽温系统属于典型的多容环节，其对象具有较大的迟延和惯性。影响汽温变化的干扰因素多，主要的扰动变量为蒸汽流量（负荷） D、烟气传热量 Q 和减温水量 W 三个。

① 蒸汽流量（负荷） D。是由锅炉负荷变化引起的。当锅炉负荷变化时，过热器出口

汽温的阶跃响应的特点是有迟延、有惯性、有自平衡能力，且迟延和惯性较小。这是因为沿整个过热器管路长度上各点的蒸汽流速几乎同时改变，从而改变过热器的对流放热系数，使过热器各点蒸汽温度也几乎同时改变，直到达到平衡状态为止。虽然在蒸汽负荷扰动下，汽温变化特性较好，但蒸汽负荷是由用户决定的。不可能作为控制汽温的手段，只能看作汽温控制系统的外部扰动。

② 烟气传热量 Q。引起烟气传热量变化的原因很多，但对象特征总的特点是：有延迟、有惯性、有自平衡能力。烟气传热量扰动可以用来作为调节量信号。从动态特性角度考虑，将烟气侧扰动作为过热汽温控制手段较好，如改变燃烧器角度、烟气再循环、烟气管通等。但是，这类控制方法均会导致锅炉结构复杂化，而且实现起来较麻烦，所以一般较少采用。

③ 减温水量 W。是引起过热器入口蒸汽温度变化的主要因素，也是目前广泛采用的过热蒸汽温度调节方法。减温器位置对对象动态特性有显著的影响，减温器离过热器出口越远，则迟延越大。减温水扰动时，汽温控制对象也是有自平衡、有迟延和有惯性的控制对象。减温水量经常被作为控制系统的调节量。

综上所述，三个主要扰动变量中，仅有减温水温度是可调的，而减温水扰动下的汽温动态特性具有一定的延时和较大的惯性，仅采用过热器出口汽温设计的过热汽温控制系统难以满足生产要求，因此，过热汽温控制系统多采用串级控制方式，并多采用喷水减温的方法来维持过热汽温，如图 11-5 所示。

根据图 11-5 可知，后段过热器出口主汽温由主调节器 PID_2 控制。当后段过热器出口汽温末达到设定值时，主调节器 PID_2 的输出就不断地变化，使副调节器不断地去改变减温水量，直到主汽温恢复到主汽温设定值为止。在稳定状态下，减温器出口的汽温，即导前汽温可能与原来数值不同，而主汽温一定等于设定值。由于导前汽温能比主汽温提前反映扰动对主汽温的影响，尤其是

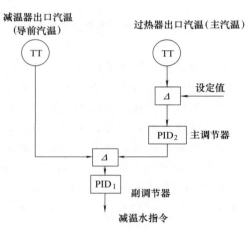

图 11-5　喷水减温串级控制

减温水扰动，从而及时地调整减温水量，因此串级控制系统可以减小主汽温的动态偏差。在串级汽温控制系统中，两个回路的任务及对象的动态特性不同。副调节器的任务是快速消除落在内回路内的扰动影响，要求控制过程的持续时间较短，但不要求无偏差，故可选用比例调节器，也可用比例、积分、微分调节器。主调节器的任务是维持主汽温为设定值，一般选用比例、积分、微分调节器，在采用计算机控制系统后，还可选用更复杂的控制算法。

三、燃烧过程自动控制系统

锅炉燃烧过程是一个将燃料的化学能转变为热能，以蒸汽形式向负荷设备提供热能的能量转换过程。其基本任务是既要提供适当的热量以适应蒸汽负荷的需要，又要保证燃料的经济性和运行的安全性。就对于燃烧过程控制系统的功能而言，主要分解为燃料量控制、送风量控制和炉膛压力控制三个相对独立的子系统，采用燃料量、送风量和引风量三个调节量来控制汽压（或负荷）、燃烧经济性指标和炉膛负压三个被控量。

（一）燃料控制子系统

燃料控制子系统任务是根据机组负荷协调控制系统输出的或由运行人员手动给定的燃烧率指令来控制燃料量，使进入锅炉的燃料量符合机组的负荷要求。在燃料量控制系统中，燃料量信号作为按燃烧率指令进行控制的反馈信号。正确及时地测量燃料量，是燃料控制系统的关键问题。对于液体和气体燃料，可以直接测量进入炉膛的燃料量，但是对于固体燃料，直接测量进入炉膛的燃料量是较困难的，一般都采用给煤机转速、给粉机转速、磨煤机进出口压差、热量信号等间接测量法。最基本的燃料量控制系统由负荷主控系统的锅炉控制器输出的燃烧率指令或由运行人员从煤控制站上手动输出的燃烧率指令去直接控制燃料系统的执行机构，改变进入锅炉的燃料量。其控制系统结果如图 11-6 所示。

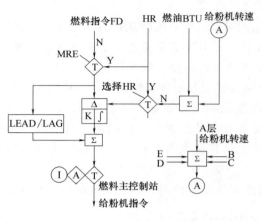

图 11-6　燃料量控制系统的基本结构

（二）送风控制子系统

送风控制的任务是使送风量与燃料量保持合适的比例，实现安全、经济燃烧。送风量的准确测量是实现送风量自动控制的关键之一，目前常用的风量测量装置有对称机翼型和复式文丘里管，还有装于风机入口的弯头测风装置和装于矩形风道内的挡风板等一些简便的测量装置。目前尚无法直接或迅速地测量燃烧经济性，因此，在实践中，送风控制系统常采用直接保持燃料量与送风量比例关系的比值控制系统，如图 11-7 所示。以前馈形式引入的燃料量 B 作为送风调节器的给定值，送风量 V 作为反馈信号引入。由于送风调节器采用 PI 控制规律，所以静态时，调节器入口信号的平衡关系为 $BK - V = 0$，由此可得：

$$\frac{V}{B} = K \tag{11-1}$$

其中，K 为风煤比例系数。

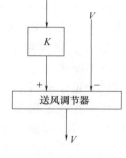

图 11-7　送风控制系统的基本结构

（三）引风控制子系统

引风控制子系统，即炉膛压力控制系统，其任务是通过控制引风量将炉膛负压控制在规定的范围之内，使之与送风量相适应。由于引风控制对象的动态响应快，测量也容易，因此引风控制系统采取以炉膛负压 p_f 作被控量的单回路控制系统，如图 11-8 所示。因为送风量是炉膛压力最主要的扰动因素，所以可将送风量作为前馈信号引入引风调节器。当送风控制系统动作时，引风控制系统随之动作，根据炉膛压力与定值的偏差，引风调节器进行校正调节。显然，送风前馈信号的引入有利于提高引风系统的稳定性和减小炉膛负压的动态偏差。控制方案中的滤波器一般选用微分环节。

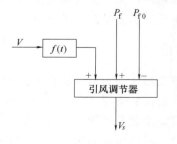

图 11-8　引风控制系统的基本结构

四、锅炉的 DCS 系统简介

在供热企业运行及发展中，DCS 系统作为一种核心的微控制软件，结合了计算机使用原理，通过现代技术、远程技术以及显示技术的综合运用，形成一种多功能的网络工程模式，将该种系统运用在热电厂供热中，可以满足供热系统的多功能运行需求，实现供热系统控制的目的。图 11-9 为锅炉仪表控制系统组成。锅炉仪器仪表控制系统中，温度传感器、流量计、压力变送器及微压传

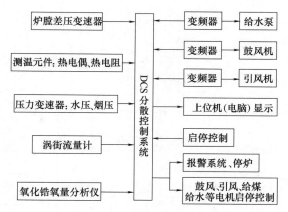

图 11-9　热力锅炉仪表的 DCS 系统图

感器等信号属于主要构建的内容。所有仪表信号朝着 DCS 控制系统中上位系统上传后，上位系统能够结合仪表信息执行逻辑运算，并将指令下发。

第三节　汽轮发电机组及其控制系统

汽轮机是电厂中的重要设备，在高温高压蒸汽的作用下高速旋转，完成热能到机械能的转换。汽轮机的主要控制参数是功率、转速和主蒸汽压力。在不同的运行方式下，这些参数之间互相制约，互相影响。同时，为了满足汽轮发电机安全、稳定、经济运行的需要，还需要对汽轮机的其他参数、其他设备进行控制，使各种参数维持在规定的范围内。

为了保护汽轮机设备的安全运行，必须对汽轮机各个部件进行严格的监视和保护，必要时自动跳闸停机，防止重大事故的发生。为了达到上述要求，汽轮机必须配备完善可靠的自动控制系统，主要包括汽轮机调节系统和汽轮机安全监视系统，本节主要介绍汽轮机调节系统方面的内容。

一、汽轮机调节系统简介

汽轮机调节系统历来是汽轮机本体的组成部分，它的结构形式有机械式、液压式及电液式等，随着机组单机容量的增大，对汽机控制系统的自动化水平要求越来越高。目前，数字电液调节系统（Digital Electric Hydraulic Control System，DEH）已代替了原来的机械型液力调节系统，它采用计算机技术进行数字运算处理，应用软件编程实现汽轮机的转速控制和负荷控制，具有监视、保护和在线试验等功能。其系统结果如图 11-10 所示。

电液调节系统具有如下的优点：

① 系统灵敏度高，稳态精度高，动态响应快。

② 可采用各种调节规律，如 PID、最佳控制规律等。

③ 易于综合各种信号。

④ 容易实现各种逻辑电路。

⑤ 能够满足各种运行方式要求。

⑥ 便于与计算机连接，实现进一步自动化。

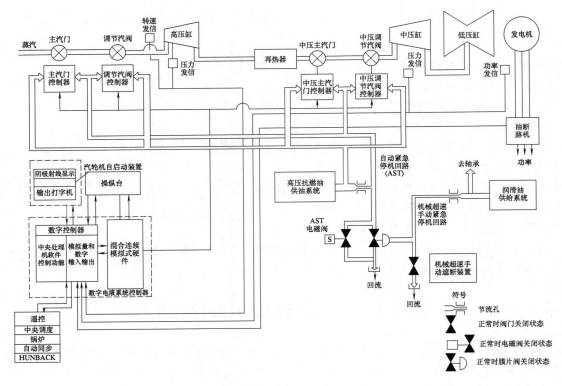

图 11-10　DEH 系统图

二、DEH 的主要控制系统

DEH 系统的最主要任务是对汽轮机进行有效的控制。就执行机构而言，DEH 系统的控制可分为高压主汽阀（TV）控制，高压调节汽阀（GV）控制，中压主汽阀控制（BV）和中压调节汽阀（IY）控制。

（一）高压主汽阀（TV）控制

高压主汽阀控制用于启动升速和机组跳闸时隔绝蒸汽进行紧急停机。当机组冷态启动时，TV 从盘车后的转速升到 2900r/min。热态启动时，TV 将 IV 控制的最大转速（2600r/min）升至 2900r/min 后．转速控制由 TV 转至 GV，然后保持全开，一直到机组并网，带负荷运行，这期间只要不出现机组跳闸，就始终由 GV 进行控制。其转速控制原理图如图 11-11 所示。

（二）高压调节汽阀（GV）控制

图 11-12 为高压调节汽阀的转速控制原理。其具体的调节过程如下：

① 在启动过程中，机组自转速度从 2900r/min 开始，TV 切换至 GV，由 GV 控制机组的转速。

② 并网。根据电网的实际频率，当机组的转速升至同步转速（3000r/min）附近时，由操作员选择自动同步控制或手动同步控制，控制机组的转速直至并网，维持空载或带初负荷（一般为 3%～10%额定负荷）。

③ 机组并网带初负荷后，有 GV 控制机组升负荷，若机组是热态启动，在符合未达到

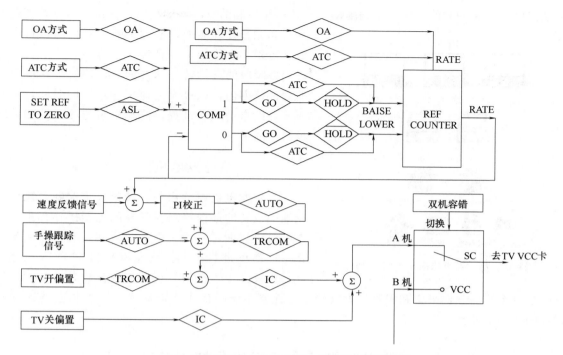

图 11-11　高压主汽阀（TV）的转速控制原理图

额定负荷 35％之前，中压调节阀也参加负荷的调节。

　　④ 在异常情况（ASL、OPC）下，高压调节汽阀迅速关闭，切断气压缸的进汽，避免事故发生，确保机组的安全。

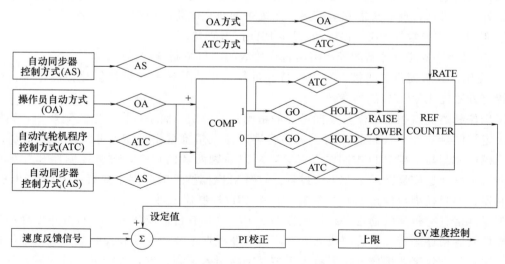

图 11-12　高压调节汽阀（GV）的转速控制原理图

（三）DEH 系统的汽轮机自动程序控制

　　随着发电机组向多参数大容量方向发展，设备和系统越来越复杂，需要监控的运行参数繁多，特别是启动过程、温差、膨胀、位移、应力和振动等因素，对机组的安全和寿命有很大的影响。大量的工作仅凭工作人员经验进行操作，很难做到优化启动，为减轻运行人员的劳动强度，避免人为的操作失误，推动了自动程序控制的发展，即利用计算机的运算，逻辑判断和综合处理能力，通过不断地对机组运行参数进行采集和监控，计算转子的应力，确定启动过程各阶段的目标转速和升速率，使机组在应力的允许范围内，以最大的速率和最短的时间，完成最佳的自动启动过程，提高机组的可靠性和减少启动的损失。

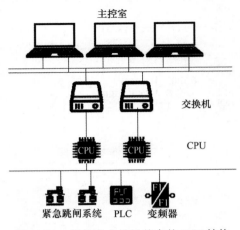

图 11-13　汽轮发电机组基本的 DCS 结构

三、汽轮发电机组的 DCS 简介

汽轮发电机组的启停、转速、主控制系统以及辅助设备的远程控制等都有的控制操作都集中在上位机界面，采用集中远控方式，有操作人员在主控室里进行控制。汽轮发电机组 DCS 的建立，不仅减少了车间人员的操作工作，更有利于整个控制系统的数据采集和积累，为汽轮发电控制系统的优化奠定基础。其基本的 DCS 结构如图 11-13 所示。

第四节　热电联供综合运行优化控制及其应用

随着电力科技的发展，热电设备向大容量、高参数的方向发展，使得热工控制系统的被控对象大迟延、慢时变、非线性和不确定性的特点更加明显，这对控制策略提出更高的要求，在很多情况下，经典的控制方法无法满足对控制品质的要求，需要寻找更新的、更实用的控制方法。目前，计算智能在电厂热工系统中的研究主要集中在三个方面：

① 智能技术与常规 PID 相结合的智能 PID 技术研究；

② 应用计算智能设计新的控制策略替代传统的门口控制器的作用；

③ 应用计算智能方法对被控对象的特性进行辨识，并进一步设计优化控制方案，应用计算智能方法优化 PID 控制器参数。

模糊控制的优点在于不需要掌握过程的精确数学模型，而是根据一组控制规则，经模糊推理决定控制量的大小，因此特别适合那些难以建立精确数学模型、非线性和大滞后的过程。将模糊控制与常规 PID 控制结合起来，可以兼顾两者的优点，改善控制器和控制系统的性能，更好地适应复杂的工业生产过程。这种对模糊技术的应用主要有"模糊＋PID"复合控制器、参数模糊自校正 PID 控制器和模糊 PID 控制器三种。

神经网络具有很强的逼近非线性函数的能力，并具有自适应学习、并行分布处理和较强的鲁棒性及容错性等特点，为解决未知、不确定非线性系统的建模和控制问题提供了一种新的有效途径。近年来，国内外学者将人工神经网络引入控制领域，进行了大量的研究并取得了丰硕的成果。对于常规 PID 控制也不例外，以各种方式应用于 PID 控制的新算法大量涌现，其中一些取得了明显的效果。基于神经网络的参数自适应 PID 控制器主要是通过神经网络的训练和学习，寻找最优的 PID 参数。

智能 PID 控制器或是要求对被控过程和控制律有全面的先验知识，或是优化问题建立在具有连续光滑搜索空间的基础上，若搜索空间不可微或参数间为非线性的，则得不到全局最优解。遗传算法是人工智能的重要分支，作为一种简便有效的新型优化技术，具有对所优化目标的先验知识要求少、高度并行处理能力、强鲁棒性、易于实现全局优化且无需有连续性和可微性的限制。对于常规 PID 控制器，人们主要是利用遗传算法进行控制器参数的优化。而模糊 PID 控制器则可以采用遗传算法优化模糊控制规则。在神经网络门口控制中，使用较多的是应用 BP 算法进行学习，但是 BP 算法容易陷入局部最小，而采用遗传算法进行 PID 神经网络连接权值的优化计算则可以避免这方面的问题，且计算简单，没有解析寻优算法要求目标函数连续光滑的限制，应用更加方便。

近年来，智能控制逐渐呈现出常规控制理论、模糊逻辑、神经网络、人工智能、遗传算法和各种优化技术等互相融合发展、综合应用的趋势，它们之间的相互补充可以增强彼此的能力，从而获得更有力的表示和解决实际问题的能力。

过热汽温系统具有较大的惯性和时滞，且动态特性随运行工况的变化而改变。近年来，人们根据过热汽温系统的特点，将智能控制技术引入其中，对参数模糊自校正 PID 控制、模糊预测控制等在过热汽温控制中的应用进行了研究，仿真试验证明，它们可以有效地改善常规过热汽温控制系统的性能和控制品质，增强控制系统的适应性。

总体来看，智能控制在电厂热工过程控制系统中的应用目前还是以理论研究和仿真试验为主，但理论研究成果和实际应用情况表明，智能控制在电厂热工过程控制系统中的广泛应用，不仅是有效的，而且是可行的，是提高电厂热工自动化水平的一个重要手段。目前，有不少分散控制系统（DCS）生产厂家已在其产品中增加了智能控制的模块，这将为智能控制的广泛应用提供有利的条件。

案例：用神经网络和遗传算法对锅炉燃烧进行优化

在锅炉燃烧控制系统中，送风调节系统的任务是保证进入炉膛的燃料充分燃烧，使锅炉达到最高的燃烧效率。目前大机组一般采用以氧量为被调量的间接比值控制方案，该方案简单易行，具有一定的动态修正能力，但机组调试只是一种特定工况，该方案未考虑在机组运行一段时间后，机械部件的老化和磨损以及烟道的泄漏等情况。针对这些问题，也出现了许多新的风煤比寻优方法，但这些研究都把重点集中在提高燃烧效率上，忽略了氮氧化物的排放，从而加重环境污染。

燃烧过程中影响燃烧热效率和污染物排放量的因素大部分相同，但其具体要求往往是矛盾的。采用以提高燃烧效率和减少氮氧化物的排放为目标，应用人工神经网络技术实现燃烧热效率和污染物排放量的预测，然后采用遗传算法寻找烟气最佳含氧量的方法能够解决上述问题。完整实现的过程如下。

（一）送风控制系统结构

为了使锅炉适应负荷的变化，必须同时改变送风量和燃料量。送风控制系统的任务是保证进入炉膛的燃料能够充分燃烧，使锅炉达到最高的燃烧效率。目前大机组一般采用以氧量为被调量的间接比值控制方案。图 11-14 是氧量空燃比串级系统。这种方法是燃料量

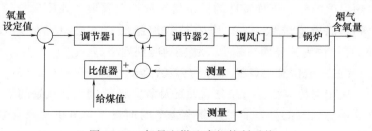

图 11-14　氧量空燃比串级控制系统

随负荷变化，空气量通过风煤比跟随燃料量的变化，同时针对给煤量的测量不准，为保证锅炉处于充分燃烧状态，增加了送风调节回路的烟气含氧量作串级校正。

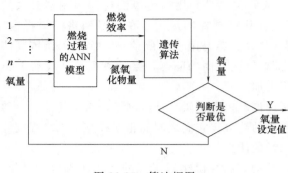

图 11-15　算法框图

（二）优化方案设计

本节采用遗传算法寻找烟气最佳含氧量的设定值，校正风煤比系数，从而实现锅炉的高效低污染燃烧。在遗传算法实施过程中，获取所需要的燃烧效率和氮氧化物排放量是通过构建神经网络进行预测来实现的。算法框图如图 11-15 所示。

（三）锅炉燃烧特性试验与神经网络的样本数据

基于燃烧特性试验结果，建立锅炉燃烧的神经网络模型。燃烧特性试验共进行了 12 组实验工况，实验特性数据见表 11-1。

表 11-1　　锅炉燃烧特性工况表

工况	燃料量/ (t/h)	送风量/ (t/h)	氧量/ %	低位发热量/ (kJ/kg)	温差/ ℃	收到基碳质量分数/%	收到基氧质量分数/%	收到基氮质量分数/%	效率/ %	NO_x 含量/ (mg/m³)
1	238.6	2367	3.307 5	26 069	124.5	64.51	6.53	1.56	93.066 5	880.31
2	237.1	2350	3.325 0	26 069	122.5	64.51	6.53	1.56	93.043 0	863.65
3	231.7	2328	3.022 5	26 069	114.7	64.51	6.53	1.56	93.522 9	932.28
1	232.7	2293	3.041 7	26 069	117.0	64.51	6.53	1.56	93.403 9	1085.32
5	228.7	2283	2.761 7	26 069	111.3	64.51	6.53	1.56	93.758 6	954.03
6	240.4	223.7	3.100 0	23 677	103.3	57.89	9.94	0.96	93.788 8	769.40
7	242.6	2343	3.079 0	23 677	105.5	57.89	9.94	0.96	93.724 0	740.94
8	241.0	2344	3.091 0	23 677	103.6	57.89	9.94	0.96	93.836 4	582.36
9	240.6	2367	3.231 7	23 677	103.3	57.89	9.94	0.96	93.827 1	795.69
10	180.7	1875	3.921 7	26 069	95.8	64.51	6.53	1.56	94.179 0	727.26
11	143.0	1520	4.732 5	26 069	94.2	64.51	6.53	1.56	94.042 8	686.42
12	239.2	2321	3.089 0	23 677	102.7	57.89	9.94	0.96	93.893 8	787.27

（四）燃烧过程的神经网络模型

电厂锅炉燃烧系统是一个复杂的能量转换、传递的过程，影响其燃烧效率、氮氧化物（NO_x）排放量的因素很多，我们通过分析锅炉的燃烧特性，结合燃烧特性试验结果，选择决定燃烧效率和氮氧化物排放量的 8 个主要因素（燃料量、送风量、氧量、锅炉进风温度和排烟温度温差、煤种特性的低位发热量 Q、收到基碳质量分数 C_{ar}、收到基氧质量分数 O_{ar}、收到基氮质量分数 N_{ar}）作为神经网络的输入，以燃烧热效率 eff_c 和氮氧化物排放量 $[NO_x]_c$ 作为神经网络输出，建立神经网络模型。

（五）遗传算法寻优

应用遗传算法进行最佳含量的计算，调整烟气含氧量的给定值，使锅炉效率和污染物的排放量达到最优。为了在保证燃烧率的前提下，减少氮氧化物排放量，故采用的适应度函数为：

$$J = a \times (eff - eff_c) + b \times ([NO_x]_c - [NO_x]) \qquad (11\text{-}2)$$

其中，eff 为锅炉理想燃烧效率，一般取设计值；eff_c 为实际燃烧效率，取神经网络输出值；$[NO_x]$ 为氮氧化物排放最低值，或理想值；$[NO_x]_c$ 为实际氮氧化物排放最低值，取神经网络的输出值；a，b 为输出值的加权系数，数值取决于对效率和排放的关注程度。

（六）仿真实验

由于神经网络输入参数的取值范围不同，参数大小不一，为使各参数所起的作用大致相同，需要先对输入数据进行归一化处理。结合锅炉燃烧特性，建立了具有 $8 \times 13 \times 2$ 的 BP 神经网络模型。其中神经网络的隐层采用对数 s 型函数；输出来用线性函数。网络模型计算结果如表 11-2 所示。对于前 10 组训练样本，网络的输出值与实测值十分接近。对非训练的第 11 组和第 12 组输入参数，神经网络对锅炉燃烧热效率和氮氧化物排量的预测的相对误差分别为（0.1455%，0.6003%）、（0.0862%，2.9494%），预测的相对误差很小，网络具有很好的泛化能力，可以作为进行燃烧热效率和氮氧化物排量预测的模型。

表 11-2　　　　　　　　　　　　　　　　　网络模型预测结果

工况		实测值	神经网络输出值	相对误差/%
1	效率	93.0665	93.0597	0.0073
	NO_x	880.3100	877.3922	0.3314
2	效率	93.0430	93.0628	0.0213
	NO_x	863.6500	867.7514	0.7064
3	效率	93.5229	93.5188	0.0044
	NO_x	932.2800	931.8162	0.0497
4	效率	93.4039	93.3972	0.0072
	NO_x	1085.3200	1084.7354	0.0539
5	效率	93.7586	93.7666	0.0085
	NO_x	954.0300	957.4674	0.3603
6	效率	93.7888	93.8073	0.0197
	NO_x	769.1000	791.9879	2.9358
7	效率	93.7240	93.7269	0.0031
	NO_x	740.9400	748.0136	0.9547
8	效率	93.8364	93.8080	0.0302
	NO_x	832.3600	811.6989	4.7704
9	效率	93.8271	93.8183	0.0094
	NO_x	795.6900	795.0375	0.0820
10	效率	94.1790	94.1806	0.0017
	NO_x	727.2600	727.4725	0.0292
11	效率	94.0428	94.1797	0.1455
	NO_x	686.1200	682.2996	0.6003
12	效率	93.8938	93.8128	0.0862
	NO_x	787.2700	764.0501	2.9494

（七）应用遗传算法计算最佳含氧量

遗传算法采用二进制编码策略，种群规模为 40，编码长度为 20，选择代沟为 0.9，交叉概率为 0.7，氧量的变化范围取为 3‰～5‰，适应度函数采用公式（11-2），其他的参数设置为：

① 根据表11-1的实验特性数据，取理想燃烧效率 eff 为样本效率的最大值94.2%，理想氮氧化物排放值 $[NO_x]_0$ 为样本最小值 686mg/m³。

② 由于锅炉燃烧热效率和氮氧化物排放量误差的数量级不同，为了限制氮氧化物排放量误差过大影响种群进化的方向，对它们数量级进行修正，同时兼顾两者优化的比重，公式（11-2）中系数 a 和 b 分别设置为12和0.1。

从表11-2中可以看到，工况4的氮氧化物排量最高，故选择工况4做仿真优化。仿真结果如图11-16和图11-17所示，优化结果与实际值比较如表11-3所示。由对比结果可知，通过对氧量给定值的优化，系统在燃烧效率轻微降低的情况下，氮氧化物的排量明显降低。

表 11-3　　　　　　　　　优化前后的燃烧率与氮氧化物排放量

	氧量/%	效率/%	NO$_x$ 含量/(mg/m³)
优化前	3.041 7	93.403 9	1085.32
优化后	3.550 3	92.715 9	686.42

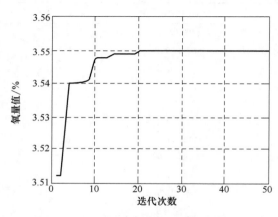

图 11-16　氧量随进化次数的变化曲线

由表11-3可知，随着氧量值增大，燃烧效率有所降低，锅炉的氮氧化物排放量明显降低，表明用优化氧量给定值的燃烧控制系统能在保证燃烧效率变化不大的情况下，降低污染物的排放。由图11-16可知，遗传算法到20代的时候就已收敛，而且整个优化过程能在几秒钟内完成，可以满足燃烧工况变化时的实时优化计算。由图11-17和图11-18可知，在一定的范围内，锅炉热效率和氮氧化物的排放都随着烟气含氧量变大而增高，这意味着，在目前对于环保的重视程度日益提高的情况下，不能片面追求锅炉燃烧效率的提高。

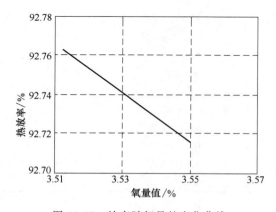

图 11-17　效率随氧量的变化曲线

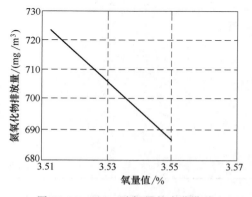

图 11-18　NO$_x$ 随氧量的变化曲线

上述优化过程中，可以通过调节适应度函数［公式（11-2）］中权值 a 和 b 的变化，实现燃烧效率和氮氧化物排放的不同侧重目标的优化，也可以兼顾两者，实现整体优化。

思　考　题

1. 热力锅炉控制系统有哪几部分？它们的功能主要是什么？

2. 给水控制对象的扰动主要包括哪些？它们会对什么有影响？

3. 请画出喷水减温控制的串级控制方框图，并标出干扰部分。请简述当温度下降时，控制系统该怎么变化。

4. 燃料量控制系统的基本结构是怎么样的？主要包括哪几个子系统？

5. 汽轮发电机组由哪几个部分组成？其控制系统如何保证汽轮机安全运行？

6. 智能控制和传统控制有哪些区别？

参 考 文 献

[1]　王和平，程绍兵. 热电联产锅炉机组设备及经济运行 [M]. 北京：中国石化出版社，2014.

[2]　Disalvo F J. Thermoelectric Cooling and Power Generation [J]. Science, 1999, 285 (5428): 703-706.

[3]　Lopes A J P, Hatziargyriou N, Mutale J, et al. Integrating distributed generation into electric power systems: A review of drivers, challenges and opportunities [J]. Electric Power Systems Research, 2007, 77 (9): 1189-1203.

[4]　孙奉仲，杨祥良，高明. 热电联产技术与管理 [M]. 北京：中国电力出版社，2008.

第十二章 造纸废水处理过程控制系统

造纸工业是一个与国民经济息息相关的行业，同时也是一个能源及化工原料消耗高、用水量大、对环境污染严重的行业，这是由于造纸工业废水排放量大，废水中又含有大量的纤维素、木素、无机碱以及单宁、树脂、蛋白质等，致使废水色度深、碱度大，难降解物质含量高、好氧量大。它能造成整个水体的污染和生态环境的严重破坏。美国的六大公害和日本的五大公害均有造纸工业，而西欧国家如瑞典、芬兰造纸工业有机负荷已占全部工业污染负荷的80%。我国造纸工业污染相对严重，废水排放量大。据统计，我国造纸工业排放的废水量占全国工业废水总排放量的20%～30%。

第一节　污水处理方法和工艺及水质参数

一、常见的污水处理方法

目前城市污水和工业废水处理技术作为环境学科的一个分支，整体上已有了很大的进步，但还落后于我国城市发展的水平。造纸工业废水主要包括制浆工段废水和造纸工段中段水。对于草木浆制浆过程产生的黑液，一般都通过碱回收的办法来回收碱和能量；废纸制浆废水和其他工段产生的中段水通过本章讲述的方法来处理。污水处理的分类方法很多，按采用的方法分主要有物理法、化学法、物理化学法和生物法（表12-1）。这些方法可以单一使用，也可以针对不同的污水水质组合使用。

表 12-1　　　　　　　　　　　　常用的污水处理方法

物理法	化学法	物理化学法	生物法
格栅	混凝	吸附	好氧活性污泥
沉淀	消毒	离子交换	好氧生物膜
过滤	中和	萃取	氧化塘
气浮	电解	吹脱与汽提	厌氧活性污泥
离心分离	化学沉淀	膜分离	厌氧生物膜
调节匀和	氧化还原	蒸发与结晶	土地处理法

物理方法原理：通过物理作用分离、回收污水中不溶解的呈悬浮状的污染物质（油膜和油珠）。常用方法有重力分离法、离心分离法、过滤法及气浮法。

化学方法原理：向污水中投加某种化学物质，利用化学反应来分离、回收污水中的某些污染物质或使其转化为无害物质。常用方法有：化学沉淀法、混凝法、中和法、氧化还原法。

物理化学法原理：这是利用物理和化学的综合作用使废水得到净化的方法。常用方法有液-液萃取法、吸附法、离子交换法、蒸发结晶法。

生物法原理：利用微生物的新陈代谢功能，使污水中呈溶解和胶体状态的有机污染物被降解并转化为无害的物质，可分为好氧生物处理和厌氧生物处理两个过程。除了上述常见方法外，还有一种组合工艺处理法。组合工艺处理法可分为：物理＋化学，物理＋好氧生物处理，物理＋厌氧生物处理，物理＋组合生物处理，化学＋物化，化学＋好氧生物处理，化学＋厌氧生物处理，化学＋组合生物处理，物化＋好氧生物处理，物化＋厌氧生物处理，物化＋组合生物处理。

污水生物处理法是 19 世纪末出现的污水处理技术。发展至今，它已经成为世界各国处理污水的主要手段，在污水处理领域中占有重要地位。我国现阶段的城市污水处理主要以生物法为主，物理法和化学法起辅助作用。生物处理法又可分为：普通活性污泥法，完全混合活性污泥法，AB 两段活性污泥法，厌氧-好氧活性污泥法（生物除磷），投药活性污泥法（除磷），强化硝化活性污泥法，缺氧-好氧活性污泥法（生物脱氮），好氧-缺氧-好氧活性污泥法（生物脱氮），厌氧-缺氧-好氧活性污泥法（生物同步除磷脱氮），序批式活性污泥法（SBR、ICEAS、CAST、CASS、DAT-IAT、MSBR、UNITANK），氧化沟（普通氧化沟、Orbd 氧化沟、Carrousel 氧化沟、交替工作型氧化沟、双沟 DE 型氧化沟、鼓风曝气型氧化沟），深井曝气活性污泥法，富氧活性污泥法，水解酸化好氧活性污泥法，阶段曝气活性污泥法，吸附再生活性污泥法，延时曝气活性污泥法，高负荷活性污泥法；生物滤池，生物转盘，生物接触氧化法，生物流化床，曝气生物滤池；厌氧生物处理法，厌氧接触法，上流式厌氧污泥床工艺，厌氧折流板反应器工艺，厌氧生物滤池，厌氧生物膨胀床，厌氧生物流化床，厌氧生物转盘。常见的污水生物处理法如下。

（1）活性污泥法

自 1914 年英国曼彻斯特建成首家活性污泥处理试验厂以来，活性污泥法已经有 90 多年的历史。人们对活性污泥法的净化机理、反应规律、运行管理进行了深入的研究。

活性污泥法是根据絮凝动力学和生物吸附理论提出的"絮凝吸附-沉淀-活化"城市污水强化一级处理工艺，其工艺流程见图 12-1。该工艺对污染物去除的强化作用主要包括污泥的絮凝、吸附和生物代谢 3 种，以前两者的作用为主。该工艺的特点是未经沉淀的生活污水原水与生物污泥同时进入污泥混合反应器（絮凝吸附池），两者在机械搅拌作用下充分混合，经充分絮凝吸附反应后，大量

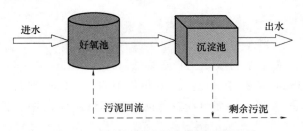

图 12-1 活性污泥法污水处理工艺流程

污染物质被絮凝吸附进入污泥絮体，出水进入沉淀池，实现固液分离，而沉淀池出水就是最终出水。为了恢复沉淀池饱和污泥的活性，污泥法的工艺流程生物絮凝吸附活性，将沉淀污泥短时间曝气活化，以部分降解吸附的有机物，产生适量的微生物絮凝物质，改善污泥的沉降性能，同时保持污泥的好氧状态，避免变黑、发臭。此过程在污泥活化池里进行，能耗远低于二级生物氧化反应。该工艺是适用于环境状况亟待改善而经济欠发达地区的一种实用技术。

活性污泥法的主要处理构筑物是曝气池和沉淀池。在曝气池停留一段时间后，污水中的有机物绝大部分被曝气池中的微生物吸附，氧化分解成无机物。在沉淀池中，呈絮状的微生物絮体（活性污泥）下沉，而上清液溢流排放。为保持曝气池中污泥的浓度，沉淀后的部分活性污泥又回流到曝气池中。

多年的应用实践表明，此方法稳定可靠，已经积累了丰富的设计和管理经验，配套设备

生产已经系列化。但该工艺容易产生污泥膨胀现象，除磷和脱氮效果差。

（2）A/O法

A/O法是在传统活性污泥法基础上发展起来的一种缺氧-好氧生物法处理工艺。由于该工艺中好氧池和缺氧池形成硝化-反硝化系统，具有明显的脱氮作用，但对曝气量和停留时间需要进行严格的控制，管理水平的要求比较高。A/O法工艺流程见图12-2。

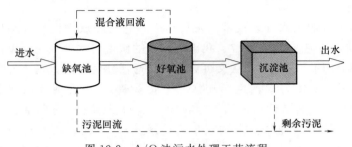

图12-2　A/O法污水处理工艺流程

（3）A²/O法

A²/O法即厌氧/缺氧/好氧工艺。它把除磷、脱氮和降解有机物三个生化过程巧妙地结合起来。但工艺条件比较复杂。A²/O法工艺流程见图12-3。

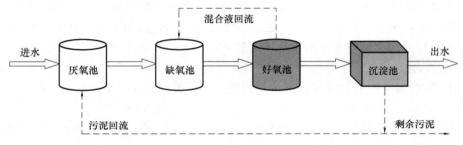

图12-3　A²/O法污水处理工艺流程

（4）A/B法

A/B法是吸附生物降解法（Absorption Bio-degradation）的简称，是德国亚琛工业大学Bohnke教授于20世纪70年代中期开发的一种新工艺。该工艺不设初沉池，由污泥负荷较高的A段和污泥负荷较低的B段串联组成，并分别有独立的污泥回流系统。该工艺从20世纪80年代开始应用于生产实践。由于具有一些独特的优势，越来越受到污水处理界的青睐。但A/B法也存在污泥量大、构筑物及设备较多、运行管理复杂的缺点。A/B法工艺流程见图12-4。

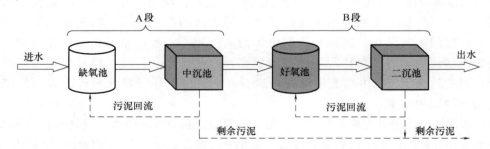

图12-4　A/B法污水处理工艺流程

（5）SBR法

SBR（Sequencing Batch Reactor）是序列间歇式活性污泥法的简称，是一种按间歇曝气方式运行的活性污泥处理技术，又称序批式活性污泥法。

SBR 技术采用时间分割的操作方式替代空间分割的操作方式，以非稳定生化反应替代稳态生化反应，以静置理想沉淀替代传统的动态沉淀。它的主要特征是运行的有序性和间歇操作，SBR 技术的核心是 SBR 反应池，该池集初沉、生物降解、二沉等功能于一体，无污泥回流系统。正是 SBR 工艺的这些特殊性使其具有以下优点：a. 理想的推流过程使生化反应推动力增大，污水在理想的静止状态下沉淀，需要的时间短、效率高，运行效果稳定，出水水质好；b. 耐冲击负荷，池内有滞留的处理水，对污水有稀释、缓冲作用，有效抵抗水量和有机污物的冲击；c. 反应池内存在 DO、BODs 浓度梯度，有效控制活性污泥膨胀；d. SBR 法系统本身也适合于组合式构造方法，利于污水厂的扩建和改造；e. 实现好氧、缺氧、厌氧状态的交替，具有良好的脱氮除磷效果；f. 工艺流程简单、占地面积小、造价低。

但 SBR 法存在对自动控制技术和连续在线分析仪表要求高、运行管理复杂的缺点。SBR 法工艺流程见图 12-5。

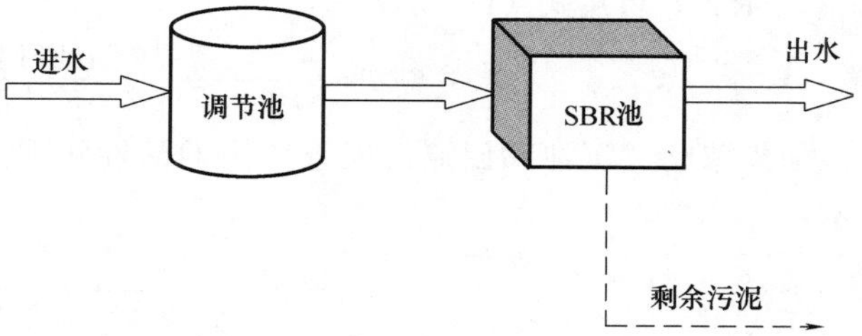

图 12-5　SBR 法污水处理工艺流程

（6）氧化沟法

氧化沟又称循环曝气池，是在 20 世纪 50 年代由荷兰卫生工程研究所开发的一种工艺技术。该法是活性污泥法的变种，属于低负荷、延时曝气活性污泥法。氧化沟法具有处理工艺及构筑物简单、无初沉池和污泥硝化池（一体式氧化沟还可以取消二沉池和污泥回流系统）、泥龄长、剩余污泥少且容易脱水、处理效果稳定等特点。但存在负荷低、占地大的缺点。氧化沟法工艺流程见图 12-6。

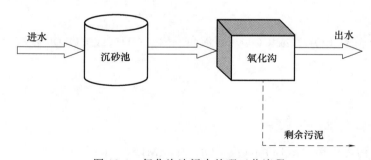

图 12-6　氧化沟法污水处理工艺流程

（7）MBR 法

MBR（Membrane Bioreactor）是膜生物反应器的简称，是由膜分离技术和传统的生物技术相结合而产生的一种先进、高效的污水生物处理技术。该法由膜分离技术代替了传统的二沉池，且又具有处理水质好而稳定、设备简单紧凑、能耗低、剩余污泥产量低等优点而受到人们的普遍重视。日本等发达国家早在 20 世纪 70 年代就进行了大量的研究。近年来，这种工艺作为一种新型高效的废水处理技术，在高层建筑的中水处理、粪便废水处理以及工业废水处理等方面得到越来越广泛的关注。膜生物反应器的基本原理与常规活性污泥法相似，不同的是它结合了高效膜分离技术，将活性污泥几乎全部截留在反应器内，实现水力停留时间（HRT）和污泥泥龄（SRT）的完全分离，使反应器内微生物浓度大大提高，从而提高装置的容积负荷。具有占地面积小、污染物去除效率高、出水水质好、污泥产量低等优点。但对膜的日常维护要求比较高。近年来有关 MBR 的研究在国外已有报道，而国内的研究却起步较晚。但 MBR 以其独特的优势越来越受到污水处理界的关注。MBR 法工艺流程见图 12-7。

二、污水处理过程工艺参数和水质参数

（一）污水处理过程工艺参数

以下主要为厌氧和好氧生物处理法的工艺参数。

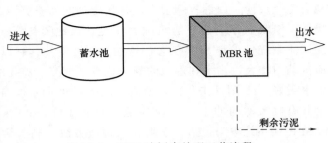

图 12-7　MBR 法污水处理工艺流程

（1）生物固体停留时间

活性污泥在反应池、二沉池和回流污泥系统内的停留时间称为生物固体停留时间（Solids Retention Time，SRT），可用式（12-1）表示：

$$SRT = \frac{\text{系统内活性污泥量(kg)}}{\text{每天从系统排出的活性污泥量(kg/d)}} \tag{12-1}$$

如果忽略二沉池和回流污泥系统内的活性污泥量，则生物固体停留时间可用式（12-2）表示：

$$\theta_c = \frac{V\rho}{q_{V,w}\rho_w + (q_V - q_{Vw})\rho_c} \tag{12-2}$$

式中　θ_c——生物固体停留时间，d

　　　V——反应器体积，m^3

　　　ρ——混合液悬浮固体（MLSS）浓度，mg/L

　　　$q_{V,w}$——剩余活性污泥量，m^3/d

　　　ρ_w——剩余活性污泥悬浮固体浓度，mg/L

　　　ρ_c——出水悬浮固体浓度，mg/L

　　　q_V——处理污水量，m^3/d

（2）有机物负荷

有机物（BOD 或 COD）负荷有 BOD（或 COD）污泥负荷和 BOD（或 COD）容积负荷，用公式表示如下：

$$L_s = \frac{q_V\rho_{0,B,C}}{\rho V} \tag{12-3}$$

$$L_V = \frac{q_V\rho_{0,B,C}}{V} \times 10^{-3} \tag{12-4}$$

式中　L_s——BOD（或 COD）污泥负荷，kgBOD（或 COD）/(kgMLSS·d)

　　　L_V——BOD（或 COD）容积负荷，kgBOD（或 COD）/(m³·d)

　　　$\rho_{0,B,C}$——反应池进水 BOD（或 COD）浓度，mg/L

BOD（或 COD）污泥负荷和生物固体停留时间都是活性污泥法设计和污水处理厂运行管理的重要参数。

多数污水厂运行结果表明：出水水质 $\rho_{0,B,C}$ 与 BOD（或 COD）污泥负荷有很好的相关关系，即 BOD（或 COD）污泥负荷越高，出水的 BOD（或 COD）浓度就越高。但由于各污水处理厂进水的水量和水质不同，还不能只靠 BOD（或 COD）污泥负荷来预测出水 BOD（或 COD）浓度。

（3）水力停留时间

水力停留时间（HRT）表示废水在反应池内的停留时间，用下式表示：

$$t = \frac{V}{q_v} \tag{12-5}$$

式中　t——反应池废水水力停留时间，d

水力停留时间是污水处理厂设计的一个非常重要的参数。在废水流量一定的条件下，水力停留时间与反应器体积成正比，即水力停留时间越小，反应器体积就越小。并且：

$$L_V = \frac{q_v \rho_{0,\mathrm{B,C}}}{V} \times 10^{-3} = \frac{1}{t} \rho_{0,\mathrm{B,C}} \times 10^{-3} \tag{12-6}$$

$$L_s = \frac{q_v \rho_{0,\mathrm{B,C}}}{\rho V} = \frac{L_V}{\rho \times 10^{-3}} = \frac{\rho_{0,\mathrm{B,C}}}{V} \times \frac{1}{t} \tag{12-7}$$

从上两式可知，L_s 和 L_V 与 t 成反比关系。物理量符号含义同上。

（4）活性污泥微生物浓度

活性污泥法是靠活性污泥微生物来处理废水的，因此参与处理的微生物浓度是重要的设计和运行参数。一般用混合液悬浮固体（MLSS）浓度和混合液挥发性悬浮固体（MLVSS）浓度来表示活性污泥微生物浓度。由于反应池进水水质、BOD（或 COD）污泥负荷和 SRT 不同，因此表示微生物浓度的 MLVSS 和 MLSS 之比就不同。MLSS 浓度可用式（12-8）表示：

$$\rho = \frac{\rho_0 + R\rho_R}{1+R} \tag{12-8}$$

式中　ρ——混合液悬浮固体浓度 MLSS，mg/L

ρ_R——回流活性污泥悬浮固体浓度，mg/L

R——污泥回流比

ρ_0——进水悬浮固体浓度，mg/L

（5）剩余活性污泥量

剩余活性污泥量为反应池进水溶解性有机物（S-BOD 或 S-COD）和悬浮固体（SS）转化为活性污泥量与活性污泥微生物自身分解量之差，可用式（12-9）表示：

$$q_{V,w}\rho = a q_v \rho_{0,\mathrm{B,C}} + b q_v \rho_0 - cV\rho = (a\rho_{0,\mathrm{B,C}} + b\rho_0 - ct\rho)q_v \tag{12-9}$$

式中　$q_{V,w}$——剩余活性污泥量，m³/d

ρ_w——剩余活性污泥悬浮固体浓度，mg/L

a——S-BOD 或 S-COD 的污泥转化率，mgMLSS/mg（BOD 或 COD）

b——SS 的污泥转化率，mgMLSS/mgSS

c——活性污泥微生物自身氧化率，1/d

其余符号意义同前

（6）溶解氧浓度

溶解氧（DO）是指溶解于水中分子状态的氧，即水中的 O_2，以 DO 表示。一般在曝气池中要维持足够高的 DO 浓度，而在缺氧区一定要保持 DO 浓度足够低。

（7）污泥沉降比

污泥沉降比（Settling Velocity，SV）是指将混匀的曝气池活性污泥混合液迅速倒进1000mL 量筒中至满刻度，静置 30min 所得沉降污泥与所取混合液之体积比（%），又称污泥沉降体积（SV_{30}），可用式（12-10）表示：

$$SV \approx \frac{R}{1+R} \times 100(\%) \tag{12-10}$$

其中，R 为污泥回流比。

（8）污泥容积指数

污泥容积指数简称污泥指数（SVI），是指曝气池污泥混合液经 30min 沉降后，1g 干污泥所占的体积（以 mL 计）。计算式如下：

$$SVI = \frac{混合液（1L）30min 静沉形成沉淀污泥容积（mL）}{混合（1L）悬浮液固体干重（g）} \quad (12-11)$$

即

$$SVI = \frac{SV(\%) \times 1000}{混合悬浮液固体浓度 \rho (mg/L)} \quad (12-12)$$

回流活性污泥浓度 ρ_R（mg/L），可看作近似等于混合液 30min 静沉所形成的沉淀污泥浓度，即：

$$\rho_R = \frac{10^6}{SVI} \quad (12-13)$$

（9）界面沉降速率

将不同悬浮液固体（MLSS）浓度的静置沉淀时间对污泥界面高度作曲线，得到污泥界面沉降曲线，界面沉降曲线直线部分的斜率，即为界面沉降速度，可用式（12-14）表示：

$$界面沉降速率 = \frac{界面沉降高度(h)}{静置时间(t)} \quad (12-14)$$

（10）温度

温度对厌氧和好氧微生物有较大影响，是污水处理厂非常重要的一个设计参数。

（11）酸碱度与 pH

碱度和酸度可用于表征水的酸碱中和能力，其单位是 mg/L（以 $CaCO_3$ 计）。强酸或强碱的量可用于表示缓冲能力，单位是 mol/L，其意义为单位体积（1L）样品 pH 改变 1 时所需要的强酸或强碱的数量。

实际上给水处理和废水处理的单元过程，如酸碱中和、软化、沉淀、混凝、消毒、防腐和厌氧产酸等过程都与 pH 有关。pH 还用于碱度和 CO_2 含量的测量以及其他酸碱平衡反应。用 pH 或氢离子活度来表征溶液酸碱性的强弱。

（12）硫酸盐

生活污水的硫酸盐来自人体的排泄物。工业废水如酒精废水、味精废水、酒糟废水等 COD 的浓度高达 20000 甚至 50000mg/L 以上，SO_4^{2-} 的浓度也达数千甚至上万毫克/升，这类高浓度有机废水，常用厌氧-好氧生物法处理，因此 SO_4^{2-} 浓度对厌氧-好氧生物处理的影响引起人们的极大关注。SO_4^{2-} 的存在会减少甲烷气体的产量，但对 COD 的影响不大。

（13）氨

氨的存在形式有氨（NH_3）和铵（NH_4^+）。

NH_3 和 H_2O 反应生成 NH_4^+ 和 OH^-，当有机酸积累时，pH 降低，NH_3 离解成 NH_4^+，NH_4^+ 浓度超过 1500mg/L 时，硝化受到抑制。

（14）营养与碳氮比

微生物的生长繁殖需要有一定的碳、氮、磷及其他微量元素。麦卡蒂（Mecarty，1970）将细胞原生质分子式定为 $C_5H_7NO_2$，如包括磷为 $CeQH_{87023}N_{12}P$，其中氮元素占细胞干重 12.2%，碳占 52.4%，磷占 2.3%，可见 C∶N∶P＝23∶5.3∶1。在被降解的 COD 中约有 10%被转化成新细胞，即 0.1kgVSS/kgCOD。C/N 太高则细胞合成所需的氮量不足，缓冲能力低，pH 容易降低；C/N 太低，pH 可能上升，铵盐容易积累，会抑制厌氧硝化过程。

（15）氧化还原电位

氧化还原反应的本质是电子的转移。物质接受电子的倾向越大，其氧化性就越强，该物质也就是强氧化剂，相反给出电子倾向大的物质就是强还原剂。因此氧化（还原）剂的强弱可借助测定其接受（或给出）电子倾向的大小来进行比较，测定由氧化还原电对构成的电极与参比电极的电位差即可得知。

规定标准氢电极的电位在任何温度下均为零，因此测定有关氧化还原电对组成的电极与标准氢电极构成的原电池的电位差，在消除了液接电位的情况下，即为该氧化还原电对的电极电位，也称 ORP。水体中氧化还原作用通常用氧化还原电位（Eh）来表示。由于污水中不仅溶有无机物，还存在有机质和溶解氧，因此其氧化还原电位并非代表一特定物质的电位，而是作为氧化物质或还原物质的存在量的大致指标。

（16）搅拌与混合

污泥厌氧硝化时，由于固体浓度较高，因此需要搅拌混合，使新鲜污泥与硝化反应器内的硝化成熟污泥充分混合接触，以加速厌氧硝化过程；使厌氧反应过程中产生的沼气能迅速地释放出来；使反应器内的温度均匀、反应均匀、减少死角、提高反应器容积利用率。搅拌强度以使反应器内物质移动速度不超过微生物生命活动的临界速度 0.5m/s 为宜，以维持甲烷菌生长需要的相对宁静环境。

硝化池所需最小搅拌功率可以按照式（12-15）计算：

$$P_\epsilon = 0.935\mu^{0.3}\rho^{0.298} \tag{12-15}$$

式中　P_ϵ——硝化池所需最小搅拌功率，kW/1000m³

　　　μ——硝化池内的混合液动力黏滞系数，与温度有关，g/(cm·s)

　　　ρ——混合液污泥浓度，mg/L

（二）污水处理过程水质参数

在污水处理过程中，水质参数主要由三类参数组成，即物理性水质参数、化学性水质参数和生物性水质参数。每类水质参数由若干能表征其特点的项目组成，简要介绍如下。

1. 物理性水质指标

（1）温度

水温高低影响：水中的化学反应、生化反应、水生生物的生命活动、可溶性盐类的溶解度、可溶性有机物的溶解度、溶解氧在水中的溶解度、水体自净及其速率、细菌等微生物的繁殖与生长能力和速度。

（2）浑浊度

水中含悬浮杂质而致浊，对水的有益利用及感官状况与观瞻有重要的影响作用。

（3）色度

水由于所含杂质不同而呈现不同的颜色。如有的水中含有不同矿物质、染料、有机物而呈现不同的颜色，故有时可凭此初步对水质作出评价。

（4）嗅与味

水中存在有机物及致嗅物质而产生嗅和味，是水质不纯的表现。

（5）固体物

水中固体物具有许多形态。以总固体 TS（水样经蒸发得到）；可沉降固体（水样经沉淀得到）；可过滤固体 FS（水样经过滤得到）或溶解性固体 DS；悬浮固体 SS（水样经过滤后残留固体，SS＝TS－FS）表示。其中，FS 分为挥发性可过滤固体 VFS 和非挥发性可过滤固体 FFS；SS 可分为挥发性悬浮固体 VSS 和非挥发性悬浮固体 FSS。

溶解在水中的固体总量 TDS 指的是溶解在水中的无机盐和其他无机物的总量。悬浮固体 SS 含泥沙及各种颗粒物。

（6）电导率

水中溶解性盐类都呈离子状态存在，具有导电能力。据测定的电导率可得知水中溶解性盐类的多寡。电导率以 $\mu S/cm$ 表示。

2. 化学性水质指标

（1）生物化学需氧量（简称生化需氧量，以 BOD 表示）

指废水中的生化需氧量。在微生物的作用下，排放的污水中的有机物会发生生物降解，同时会强烈消耗水中原有的溶解氧（DO），产生 BOD 值。它既作为水质有机污染综合指标之一，也是环境水质监测中的重要项目之一。它的数值直接反映了受污染水体中"可被生物降解"的污染物的多少。

该指标目前难以直接测定，通常采用化验值表示。国家现行的 BOD 分析的标准方法是稀释接种法测定 BOD 值，即水样稀释接种后在 20℃条件下，在生化培养箱中培养 5d，测定所消耗的溶解氧。

（2）化学需氧量（以 COD 表示）

在污水中投放重铬酸钾后，可将其中大部分有机物质氧化，由消耗的重铬酸钾量即可计算出水中有机物质被氧化所消耗的氧的数量，称为化学耗氧量。对同一水源来讲，在一定条件下，生化需氧量与化学需氧量有一定的关系。

（3）总有机碳（以 TOC 表示）

水中含碳有机物在高温燃烧下转化为 CO_2 而测得所耗的氧量，通常有专门仪器进行燃烧及测定 CO_2 含量。

（4）总需氧量（TOD）

水中所有有机物（包括含 C、N、P、S 等还原性物质）经燃烧生成稳定氧化物（如 CO_2、NO_x、SO_2……）所耗的氧。

（5）氮类

包括氨氮（NH_3）、总氮（TN）、凯氏氮（TKN）、亚硝酸盐氮（NO_2^--N）及硝酸盐氮（NO_3^--N）。氨氮在水中以离子态（NH_4^+）和非离子态（NH_3）存在，NH_3 对水中鱼类毒性最大；凯氏氮为氨氮和有机氮之和；总氮为氨氮、有机氮、亚硝酸盐氮及硝酸盐氮之总和。

（6）磷类

包括正磷酸盐（如 PO_4^{3-}-P、HPO_4^{2-}-P、$H_2PO_4^-$-P）和缩合磷酸盐（含焦磷酸盐、偏磷酸盐、聚合磷酸盐）。上述磷化合物之总和，即为总磷（TP）。

（7）无机性非金属化合物

包括总砷（TAs）、硒（Se）、硫化物（SO_4^{2-}、H_2S、有机硫化物）、氰化物（CN^-、氰络化物、有机腈化物）、氟化物等。

（8）重金属

水中重金属主要有汞、镉、铬（C_rO_3、CrO_4^{2-}、$Cr_2O_7^{2-}$）、铅等。

（9）有毒有害有机污染物

这类污染物包含的内容十分广泛，有酚类化合物（如挥发酚）、石油类、阴离子表面活性剂、有机磷农药、多氯联苯（PCBs）及多环芳烃（PAHs）、有机染料、有机金属化合物等。这些有机物中，有的易降解、生物毒性较小；有的难降解、生物毒性较小；有的易降解、生物毒性较大；有的难降解、生物毒性较大。如挥发酚属于易降解生物毒性较小者；纤维素、木质素等列为难降解毒性较小者；淀粉、脂肪等属于易降解生物毒性较小者；多氯联苯（PCBs）及多环芳烃（PAHs）等属于难降解生物毒性较大者。总而言之，此类污染物是水污染物最为重要的水质指标。

3. 生物性水质指标

（1）总细菌数

是评价水的清洁程度的重要生物学指标。

（2）总大肠菌数

是水受生物性污染（如粪尿污染）的重要水质指标。

（3）病毒

水中病毒是传染病毒性疾病的污染源，因此该项水质指标非常重要。但是，由于分析检测技术复杂，不能全面推广应用，而且在水质标准方面也缺乏统一的规定。

（4）总磷（TP）

经过处理的污水在灌溉农田时，要了解污水的肥分，故应测定总磷量。

（5）酸碱度（pH）

用来表示水的酸碱性。

总结上述内容，活性污泥法污水处理过程中所涉及的主要工艺参数和水质参数如表 12-2 所示。

表 12-2　　　　活性污泥法污水处理过程工艺参数和水质参数名称及符号表

污水处理过程工艺参数		
名称	符号	单位
生物固体停留时间	SRT 或 θ_c	d
BOD（或 COD）污泥负荷	L_s	kg BOD（或 COD）/（kg MLSS·d）
BOD（或 COD）容积负荷	L_V	kg BOD（或 COD）/（m^3·d）
水力停留时间	HRT 或 t	d
混合液悬浮固体浓度	MLSS 或 ρ	mg/L
混合液挥发性悬浮固体浓度	MLVSS	mg/L
剩余活性污泥量	$q_{V,w}$	m^3/d
溶解氧浓度	DO	mg/L
污泥沉降比	SV	%
污泥容积指数	SVI	mL/g
界面沉降速率	/	m/h
温度	F	℃
酸碱度	/	mg/L（以 $CaCO_3$ 计）
pH	/	/（0～14）
硫酸盐	SO_4^{2-}	mg/L
氨	NH_3 和 NH_4^+	mg/L

续表

污水处理过程工艺参数		
名称	符号	单位
碳氮比	C/N	/
氧化还原电位	ORP 或 Eh	mV
硝化池所需最小搅拌功率	ε	$kW/1000m^3$
浑浊度	/	度
色度	/	度
嗅和味	/	级(0~5)
总固体	TS	mg/L
可沉降固体	/	mg/L
可过滤固体	FS	mg/L
溶解性固体	DS	mg/L
悬浮固体	SS	mg/L
挥发性可过滤固体	VFS	mg/L
非挥发性可过滤固体	FFS	mg/L
挥发性悬浮固体	VSS	mg/L
非挥发性悬浮固体	FSS	mg/L
溶解在水中的固体总量	TDS	mg/L
电导率	/	$\mu S/cm$
生物化学需氧量	BOD	mg/L
化学需氧量	COD	mg/L
总有机碳	TOC	mg/L
总需氧量	TOD	mg/L
氮类	/	mg/L
磷类	/	mg/L
无机性非金属化合物	/	mg/L
重金属	/	mg/L
有毒有害有机污染物	/	mg/L
总细菌数	/	菌落数/mL
总大肠菌数	/	个/L
病毒	/	pfu/L
总磷	TP	mg/L

三、污水处理过程自动控制的难点

污水处理的过程控制主要的任务有两个：一是污水处理过程中水量、水质波动造成的出水水质不稳定，实时控制可以根据进水的时变特征调整运行参数，保证出水水质的稳定；二是利用过程控制，优化运行过程中的控制参数，尽可能地减小反应器容积，缩短水力停留时间，或是优化控制曝气量，节省能耗。污水处理控制系统的难点主要体现如下：

（1）污水处理厂的规模较大

系统工艺复杂、流程长，各工艺过程地理分布相距较远，所以控制系统的规模也较大。

污水处理厂的设备都是大功率、大能耗设备，有必要考虑设备的保护和合理配置使用以及节能问题。

（2）工艺处理具有间歇性

如间歇性活性污泥法（SBR）是一个批次生产过程，废水分批进入反应池中反应。而批次进水给控制带来许多困难，每次进水都有一个控制点的切入问题，往往会有很大的超调量。而且，控制过程比较短暂，系统刚达到稳定，过程就结束了。

（3）大滞后性

如污水的曝气生化反应过程，从鼓风机开始鼓入空气，到检测到污水中含氧量变化3～5min，是一个大滞后过程。在解决这个问题时，有的控制策略过于复杂（如采用神经网络控制），有的过于简单（如单回路定值调节），所以研究人工智能与控制理论相结合的控制策略，具有较大的意义。

（4）间接控制参数问题

目前主要是利用DO、ORP、pH等来控制出水水质和减小曝气量，但这些控制参数间接反映污水处理生化过程，运行过程一旦出现了异常情况，则控制系统无法找到相应的应急控制策略，难以做出正确的判断，导致整个控制系统的瘫痪，从而影响污水处理的效果。

（5）自动化仪表连锁控制问题

污水处理前后工序之间存在互锁关系，而有些参数的在线检测仪存在滞后、功能还不完善、检测精度低、误差大、周期长及价格昂贵等问题，这样会影响控制的实时性和控制精度。这些在线自动检测仪需要频繁的检修与维护。采用这些检测设备判断污水处理情况并实施自动控制，往往很难确保处理水质稳定，实现节约运行成本的目的。

（6）开关和网络通信问题

自动控制系统需要对大量阀门、泵、鼓风机、刮（吸）泥机、搅拌设备和沉淀池、硝化池的进泥、排泥进行控制。因此，需要的开关量多，这些开关量要根据一定时间或逻辑顺序定时开/停。但是目前生产的阀门质量存在一些问题，使用寿命短，如果从国外进口则费用高，污水厂难以承受。另外，如何实现控制系统中的网络通信的高速率和质量，开放性的通信接口，建立完整、可靠的综合自动化系统也需要考虑。

（7）系统易受干扰和维护人员的问题

污水处理厂的工作环境恶劣，干扰频繁，将会影响控制系统的可靠性和稳定性。必须分析干扰来源，研究对于不同干扰源的行之有效的抑制或消除措施。污水处理自动控制系统牵涉到自动化控制、计算机、仪器与仪表、通信、污水处理、电气工程等多学科，因此控制系统的管理和维护需要大量高素质综合技术人才，并进行必要的职业培训。

第二节　造纸废水处理过程总体控制方案

一、制浆造纸废水的来源及特点

制浆造纸工业废水主要包括蒸煮废液、制浆中段废水，抄纸和其他工段产生的废水。

1. 蒸煮废液

蒸煮废液是制浆蒸煮过程中产生的超高浓度废液，包括碱法制浆的黑液和酸法制浆的红液。我国目前大部分造纸厂采用碱法制浆，所排放的黑液是制浆过程中污染物浓度最高、色度最深的废水，呈棕黑色。它几乎集中了制浆造纸过程90％的污染物，其中含有大量木素和半纤维素等降解产物、色素、戊糖类、残碱及其他溶出物。蒸煮废液基本上用碱回收方法回收其热量和化学药品。

2. 制浆中段废水

制浆中段废水是经黑液提取后的蒸煮浆料在洗涤、筛选、漂白以及打浆中所排出的废水。这部分废水水量较大，每吨浆约产生 $50\sim200t$ 的中段废水。中段废水的污染量占8％～9％，吨浆COD负荷310kg左右，含有较多的木素、纤维素等降解产物、有机酸等有机物，以可溶性COD为主。

3. 抄纸废水

抄纸废水又称白水，在纸的抄造过程中产生，主要含有细小纤维和抄纸时添加的填料、胶料和化学品等，这部分废水的水量较大，每吨纸产生的白水量为 $100\sim150t$，其污染物负荷低，以不溶性COD为主，易于处理，在回收纤维的同时可以回用处理后的水。

4. 污冷凝水

化学制浆过程中，蒸煮锅放气和放锅排出的蒸汽，经直接接触冷凝器或表面冷凝器冷却产生的冷凝水，是污冷凝水的来源之一。黑液与红液的化学品在热能回收之前，蒸发浓缩过程中产生的污冷凝水是浆厂污冷凝水的另一来源。

5. 机械浆及化学机械浆废水

机械浆得率在90％～98％，因此污染物发生量较少，磨石磨木浆及木片磨木浆尤其如此。预热磨木浆由于磨浆温度高，木材溶出物多，废水污染负荷相对较高。化学机械浆属两步制浆法，即纤维原料在进入机械磨浆之前，先用药剂作温和的处理，故浆得率也较高，污染物的排放负荷比化学制浆过程少得多，但是比传统磨木浆排污负荷可能高出若干倍。

6. 洗浆、筛选废水

洗浆过程中，设备的跑、冒、滴、漏和洗浆机及相关的贮槽清洗水是洗浆废水的主要来源。而且这一废水的水质与水量和管理水平关系很大，管理得好，则基本上不排水。

浆料经洗涤提取蒸煮液，再经筛选后，可以去除大部分杂质。但是不管是化学法、机械法，还是化学机械法，所得粗浆中都会含有生片、木节、粗纤维素及非纤维素细胞，甚至还有砂粒、金属屑等，因此都要进行筛选和净化。这一工艺环节需要大量的水，而且筛选后还要浓缩排水，它们是筛选废水的主要来源。对化学浆及化学机械浆，洗涤与筛选废水的主要污染物同相应的蒸煮液一样，其浓度高低与蒸煮液提取率直接相关。此外，还会有一定量的悬浮纤维素。但对于机械浆，洗涤与筛选废水中的主要污染物是悬浮纤维以及纤维原料中的溶解性有机物。筛选后浓缩排水及尾浆净化排水，一般称为"中段废水"。

7. 废纸回用过程的废水

废纸经过碎解—净化—筛选浓缩等几个阶段才能制成纸浆。一般用水力碎浆机碎解废纸，再经疏解将小纸片疏解分散，然后进入净化、筛选及浓缩工序。废纸脱墨要使用化学药品，还要用洗涤法或浮选法除去纸浆中的油墨粒子。

8. 漂白废水

常用的纸浆氧化性漂白剂多是含氯化合物，因此使漂白废水污染严重，过氧化物漂白剂多用于高得率或废纸回收纸浆的漂白，污染较轻。机械浆多用保护木素的漂白法，由于漂白前后浆的洗涤与浓缩，产生漂白废水，其中主要含有有机物、悬浮物，并有颜色。使用含氯漂白剂时，有机污染物还有相当数量的氯化物。漂白度越高，有机污染物越多。此外，漂白废水中还含有剩余漂白剂。

造纸工业不同的废水，其特点、性质是不同的，因而有不同的治理方法。如处理制浆黑液要用碱回收、处理漂白废水用生化处理，而处理造纸白水则采用气浮方法等。

二、制浆造纸废水处理控制

制浆造纸废水浓度高，COD、BOD 含量大，其处理方法较一般工业废水有所不同，目前，造纸废水的处理方法主要有物理法、化学法、生物法和物理化学法。其中生物法的应用最为广泛，已成为造纸废水二级处理的主要方法之一。

活性污泥法是一种生物法，使用这种方法可通过微生物作用使以溶解形式和胶体形式出现的不可沉降的物质转变为沉降的形式。沉降的物质经培育后可称之为活性污泥。典型系统的基本流程图如图 12-8 所示。来自初级池的经沉降过的废水与一部分预先培育的活性污泥相混合，然后进入曝气池。曝气是必要的，因为构成活性污泥的细菌和其他的微生物，其生活过程中必须有氧气供应。然后把经过曝气的混合物通到最后的沉降池，在沉降池里把活性污泥分离，剩下澄清的液体可排放到接受它的水系。

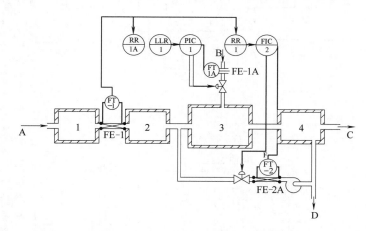

图 12-8　基本的活性污泥法污水处理流程
A—进水　B—空气　C—出水　D—去污泥处理和废弃
1—除砂石筛　2—初级沉降池　3—曝气池　4—二级沉降池

活性污泥法的控制主要是围绕着对活性污泥返回流量的控制和曝气池里氧气含量的控制。最常用的方法是使返回的活性污泥流量及空气流量，与进入的未处理废液的流量成简单的比例。使用检测元件 FE-1，FE-1A 和 FE-2A 测量这些流量。未处理废水的流量变送器 FT-1 传递一个信号，并使该信号经过可调的比值继动器 RR-1，然后作为返回的活性污泥流量调节器 FIC-2 的给定值。未处理废水对返回活性污泥的流量比，可根据工厂试验室的试验结果由操作人员调整。空气流量的控制用类似的方法由 FE-1A，FT-1A，RR-1A 和 FIC-2 来完成，同时配有低信号选择继动器 LLR-1，以保证空气流量不低于所要求的最低值。

图 12-9 是一个比较复杂的废水处理系统流程图，其中包括图 12-8 所表示的基本系统，此外还有一些比较先进的分析检测仪表。

由工厂各部位排出的混合废液由文丘里流量计 FE-1 计量后进入初级澄清池，同时在 FIQ-1 上记录和累计。通过比值记录调节器 FrIC-2、FrIC-3 和 FrIC-4 使加入到初级澄清池的各种处理废水用的化学药剂与进入的废水流量成比例。用于化学药剂流量检测的一次仪表的类型有孔板、转子流量计、电磁流量计、计量泵或干喂料器，其选用取决于所加化学药剂的特性。

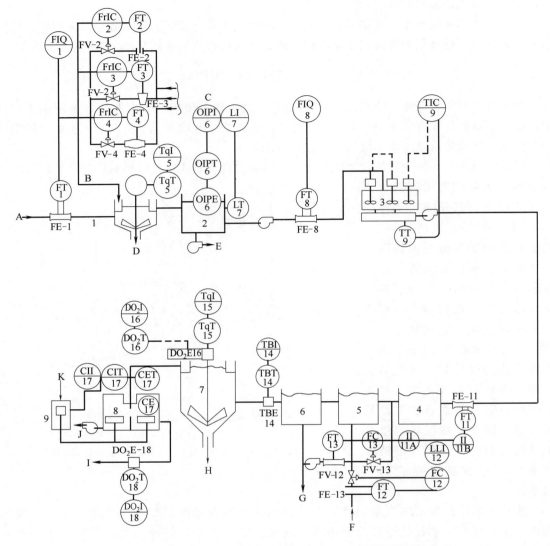

图 12-9　先进的活性污泥法污水处理流程

A—制浆造纸厂的废水　B—化学药剂　C—处理废水的化学药剂　D—到污泥池　E—返回到
纸厂　F—空气　G—送污泥处理和废弃　H—到污泥池　I—出水　J—返回到纸厂　K—氯气
1—初级澄清池　2—澄清液排放池　3—冷却塔　4—初级沉淀池　5—曝气池
6—二次沉淀池　7—二级澄清池　8—氯气扩散器　9—氯化器

　　TqT-5 是伏特计或安培计型的检测仪表，由它测定初级澄清池搅拌器电机的传动负荷，
并在 TqI-5 上以转矩的形式记录下来。测定澄清液排放池中的氧化还原电势，可采用浸没式
电极 OIPE-6，或者使试样连续的流过装有电极的试样室，由 OIPT-6 变送并传递测得的氧
化还原电势信号，并记录在 OIPI-6 上。它主要用来使操作者发现初级澄清池可能出现的污
泥溢流。

　　液位记录器 LI-7 记录澄清液排放池的液位，而 FIQ-8 记录并累计由澄清液排放池到
冷却塔的流量。冷却塔的温度由 TIC-9 记录并调节，其调节是通过调节变挡风扇来实
现的。

由冷却塔流到初级沉淀池的流量由 FE-11 检测，并由 FT-11 变送，其输出进入比值继动器Ⅱ-11A。然后远传至循环流量调节器 FC-13 作为给定值。这种方案可以保持从二级沉淀池出来的循环水流量与进入初级沉淀池的废液流量成比例。这个比例还可由车间的操作者调节。进入曝气池的空气数量也可以用类似的方法控制，即让进到初级沉淀池的流速信号通过比值继动器Ⅱ-11B 和低信号选择继动器 LLI-12 去调整空气流量调节器 FC-12 的给定值，这样可保证空气流量不会降到所要求的最低值以下。用浊度计 TBE-14 检测二级沉淀池排放液的浑浊度，以便监测固体悬浮物的过分增多。由 TBT-14 把检测的结果变送传递至浊度记录器 TBI-14。

TqT-15 是伏特计型或安培计型的检测仪表，由它测定二级澄清池搅拌器电机的负荷，并以转矩形式记录在 TqI-15 上。

二级澄清池的溶解氧量可以由电池型检测头 DO_2E-16 连续测量，并由 DO_2T-16 变送传递到记录器 DO_2I-16。在加入氯气以后可采用同样的方法，使用 DO_2E-18、DO_2T-18 和 DO_2I-18 把溶解氧检测并记录下来。

为了满足某些溪流的标准，在排放前，排放液必须要氯化。氯化时往往采用残氯检测元件 CE-17，它位于氯气扩散器内或来自扩散器的试样器内，其信号由 CET-17 变送并传递给向氯气扩散器进料的供液氯化器，并把残氯记录在 CII-17 上。

为了控制制浆造纸厂排放到溪流中的废水数量，已经采用了一些方案，包括 pH 和电导率的检测以及比值调节等的应用。图 12-10 表示使用比值调节的一个简化方法的实例。在这个方案中，来自工厂的排放液，通过一个浸没式的可由电机直接带动的自动控制闸门，进入到河里。排放液流量与河水流量成比例，以使排放液的量始终保持预定的最佳值。

河水流量的测定，首先通过浸没式电磁流量计 FE-1 检测河水的速度，该流量计在流量测量管的进口和出口各安装了一段管。再把测得的流速信号通过乘法器 X-1，与代表河流横截面面积的信号相乘即得流量。而代表河流横截面面积的信号是在能测得河床轮廓的部位，放上 LT-2 来检测液位而得到的。河水横截面面积和液位之间的关系能够确定，而且河水液位的检测信号可通过转送器 Con-2 转变为横截面积信号。

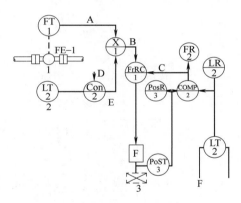

图 12-10　工厂排水控制系统

A—速度　B—河水流量　C—排水流量　D—河床轮廓
E—横截面面积　F—闸门的不同液位　1—河水测速计
2—河水液位变送器　3—电动排水闸门

乘法器输出的代表河水流量的信号，被传递到比例记录控制器 FrRC-1，成为它的"不可控"流量。

"可控"的流量是排水的流量，其测定是使用差压式液位变送器 LT-2，检测排液贮池的排放闸门两侧的压头差，再用位置变送器 PoST-3 检测排放闸门的开度，把这两个信号在计算器 COMP-2 中综合，从而计算出废液排放的流量。把这个流量记录在 FR-2 上。

把流量比值调节器 FrRC-1 的输出转变成持续脉冲信号，它操纵电接触器。从而使废液排放闸门的可逆电机工作，以便自动地保持工厂的排放液与河水流量处于理想的比例。

第三节　造纸废水处理典型过程控制方案

一、废纸制浆过程废水处理控制

近数年来，随着人类对自然资源保护意识的加强和对环境污染的重视，人们已逐渐认识到利用废纸原料（二次纤维）生产脱墨浆进行造纸的重要性和优越性。废纸的再循环利用，不仅能直接降低环境污染，而且废纸价格低廉，所需制浆设备投资少、化学药品的消耗也较少，因此，废纸作为一种纸浆的来源替代原生植物纤维原料造纸是非常经济实用的。

虽然利用废纸进行制浆造纸可以减少环境污染，但是，在废纸的脱墨过程中仍会产生一定量的脱墨废水，同制浆造纸过程其他工段所产生的废液相比，虽然二次纤维制浆造纸废水的污染负荷较小，但其各项污染指标仍远远超过国家所规定的排放标准。目前，国内许多造纸厂已转向利用废纸进行造纸，这样可以使植物纤维资源得到回用，并减轻直接利用植物原料进行制浆给环境造成的严重污染，但在利用废纸的过程中产生的废水仍较多，这些废水中含有墨泥、树脂、色料等污染物，SS、COD、BOD 的含量远超过国家有关的废水排放标准，废纸制浆废水作为一种新的污染源正引起人们的高度重视。

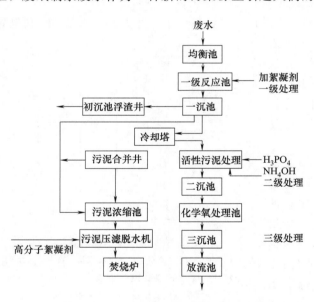

图 12-11　废纸制浆废水处理工艺流程

废纸经过碎解、净化、筛选、浓缩、浮选脱墨、漂白等几个阶段才能制成纸浆。一般用水力碎浆机碎解废纸，再经疏解机将小纸片疏解分散，然后进入净化、筛选及浓缩工序。

废纸脱墨要使用化学药品，还要用洗涤法或浮选法洗除纸浆中的油墨粒子。回收 1t 二次纤维一般要排水约 $100m^3$。图 12-11 为废纸制浆废水处理工艺流程简图。

（一）一沉池和污泥泵的控制

一沉池用于在废水进入二级处理设施前除去或降低废水中悬浮固体的浓度和有机污染物负荷，主要工作目标是去除可沉淀的固体和可上浮的固体。

影响一沉池效率的因素有：a. 水力溢流速率，在数值上应等于固体颗粒的沉降速率；b. 废水停留时间，应使部分细小固体颗粒凝聚成较大颗粒，以便沉淀去除；c. 废水特征，包括废水水量、浓度、新鲜程度、温度和工业废水的来源，固体颗粒的密度，形状和大小；d. 是否有预处理，如使用格栅等。

沉淀池的工作状态可通过污泥泵系统来调节。污泥泵系统包括一沉池污泥层高度测量部分、污泥去除刮板、隔离阀和变速污泥泵、污泥密度传感器以及污泥流量计。管理污泥泵系统的主要任务有：a. 尽可能使泵速保持恒定，以减少操作工的强度；b. 合理设定泵速，使一沉池污泥组成保持恒定；c. 防止污泥在一沉池内累积；d. 注意一沉池出水对后续工段的影响。污泥泵的开启与关闭依赖于对污泥层高度的准确测量，也依赖于对污泥组成的准确测量，以维持后续过程的一致性。

一沉池过程控制的目标，是保持污泥层污泥浓度的恒定，并保证所有沉降的污泥均被去除。若一个工厂有若干个一沉池，则池中污泥按顺序定时用污泥泵泵出。当一沉池的污泥按顺序定时泵出时，或因污泥层过高而被泵出时，隔离阀开启，污泥被泵出。当定时结束，污泥层高度下降到既定位置，或污泥组成即固体含量低于既定含量时，隔离阀关闭。

变速泵通过隔离阀与沉淀池相连。变速泵的转速由污泥特性传感器决定，也可由操作工根据实验室数据人工调节。当泵速提高时，泵出的污泥量增加，使一沉池污泥的固体含量下降。当污泥的固体含量太低时，污泥泵泵速下降，泵出的污泥量下降，使一沉池的污泥固体含量上升。

上述过程的受控变量是悬浮固体浓度或污泥层厚度。控制变量为污泥流量，而可测变量（在线或离线）是一沉池污泥层高度、污泥流量、污泥悬浮固体浓度以及一沉池溢流中悬浮固体浓度。一沉池及污泥泵的自动控制中，由于废水中油脂类物质的污染使仪器保养的工作量很大，因此不易实现在线测量，一般需使用实验室测量的数据。

该过程控制所需的仪器有：光学探头或超声探测器（污泥层高度测量用）；具有超声清洗功能的热管磁表（污泥流量测量用）；光密度测量仪（污泥悬浮固体浓度测量用）；变速泵（一般不用隔膜泵；如果使用隔膜泵，则使用行程可调而不是速度可调的隔膜泵）；隔离阀（每个一沉池配一台）；涡流耦合或配有顺序逻辑编程的 SCR 驱动器（变速泵控制用）；报警器（指出泵故障、一沉池液位低、密度反常）。

一沉池适用于中型废水处理厂。若废水流量小于 44L/s，则可不使用一沉池。一沉池和污泥泵的控制方法可见图 12-12。

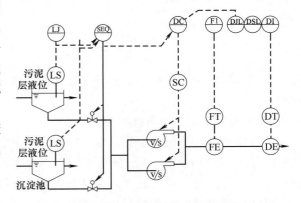

图 12-12　一沉池和污泥泵过程控制示意图

（二）流量分配的控制

将废水按一定流量比例或要求分送不同处理设施内，一般采用分配箱或堰。由于分配箱或堰的流量分配方式常常是固定的，而废水对不同设施的流量分配有时需要进行调节，以实现过程优化，因此有必要对流量分配进行控制。

目前可使用两种流量分配控制方法。若已知总的进水流量，则每一设施的流量为总流量 $q_{V总}$ 除以设施数 N，这是一种方法。此时需测量总的流量及进入每一设施的流量 q_V，并使用反馈控制技术［图 12-13（a）］。将 q_V 与 $q_{V总}$ N 进行比较，即可得知如何调节每一设施流量阀门的开启程度。可测变量是总流量及各分支流量；控制变量是阀门的开启位置；受控变量是每一设施的废水流量。

若总的进水流量未知，则可使用"常开阀（MOV）"方法［图 12-13（b）］。先由操作人员将各分支阀门调节到相同流量位置，即各阀门的初始位置，同时确定了主阀门控制器（MVC）在总流量下的 MOV 方式对各阀门开启位置的初始值。启动自动控制系统后，上述初始值成为控制系统的设定值。工作时，分支流量测定装置将信号反馈传给分支阀门控制器与设定值进行比较，以调节各分支流量阀门的开启程度。若总的流量发生变化，则各分支流量产生相应变化，使分支控制器驱动所有分支阀门同时运动，达到一个与初始值不同的开启位置。该开启位置被传输到主控制器内与原总流量 MOV 模式下的设定值进行比较，得到一个在新总流量下的差值。该差值被送回分支阀门控制器对阀门开度进行调节。这一过程反复进行，直到在新总流量下的 MOV 阀门位置与原 MOV 位置相一致。这种方法使流量阀门的开启程度达到最大，以保证废水流动畅通，通过阀门的能量损失最小。

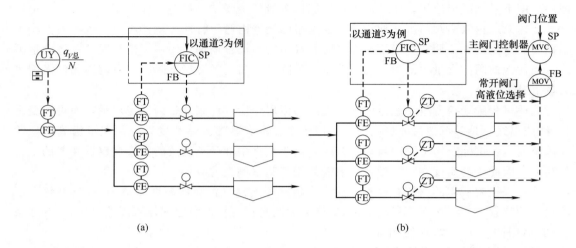

图 12-13　流量分配控制示意图
(a) 总流量不变时　(b) 总流量变化时

上述方法所需仪器有：电磁流量计（流量测量）；PID 型流量控制器；乘法、除法逻辑模块。

（三）溶解氧 DO 和风机的控制

曝气池是活性污泥的主要设施。在曝气池中溶解氧 DO 浓度的控制对处理过程的稳定性有重要意义。DO 过低，则好氧菌活性会下降，微生物难以形成易沉降的絮体。DO 过高，则不仅会增加能耗，同时也会造成混合液絮体分散和破碎，使二沉池的固液分离发生困难。

曝气池供氧量的大小与池中有机物的含量有关，也与废水及回流污泥的体积与组成有关。如果有工业废水进入，则可能影响废水生物可降解性。如果废水是流量很大且有机物含量变化很大的暴雨径流，则 DO 的控制就很困难。

由于曝气池很大，DO 的有效控制有一定困难。在用风机直接鼓风曝气时，因曝气和 DO 的变化之间存在时间滞后，因此难以实现有效的 DO 控制，造成处理过程的不稳定，同时直接鼓风曝气难以形成曝气池内 DO 的均匀混合，当鼓风机关闭时问题就更明显。

DO 的自动控制包括鼓风压力和氧的溶解两个独立的控制回路，以减少两者之间的相互作用。

鼓风控制回路的目标是维持曝气头恒定的空气压力，以保证 DO 控制回路的稳定工作。将曝气头压力为第一受控变量、空气流量为第二受控变量的多级控制系统可有效地用于 DO 控制。一个缓慢作用控制器将测量获得的 DO 浓度与设定 DO 值进行比较，发出加大或减小风量的指令。风机的风量通常由流量控制器控制，该控制器的设定值则周期性的由缓慢反应溶解氧控制器来调节，参见图 12-14。

上述控制系统所需仪器为：DO 探头（电流式或极谱式）；曝气空气流量传感器（孔板、文丘里管）；曝气头压力传感器（膜片力平衡）；风机流量传感器（文丘里管）；曝气头温度传感器；蝶阀；PID 控制器（DO、空气流量、压力控制）；顺序逻辑控制器；风机报警器和 DO 浓度报警器。

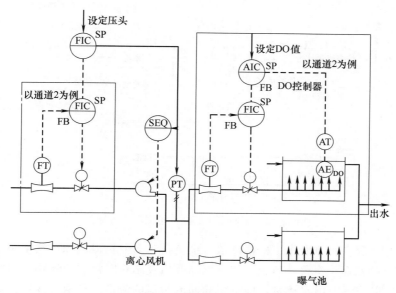

图 12-14　溶解氧 DO 浓度和鼓风机风量控制示意图

（四）污泥回流的控制

污泥回流控制的主要目标是保证活性污泥过程的稳定性。对过程的任何不利扰动都有可能使二沉池的固液分离效率下降，直接导致出水水质下将。同时，二沉池分离效率的变化反过来又影响回流污泥的形态和密度。对过程的扰动还会影响微生物的生长速率，从而影响到废弃浓缩池的固体数量。

活性污泥过程在运行时，微生物种群有可能发生变化，因为控制微生物生长和优势种群的环境因素是会有变化的。但是，环境因素对微生物种群的影响至今尚未理解充分，因此对微生物种群的控制就十分困难。在工程上，采用仔细控制污泥回流的方式，来部分调节曝气池中的微生物种群。不同形式的活性污泥回流过程如图 12-15 所示。

活性污泥过程的进水水质和水量的变化是比较大的。同时，工业废水的引入可能带入高浓度有机物质或有毒物质。这些对回流污泥的流量及质量均会产生影响。温度、pH、混合液流态（不均匀混合，短路等）等因素也会对活性污泥过程的微生物生长速率和反应产生影响。当混合液流入若干平行的池中时，各池的固液比常常是不同的。同时，曝气时氧的传输速率会受到环境条件的影响。

有两个因素对过程会产生明显影响：一个是废水流速，属于短滞后参数，废水峰值流量时，流量的增大会导致二沉池溢流量过大，使出水水质下降；另一个是负荷或过程本身的变化对微生物种群的影响，属于长滞后参数，可以有数天或数周时间。此外，参数测量的困难使控制过程控制更加不易，目前还没有可靠的 TOC、ATP、BOD 的在线测量仪器。

回流污泥的控制目前有两种方法。一种是将二沉池污泥以固定的流速或与一沉池出水相同的流速回流到曝气池。另一种是基于对二沉池污泥总量的控制。

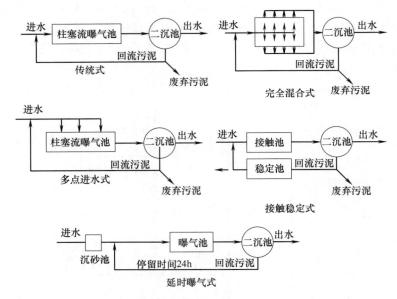

图 12-15　不同形式的活性污泥回流过程

回流污泥的流量一般由操作工根据废水有机负荷和当前污泥沉降特征来决定。将混合液样品放在 1～2L 的量筒中沉降 30min，记录沉降开始及结束时污泥的体积。将沉降结束与开始的体积之比乘以一沉池出水流量，即可得知回流污泥的流量。若回流速率恒定，曝气池中的 MLSS 的变化将与一沉池出水流量的变化相反。若回流速率与一沉池出水流量成正比，则曝气池 MLSS 维持恒定，但在曝气池和二沉池内将会产生较严重的不稳定状态。

上述方法尽管得到广泛使用，却存在一个明显不足。控制所需要的是回流污泥的质量流量，而不是体积流量。只要二沉池的回流污泥的浓度保持基本恒定，是可以使用体积流量进行控制的。但是，当微生物种群发生变化，或在峰值流量时，二沉池污泥的浓度会有较大的变化；而若使用高的回流比，回流污泥的浓度会发生相当大的变化。在这些情况下，就不宜使用体积流量对回流污泥进行控制。回流污泥的其他限制因素是污泥泵的输运能力，以及二沉池内回流污泥池的容量。污泥回流的速率一般为一沉池出水流速的 20%～50%。

若通过二沉池污泥总量进行污泥回流控制，则主要内容是测量污泥层的高度或厚度，并通过污泥回流来维持适当的污泥层高度或厚度。可使用安装在二沉池内不同深度的若干气升泵或重力流量管，或光电污泥层测量仪来测量污泥层厚度。污泥层的厚度应小于二沉池侧壁水深的 1/4。若污泥层厚度增加，其原因可能是曝气池内活性污泥浓度过高，或二沉池沉降效率下降，或污泥废弃系统堵塞。为了改善污泥的沉降特性，或去除处理系统的过量污泥，需进行较长时间的调整。

对污泥层高度的测量应在每天的同一时间进行，或连续进行，最好是在每天的最大流量期间，因为此时二沉池正工作在最大固体负荷。在每天对污泥层厚度测量后，才可考虑是否要调整污泥回流比。只要活性污泥过程工作正常，污泥回流速率的调整只需偶尔进行。

污泥的性能可由其在曝气池及二沉池中的行为来判断。由于曝气过程的不稳定性，进入二沉池的废水流量和固体含量均会变化。向若干二沉池的流量分配的不平衡也会使二沉池的固体负荷产生变化。即使流量的分配平衡，有 1、2 个二沉池的固体输入可能比其他二沉池要高许多。二沉池的固液分离效率与固体负荷、流量负荷以及污泥絮体的沉降特性有关。

污泥回流控制系统所需仪器有：MLSS 测定仪，回流污泥电磁流量计，回流污泥 SS 光学测定仪，二沉池底流电磁或超声测定仪，污泥层高度光学、超声或气升测定仪，TOC 测定仪，回流污泥湿井开关，变速泵，阀门，开关控制器，PID 流量控制器，污泥层高度控制器，报警器。图 12-16 是回流污泥的控制示意图。

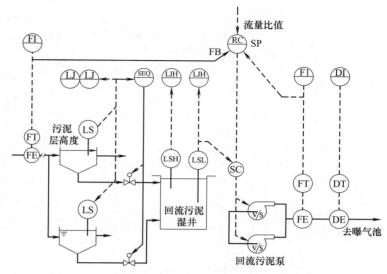

图 12-16　回流污泥的控制示意图

（五）废弃污泥的控制

不同形式的活性污泥过程都会产生一部分过量的污泥，必须被废弃。有的过程须废弃的污泥较多，有的较少。废弃污泥的出口可以设在某二沉池的底流，或污泥回流泵井，或单独的废弃污泥泵井，有时可直接从一个或若干个曝气池废弃。在实际生产中，污泥的废弃常从回流污泥中废弃一部分来实现。被废弃的污泥被传送浓缩设施，然后送往硝化池。

废弃污泥的主要目的是维持活性污泥过程的固体含量。固体含量过高，会使二沉池负荷过大；固体含量过低，会影响曝气池内有机物的生物去除。同时，固体量不正常还会造成微生物絮体的沉降困难，影响固液分离效果。

活性污泥过程负荷变化对污泥废弃的影响与对污泥回流的影响相同。当微生物细胞的合成受到影响，为了保持处理过程的稳定，需调整污泥废弃的速率。负荷变化对污泥废弃速率控制的影响，要小于对污泥回流控制的影响，因为污泥停留时间是以天计，而液体的停留时间是以小时计。溢流中的悬浮固体含量也应在计算时包括在废弃污泥总量中。废弃污泥的单位一般是每日的污泥质量。因此，须准确测量废弃污泥的流量及其固体含量。

污泥废弃可以是间歇式，也可以是连续式。污泥间歇废弃可以逐日进行，因排泥时间短，不易受悬浮固体浓度变化的影响，排泥总量可以准确测量。不排泥设施工作时处在高负荷状态，活性污泥过程在一段时间内固体含量失去平衡，需经过一段时间让微生物生长后才能到达平衡状态。

控制污泥废弃总量的最简单、最广泛使用的方法是废弃足够多的污泥以维持曝气池 MLVSS 的恒定。只要废水的水质、水量没有明显变化，这种污泥废弃方法就能保持良好的处理效果。实际生产中废弃污泥有 4 种方法：a. 根据控制污泥停留时间（SRT）：污泥废弃量则由曝气池及二沉池固体总量和选定的 SRT 来求得，日废弃污泥量＝固体总量/SRT；b. 根据生物细胞合成速率：每小时污泥废弃量由新细胞的合成速率计算；c. 根据质量流量设定值：设定值数量由曝气池 F/M 比来确定；d. 根据废弃污泥流量设定值：该值由曝气池 MLSS 目标值确定。图 12-17 是污泥废弃过程控制示意图。

污泥废弃过程控制所需仪器有：电磁或超声废弃污泥流量计，光学废弃污泥悬浮固体测

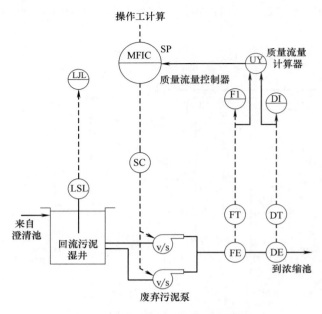

图 12-17 污泥废弃过程控制示意图

定仪，光学、超声或气升污泥层高度仪，MLSS 测定仪，出水 SS 测量仪，TOC 测量仪，变速泵，阀门，泵转速控制器，废弃污泥流量计算器，报警器。

（六）药剂投放的控制

药剂投放在废水处理中有多项用途，如在去除悬浮固体时投放高分子絮聚剂，污泥脱水前投放进行调理，加石灰调节 pH，加氯进行消毒等。

药剂投放控制的目的是改善单元过程操作及降低药剂使用量。如果一个单元过程的进水动态范围大，则投加药剂的剂量须随之有较大变化。如果一个单元过程的后续单元对进水水质要求较高，则对该单元过程的药剂投放必须精确控制。

准确的药剂剂量一般难以确定，因为影响剂量确定的因素比较多。同时，药剂剂量对过程本身的作用机理和效果有时也未得到很好地理解。因此，药剂投放剂量主要依靠经验模型来计算。

药剂投放的控制一般有 3 种方法：即人工设定流量控制、体积流量比例控制 [图 12-18（a）] 和质量流量比例控制 [图 12-18（b）]。人工设定剂量投放的工作量很大，且极易造成大量浪费；体积流量控制是基于药剂流量与进水流量的比例值，将进水流量作为控制器的输入，控制器根据算得的值确定计量泵转速；质量流量控制同样基于药剂流量与进水流量的比值，但加入一项质量流量的计算，并将该质量流量作为控制器的输入，控制器则根据质量流

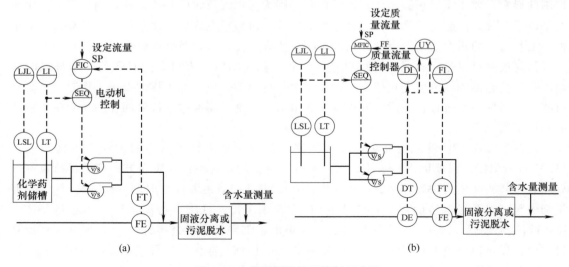

图 12-18 药剂投放过程控制示意图
（a）体积流量比例控制 （b）质量流量比例控制

量确定计量泵的转速。在这三种控制方法中，受控变量都是药剂的进药速率，控制变量是计量泵的转速，可测变量是过程进水流量、进水 SS 以及出水 SS。须注意，控制系统的时间常数较大，且无在线反馈信号。

药剂投放过程控制使用的仪器为：电磁流量计；光学 SS 分析仪；药剂槽液位开关；计量泵 PID 型体积或质量流量控制器；质量流量计算器。

二、造纸废水连续深度处理自动监控系统

造纸污水深度处理系统的主要功能是完成对造纸污水的深度净化，以期降低污水 COD 等各项指标，使处理后的造纸污水能够达到国家规定的污水处理排放标准。但是长期以来，污水深度处理技术的理论发展远快于实际污水厂的应用，存在着污水处理设备运转率低、处理效率差等问题。所以实现污水处理过程的自动化，是高效的污水处理技术得以实际应用的必然趋势。

光电催化氧化法作为一种高级氧化技术，在污水深度处理中以其独特的优势越来越受到广大研究者的热衷，展现出广阔的应用前景。但目前由于该技术存在光催化剂难以有效回收利用、光催化效率低、相应的自动化设备及系统不成熟等缺点，尚未应用于实际的污水处理中。沈文浩研究团队多年来致力于研究光催化及光电催化氧化技术及其自动化的研究，成果显著，以团队现有的光电催化氧化技术为基础，设计了一套与该技术相匹配的自动监控系统。

（一）造纸污水连续深度处理系统结构

造纸污水连续光电催化深度处理工艺流程（图 12-19）分为三大部分：首先是絮凝阶段，取造纸厂 SBR 后的污水加酸调节 pH 至 4～5，为絮凝提供酸性环境，同时加入光电催化氧化反应所需的电解质 Na_2SO_4。后加入聚合硫酸铁（简称：聚铁）、聚合氯化铝（简称：聚铝）和纳米 TiO_2 组成的三元絮凝剂，使污水中悬浮微粒集聚成团，从而加快粒子的聚沉达到固-液分离的目的；污水经过絮凝沉降池沉降后进入到光电催化氧化阶段，在此阶段加入光催化剂纳米 TiO_2 和氧化剂 H_2O_2，污水进入光电催化反应器中进行反应，同时开启紫外灯。最后是出水调节阶段，即加碱液调节沉降池 pH 至中性，一方面促进纳米 TiO_2 沉降分离从而再回收利用，另一方面使出水达到国家造纸工业污水中性的排放标准。整个污水处理系统连续运行，即污水不断进入该系统进行深度处理。

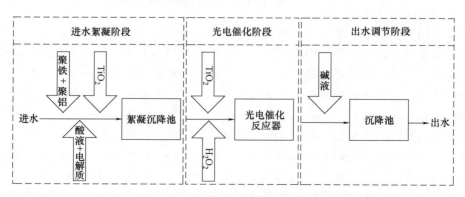

图 12-19　造纸污水连续光电深度处理工艺流程图

（二）监控系统的控制任务、目标和总体框架

基于造纸污水连续光电催化氧化深度处理工艺，硬件部分以西门子 S7-200 PLC 为下位

机，以一台研华 610L 工控机为上位机；软件部分利用 STEP 7 Micro/WIN 软件编写下位机控制程序，利用组态王 6.53 版本组态软件开发上位机人机界面，设计一套造纸污水深度处理自动监控系统。在课题组前期研究的造纸污水光电催化氧化深度处理中试平台上，所设计的自动监控系统的控制流程图如图 12-20 所示。

总体来说，本监控系统利用开关控制策略，通过控制泵的启停来控制进入系统的污水流量，在系统处理能力允许的范围内，使系统连续、可靠地运行；通过 pH 传感器和 PID 控制策略，对最终出水的 pH 进行控制；利用液位传感器和分段控制策略，将缓冲池液位分为若干段，在不同的液位范围内，分别控制不同泵的启或停，从而对缓冲池内液位进行控制。

该监控系统的控制任务和目标是设计一个连续型造纸污水深度处理的自动监控系统，能够完成每个阶段所对应的控制任务，如液位控制阶段，能根据缓冲池的液位变化，控制相应泵的启停，保证液位控制在合理范围之内，从而整个系统能够连续稳定运行；出水 pH 控制阶段，通过调节蠕动泵（碱泵）的转速控制碱液的流量，使出水 pH 控制在 7 左右，等等。并且能够实现污水处理工艺的连续运行，即造纸污水连续不断地进入系统，经过几个阶段的处理后，不断地排出。该系统还设置手动控制方式，不但可以手动调节各个反应阶段的运行参数，当系统设备或运行出现故障时，可立即结束系统反应阶段。通过上位机界面，能够实时显示系统运行过程中的状态数据，能够对历史趋势图、报表等进行手动保存等操作。并且，自动监控系统应具备简单易懂、易操作和控制等优点。

根据监控系统的控制任务和目标，监控系统的总体结构安排如下：首先通过西门子 PLC S7-200 编程软件 STEP 7-Micro/WIN 和组态王软件 Kingview 6.53，分别独立设计下位机和上位机系统，相对应的变量地址具有一致性。上位机与下位机通过 PC/PPI 电缆实现工控机 RS-232 接口与 PLC 的 RS-485 接口之间的通信和信息交换，上位机主要发出控制命令，如系统的启停、加药泵流量的改变等，而下位机程序主要执行上位机给出的指令，同时根据各传感器传送的系统实时数据进行具体的运算后输出控制指令供各执行器执行。上位机和下位机系统的设计是整个自动监控系统设计的核心，而其他的硬件连接参照所用设备的详细说明即可完成，此处不赘述。

三、造纸污水处理过程故障检测及诊断

随着工业系统数据采集能力的提高，计算机监控系统记录和存储了大量关于生产过程的数据，对于很难建立准确数学模型的复杂造纸污水处理过程来说，这为利用统计分析方法开发数学模型建立了基础。因此造纸污水处理过程的故障检测及诊断以采集的生产过程数据为基础，通过数据分析方法处理挖掘出高维数据中的信息，根据正常操作条件下的模型，进而进行故障诊断。

序批式反应器（SBR）是由传统的活性污泥工艺演化的一种高效污水处理方式，它是一种由时间分割来代替空间分割的间歇式操作。SBR 过程的操作周期一般是固定不变的，曝气和沉淀等操作在同一反应池内分阶段完成。但是整个 SBR 污水处理过程受到进水水质、水量、运行控制等诸多因素的影响，具有时变、非线性、大滞后等特点，难以建立精确的数学模型，并且部分关键水质参数无法在线监控，这些给研究人员的工作带来一定的困难。如何通过在线监测来提高排污质量和实现优化操作是目前污水处理监控方面重要的研究课题之一。

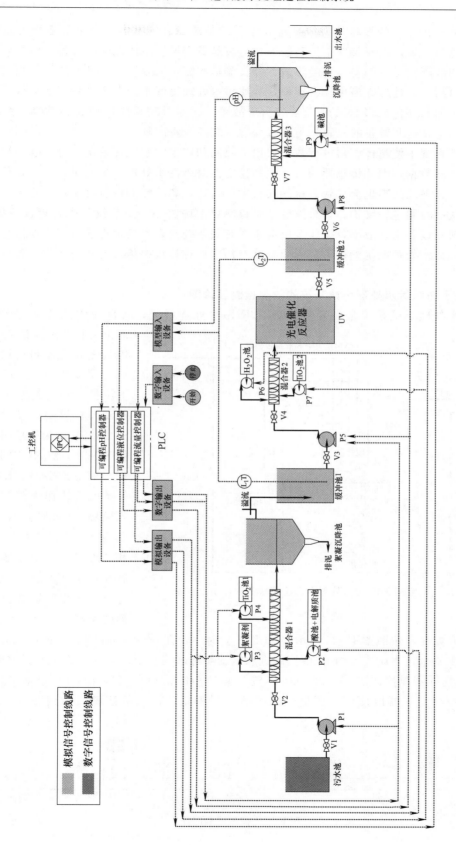

图 12-20 造纸污水连续光电催化氧化深度处理自动监控系统的控制流程图

注：1—P1、P5、P8 为离心泵；2—P2、P3、P4、P6、P7、P9 为蠕动泵；3—V1 至 V7 为球阀。

SBR 污水处理系统的故障分为传感器故障和设备故障。传感器故障主要是指传感器获取的测量信息不准确，主要表现是传感器读数与被测量变量实际值之间的误差。污水处理系统中传感器的故障主要有偏差、精度等级下降、漂移和完全失效四种类型的故障。当然元件故障也会导致污水处理过程出现异常现象，导致污水处理过程不能在正常状态下运行，主要表现为系统中的元部件或者是其他子系统出现故障。污水处理系统的设备包括循环泵、风机、风机阀门等，这些设备的故障作为污水处理系统的设备故障。

污水处理系统中使用传感器进行数据采集，控制和监控污水处理系统运行状态必须依赖于传感器的监测数据，因此传感器的可靠性和稳定性对于污水处理系统的正常运行是至关重要的。当然，设备的故障也会导致系统的非正常运行，设备故障的恢复可能需要几天、几个星期甚至更久的时间进行维护，如果能够及时检测数故障将不会对后续污水处理造成影响。如果传感器或者设备出现故障，操作者就会掌握有关系统或者设备运行状态的错误信息，这也就间接影响污水处理系统的运行。因此，针对污水处理过程中传感器和设备的故障诊断是十分必要的。

（一）基于造纸污水处理小试系统的故障检测及诊断

造纸污水处理小试系统是一套实验型 SBR 污水处理系统，其自动监控系统的构成如

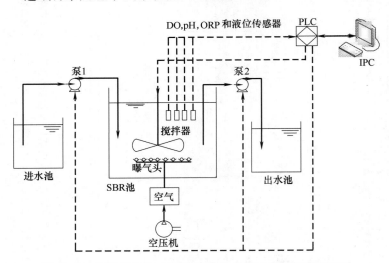

图 12-21　实验型 SBR 污水处理自动监控系统的控制流程图

图 12-21 所示。该系统采用系统分层控制结构，以一台研华 610L 工控机为上位机，利用组态王软件开发人机界面；以西门子 S7-200 PLC 为下位机，利用 STEP 7-Micro/WIN 编程，采用 EM231、EM232 等扩展模块作为模拟量输入模块和输出模块，利用西门子 S7-200 系列 PLC 和"组态王 6.53"版本组态软件开发的控制平台，完全可实现间歇式污水处理的控制。

当反应开始时，按照图 12-22 所示的 SBR 工艺时序，在 0～40min 即静止进水、混合进水、曝气进水三个进水阶段，由 PLC 控制进水蠕动泵进水；在 10～15min 即混合进水阶段，由 PLC 控制搅拌器搅拌；在 15～220min 即整个曝气进水和反应过程，由 PLC 根据实时 DO 状态数据来控制变频器以便使空压机能够按照控制策略使污水的溶解氧达到 2mg/L；在

图 12-22　SBR 工艺控制流程时序示意图

220～230min 也即混合阶段，由 PLC 控制搅拌器进行搅拌；230～300min 是沉降阶段，前期 230～295min 内污水进行自由沉降，后期 295～305min 属于排泥阶段，由 PLC 控制排泥蠕动泵工作排泥；在 300～360min 也即滗水阶段，由 PLC 控制出水蠕动泵进行排水工作。在整个 SBR 周期内，DO、pH、ORP 和液位探头实时采集 DO、pH、ORP 和液位的数据，采集时间间隔为 14s，通过 RS232 数据通道传送给 PLC 和工控机，用于对各种执行器的控制和进行相应的数据显示和保存工作。

（二）过程故障检测及诊断方法

过程故障检测及诊断（Fault Detection and Diagnosis，FDD）主要是研究如何对系统中出现的故障进行检测、分离和辨识，即判断故障是否发生、定位故障发生的部位和种类，以及确定故障的大小和发生的时间等，一般过程如图 12-23 所示。故障诊断技术一般包括故障检测、故障识别、故障诊断和过程恢复。整体上，故障诊断的方法一般分为基于数学模型、基于知识和基于数据驱动的方法，其具体分类如图 12-24 所示，其中基于数学模型和基于数据驱动的方法又可以归为定量分析方法，基于知识的故障诊断方法可以归为定性分析方法。

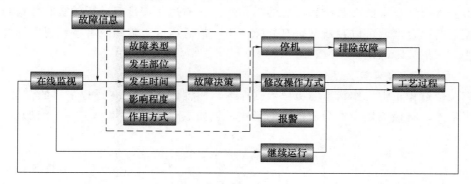

图 12-23　故障诊断过程示意图

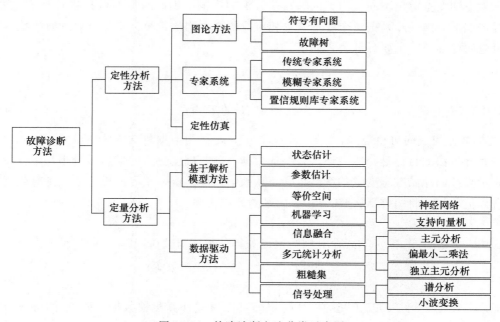

图 12-24　故障诊断方法分类示意图

近年来随着计算机技术的逐渐成熟，大量的过程数据可以在线获得，人们利用一定的统计方法通过提取过程数据中所包含的信息，能够有效地挖掘出数据中隐藏的与实际过程密切相关的部分，进而对整个运行过程进行研究和分析。多元统计方法是过程监控中一种常用的方法，它不依赖于精确的数学模型，利用过程数据信息进行建模，然后基于该模型实施过程监控和故障诊断分析。由于它不依赖于过程机理这一显著优点而受到工控界学者的广泛关注，并逐步发展成为控制领域中一种重要的数据分析方法。造纸污水处理工艺主要是 SBR 污水处理工艺，此工艺属于间歇式操作单元，在生产过程中产生大量的过程数据，采用基于数据驱动的多元统计分析方法是一种较为合适的方法。

（三）基于主元分析方法（PCA）的故障诊断

主成分分析是多元统计分析中应用较为广泛的方法之一，该方法将高维的原始数据空间投影至几个相互正交的特征向量组成的新的数据空间中，在新的数据空间中按照某一原则提取代表过程主要变化信息的关键潜隐变量，大大降低了原始数据空间的维数。主成分分析法进行故障检测和诊断的基本思路是：利用正常历史数据建立主成分模型，并利用 T2、SPE 和主元得分等统计量来监视系统和过程的操作性能。通过比较过程运行的实时数据与建立的主成分模型的拟合度就可以判断是否有故障产生，最后通过贡献图或者主元得分结合主元载荷的方法辨识出故障源位置。

1. 主元分析法的基本思想

给定一个过程正常工作状态的历史数据样本，假设该数据有 m 过程采集的变量个数，n 个数据采集点，将该数据样本写成矩阵的形式，例如矩阵 $X \in R^{n \times m}$ 如式（12-16）所示：

$$X = \begin{bmatrix} x_{11} & x_{12} & \cdots & x_{1m} \\ x_{21} & x_{22} & \cdots & x_{2m} \\ \vdots & \vdots & & \vdots \\ x_{n1} & x_{n2} & \cdots & x_{nm} \end{bmatrix} \tag{12-16}$$

因为不同变量单位不同，为了消除数据量纲的影响，因此对原始数据进行标准化处理。基本过程如下：第一步是把每个变量减去相对应的样本均值，第二步是将处理后的数据除以其所对应的标准差。主要计算公式如下：

$$\overline{X} = [X - (1,1,\cdots,1)^T M] diag \left\{ \frac{1}{s_1}, \frac{1}{s_2}, \cdots, \frac{1}{s_n} \right\} \tag{12-17}$$

其中，$M = [u_1, u_2, \cdots, u_n]$ 为数据集 X 的平均值，$diag \left\{ \frac{1}{s_1}, \frac{1}{s_2}, \cdots, \frac{1}{s_n} \right\}$ 为数据集 X 的标准差组成的对角矩阵，$s = [s_1, s_2, \cdots, s_m]$ 为数据集 X 的标准差。

主元分析法的目标是降维去噪，并保证数据在此基础上丢失的信息量最小，用较少的新变量表示高维的原始数据变量的线性组合。从数学角度上讲，主元分析方法就是对数据矩阵进行奇异值分解，将矩阵 $\overline{X}$ 分解为 n 个向量的外积之和：

$$\overline{X} = TP^T = t_1 p_1^T + t_2 p_2^T + \cdots + t_n p_n^T \tag{12-18}$$

式中，$T \in R^{m \times k}$ 和 $p \in R^{n \times k}$ 分别为主成分得分矩阵与载荷矩阵，并且

$$\begin{aligned} p_i^T p_j &= 0 \quad (i \neq j) \\ p_i^T p_j &= 1 \quad (i = j) \end{aligned} \tag{12-19}$$

即载荷向量之间是相互正交的。载荷矩阵可以通过计算建模数据矩阵 $\overline{X}$ 的协方差矩阵得到。将式（12-18）左右同时右乘 p_i，代入式（12-19）可得：

$$t_i = \overline{X}p_i \tag{12-20}$$

其中主元得分向量即是数据矩阵在载荷向量方向上的投影，主元得分的长度即代表了数据矩阵在 p_i 方向上的覆盖程度，上述计算过程即为主元分析法的基本理论依据。

通常将得分向量 t_i 的模长按照从大到小的顺序排列：模长最大的得分向量所对应的载荷向量代表主元变化最大方向，即为第一载荷向量，同理得到第二载荷和第三载荷等。原始数据信息的变化主要体现在主元变化较大的载荷向量方向上，而在后面几个负荷向量方向上所具有的较少的原始数据信息，主要代表是由噪声引起的数据信息。因此数据矩阵 $\overline{X}$ 进行主元分析后就可以表示为：

$$\overline{X} = TP^T = t_1 p_1^T + t_2 p_2^T + \cdots + t_k p_k^T + E \tag{12-21}$$

其中，$k \leqslant n$ 为所选取的主成分的个数，$E \in R^{m \times n}$ 为残差矩阵，所建立的主元模型只要将由噪声引起的残差矩阵去掉即可。所以数据矩阵 $\overline{X}$ 可以近似表示为：

$$\overline{X} \approx t_1 p_1^T + t_2 p_2^T + \cdots + t_k p_k^T \tag{12-22}$$

主元个数是主元过程检测模型中最重要的参数，其直接决定了主元模型过程监控的性能。一般情况下，所选择的主元个数 k 既能够代替原来的 m 个相关变量所提供的绝大多数信息，又不会增加模型分析与诊断的复杂性。这里采用累积方差贡献率法计算主元个数。

定义前 k 个主成分的累计方差贡献率为：

$$CPV(k) = \frac{\sum\limits_{j=1}^{k} \lambda_j}{\sum\limits_{j=1}^{m} \lambda_j} \tag{12-23}$$

通常以 $CPV(k) \geqslant 85\%$ 为原则来确定主元个数。

PCA 统计过程检测主要是通过正常工况下各种变量的数据进行建模，在建模的过程中将原始数据空间分为主元空间和残差空间两个正交的子空间。通常情况下在不同的子空间建立不同的统计量用于过程检测，前者主要是建立 Hotelling T^2 统计量判断过程的运行状况，后者主要是建立 SPE 统计量进行统计检验。在确定主元个数之后便可进行统计量控制限的计算。T^2 统计量的控制限的计算是利用 F 分布按下式计算：

$$T_{k,m,a}^2 = \frac{k(m-1)}{m-k} F_{k,m-k,a} \tag{12-24}$$

其中，m 是建立主元模型的数据样本的采样点数，k 是主元模型中保留的主元个数，F 是对应于检验精确水平为 α，自由度为 k，$m-1$ 条件下的 F 分布的临界值。SPE 统计量的控制极限计算如下：

$$SPE_a = \theta_1 \left[\frac{C_a \sqrt{2\theta_2 h_0^2}}{\theta_1} + 1 + \frac{\theta_2 h_0 (h_0 - 1)}{\theta_1^2} \right]^{\frac{1}{h_0}} \tag{12-25}$$

其中，$h_0 = 1 - \dfrac{2\theta_1 \theta_3}{3\theta_2^2}$，$\theta_i = \sum\limits_{j=k+1}^{n} \lambda_j^i (i = 1, 2, 3)$，$C_a$ 是正态分布在检验精确水平 α 下的临界值。λ_j 是主成分模型建模时所用标准化数据矩阵的协方差矩阵的特征值。至此主元模型建立完全。主元模型建立之后对实际过程进行监测：对新采集的数据进行标准化处理并投影到当前的主元模型进行检测，如果两个统计量超出对应的统计量控制限，则表明过程中出现故障或异常。

在主元分析法中，T^2 统计量指示每个采样点在变化幅值上偏离主元模型的程度，它代表主元模型内部的变化，可以实现对多个主元同时进行控制。对于第 i 时刻过程向量 $x_i=[x_{i1}, x_{i2}, \cdots, x_{im}]^T$，$m$ 为变量个数，T^2 统计量被定义为：

$$T_i^2 = x_i^T P \Lambda^{-1} P^T x_i = t_i \Lambda^{-1} t_i^T \qquad (12\text{-}26)$$

其中，$\Lambda = (\lambda_1, \lambda_2, \cdots, \lambda_k)$ 为组成的对角矩阵，P 为前 k 个载荷向量构成的矩阵，t_i 为第 i 时刻所得的检测样本的主元得分向量。显然，T^2 值代表的是主元空间中某些变量的波动，如果主元模型不能够很好体现某一变量时，那么这种变量的波动在主元空间中无法被监视。此时可以通过分析残差空间中的数据进行故障检测，通常采用 SPE 统计量进行过程故障检测。SPE 统计量在第 i 时刻的值是个标量，它表示此时刻所有变量的测量值对主元模型的偏离程度，是衡量残差空间数据变化的统计量，计算如下：

$$SPE_i = e_i^T e_i \qquad (12\text{-}27)$$

其中，$e_i = x_i - \hat{x}_i = (I - PP^T)x_i$，$\hat{x}_i$ 为第 i 时刻标准化检测样本经过主成分模型投影后得到的估计值，I 为单位矩阵。若监测数据的 SPE 统计量没有超出其控制限，属于正常状况；反之，则断定为异常状况。

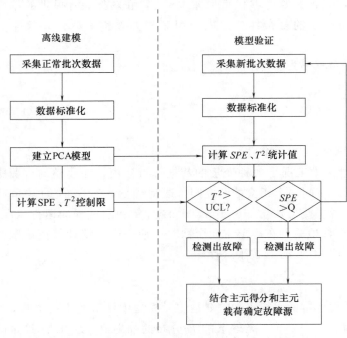

图 12-25　基于主元分析法的系统过程监控流程图

2. 基于主元分析的过程监控

基于主元分析法的系统过程监控流程如图 12-25 所示。主要分为离线建模和在线监视两个部分。

（1）离线建模

① 采集正常工况下的数据并按照式（12-17）进行标准化处理；

② 建立 PCA 主元模型：选择合适的主元个数并按照式（12-24）和式（12-25）计算 T^2 和 SPE 统计量的控制限 T_α^2 和 SPE_α。

（2）在线监视

① 采集新批次的运行数据并对其进行标准化处理；

② 按照式（12-26）和式（12-27）计算新批次的 T^2 和 SPE 统计量，并与相对应的控制限 UCL 和 Q 进行比较，如果超出控制限，则表明故障发生；反之，则为正常工况；

③ 检测出故障点后即要判断故障源位置：本研究通过主元得分图结合主元载荷的方法判断出故障源。

3. 小试系统应用 PCA 方法的故障诊断过程

（1）变量选择

小试型 SBR 污水处理系统处理的污水是按照文献配制而成的合成污水，污水的详细比例如表 12-3 所示。本模型选取的输入变量为 ORP、pH、DO 和 L 4 个变量。ORP（Oxidation-Reduction Potential，即氧化还原电位）表征介质氧化性或还原性的相对程度；pH 可显著影响活性污泥的活性，pH 过高或过低都会引起微生物大量死亡，造成污水处理效果变差等问题。DO（Dissolved Oxygen，溶解氧）的含量是衡量水体自净能力的一个重要指标，水中的溶解氧的含量与空气中氧分压和水温有着密切关系；L（Liquid Level，液位）代表 SBR 池中水位高低。

表 12-3　　　　　　　　　　　　合成污水水质　　　　　　　　　　　　　单位：mg/L

COD	NH_4^+-N	PO_4^{3-}-P	碱度（$CaCO_3$）
300～330	40～45	4.5～5.0	400～450

小试型 SBR 污水处理系统以 DO 控制为核心，选择曝气阶段作为研究对象。选择一个正常批次中的曝气阶段运行数据作为建模数据源，前 190 组数据为建模数据，当系统运行到第 191 组时 DO 和液位传感器显示出故障，故障数据为第 191～265 组，而此时 ORP 和 pH 仍然正常运行，如图 12-26 所示。

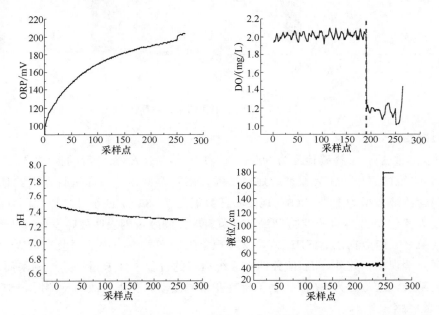

图 12-26　SBR 污水处理过程中 4 个变量的变化曲线图（虚线的右边为异常状况）

（2）PCA 方法建立故障诊断模型

选择正常工况下的 190 组数据作为建立 PCA 模型的原始数据，每一组数据包含 4 个操作变量，构成数据矩阵 $X \in R^{190 \times 4}$。首先按照式（12-17）进行标准化处理：减去每个变量的平均值并除以各自的标准差。然后按照式（12-18）至式（12-25）进行主元分析，建立主元模型。主元分析结果如表 12-6 所示，由表中可以看出前两个主元的累积方差贡献率为 80.4%，按照主元累积方差贡献率原则选择的主元数为 2，最后分别计算主元载荷和主元得分值等。前两个主元的主元载荷如图 12-27（a）（b）所示，从图 12-27（a）中可以看出，主元 1 主要代表了变量 ORP 和 pH 的变化，而主元 2 主要代表了变量 DO 和液位的变化。也就是说，如果主元 1 发生波动就意味着变量 ORP 和 pH 发生了波动；同理，主元 2 的波动主要代表变量 DO 和液位的变化。

表 12-4   **主元特征值及贡献率**

主元	特征值	贡献率/%	累积贡献率/%
1	2.269	56.698	56.698
2	0.948	23.690	80.388
3	0.774	19.354	99.742
4	0.010	0.258	100

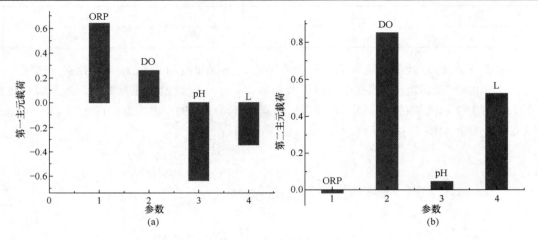

图 12-27   前两个主元的主元载荷图

（3）故障检测

选定主元个数后，选择置信度为 99%，计算 T^2 和 SPE 统计量的控制限 $T_\alpha^2 = 9.49$ 和 $SPE_\alpha = 5.14$，至此完成了主元模型的建立过程。主元模型建立后即进行模型验证，选择的验证数据包含故障数据为 191~265。观察验证数据的 T^2 和 SPE 统计量监控图（图 12-28），其中，虚线为置信度 99% 时的控制限，只要是超出控制限，则表明故障发生。从图 12-28 中明显看出在第 246 组数据以后 SPE 值，这一现象表明残差空间中数据波动较大，可以判断过程中出现异常现象；此外，T^2 监控图在系统运行的过程中并未超出其控制限而只有 SPE 值超出其控制限，这是因为 SPE 代表了所有变量的波动，在进行故障检测时，SPE 统计量较 T^2 统计量敏感。

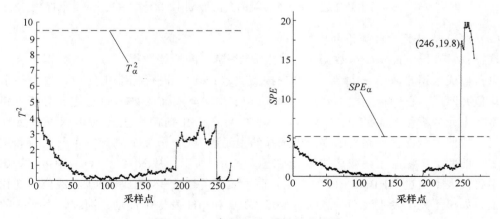

图 12-28 T^2 和 SPE 统计量监控图

为了更加详细地说明故障诊断过程，接下来借助主元得分图来分析系统中的不正常现象。图 12-29 为验证数据的主元得分图，从图中可以看出故障 1（DO 传感器出现故障）和故障 2（液位传感器出现故障）的主元得分偏离正常波动范围，这充分证明了传感器出现了故障。

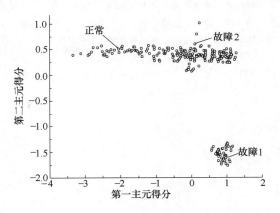

图 12-29　二维主元得分图

（4）故障识别

在检测出故障发生之后进行故障诊断，主要采用主元得分与主元载荷相结合的方法辨识出故障源位置。由前部分的分析可得：主元 1 可以指示出变量 ORP 和 pH 的故障，主元 2 可以指示出变量 DO 和液位的故障。图 12-30 是验证数据的主元 1 和主元 2 的得分图，在前 190 组数据中，主元 1 和 2 的得分值与变量 ORP 和 DO 的变化相似，在第 191 组后主元得分出现波动，分布在两个椭圆中：其中故障 1 点分布在 191～245 而故障 2 点分布在 246～256，这样也表明有两种故障发生。结合主元载荷图，可以明确故障为 DO 传感器和液位传感器。

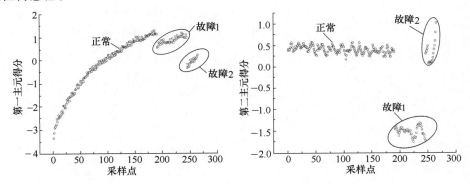

图 12-30　验证数据的主元 1 和主元 2 得分图

应用 PCA 方法对小试系统进行的故障诊断分析可以发现，主元模型是可以有效地检测 SBR 过程中传感器的故障，主元得分值和主元载荷也可以有效地辨识出故障源位置。

思　考　题

1. 常见的污水处理方法有哪些？
2. 污水处理过程工艺参数有哪些？其含义是什么？
3. 简述制浆造纸废水的主要来源及特点。
4. 制浆造纸废水处理工艺有哪些？
5. 简述过程故障检测及诊断方法。

参　考　文　献

[1]　王凯全. 环境保护与污水处理［M］. 北京：中国石化出版社，2015.

［2］ 谷莨英. 制浆造纸废水处理技术［M］. 昆明：云南科学技术出版社，1995.

［3］ 杨学富. 制浆造纸工业废水处理［M］. 北京：化学工业出版社，2001.

［4］ 何北海. 造纸工业清洁生产原理与技术［M］. 北京：中国轻工业出版社，2007.

［5］ 曾郴林，刘情生. 工业废水处理工程设计实例［M］. 北京：中国环境出版社，2017.

［6］ 刘秉钺. 制浆造纸污染控制［M］. 北京：中国轻工业出版社，2008.

［7］ 武书彬. 造纸工业水污染控制与治理技术［M］. 北京：化学工业出版社，2001.

第十三章　生产执行系统

美国先进制造研究机构 AMR 定义："生产执行系统是位于上层的计划管理系统与底层的工业控制之间的面向车间层的管理信息系统"。它为操作人员/管理人员提供计划的执行、跟踪以及所有资源（人、设备、物料、客户需求等）的当前状态。目的是解决工厂生产过程的黑匣子问题，实现生产过程的可视化、可控化。本章介绍全厂综合自动化系统、EMS 系统的架构及其主要的功能模块。

第一节　全厂综合自动化系统概述

工业自动化是现代工业的"神经"和"心脏"，与我国推进工业化是极其紧密的相互依存、相互渗透和相互深化的关系，是落实《中国制造 2025》的关键。2006 年，国务院发布的《国家中长期科学和技术发展规划纲要（2006—2019）》明确指出制造业领域的优先发展主题之一是"流程工业的绿色化、自动化及装备"。随后，国务院发布的《关于加快振兴装备制造业的若干意见》明确指出要"重点支持系统集成技术、自动化控制技术以及关键共性制造技术、基础性技术和原创性技术的研究开发"，并且将"发展重大工程自动化控制系统和关键精密测试仪器，满足重点建设工程及其他重大配套技术装备高度自动化和智能化的需要"作为实现重点突破领域之一。

一、综合自动化系统的发展现状

（一）工业自动化的发展

1. 工业自动化的定义

工业自动化是改造传统工业的有效手段，是现代工业生产实现规模、高效、精准、智能、安全的重要前提和保证。改革开放以来，在政府的大力支持下，我国工业自动化技术、产业和应用都有了很大的发展，成为推动我国现代化工业发展的有力支撑。总体来看，工业自动化是我国走新型工业化道路，发挥后发优势，实现跨越式发展的有效途径。工业自动化是自动化技术的一种应用，通常是指利用数字技术对工业生产过程进行检测、控制、优化、调度、管理和决策，以达到增加产量、提高质量、降低消耗、确保安全等综合性目的。作为现代工业的支撑技术之一，工业自动化解决了生产效率与产品质量一致性的难题，其广泛应用大幅提升了生产效率，改善了劳动条件，保证了产品质量和标准化程度，并可以提高生产企业对现代工业生产的预测及决策能力。工业自动化的产品主要包括人机界面、控制器、伺服系统、步进系统、变频器、传感器及相关仪器仪表等，作为智能装备的重要组成部分，是发展先进制造技术和实现现代工业自动化、数字化、网络化和智能化的关键，被广泛应用于各个行业。

2. 世界工业自动化的发展

世界工业自动化的发展历史是伴随着几次工业革命推进的，如图 13-1 所示。17 世纪第一次工业革命时期，蒸汽机的发明和使用对温度调节、压力调节、浮动调节、速度控制等自动控制系统提出要求。通过反复试验和大量的工程直觉，出现一些利用风能、水能、蒸汽动力等实现自动化工业流程的自动织机、自动纺纱机、自动面粉厂。不过，这一阶段的自动化控制更多地取决于工程直觉而非科学。直到19世纪中期，数学成为自动控制理论的形式化语言，才得以保证反馈控制系统的稳定性。

19世纪中期第二次工业革命爆发。工厂电气化引入了继电器逻辑，利用控制器记录仪表数据，通过彩色编码灯发送信号，最后由操作员手动开关来实现调节和控制。电气化大大提高了工厂的生产率，进一步为工业自动化的发展奠定了基础。第一次世界大战和第二次世界大战推动了大众传播和信号处理领域的重大进展，自动控制相关的微分方程、稳定性理论和系统理论、频域分析、随机分析等也得到了关键进展。

20世纪中期第三次工业革命又被称为信息技术革命爆发。随着计算机、通信、微电子、电力电子、新材料等技术不断更新，自动控制变得更为便利，工业自动化技术得到快速普及和发展，几乎所有类型的制造和组装过程都开始实施广泛的自动化。1952年世界第一台数控机床在美国诞生，工业自动化随工业化大生产应运而生。20世纪六七十年代在单机自动化的基础上，各种组合机床、组合生产线相继出现，软件数控系统也相应出现并应用。20世纪80年代以后，为适应工件的多品种和小批量生产，工业自动化向集成化、网络化、柔性化方向发展，代表性的应用系统为计算机集成制造系统（CIMS）和柔性制造系统（FMS）。

进入21世纪以来，以人工智能、机器人技术、电子信息技术、虚拟现实等为代表的第四次工业革命将工业自动化水平提升到了更高的水平，一些先进的工业化国家开始通过物联网的信息系统将生产中的供应、制造、销售信息数据化、智慧化，最后达到快速、有效、个人化的产品供应，即进入了所谓的"工业4.0"的智能制造时代。

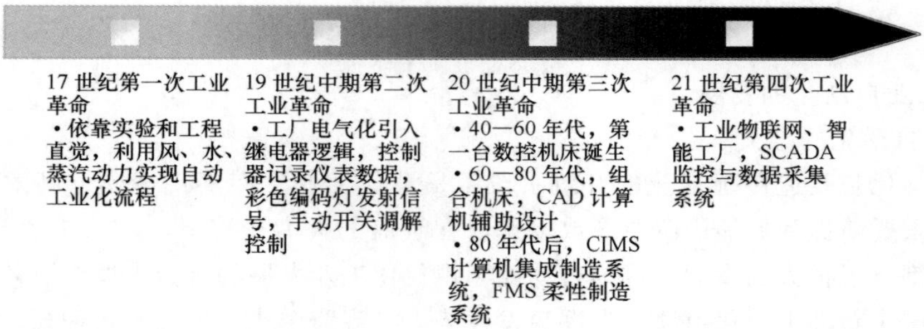

图13-1　世界工业自动化的发展历史

3. 我国工业自动化的发展

我国现代工业的发展起步于清末的洋务运动，创办了一批近代军事工业、民用工矿业和运输业，例如江南机器制造总局、福州船政局、开平矿务局等，促使了近代企业和民族资本主义的诞生。但是由于洋务运动时期的工厂基本全部购买国外现成的机器设备，聘用国外专业技术人员，且经过多年的动乱和战争，少之又少的工厂遭到摧毁，到中华人民共和国成立时，中国的现代工业基础近乎无。中华人民共和国成立后，在苏联的援建下，我国开始大力发展重工业，在能源、冶金、机械、化学和国防工业领域布局重点工程，通过近30年的艰苦奋斗，建成了种类齐全、完整、独立的工业体系，基本完成了工业化的原始积累，为此后的改革开放和工业化的发展奠定了基础。中国工业自动化的过程是伴随着中国工业化的发展同步推进的，尤其是改革开放正好赶上信息技术为代表的新一轮产业技术革命，信息技术具有高渗透性和高带动性，有力地加速了我国工业自动化的进程。总的来说，我国工业自动化在改革开放以来大致以十年为周期，经历了"开端—攻坚—推广—深化—创新"五个发展阶段，如图 13-2 所示。

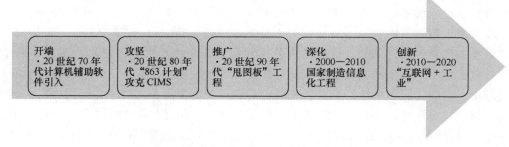

图 13-2　我国工业自动化历史的简要回顾

（1）开端——20 世纪 70 年代计算机辅助软件的引入

20 世纪 70 年代，当时一些知名的国外软件公司开发和推出了各类计算机辅助系统的软件，比如 CAD（Computer Aided Design，计算机辅助设计）、CAE（Computer Aided Engineering，计算机辅助求解复杂工程）、CAM（Computer Aided Manufacturing，计算机辅助制造）。美国洛克希德公司从 1974 年起向市场推出了 CADAM 系统，20 世纪成为 70 年代中至 80 年代末国际上最流行的第一代 IBM 主机版交互绘图系统；麦道公司从 1976 年起开发 Ungraphics 系统，至今仍是机械行业 CAD/CAM 的高端四大主流系统之一。这些软件可应用于航空、汽车等复杂装备行业，以提高这些行业产品设计和制造中的零部件精度问题。我国政府敏锐地意识到了这一工业自动化技术的广阔市场前景，在政府的主导下，航空、机床、石油、化工、钢铁等行业率先引进 CAD、CAE、数控系统、MIS（Management Information System，管理信息服务器）、DCS（Distributed Control System，分布式控制系统）、PLC（Programmable Logic Controller，可编程逻辑控制器）、现场控制仪表等，成为国内大范围工业自动化工具普及的开端。具体引进操作上，主要通过合作开发和技术学习，例如，航空工业部在 1983 年初与西德 MBB 公司互访，商定合作开发飞机设计制造管理集成系统，称作 CADEMAS 计划，中方从部属厂、所、校抽调技术骨干 20 余人，在德国工作到 1988 年。在技术引进的同时，政府也注重软件国产化，"七五"期间机械工业部投入 8200 万元，组织浙江大学、中科院沈阳计算所、北京自动化所、武汉外部设备所分别开发四套 CAD 通用支撑软件，并由 34 家下属厂、所、校合作开发 24 种重点产品的 CAD 应用系统。在 CAE 的应用研发上，1979 年美国的 SAP5 线性结构静、动力分析程序向国内引进移植成功，也掀起了应用通用有限元程序来分析计算工程问题的高潮。

（2）攻坚——20 世纪 80 年代"863 计划"攻克计算机集成制造系统 CIMS

计算机辅助软件基本只能满足单一过程的测管控，随着工业化大生产的发展，对于系统集成的要求越来越高。美国学者约瑟夫·哈林顿博士最早于 1973 年就提出了计算机集成制造系统（Computer Integrated Manufacturing System，CIMS）的概念：通过计算机硬软件，并综合运用现代管理技术、制造技术、信息技术、自动化技术、系统工程技术，将企业生产全部过程中有关的人、技术、经营管理三要素及其信息与物流有机集成并优化运行的复杂大系统。CIMS 将计算机的单机运行转化为集成运行，是一个非常大的跨越，其技术构成包括制造技术、敏捷制造、虚拟制造和并行工程，是工业自动化的革命性成果。1986 年 3 月，我国启动实施了"高技术研究发展计划"，针对我国经济发展有重大影响的七个高技术领域进行攻关，简称为"863 计划"，其中计算机集成制造系统（CIMS）成为自动化技术领域的研究主题之一得以落实。具体在清华大学建成了国家 CIMS 工程研究中心，负责 CIMS 关键技术的研究，技术成果的推广应用，以及技术人才的培训。十年内，CIMS 应用示范企业扩展到 800 多家，覆盖了机械、电子、化工、航空、造船、纺织等 20 多个行业，产生了明显的经济效益和社会效益。例如，成都飞机公司利用 CIMS 技术在国内成功地加工了标志 90 年代飞机数控加工高技术的飞机整体框架，比传统方法缩短了 4.5 倍工时，在某型号新机型研制过程中，节约 1 万多个生产及准备工时，对赢得美国麦道公司的承包合同也起了巨大作用。北京第一机床厂通过实施 CIMS 工程，主导产品变形设计周期缩短 1/2，库存占用资金减少 10%，生产计划编制效率提高 40～60 倍。1995 年，北京第一机床厂的 CIMS 工程相继获得美国制造工程师学会的"工业领先奖"和联合国工业发展组织的"可持续工业发展奖"，表明我国的 CIMS 研究开发和应用开始进入国际先进行列。

（3）推广——20 世纪 90 年代"甩图板"工业革命

1991 年，时任国务委员宋健提出"甩掉绘图板"（后被简称为"甩图板"）的号召，我国政府开始重视 CAD 技术的应用推广，并促成了一场在工业各领域轰轰烈烈的企业革新。"甩图板"工程推动了二维 CAD 的普及和应用。该工程的推广不仅大大提高了设计质量、加快了进度，而且通过多方案的比选优化，一般可节约基建投资 3%～5%。在"甩图板"工程的推动下，我国计算机辅助技术的研发和应用取得了较大进步，众多国产 CAD 企业如雨后春笋般建立起来。在发展初期，产生了凯思（中科院软件所）、开目（华中理工大学）、中国 CAD（深圳乔纳森）、高华 CAD（清华大学）等自主平台的二维 CAD 系统，以及基于 AutoCAD 二次开发的 InteCAD（天喻 CAD 的前身，华中理工大学）、艾克斯特（清华大学）等系统，开创了一段国产二维机械 CAD 发展的黄金时代。2000 年之后，随着 Open DWG 联盟的兴起，中望、浩辰、纬衡、华途等公司先后推出了对 AutoCAD 兼容性更好的二维 CAD 软件，并且在正版化浪潮中，实现了快速成长，并实现了国际化。除了自动化产业本身的发展，"甩图板"工程同时推动了各行业的企业信息化普及高潮：在 600 多家企业进行了 CAD 技术应用示范，3000 多家企业进行了重点应用，并带动数万家企业开展 CAD 应用。

（4）深化——2000—2010 年国家制造业信息化工程

世纪之交，中国加入世贸组织，面临经济全球化的重大机遇与挑战，为了尽快提高我国制造业的整体素质和竞争力，科技部从"863 计划"和攻关计划中拿出 8 亿元资金，组织实施"制造业信息化关键技术研究及应用示范工程"，简称"制造业信息化工程"重大项目。这是加入世贸组织以后，科技部在以信息化带动工业化，以高新技术改造传统产业方面的一个重要举措。制造业信息化工程重点是抓好数字化设计、数字化生产、数字化装备和数字化管理，以此为基础，形成一批数字化企业。这一工程沿着两条主线推进：一是全国各省市制造业信息化工程建设，主要任务包括应用示范、技术服务和应用技术攻关等；二是关键技术产品的研发、应用及产业化，包括企业资源管理、制造执行系统、数据库管理系统、数控装备、企业集成平台和区域网络制造等 7 项关键技术，与企业应用示范和技术服务等紧密结合，实现产业化。"十五"期间的制造业信息化工程建设取得了良好的效果，培育了一批制造业信息化专业服务机构，在 27 个省、49 个重点城市和 6000 多家企业推广了制造业信息化工程。在随后的"十一五"和"十二五"期间，国家科技部门继续大力推动我国制造业信息化工程，包括组织制造业企业实施设计制造一体化的"甩图纸"示范推广工程和经营管理信息化的"甩账表"示范推广工程。2006 年 5 月，国务院办公厅发布《2006—2020 年国家信息化发展战略》，同时，制造业信息化被列入《国家中长期科学和技术发展规划纲要 (2006—2020)》中制造业科技发展的重点方向。党的十六大期间提出两化融合的概念，即"以信息化带动工业化、以工业化促进信息化"。到了党的十七大，进一步上升为"促进信息化与工业化融合，走新型工业化道路"。2016 年 11 月，工信部发布了《信息化和工业化融合发展规划（2016—2020 年）》，进一步推进两化融合的重点任务和工程建设。

（5）创新——2010—2020 年"互联网＋工业"

随着第四次工业革命以及互联网的发展，大规模制造向大规模定制转型，工业自动化更多地需要搜集用户碎片化的需求数据，并且通过实时互联，保证用户的全流程参与和可视化。简而言之，互联工厂有三个基本特征：

① 定制。众创定制将用户碎片化需求整合，由为库存生产到为用户创造，用户全流程参与设计、制造等，由"消费者"变成"创造者"。

② 互联。与用户实时互联，从产品的研发到产品的制造，再到供应商、物流商，全流程、全供应链的整合。

③ 可视。全流程体验可视化，用户实时体验产品创造过程。

为了顺应这一潮流，2015 年 7 月，国务院印发《国务院关于积极推进"互联网＋"行动的指导意见》，鼓励利用互联网思维发展新的业态模式，提升社会创新力和生产力，在工业领域，"互联网＋工业"即传统制造业企业采用移动互联网、云计算、物联网等信息通信技术，改造原有产品及研发生产方式，与"工业互联网""工业 4.0"的内涵一致。具体来看，包括表 13-1 中所示的几个模式。随着《中国制造 2025》和"互联网＋"行动计划的推进，国内涌现出一批物联网、云计算、大数据、人工智能、工业互联网等技术和模式的产业化应用的标杆性企业，如 1001 号云制造平台、华虹 IC 工厂的供应链网络协同、美克家居个性化定制智能制造项目、海尔互联工厂、航天云网等。

表 13-1　　　　　　　　　　　　　　"互联网＋工业"的几种模式

模式名称	具 体 内 涵
移动互联网＋工业	借助移动互联网技术，传统制造厂商可以在汽车、家电、配饰等工业产品上增加网络软硬件模块，实现用户远程操控、数据自动采集分析等功能，极大地改善了工业产品的使用体验
云计算＋工业	基于云计算技术，一些互联网企业打造了统一的智能产品软件服务平台，为不同厂商生产的智能硬件设备提供统一的软件服务和技术支持，优化用户的使用体验，并实现各产品的互联互通，产生协同价值
物联网＋工业	运用物联网技术，工业企业可以将机器等生产设施接入互联网，构建网络化物理设备系统（CPS），进而使各生产设备能够自动交换信息、触发动作和实施控制。物联网技术有助于加快生产制造实时数据信息的感知、传送和分析，加快生产资源的优化配置
网络众包＋工业	在互联网的帮助下，企业通过自建或借助现有的"众包"平台，可以发布研发创意需求，广泛收集客户和外部人员的想法与智慧，大大扩展了创意来源

（二）综合自动化系统的发展

美国 Joseph Harrington 博士 1973 年在 *Computer Integrated Manufacturing* 首先提出

CIM 概念。这个概念主要有两个基本观点：

① 企业生产的各个环节，即从市场分析、产品设计、加工制造、经营管理到售后服务的全部生产活动是一个不可分割的整体，要紧密连接，统一考虑；

② 整个制造过程实质上是一个数据的采集、传递和加工处理的过程，最终形成的产品可看作是数据的物质表现。

这两个观点是的核心部分，其实质内容是信息数据的集成。Harrington 强调两个观点：一是整体观点，即系统观点；二是信息观点，二者都是信息时代组织、管理生产最基本、最重要的观点。可以说，CIM 是信息时代组织、管理企业生产的一种思想，是信息时代新型企业的一种生产模式。

围绕着这一概念，世界各工业国对 CIM 的定义进行了不断的研究和探索。1985 年德国经济委员会（AWF）推荐的定义为"指在所有与生产有关的企业部门中集成地采用电子数据处理，CIM 包括了在生产计划与控制（PPC）、计算机辅助设计（CAD）、计算机辅助工艺规划（CAPP）、计算机辅助制造（CAM）、计算机辅助质量管理（CAQ）之间信息技术上的协同工作，其中生产产品所必需的各种技术功能与管理功能应实现集成"。日本能率协会在 1991 年完成的研究报告中对 CIM 的定义为："为实现企业适应今后企业环境的经营策略，有必要从销售市场开始对开发、生产、物流、服务进行整体优化组合。CIM 是以信息为媒介，用计算机把企业活动中多种业务领域及其职能集成起来，追求整体效率的新型生产系统"。美国 IBM 公司 1990 年采用的关于 CIM 的定义为："应用信息技术提高组织的生产率和响应能力"。欧共体 CIM-OSA 课题委员会提出 CIM 的定义为："CIM 是信息技术和生产技术的综合应用，旨在提高制造型企业的生产率和响应能力，由此，企业的所有功能、信息、组织管理方面都是一个集成起来的整体的各个部分"。

CIM 是一种组织现代化生产的思想，我国 863/CIMS 主题专家组通过近十年来对这种思想的具体实践，根据中国国情把 CIM 及 CIMS 定义概括为是一种组织、管理与运行企业生产的思想，它借助计算机硬件及软件，综合运用现代管理技术、制造技术、信息技术、自动化技术、系统工程技术，将企业生产全过程（包括市场分析、经营管理、工程设计、加工制造、装配、物料管理、售前售后服务、产品报废处理）中有关的人/组织、技术、经营管理三要素与其信息流、物流有机地集成并优化运行，实现企业整体优化，以达到产品高质、低耗、上市快，服务好，从而使企业赢得市场竞争。综合自动化系统（CIMS）是基于 CIM 思想构成的系统，可以看出 CIMS 的核心是"综合"或者说是"集成"，其体现的是通过多种技术的综合，从而达到全厂或全企业的信息集成，也就是说把全厂或全企业与经营、管理和生产活动有关的信息集成起来，以便强化利用，据此实现决策、管理和控制各功能的一体化，达到提高生产柔性，提高企业适应能力的目的。

二、综合自动化系统体系结构

综合自动化体系结构能从系统的角度全面地描述一个企业如何从过去的经营方式转化为未来的方式，清楚地表达 CIM 从概念构思到系统实际完成的发展过程，是设计与实现 CIMS 的基础。目前，已经有多个已经开发或正在开发的面向企业全局的 CIM 体系结构，如欧共体 ESPRIT 项目 AMICE 研究组开发的 CIM-OSA，法国波尔大学开发的 GRAI-GIM 集成方法体系，美国普渡大学 CIM 委员会提出的 PURDUE 企业参考体系结构等，但尚无一种结构就必须的能力而言是完备的体系结构。工业企业生产过程包含许多复杂的化学和物理过程，技术密集、资金密集、规模大、流程长、过程复杂，具有连续化、生产规模大型化，对生产过程控制适时性要求高，生产过程克服非线性、纯滞后、多变量、多扰动影响，"安全、稳定、长周期、满负荷、优质"运行是工业企业获取效益的首要保证。工业企业整个生产经营过程是物流、资金流、能量流、人力流、信息流和资金流的集合，决定了 CIPS 的体系结构特征。

（一）传统递阶体系结构

美国普渡大学在进行企业 CIM 参考体系结构的研究时指出，在企业的制造生产活动中仅有两类开发需求：信息类型的作业任务与物理制造活动。这些任务集中形成许多模块或功能单元，它们被连接成为信息流网络、物料及能量流网络，构成了两种集合：信息功能网络与制造功能网络，普渡 CIM 参考模型体系结构（PERA）是基于上述出发点得以展开的。传统的 CIMS 体系结构按功能一般划分为五个层次，自上而下依次是：控制层、监控层、调度层、管理层和决策层，如图 13-3 所示。

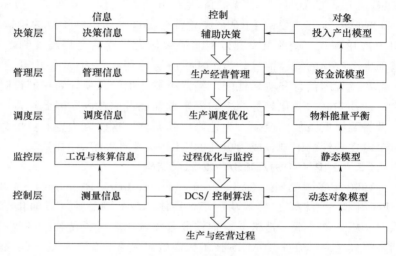

图 13-3 传统 CIMS 递阶体系结构

① 决策层：依据企业内部和外部信息对企业产品策略、中长期目标、发展规划和企业经营提出决策支持。

② 管理层：系统功能又可细分为经营管理、生产管理和人力管理，对厂级、车间、各科室的生产和业务信息实现集成管理，并依据经营决策指令制定和落实年、季、月综合计划。生产计划是综合计划的核心，管理信息系统将月计划指令下达给生产调度系统。

③ 调度层：完成生产计划分解，将年、月生产计划分解成旬、周、五日、三日或日作业调度计划，同时根据生产的实际情况形成调度指令，即时地指挥生产，组织日常均衡生产和处理异常事件。

④ 监控层：根据调度指令完成过程优化操作、先进控制、故障诊断、过程仿真等功能。当调度指令变化时，使生产装置的过程操作在保证质量的前提下始终处于最佳工作点附近。

⑤ 控制层：实现对生产过程运行状态的检测、监视、常规控制和传统的先进控制。

传统 CIPS 体系结构体现了多级递阶控制思想和多层跨平台概念，各功能层次所涉及的内容、范围不同，因此执行的频率亦不同，赖以实现的系统平台也不相同。每级内有横向联系，每级间有纵向联系。在信息视图上，信息向上浓缩，逐级抽象，以满足不同级上对信息的不同需求。在控制视图上，命令向下传达，逐级具体，以完成不同级上控制功能的具体职责。各级的对象视图分别为各级的控制提供策略依据。不同级上的对象形态各异，但总的趋势是逐级向上，其抽象程度和宏观程度也逐级提高。

传统的 CIMS 递阶体系结构在 CIMS 的发展过程中起过很大的推动作用，但随着研究和开发的深入，在 CIMS 系统的设计和应用实践中遇到了较大的问题。这种体系结构将生产过程和管理过程明显分开，忽视了对于生产过程中物料、资源、能源及设备的在线控制与管理，层次多，结构复杂，对于环境变化的快速响应能力差，实现 CIMS 成本高，不便形成平台技术，难以推广。在流程企业的生产经营活动中，除了底层的过程控制和顶层的经营决策外，中间层次是很难将生产行为与管理行为截然分开的。因此，在牵涉到大量既有生产性质又有管理性质的信息时，根据五层结构模型就很难明确应该归于哪一层次，造成了流程工业 CIMS 研究与开发过程中概念的混乱和标准的难以统一。

另一方面，在企业的经营管理方面，为在宏观上使企业运行处于最优状态，必须从整体的高度制订计划，进行统筹管理。以企业战略管理和资源计划为核心的 ERP 系统赢得了越来越多企业的认可，获得了巨大的市场成功，如 SAP、Oracle、Baan、Peoplesoft 和 J. D. Edwards 等主要的 ERP 系统软件公司过去几年每年总的销售额达几十亿美元。但随着 ERP 应用深入，企业又发现以利润最大化为目标从全局高度制定计划和进行管理时主要是基于生产过程的统计信息。为了从供应链计划和 ERP 应用中获得最大的利益，需要实时了解生产过程的信息和实际性能。经营决策产生的各项计划在制订时不可能把生产和市场的不确定性及未来的变化趋势等未知因素准确地考虑在内，因此经营决策下达的计划在执行过程中常需要根据条件的变化人为地修改和调整。这些成为企业竞争力的进一步提高的瓶颈。但由于内在特性的限制，成为单纯的 ERP 系统难以解决的问题。

（二）ERP（BPS）/MES/PCS 三层结构

1990 年美国 AMR（Advanced Manufacturing Research）提出的制造行业的三层 ERP/MES 用 C/S 结构，已经成功用于半导体、液晶制品业、石油化学业、药品业、食品业、纺织业、机械电子业、造纸业、钢铁业等领域，取得了显著经济效益。据美国 MESA 1996 年调查统计结果，在采用 MES 技术后，效果显著，生产周期时间缩短率为 35%，数据输入时间缩短率为 36%，在制品削减率为 32%，文书工作削减率为 67%，交货期缩短率为 22%，不合格产品减低率为 22%，文书丢失减少率为 55%。同时，随着信息技术和现代管理技术的发展，企业管理已开始从金字塔模式向扁平化模式转换，适合扁平化管理模式的 CIMS 成为工业自动化高技术的研究热点。

根据流程工业的特点，我国学者提出了基于 BPS/MES/PCS 三层结构的工业现代集成制造系统，使得流程工业 CIMS 中原本难以处理的具有生产与管理双重性质的信息问题得到了解决，同时适合扁平化管理模式。采用 BPS/MES/PCS 三层结构的 CIPS 将石化企业综合自动化系统分为以设备综合控制为核心的过程控制系统（PCS）、以财物分析/决策为核心的经营计划系统（Business Planning and Simulation，BPS）和以优化管理、优化运行为核心的制造执行系统（MES），如图 13-4 所示。

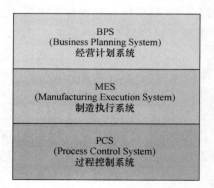

图 13-4　CIPS 三层体系结构

BPS、MES、PCS 都有各自的特点：最下层的控制系统聚焦于生产过程的设备，实时监控生产设备的运行状况，控制整个生产过程。中间层的制造执行系统着眼于整个生产过程管理，考虑生产过程的整体平衡，注重生产过程的运行管理，注重产品和批次，以分钟、小时为单位跟踪产品的制造过程。最上层的经营计划系统以产品的生产和销售为处理对象，聚焦于订货、交货期、成本、和顾客的关系等，以月、周、日为单位。在石化企业综合自动化系统中，MES 起着将从生产过程控制中产生的信息、从生产过程管理中产生的信息和从经营管理活动中产生的信息进行转换、加工、传递的作用，是生产过程控制与管理信息集成的重要桥梁和纽带。MES 要完成生产计划的调度与统计、生产过程成本控制、产品质量控制与管理、物流控制与管理、设备安全控制与管理、生产数据采集与处理等功能。作为综合自动化系统的中心环节，生产执行系统 MES 在整个 CIMS 中起到承上启下的作用，是生产活动与管理活动信息的桥梁，是 CIMS 技术发展的关键。

三、综合自动化系统的关键技术

（一）生产过程优化调度

作为生产经营运作的核心部分，调度问题历来受到人们的关注，对调度的研究也一直处于热点之中。轻工企业属于典型的流程工业，生产是以管理和控制为核心的，生产调度是沟通生产过程控制和管理的纽带，是企业获取经济效益的所在。生产调度通过接收上级发来的生产任务、生产目标的指定要求，结合实际生产能力，进行优化排产，均衡生产，合理调配物料和能源，提高"瓶颈"的通过能力，获取更高的生产能力。同时对生产情况进行评估，综合处理后反馈给上一级部门。生产调度的任务就是合理分配有限资源，解决冲突，根据决策、管理及物料流、能量流的信息，确定生产负荷，完成生产状况的预测和计划工作并下达作业调度，组织日常均衡生产，对系统可能发生的故障进行预报和诊断，负责生产的指挥和处理异常事件。调度的周期一般较短，通常为一旬、一周、一日等。为了方便调度，在实际调度中，往往对给定的调度周期进行时间离散化，按一个小时或一个班为时间间隔进行划分，有时也根据选定的时间间隔，把连续的过程划分为批量过程来处理。

生产企业的生产调度属于连续过程调度，通常分为生产与动力调度两部分，生产调度负责各种生产原料及设备的供需平衡，动力调度负责全厂的水、电、汽等动力的供需平衡。从功能上讲，生产调度系统主要由静态调度、动态调度、动态监控和统计报告四大功能模块组成。作为典型的石化加工过程，炼油加工是连续过程调度研究的一大热点，对它的调度涉及原料和成品的运输、加工和存储等问题，包括原油的混合和产品的调和。调度需要解决不同生产装置、成品、半成品库存能力间的平衡问题，特别需要找出影响生产的"瓶颈"，充分发挥各个生产环节的潜能，求取企业最佳的经济效益。以炼油企业为例，目前的研究主要集中在原油和装置加工调度上，特别是对原油存储、成品油生产以及罐区油品调和等调度问题许多学者进行了深入的研究。

生产调度利用时间、设备、劳力、能源等可用资源，并根据市场需求，得到最有效的生产方案，使经济效益或其他执行准则达到最优。从数学角度讲，调度是一个多目标、多约束的优化问题，它的目标函数总是跟时间排序、资源安排或经济效益联系在一起的，常见的有最小生产时间、最小成本或最高利润、最少资源利用及最佳作业顺序等。解决调度问题的优化方法很多，如随机搜索方法、人工智能方法、仿真方法和基于模型的优化方法，另外还有如 Petri 网调度、应用多知识方式的调度、决策支持的调度、启发式优先权规则调度、混合优化方法等。

鉴于优化调度在生产企业中的重要作用，国外一些公司针对不同行业特点，开发了一系列成熟的调度软件，使企业能够处于最佳的生产和存储状态。这类软件的商品化为企业的资源优化、高层决策提供了有效的工具，在生产企业得到了大量的应用，典型的有：Aspen

Tech 公司的 ORION 调度系统，Ingenious 公司的 Petrosched 以及 HSI 公司的 H/SCHED 调度系统等。

（二）过程数据协调

由于过程的日常测量数据是工业企业 CIMS 关于过程状态的基本和唯一的信息源，保证信息真实性的数据协调技术，成为流程工业 CIMS 的关键。企业生产过程中产生大量的数据，包括物料流率、组分、温度、压力等。由于安装测试仪表或进行测试的代价昂贵、测量技术不可行、条件苛刻不允许采样或仪表故障等原因，并非所有的变量都可以测量，从而造成了数据的不完整性。同时，测量过程中不可避免地带有误差，使得测量值不能精确地满足生产过程单元的物料、能量平衡等物理和化学规律。测量数据的误差可分为随机误差和显著误差两大类。任何测量数据都带有随机误差，它是受随机因素的影响而产生的，服从一定的统计规律。而显著误差则是由于测量仪表失灵、操作不稳定或设备有泄漏等原因引起的。这些误差都使得测量数据不准确。显然，数据的不完整性和不准确性，使得许多过程优化、仿真和控制无法有效发挥作用，甚至造成决策的偏差。目前有许多建成或正在开发的企业综合自动化系统，都受到数据不完整性和不准确性的困扰。随着系统规模的不断扩大和复杂性的提高，这一问题将更加突出。因此要对生产过程数据进行协调，以提高数据的完整性和准确性。

数据协调是利用冗余信息，结合各种统计分析方法和生产过程机理，剔除原始数据中的显著误差，降低随机误差的影响，并设法估计出未测变量。数据协调问题通常描述为以数学模型为约束，如物料平衡模型、能量平衡模型等，以变量协调值和测量值之间的偏差最小为目标的优化问题。在化工过程领域中，数据校正问题起源于 20 世纪 60 年代，最早由 Kuehn 和 Dvaidson 于 1961 年提出。他们用拉格朗日乘子法求解了带线性约束的最小二乘问题，揭开了化工过程控制中数据校正的序幕。1965 年，Ripps 指出过失误差的存在会影响数据协调结果的正确性，此后显著误差检测成为数据校正的重要一部分。为简化计算，1969 年，vaclvaek 考虑了变量分类问题，将带未知量的约束方程加以整理，找出最大的只含已知量的组合。除了最简单的线性约束外，由于生产过程对象的复杂性，还存在非线性约束的情况。特别是能量平衡方程中有温度和热焓的乘积，组分平衡方程中含流量和组分的乘积，这种带两个变量乘积的约束称为双线性约束。20 世纪 60 至 80 年代是静态数据校正快速发展时期，带线性约束的静态数据校正问题的求解方法逐渐完善，双线性约束的数据协调得到充分注意，经典过失误差检测方法趋于成熟。20 世纪 80 年代后，数据校正问题向着去除高斯分布的基础假设和解决动态数据校正及非线性约束条件下的数据校正问题的方向发展，其他方面，关于传感器优化配置的研究才刚刚开始。

数据校正的工业应用已经有很多报道。在国内，林孔元等将最小二乘估计法和测量数据检测法用于重油催化裂化稳态过程的数据协调和显著误差检测。李红军等在某芳烃联合装置中的精馏塔系的双线性数据协调问题中，通过引入测度因子函数，将其转化为线性数据协调问题。周传光等成功地开发了合成氨装置的数据协调与模拟优化系统。随后，周传光等又对常减压蒸馏装置的在线数据协调与优化控制进行了分析。张亚乐等以及赵豫红等对原油蒸馏过程进行了基于物料平衡的过程数据协调计算。荣冈等针对某炼化企业建立了全厂物流静态平衡模型，采用高置信度显著误差综合检测方法和低冗余度网的数据校正算法，成功实施了全厂物流数据校正。

在国外，Stephenson 等介绍了 Westen Ontario 大学在其开发的基于平衡方程的流程模拟程序中将数据协调与模型校正相结合。Bossen 介绍了具有多种化工过程模拟功能并带有 SQP 优化算法和数据协调功能的 GHEMB 软件包。Chiari、Lee、Xueyu、Bussani、Pierucci 等分别介绍了在线数据校正在工业中的应用情况。与此同时，国际知名的先进控制、流程模拟、实时优化商业化软件包中都有数据协调模块，如 Aigp Peotrh 和 BIM 公司所开发的用于支持炼油厂操作的生产信息系统软件 SIPROD 就提供了数据协调功能。还有专用的数据协调商业软件包，如美国 Simulation Seienee 的 Datacon、Aspen Tech 的 Adviso、英国 KBC Process Technology Ltd. 的 Sigmafine、法国 Technip 的 Datrec、国内的浙大中控的 Data Pro 等。

（三）过程先进控制

先进控制是对那些不同于常规单回路控制，并具有比常规 PID 控制更好的控制效果的控制策略的统称，而非专指某种计算机控制算法，但至今对先进控制还没有严格的、统一的定义。尽管如此，先进控制的任务却是明确的，即用来处理那些采用常规控制效果不好，甚至无法控制的复杂工业过程控制的问题。通过实施先进控制，可以改善过程动态控制的性能、减少过程变量的波动幅度，使之能更接近其优化目标值，从而将生产装置推向更接近其约束边界条件下运行，最终达到增强装置运行的稳定性和安全性、保证产品质量的均匀性、提高目标产品收率、增加装置处理量、降低运行成本、减少环境污染等目的。近几十年来，先进控制，特别是预测控制（Model Predictive Control，简称 MPC），在工业领域得到了非常广泛的应用。先进控制（包括优化控制）应用得当可带来显著的经济效益。据资料介绍，用 DCS 履行常规仪表，其投资约占总投资的 70%，取得的经济效益约占总效益的 10%。利用 DCS 组态功能，可以方便地构成各种常规控制，用 TCS 表示，使装置得到较好的控制质量，效益和投资约各占总的 10%。利用 DCS 实现先进控制（APC），则只需增加约 10% 的成本，便可取得约 40% 的效益。在先进控制的基础上，增加实时优化（RTO）功能，成本增加约 10%，可进一步获得 40% 的效益。可见实施先进控制与优化的投入产出比是极高的、在石化行业、一个先进控制项目的年经济效益在百万元以上，其投资回收期一般在一年以内。

先进控制的主要技术内容有如下几个方面：

① 过程变量的采集与处理。利用大量的实测信息是先进控制的优势所在。由于来自工业现场的过程信息通常带有噪声和过失误差，因此，应对采集到的数据进行检验和调理。

② 多变量动态过程模型辨识技术。先进控制一般都是基于模型的控制策略，获取对象的动态数学模型是实施先进控制的基础。对于复杂的工业过程，需要强有力地辨识软件，从而将来自现场装置试验得到的数据，经过辨识而获得控制用的多输入多输出（MIMO）动态数学模型。

③ 软测量技术，工艺计算模型。实际工业过程中，许多质量变量或关键变量是实时不可测的，这时可通过软测量技术和工艺计算模型，利用一些相关的可测信息来进行实时计算，如 FCCU 中粗汽油干点、反应热等的推断估计。

④ 先进控制策略。主要的先进控制策略有：预测控制、推断控制、统计过程控制、模糊控制、神经控制、非线性控制以及鲁棒控制等。到目前为止，应用非常成熟而效益极为显著的先进控制策略是多变量预测控制。其主要特点是：直接将过程的关联性纳入控制算法中，能处理操纵变量与被控变量不相等的非方系统，处理对象检测仪表和执行器局部失效等的系统结构变化，参数整定简单、综合控制质量高，特别适用于处理有约束、纯滞后、反向

特性和变目标函数等工业对象。

⑤ 故障检测、预报、诊断和处理。这是先进控制应用中确保系统可靠性的主要技术。

⑥ 工程化软件及项目开发服务。良好的先进控制工程化软件包和丰富的 APC 工程项目经验，是先进控制应用成功、达到预期效益的关键所在。

在实际工业应用方面，20 世纪 80 年代以来，美国、英国、加拿大、法国等的 Setpoiin、DMC、Speedup、Simcon、Adersa 和 TreiberControl 等专门从事控制与优化的软件公司，纷纷推出了自己的多变量控制与优化软件包，并在几百家大型石化、化工、炼油、钢铁等企业得到成功地应用，取得了十分可观的经济效益。1996 年美国 AspenTech 公司先后收购了 Setpoint 公司和 DMC 公司，推出了 DMCPlus 控制软件包和 RT-OPT 在线优化软件包。而 Honeywell HiSpecSolutions 也推出了先进控制和最优化软件产品 ProfitSuite（包括带有 RMPCT 先进控制技术的 Porift 控制器，用于实时过程优化的 Profit 优化器和 ProfitMax）。据统计，国外有 18 家公司销售 120 多种先进控制软件，新的神经网络软件和模糊控制软件已实用化。国内自 20 世纪 80 年代后期开始先进控制的应用研究和开发，清华大学、中国科学技术大学、浙江大学和东北大学等高校取得了显著的应用和开发成果，也开发了一些软件，取得了一些效果，但多数没有工程化，设计难以采用，推广也困难。中国科学技术大学开发的 AtLoopPID 控制器参数自动整定软件，浙江大学先进控制研究所与法国 Adersa 公司合作开发的多变量先进控制工程化软件 APC-Adcon 等，已经成功地应用于多套大型工业装置，促进了我国先进控制软件的产业化。

第二节　生产执行系统（MES）架构

一、MES 的产生与发展

（一）MES 的产生背景

新世纪的制造企业面临着日益激烈的国际竞争，要想赢得市场、赢得客户就必须全面提高企业的竞争力。许多企业通过实施 MRPII/ERP 来加强管理。然而上层生产计划管理受市场影响越来越大，明显感到计划跟不上变化。面对客户对交货期的苛刻要求，面对更多产品的改型，订单的不断调整，企业决策者认识到计划的制订要依赖于市场和实际的作业执行状态，而不能完全以物料和库存来控制生产。同时 MRPII/ERP 软件主要是针对资源计划，这些系统通常能处理昨天以前发生的事情（作历史分析），亦可预计并处理明天将要发生的事件，但对今天正在发生的事件却往往留下了不规范的缺口。而传统生产现场管理只是人工加表单的作业方式，这已无法满足今天复杂多变的竞争需要。因此如何找出任何影响产品品质和成本的问题，提高计划的实时性和灵活性，同时又能改善生产线的运行效率已成为每个制造企业所关心的问题。制造执行系统（MES）恰好能填补这一空白。

国际制造执行系统协会对 MES 的定义为："能通过信息的传递，对从订单下达开始到产品完成的整个产品生产过程进行优化的管理，对工厂发生的实时事件及时作出相应的反应和报告，并用当前准确的数据进行相应的指导和处理"。美国先进制造研究中心 AMR 于1992 年提出了三层的企业集成模型，将企业分为三个层次：计划层（MRPII/ERP）、执行层（MES）和控制层（PCS）。

① 计划层强调企业的计划。以客户订单和市场需求为计划源，充分利用企业内部的各

种资源，降低库存，提高企业效益。

② 执行层强调计划的执行。通过 MES 把 MRPII/ERP 与企业的现场控制有机地集成起来。

③ 控制层强调设备的控制如 PLC、数据采集器、条形码、各种计量及检测仪器、机械手等的控制。

MES 是处于计划层和控制层间的执行层，主要负责生产管理和调度执行。它通过控制包括物料、设备、人员、流程指令和设施在内的所有工厂资源来提高制造竞争力，提供了一种系统的在统一平台上集成诸如质量控制、文档管理、生产调度等功能的方式。由于 MES 强调控制和协调，使现代制造业信息系统不仅有很好的计划系统，而且有能使计划落实到实处的执行系统。因此短短几年间 MES 在国外的企业中迅速推广开来，并给企业带来了巨大的经济效益。企业认识到只有将数据信息从产品级（基础自动化级）取出，穿过操作控制级送达管理级，通过连续信息流来实现企业信息全集成才能使企业在日益激烈的竞争中立于不败之地。

自 20 世纪 80 年代以后，伴随着消费者对产品的需求越加多样化，制造业的生产方式开始由大批量的刚性生产转向多品种少批量的柔性生产。以计算机网络和大型数据库等 IT 技术和先进的通信技术的发展为依托，企业的信息系统也开始从局部的、事后处理方式转向全局指向的、实时处理方式。在制造管理领域出现了 JIT（Just In Time，准时制生产方式）、LP（Lean Production，精益生产）、TOC（Theory of constraints，瓶颈理论）等新的理念和方法并依此将基于订单的生产扶正、进行更科学的预测和制订更翔实可行的计划。在企业级层面上，管理系统软件领域 MRPII 以及 OPT 系统迅速普及，直到今天各类企业 ERP 系统如火如荼地进行。在过程控制领域 PLC、DCS 得到大量应用，是取得高效的车间级流程管理的主要因素。虽然企业信息化的各个领域都有了长足的发展，但在工厂及企业范围信息集成的实践过程中，仍产生了下列问题：a. 在计划过程中无法准确及时地把握生产实际状况；b. 在生产过程中无法得到切实可行的作业计划做指导，工厂管理人员和操作人员难以在生产过程中跟踪产品的状态数据、不能有效地控制产品库存，而用户在交货之前无法了解订单的执行状况。产生这些问题的主要原因仍然在于生产管理业务系统与生产过程控制系统的相互分离，计划系统和过程控制系统之间的界限模糊、缺乏紧密的联系。针对这种状况，1990 年 11 月美国先进制造研究中心 AMR 首次提出 MES 的概念，为解决企业信息集成问题提供了一个被广为接受的思想。

（二）MES 的发展

从 20 世纪 70 年代后半期开始，出现了解决个别问题的单一功能的 MES 系统，如设备状态监控系统、质量管理系统、包括生产进度跟踪、生产统计等功能的生产管理系统。当时，ERP 层（称为 MRP）和 DCS 层的工作也是分别进行的，因此产生了两个问题：一个是横向系统之间的信息孤岛；二是 MRP、MRPII 和 DCS 两层之间形成缺损环或链接。

20 世纪 80 年代中期，为了解决这两个课题，生产现场的信息系统开始发展，生产进度跟踪信息系统、质量信息系统、绩效信息系统、设备信息系统及其整合已形成共识。与此同时，原来的底层过程控制系统和上层的生产计划系统也得到发展。这时，产生了 MES 原型，即传统的 MES（Traditional MES，T-MES）。主要是 POP（Point of Production，生产现场管理）和 SFC（Shop Floor Control，车间级控制系统）。

MES 在 20 世纪 90 年代初期的重点是生产现场信息的整合。对离散工业和流程工业来说，MES 有许多差异。就离散 MES 而言，由于其多品种、小批量、混合生产模式，如果只是依靠人工提高效率是有限的。而 MES 则担当了整合、支持现场工人的技能和智慧，充分发挥制造资源效率的功能。20 世纪 90 年代中期，提出了 MES 标准化和功能组件化、模块化的思路。这时，许多 MES 软件实现了组件化，也方便了集成和整合，这样用户根据需要就可以灵活快速地构建自己的 MES。因此，MES 不只是工厂的单一信息系统，而是横向之间、纵向之间、系统之间集成的系统，即所谓经营系统，对于 SCP、ERP、CRM、数据仓库等近年被关注的各种企业信息系统来说，只要包含工厂这个对象就离不了 MES。

近 10 年来，新兴的业务类型不断涌现，对技术革新产生了巨大的推动力。为此，B2B 以及供应链引起了极大的关注。尽管 B2B 和供应链属于业务层的解决方案，但如果想要充分地实现它们，还需要得到 MES 的强有力的支持。其结果是 MES 不能仅仅做成业务和过程之间的接口层，还需要建立大量可以完成公司关键业务的功能。这些功能无法彼此独立，也不能通过数据交换层简单地连接，而是必须依据业务和生产策略彼此协同。

二、MES 的框架模型

伴随着 MES 的发展，人们逐渐意识到它的重要性，很多机构都对其进行深入的研究，但缺乏统一的标准。2000 年，ISA（International Federation of the National Standardizing Associations，美国仪表、系统和自动化学会）标准委员会制定和发布了"企业控制系统集成（Enterprise Control System Integration）"标准，简称 ISASP95 标准（the 95th standard project）。ISASP95 标准定义了 MES 系统集成的模型和术语、对象模型的属性、制造信息行为模型等。

MES 本身也是各种生产管理功能软件的集合，作为 MES 领域的专业组织，制造执行系统协会（MESA）于 1997 年提出了 MES 功能组件和集成模型，包括 11 个功能模块。同时，规定只要具备 11 个之中的某一个或几个，也属于 MES 系列的单一功能产品，包括资源分配及状态管理、工序详细调度、生产单元分配、过程管理、人力资源管理、维修管理、计划管理、文档控制、产品跟踪和产品清单管理、性能分析和数据采集。

① 资源分配及状态管理（Resource Allocation and Status）。管理机床、工具、人员物料、其他设备以及其他生产实体，满足生产计划的要求对其所做的预定和调度，用以保证生产的正常进行，提供资源使用情况的历史记录和实时状态信息，确保设备能够正确安装和运转。

② 工序详细调度（Operations/Detail Scheduling）。提供与指定生产单元相关的优先级（Priorities）、属性（Attributes）、特征（Chameterietioa）以及处方（Recipes）等，通过基于有限能力的调度，通过考虑生产中的交错、重叠和并行操作来准确计算出设备上下料和调整时间，实现良好的作业顺序，最大限度减少生产过程中的准备时间。

③ 生产单元分配（Dispatching Production Units）。以作业、订单、批量、成批和工作单等形式管理生产单元间的工作流。通过调整车间已制订的生产进度，对返修品和废品进行处理，用缓冲管理的方法控制任意位置的在制品数量。当车间有事件发生时，要提供一定顺序的调度信息并按此进行相关的实时操作。

④ 过程管理（Process Management）。监控生产过程、自动纠正生产中的错误并向用户提供决策支持以提高生产效率。通过连续跟踪生产操作流程，在被监视和被控制的机器上实现一些比较底层的操作；通过报警功能，使车间人员能够及时察觉到出现了超出允许误差的加工过程；通过数据采集接口，实现智能设备与制造执行系统之间的数据交换。

⑤ 人力资源管理（Labor Management）。以分为单位提供每个人的状态。通过时间对

比、出勤报告、行为跟踪及行为（包含资财及工具准备作业）为基础的费用为基准，实现对人力资源的间接行为的跟踪能力。

⑥ 维修管理（Maintenance Management）。为了提高生产和日程管理能力的设备和工具的维修行为的指示及跟踪，实现设备和工具的最佳利用效率。

⑦ 计划管理（Process Management）。监视生产，提供为进行中的作业向上的作业者的议事决定支援，或自动的修改，这样的行为把焦点放在从内部起作用或从一个作用到下一个作业计划跟踪、监视、控制和内部作用的机械及装备；从外部包含为了让作业者和每个人知道允许的误差范围的计划变更的警报管理。

⑧ 文档管理（Document Management）。控制、管理并传递与生产单元有关工作指令、配方、工程图纸、标准工艺规程、零件的数控加工程序、批量加工记录、工程更改通知以及各种转换操作间的通讯记录，并提供了信息编辑及存储功能，将向操作者提供操作数据或向设备控制层提供生产配方等指令并下达给操作层，同时包括对其他重要数据（例如与环境、健康和安全制度有关的数据以及 ISO 信息等）的控制与完整性维护。

⑨ 生产的跟踪及历史（Product Tracking and Genealogy）。可以看出作业的位置和在什么地方完成作业，通过状态信息了解谁在作业、供应商的资财、关联序号、现在的生产条件、警报状态及再作业后跟生产联系的其他事项。

⑩ 性能分析（Performance Analysis）。通过过去记录和预想结果的比较提供以分为单位报告实际的作业运行结果。执行分析结果包含资源活用，资源可用性，生产单元的周期，日程遵守及标准遵守的测试值。具体化从测试作业因数的许多异样的功能收集的信息，这样的结果应该以报告的形式准备或可以在线提供对执行的实时评价。

⑪ 数据采集（Data Collection Acquisition）。通过数据采集接口来获取并更新与生产管理功能相关的各种数据和参数，包括产品跟踪、维护产品历史记录以及其他参数。这些现场数据，可以从车间手工方式录入或由各种自动方式获取。

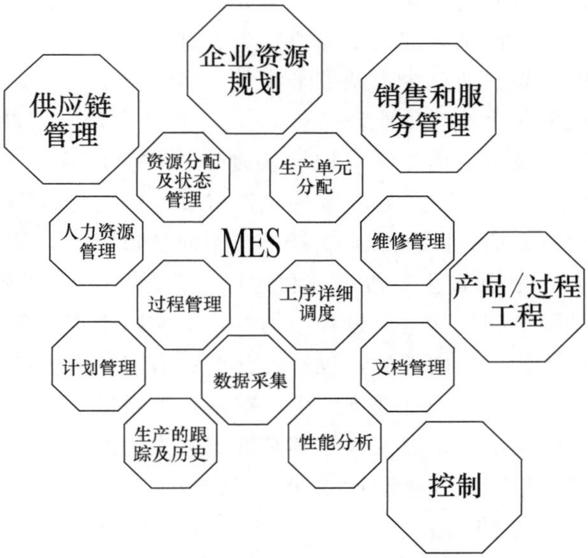

MESA 定义的 MES 框架模型见图 13-5。

图 13-5　MESA 定义的 MES 框架模型

第三节　MES 的功能与主要功能模块

一、生产调度管理

（一）生产调度管理概述

随着消费者对产品需求越来越多样化，企业的生产模式也逐步由少样大批量向多样小批量进行转变。面对这种转变，采用 MES 进行生产调度，可以缩短生产周期，快速响应生产需求。生产调度是企业运营的核心，也是企业生产的指挥中心。MES 生产调度搭配 ERP 系统，对生产计划、材料、人员等进行合理的安排与分配，将生产信息及时发送给企业车间，同时，控制好生产调度的过程，准确地向企业车间提供实时生产数据与信息，有计划地编制企业车间生产的流程，在 MES 的作用下，促使企业生产管理向智能化、一体化方向发展。企业车间 MES 生产调度，主要以车间的生产作业为依据，驱动功能的运行，也就是执行企业车间的作业计划，控制好企业车间的生产活动。MES 生产调度的层次框架是动态、闭环的状态，企业在收到订单后，计划部门通过 MES 生产调度生成生产计划，企业车间在接收了生产计划后，将其下达的生产的任务，产品的类型、产品的数量、产品的交期等信息，均会编制到车间作业的调度计划内，将生产的信息，分配到制造执行的模块中，按照生产计划，提供实时的改进方案，给予重新的调度，促使企业车间的作业内容能够按照 MES 生产调度进行生产。MES 生产调度的层次架构设计，一般分为生产排序层和生产控制层。生产排序层包含生产计划安排、生产计划调整、产品出货安排等内容，而在生产控制层包括作业排序、作业控制、进度控制、E-SOP（电子作业指导书）切换、物料管理、设备调配、工时统计等内容。生产排序层和生产控制层在生产调度过程中相互交互、相互配合，使企业在最短的时间内，保质、保量地完成产品生产与出货。

生产调度就是组织执行生产进度计划的工作。生产调度以生产进度计划为依据，生产进度计划要通过生产调度来实现。生产调度的必要性是由工业企业生产活动的性质决定的。现代工业企业，生产环节多，协作关系复杂，生产连续性强，情况变化快，某一局部发生故障，或某一措施没有按期实现，往往会波及整个生产系统的运行。因此，加强生产调度工作，对于及时了解、掌握生产进度，研究分析影响生产的各种因素，根据不同情况采取相应对策，使差距缩小或恢复正常是非常重要的，其作用主要有如下三个方面：

① 保证生产过程顺利运行。编制生产计划和生产作业计划，无论考虑多周密，也不可能预见到实际生产过程中的变化。实际生产过程中，情况复杂，千变万化：有局部的，也有整体的；有内部的，也有外部的；有工艺方面的，也有设备方面的；有主观因素，也有客观因素。这些问题会导致生产被动，严重的会造成生产过程中断，生产停车，计划难以完成。生产调度就是要及时了解掌握这些。组织有关人员处理解决这些问题，消除隐患，保证生产安全运行以及生产计划和生产作业的实现。

② 协调关系。企业生产迈向深度、联合加工，领导管理多层次宽幅度。因此，协调好上下左右关系，对保证生产过程的正常运行起着重要的作用。协调能力是调度作用进一步发挥的体现。

③ 收集生产动态和有关数据。生产调度不仅要组织实现生产计划，而且在组织生产过程中，有许多工艺、设备、环保、安全、质量、供应、销售、服务等方面的动态性情况和许多原始数据，需要及时、准确地记录，这是重要的基础工作。及时准确地记录下这些数据和情况，就能及时地为各级领导、各部门了解生产、指挥生产提供真实可靠的依据，可作为有用的资料保存下来。

（二）MES 系统生产调度的主要功能

MES 系统生产调度的主要功能如下。

1. 生产调度的订单下载

MES 系统从 ERP 系统中下载近一周的生产订单，在 MES 中生成生产工单。在下载的过程中，系统根据工单加工产品对应的标准工艺路径，生成当前工单生产加工的各个工序信息及各个工序的参数信息。系统提供人工和自动两种方式。人工下载方式根据人工输入的工单号将 ERP 系统中的信息下载写入 MES 系统信息中，并将物料的工单状态置为待产。当源工单信息的状态不符合下载要求时，系统会提示操作者。

2. 生产调度订单录入

MES 系统允许手工录入非 ERP 中的订单，录入的订单与 ERP 下载的订单在后续的加工过程中的流程和管理是一样的。

3. 生产调度工单维护

从 ERP 下载的订单生成 MES 的工单后，仅仅只是生成了当前订单的工单加工信息，并没有考虑一些特殊的情况。通过工单维护功能，可以对工单进行调整。

① 生产调度工单调整的三个方面：一是工单本身的信息，二是工单的加工工艺路径，三是各个加工工艺路径中，一些具体的生产过程控制、质检方法、生产质量预警等参数的设置和调整。

② 生产调度工单信息维护主要包括工单号、加工的产品、计划生产数量、计划开工日期、计划完工日期及其他一些属性的维护。

③ 工序信息维护主要包括产品的加工工序（可以增加、插入、删除），每个工序可具体设置生产过程需要的控制和质量控制。对于未完工的工单，可以（修改、增加或减少）计划生产数量，进行追加生产或提前完成生产。对未开工的工序或工单，可以删除或更改。

4. 生产调度工单调度

生产调度排产用于调度人员在计算机系统的帮助下最优化地安排工单在各工序的加工，保障及时交付，同时保障生产线利用率最高，将工单安排到各工序、各个线体上进行连续有效地生产。系统提供自动排产和人工排产两种操作模块，自动排产根据待排产工单的工艺路径、设备产能、运行状态、人员配备等因素，自动寻优，找出次优解的排产结果。手工排产使用交互性图形化界面，易操作、直观。工单某工序的加工时间根据产品工序的机台效率、工单的批量大小、转机种时间设置等条件自动算出，简化了调度人员的劳动，提高了排产效率。手工排产可以对自动排产的结果进行调整。排产的结果以表格和甘特图两种方式展示。

5. 生产调度齐套检查

根据工单调度确定的各个工单的加工顺序，同时根据库房管理系统中，当前各原料的库存情况，根据工单的物料清单，逐一预检查各个工单原料的齐套情况，并在排产的结果图形中以颜色区分表示，使计划能够清楚整个生产的产能和物料的情况，合理安排相关的生产活动。

6. 生产调度排产结果发布

排产完毕后，通过结果各授权岗位、角色可以在系统中查询到排产信息，并根据信息安排岗位工作。

二、流程与设备管理

（一）流程与设备管理概述

设备管理在企业生产过程中是一个相当重要的管理活动，是对设备寿命周期全过程的管理，包括选型、采购、验收、投产、使用、维护、改造、折旧、报废等设备全过程的管理工作。设备全过程的信息化管理可以分成设备定位及固定资产管理（建立台账、财务卡号、报废管理等）、设备运行维护管理、设备资源优化管理等。大部分企业都已使用 ERP 系统，已经把设备的固定资产进行了管理，设备管理部门在 ERP 中能够有效地管理设备资产的投入、转移、变更、报废，许多 ERP 系统也根据生产计划制定了设备的大修计划，生产制造部门可以依据大修计划安排设备的大修活动。但由于缺乏设备过程数据的有效支持，使 ERP 无法有效地了解设备的运行维护过程、合理进行设备大修计划的制订、指导设备进行有效维护保养、保障设备正常运行、延长设备运行寿命。在企业信息体系架构中，设备管理在 MES 系统中的定位是设备的运行维护管理。

MES 系统的设备运行维护管理一般是按照企业设备管理条例实施，但是往往照搬全拿容易形成大而全的局面。不易做到有的放矢，缺乏重点。设备管理是保证设备运行的重要手段，按照企业领导的说法："企业的设备是用来生产，不是买回来修的"。所以，检查、维护保养、预防性维修就成了 MES 系统中设备管理的主线。由于预防性维修往往是一个较大课题，为精简 MES 系统设备模块，达到简单高效运行的目的，只提取预防性维修的概念"隐患管理"，来保证设备模块的预防性。依据设备管理条例及企业管理需要，认为设备运行维护管理框架主要包括设备点检管理、设备常规保养管理、设备润滑管理、设备轮保轮修管理、设备维修过程管理、设备交班本管理、设备隐患反馈管理、设备巡检整改管理、设备运行效率管理、设备维护统计分析等管理模块。各个功能均需严格按照设备管理条例和生产管理要求进行设计与开发，在开发过程需进一步规范设备业务工作流程，保证设备运行维护严格有序地开展，这样才能保证设备的完好与正常生产运行。

（二）MES 系统流程与设备管理的主要功能

1. 设备台账管理

设备台账管理为生产设备建立电子档案和电子标签制度，电子标签与生产设备绑定，方便在设备生命周期中完整追溯和该设备相关的事件，快速解决异常。电子档案支持维护的数据还包括设备图片、设备名称和编码、制造商、设备型号和序列号、出厂日期、入厂日期、首次启用日期等。

2. 设备日常提醒和预警

用户通过 MES 设备管理系统可以设置设备管理规则。系统会根据这些规则自动给相关人员发送消息提醒。相关人员可直接登陆 MES 设备管理系统查看消息提醒，这样就可以实时了解设备的状态。

3. 设备运维管理

MES 设备管理系统可以进行设备运维管理。通过建立以点检和故障分析为核心的全员设备维修管理体制，实现设备技术管理和设备经济管理相结合，形成操作、点检、维修三方共同对设备负责的点检管理模式。通过设备的点检作业，准确掌握设备状态，采取防范设备劣化的措施，改善设备性能，减少故障停机时间，延长机件使用寿命，提高设备工作效率，降低维修费用。

4. 设备 OEE 分析

每一个生产设备都有理论产能，要实现这一理论产能必须保证没有任何干扰和质量损耗。OEE（Overall Equipment Effectiveness，设备综合效率）就是用来表现实际的生产能力相对于理论产能的比率。它既是一种计算方法，也是一种综合衡量工厂设备效率的工具，MES 设备管理系统能够实现设备自动采集数据，通过 OEE 计算分析后，将设备综合效能及时地反映在计算机和生产看板上，让管理人员随时了解掌握。

三、物 料 管 理

（一）物料管理概述

MES 物料管理功能为 MES 系统的车间高效、有序生产制造活动提供有力的支持，保证生产所需的物料正常及时供给，同时能够通过 MES 物料管理功能对生产过程中的每个环节，从原辅料采购到最后成品入库、交货出库的整个过程中的物料运行状态进行及时统计、反馈，让管理人员的物料管理工作和企业的生产、物料管理更为高效。为此，MES 物料管理功能可以实现对物料基础数据管理、物料采购、外协管理、物料与资源需求、物料库存管理、生产投料管理、在制品管理维护等。

在生产过程中，物料不是静止不动，一成不变的。它是通过不同的生产加工使产品在形状、性能等方面发生着改变的，从而增加自身的价值。因此，物料是不断地流动着和变化着的，这就从客观上要求我们必须以动态的思想去跟踪和管理物料的活动，但是传统的物料管理却只停留在对物料的需求、采购及库存进行管理，这些管理仍属于静态管理范畴，无法做到对物料的全面状态进行掌握，而 MES 的特点正好弥补了这个缺点。

面向 MES 的物料管理具体表现为对原材料的入出库管理、对在制品的加工位置、状态信息、实物数量、质量数据以及生产过程相关的人、设备等信息的采集，由下而上实施掌握加工动态生产状态、任务进度，以及物料转移路线和质量随时监控等。实现了对物料的动态管理，其目的在于通过有效的物料跟踪与管理，降低物料的储量，加速资金周转，以最低的物料库存保证生产过程连续、均衡，最终降低车间生产成本，并可随时了解物料的动态信息，做到心中有数，为产品的按时交货提供了保证。

（二）MES 系统物料管理的主要功能

1. 物料基础数据管理

生产中涉及的物料种类多且颇为繁杂，比如原材料、辅料、零件、成附件、标准件、产品等物料。MES 物料管理能提供物料主文件管理、物料清单（BOM）管理、工艺路线管理等功能对物料基础数据记性管理，以实现 MES 系统对生产物料的基本属性数据进行定义、修改、维护与查询。同时 MES 系统以树形结构对各种工装产品组成关系进行描述，实现物料需求管理，对产品、零件加工与装配所经过的工序、工步、所需的资源设备等工艺路线信息进行管理维护。

2. 物料的需求管理

物料的需求管理是指根据生产计划、库存情况等信息，统计需补充的物料名称、数量、领料日期等基本数据，以提前去物资供应处领取物料，防止发生断货、缺货现象，阻碍生产的正常进行。

3. 物料接收信息

物料接收信息是指接收来自物资供应部门和上一分厂发出的物料。对物料接收的详细信息进行有效的管理，实现在车间级物料管理的信息化，便于及时了解和查询物料的状态。

4. 物料发出信息

根据下一分厂的日提料单进行物料的发出，有特殊要求的进行临时放行和紧急放行的物料发出，废品发出给物资供应部门，成品发出给销售部门。要及时登记仓库账目，并与台账记录校对，做到账物相符。

5. 物料库存管理

物料库存是联系采购、销售和生产的枢纽，库存管理水平的提高不仅会促进销售、做到平衡生产，而且会降低库存占用资金，降低生产成本。支持多地点、多仓库、多库位管理，其中对仓库中的半成品、不合格品、废品及成品进行数据记录，定期盘点，便于质量管理系统、计划调度管理系统等了解物料的状态。

四、质量管理

（一）质量管理概述

传统的质量管理信息系统主要用于记录和管理企业中的质量数据，通常覆盖质量活动的全过程，但对制造过程的关注度不够。这类系统大多独立于制造过程，数据采集、查询和处理均在质量系统内部完成闭环，很少考虑与制造过程发生活动和数据交互。因此，仅能支持质量部门日常工作的无纸化操作，无法满足质量过程和制造过程之间的信息传递需求，也无法满足企业对质量活动执行效率和制造过程质量水平的追求。

对于制造行业来说，制造过程的质量决定了产品除设计因素外的绝大部分质量，是企业追求精益质量的核心环节之一。同时，制造执行系统（MES）拥有制造过程所有静态和动态的数据，形成巨大的制造数据集合，为质量活动的设计、执行、评价和改进提供了丰富的数据基础。基于 MES 的质量管理信息系统，通过质量数据的自动实时采集、分析与反馈控制，以及质量信息资源的共享，建立一套以数字化为特征的企业车间质量管理体系，能够有效提高质量管理活动的执行效率，并使制造过程的质量反应能力和质量控制能力得到提高。

根据系统论和控制论的观点，质量管理是对生产过程的一种控制活动。根据 CAPP 中工序级质量特征的定义，形成工序级质量控制计划和过程控制目标。制造过程中，按照质量计划执行检验活动，通过各种仪器测量生产系统的质量表征值，与预定义的质量控制目标进行比较，将产生的质量处理结果反馈给质量过程。在数据筛选、加工处理的基础上，借助各种质量统计分析手段得出质量评估结果。质量分析结果一方面在质量系统内反馈为质量体系改进建议，另一方面反馈给生产系统，形成生产系统的质量改进。图 13-7 是按照质量控制理论设计的基于 MES 的质量管理信息系统的基本框架，反映了质量管理信息系统内部的质量逻辑模式，也表达了质量管理信息系统与 MES 之间的逻辑关联。质量管理是 MES 现场管理的重要组成部分，基于 MES 的质量管理信息系统实时分析从制造现场收集到的数据，及时控制每道工序的加工质量。质量统计分析结果的反馈为 MES 生产性能分析提供了可靠的质量报告，制造活动生产进度的获取也使质量计划的执行具有较好的预见性。

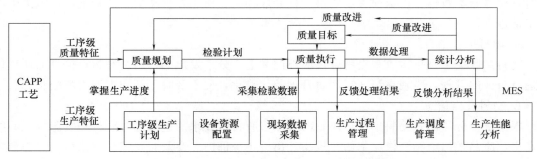

图 13-6　基于 MES 的质量管理信息系统框架

（二）MES系统质量管理的功能

1. 质量检验规划

质量规划模块完成工序级检验计划的定义，决定检验活动进行的方式和内容，以及各工序所要达到的质量规范。然后，依据制造活动的生产进度及当前质量设备和人员的占用情况，将检验活动分派给具体的设备或质量人员。质量检验计划中定义的质量属性包括：

① 检验形式，包括该工序是否必检、是否需要首件检验、是否需要试样检验、抽样方式、样本数量、样本百分比以及是否关键质量控制点等。

② 检验项目，指质量活动中需要检验的指标，包含项目类型（尺寸公差/形位公差）、项目描述、基准、标准值、上下偏差、图纸编号及关联的质量标准文件等。

③ 检验资源，主要是在检验某个项目时所使用资源的编号，该资源可以是某台具体的设备或仪器，也可以是包含若干台设备和仪器的检验小组。

在质量检验规划阶段，检验活动进行的时机受到生产进度的制约。检验活动的分派不仅要考虑质量部门人员和设备的安排计划，还要考虑制造过程生产进度对检验活动执行时机的影响。但质量部门对生产进度的及时把握，能够帮助质量执行人员更加准确地掌握检验活动的执行时机，以便迅速协调检验设备和质量执行人员的工作时间表，避免不必要的等待和资源闲置。MES与质量管理信息系统之间生产进度的实时共享，大大提高了质量活动的执行效率。

2. 质量过程管理

质量过程管理模块管理质量活动的执行，保证质量活动按照流程进行下去，实现与制造过程的紧密结合。质量数据采集、检验判断处理、质量数据维护共同构成质量过程管理模块。质量人员通过检验活动采集质量数据，依据质量标准判断产品质量，分别进入不合格管理流程和合格管理流程，并形成质量活动的过程记录。生产活动和质量活动在执行的多个关键节点上实现了相互关联，以生产进度控制质量进度，以质量水平调整生产状况。MES中的生产过程管理模块反映了制造过程的生产进度，基于MES的质量管理信息系统利用工序任务与检验活动之间的逻辑约束，实现质量活动对制造活动的质量控制。

3. 质量统计分析

质量统计分析主要是对质量活动产生的质量情况进行统计，分析质量数据反映的质量水平现状，满足质量人员对质量不断改进的需求。它包括如下三个方面的内容：

① 质量问题汇总，自动统计各类质量问题，如报废、返工、返修等质量问题发生的频率。

② 质量指标统计，自动统计系统设定的各类质量评价指标，如合格率、废品率等，以各种统计图形及报表，为质量人员直观展示当前质量水平，减少重复劳动。

③ SPC过程控制，对某些关键零件的关键工序进行重点分析，在大量质量数据的支持下，对简单的异常表征进行自动监控，在统计报表和控制图中设立异常报警，辅助质量分析人员对质量问题做出分析。

基于MES的质量管理信息系统，将质量问题汇总、质量指标统计及SPC过程控制分析结果定期反馈给MES，使制造部门及时掌握生产的整体质量水平，为制造系统进行生产性能分析评估提供质量依据。质量数据与信息的共享，使制造过程的相关管理者还可以随时查阅原始质量数据，查找质量分析结果背后的实际质量问题和质量原因，为制造过程的质量持续改进，提供了快速准确的数据服务。

五、能源效率管理

（一）能源效率管理概述

随着我国经济的发展，对能源的需求也越来越高，但我国能源资源与经济的发展形成了矛盾。因此，这就要求企业在发展的过程中应该转变其传统的固有观念，将能源管理工作放在重点位置，并将企业生产与能源管理无缝对接。从而在提供服务的同时实现节能、降耗的目的，最终提高企业的经济效益和社会效益。能否高效合理地使用资源是判断企业是否具备综合竞争能力的重要指标之一，对于能耗的管理在一定程度上影响企业的兴衰存亡。MES系统的实施，能显著地提高企业的生产管理水平及效率，从而帮助企业实现节能减排的目标。

MES系统在实际应用中具有数据采集的及时准确性，具体体现在以下几个方面：

① 及时性。通过装置DCS与实时数据库的同步方式，装置能耗数据采集的工作时间缩短，可以实现分钟级，采集工作时间的缩短能够实时监控装置能耗的变化情况。

② 准确性。在企业能源管理过程中，传统人工抄记与录入的方式完全被自动数据采集取代，自动数据采集方式的应用显著地降低了人工操作出现的失误及误差，能够更好地确保数据的准确性。并且，通过采集到的数据可以对其进行比较分析，在对比中能够及时地发现仪表是否存在问题与故障。

③ 全面性。在系统中同时集成了水、电、汽等主要介质数据，因此能够根据这些介质数据建立一个统一的能耗管理平台。

（二）MES系统能源效率管理的主要功能

1. 能源运行状况监测及可视化

操作终端可以显示关键工序中的关键数据，如盘磨机的电流、新鲜蒸汽进入烘缸的压力、热电厂锅炉压力、温度、汽轮发电机抽气温度等，这些数据往往会在一定的范围内波动。系统可以根据这些变量的相互关系组织画面，将这些变量实时显示在操作终端上或发送到ERP。该功能是实现企业信息化和生产过程透明化的关键步骤之一，避免关键数据局限于某"信息孤岛"。

2. 能效分析

强大的能源生产信息数据库，运用先进的数据处理与分析技术，实现能源系统的离线生产分析与管理功能，包括能源生产管理统计报表、平衡分析、质量管理、绩效管理、预测分析等功能。同时对能源负荷进行分析，为整个纸厂和每个工段精确、恰当地定义能耗目标值，同时停机负荷以及停机时间也被定义

3. 过程运行优化

过程数据的离线和实时在线优化为调度能流提供必要的手段，主要通过建立"三环节"优化控制模型，对全厂能流的转化环节、利用环节和回收环节进行分析和优化；利用标准过程能流和物流模型对车间级和工序级进行分析和优化；对各子系统进行分析，并及时给出能量利用效率，判断能量利用状态，给出综合分析意见，作为现场控制依据。

4. 实时能源成本核算

将每批次产品所消耗的各类能源在线统计，可对各规格品类的产品单独核算能源成本，便于生产精细化管理。

六、生 产 追 溯

（一）生产追溯概述

对于追溯概念、理论和系统的研究和应用，已经广泛地在各行各业中展开了。主要有食品行业、农产品行业、物流行业、零售行业的追溯以及生产制造行业的追溯。产品的可追溯性是利用在产品的制造时的数据收集和报告水平来对产品的生产信息和流程进行追溯和搜索。生产控制也就是利用生产系统来添加产品的制造条件和要求，在实际的生产过程中进行管控、监督和检查。利用这些手段来减少生产时出现的问题和误差，从而增加企业的生产效率并提升生产绩效水平。企业的集成能够通过增加企业的业务应用系统的回报来得以实现。MES 与 ERP（企业资源计划）/MRP（物资需求计划）/PDM（物理数据模型）系统之间的集成可以确保这些应用系统不会孤立运作。

生产追溯是 MES 系统的一个重要特性，可追溯数据模型不仅可以完整记录生产过程数据，还可以扩展到质量追溯、采购追溯等方面，对企业制造过程控制和制造过程改进具有重要意义。在生产车间工人将产品放错是很正常的事情。MES 追溯管理系统主要是帮助企业进行产品生产基础数据整理、物料防错管理还有产品整个生产销售流程的追溯管理。预防人为因素造成工艺漏装。MES 防错追溯管理系统主要是使用统一的信息管理方法，在装配线上通过安装一维/二维码、RFID 等信息载体来实现的。华磊迅拓的 MES 系统软件通过扫描枪的实时扫描和对比，通过一体机或触摸屏识别装配件是否符合要求，以及将装配过程中的实时数据发送到系统记录服务器。

（二）MES 系统生产追溯的主要功能

1. 防错检查

防错检查是指在装配过程中，检查一些关键步骤或关键操作是否成功完成，包括制造过程中重要零件符合性检查和精确追溯信息的管理。零件追溯实际对生产物流控制提出流程要求和数据要求，通过对追溯物料的状态跟踪来控制质量遏制范围。通过扫描枪读取零件条形码用以检查零件是否和显示的部件相符，以防止错装。指导车间生产，可进行生产流程完工反馈。系统监控关键件装配，预防人为因素造成工艺漏装。

2. 质量数据追溯

关键件信息关联，建立统一的关键件条码规则，可通过追溯关键件条码而得知该关键件是哪家供应商、生产日期、生产批次等信息。如此便于批次管理及后期质量追溯。可通过关键件中的任意一个条码信息追查与之相关所有的关键件信息。有了每个产品的具体系谱信息，可追溯性系统通过仅回收包含缺陷元件或工艺的产品，可以降低产品回收的费用。此外，系统提供了不断改善制造工艺所需的信息，以求达到六西格玛标准的要求。完全实施可追溯性系统后，制造商在面对各种不同供应商的环境中，能够更好地控制制造工艺的质量与表现，降低因质量问题所导致的生产成本的增加，最终做到出货时没有不合格产品，客户满意度提高的同时，也为企业带来更多的利润。

七、生产统计、综合查询与决策

（一）生产统计、综合查询与决策概述

MES 采集生产运行数据、集成原料和产品的存储数据、集成设备状态信息，并将这些信息进行合并、汇总、规范、比较、分析等综合处理，一方面为生产计划与排产提供依据，

另一方面也为 ERP 提供及时、可靠、准确的生产经营决策参考信息。

数据集成是实施 MES 的基础，将 PCS 层的生产运行、产品质量、原料和产品输送、动力能耗等数据进行汇总和处理，使下层生产过程的实时信息和上层企业资源管理等的各类信息都在 MES 层中融合，并通过信息集成形成优化控制、优化调度和优化决策等调度或指令。同时，数据集成模块也负责将上层系统中的一些数据（如优化值、设定值等）传送到 PCS。

企业生产流程复杂，数据来源广，数据采集、存储方式多样，且底层各控制系统彼此封闭，所采用的网络、系统、数据库也存在很大的差异，如何实现异构网络、异构系统和异构数据库的数据综合集成是 MES 数据集成中最大的难点。

（二）MES 系统生产统计、综合查询与决策的主要功能

1. 数据集成与综合查询

通过实时数据库采集控制器中的实时生产数据，并集成计划、生产、质量监管等多个维度、多个系统的数据，提供综合查询服务，辅助管理决策。

2. 报表系统

报表系统提供报表查询、报表导出功能。生产信息综合管理系统提供人工数据录入平台、生产数据综合查询、调度或生产日志、MES 相关系统页面整合功能。生产报表子系统实施范围主要是生产部编制的各类调度报表，包括生产日报、运行状态日报、工艺技术指标日报以及质量日报等。通过报表数据分装置生产情况（包括计划、完成量、收率、累积、超欠），产品生产情况（包括计划、入库量、出库量、库存量），原料情况（收量、消耗量、平衡量、库存量），质检的检验数据，主管部门可以了解的生产状况。

思 考 题

1. CIMS 是什么？传统的 CIMS 的结构包括哪五个层次，他们的功能分别是什么？
2. MES 的主要功能是什么？包括哪些主要模块？
3. 能源效率管理是什么？主要包括哪一些功能？
4. 质量数据追溯是什么？它有什么意义？

参 考 文 献

［1］ 潘永湘，杨延西，赵跃. 过程控制与自动化仪表.［M］. 3 版. 机械工业出版社，2016.

［2］ 王志新 金寿松. 制造执行系统 MES 及应用［M］. 北京：中国电力出版社，2006.

［3］ 彭振云，高毅，唐昭琳. MES 基础与应用［M］. 北京：机械工业出版社，2019.

［4］ Alan, P., Rossiter, Beth, P., Jones. 过程工业的能源管理与效率［M］. 北京：中国石化出版社有限公司，2019.

［5］ Lin Kaiyuan, Chavalarias David, Panahi Maziyar, et al. Mobile-based traceability system for sustainable food supply networks［J］. Nature food, 2020, 1: 673-679.

第十四章　生产计划系统

随着制造业向定制化、多源化方向发展，制造业的生产管控问题变得越来越复杂，原有的管控模式已不能满足企业柔性化生产的需求。为了实现智能化生产管控，研发依托于数学模型的生产计划系统成为必然趋势。在离散行业，研发生产计划系统的目的是解决多工序、多资源的优化调度问题；而在流程行业，研发生产计划系统的目的则是为解决顺序优化问题。本章将介绍生产计划系统的定义、基本架构以及主要功能模块。

第一节　生产计划系统概述

生产计划是企业依据生产任务，对企业的资源做出统筹安排，拟定具体生产的产品类型、产品数量、产品质量以及计划进度的生产运营活动。生产计划一方面要对客户要求的三要素"交期、品质、成本"进行计划，另一方面则需要对生产的三要素"材料、人员、机器"的准备、分配以及使用进行计划。生产计划是企业生产运营管理的核心部分，有助于企业降低生产成本、提高客服水平、提高生产效率和减少库存。生产计划的制订与企业众多部门之间具有重要的联系，包括销售部门、人力资源部门、采购部门、设备管理部门以及库存管理部门等。因此，生产计划制订依赖于所有部门之间的密切协作才得以顺利进行。

生产计划按照不同的层次可分为战略计划、经营计划以及作业计划。

① 战略计划。主要由企业高层管理人员制订，对企业未来的发展方向具有重要决定作用，其涉及产品发展方向、生产规模发展方向、技术水平的发展方向。战略计划的周期较长，一般为3~5年，属于长期生产计划。

② 经营计划。指企业根据战略计划所设定的目标和任务，制订切实可行的生产计划，通过合理地分配人力、物力以及财力，以达到战略计划的目标，并且最小化成本。经营计划通常比战略计划的周期更短，一般周期为一年。

③ 作业计划。指把企业的经营计划细分到各个车间、生产线以及班组等的详细计划，可以具体到月、周以及日。

在计算机技术出现以前，已经出现了一些与生产计划有关的技术。例如，1917年出现了甘特图。在第二次世界大战期间，出现了运用线性规划方法求解计划问题。到了20世纪60年代，物资需求计划（Material Requirement Planning，MRP）的出现极大地推动了生产计划技术的发展。到了20世纪70年代，为了及时调整需求和计划，出现了具有反馈功能的闭环MRP，把财务子系统和生产子系统结合为一体，采用计划-执行-反馈的管理逻辑，有效地对生产各项资源进行规划和控制。虽然MRP计划解决了企业生产计划和控制的问题，实现了企业的物料信息集成。但在企业的整个生产运作过程，MRP无法正确反映从原材料的采购到产品的产出伴随的企业资金的流通的过程。20世纪80年代末，人们又将生产活动中的主要环节销售、财务、成本、工程技术等与MRP Ⅱ系统闭环MRP集成为一个系统，成为管理整个企业的一种综合性的制订计划的工具——制造资源计划（Manufacturing Resource Planning，MRP Ⅱ）。MRP Ⅱ以MRP为核心，MRP Ⅱ涵盖了所有企业的生产制造活动的管理功能。MRP Ⅱ通过对企业生产与资金运作过程的掌控，优化企业的生产成本、降低生产周期以及控制资金占用等。

随着科技的发展，企业的信息化集成程度要求更高，不但在生产制造活动上集成资源，各个供应链上的资源集成也变得迫切需求。企业资源计划（Enterprise Resources Planning，ERP）是在 MRP Ⅱ 的基础上发展而来的新一代企业信息系统，ERP 以现代的先进信息技术全面集成了企业的所有资源，包括客户、销售、采购、市场、计划、生产、质量、财务、服务等。ERP 实现了企业内部的整个供应链资源整合。虽然 ERP 的功能齐全，但是 ERP 无法提供高精度的排产计划。高级计划与排程（Advanced Planning and Scheduling，APS）系统能很好地解决 ERP 在排产上的不足，APS 作为专业的负责生产排产的软件越来越得到企业的重视。APS 采用先进的信息技术以及优化算法，在满足企业的现有资源的约束以及生产管理的规则下，安排企业的生产活动，以优化某些企业关注的性能指标。随着市场需求的多样、品种的多样化以及定制化，企业的生产计划将面对着严峻的挑战。要想交货准时、生产过程顺畅，就必须对应建立精确的生产计划与即时的生产过程监控。ERP 将逐渐弱化为进销存＋财务＋后勤管理，生产计划系统将交由 APS 系统负责。在智能制造不断发展的大趋势下，一方面，APS 系统对于企业实现智能制造具有重要的推动作用，APS 的作用将会得到更好的体现。另一方面，APS 将会面临更为复杂的制造环境以及所需要的功能更为复杂。故 APS 系统的发展将会迎来新的机遇，但也会面临更为严峻的挑战。

第二节　生产计划系统架构

（一）制订生产计划

本书所提及的生产计划系统是指从主生产计划（Master Production Schedule，MPS）到车间作业计划之间的生产计划系统。生产计划的制定流程如图 14-1 所示，其具体步骤如下所示：

第一步，根据总生产任务，制定 MPS；

第二步，制订粗能力计划，验证 MPS 的可行性，当 MPS 不可行时，重新制定 MPS 或者增加资源能力，直到验证通过；

第三步，结合 MPS 与物料清单，制订物料需求计划；

第四步，制定细能力计划，验证物料需求计划的可行性，当物料需求计划不可行时，须重新制定物料需求计划或增加资源能力，直到物料需求计划通过细能力计划的验证；

第五步，根据物料需求计划，制定车间作业计划以及采购计划；

第六步，将车间作业计划下达到车间，执行与控制生产计划。

（二）生产计划系统架构

根据生产计划制订的流程，生产计划系统的架

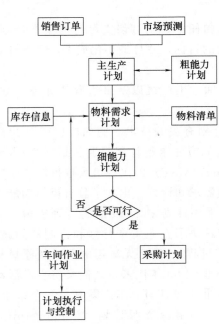

图 14-1　生产计划制订流程图

构如图 14-2 所示。主要包括了三大部分，分别为数据接口、基础数据管理模块与功能模块。数据接口主要用于对接企业的其他信息系统，以获取生产计划系统所需的数据。例如订单数据、库存数据、采购数据、物料清单数据以及产品工艺数据等。基础数据模块则主要用于管理生产计划系统所需的数据，该部分的数据一部分来源于企业的其他信息系统，一部分来源于生产计划系统自身。功能模块是生产计划系统对外提供的功能。通常包括订单管理、主生产计划、粗能力计划、物料需求计划、细能力计划、设备运行维护计划、车间作业计划、采购计划以及计划执行与控制等功能模块。

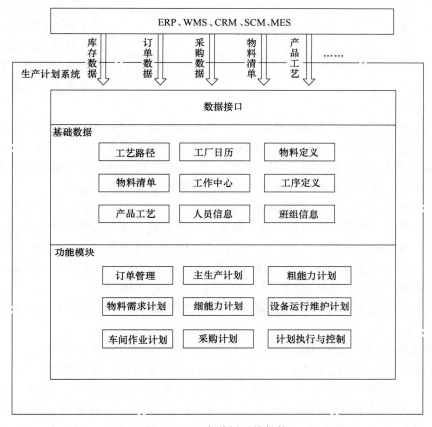

图 14-2　生产计划系统架构

第三节　生产计划系统主要功能模块

一、主生产计划

主生产计划的制定是整个生产计划系统的关键环节，一个有效的主生产计划可实现企业对客户的承诺，它充分利用企业资源，协调企业生产与市场，实现企业经营计划所确定的计划目标。主生产计划的计算流程如图 14-3 所示。首先根据销售订单以及市场预测量计算得到总的毛需求量，毛需求量加上安全库存减去库存量与在途量再得到净需求量。在净需求量的基础上，通过经济生产批量或者其他生产批量计算方法计算得到生产批量。依据净需求量的时间以及生产批量，确定计划订单的产出时间与产出量。结合计划订单产出时间与提前

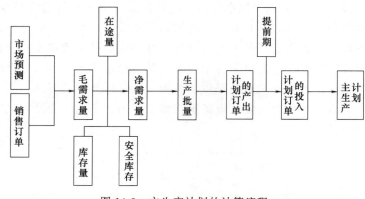

图 14-3 主生产计划的计算流程

期，可确定计划订单的投入时间，从而形成产品的主生产计划。主生产计划主要包括毛需求量、在途量、计划在库量、预计可用库存量、净需求、计划订单产出量以及计划订单投入量。主生产计划制订后，需要采用粗能力计划进行验证，只有通过粗能力计划验证后的主生产计划才可下达，否则，需要修改主生产计划，直到通过

粗能力计划的验证。

其中，在途量是指在未来某期期末将会取得的量，是一种未来的库存，目前是不可用的量，但在交货期末可视为可用量。生产批量是批量生产的一个重要指标，是一定时期内企业生产的性能、结构、加工方法完全相同的产品（零部件）的数量。常用确定生产批量的方法有：以期定量法、最小批量法、经济生产批量法以及按需确定批量法等。

① 以期定量法。在确定生产总量的前提下，生产批量与生产周期是相互关联的。以期定量法是先确定生产间隔期，在此基础上推算出生产批量。首先按照零件复杂程度、体积大小、价值高低确定各个零件的生产周期，然后根据生产总量推算出生产批量。

② 最小批量法。此方法从设备利用和生产率方面考虑批量的选择，要使选定的批量能够保证一次准备结束时间对批量加工时间的比值不大于给定的数值。

③ 经济生产批量法。经济生产批量法计算最优的生产批量，使得生产调整成本与库存成本最小化。

④ 按需确定批量法。按照需求确定生产批量，即需要多少生产多少。

生产批量的优化对优化企业生产、优化库存以及降低成本具有重要的作用。一般来说，生产批量越大，更利于安排生产、降低生产成本以及增加经济效益。但是，生产批量过大也会造成在制品和半成品的积压，从而增加库存成本。这里的提前期指的是生产提前期，是每个任务投入开始到产出的全部时间，由准备时间、加工时间、等待时间和运输时间构成。

下面通过一个示例说明主生产计划的制定方法。假设 A 产品未来 8 周的毛需求量如表 14-1 所示，A 产品的在途量为 25，并且在周期 1 到货。此外，假设 A 产品的初期库存为 35。本书假设安全库存为 5，生产提前期为 1 周。生产批量采用经济生产批量法计算得到，假设通过经济生产批量计算得到的生产批量为 90。

表 14-1 A 产品的毛需求量

生产周期/周	1	2	3	4	5	6	7	8
毛需求量	50	40	35	45	40	50	60	30

因为在途量在第一个生产周期完全到达，所以在剩余的生产周期内都不存在在途量。计划在库量是指每个生产周期末的库存，该生产周期内产出的计划订单不参与计划在库量的计

算。预计可用库存量则是扣除所有已分配量的，可以用于需求计算的现有库存。计划在库量等于上一个生产周期末的预计可用库存量加在途量并且减去毛需求量。净需求是通过计划在库量以及安全库存计算所得。当计划在库量减去安全库存大于零则表明不存在净需求，反之，则存在净需求。若净需求大于零，则预计可用库存量等于计划订单产出量减去计划在库量的绝对值。反之，预计可用库存量等于预计在库量。计划订单产出量是一个生产周期内需要产出的订单量，其大小等于生产批量。计划订单投入量是一个生产周期内需要产出的订单量，其大小等于生产批量。计划订单投入量须早于计划订单产出量一个生产提前期。根据表 14-1 的毛需求量以及初期库存、安全库存以及在途量等信息可以得出产品 A 的主生产计划，计算结果如表 14-2 所示。

表 14-2　　　　　　　　　　　　　　　A 产品的主生产计划

参　数	生产周期/周							
	1	2	3	4	5	6	7	8
毛需求量	50	40	35	45	40	50	60	30
在途量	25	0	0	0	0	0	0	0
计划在库量	10	−30	25	−20	30	−20	10	−20
预计可用库存量	10	60	25	70	30	70	10	70
净需求	0	35	0	25	0	25	0	25
计划订单产出量	0	90	0	90	0	90	0	90
计划订单投入量	90	0	90	0	90	0	90	0

二、粗能力计划

　　粗能力计划的主要功能是验证主生产计划的可行性，主生产计划的制定是根据每个时间段的需求量制定的，其制定过程没有考虑工作中心的能力与负荷。粗能力计划是对关键工作中心进行能力与负荷平衡分析，以确定关键工作中心的能力是否能满足主生产计划的生产要求。粗能力计划的常用的计算方法包括综合因子法、能力清单法以及资源负载法等。本书以能力清单法为例子讲述粗能力计划的制定流程，采用能力清单法计算粗能力计划的流程如图 14-4 所示。粗能力计划的主要输入数据包括主生产计划、物料清单、工艺路径、物料在关键工作中心的准备时间、物料在关键工作中心的加工时间等。首先结合物料清单、工艺路径、物料在关键工作中心的准备时间、物料在关键工作中心的加工时间等计算得出能力清单

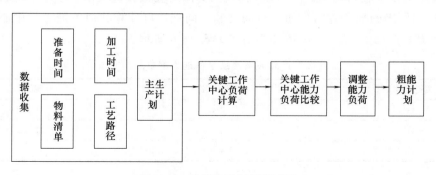

图 14-4　粗能力计划计算流程

数据。将能力清单数据与主生产计划相结合，计算得出关键工作中心的负荷，通过将关键工作中心的负荷与其能力进行比较，发现负荷超出能力的关键工作中心，不断调整关键工作中心的负荷与能力，直到负荷与能力相平衡，形成最终的粗能力计划。

例 14-1 假设有产品 X 与产品 Y，有关键工作中心 G001、G003 和 G003。表 14-3 所示为产品 X 与产品 Y 的主生产计划，表 14-4 为产品 X 与产品 Y 的物料清单，如表 14-5 为产品 X 与产品 Y 的工艺路径和它们在关键工作中心的工时。

表 14-3 　　　　　　　　　　　　　产品 X 与产品 Y 的主生产计划

产品类型	生产周期/周							
	1	2	3	4	5	6	7	8
产品 X	40	30	45	50	20	30	50	40
产品 Y	35	40	50	20	60	40	45	30

表 14-4 　　　　　　　　　　　　　产品 X 与产品 Y 的物料清单

父件	子件	数量	父件	子件	数量
X	A	1	Y	A	1
X	B	2	Y	C	2
X	C	2	Y	D	2

表 14-5 　　　　　　　　产品 X 与产品 Y 的工艺路径和它们在关键工作中心的工时

物料	工作中心	准备时间	加工时间	总时间
X	G001	0.2	1	1.2
A	G002	0.35	1.1	1.45
B	G003	0.1	1.3	1.4
C	G001	0.4	1.2	1.6
Y	G003	0.25	1.4	1.65
D	G002	0.35	0.9	1.25

将物料清单、工艺路径以及加工工时相结合，可计算出每个关键工作中心加工每个产品的能力清单。能力清单表示的是关键工作中心加工产品所需的时间，包括加工产品物料清单下的所有物料的时间，时间主要由准备时间与加工时间构成。例如，产品 X 由物料 A、B、C 构成，关键工作中心 G001 加工产品 X 的能力为所有在该关键工作中心加工的 A 产品的物料以及 A 产品所需的准备时间与加工时间之和。同理，可计算其他关键工作中心的能力清单。经过计算，产品 X 与产品 Y 的能力清单如表 14-6 所示。

表 14-6 　　　　　　　　　　　　　产品 X 与产品 Y 的能力清单

关键工作中心	产品 X	产品 Y
G001	2.8	3.2
G002	1.45	3.95
G003	4.4	1.65

根据产品的能力清单与主生产计划，将某一个生产周期内某一产品的需求量与能力清单

对应该产品的能力相乘，可得到生产该产品时每个关键工作中心的负荷情况。结合表 14-3 与表 14-6，可计算得出加工 X 产品时每个关键工作中心的负载情况，如表 14-7 所示。同理可计算加工 Y 产品时每个关键工作中心的负载情况，如表 14-8 所示。将加工产品 X 与产品 Y 的关键工作中心的负载相加，即可得到关键工作中心的负载，如表 14-9 所示。通过与关键工作中心的负荷图（图 14-5）可以清楚看到每一个关键工作中心的负荷是否超出了其能力。当关键工作中心的负荷超出其能力时，表明对应的主生产计划是不可行的，需要重新调整主生产计划或关键中心的能力。通过不断调整，最终到达关键工作中心能力与其负荷相平衡，形成最终的粗能力计划。

表 14-7　　　　　　　　　　　　　　关键工作中心加工 X 产品的负载

关键工作中心	生产周期/周							
	1	2	3	4	5	6	7	8
G001	112	84	126	140	56	84	140	112
G002	58	43.5	65.25	72.5	29	43.5	72.5	58
G003	176	132	198	220	88	132	220	176

表 14-8　　　　　　　　　　　　　　关键工作中心加工 Y 产品的负载

关键工作中心	生产周期/周							
	1	2	3	4	5	6	7	8
G001	112	128	160	64	192	128	144	96
G002	138.25	158	197.5	79	237	158	177.75	118.5
G003	57.75	66	82.5	33	99	66	74.25	49.5

表 14-9　　　　　　　　　　　　　　关键工作中心加工的负载

关键工作中心	生产周期/周							
	1	2	3	4	5	6	7	8
G001	224	212	286	204	248	212	284	208
G002	196.25	201.5	262.75	151.5	266	201.5	250.25	176.5
G003	233.75	198	280.5	253	187	198	294.25	225.5

三、物料需求计划

美国生产与库存控制协会对物料需求计划的定义为：物料需求计划是依据 MPS、物料清单、库存记录和已订未交订单等资料，经由计算而得到各种相关需求物料的需求状况，同时提出各种新订单补充的建议，以及修正各种已开出订单的一种实用技术。物料需求计划的制订流程如图 14-6 所示。

根据图 14-6 可知，物料需求计划的制定流程与主生产计划的制定流程是类似的。首先，根据 MPS 制定的生产任务与 BOM（Bill of Material，物料清单），计算出每种物料的毛需求量。即根据主生产计划、物料清单得到第一层级物料品目的毛需求量，再通过第一层级物料品目计算出下一层级物料品目的毛需求量，依次一直往下展开计算，直到最低层级原材料毛坯或采购件为止。通常，采购批量的确定主要有按需确定批量法、经济订购批量法、固定

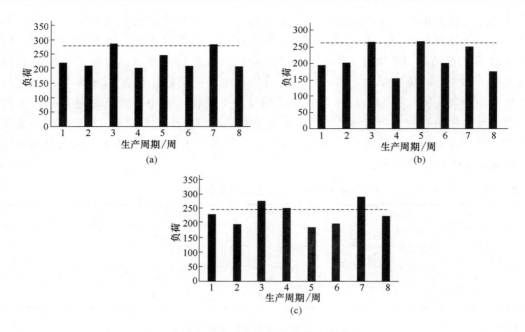

图 14-5　关键工作中心的负荷图

(a) G001 的负荷图　(b) G002 的负荷图　(c) G003 的负荷图

注：虚线表示可用能力。

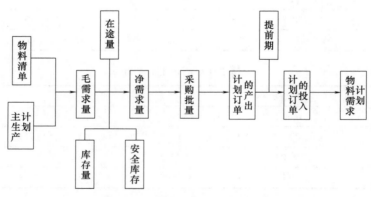

图 14-6　物料需求计划制定流程

批量法、定期订购法、期间订购法、最小总费用法以及最小单位费用法。依据净需求量的时间以及采购批量，确定计划订单的到货时间与采购量。结合计划订单到货时间与提前期，可确定计划订单的采购时间。这里的计划订单投入量是指物料的采购量，计划订单产出量是指物料的采购到货量。物料需求计划所生成的计划订单，要通过细能力计划确认后，才能开始正式下达计划订单。

例 14-2　假设有产品 X 与产品 Y，它们的 BOM 如表 14-10 所示。表 14-11 为所有物料的基本信息，对于产品而言，提前期指的是生产提前期。对于物料而言，提前期指的是采购提前期。在制定主生产计划时，批量的计算采用按需确定批量法，即需要多少则生产多少。而在制定物料需求计划时，批量计算采用经济订购批量法，其中物料 A、B、C 的经济采购批量分别为 250、130、380 以及 240。表 14-12 所示是所有物料的现有库存、已分配量以及在途量。这里假设所有在途量都在第一个生产周期到达。假设产品 X 与 Y 的主生产计划已经制定，分别如表 14-13 以及表 14-14 所示。

表 14-10　　产品 X 与产品 Y 的 BOM

父件	子件	数量
X	A	1
X	B	1
X	C	2
Y	A	1
Y	C	1
Y	D	2

表 14-11　　物料基础信息

物料	提前期	安全库存	批量
X	1	15	按需
Y	1	20	按需
A	1	25	250
B	1	30	150
C	1	40	400
D	1	35	260

表 14-12　　　　　　　　　　物料库存信息

物料	现有量	已分配量	在途量							
X	40	0	35	0	0	0	0	0	0	0
Y	50	20	45	0	0	0	0	0	0	0
A	40	10	20	0	0	0	0	0	0	0
B	20	10	10	0	0	0	0	0	0	0
C	50	0	25	0	0	0	0	0	0	0
D	40	0	0	0	0	0	0	0	0	0

表 14-13　　　　　　　　　　产品 X 的主生产计划

参　　数	生产周期/周							
	1	2	3	4	5	6	7	8
毛需求量	40	45	55	70	75	70	80	90
在途量	35	0	0	0	0	0	0	0
计划在库量	35	−10	−40	−55	−60	−55	−65	−75
预计可用库存量	35	15	15	15	15	15	15	15
净需求	0	25	55	70	75	70	80	90
计划订单产出量	0	25	55	70	75	70	80	90
计划订单投入量	25	55	70	75	70	80	90	75

表 14-14　　　　　　　　　　产品 Y 的主生产计划

参　　数	生产周期/周							
	1	2	3	4	5	6	7	8
毛需求量	55	45	65	55	60	50	45	75
在途量	45	0	0	0	0	0	0	0
计划在库量	20	−25	−45	−35	−40	−30	−25	−55
预计可用库存量	20	20	20	20	20	20	20	20
净需求	0	45	65	55	60	50	45	75
计划订单产出量	0	45	65	55	60	50	45	75
计划订单投入量	45	65	55	60	50	45	75	70

　　根据产品的生产主计划，我们可以确定产品的计划投产时间、计划产出时间以及在每个生产周期内的需求量。结合 BOM 的信息，可以计算出某一产品下所需要的物料以及需求的量。基于主生产计划以及 BOM 的信息，我们可以计算出某一产品的所需物料的需求时间以及需求量。再根据物料的提前期，可以进一步得到物料的计划投产时间。当物料是采购物料时，物料的计划投产时间与计划产出时间分别是物料的计划采购时间与计划到货时间。根据产品 X 以及产品 Y 的主生产计划，结合 BOM、物料的现有量、在途量、已分配量、安全库存、采购提前期以及采购批量，可得出物料 A、B、C 以及 D 的物料需求计划，如表 14-15、表 14-16、表 14-17 以及表 14-18 所示。在计算物料需求计划时，如果一个物料出现在多个产品的 BOM 中，则可先单独计算每个产品中该物料的需求计划，最后将所有的该物料的需求计划叠加形成最终该物料的需求计划。

表 14-15　　　　　　　　　　　　　　物料 A 的需求计划

参　　数	生产周期/周								
	0	1	2	3	4	5	6	7	8
毛需求量	—	70	120	125	135	120	125	165	145
在途量	—	20	0	0	0	0	0	0	0
计划在库量	—	−20	110	−15	100	−20	105	−60	25
预计可用库存量	—	230	110	235	100	230	105	170	25
净需求	—	45	0	40	0	45	0	85	0
计划订单产出量	—	250	0	250	0	250	0	250	0
计划订单投入量	250	0	250	0	250	0	250	0	—

表 14-16　　　　　　　　　　　　　　物料 B 的需求计划

参　　数	生产周期/周								
	0	1	2	3	4	5	6	7	8
毛需求量	—	25	55	70	75	70	80	90	75
在途量	—	10	0	0	0	0	0	0	0
计划在库量	—	−5	90	20	95	25	95	5	80
预计可用库存量	—	145	90	170	95	175	95	155	80
净需求	—	35	0	10	0	5	0	25	0
计划订单产出量	—	150	0	150	0	150	0	150	0
计划订单投入量	150	0	150	0	150	0	150	0	—

表 14-17　　　　　　　　　　　　　　物料 C 的需求计划

参　　数	生产周期/周								
	0	1	2	3	4	5	6	7	8
毛需求量	—	95	175	195	210	190	205	255	220
在途量	—	25	0	0	0	0	0	0	0
计划在库量	—	−20	205	10	200	10	205	−55	125
预计可用库存量	—	380	205	410	200	410	205	345	125
净需求	—	60	0	30	0	30	0	95	0
计划订单产出量	—	400	0	400	0	400	0	400	0
计划订单投入量	400	0	400	0	400	0	400	0	—

表 14-18　　　　　　　　　　　　　　　　物料 D 的需求计划

参　数	生产周期/周								
	0	1	2	3	4	5	6	7	8
毛需求量	—	90	130	110	120	100	90	150	140
在途量	—	0	0	0	0	0	0	0	0
计划在库量	—	−50	80	−30	110	10	180	30	150
预计可用库存量	—	210	80	230	110	270	180	290	150
净需求	—	85	0	65	0	45	0	5	0
计划订单产出量	—	260	0	260	0	260	0	260	0
计划订单投入量	260	0	260	0	260	0	260	0	—

四、细能力计划

由于物料需求计划的制定没有考虑工作中心的能力限制，制定的物料需求计划不一定是可行的，因此物料需求计划的可行性需要通过细能力计划进行验证。细能力计划的制定流程如图 14-7 所示。计算细能力计划的主要数据是物料需求计划和主生产计划。此外，BOM、物料在工作中心的生产准备时间、物料在工作中心的加工时间、工艺路径等数据也是细能力计划计算的必要数据。通过计算得出的所有工作中心的负荷与其能力进行比较，当发现存在负荷大于其能力的工作中心时，需要重新调整负荷或者其能力，最终使得所有的工作中的负荷小于其能力，形成可行的细能力计划。

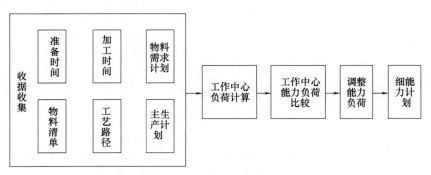

图 14-7　细能力计划制定流程

例 14-3　假设有产品 X，产品 X 由物料 A、物料 B 以及物料 C 组成，产品 X 的 BOM 如图 14-8 所示。其中，X 产品需要的物料 A 和物料 B 的数量为 1，需要物料 C 的数量为 2。产品 X 的库存信息、安全期、提前期以及在途量等的数据如表 14-19 所示，其中假设所有物料的在途量在第一个生产周期全部达到。假设产品 X 的主生产计划以及物料需求计划已经通过计算得到，如表 14-20、表 14-21、表 14-22 和表 14-23 所示。其中，主生产计划和物料需求计划的最后一个生产周期的计划订单投入量以及物料需求计划的最后一项毛需求是随机假设的一个数值。

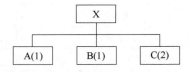

图 14-8　产品 X 的 BOM

表 14-19 产品 X 的相关信息

物料	提前期	安全库存	批量	现有库存	在途量	已分配量
X	1	25	按需	100	45	10
A	1	20	按需	50	40	20
B	1	30	按需	60	30	10
C	1	40	按需	80	60	20

表 14-20 产品 X 的主生产计划

参　　数	生产周期/周							
	1	2	3	4	5	6	7	8
毛需求量	45	55	45	50	45	55	65	75
在途量	45	0	0	0	0	0	0	0
计划在库量	90	35	−10	−25	−20	−30	−40	−50
预计可用库存量	90	35	25	25	25	25	25	25
净需求	0	0	35	50	45	55	65	75
计划订单产出量	0	0	35	50	60	55	65	75
计划订单投入量	0	35	50	45	55	65	75	70

表 14-21 物料 A 的需求计划

参　　数	生产周期/周							
	1	2	3	4	5	6	7	8
毛需求量	35	50	45	55	65	75	70	65
在途量	40	0	0	0	0	0	0	0
计划在库量	35	−15	−25	−35	−45	−55	−50	−45
预计可用库存量	35	20	20	20	20	20	20	20
净需求	0	35	45	55	65	75	70	65
计划订单产出量	0	35	45	55	65	75	70	65
计划订单投入量	35	45	55	65	75	70	65	60

表 14-22 物料 B 的需求计划

参　　数	生产周期/周							
	1	2	3	4	5	6	7	8
毛需求量	35	50	45	55	65	75	70	65
在途量	30	0	0	0	0	0	0	0
计划在库量	45	−5	−15	−25	−35	−45	−40	−35
预计可用库存量	45	30	30	30	30	30	30	30
净需求	0	35	45	55	65	75	70	65
计划订单产出量	0	35	45	55	65	75	70	65
计划订单投入量	35	45	55	65	75	70	65	50

表 14-23   物料 C 的需求计划

参　数	生产周期/周							
	1	2	3	4	5	6	7	8
毛需求量	70	100	90	110	130	150	140	130
在途量	40	0	0	0	0	0	0	0
计划在库量	50	−50	−50	−70	−90	−110	−100	−90
预计可用库存量	50	40	40	40	40	40	40	40
净需求	0	90	90	110	130	150	140	130
计划订单产出量	0	90	90	110	130	150	140	130
计划订单投入量	90	90	110	130	150	140	130	70

假设产品 X 以及其物料 A、B、C 的工艺路径和准备时间以及加工时间如表 14-24 所示。根据产品 X 的主生产计划，可知道 X 产品在每个生产周期的需求量。结合产品 X 的 BOM 信息以及物料需求计划，可以计算出在所有生产周期中，产品 X 以及其所需物料的需求量、需求时间以及采购或者投产时间。根据产品 X 及其物料在工作中心的准备时间、加工时间以及其工艺路径，可计算出所有加工中心加工产品 X 及其所需物料时所产生的负荷。结合产品 X 以及其所需物料的需求量、需求时间以及采购或者投产时间，可进一步确定在所有的生产周期中，全部工作中心加工产品 X 及其物料所需要能力。同理，可以计算出生产周期中，全部工作中心加工产品 X 及其物料所需要能力。将这两部分负荷相加，即可得到所有工作中心在每个生产周期的工作负荷。经过计算得出的所有工作中心加工 X 产品的负荷如表 14-25 所示。同理，计算得出所有工作中心加工物料 A、B、C 的负荷的结果如表 14-26、表 14-27 以及表 14-28 所示。将表 14-26、表 14-27、表 14-28 的结果相加，即可得到工作中心的负荷，计算结果如表 4-29 所示。图 14-9 所示是每个工作中的负荷与其能力的比较图。图 14-9（a）所示是工作中心 G001 的负荷图，图中第 5～7 个生产周期的负荷大于 G001 的能力。根据图 14-9（b）可知，工作中心 G002 在第 7 个生产周期的负荷大于其能力。图 14-9（c）则显示了工作中心 G003 在第 5 个生产周期的负荷大于其能力。对于负荷大于能力的所有工作中心，都需要对其负荷或者能力进行调整，最终使所有的工作中心的负荷都小于其能力。当所有的工作中心的负荷都小于其能力时，则该细能力计划和对应的物料需求计划是可行的。

表 14-24   **产品 X 以及其物料 A、B、C 的工艺路径和准备时间以及加工时间**

物料	工作中心	准备时间	加工时间	总时间
X	G001	0.3	2	2.3
	G002	0.2	1.8	2
A	G002	0.1	1.2	1.3
	G003	0.15	1.25	1.4
B	G001	0.15	1.3	1.45
	G003	0.25	1.35	1.6
C	G001	0.1	1.4	1.5
	G002	0.3	1.25	1.55

表 14-25 　　　　　　　　工作中心加工 X 产品的负荷

工作中心	生产周期/周							
	1	2	3	4	5	6	7	8
G001	0	80.5	115	103.5	126.5	149.5	172.5	161
G002	0	70	100	90	110	130	150	140
G003	0	0	0	0	0	0	0	0

表 14-26 　　　　　　　　工作中心加工物料 A 的负荷

工作中心	生产周期/周							
	1	2	3	4	5	6	7	8
G001	0	0	0	0	0	0	0	0
G002	45.5	58.5	71.5	84.5	97.5	91	84.5	78
G003	49	63	77	91	105	98	91	84

表 14-27 　　　　　　　　工作中心加工物料 B 的负荷

工作中心	生产周期/周							
	1	2	3	4	5	6	7	8
G001	50.75	65.25	79.75	94.25	108.75	101.5	94.25	72.5
G002	0	0	0	0	0	0	0	0
G003	56	72	88	104	120	112	104	80

表 14-28 　　　　　　　　工作中心加工物料 C 的负荷

工作中心	生产周期/周							
	1	2	3	4	5	6	7	8
G001	135	135	165	195	225	210	195	105
G002	139.5	139.5	170.5	201.5	232.5	217	201.5	108.5
G003	0	0	0	0	0	0	0	0

表 14-29 　　　　　　　　工作中心负荷

工作中心	生产周期/周							
	1	2	3	4	5	6	7	8
G001	185.75	280.75	359.75	392.75	460.25	461	461.75	338.5
G002	45.5	128.5	171.5	174.5	207.5	221	234.5	218
G003	105	135	165	195	225	210	195	164

与粗能力计划相比，细能力计划的主要特点有以下三点：

① 参与闭环 MRP 计算的时间点不一致，粗能力计划在主生产计划确定后即参与运算，而细能力计划是在物料需求计划运算完毕后才参与运算。

② 粗能力计划只计算关键工作中心的负荷，而细能力计划需要计算所有工作中心的负荷情况。

③ 粗能力计划计算时间较短，而细能力计划计算时间长，不宜频繁计算、更改。

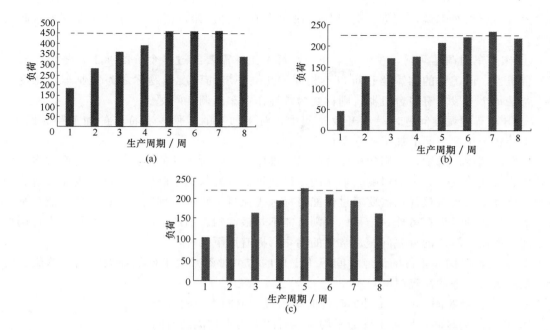

图 14-9 工作中心的负荷图

(a) G001 的负荷图   (b) G002 的负荷图   (c) G001 的负荷图

注：虚线表示其可用能力。

五、车间作业计划

车间作业计划是在 MRP 所产生的加工任务的基础上，按照交货期的前后和生产优先级选择原则以及车间的生产资源情况，如设备、人员、物料的可用性以及加工能力的大小等，将零部件的生产计划以订单的形式下达给适当的车间，安排零部件的生产数量、加工设备、人工使用、投入生产时间以及产出时间。车间作业计划是人员、设备、任务以及其他资源的调度问题，车间作业调度要完成两个任务：a. 资源分配，安排每个工件的加工设备；b. 确定设备上所有工件加工顺序。车间作业调度问题是一类复杂的 NP-hard 难题，根据 Conway 提出的调度问题表示方法，车间作业调度问题可以表示为 $n/m/A/B$，其中 n 表示的是工件数量，m 表示的是设备数量，A 表示的是车间类型，B 表示的是优化目标。根据车间类型的不同，车间作业调度问题可分为以下几类：

① 单机调度问题，单机调度问题是最为简单的车间调度问题，在单机环境中，只有一台机器。因此，只需确定工件在该机器上的加工顺序即可。但即便如此，解的数量也达到了 $n!$ 的数量，随着工件数量的增加，求解也变得十分困难。单机调度问题虽然在现实中存在较少，但单机调度问题的研究有助于其他调度问题的研究。

② 并行机调度问题，并行机是单机的扩展，在并行机环境下，存在多台机器可选择。根据机器是否相同，并行机调度问题又可进一步分为同速并行机与异速并行机调度问题。并行机调度问题不但比单机调度问题更为复杂，并且其实际应用更为广泛。

③ 流水车间调度问题，在流水车间环境中，每个工件需要经过多个阶段加工，每个阶段都含有一台机器，并且这些加工的顺序都是相同的，即工件的加工路径是相同的。此类环境的生产调度问题称为流水车间调度问题。若是每个阶段中工件的加工顺序都是相同的，则

称之为置换流水车间调度问题。若是每个阶段含有多台机器，则称之为柔性流水车间调度问题。

④ 作业车间调度问题，在作业车间中，每个工件需要经过多个阶段加工，每个阶段存在一台机器，而工件的加工路径可以不相同。此类环境的调度问题称之为作业车间调度问题。若是每个阶段含有多台机器，则称之为柔性作业车间调度问题。

⑤ 开放车间调度问题，是在开放车间中，对于加工的工件没有特定的加工路线约束，同一工件各个工序之间的加工顺序是任意的。

在车间调度问题中，不同的机器选择以及排序结果，对工件的产出时间、生产成本、生产效率、交期等具有重要的影响。如何决定最优机器分配与加工顺序是车间调度需要解决的问题。调度结果是否最优，需要通过性能目标（优化目标）进行判定，一种调度可能在某个目标上是最优的，但在另外一个目标上则可能不是最优的。因此，决定按什么目标进行调度是车间调度需要解决的首要问题。常用的优化目标有以下几种：

① 总流经时间，工件的流经时间等于工件的结束时刻减去工件的释放时刻，总流经时间就是所有的任务的流经时间总和。

② 最大流经时间，所有工件的流经时间的最大值即为最大流经时间。

③ 平均流经时间，所有工件的平均流经时间即为平均流经时间。

④ 最大延迟，最大延迟时间指在所有工件中，交货延期时间最大的工件延迟时间。

⑤ 平均延迟，所有工件的延期交货时间的平均值即为平均延迟时间。

⑥ 总调整时间，当在同一工作中心的前后两个连续的工件加工参数不一致时，前一个工件完工时，需要重新调整参数才能进行下一个工件的加工，调整参数所需要的时间为调整时间，总调整时间指的是所有工件产生的调整时间的总和。

⑦ 最大完工时间，完工时间指的是工件的结束时间，最大完工时间指的是所有工件中完工时间最大的时间。

⑧ 在制品库存，在制品指的是正在加工生产但尚未制造完成的产品，在制品库存指的是在制品所占用的库存。

⑨ 成本，成本指的是加工工件所产生的总成本，包括能耗成本、人力资源成本、物料成本、辅助材料成本、备品备件成本等。

⑩ 设备利用率，设备利用率是指设备实际使用时间占计划用时的百分比。

当确定优化目标之后，需要选择恰当的算法求解车间调度问题。目前，车间调度问题的求解主要包括精确求解方法以及近似求解方法，其常用的精确求解方法与近似求解方法如图14-10 所示。生产调度问题的难度会随着工件的数量以及工作中心的数量的增加而增加。随着问题规模的增加，精确求解方法难以在有效的时间内求得问题的可行解。近似求解方法则在牺牲一定精度的前提下，在有效的时间内求解得到较优的可行解。基于优先分派规则的方法速度上较快，易于实施，但难以达到最优解。目前很多排产软件都是基于优先分派规则求解车间调度问题，常用的优先分派规则有如下几种。

① 先到优先规则。按照工件的达到顺序进行排序，先到的工件先安排加工。

② 最短作业时间优先。按照加工时间进行排序，加工时间最短的工件最先安排加工，然后是第二短的，以此类推。

③ 交货期优先。按照交货期时间进行排序，交货期最早的工件先安排最先加工，交货期最晚工件安排最后加工。

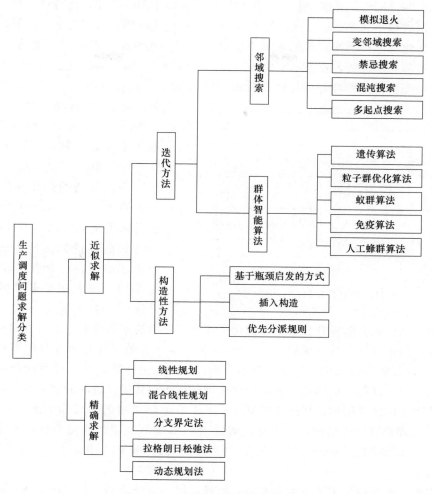

图 14-10　车间调度问题的求解方法

④ 剩余松弛时间最短优先。剩余松弛时间指的是将在交货期前所有剩余的时间减去剩余的总加工时间所得的差值，剩余松弛时间越小则越可能产生延期交货。故按剩余松弛时间的长短进行排序，将剩余松弛时间短的安排在前面加工可减少延期交货。

⑤ 随机排序。完全随机排序。

⑥ 后到优先规则。与先到优先规则相反，将后到的工件安排在前面加工。

⑦ 紧迫系数。指是用交货期减去当前日期的差值再除以剩余的工作日数的值。紧迫系数越小，说明优先级越高，应该安排在前面加工。

群体智能优化算法是一种受人类智能、生物群体社会性或自然现象规律的启发的种群搜索算法，其拥有较快的运算速度及优化能力，以及被广泛使用在车间调度问题的求解上，并且取得了很不错的效果。常用的群体智能优化算法包括遗传算法、粒子群优化算法、蚁群算法、免疫算法以及人工蜂群算法等。由于遗传算法在问题编码以及算子的设计于求解车间调度问题上表现得非常的高效，因此，遗传算法是目前应用于求解车间调度问题的最为广泛的智能优化算法之一。

车间调度问题根据优化目标的数量可分为单目标优化以及多目标优化的车间调度问题，

多目标优化指的是同时优化多个目标，例如给出一种多个工件调度，使得最大完工时间以及总延迟时间同时最小。单目标优化问题相比于多目标优化问题，求解复杂性较低，更容易求解。多目标优化的生产调度问题的求解难度更高，其解通常是一组 Pareto 解集，在这组解集中，所有解都是平等的，任意一个解都不会比其他解好，也不会比其他解差。多目标优化算法的目的是要获得一组均匀的、多样化的、接近 Pareto 最优的解集。例如，两个目标的

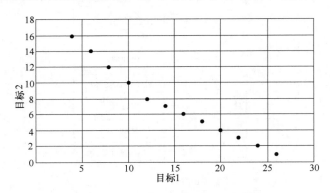

图 14-11　两个目标的 Pareto 解集

一组 Pareto 解集如图 14-11 所示，根据图 14-11 可知，图中的任意一个解都不可能同时达到两个优化目标比其他的解好。求解多目标优化的车间调度问题的优化算法大体可以分为两类，一类是基于分解方法的多目标优化算法，一类是基于 Pareto 等级的多目标优化算法。基于分解方法的多目标优化算法基本思路是采用分解方法将多目标优化问题分解成单目标优化问题，然后采用

单目标优化方法优化分解得到的单目标优化子问题。常用的基于分解的多目标优化算法包括目标加权法、约束法以及目标规划法。此外，MOEA/D 也是一种基于分解的多目标优化方法，MOEA/D 将多目标优化问题分解为多个单目标优化子问题，并且在每次迭代中同时优化分解得到的单目标优化子问题。多目标优化问题的难点在于评价解的优劣性，评价解的优劣性是群体智能优化算法的选择操作的基础。基于 Pareto 等级的多目标优化方法采用 Pareto 等级的方法评价解的优劣性，通过对比解的 Pareto 等级确定解的优劣性，进而为选择操作提供依据。常用的基于 Pareto 等级的多目标优化算法有 NSGA-Ⅱ、SPEA2、PESA2 以及 NSGA-Ⅲ 等。

车间作业调度的结果需要下发到车间，指导车间的生产活动。派工单是指面向工作中心的加工说明文件，包含工作中心一段时间内的加工任务，以及加工任务的优先级，是车间作业调度结果的表现形式之一，也是指导车间生产的重要工具之一。派工单一般以表格的形式下发到工作中心，包括的字段主要有：车间代码、工作中心代码、物料号、任务号、工序号、需求量以及加工进度等。常见的派工单如表 14-30 所示。

表 14-30　　　　　　　　　　　　典型派工单

车间代码:J001			工作中心:P01		派工日期:2019-07-11	
物料代码	任务号	工序号	需求量	加工进度		优先级别
				投产时间	投产时间	
MT01	T02	1	100	2019-07-10	2019-07-12	1
MT02	T01	2	200	2019-07-11	2019-07-14	2

六、计划执行与控制

生产计划的制定是不断优化的过程。在当前条件下制定的生产计划也是可行的，并且是最优的，但在另一种条件下不一定是可行的。计划执行与控制是一个动态控制与优化生产计

划的过程。生产计划下发到车间后，车间按照制定的计划进行生产。在生产过程中，一方面需要将计划的执行进度不断地反馈到生产计划系统，生产计划系统根据计划执行的进度，判断计划的执行是否顺利，是否需要修正计划。另一方面，随着生产状况、生产任务以及物料等的变化，生产计划需要不断调整，并将新的计划下发到车间，车间重新执行新的计划。

　　传统的生产计划系统主要负责生产计划的制定，计划的执行与控制一般交由制造执行系统负责。但如果生产计划系统缺乏对计划进度掌控，就难以形成闭环系统，进而造成计划制定与执行严重脱节，生产与计划不符的情况。直接的体现就是生产计划的变更，当产能、物料、人员发生变更时，计划的进度难以得到保证。由于车间现场与生产系统之间信息的阻断，计划的调整往往是车间人员按照自身的经验，并且调整计划时并不会对各个工序段之间进行协同。根据自身产能与自身的考核体系制定的计划变更往往会与生产系统指定的计划存在偏差，当这种偏差没有及时反馈到生产系统时，随着偏差的不断积累，生产计划系统制定的计划与车间执行的计划的差别将会越来越大。

　　随着智能制造的发展，生产计划系统与制造执行系统之间的融合将会对生产计划系统形成闭合管理起到重要作用。生产计划系统将 ERP（企业资源计划）系统的客户订单与市场预测得到的生产任务经过主生产计划、粗能力计划、物料需求计划、细能力计划以及车间作业计划一系列的计算，形成针对车间的加工单与派工单。MES（制造企业生产过程执行管理系统）系统接收生产计划系统下发车间的加工单与派工单，并且按照生产计划系统制定的计划进行生产。MES 系统在接收到生产计划系统的生产计划后，记录每个生产任务的开始生产时间、结束生产时间、生产量、生产过程信息以及质量信息等，并且将计划进度信息反馈给生产计划系统，帮助生产计划系统实现闭环管理。在任务到计划到生产执行过程中，ERP、生产计划系统以及 MES 的关系如图 14-12 所示。

　　生产计划的控制内容主要包括物料采购、制造过程管理、产量追踪、设备管理、质量检验、在库管理、出货管理、生产计划变更调整。生产计划的控制需要多个部门密切配合才能顺利进行，相关的部门包括市场部、项目部、工程部、质量管理部、采购部、仓库管理部、制造部、财务部以及会计部等。各个部门在生产计划控制中发挥的作用如下：

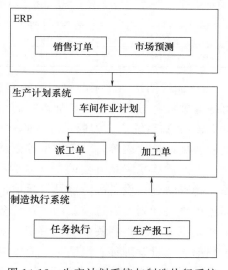

图 14-12　生产计划系统与制造执行系统

　　① 市场部。对市场进行预测，提供需要生产的产品的信息，包括产品种类、质量要求、需求量以及需求时间。

　　② 项目部。确保产品设计与开发的进度，提供准确的技术资料。

　　③ 工程部。确保生产工艺与作业标准完整性与准确性，确保设备的正常运行，确保工装夹具安装正确。

　　④ 质量管理部。提供完整的检验规范与标准，确保试验、检验设备与仪器的正常运行，安排相应的质量检验与控制计划，确保生产出的产品的质量得到保证。

　　⑤ 采购部。制定相应的物料采购计划，确保生产计划所需物料按时到货。

　　⑥ 仓库管理部。提供生产出来的产品所需的库存位置，提供物料的库存状况，确保物

料及时配送到车间。

⑦ 制造部。统计生产过程数据，控制现场车间作业，保证生产的顺利进行，记录生产计划的执行进度情况。制造执行系统可有助于实现生产过程管理中的信息化及智能化，对于生产计划执行与控制具有重要的作用。

⑧ 财务部。提供生产所需的资金，对生产决策提供资金预算，提供生产经营分析的情报。

⑨ 会计部。提供生产成本的相关情报，为生产计划决策提供所需的相关成本信息。

生产计划进度管理是生产计划执行与控制中关键的内容，常用的进度控制方法包括看板管理、报表法、曲线图以及电脑系统等。

① 看板管理。把看板作为取货指令、运输指令和生产指令，用以控制生产和微调计划，看板管理强调在必要的时间，按必要的数量，生产必要的产品，最大限度地运用资金。看板是实施准时化生产的主要管理手段，看板管理是准时化生产成功的重要保证，看板也仅仅是实现准时化生产的工具之一。

② 报表法。采用表格的形式统计每个订单在一段时间内的生产量，典型的格式如表 14-31 所示。

表 14-31　　　　　　　　　　　典型的生产计划进度控制表

订单号	客户	产品名称	产品编码	订单量	进度							
					一	二	三	四	五	六	日	累计
D01	KH1	A	P01	100	10	15	20	—	—	—	—	45
D02	KH2	B	P02	200	20	25	30	—	—	—	—	75

③ 曲线图法。将采购方面的物料进度、生产上的进度、出货的进度等可绘制曲线图，可随时掌握各方面的进度，加以控制。

④ 电脑系统法。则通过专业的软件能自动生产各类进度控制的表格和图表，如采购进度表、生产进度表等，对于进度控制就更为方便。

生产过程是瞬息万变的，计划的执行过程难以避免会遇到导致计划变更的因素，如插单、物料缺乏、设备故障以及订单取消等。当计划不可避免地需要更改时，遵循计划变更控制流程更改计划，以适应新的生产任务。变更流程的内容应包括变更的提出、变更的批准、下发变更通知单、相关部门调整工作安排。相关的部门包括生产计划部、市场部、项目部、工程部、质量管理部、采购部、仓库管理部、制造部。各部门需要调整以下的工作安排：

① 生产计划部。指重新计算主生产计划，进行粗能力平衡计算，重新计算物料需求计划以及细能力计划，修改车间作业计划以及生产进度。协调各部门的工作。更改计划的方法主要有全重排法和净改变法。全重排法是把主生产计划完全推翻重新制订。其优点是：全部计划理顺一遍，避免差错。缺点是耗时较长。净改变法是只对订单中有变动的部分进行局部修改，优点是速度快，但难以达到最优的安排。

② 市场部。根据生产计划部门提供的交期回复，修改出货计划或者销售计划。确认变更的计划是否满足各交期的要求，处理因此而产生的需与客户沟通的事宜，处理出货安排的各项事务。

③ 项目部。确保计划变更后的产品设计开发进度能满足生产要求，确保技术资料的完整性与及时性。

④ 工程部。确保计划变更后的生产工艺与作业标准更新的及时性与完整性，确认设备是否满足生产，确认工装夹具情况，确认技术变更情况。

⑤ 质量管理部。针对变更的计划，提供完整的检验规范与标准，确保试验、检验设备与仪器的正常运行，安排相应的质量检验与控制计划。

⑥ 采购部。制定相应的物料采购计划，确保物料的到货时间，处理计划变更后的物料处理事宜。

⑦ 仓库管理部。确保新计划所生产的产品所需的库存位置，确认物料的库存状况，负责因计划变更的现场物料的接收、保管及清退事宜。物料及时配送到车间保证新计划的物料需求。

⑧ 制造部。处理计划变更前后物料的盘点、清退等处理事宜。根据新的生产计划调整生产安排。确保人员以及设备能满足新的生产计划，保证新计划的顺利执行。

生产计划的变更对企业的经营管理来讲是个大问题，所以必须明确生产计划变更时各部门的职责，规定其权利和义务，减少计划的频繁变更。当生产计划不可避免地需要变更时，必须严格按照生产计划变更流程变更生产计划。

七、采 购 计 划

在生产型企业中，采购作为物料产生的起点，包含了从供应商到企业之间的物料、技术、信息、服务活动的全流程。采购计划是指企业管理人员在了解市场供求情况，认识企业生产经营活动过程和掌握物料消耗规律的基础上对计划期内物料采购管理活动所做的预见性的安排和部署。采购计划涉及需要考虑的事项包括是否采购、怎样采购、采购什么、采购多少以及何时采购。物料需求计划是采购计划的主要数据来源，采购部门根据物料需求计划制定采购计划，制定的采购计划须经过高层管理人员进行审批，审批通过的采购计划才能执行，否则需要重新制定。制定的采购计划应该达到以下五个目的：

① 预计物料需求的时间与数量，防止供应中断，影响产销活动；

② 避免物料储存过多、积压资金以及占用堆积的空间；

③ 配合企业生产计划与资金调度；

④ 使采购部门事先准备，选择有利时机购入物料；

⑤ 确定物料耗用标准，以便管制物料采购数量及成本。

采购方法是采购计划的核心内容之一，对于相同的物料需求计划，采用不同的采购方法对生产计划、库存管理、成本等的影响存在较大的差异。采购的方法主要包括定量订货法和定期订货法。

1. 定量订货法

定量订货法是指当库存下降到最低库存量（订货点）时，按照规定的订货量进行订货补充的一种库存控制方法。定量订货法的订货点与订货量都是事先确定的，并且是固定不变的。定量订货法的原理图如图 14-13 所示，其中，Q_k 为订货点，Q_s 为安全库存，R 为物料需求速率，L 为订货提前期，Q 为订货批量。定量订货法的两个关键参数分别为订货点与订货批量。订货点等于需求速率与订货提前期的乘积再加上安全库存量，其公式为：

$$Q_k = Q_s + R \times L \tag{14-1}$$

订货批量的确定主要采用的是经济订货批量法，经济订货批量法的主要思路是确定最优的订货批量与订货周期，使得总成本最小化，总成本包括库存成本与订货成本。

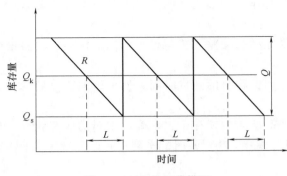

图 14-13　定量订货模型

定量订购法的优点：

① 订购点与订购批量一旦确定，定量订购法的实施将会变得很简单。

② 当订货量一定时，物料的收货、验收以及保管等工作可采用标准化的方法，可降低工作量，提高工作效率。

③ 定量订货法充分发挥了经济批量订货法的优势，可使生产切换成本与库存成本最小化。

定量订货法的缺点主要有：

① 盘点的实时性要求高，耗费大量的人力物力在库存的盘点上。

② 订货模式灵活性差，订货时间不能事先确定，对于人力、资金、工作等的安排难以做出事前精确的安排。

③ 不能适用于所有的物料采购。

2. 定期订货法

定期订货法是按照事先确定的订货时间间隔，进行库存补充的库存控制策略。其思路是以一定的时间间隔盘查库存，当盘查的库存水平与目标的库存水平存在差额时，以差额为订货量进行库存补充，每次订货都将库存补充到最高库存量。定期订货法避免了定量订货法频繁盘查库存、灵活性差的缺点，其原理图如图 14-14 所示。其中，Q_m 为目标库存水平，Q_s 为安全库存，R 为需求速率，Q_k 为订货点，L 为订货提前期，T 为订货周期。与定量订货法不同，定期订货法的订货点 Q_k 是变化的，而订货周期 T 是固定的。定期订货法的两个主要关键参数是订货周期 T 与目标库存水平 Q_m。其

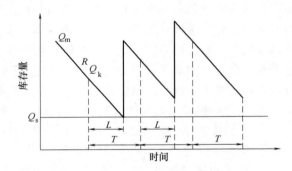

图 14-14　定期订货模型

中，订货周期 T 可以根据自然日历习惯，如以月、季、年而定，也可以采用经济订货批量法确定，通过计算最优的库存成本与订货成本，确定最优的订货周期。目标库存水平 Q_m 取决于订货周期、订货提前期以及需求速率。Q_m 的计算步骤如下：

步骤一，计算订货提前期与订货周期内消耗量 Q_1；

步骤二，将 Q_1 加上现在库存量，最终得到 Q_m。当计算得到 Q_1 后，即可计算出订货量，订货量等于 Q_1 加上安全库存量再减去现有库存量、已订未到量以及已分配量。

定期订货法的优点主要有：

① 可以一起出货，减少订货费用。

② 周期盘点比较彻底、精确，减少了工作量，仓储效率得到提高。

③ 库存管理的计划性强，对于仓储计划的安排十分有利。

定期订货法的缺点主要有：

① 安全库存量不能设置太少。需求偏差也较大，因此需要设置较大的安全库存来保证

需求。

② 每次订货的批量不一致，无法制定合理经济订货批量，因此营运成本降不下来，经济性差。

③ 只适合于物品分类中重点物品的库存控制。

定量订货法与定期订货法的区别主要包括以下四点：

① 提出订购请求时点标准不同。定量订购库存控制法提出订购请求的时点标准是，当库存量下降到预定的订货点时，即提出订购请求；而定期订货法定期订购库存控制法提出订购请求的时点标准则是，按预先规定的订货间隔周期，到了该订货的时点即提出请求订购。

② 请求订购的商品批量不同。定量订购库存控制法每次请购商品的批量相同，都是事先确定的经济批量；而定期订购库存控制法每到规定的请求订购期，订购的商品批量都不相同，可根据库存的实际情况计算后确定。

③ 库存商品管理控制的程度不同。定量订购库存控制法要求仓库作业人员对库存商品进行严格的控制精心地管理，经常检查、详细记录、认真盘点；而用定期订购库存控制法时，对库存商品只要求进行一般的管理，简单的记录，不需要经常检查和盘点。

④ 适用的商品范围不同。定量订购库存控制法适用于品种数量少，平均占用资金大的、需重点管理的 A 类商品；而定期订购库存控制法适用于品种数量大、平均占用资金少的、只需一般管理的 B 类、C 类商品。

八、基础数据及数据接口

生产计划系统的顺利运行需要大量的基础数据支撑，以保证生产计划系统的运行以及计划的准确性。基础数据的准确性是决定生产计划系统性能的关键因素。基础数据主要包括工艺路径、工厂日历、物料定义、物料清单、工作中心、工序定义、产品工艺、人员信息、班组信息等。大量的基础数据一部分来自生产计划系统自身，一部分来源于企业的其他信息系统，这部分的基础数据主要来源于 ERP（企业资源计划）系统、MES（制造企业生产过程执行管理系统）系统、WMS（仓储管理系统）系统、CRM（客户关系管理系统）系统以及 SCM（供应链管理系统）系统等。如何集成外部信息系统的数据到生产计划系统，对于生产计划系统的性能具有重要的影响。各系统之间的数据集成可以存在多种方式，如采用 DB Link 的方式或者 Web Service 的方式，抑或是采用外挂应用程序的方式。

1. Web Service

Web Service 是一个平台独立的、低耦合的、自包含的、基于可编程的 web 的应用程序，可使用开放的 XML（可扩展标记语言）标准来描述、发布、发现、协调和配置这些应用程序，用于开发分布式的互操作的应用程序。Web Service 能使得运行在不同机器上的不同应用无须借助附加的、专门的第三方软件或硬件，就可相互交换数据或集成。依据 Web Service 规范实施的应用之间，无论它们所使用的语言、台或内部协议是什么，都可以相互交换数据。因此，Web Service 是生产计划系统与其他信息系统的接口的有效实现方式。

2. DB Link

DB Link 是数据库与数据库的连接方式，该种方式直接操作数据库，实现方式简单，但存在安全性差的问题。外挂应用程序则采用独立的应用程序实现生产计划系统与其他信息系统的数据交互，该种方法灵活性高，但可靠性较差。

根据基础数据的类型以及生产计划系统的要求，基础数据的精度、更新频率等的要求不一致。因此，导致生产计划系统与不同的信息系统的数据交互的方式存在较大差异。在生产计划系统与 ERP 系统的数据交互中，大量的交互数据都是以静态的方式进行，也就是数据一次性同步，同步后数据很少再重新更新。这些数据主要是一些固定的基础数据，如产品的资料数据、生产工艺数据以及 BOM 数据等。而生产计划系统与 MES 的数据交互大多采用动态的方式进行。MES 系统采集的数据是工厂现场的实时数据，MES 系统可以实时动态更新数据，经过不断的迭代更新，使生产计划系统的基础数据越来越准确。此外，生产计划系统的计划数据可以实时发送给 MES 系统，帮助 MES 更好的管理生产过程。同时 MES 系统的报工数据也是可以实时的反馈到生产计划系统，帮助生产计划系统实现实时的任务进度管理，提高交货期答复的实时性。不同系统之间的集成方式不同会影响系统的性能，因此，生产计划系统应充分考虑不同系统之间的集成方式。生产计划系统与其他系统的详细接口如表14-32 所示。

表 14-32　　　　　　　　生产计划系统与其他系统的接口

序号	名称	提供方	接收方	说明
1	BOM	ERP	生产计划系统	物料清单
2	产品资料	ERP	生产计划系统	产品资料
3	库存数据	WMS	生产计划系统	库存数据，包括成品、辅料等仓库数据
4	设备数据	MES	生产计划系统	设备的维修数据、设备的运行数据
5	线边仓数据	MES	生产计划系统	车间的线边仓数据，主要是辅料的数据
6	生产过程数据	MES	生产计划系统	生产过程的数据，如生产切换时间、能耗、生产成本等
7	报工数据	MES	生产计划系统	生产完工数据
8	批号	ERP	生产计划系统	ERP 生产的生产批号
9	物料采购计划	生产计划系统	ERP	物料的采购计划，审批在 ERP 完成
10	交期回复	生产计划系统	ERP	回复每个订单的交期时间给 ERP 系统
11	生产工艺	ERP	生产计划系统	产品的生产工艺数据
12	生产计划	生产计划系统	MES	下达到车间的生产计划
13	辅料消耗数据	MES	生产计划系统	MES 统计的辅料消耗数据对接到 APS 系统
14	产品质量数据	MES	生产计划系统	每个订单产品的质量数据对接到 APS 系统

思　考　题

1. 生产计划中，客户要求的三要素是什么，生产的三要素是什么？生产计划按照不同的层次可分为哪几个？
2. 生产计划系统主要功能模块有哪些？它们的主要功能是什么？

参　考　文　献

[1]　陈伟达，刘碧玉. 再制造系统生产计划与调度模型构建与算法设计：基于综合集成优化视角［M］. 北京：科学出版社，2016.
[2]　Lee H L, Rosenblatt M J. Simultaneous Determination of Production Cycle and Inspection Schedules in a Production

System [J]. Management Science，1987，33（9）：1125-1136.

[3]　闪四清. ERP 系统原理和实施 [M]. 北京：清华大学出版社，2012.

[4]　刘磊. 柔性制造系统原理与实践 [M]. 北京：机械工业出版社，2001.

[5]　王万良，吴启迪. 生产调度智能算法及其应用 [M]. 北京：科学出版社，2007.

[6]　王凌. 车间调度及其遗传算法 [M]. 北京：清华大学出版社，2003.

第十五章 智能制造概述

本书前述章节介绍了生产过程自动控制的基本原理、控制装置、控制系统及其在轻化工业中的应用。20世纪中叶开始，自动化技术和计算机技术的结合并广泛应用于制造业，不仅使制造业生产过程实现了自动化，显著提高了产品质量和生产效率，而且使制造企业的资源计划和制造过程管理的效率显著提高，实现了制造业全厂综合自动化。全厂综合自动化技术成为第三次工业革命中提高企业竞争力的核心技术。

进入新世纪以来，随着制造业生产过程复杂性的提高和不确定性的增加，传统的制造业自动化技术的发展遇到了前所未有的挑战和机遇。挑战出自传统的以数学模型驱动的自动化技术以难于满足生产发展的需求，成为传统的自动化技术发展的瓶颈。机遇在于进入新世纪后，互联网、超级计算、大数据、云计算等新一代信息技术形成了群体性的跨越发展，新一代人工智能技术取得了战略性突破。新一代信息技术和人工智能技术与传统自动化技术的融合，将产生以人工智能模型驱动的自动化技术，新一代信息技术和以人工智能模型驱动的自动化技术与先进制造技术的深度融合，形成了智能制造技术，是新一轮工业革命（称为第四次工业革命）的核心技术。

本章以普识为目的，介绍为什么要发展智能制造、什么是智能制造、如何发展智能制造等相关内容。

第一节 制造业智能化转型

一、制造业从自动化向智能化转型

（一）传统自动化技术发展的瓶颈

以制造过程自动化为标志的第三次工业革命的推动，制造业中生产过程、生产管理和经营管理的常规、可预测、可编程的任务都可用自动化技术去完成，极大地提高了生产效率。但是，伴随着工业生产装备与技术的更新换代和市场需求的快速升级，制造企业面临的问题越来越复杂，对制造业自动化技术发展规律的认识和把握的要求也越来越高，需要不断深化对复杂系统和资源优化配置等不确定性的理解，需要研发解决各种不确定问题的新技术。

当前，制造业全厂综合自动化技术的发展遇到了如下两个方面瓶颈：

第一，生产过程自动控制技术方面。迄今，生产过程自动控制技术的目标主要集中在保证闭环控制回路稳定的条件下，使被控变量尽可能地跟踪控制系统的设定值，以稳定生产过程和产品质量。由于自动化技术的本质是数学模型驱动的控制技术，因此控制系统作用的优劣决定于对过程数学模型的理解与建立。从现代工业工程的角度看，自动控制的作用不仅仅是使控制系统的控制值（输出）很好地跟踪设定值使生产过程稳定，而且要控制整个生产过程运行实现运行优化，使反映产品生产过程质量和效率的运行指标尽可能高，反映原料和能源消耗的运行指标尽可能低。工业生产过程的这种运行优化需求，使实时优化和模型预测控制系统得到了应用。但是，当前实时优化控制和模型预测控制只能应用于可以建立过程数学模型的工业生产过程中。对于大多数难以准确地建立数学模型的工业过程则难以实现过程运行的优化需求。因此，生产过程数学建模技术和智能运行优化控制技术的研发成为自动化技术发展的瓶颈而受到广泛关注。

第二，企业管理自动化技术方面。基于大规模的工业生产迫切需要，自动化技术从 20 世纪 60 年代开始应用于企业管理，使企业的管理高效化。迄今，企业资源计划（Enterprise Resource Planning，ERP），供应链管理（Supply Chain Management，SCM）等企业层管理系统与技术已广泛应用。与此同时，车间层应用的专业化制造管理系统也发展为集成的制造执行系统（Manufacturing Execution System，MES）。ERP 和 MES 广泛应用于生产企业，显著提高了企业的竞争力。但是，ERP 和 MES 系统技术对复杂制造全流程中的工况识别、运行控制和决策，仍然要依靠人（知识工作者），还需要知识工作者根据生产数据、文本、图像等信息和经验进行工况识别、运行控制和决策，难以实现制造业工业产品个性定制的高效化和流程工业生产高效化与绿色化的需求。企业管理自动化技术发展的瓶颈，同样在于反映生产过程工况识别、全厂运行控制和决策的数学模型难以建立。

（二）发展人工智能驱动的自动化技术

出现传统制造业生产过程自动化技术和企业管理自动化技术的发展瓶颈，关键在于传统自动化技术是基于数学模型驱动的。因此，寻找解决传统自动化技术发展瓶颈的方法，关键也在于寻找制造业生产和管理过程有效的、新的数学模型建立技术和方法。

进入新世纪来，以大数据驱动的人工智能技术取得了革命性进步，智能制造技术的研发与智能工厂建设的热潮席卷全球，制造业面临向智能化转型。流程生产企业需要实现工艺技术、设备技术、操作技术、自动化技术与信息技术和人工智能技术的融合创新，需要以工业大数据分析为核心的全生命周期服务，需要以工业互联和人工智能为核心的产业协同模式。在新一轮的技术变革和工业变革中，数学模型驱动的自动化技术将难以适应发展的需要，必须与大数据驱动的人工智能技术相结合。因此，生产过程自动化技术将从数学模型驱动生产装备和过程自动化的传统发展思路向大数据驱动的数据流动自动化与智能化方向转型，进而产生人工智能驱动的自动化技术。大数据、移动互联网、云计算等为人工智能驱动的自动化开辟了新途径。人工智能驱动的自动控制技术向智能自主控制系统的方向发展，管理与决策系统将向智能优化决策系统和智能化决策与控制一体化系统方向发展。人工智能驱动的自动化将在智能制造中将继续发挥重要的作用。

研发面向制造业的智能自主控制系统的愿景功能包括：a. 智能感知生产条件变化；b. 自适应决策控制回路设定值，使回路控制层的输出很好地跟踪设定值；c. 对运行状况和控制系统的性能进行远程移动与可视化监控并实现自优化控制；d. 使生产制造系统安全、可靠、优化与绿色运行。

研发面向制造业的智能优化决策系统和智能优化决策与控制一体化系统的主要愿景功能是制造全流程智能协同优化控制系统和智能优化决策系统。智能协同优化控制系统的愿景功能包括：a. 智能感知运行工况的变化；b. 以综合生产指标的优化为目标，自适应决策智能自主控制系统的最佳运行指标；c. 优化协同生产制造全流程中的各工业过程（装备）的智能自主控制系统；d. 实时远程、移动监控和预测异常工况，自优化控制，排除异常工况，使系统安全优化运行，实现制造流程全局优化。

智能优化决策系统的愿景功能包括：a. 实时感知市场信息、生产条件和制造流程运行工况；b. 以企业高效化和绿色化为目标，实现企业目标、计划调度、运行指标、生产指令与控制指令一体化优化决策；c. 远程与移动可视化监控决策过程动态性能，自学习与自优化决策，人与智能优化决策系统协同，使决策者在动态变化环境下精准优化决策。

简而言之，制造业从自动化向智能化发展和转型，自动化技术从以数学模型驱动向以人工智能驱动的自动化技术转型是第四次工业革命的核心推动力。

二、制造业智能化转型的标志

（一）制造业智能化转型的驱动力

新一轮科技革命引起的制造业智能化转型的驱动力主要体现在四个方面：

① 新的信息技术飞速发展。过去 10 多年来，移动互联、云计算、大数据、物联网等新的信息技术几乎同时实现了群体性突破，呈现出指数级增长态势。

② 数字化、网络化已普及应用。数字化和网络化应用的范围已经无所不及，使信息服务进入了普惠和网络时代。

③ 出现了技术融合和系统集成式的创新模式。很多新技术新产品可能并不是最新的创造，各种技术的组合集成就能形成一种创新。未来最大的机会来自于新兴技术和现有技术之间的相互作用和融合，系统决定成败，集成者得天下，这是成就新一轮工业革命的第三大驱动力。

④ 新一代人工智能技术的突破。近年来，人工智能在世界范围内高速发展，不仅有了量的大发展，更有质的根本性飞跃。人工智能及其学习能力和执行任务的复杂度正以指数级增长。在人工智能引领下的智能制造是新一轮工业革命的核心技术。

（二）制造业智能化转型的标志

虽然不同学者和国家对制造业智能化转型的内涵、特征与发展路途有不同的表述，但都共同认为工业生产智能化（智能制造）是新一轮的工业革命的标志和核心内涵。

1. 德国"工业 4.0"

2012 年德国政府发布了"工业 4.0（Industry4.0）"国家战略规划。所谓的 4.0 目标与从前的不同，并不是单单创造新的工业技术，而是着重于将现有的与工业相关的技术、销售与产品体验统合起来，通过工业人工智能的技术创建具有适应性、资源效率和人因工程学的智能工厂，并在商业流程及价值流程中集成客户以及商业伙伴，提供完善的售后服务。

德国"工业 4.0"的战略要点，可归纳为四点：

① 建设一个网络空间虚拟系统 CPS（Cyber Physical System，信息物理系统）；

② 研究两大主题：智能工厂（Smart Factory）和智能生产（Smart Production）；

③ 实现三项集成：实现企业的横向集成、纵向集成与端对端的集成，实现人、设备与产品的实时连通、相互识别和有效交流；

④ 实施八项计划：标准化和参考（示范）架构、复杂系统的管理、一套综合的工业基础宽带设施、安全和安保、工作的组织和设计、培训和持续性的职业发展、法规制度、资源效率。目标是构建一个高度灵活的个性化和数字化的智能制造模式。

由德国政府和以西门子公司为代表的一批大型企业积扱推动的"工业 4.0"，其特征与标志是以智能制造为主导，制造业为主线，充分利用新一代网络技术和网络空间虚拟系统（信息物理系统）相结合的手段，通过人、设备与产品的实时连通、相互识别和有效交流，构建智能工厂和智能生产，实现高度灵活的个性化和数字化的工业智能生产模式，其目的是提高德国工业的竞争力，在新一轮工业革命中占领先机。

2. 美国"工业互联网"

面对新一轮工业革命的来临，2012 年美国政府提出"先进制造伙伴计划（AMP）"、"先进制造业国家战略计划"，又称为"再工业化"和"制造业复兴"战略。其目的是把美国的技术优势与产业优势重新配对，巩固和加强美国的创新能力，发展新兴产业，争夺未来产业竞争制高点。数字制造、宽带网络、大数据等先进制造技术领域成为美国制造业复兴的重点。美国 2013 年发布的《国家制造业创新网络初步设计》提出了智能制造的框架和方法，以提高生产效率，优化供应链，并提高能源、水和材料的使用效率。

美国通用电气（GE）公司于 2012 年最早提出"工业互联网"的概念，随后美国五家IT 龙头企业（GE、IBM、思科、英特尔和 AT&T）联手组建了"工业互联网联盟（Industrial Internet Consortium，ⅡC）"，大力推广这一概念。因此，"工业互联网"成为美国版第四次工业革命的代名词。"工业互联网"的含义是在工业领域实现数据流、硬件、软件的智能交互，实现系统、设备和资产运营的优化，希望借助网络和数据的力量提升整个工业的价值创造能力。

制造业发达的德国提出的"工业 4.0"强调实体制造业（"硬"制造业）为主线去实现智能化，而软件和互联网经济发达的美国则更侧重于在"软"服务方面去推动新一轮工业革命，希望以互联网为主线激活制造业，实现智能化，保持制造业的长期竞争力。

3. "中国制造 2025"

2015 年 5 月我国政府不失时机地发布了《中国制造 2025》规划，根据我国是制造大国的特点，推出了具有本国特色的"中国制造 2025"。根据这个规划，我国向制造业强国进程分三个阶段：第一阶段，至 2025 年中国制造业数字化、网络化、智能化取得明显进展，可进入世界第二方阵，迈入制造强国行列；第二阶段，至 2035 年中国制造业将位居第二方阵前列，成为名副其实的制造强国；第三阶段，至 2045 年中国制造业可望进入第一方阵，成为具有全球引领影响力的制造强国。

"中国制造 2025"的战略要点可归纳为四点：

① 一条主线。顺应"互联网＋"的发展趋势，以信息化与工业化深度融合为主线。加快推动新一代信息技术与制造技术融合发展，把智能制造作为两化深度融合的主攻方向，着力发展智能装备和智能产品，推进生产过程智能化，全面提升企业研发、生产、管理和服务的智能化水平。

② 两个制造。智能制造和绿色制造。完成从制造业大国向制造业强国的转变，智能制造是主攻方向。同时，推行绿色制造技术，生产出保护环境、提高资源效率的绿色产品。

③ 四个战略对策。创新驱动、质量为先、绿色发展、结构优化。

④ 重点发展十大领域。促进生产性服务业与制造业融合发展。制定"中国制造 2025"规划，以信息化与工业化深度融合为主线，引入"互联网＋"作为重要发展思路，是我国迎接第四次工业革命的行动纲领。因此，有人把《中国制造 2025》称为中国版的"工业 4.0"。

我国积极推进实施的"互联网＋"是有特定含义的专有名词。"互联网＋"的核心含义是用新一代信息技术与制造业深度融合作为发展思路和技术手段。实施"互联网＋"行动计划的目的是促进以物联网、大数据、数据挖掘、云计算为代表的新一代信息技术与现代制造业、生产性服务业的融合创新，发展壮大新兴业态，打造新的产业增长点，为大众创业、万众创新提供环境，为产业智能化提供支撑，增强新的经济发展动力，促进国民经济提质增效升级。

三、智能制造的范式与内涵

（一）智能制造的概念与范式

广义而论，智能制造是一个大概念，是一个不断演进的大系统，是通过新一代信息技术与先进制造技术深度融合，贯穿于产品设计、制造、服务全生命周期各个环节及相应系统的优化集成技术，实现制造全过程的数字化、网络化、智能化，进而不断提升企业的产品质量、效益、服务水平，推动制造业创新、绿色、协调、开放、共享发展。

面对智能制造不断涌现出的新技术、新理念、新模式，智能制造在实践演化中形成了不同的范式。智能制造作为制造业和信息技术深度融合的产物，其诞生和演变是和信息化发展相伴而生的。相对应于信息化技术发展的三个阶段，智能制造在演进发展中，可归纳和提升出三种智能制造的基本范式，如图 15-1 所示。

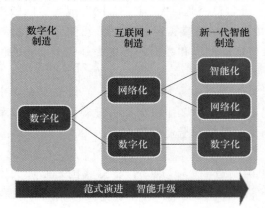

图 15-1 智能制造的三种基本范式

第一种智能制造范式称为数字化制造（智能制造 1.0）。从 20 世纪中叶到 90 年代中期，以计算、感知、通信和控制为主要特征的信息化催生了数字化（自动化）制造。

第二种智能制造范式称为数字化网络化制造（智能制造 1.5）。从 20 世纪 90 年代中期开始，以互联网大规模普及应用为主要特征的信息化催生了数字化网络化制造，实质上是"互联网＋数字化制造"，又称为"互联网＋制造"。

第三种智能制造范式称为数字化网络化智能化制造，又称为"新一代智能制造"（智能制造 2.0）。进入新世纪后，工业互联网、大数据及人工智能实现群体突破和融合应用，以新一代人工智能技术为主要特征的信息化开创了制造业数字化网络化智能化制造的新阶段，是真正意义上的智能制造，将从根本上引领和推进新一轮工业革命。

智能制造的三个基本范式体现了智能制造发展的内在规律。三个基本范式各有自身阶段的特点和需要重点解决的问题，体现着先进信息技术与制造技术融合发展的阶段性特征。同时，三个基本范式在技术上相互交织、迭代升级，体现着智能制造发展的融合性特征。

（二）智能制造的基本要素

实现企业智能化应具有三个基本的要素：

① 具有灵敏准确地感知能力；

② 具有正确的思维判断能力；

③ 具有行之有效的执行方法。

也就是说，智能企业必须具备三个基本功能：一是能实时自动、灵敏准确地感知（测量）生产过程的各种变量和参数并使之变为数据信息；二是能根据相关数据信息自动思维判断并给出处理方案发送至相关执行部门；三是能按照上述处理方案自动完成执行任务。在实施上述三种智能化功能过程中，信息化是必不可少的，如图 15-2 所示。信息化是为实现智能化目的和集成各种技术的重要技术手段，因此智能企业也可以说是以信息化为主导的一种制造和服务模式。

（三）智能制造的基本内容

要实现企业智能化的目标，智能企业应包含如图 15-3 所示的四方面内容和条件：

① 设备智能化。具有感知、接受、自律和智能的生产设备。

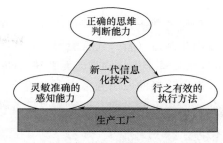

图 15-2　智能制造的三个基本要素

② 生产智能化。信息化与生产深度融合，实现生产操作、生产管理、管理决策三个层面全部业务流程闭环优化管理。

③ 能源管理智能化。实时感知、监测、预警和控制用能，实时优化能源效益。

④ 供应链管理智能化。构建网络式供应链，对由供应商、制造商、分销商及最终顾客构成的供应链系统中的物流、资金流、信息流进行计划协调、控制和优化，以降低物流成本，缩短制造周期。

上述四个内容中，设备智能化、生产智能化和能源管理智能化是组成智能工厂的主要内容。在智能工厂的基础上增加供应链管理智能化则是智能企业的主要内容。上述四个内容的运作信息，通过互联网互联互通，实现全企业的工厂生产（制造）和服务（经营）的智能化。实现了制造和经营智能化的企业称为智能企业。

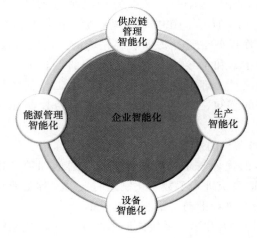

图 15-3　企业智能化的内容

综上所述，智能制造是以新一代信息化技术为主导，实现工厂生产操作、生产管理、管理决策三个层面全部业务流程的闭环管理，继而实现企业全部业务流程上下一体化和业务运作决策执行的优化和智能化。尽管智能制造的内涵在不断演进，但其所追求的根本目标是不变的：尽可能优化过程，以提高质量、增加效率、降低成本、增强企业竞争力。

第二节　智能制造的基本原理

从系统构成的角度看，智能制造系统是由人、信息系统和物理系统协同集成的人—信息—物理系统（Human-Cyber-Physical Systems，HCPS）。因此，智能制造的基本原理与技术体系的实质是集成最新技术去设计、构建和应用各种不同用途、不同层次的人—信息—物理系统 HCPS。随着技术的进步，HCPS 的内涵和技术体系也在不断演进和提高。

中国工程院院士周济等在 *Engineering*（2019.7）期刊上发表了题为《面向新一代智能制造的人—信息—物理系统（HCPS）》的论文，从人—信息—物理系统（HCPS）视角分析了智能制造系统的进化历程与趋势，HCPS 的基本原理与特征。周济院士的上文及多篇相关论著是本节和下节内容和插图的主要参考文献。

一、智能制造的进化

从传统制造到智能制造可分为传统制造、数字化制造、数字化网络化制造、数字化网络化智能化制造（新一代智能制造）四个进化过程：

（一）基于人—物理二元系统（HPS）的传统制造

以蒸汽机的发明为标志引发的第一次工业革命，以电机的发明为标志引发的第二次工业革命，人类不断发明、创造与改进各种动力机器并使用它们来制造各种工业品，这种由人和机器所组成的制造系统大量替代了人的体力劳动，大大提高了制造的质量和效率，社会生产力得以极大提高。这些制造系统都是由人和物理系统（如机器设备）两大部分所组成，称为人—物理系统（Human-Physical Systems，HPS），又称为传统制造系统，如图15-4所示。其中，物理系统（P）是主体，工作任务是通过物理系统完成的；而人（H）是主宰和主导。人是物理系统的创造者，同时又是物理系统的使用者，完成工作任务所需的感知、学习认识、分析决策与控制操作等均由人来完成。

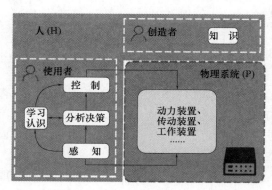

图 15-4　基于人—物理系统（HPS）的传统制造

（二）基于人—信息—物理三元系统（HCPS-1.0）的数字化制造

20世纪中叶以后，随着制造业对于技术进步的强烈需求，以及计算机、通信和数字控制等信息化和自动化技术的发明和广泛应用，制造系统进入了数字化制造时代（又称工业自动化时代），以数字化、自动化为标志的信息革命引领和推动了第三次工业革命。

与传统制造相比，数字化制造最本质的变化是在人和物理系统之间增加了一个信息系统（Cyber System，C），从原来的"人—物理"二元系统（HPS）发展成为"人—信息—物理"三元系统（HCPS），如图15-5所示。信息系统（C）由软件和硬件组成，其主要作用是对输入的信息进行各种计算分析，并代替操作者人（H）去控制物理系统（P）。数字化制造可定义为第一代智能制造（HCPS-1.0）。与HPS相比，HCPS-1.0通过集成人、信息系统和物理系统的各自优势，其计算分析、精确控制以及感知

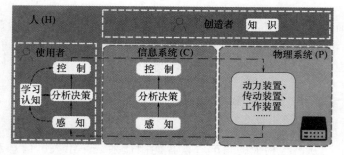

图 15-5　基于人—信息—物理系统（HCPS-1.0）的数字化制造

能力等都得到显著的提高，制造系统的自动化程度、工作效率、质量与稳定性以及解决复杂问题的能力等各方面均得以显著提升，不仅操作人员的体力劳动强度进一步降低，更重要的是，人类的部分脑力劳动也可由信息系统完成，知识的传播利用以及传承效率都得以有效提高。

由于信息系统的引入，制造系统同时增加了人—信息系统（HCS）和信息—物理系统

（CPS）。德国工业界将 CPS 作为"工业 4.0"的核心技术。此外，从"机器"的角度看，信息系统的引入也使机器的内涵发生了本质变化，机器不再是传统的一元系统，而变成了由信息系统与物理系统构成的二元系统，即信息—物理系统。

（三）基于人—信息—物理三元系统（HCPS-1.5）的数字化网络化制造

20 世纪末，互联网技术快速发展并得到广泛普及和应用，推动制造业从数字化制造向数字化网络化制造（Smart Manufacturing）转变。数字化网络化制造本质上是"互联网＋数字化制造"，可定义为"互联网＋制造"，亦可定义为第二代智能制造。数字化网络化制造系统仍然是基于人、信息系统、物理系统三个部分组成的 HCPS，如图 15-6 所示。但这三部分相对于面向数字化制造的 HCPS-1.0 均发生了根本性的变化，因此，面向数字化网络化制造的 HCPS 可定义为 HCPS-1.5。最大的变化在于互联网和云平台成为信息系统的重要组成部分，将信息系统各部分、物理系统各部分以及人连接在一起，

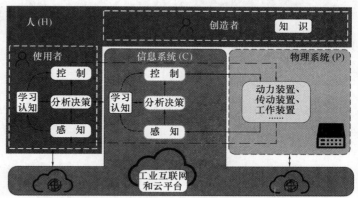

图 15-6　基于人—信息—物理系统（HCPS-1.5）的数字化网络化制造

是系统集成的工具。而且，信息互通与协同集成优化成为信息系统的重要内容。同时，HCPS-1.5 中的人已经延伸成为由网络连接起来的共同进行价值创造的群体，涉及企业内部、供应链、销售服务链和客户，使制造业的产业模式从以产品为中心向以客户为中心转变，产业形态从生产型制造向生产服务型制造转变。

数字化网络化制造的实质是有效解决了"连接"这个重大问题：通过网络将相关的人、流程、数据和事物等连接起来，通过企业内、企业间的协同和各种资源的共享与集成优化，重塑制造业的价值链。

（四）基于人—信息—物理三元系统（HCPS-2.0）的新一代智能制造

21 世纪以来，互联网、云计算、大数据等信息技术飞速发展并迅速地普及应用，形成了群体性跨越。这些历史性的技术进步，集中汇聚在新一代人工智能的战略性突破上。

新一代人工智能技术与先进制造技术的深度融合，形成了新一代智能制造技术，成了新一轮工业革命的核心驱动力。新一代智能制造的突破和广泛应用将重塑制造业的技术体系、生产模式、产业形态，以人工智能为标志的信息革命引领和推动着第四次工业革命。

图 15-7 描述了面向新一代智能制造系统的 HCPS-2.0。HCPS-2.0 中最重要的变化发生在起主导作用的信息系统中增加了基于新一代人工智能技术的学习认知部分，不仅具有更加强大的感知、决策与控制的能力，更具有学习认知、产生知识的能力，即拥有真正意义上的"人工智能"。信息系统中的"知识库"是由人和信息系统自身的学习认知系统共同建立，它不仅包含人输入的各种知识，更重要的是包含着信息系统自身学习得到的知识，尤其是那些人类难以精确描述与处理的知识，知识库可以在使用过程中通过不断学习而不断积累、不断完善、不断优化。这样，人和信息系统的关系发生了根本性的变化，即从"授之以鱼"变成了"授之以渔"。

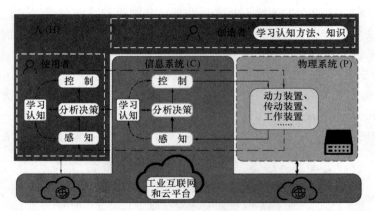

图 15-7　基于人—信息—物理系统（HCPS-2.0）的新一代智能制造

这种面向新一代智能制造的 HCPS-2.0 不仅可使制造知识的产生、利用、传承和积累效率都发生革命性变化，而且可大大提高处理制造系统不确定性、复杂性问题的能力，极大改善制造系统的建模与决策效果。

面向智能制造的 HCPS 随着相关技术的不断进步而不断发展，而且呈现出发展的层次性或阶段性（图15-8），从最早的 HPS 到 HCPS-1.0 再到 HCPS-1.5 和 HCPS-2.0，即从低级到高级、从局部到整体的发展趋势。

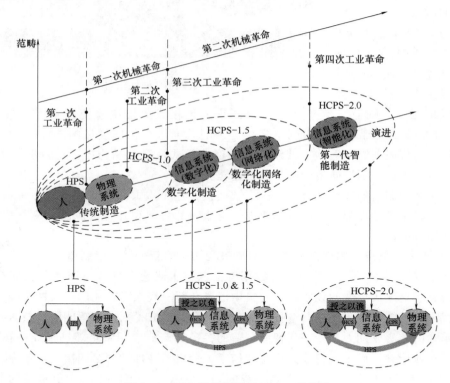

图 15-8　面向智能制造的 HCPS 的演进

二、新一代智能制造技术的特征

如前所述，新一代智能制造（HCPS-2.0）技术可定义为：通过集成先进的感知、计算、通信、控制等信息技术和自动控制技术，构建了物理空间与信息空间中人、机、物、环境、信息等要素相互映射、适时交互、高效协同的复杂系统，实现系统内资源配置和运行的按需响应、快速迭代、动态优化。

信息物理系统是支撑两化深度融合的一套综合技术体系，这套综合技术体系包含硬件、软件、网络、工业云等一系列信息通信和自动控制技术，这些技术的有机组合与应用，构建起一个能够将物实体和环境精准映射到信息空间并进行实时反馈的智能系统，作用于生产制造全过程、全产业链、产品全生命周期，重构制造业范式。

（一）HCPS-2.0 的系统特征

面向新一代智能制造的 HCPS-2.0，需要解决各行各业各种各类产品全生命周期中的研发、生产、销售、服务、管理等所有环节及其系统集成的问题。因此，面向新一代智能制造的 HCPS-2.0 从总体上呈现出三大主要特征：

① HCPS-2.0 具有智能性。智能性是 HCPS-2.0 的最基本特征，系统能不断自主学习与调整以使自身行为始终趋于最优。

② HCPS-2.0 是一个大系统。HCPS-2.0 系统由智能装备、智能生产及智能服务三大功能系统以及智能制造云和工业互联网两大支撑系统集合而成，如图 15-9 所示。其中，智能装备是主体，智能生产是主线，以智能服务为中心的产业模式变革是主题，工业互联网和智能制造云是支撑智能制造的基础。

③ HCPS-2.0 具有大集成特征。面向新一代智能制造大系统可实现企业内部纵向集成，即研发、生产、销售、服务、管理过程等动态智能集成；可实现企业与企业之间横向集成，即基于工业互联网与智能云平台，

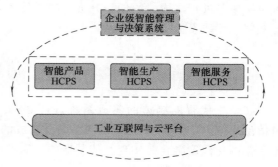

图 15-9　新一代智能制造的系统集成

实现集成、共享、协作和优化；可实现制造业与金融业、上下游产业的深度融合，形成服务型制造业和生产性服务业共同发展的新业态；可实现智能制造与智能城市、智能交通等交融集成，共同形成智能生态大系统——智能社会。

（二）HCPS-2.0 的技术特征

从技术本质看，面向新一代智能制造的 HCPS-2.0 主要是通过新一代人工智能技术赋予信息系统强大的"智能"，从而带来三个重大技术进步：

① HCPS-2.0 信息系统具有解决不确定性和复杂性问题的能力，解决不确定性和复杂问题的方法从过去强调因果关系的数学模型驱动的传统模式向强调关联关系的创新模式转变，向因果关系和关联关系深度融合的模式发展，从以数学模型驱动向以人工智能驱动转型，从根本上提高制造系统建模的能力，有效实现制造系统的优化。

② HCPS-2.0 信息系统具有学习与认知能力，具备了生成知识并更好地运用知识的能力。HCPS-2.0 将显著提升制造知识的产生、利用、传承和积累效率，提升知识作为核心要素的边际生产力。

③ HCPS-2.0 形成人机混合增强智能，使人的智慧与机器智能的各自优势得以发挥并相互启发地增长，释放人类智慧的创新潜能，提升制造业的创新能力。

（三）HCPS-2.0 的共性赋能特征

HCPS-2.0 是有效解决制造业转型升级各种问题的一种新的普适性方案，可广泛应用于离散型制造和流程型制造的产品创新、生产创新、服务创新等制造价值链全过程创新，是提高制造业技术水平的共性赋能技术。面向新一代智能制造的共性赋能技术特征，主要包含以

下两个要点：

① 应用新一代人工智能技术对制造系统"赋能"。应用共性赋能技术对制造技术赋能，二者结合形成集成式创新的制造技术，对各行各业制造系统升级换代具有通用性、普适性。前三次工业革命的共性赋能技术分别是蒸汽机技术、电机技术和数字化（自动化）技术，第四次工业革命的共性赋能技术将是人工智能技术，这些共性赋能技术与制造技术的深度融合，引领和推动制造业革命性转型升级。正因为如此，基于 HCPS-2.0 的智能制造是制造业创新发展的主攻方向，是制造业转型升级的主要路径，成为新的工业革命的核心驱动力。

② 新一代人工智能技术需要与制造领域技术进行深度融合，才能产生与升华制造领域知识，成形新一代智能制造技术。制造是主体，赋能技术是为制造升级服务的，HCPS-2.0 技术只有与制造领域技术深度融合，才能真正发挥作用。对于智能技术领域而言，是先进信息技术在制造业中的推广应用。对于各种各类制造业而言，是应用智能技术作为共性赋能技术对制造业进行集成式的创新升级。制造技术是主体技术，智能技术是赋能技术，两者要融合发展，才能发挥更大作用。

第三节　信息物理系统

在新一代智能制造的集成系统（HCPS2.0）中，人（H）处于统筹协调的中心地位，由信息系统（C）和物理系统（P）综合集成的"信息物理系统（CPS）"则是支撑信息化和工业化两化深度融合、实现智能制造的一套综合技术体系。

一、信息物理系统的本质

信息物理系统（CPS）的本质是数据自动流动的闭环赋能体系。信息物理系统（CPS）构建了一套信息空间与物理空间之间基于数据自动流动的状态感知、实时分析、科学决策、精准执行的闭环赋能体系，解决生产制造、应用服务过程中的复杂性和不确定性问题，提高资源配置效率，实现资源优化。

从技术角度看，信息物理系统（CPS）是一套综合技术体系，包含了硬件、软件、网络、工业云等一系列信息通信和自动控制技术，这些技术的有机组合与应用，构建起一个能够将物理实体和环境精准映射到信息空间并进行实时反馈的智能系统，作用于生产制造全过程、全产业链、产品全生命周期。信息物理系统（CPS）是生产者人（H）用于实现智能制造的一套综合技术体系。

CPS 是由多领域、跨学科不同技术融合发展的结果。如图 15-10 所示，基于硬件、软件、网络、工业云等一系列工业和信息技术构建起的 CPS 系统，其最终目的是实现资源优化配置。实现这一目标的关键是靠数据的自动流动，在流动过程中数据经过不同的环节，在不同的环节以不同的形态（隐性数据、显性数

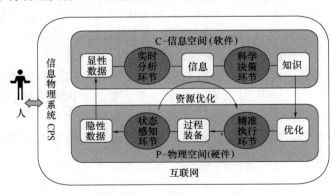

图 15-10　CPS 的本质

据、信息、知识）展示出来，在形态不断变化的过程中逐渐向外部环境释放蕴藏在其背后的价值，为物理空间实体"赋予"实现一定范围内资源优化的"能力"。信息物理系统是自动控制系统、嵌入式系统在云计算、新型传感、通信、智能控制等新一代信息技术的迅速发展与推动下的扩展与延伸。

信息物理系统强调的是信息空间与物理空间之间基于数据自动流动的闭环赋能体系，体系中数据的自动流动经过如下四个环节实现：

① 状态感知环节。获取外界状态的数据。生产制造过程中蕴含着大量的隐性数据，这些数据暗含在实际过程中的方方面面，如物理实体的形态尺寸、生产运行机理、工艺条件、温度、液体流速、浓度、压差等。状态感知环节通过传感器、物联网等一些数据采集技术，将这些蕴含在物理实体背后的数据不断地传递到信息空间，使得数据不断"可见"，变为显性数据。状态感知环节是对数据的初级采集加工，是数据自动流动闭环的起点，也是数据自动流动的原动力。

② 实时分析环节。对显性数据进一步理解。是将感知的数据转化成认知的信息的过程，是对原始数据赋予意义的过程，也是发现物理实体状态在时空域和逻辑域的内在因果性或关联性关系的过程。大量的显性数据并不一定能够直观地体现出物理实体的内在联系。这就需要经过实时分析环节，利用数据挖掘、机器学习、聚类分析等数据处理分析技术对数据进一步分析估计使得数据不断"透明"，将显性化的数据进一步转化为直观可理解的信息。此外，在这一过程中，人的介入也能够为分析提供有效的输入。

③ 科学决策环节。对信息综合处理，转变成知识，形成最优决策。决策是根据所获得的数据和信息，通过积累的经验或数学模型对现实的评估和对未来的预测。在科学决策环节，CPS 能够权衡判断当前时刻获取的所有来自不同系统或不同环境下的信息形成最优决策，对物理空间实体进行最优控制。分析决策并最终形成最优策略是 CPS 的核心关键环节。这个环节在生产系统不断运行中，对信息进一步分析与判断，使得信息真正地转变成知识，并且不断地迭代优化形成系统运行、产品状态、企业发展所需的知识库。

④ 精准执行环节。对决策的精准物理实现。在信息空间分析并形成的决策最终将会作用到物理空间，而物理空间的实体设备只能以数据的形式接受信息空间的决策。因此，执行的本质是将信息空间产生的决策转换成物理实体可以执行的命令，进行物理层面的实现。信息空间输出的更为优化的数据输入到物理空间，使得物理空间设备的运行更加可靠，资源调度更加合理，实现企业高效运营，各环节智能协同效果逐步优化。

数据在 CPS 内自动流动的过程中逐步由隐性数据转化为显性数据，显性数据分析处理成为信息，信息最终通过综合决策判断转化为有效的知识并固化在 CPS 中，同时产生的决策通过控制系统转化为优化的数据作用到物理空间，使得物理空间的物理实体朝向资源配置更为优化的方向发展，这就是信息物理系统 CPS 运行和作用的本质。在 CPS 内的数据自动流动始终是以资源优化为最终目标，而且随着过程的不断运行和积累，优化水平是"螺旋式"上升的。

二、信息物理系统的层级体系架构

信息物理系统（CPS）层级体系架构由一个最小单元体系架构，即单元级 CPS 体系架构，然后逐级扩展依次给出系统级体系架构和系统之系统级（System of Systems，SoS 级）体系架构。

（一）单元级 CPS 体系架构

单元级 CPS 体系架构是不可分割的 CPS 最小单元，其本质是通过软件对物理实体及环境进行状态感知、计算分析，并最终控制到物理实体，构建最基本的数据自动流动的闭环，形成物理世界和信息世界的融合交互。同时，为了与外界进行交互，单元级 CPS 应具有通信功能。单元级 CPS 是具备可感知、可计算、可交互、可延展、自决策功能的 CPS 最小单元，一个智能部件、一个工业机器人或一个智能装备都可能是一个 CPS 最小单元，其体系架构如图 15-11 所示。

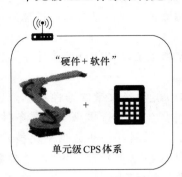

图 15-11　单元级 CPS 体系架构

（二）系统级 CPS 体系架构

在实际生产运行中，任何过程都是多个人、机、物共同参与完成的，是由多个智能装备（单元级 CPS）共同活动的结果，这些单元级 CPS 一起形成了一个系统。单元级 CPS 通过 CPS 总线形成生产系统，称为系统级 CPS。系统级 CPS 体系架构如图 15-12 所示。

多个单元级 CPS 通过工业网络实现更大范围、更宽领域的数据自动流动，实现了多个单元级 CPS 的互联、互通和互操作，进一步提高制造资源优化配置的广度、深度和精度。系统级 CPS 基于多个单元级 CPS 的状态感知、信息交互、实时分析，实现了局部制造资源的自组织、自配置、自决策、自优化。在单元级 CPS 功能的基础上，系统级 CPS 还主要包含互联互通、即插即用、边缘网关、数据互操作、协同控制、监视与诊断等功能。其中，互连互通、边缘网关和数据互

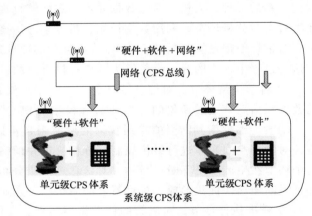

图 15-12　系统级 CPS 体系架构

操作主要实现单元级 CPS 的异构集成；即插即用主要在系统级 CPS 实现组件管理，包括组件（单元级 CPS）的识别、配置、更新和删除等功能；协同控制是指对多个单元级 CPS 的联动和协同控制等；监视与诊断主要是对单元级 CPS 的状态实时监控和诊断其是否具备应有的能力。

（三）系统之系统（SoS）级 CPS 体系架构

多个系统级 CPS 的有机组合构成 SoS 级 CPS。例如多个工序（系统的 CPS）形成一个车间级的 CPS，或者形成整个工厂的 CPS。通过单元级 CPS 和系统级 CPS 混合形成的 CPS，称为系统之系统级 CPS（System of System，SoS）。SoS 级 CPS 体系架构如图 15-13 所示。

在系统级 CPS 的基础上，通过构建 CPS 智能服务平台，联结多个系统级 CPS，实现多个系统级 CPS 之间的协同优化。在 SoS 层级上，多个系统级 CPS 构成了 SoS 级 CPS，如多条产线或多个工厂之间的协作，以实现产品生命周期全流程及企业全系统的整合。CPS 智能服务平台能够将多个系统级 CPS 工作状态统一监测，实时分析，集中管控。利用数据融

合、分布式计算、大数据分析技术对多个系统级 CPS 的生产计划、运行状态、寿命估计统一监管，实现企业级远程监测诊、供应链协同、预防性维护。实现更大范围内的资源优化配置，避免资源浪费。

　　由于 SoS 级 CPS 所感知的数据更为丰富多样、种类繁多，因此 SoS 级需要新的处理模式进行数据融合分析，挖掘提取数据中潜在价值，从而提供更强的决策力、洞察力和流程优化能力，资源控制能力。SoS 级 CPS 要有更强的数据存储和分布式处理计算服务能力，以及提供数据服务和智能服务能力，如图 15-14 所示。

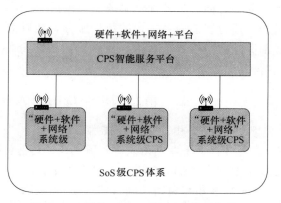

图 15-13　系统（SoS）级 CPS 体系架构

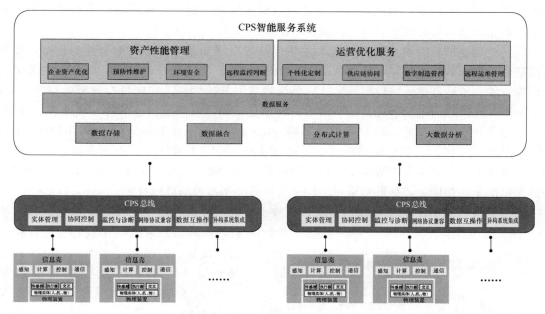

图 15-14　CPS 智能服务平台的架构
[资料来源：《信息物理系统白皮书（2017）》]

　　SoS 级 CPS 实现数据的汇聚，从而对内进行资产的优化和对外形成运营优化服务。其主要功能包括：数据存储、数据融合、分布式计算、大数据分析、数据服务，并在数据服务的基础上形成了资产性能管理和运营优化服务。

　　SoS 级 CPS 可以通过大数据平台，实现跨系统、跨平台的互联、互通和互操作，促成了多源异构数据的集成、交换和共享的闭环自动流动，在全局范围内实现信息全面感知、深度分析、科学决策和精准执行。这些数据部分存储在 CPS 智能服务平台，部分分散在各组成的组件内。对于这些数据进行统一管理和融合，并具有对这些数据的分布式计算和大数据分析能力，是这些数据能够提供数据服务，有效支撑高级应用的基础。

　　资产性能管理主要包括企业资产优化、预防性维护、工厂资产管理、环境安全和远程监控诊断等方面。运营优化服务主要包括个性化定制、供应链协同、数字制造管控和远程运维管理。通过智能服务平台的数据服务，能够对 CPS 内的每一个组成部分进行操控，对各组成部分状态数据进行获取，对多个组成部分协同进行优化，达到资产和资源的优化配置和运行。

三、信息物理系统的四大核心技术要素及其关键技术

SoS 级 CPS 由四大核心技术要素组成："一硬"（感知和自动控制）、"一软"（工业软件）、"一网"（工业网络）、"一平台"（工业云和智能服务平台、工业互联网平台）。四大核心技术要素中的部分关键技术简介如下。

（一）感知和自动控制（"一硬"）技术

"一硬"主要指制造领域本体技术，是指 CPS 中的物理系统中生产过程装备的通用制造技术、专用领域技术和自动控制技术的集合。智能制造的根本在于制造，因此制造领域技术是面向智能制造的本体技术。同时，智能制造既涉及离散型制造和流程型制造，又覆盖产品全生命周期的各个环节，因此相应的制造领域技术极其广泛，并可从多个角度对其进行分类。核心是物理系统的感知和自动控制技术。

CPS 使用到的感知和自动控制技术主要包括智能感知技术和虚实融合控制技术，是数据闭环流动的起点（感知）和终点（自动控制与执行）。CPS 系统的智能感知技术的关键是传感器技术。传感器是一种检测装置，能感受到被测量的信息，并能将检测感受到的信息，按一定规律变换成为电信号或其他所需形式的信息输出，以满足信息的传输、处理、存储、显示、记录和控制等要求。射频识别传感器（Radio Frequency Identification，RFID）是最常用的一种传感器。主要包括感应式电子晶片或感应卡、非接触卡、电子标签、电子条码等。研发效率高、成本低的数据采集技术和装置，能把制造过程中设备、生产流程、能源等参数测量出来，并能上传到网络平台上，是实现智能制造最基础的技术。

CPS 系统的自动控制是在数据采集、传输、存储、分析和挖据的基础上做出的精准执行，体现为一系列动作或行为。作用于人、设备、物料和环境上，如分布式控制系统（DCS）、可编程逻辑控制器（PLC）及数据采集与监视控制系统（SCADA）等，是数据闭环流动的终点。虚实融合控制是多层"感知—分析—决策—执行"的循环过程。建立在实时状态感知的基础上，通过虚实融合控制、集控控制和目标控制技术向更高层次即时自动控制反馈。如图 15-15 所示，虚实融合控制技术包括嵌入控制、虚体控制、集控控制和目标控制四个层次。

① 嵌入控制。嵌入控制主要针对物理实体进行控制。通过嵌入式软件，从传感器、仪器、仪表或在线测量设备采集被控对象和环境的参数信息而实现

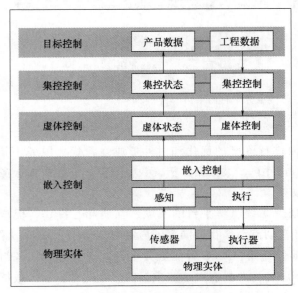

图 15-15　多层循环控制

［资料来源：《信息物理系统白皮书（2017）》］

"感知"，通过数据处理而"分析"被控对象和环境的状况，通过控制目标、控制规则或模型计算而"决策"，向执行器发出控制指令而"执行"。不停地进行"感知—分析—决策—执行"的循环，直至达成控制目标。

② 虚体控制。虚体控制是指在信息空间进行的控制计算，主要针对信息虚体进行控制。虚体控制的重要性体现在两个方面：一是在"大"计算环境（如云计算）实现复杂计算比在嵌入式软硬件中计算成本低、效率高；二是需要同步跟踪物理实体的状态（感知信息）时，通过控制目标、控制逻辑或模型计算而向嵌入控制层发出控制指令。

③ 集控控制。在物理空间中，一个生产系统，往往由多个物理实体（装备）构成，比如一条生产线会有多个物理实体，并通过物流或能流连接在一起。在信息空间内，主要通过CPS总线的方式进行信息虚体的集成和控制。

④ 目标控制。就生产而言，产品数字孪生的工程数据、提供实体的控制参数、控制文件或控制指示是"目标"级的控制。实际生产的测量结果或追溯信息收集到产品数据，可通过即时比对判断生产是否达成目标。

（二）工业软件

"一软"主要指工业软件技术。工业软件是对工业研发设计、生产制造、经营管理、服务等全生命周期环节规律的模型化、代码化、工具化，是工业知识、技术积累和经验体系的载体，是实现工业数字化、网络化、智能化的核心。简而言之，工业软件是算法的代码化，算法是对现实问题解决方案的抽象描述，仿真工具的核心是一套算法，排产计划的核心是一套算法，企业资源计划也是一套算法。工业软件定义了信息物理系统，其本质是要打造"状态—实时分析—科学决策—精准执行"的数据闭环，构筑数据自动流动的规则体系，应对制造系统的不确定性，实现制造资源的高效配置。CPS应用的工业软件技术多种多样，主要包括嵌入式软件技术、生产执行和管理等软件技术等。

① 嵌入式软件技术。嵌入式软件技术主要通过把软件嵌入在工业装备之中，达到自动化、智能化的控制、监测、管理各种设备和系统运行的目的，应用于生产设备，体现数据采集、控制、通信、显示等功能。嵌入式软件技术是实现CPS功能的载体，其紧密结合在CPS的控制、通信、计算、感知等各个环节。

② CAX/MES/ERP软件。CAX软件是各项计算机辅助软件技术之综合叫法。CAX软件实际上是把多元化的计算机辅助技术（CAD、CAM、CAE、CAPP、CAS、CAT、CAI等）集成起来复合和协调地进行工作，从产品研发、产品设计、产品生产、流通等各个环节对产品全生命周期进行管理，实现生产和管理过程的智能化、网络化管理和控制。CAX软件是CPS信息虚体的载体。通过CAX软件，CPS的信息虚体从供应链管理、产品设计、生产管理、企业管理等多个维度，提升"物理世界"中的工厂/车间的生产效率，优化生产工程。

MES（操作执行系统）是满足大规模定制的需求实现柔性排程和调度的关键，其主要操作对象是CPS信息虚体。通过信息虚体的操控，以网络化和扁平化的形式对企业的生产计划进行"再计划"，"指令"生产设备"协同"或"同步"动作，对产品生产过程进行及时的响应，使用当前确定的数据对生产过程进行及时调整、更改或干预等处理。同时信息虚体的相关数据通过MES收集整合，形成工厂的业务数据，通过工业大数据的分析整合，使其全产业链可视化，达到CPS使用后的企业生产最优化、流程最简化、效率最大化、成本最低化和质量最优化的目的。

企业资源计划（ERP）软件是以市场和客户需求为导向，以实行企业内外资源优化配置，消除生产经营过程中一切无效的劳动和资源，实现信息流、物流、资金流、价值流和业务流的有机集成和提高客户满意度为目标，以计划与控制为主线，以网络和信息技术为平台，集客户、市场、销售、采购、计划、生产、财务、质量、服务、信息集成和业务流程重组等功能为一体，面向供应链管理的现代企业管理思想和方法。

（三）工业网络

"一网"主要指工业网络技术。工业网络是连接工业生产系统和工业产品各要素的信息网络，通过工业现场总线、工业以太网、工业无线网络和异构网络集成等技术，能够实现工厂内各类装备、控制系统和信息系统的互联互通，以及物料、产品与人的无缝集成，并呈现扁平化、无线化、灵活组网的发展趋势。工业网络主要用于支撑工业数据的采集交换、集成处理、建模分析和反馈执行，是实现从单个机器、产线、车间到工厂的工业全系统互联互通的重要基础工具，是支撑数据流动的通道。物质（机械，如导线）连接、能量（物理场，如传感器）连接、信息（数字，如比特）连接，乃至意识（生物场，如思维）连接，为打造万物互联的世界提供了基础和前提。

CPS 中的工业网络技术将颠覆传统的基于金字塔分层模型的自动化控制层级，取而代之的是基于分布式的全新范式，如图 15-16 所示。由于各种智能设备的引入，设备可以相互连接从而形成一个网络服务。每一个层面，都拥有更多的嵌入式智能和响应式控制的预测分析；每一个层面，都可以使用虚拟化控制和工程功能的云计算技术。与传统工业控制系统严格的基于分层的结构不同，

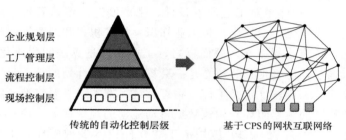

图 15-16　CPS 的网状互联网络

［资料来源：《信息物理系统白皮书（2017）》］

高层次的 CPS 是由低层次 CPS 互连集成，灵活组合而成。

（四）工业互联网平台

"一平台"主要指工业互联网平台技术。工业互联网平台是高度集成、开放和共享的数据服务平台，是跨系统、跨平台、跨领域的数据集散中心、数据存储中心、数据分析中心和数据共享中心。工业互联网平台通过云计算技术、大数据分析技术等进行数据的加工处理，形成对外提供数据服务的能力，并在数据服务基础上提供个性化和专业化智能服务。工业互联网平台推动专业软件库、应用模型库、产品知识库、测试评估库、案例专家库等基础数据和工具的开发集成和开放共享，实现生产全要素、全流程、全产业链、全生命周期管理的资源配置优化，以提升生产效率、创新模式业态，构建全新产业生态。这将带来制造业的产品业务从封闭走向开放，从独立走向系统，将重组客户、供应商、销售商及企业内部组织的关系，重构生产体系中信息流、产品流、资金流的运行模式，重建产业价值键和竞争格局。

（五）人机协同技术（H＋CPS）

由制造领域技术、机器智能技术组成的信息物理系统 CPS，再通过人机协同技术与人组成新一代智能制造系统。无论系统的用途如何，其关键技术均可划分为制造领域技术、机器智能技术、人机协同技术等三大方面，图 15-17 所示为单元级 HCPS 的技术构成。

　　智能制造面临的许多问题具有不确定性和复杂性，单纯的人类智能和机器智能都难以有效解决。人机协同的混合增强智能是新一代人工智能的典型特征，也是实现面向新一代智能制造的 HCPS-2.0 的核心关键技术，主要涉及认知层面的人机协同、控制层面的人机协同、决策层面的人机协同以及人机交互技术等几大方面。

　　在单元级物理信息系统 CPS 中加上人机协同技术便形成了单元级人—信息—物理系统 HCPS，在系统级物理信息系统 CPS 中加上人机协同技术便形成了系统级人—信息—物理系统 HCPS，在系统之系统级物理信息系统 CPS 中加上人机协同技术便形成了系统之系统级

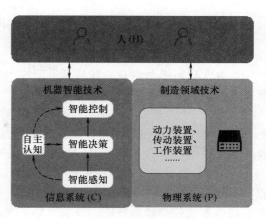

图 15-17　H＋CPS 的技术构成
［资料来源：周济《面向新一代智能制造的
人—信息—物理系统（HCPS）》］

人—信息—物理系统 HCPS。图 15-18 所示是基于 HCPS-2.0 的新一代智能制造的多层次分层结构总体架构模型。

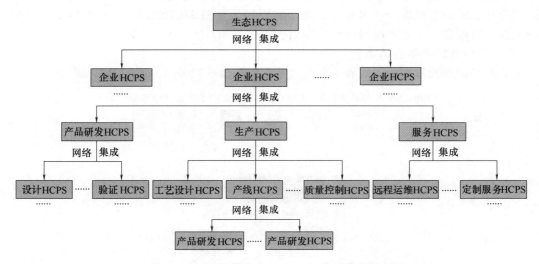

图 15-18　智能制造 HCPS‐2.0 分层结构模型
［资料来源：周济《面向新一代智能制造的人—信息—物理系统（HCPS）》］

第四节　工业互联网平台

　　随着工业互联网逐步走向应用，各相关领域技术的不断发展并与制造业技术融合，工业互联网平台综合技术体系应运而生。工业互联网平台是实现智能制造的核心技术载体，是链接工业全系统、全产业链、全价值链、支撑工业智能化发展的关键基础设施，是新一代信息技术与制造业深度融合所形成的新兴业态和应用模式，是互联网从消费领域向生产领域、从虚拟经济向实体经济拓展的核心技术载体。

一、工业互联网平台的本质内涵

（一）工业互联网平台应运而生

工业互联网平台是新一代信息通信技术与现代工业技术深度融合的产物。工业互联网平台技术的出现是基于下述技术进步与发展：

① 传感器、物联网、新型控制系统、智能装备等新产品和新技术的应用普及日益广泛。

② 制造体系隐性数据显性化步伐不断加快，工业数据全面高效、精确采集体系不断完善，基于信息技术和工业技术的数据集成深度、广度不断深化。

③ 5G、窄带物联网等网络技术及工业以太网、工业总线等通信协议的应用，为制造企业系统和设备数据的互联汇聚创造了条件，构建了低延时、高可靠、广覆盖的工业网络，实现了制造系统各类数据便捷、高效、低成本的汇聚大数据。

④ 人工智能技术的发展，实现了不同来源、不同结构工业数据的采集与集成、高效处理分析，进而帮助制造企业提升价值。

⑤ 云计算技术的发展正在重构软件架构体系和商业模式。高弹性、低成本的 IT 基础设施日益普及，软件部署由本地化逐渐向云端迁移，软件形态从单体式向微服务不断演变，为可重构、可移植、可伸缩的应用服务敏捷地开发和快速部署提供保障。

⑥ 各类新型工业 App 逐步推广应用，推动了制造资源优化配置。

工业互联网平台是综合技术体系。为了实现智能制造 HCPS2.0，不断发展的各领域技术与工业技术融合，工业互联网平台应运而生。

（二）工业互联网平台的本质

工业互联网平台基本的逻辑和本质是"数据＋模型＝服务"，如图 15-19 所示。

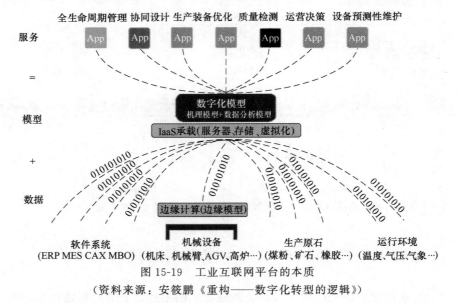

图 15-19　工业互联网平台的本质

（资料来源：安筱鹏《重构——数字化转型的逻辑》）

通过构建工业互联网平台，为智能制造提供如下功能：

① 构建精准、实时、高效的数据采集互联体系，建立面向工业大数据存储、集成、访问、分析、管理的开发环境和应用环境。解决如何采集制造系统海量数据，把来自机器设备、业务系统、产品模型、生产过程及运行环境中的海量数据汇聚到平台上，实现物理世界隐性数据的显性化，实现数据的及时性、完整性、准确性。

② 支撑工业技术、经验、知识模型化、软件化、复用化，以数据的有序自动流动，解决复杂制造系统面临的不确定性。将技术、知识、经验和方法以数字化模型的形式沉淀到平台上，形成各种软件化的模型（机理模型、数据分析模型等），基于这些数字化模型对各种数据进行分析、挖掘、展现，实现"数据—信息—知识—决策"的迭代，最终把正确的数据，以正确的方式，在正确的时间传递给正确的人和生产过程装备。

③ 全生命周期管理协同研发设计、生产优化、产品质量检测、企业运营决策、设备预测性维护，优化制造资源配置效率，形成资源富集、多方参与、合作共赢、协同演进的制造业生态。

"数据＋模型＝服务"这一逻辑并非是工业互联网所独有的特质，而是贯穿整个制造业信息化发展的全过程。伴随着数据采集的精度、广度速度的不断提升，模型准确性、软件化、智能化水平不断提高，"数据＋模型"在不同的发展阶段以不同的载体所呈现，并提供不同层级的"服务"价值。基于"数据＋模型＝服务"的业务逻辑体现在如下三个级别：

① 单元级。通过对设备运行过程中的电压、电流、转速等数据采集，基于经验规律及数学计算模型，能够实现对局部生产装备的智能化，提升这些经验规律及数学分析模型大都以传统Ⅰ架构形式固化成独立的软件系统，面向工业现场人员提供设备运行状态优化服务。

② 系统级。随着数据采集的范围逐渐扩大，企业 CAD、CAE 等研发设计及 MES、ERP、CRM 等业务系统的数据与生产运行状态数据逐渐实现互联互通，基于更加精确、高效的机理模型和数据分析模型，以数据自动流动解决企业生产过程中多种复杂不确定性，从而优化设计、仿真生产等环节的资源配置。

③ 系统之系统级（SoS级）。当企业生产经营过程中的研发设计业务系统、设备运行等各类数据汇聚到基于工业互联网平台，同时接入来自互联网端各类客户行为、环境信息等数据，基于平台沉淀多种工业 App、微服务组件等更为全面、精准的工业知识，实现智能决策、产品全生命周期管理、协同制造等跨行业、跨领域、跨企业内部的制造资源优化配置。

二、工业互联网平台的基本技术组成和体系架构

（一）工业互联网平台的基本技术组成

工业互联网平台是工业互联网技术的载体，也是实现企业智能化的核心技术载体，是链接工业全系统、全产业链、全价值链、支撑工业智能化发展的关键基础设施。图 15-20 所示是工业互联网平台的基本技术组成。

工业互联网的基本技术组成由图 15-20 所示自左至右的网络、数据、安全三大技术体系组成，其中"网络"是工业数据传输交换和工业互联网发展的支撑基础，"数据"是工业智能化的核心驱动，"安全"是网络与数据在工业中应用的重要保障。基于三大体系，工业互联网重点构建三大优化闭环，如图 15-20 所示面向机器设备运行控制和生

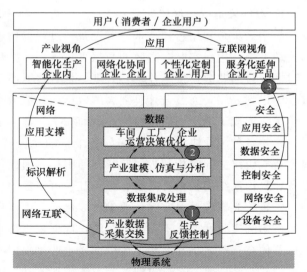

图 15-20　工业互联网平台的基本技术组成

[资料来源：工业互联网产业联盟
《工业互联网体系架构（2020）》]

产过程优化的闭环①，面向生产运营决策优化的闭环②，以及面向企业协同、用户交互与产品服务优化的全产业链、全价值链的闭环③。通过三大优化闭环的运作，进一步形成智能化生产、网络化协同、个性化定制、服务化延伸四大应用模式。

（二）工业互联网平台的体系架构

工业互联网平台体系架构的核心要素包括四层体系架构：数据采集层（边缘层）、云基础设备层（IaaS）、管理服务层（工业 PaaS）、应用服务层（工业 APP）如图 15-21 所示。

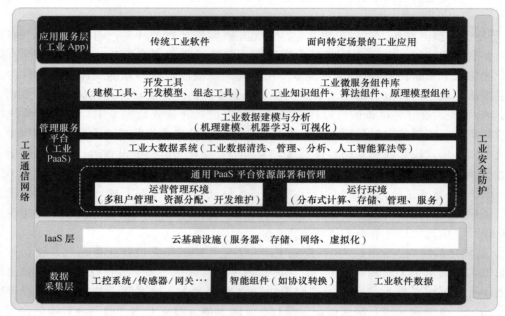

图 15-21　工业互联网平台体系架构

［资料来源：工业互联网产业联盟《工业互联网平台白皮书（2017）》］

1. 数据采集（边缘层）是基础

数字采集是利用感知技术，对设备、过程等物理系统及人等要素信息进行实时高效采集和云端汇聚，构建实时、高效的数据采集体系，把数据采集上来。通过协议转换，将一部分实时性、短周期数据快速处理，处理结果直接返回到机器设备，将另一部分非实时、长周期数据传送到云端，通过云计算强大的数据运算能力和更快的处理速度进行综合利用分析，进一步优化形成工业现场决策数据。目前在工业数据采集领域，存在二个瓶颈：

一是各种工业协议标准（例如各个自动化设备生产及集成商开发的工业协议）互不兼容，造成协议适配解析和数据互联互通困难。因此，需要研发通过协议兼容转换，实现多源设备、异构系统的数据可采集、可交互、可传输的技术去解决问题。

二是工业数据采集实时性要求难以保证。生产线的高速运转，精密生产和控制等场景对数据采集的实时性要求不断提高，传统数据采集技术对于高精度、低时延的工业场景难以保证重要信息实时采集和上传，难以满足生产过程的实时监控需求。

因此，必须研发具有更快的实时响应速度和更灵活的部署方式，以适应实时性、短周期数据、本地决策的需求。例如，部署边缘计算模块，应用边缘计算等技术在设备层进行数据预处理，进而大幅提高数据采集和传输效率，降低网络接入、存储、计算等成本，提高现场控制反馈的及时性。

2. 基础设备层（IaaS）是支撑

基础设备层 IaaS（Infrastructure as a Service，基础设备即服务）通过虚拟化技术将计算、存储、网络等资源在云端池化，IaaS 可提供设备外包服务，通过云向用户提供可计量、弹性化的资源服务。IaaS 是工业互联网平台运行的载体和基础，实现了工业大数据的存储、计算、分发。在这一领域，我国与发达国家处在同一起跑线，阿里、腾讯、华为等信息领军企业所拥有的云计算基础设施，已达到国际先进水平，形成了成熟的提供完整解决方案的能力。

3. 工业平台层（PaaS）是核心

工业平台层 PaaS（Platform as a Service，平台即服务）的本质是一个可扩展的工业云操作系统。工业平台层 PaaS 能够实现对软、硬件资源和开发工具的接入、控制和管理，为应用开发提供必要接口，提供存储计算工具资源等支持，为工业应用软件开发提供一个基础平台。当前，工业 PaaS 建设的总体思路是通过对通用 PaaS 平台的深度改造，构造满足工业实时、可靠、安全需求的云平台，采用微服务架构，将大量工业技术原理、行业知识、基础模型规则化、软件化、模块化，并封装为可重复使用的微服务。通过对微服务的灵活调用和配置，降低应用程序开发门槛和开发成本，提高开发、测试、部署效率，为用户提供开发环境，使海量开发者汇聚提供技术支持和保障。工业 PaaS 是当前领军企业投入的重点，是工业互联网平台技术能力的集中体现。

4. 工业应用层（App）是关键

工业应用层应用程序（Application，App）是面向特定工业应用场景，整合资源，推动工业技术、经验、知识和最佳实践的模型化、软件化和再封装（工业 App）。用户通过对工业 App 的调用，实现对特定制造资源的优化配置。工业 App 由通用云化软件和专用 App 应用构成，它面向企业客户提供各类软件和应用服务。工业 App 通过新商业模式，不断汇聚各方应用开发者开发的软件资源，成为行业领军企业和软件巨头构建、打造共生共赢生态系统的关键。

当前，工业 App 的发展重点在如下两个方面：

① 传统的 CAD、CAE、ERP、MES 等研发设计工具和管理软件加快"云化"改造。"云化"迁移是当前软件产业发展的基本趋势，全球软件产品"云化"步伐不断加快。

② 围绕多行业、多领域、多场景的云应用需求，开发专用 App 应用。大量开发者通过对工业 PaaS 层微服务的调用、组合、封装和二次开发，将工业技术、工艺知识和制造方法固化和软件化，开发形成了专用的 App 应用。

三、工业互联网平台的关键技术体系

1. 工业互联网平台的关键技术体系

如图 15-22 所示，工业互联网平台关键技术体系由下述六项技术集成：

① 数据采集技术；

② PaaS 通用功能技术；

③ 软件开发工具技术；

④ 微服务技术；

⑤ 建模与应用技术；

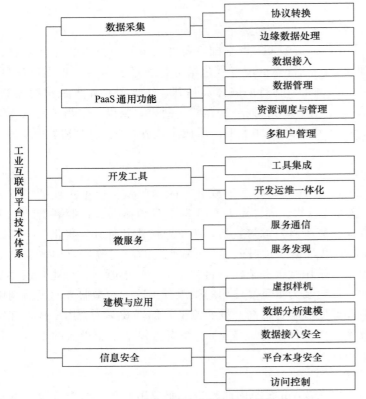

图 15-22 工业互联网平台关键技术体系

［资料来源：工业互联网产业联盟《工业互联网平台白皮书（2017）》］

⑥ 信息安全技术。

2. 核心技术

软件开发工具、微服务、建模及应用为工业互联网平台的核心技术。

（1）应用软件开发工具

应用软件开发工具是构建工业互联网平台开发者生态的基础。各种开发工具的集成，降低了开发者利用工业互联网平台进行工业创新应用开发的门槛，主要涉及开发工具集成、开发运维一体化等方面的技术。应用软件开发工具集成是将应用软件开发环境迁移到云端，在云端集成，从而实现本地环境的轻量化，在云端支持 C、C++、Python、Java、PHP 等流行软件开发语言。应用软件开发运维一体化是通过在云端集成开发 DevOps 框架，并在云端应用拓扑、编排规范等技术，提供工业应用软件的开发、测试、维护的一体化服务，打通工业应用软件产品交付过程中的信息技术（IT）工具链。

（2）工业微服务

工业微服务是工业互联网平台的核心，为用户提供面向工业特定场景的轻量化应用，主要涉及在微服务架构下的服务通信、服务发现等技术。服务通信是一个分布式系统，服务交互通过网络进行，实现同步模式或异步模式通信。服务发现机制是识别各个服务动态生成和变动的网络位置，主要包括客户端发现和服务端发现两种方式。

（3）建模及应用

建模及应用是工业互联网平台具备工业实体虚拟映射和智能数据分析能力的关键。建模及应用主要涉及虚拟建模样机、数据分析建模等技术。虚拟样机是将 CAD 等建模技术、计算机支持的协同工作技术、用户界面设计、基于知识的推理技术、设计过程管理和文档化技术、虚拟现实技术集成起来，以实现复杂产品论证、设计、试验、制造、维护等全生命周期活动中基于模型/知识的虚拟样机构建与应用。

数理建模与大数据智能建模的深度融合，有效建立制造系统不同层次的模型，是实现制造系统优化决策与智能控制的基础前提。数理建模方法虽然可以深刻地揭示物理世界的客观规律，但却难以胜任制造系统这种高度不确定性与复杂性问题，因为这种高度不确定性与复杂性的系统难于建立准确的数理模型。而大数据智能建模，可以在一定程度上解决制造系统建模中不确定性和复杂性问题。工业互联网平台将信息模型沉淀、集成与统一构建，通过海量数据进行反复迭代、学习、分析、计算等大数据挖掘，不断深化对机理模型和数据模型的积累，不断提升分析结果的准确度。多类模型融合集成，推动数字孪生由概念走向落地。

四、工业互联网平台架构案例

为了推动发展智能制造，国家采取了三大措施：一是国家下决心打造可以和国际先进水平比肩的工业互联网平台。二是国家鼓励行业、企业实体开发行业通用、企业专用的 App。国家搭建平台，行业实体企业努力开发适用的 App。三是推动百万工业企业和大型设备数据上云，以此推动工业互联网商业模式形成、技术迭代、规模应用。这些措施的实施将为我国工业互联网平台建设和智能制造技术的发展打下坚实的基础。

工业互联网平台建设是一项长期、艰巨、复杂的系统工程，当前尚处在发展初期，还存在众多不确定性因素，预计还需要长时间才能真正达到成熟发展阶段。为加快跨行业、跨领域工业互联网平台建设，国家工业和信息化部公布了 2019 年我国跨行业跨领域工业互联网平台清单，如表 15-1 所列。

表 15-1   2019 年我国跨行业跨领域工业互联网平台清单

平台名称	单位名称
海尔 COSMOPlat 工业互联网平台	青岛海尔股份有限公司
东方国信 Cloudiip 工业互联网平台	北京东方国信科技股份有限公司
用友精智工业互联网平台	用友网络科技股份有限公司
树根互联根云工业互联网平台	树根互联技术有限公司
航天云网 INDICS 工业互联网平台	航天云网科技发展有限责任公司
浪潮云 In-Cloud 业工互联网平台	浪潮云信息技术有限公司
华为 FusionPlant 工业互联网平台	华为技术有限公司
富士康 BEACON 工业互联网平台	富士康工业互联网股份有限公司
阿里 supET 工业互联网平台	阿里云计算有限公司
徐工信息汉云工业互联网平台	江苏徐工信息技术股份有限公司

案例 1：海尔 COSMOPlat 工业互联网平台

图 15-23 所示是海尔 COSMOPlat 工业互联网平台技术架构示意图。

海尔集团从 2012 年开始建设互联工厂，开始智能制造模式转型的实践并自主创新打造了具有自主知识产权的 COSMOPlat 工业互联网平台，目前已形成了可推广的工业互联网平台的应用框架和建设模板。

COSMOPlat 工业互联网平台以覆盖全周期、全流程、全生态的差异化特点，建设用户交互定制平台、精准营销平台、开放设计平台、模块化采购平台、智能生产平台、智慧物流平台、智慧服务平台等其他平台，利用互联聚合的各类资源将基础软件迭代升级，形成知识化、云化的全行业解决方案。COSMOPlat 工业互联网平台已跨行业在建陶、农业、房车、电子、纺织、装备、建筑、运输、化工等 12 个行业、11 个区域和 20 个国家超过 3.5 万家工厂应用。

案例 2：用友 iUAP 工业互联网平台

用友于 2016 年推出了面向工业企业的社会化服务工业互联网平台，通过整合业务系统和数据资源，帮助企业实现以平台模式驱动的互联网化运营。

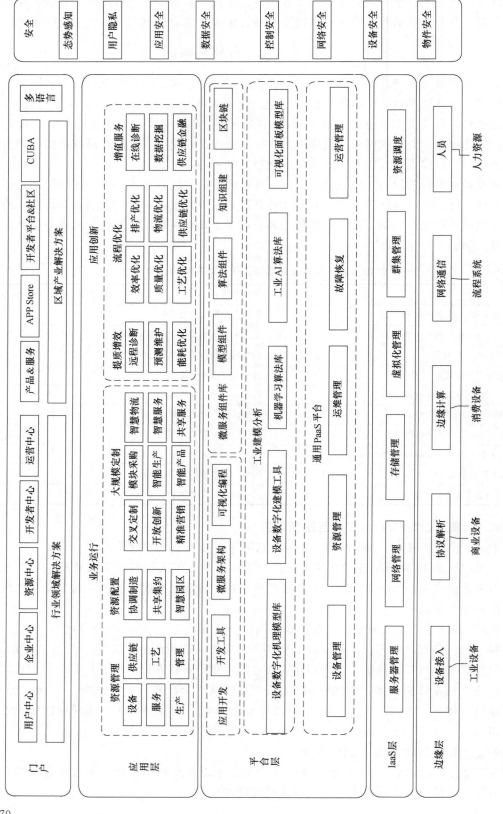

图 15-23　海尔 COSMOPlat 工业互联网平台技术架构图

［资料来源：工业互联网产业联盟《工业互联网先进应用案例（2018）》］

470

如图 15-24 所示，用友工业互联网平台总体分为三层：数据资源层、PaaS 层、SaaS 层。数据资源层通过 MQTT、Modbus、无线通信等技术，支持工控系统、感知设备、工业软件等与平台的数据接入。PaaS 层提供设备管理、安全认证、数据分析、预测推理、机器学习、自然语言理解等服务，并通过 API 接口提供软件包的调用权限。SaaS 层提供面向制造过程、协同办公、营销采购等方面的智能应用，同时支持第三方提供的其他 SaaS 应用。

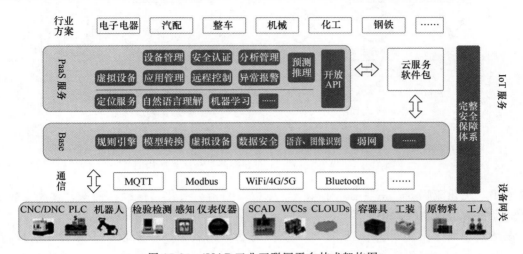

图 15-24　iUAP 工业互联网平台技术架构图

[资料来源：工业互联网产业联盟《工业互联网平台白皮书（2017）》]

案例 3：阿里 supET 工业互联网平台

阿里 supET 工业互联网平台搭建的整体建构是"1＋N"的平台服务和创新体系，这是该平台的创新点。supET 是跨行业、跨领域的"双跨"平台，是比较综合性的工业互联网平台。从互联网的层面来看，越往底层的 IT 资源共性就越强，而越往上行业属性越强；从横向上来看，制造业还会细分很多行业；从纵向上来看，每个行业有个各自的场景和流程，这些方面决定了制造业领域工业互联网的复杂性。而且，制造业中特定领域、特定场景的很多知识并不掌握在像阿里巴巴这样的 IT 企业手中，因此，supET 工业互联网平台设计了"1＋N"的平台体系，一方面能构建行业需求，另一方面又能满足行业的个性化需求。

图 15-25 所示为阿里 supET 工业互联网平台的体系架构。

在其基础性平台中，提供了面向工业领域的三项核心平台服务能力：

① 工业物联网平台——含物联网、边缘计算的边缘服务，实现云、边、端一体化管理；

② ET 工业大脑开放平台——含 IaaS（云计算）、PaaS（含通用 PaaS 和工业 PaaS）的应用孵化器；

③ 工业 App 运营服务平台——含 SaaS、API 和一站式的工业 App 开发、集成、托管与运维。

ET 工业大脑平台将生产过程中产生的海量数据与专家经验结合，借助机器学习、深度神经网络等大数据技术对数据进行建模，将碎片化的工业知识与专家经验进行抽象与提炼，并传授给机器，让机器来帮助解决日常生产环境当中的问题或是避免问题的发生。工业大脑的智能制造解决方案已实现了良率提升、AI 质检、检测效率提升、能耗优化、设备预测性维护、工艺优化。人工智能技术应用于工业场景，能够提升良品率、降低能耗、预测故障、

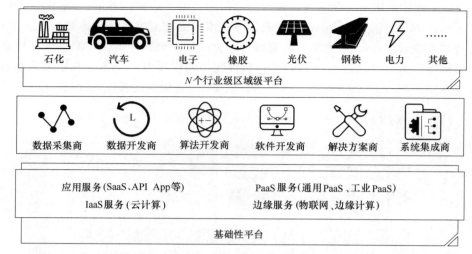

图 15-25　阿里 supET 工业互联网平台体系架构图

提高效率、优化流程等，主要适用于光伏、电力、通信、石化、橡胶、钢铁、食品、矿业、电子、新能源等流程类大中企业。

　　制造业企业应用基于 supET 的"1＋N"平台，需要有四个阶段：一是云化阶段，在 IaaS 层提供基础云服务让企业设备上云、上平台；二是通过云化转型，上业务中台和数据中台，在通用 PaaS 层提供业务中台和数据服务；三是根据数据和业务创新构建企业自己的大脑，提供工业数据智能服务和工业 App 的各式各样应用；四是根据整个平台实现产业化的协同，最终实现全球的产能利用率达到最大化，把企业运行效率最大幅度的提升。

第五节　轻化工企业智能化转型的着力点

　　面向新一代智能制造的 HCPS-2.0 是由相关的人、信息系统以及物理系统有机组成的综合大系统。其中，物理（生产制造）系统是主体，是制造活动能量流与物质流的执行者，是制造活动的完成者；拥有人工智能的信息系统是主导，是制造活动信息流的核心，帮助人对物理系统进行必要的感知、认知、分析决策与控制，使物理系统以尽可能最优的方式运行；人是主宰，一方面，人是物理系统和信息系统的创造者，即使信息系统拥有强大的"智能"，这种"智能"也是人赋予的，另一方面，人是物理系统和信息系统的使用者和管理者，系统的最高决策和操控都必须由人牢牢把握。轻化工业在智能制造转型过程中应主动融入智能制造技术生态圈，主动推进我国轻化工业向智能化方向发展。

一、我国智能制造的发展战略

　　未来 20 年是中国制造业实现由大到强的关键时期，也是制造业发展质量变革、效率变革、动力变革的关键时期。《中国制造 2025》制定了我国智能制造的发展战略。

（一）我国智能制造的发展战略目标

　　未来 20 年，中国的智能制造发展战略目标总体分成两个阶段来实现。

　　第一阶段（到 2025 年）："互联网＋制造"——数字化网络化制造在全国得到大规模推广应用，在发达地区和重点领域实现普及；同时，新一代智能制造在重点领域试点示范取得显著成果，并开始在部分企业推广应用。

第二阶段（到 2035 年）：新一代智能制造在全国制造业实现大规模推广应用，中国智能制造技术和应用水平走在世界前列，实现中国制造业的转型升级；制造业总体水平达到世界先进水平，部分领域处于世界领先水平，为 2045 年把中国建成世界领先的制造强国奠定坚实基础。

（二）我国智能制造的发展战略方针

未来，中国智能制造发展战略方针是坚持"需求牵引、创新驱动、因企制宜、产业升级"的战略方针，持续有力地推动中国制造业实现智能转型。

1. 需求牵引

需求是发展最为强大的牵引力，中国制造业高质量发展和供给侧结构性改革对制造业智能升级提出了强大需求，中国智能制造发展必须服务于制造强国建设的战略需求，服务于制造业转型升级的强烈需要。企业是经济发展的主体，也是智能制造的主体，发展智能制造必然要满足企业在数字化、网络化、智能化不同层面的产品、生产和服务需求，满足提质增效、可持续发展的需要。

2. 创新驱动

中国制造要实现智能转型，必须抓住新一代人工智能技术与制造业融合发展带来的新机遇，把发展智能制造作为中国制造业转型升级的主要路径，用创新不断实现新的超越，推动中国制造业从跟随、并行向引领迈进，实现"换道超车"、跨越发展。

3. 因企制宜

推动智能制造，必须坚持以企业为主体，以实现企业转型升级为中心任务。中国的企业参差不齐，实现智能转型不能搞"一刀切"，不能"贪大求洋"，各个企业特别是广大中小微企业，要结合企业发展实情，实事求是地探索适合自己转型升级的技术路径。要充分激发企业的内生动力，帮助和支持企业特别是广大中小企业的智能升级。

4. 产业升级

推动智能制造的目的在于产业升级，要着眼于广大企业、各个行业和整个制造产业。各级政府、科技界、学界、金融界要共同营造良好的生态环境，推动中国制造业整体实现发展质量变革、效率变革、动力变革，实现中国制造业全方位的现代化转型升级。

（三）我国智能制造的发展路径

未来，中国智能制造发展路径从下述三个方面展开：

① 战略层面。总体规划-重点突破-分步实施-全面推进。国家层面抓好智能制造发展的顶层设计、总体规划，明确各阶段的战略目标和重点任务。有条件的经济发达地区、重点产业、重点企业，要加快重点突破，先行先试，发挥好引领、表率作用。分步实施，重点突破的范围逐步扩大，从企业（点），到城市（线），再到区域（面），梯次展开。在此基础上，在全国范围内根据不同情况，全面推进，达到普及。

② 战术层面。采用"探索—试点—推广—普及"的有序推进模式。分步的循序渐进的推进模式，可操作性强，风险小，成功率高，是一条可持续的、有效的实施路径。

③ 组织层面。营造"用产学研金政"协同创新的生态系统，汇集各方力量，实施有组织的创新。

我国制造业真正达到智能化的目标，估计需要二三十年的时间才能实现，是一个战略目标逐渐清晰、功能不断迭代、技术不断创新、运用服务不断丰富、产业生态不断成熟的过程，需要循序渐进地去推进。

（四）我国制造业智能化转型的路径

制造业智能化的转型路径可以分为数字化、网络化、智能化三步。

1. 数字化

数字化的作用是"感受"工业过程，采集海量数据。工业传感器是工业数据的"采集感官"，人工智能的基础是大量的数据，而工业传感器是获得多维工业数据的感官。除了设备状态信息以外，人工智能平台需要收集工作环境（如温度湿度）、原材料的良率、辅料的使用情况等相关信息，用以预测未来的趋势。这就需要部署更多类别和数量的传感器。如今，使用数量较多的传感器包括压力、位移、加速度、角速度、温度、湿度和气体传感器等。现在的工业传感器可以提供监视输出信号、为预测设备故障作数据支持，有助于确认库存中可用的原材料，可代替指示表更精确地读数以及在环境恶劣的情况下收集数据、亦可监测通过网关和云的数据传输、维护数据安全等。

2. 网络化

网络化的作用是实现数据高速传输、互联互通和云端计算。依托先进的工业级通信技术将数据传输至云端。和过去在车间内直接对数据进行简单的处理不同，企业需要把不同车间，不同工厂，不同时间的数据汇聚到工业云数据中心，进行复杂的数据计算，以提炼出有用的数学模型。这就对工业通信网络架构提出新要求，推动标准化通信协议及 5G 等新的技术在车间里应用的普及。

工业生产中产生的海量数据送到工业云平台数据中心，采用分布式架构进行数据挖掘，提炼有效生产改进信息，运用大数据及人工智能技术进行分析，提炼数字分析模型，以数据驱动智能生产能力，以数据驱动生态运营能力，汇聚协作企业、产品、用户等产业链资源，不断沉淀、复用、重构和输出，实现制造行业整体的资源优化配置。

3. 智能化

智能化的作用是实现三个维度的整体智能化。传统制造业工厂的内部存在信息系统（IT）和生产管理系统（OT）两个相对独立的二个子系统，IT 系统负责生产管理规划，OT 系统负责生产过程执行，这二个维度的信息不需要过多的互动。智能工厂则首先需要实现这二个维度的整合，打通设备、数据采集、企业 IT 系统、OT 系统、云平台等不同层的信息壁垒，实现从车间到决策层数据流的纵向互联。另外，智能工厂还要打通供应链各个环节数据流，这些第三维度物流信息的收集，能够帮助行业提升效率，降低成本。打通产品生命周期全过程的数据流，实现三个维度的整体智能化，实现产品从设计、制造到服务，再到报废回收再利用整个生命周期的互联，实现数字化，网络化，智能化，是实现智能制造的整体目标。

简而言之，工业互联网平台应用以信息化为基础，呈现出三大发展层次：第一层次：基于平台的信息化应用，这类应用主要提供数据汇聚和描述基础，帮助管理者直观了解工厂运行状态，其更高价值的实现依赖于在此基础之上的更深层次数据挖掘分析；第二层次：基于平台大数据能力的深度优化，以"模型＋深度数据分析"模式在设备运维、产品后服务、能耗管理、质量管控、工艺调优等场景获得大量应用，并取得较为显著的经济效益；第三层次：基于平台协同能力的资源调配优化，无论是产业链、价值链的一体化优化、产品全生命周期的一体化优化、还是生产与管理的系统性优化，都需要建立在全流程的高度数字化、网络化和模型化基础上。基于平台进行深层次的全流程系统性优化尚处在局部的探索阶段。

（五）转型的切入点

原材料、装备、消费品等行业由于所处产业链位置、行业结构生产特征、发展需求各有不同，各自的数字经济转型发展呈现了不同的行业特征。以轻化工业、陶瓷等为代表的传统轻化工产业，从传统制造向智能制造的着力点在于强化制造环节的智能化水平，打造集约高效实时优化的生产新体系。围绕提质增效，轻化工产业在质量全过程管控、设备预防性管理、能源综合管理、供应链集成等方面不断提升智能化水平，不断探索基于数据的产业生态圈、产业链集成共享平台等新模式。表15-2表述了传统制造向智能制造模式转变的着力点的演变。

表 15-2   **传统制造向智能制造模式转变的着力点的演变**

转型	传统制造模式	智能制造模式
生产方式	生产者驱动（规模经济）	消费者驱动（范围经济）
动力机制	更低的成本、更好的质量、更高的效率	成本、质量、效率以及应对制造多样复杂系统的不确定性
管理模式	科学管理、精益管理模式	信息时代呼唤新一轮管理变革
系统体系	简单的制造系统，确定性是常态	复杂的生态系统，不确定性是常态
解决之道	生产装备与过程自动化（物理世界的自动化）技术基础：自然科学，生产过程技术，传感器与自动控制技术，软件及集成能力	数据生成加工执行的自动化（信息世界的自动化）技术基础：自然科学、管理科学、人工智能、数据软件的综合集成，统一的工业互联网，从智能单机到智能工厂
产品形态	实体产品	实体数字孪生产品（实体＋数字产品）

根据表15-2可知，传统制造向智能制造模式转变的解决之道，是从生产装备和过程的自动化向生产数据的生成、加工、执行的自动化转型。从传统制造业角度看，生产装备和过程的自动化是在解决大规模生产的问题。而从智能制造角度看，智能制造解决的是数据流动的自动化，只有实现数据的自动采集、自动传输、自动处理和自动执行，才能从根本上解决个性化定制等许多不确定性因素的新生产方式面临的最基本的成本、质量、效果等问题。要解决数据的自动流动需要有统一的工业互联网和软件的集成，从单机智能化到全厂智能化，使生产系统体系从简单的制造系统向复杂的生产生态系统转变。

二、轻化工企业智能化转型路径

（一）轻化工企业智能化转型原则

我国大多数轻化工企业仍处于基础自动化阶段，传统自动化系统解决方案仍占主流。针对轻化工企业智能制造提供整体解决方案的业务尚处于发展初期。随着我国智能制造的推进，整体解决方案的市场规模将加速增长，经过市场验证的解决方案成熟度将进一步提升。因此，我国轻化工企业的智能化转型升级，要遵循"做好规划，抓住重点；跨界集成，协同创新；分类指导，先易后难；效益导向，稳妥实施"的原则。

① 做好规划，抓住重点。行业要组织力量，做好规划，着力研发面向轻化工业行业智能制造的关键共性技术。例如，适用于轻化工业行业工业互联网平台，轻化工业行业的各种工业软件和App，轻化工业行业的智能装置等。

② 跨界集成，协同创新。在技术研发和应用推广过程中，应该走跨界集成、协同创新

之路，要主动与相关行业合作，闭门自守将会落后。行业要支持既懂互联网又懂轻化工业工业生产的高端技术研发和服务公司的发展。

③ 分类指导，先易后难。根据我国轻化工企业技术水平差异，在转型过程中要先易后难，逐步实现。首先，要采取有效措施提高企业自动化水平和装备水平，走完工业 3.0 的路程。其次，在基础较好的轻化工企业，要主动融入工业智能化技术产业生态圈，主动推广应用新技术。企业要积极参与"企业上云"，提高企业数字化、信息化、精细化和优化管理水平手段，在此基础上逐步提高智能化水平。

④ 效益导向，稳妥实施。实现企业智能化是一个渐进过程。而且是在原有自动化水平的基础完善和发展的，要一步一个脚印，以效益为导向，稳妥实施。

以智能制造为代表的第四次工业革命，是一次技术突破和企业重构。同时，它也是一种技术思维方式的转变：要用大系统的思维方法去思考问题；要用跨界集成、协同创新的互联思路去寻找解决问题的方法；要用闭环优化与智能化的技术手段去提高效益，实现预期目标。

（二）轻化工企业智能化转型分两步走

轻化工企业的智能化转型分为初级阶段和高级阶段两步走。初级阶段是指实现企业数字化网络化，提高数据化运营能力。高级阶段是指真正实现智能化工厂。

1. 初级阶段：逐步实现和完善企业数据化运营

初级阶段的目标是实现轻化工企业数字化、网络化，不断提升企业数据化运营能力为核心，根据企业自身发展模式和发展战略，以解决企业当前的业务痛点为切入点，逐步实现覆盖生产全过程和连接产业链上下游的数字化网络化，在此基础上形成适应自身需求和特点的数据化运营优势，达到提高企业运营效率的目标。

数据化运营是通过对企业大数据的采集处理、分析挖掘，为企业（数据使用者）提供科学、准确和专业的数据解决和应用方案，利用企业大数据通过企业内、企业间的协同和各种资源的共享与集成优化，重塑企业在轻化工业工业产业链中的价值链，以提高企业的效益。在轻化工企业实现了数字化网络化后，将有效地解决数据的采集和"连接"问题，通过网络将相关的人、流程和事物的行为用数字化数据形式相互连接起来，收集到海量数据，为实现企业数据化运营打下了坚实的基础。轻化工企业数据化运营平台具有如下几个基本功能：

（1）具有数据采集与管理功能，主要包括数据在线采集、数据处理、数据存储以及运算功能。包括传感器、检测装置、现场总线通讯、异构数据的集成、边缘计算、互联网、云（存储＋计算）、工业安全等基础设施的构建和集成应用；

（2）具有业务数据数字化功能，将轻化工业生产过程的所有信息，包括人、机、料、环、测的数据数字化。例如，对于物料数据，除了在线测量录入外，还需建立物化性质预测模型以及物料估算模型实现物料的数据化。利用爬虫技术，建立数据抓取模型，实现生产环境关键参数（例如温度、湿度等）的实时采集；对无法检测的质检数据建立软测量装置，实现所有质检数据的实时采集与数字化。

（3）具有数据的在线化功能。对采集的数据按照统一的标签进行标记，建立数据采集以及管理的统一规则，然后利用数据挖掘技术，挖掘数据之间的关联关系，建立关联规则，根据关联规则进行分类存储，实现数据的融合与协同，便于在线按需快速调用。

（4）具有数据的业务化功能。根据企业的需求，把累积大数据业务化。把包括安全生产、稳定质量、提高效率和缩短交货周期等场景的各类数据，利用数据挖掘技术，挖掘沉淀在数据中包含的更深层次的信息，从而开展新业务。

2. 高级阶段：逐步实现企业智能化

在高级阶段，轻化工企业以不断提升生产过程闭环优化和智能化为目标。通过企业在实现数字化网络化过程中沉淀下来的工业大数据和企业自身的工业技术知识，采用基于大数据和人工智能技术的建模方法，搭建企业工业软件和智能化微平台，进而构建企业工业互联网平台，实现面向设备运行和生产过程的闭环优化，面向生产运营决策的闭环优化，以及面向企业协同、用户交互与产品服务优化的全产业链、全价值链的闭环优化，进一步形成智能化生产、网络化协同、个性化定制、服务化延伸四大应用模式，以达到优化企业资源配置，提高产品质量，降低生产成本，提高生产效率的目标。技术核心是如何应用"工业大数据＋模型（工业软件）＋应用"技术去实现上述的三个"闭环优化"。

工业微服务是工业互联网平台的核心，核心的要素组件是基于微服务架构的数字化模型（工业软件）。数字化模型将大量工业技术原理知识、基础工艺、实践经验等规则化、软件化、模块化，并封装为可重复使用的组件。同时，面向特定工业应用场景，对海量工业数据进行深度分析和挖掘，能够快速建立可复用、可固化的智能应用模型。另外，在工业技术、知识、经验和方法以模型的形式沉淀为数字化模型后，海量数据加载到数字化模型中，进行反复迭代、学习、分析、计算等大数据挖掘，可以回答生产过程四个基本问题：首先是描述（Descriptive）发生了什么？其次是诊断（Diagnostic）为什么会发生？再次是预测（Predictive）下一步会发生什么？最后是决策（Decision）该怎么办？由此，驱动过程闭环优化和智能化。

例如，开发轻化工业工业生产工艺流程模拟系统，通过数字化还原整个生产过程，实现产品或生产线的在线设计，缩短产品的更新周期。又如，构建轻化工业生产过程工艺优化模型，利用数字镜像模型模拟运行优化结果，将优化后的参数传输给实际生产系统，然后利用过程控制技术，调整生产过程，实现过程闭环优化控制。再如，开发智能调度优化模型，实现柔性化新型人机交互，工业大数据，以成本和能耗最低为目标，建立生产优化调度模型，利用模型结果在线修改排产计划，并利用 DCS、PLC 等控制技术，实现用优化后结果闭环优化运行调度。另外，可实现供应链优化：基于轻化工企业数据运营能力，构建产业上下游优化协同生产，实现生产决策数字化协同优化，实现生产制造企业设备云端服务，最终实现企业运营及生产能力上云协同。实现智能物流体系的构建，保证资源的精确共享，保证了订单的准时交货，降低生产成本。还有，可重构产业链，重新整合轻化工业工业的产业链，形成新的产业集群。在不同的产业集群中，各个产业链元素的价值链更加透明，相同产业链元素更加集中，使产业链分工变得高度有效，相互精准地对接，形成一个智能化的经济体。

三、轻化工企业智能化转型的技术着力点

当前，轻化工企业智能化转型的技术着力点主要有如下几个方面。

（一）解决"信息孤岛"和产业链脱节问题

轻化工业产业链涵盖了供应商、轻化工企业、销售商和消费者等多方面。现在轻化工业产业键各环节中存在的主要问题及其价值缺失是轻化工企业存在自身"信息孤岛"和数据冗余，难以发挥全厂自动化系统的功能作用。为了提高生产效率，许多大型轻化工企业搭建了各种全厂自动化系统工业软件，例如 ERP、EMS、MES 等。但是在运行中并没有将这些子系统进行集成，各子系统所需数据需要各自多次录入，因而增加了信息维护工作量和出错机

会，每个子系统都是一座"信息孤岛"。这些子系统的功能虽然不同，但使用的数据往往存在交叉重叠。然而由于每个子系统提供的数据内容和格式不统一，造成各子系统之间不可调用，存在数据的冗余。随着轻化工业生产过程数据的沉淀基数的增加，上述问题对系统的维护、运行效率之间都存在很多问题。轻化工企业若打破"信息孤岛"，将能充分发挥生产大数据的资源价值，挖掘消费者与生产者之间的深度关系，提高供应链调度速度和效益。

工业互联网技术为打通整条产业链上下游的信息提供了平台，能够帮助解决上述问题。通过工业互联网平台把设备、生产线、产品和供应商与客户紧密地连接融合起来。可以帮助制造业拉长产业链，形成跨设备、跨系统、跨厂区、跨地区的互联互通，从而提高效率，推动整个制造过程和制造服务体系智能化，实现制造业和服务业之间的跨越发展。通过构建工业互联网平台，使制造业产业链和价值链中各种要素资源能够高效共享，创造新的价值。迄今，工业互联网技术能为轻化工业工业转型升级和智能化提供如下主要功能：

① 构建精准、实时、高效的数据采集互联体系，建立统一的面向工业大数据存储、集成、访问、分析、管理的开发环境和应用环境。工业互联网平台的这种功能解决了如何采集轻化工业产业链中各环节的海量数据，把来自机器设备、业务系统、产品模型、生产过程及运行环境中的海量数据统一汇聚到平台上，实现物理世界隐性数据的显性化，实现数据的及时性、完整性、准确性和共享性，为解决"信息孤岛"和实现企业数字化、信息化和智能提供工业大数据基础。工业大数据不仅是企业智能化的基础而且在工业大数据中隐藏着许多可创造价值的资源。

② 构建和支撑包括工业技术、工业经验和知识的模型化、软件化、复用化的通用和专用的工业模型和工业软件。工业互联网平台的这种功能能把已知的工业技术、知识、经验和方法以数字化模型的形式沉淀到平台上，形成各种软件化的模型（机理模型、数据分析模型、大数据模型等），轻化工企业基于这些数字化模型对上述采集和存储的各种工业数据进行分析、挖掘、展现，实现"数据—信息—知识—决策"的迭代，以数据的有序自动流动，解决复杂制造系统面临的各种不确定性。最终把正确的数据、以正确的方式、在正确的时间传递给正确的人和生产过程装备，实现优化生产过程和企业管理，提高企业的各种效益，创造更多的价值。

③ 实现轻化工业产业链全生命周期的协同管理和优化，包括协同研发设计、生产管理和优化、产品质量检测、企业运营决策、设备预测性维护，优化资源配置效率，形成资源富集、多方参与、合作共赢、协同演进的制造业生态。

（二）解决企业网络基础和通信环境建设问题

实现轻化工业产业链中各环节的互联互通是通过部署和应用现场总线、工业以太网、无线网络、物联网等通信技术，使企业具备将人、机、物等有机联通的环境。互联互通成熟度的提升是从设备间，到车间、到工厂以及企业上下游直至整条产业链系统之间的互联互通，体现了对系统集成、协同制造等的支撑。企业网络基础和通信环境建设是企业智能化的重要基础设施，是工业互联网平台的三大组成系统之一。我国在5G网络技术研发、产业化和商业化方面都走在世界前，为我国制造业数字化、信息化和智能化提供了良好的通信基础和环境。

当前制造业，包括轻化工业行业的网络通信技术短板主要表现在4G互联网技术并不能做到对上亿级别的数据的采集、存储和实时处理，也无法做到大量数学模型、智能算法同时实时计算，存在时滞问题。轻化工企业生产过程，随着产品定制化的发展，生产过程调度的复杂性成指数性上涨，轻化工业生产过程各环节的通信和决策时间随着生产智能化程度的加深要求更短，解决方案需要更快更优。当前4G互联网技术通信技术的容量（带宽）和速度短板，使制造业的数据和信息通信速度、计算和决策速度、和优化和控制速度都不能与智能制造的要求相匹配，不能灵活配合完成高难度的生产调度活动。

5G网络技术的商用化为轻化工业智能升级提供了网络通信基础，为上述问题提供了解决方案，可实现"人与人，人与物，物与物"之间实时的万物移动互联。因为5G技术具有超高速率、超大容量以及超低延时的优势，5G技术能够为轻化工业智能升级提供以下帮助：

① 突破物联网（IoT）的成本门槛。应用具有高速率、高可靠性、低延时的5G通信技术构建物联网（Internet of Thing，IoT），轻化工企业不再需要复杂的线缆进行数据和信息的传输，实现"人与人，人与物，物与物"之间以及各环节各系统之间数据和信息的直接无线传输、无线控制。另外，高可靠性5G物联网传输既节省了购买和维护线缆成本，又极大地减少了由线缆引起的安全隐患。随着线缆的消失，利用高可靠性网络的连续覆盖，许多机器装置可以装上轮子（或其他装置）在工厂里移动，按需到达各个地点，为轻化工业过程灵活调整设备位置、灵活分配任务的柔性生产线创造了条件。

② 实现实时快速准确的信息传送。实时快速准确的信息传送，为实现智能制造中的"软件定义制造""定制制造"等新的生产方式打下了可靠的通信基础。例如，实时快速准确的信息传送，为实现生产过程各种数据采取和存储、分析和挖掘，为实现"数据—信息—知识—决策"的迭代，实现以数据的有序自动流动和闭环解决复杂制造系统面临的各种不确定性奠定了坚实的网络通信基础。

另外，5G网络带来IoT，使万物互联、万物信息交互，使得轻化工企业的设备维运实现突破工厂边界。随着更多设备、更多部件被连入5G网络，设备和零部件的运转数据可实时送到供应商，通过供应商进行专业的故障预测，大大减少企业故障发生次数。即使发生了故障，设备供应商可通过5G网络第一时间获取故障信息，利用VR等技术指导工厂实时处理，越来越多的问题可通过在线方式解决。降低了供应商的人工成本的同时，也减少了企业设备维运的成本和缩短了故障的维修时间。

（三）解决轻化工业行业大数据和工业软件技术基础问题

工业软件是为提高工业研发设计、业务管理、生产调度和过程控制水平的相关软件与系统。工业软件承载着工业大数据采集和处理的任务，又是工业大数据的重要产生来源。工业软件支撑实现工业大数据的系统集成和信息贯通，实现工厂从底层到上层的信息贯通，推动工厂内"信息孤岛"聚合为"信息大陆"。工业软件承担着对各类工业数据进行采集、集成、分析和应用的重要功能，是工业大数据技术体系中负责优化、仿真、呈现、决策等关键职能的主要组成部分。工业软件中用到的许多模型，常常要应用大数据人工智能建模方法去完成。

我国轻化工业行业大数据和工业软件技术的基础薄弱，主要表现在：a. 生产过程变量和设备参数的感知能力低，工业大数据的采集范围窄，不少过程变量和设备参数还没有合适的传达器去测量或还没有经过合适的数字化处理，成不了有用的数据。b. 现有的数据资源还没有认真地开发利用。c. 从"物化知识"转型到"软件知识"的工作还未真正开展。在传统的工业生产中，长期积累的工业技术/知识和经验（know-how）等是通过物化（书本、图纸和人体介质）承载和表达的，用物传人、人传人的方式传递应用，称为"物化知识"。"物化知识"受到时间和空间的巨大限制，难以适应智能制造的要求。因此实现智能制造的核心转型工作之一是要把"物化知识"转型升级为"软件知识"，把"物化知识"数字化和软件化，用软件作为知识的最佳载体和传递手段。

随着轻化工企业生产系统越来越复杂，人应对复杂系统的驾驭能力将成为制约技术进步和生产发展的瓶颈。虽然轻化工业过程自动程度高，生产过程中设备和过程的操作运维等还高度依赖人，企业所关心的订单满足率、及时率、产能浪费、原材料库存等关键指标，还是按照各人的经验进行排产和调度，而各人的知识经验还处于"物化知识"阶段，导致工作量大，易出错，需要花大量时间对人员进行培训。如果把物化知识转化为软件知识，成为工业软件加入到工业互联网平台中，实现闭环优化，将能自动地完成上述任务，开拓存在轻化工业过程中的优化和效益空间。

工业互联网的核心功能是基于数据驱动的数据优化闭环去实现企业智能化。数据优化闭环的构成主要包含感知控制、数字模型、决策优化三个基本层次，以及一个自下而上的信息流和自上而下的决策流，如图15-26所示。

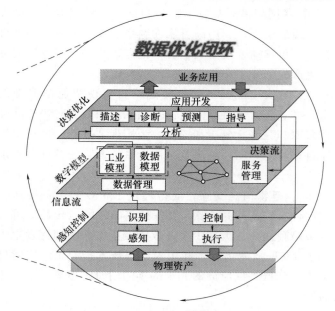

图15-26　数据优化闭环

数据优化闭环的数据功能包含数据集成与管理、数据模型和工业模型构建、信息交互三类功能。其中，数据模型和工业模型构建是综合利用大数据、人工智能等数据方法和各类工业经验知识，对过程行为特征和因果关系进行抽象化描述，形成各类工业软件。数据优化闭环中的决策优化层聚焦数据挖掘分析与价值转化，形成工业数字化应用核心功能，主要包括分析、描述、诊断、预测、指导及应用开发。自下而上的信息流和自上而下的决策流形成了工业数字化应用的优化闭环，以数据分析决策为核心，实现面向不同工业场景的智能化生产、网络化协同、个性化定制和服务化延伸等智能应用解决方案。构建了如图15-26所示的轻化工企业数据和工业软件为核心的数据优化闭环，将为轻化工企业智能化升级，提供如下功能：

① 实现机器设备运行和生产过程的闭环优化控制，挖掘数据价值，达到生产过程的精准化、高效化，大幅度降低对人力的需求，提高生产过程中安全性和稳定性，提高生产效率。

② 实现面向生产运营决策优化闭环和面向企业协同、用户交互与产品服务优化的全产业链、全价值链的决策闭环优化，通过精准预测市场需求、个性化定制和服务化延伸等智能化技术，由标准化生产向柔性化生产转变，提高生产效率，降低生产成本。

③ 实现生产过程全面监控，严格把控产品质量。智能检测设备可以覆盖产品检测的全过程，大幅度降低生产过程中出现的次品率，对于已出现的产品问题相关数据信息进行收集并分析，利用已有的数据库信息对残次品进行统一批量化处理，有效保证产品的质量。

综上所述可知，轻化工企业智能化升级就是应用工业互联网、5G 网络通信、大数据、工业软件和人工智能等新一代信息技术与轻化工业工业技术深度融合，实现生产高效协同、资源优化配置，解决整个制造产业链中人、设备等各个环节之间存在的各种协作优化问题，实现效率最大化。

四、轻化工企业智能化转型的实践案例

智能制造技术受到了制造业的广泛关注，并已在智能管理、智能生产、智能服务等多个环节得到探索应用。根据"探索—试点—推广—普及"的有序推进发展的模式，工业互联网产业联盟为了加快优秀案例的宣传推广和规模化应用，总结经验，不断提高，有助于推动我国工业互联网产业和应用体系加速形成，2018 年共评选出了 30 个优秀案例，并编写了《工业互联网优秀应用案例》，可供学习参考。

当前，工业互联网平台的应用大多数集中在生产管理应用。工业互联网平台在生产管理过程中应用是通过集成生产过程的数据进行管理，实现生产管理人员、设备之间无缝信息通信，将车间人员、设备等运行移动、现场管理等行为转换为实时数据信息，对这些信息进行实时处理分析，实现对生产制造环节的智能决策，生产管理人员根据决策信息和领导层意志及时调整制造过程，或者进一步打通从上游到下游的从资源管理、生产计划与调度来对整个生产制造进行管理、控制以及科学决策，使整个生产环节的资源处于有序可控的状态。

（一）博依特基于工业互联网技术的流程工业生产数据化运营平台

近几年来，广州博依特智能信息科技有限公司与维达纸业进行了企业智能化转型的探索与实践。维达纸业基本实现了工厂数据化运营和部分智能化运营，成为我国轻化工业智能化转型走在前沿的大型轻化工企业之一。下面以在维达纸业的实践为案例，介绍数据化运营和智能化运营在轻化工企业的应用以及给企业带来的具体价值。

1. 博依特基于工业互联网技术的流程工业生产数据化运营平台简介

博依特公司研发的基于工业互联网技术的流程工业生产数据化运营平台（POI-CLOUD 3.5）是为了解决企业运营过程中的复杂异构系统（非线性、大滞后、多变量）的挑战，其数据化运营能力涵盖了轻化工企业的点—线—面，如图 15-27 所示。

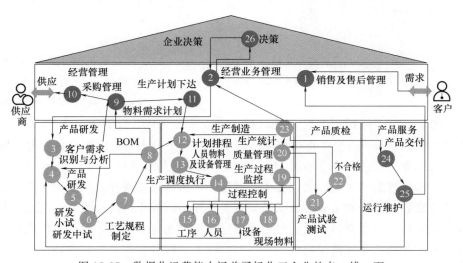

图 15-27　数据化运营能力涵盖了轻化工企业的点—线—面

工业生产数据化运营平台的核心技术是数据化运营平台微服务系统。图 15-28 所示是博依特新一代智能制造数据化运营平台微服务系统架构及其特点。

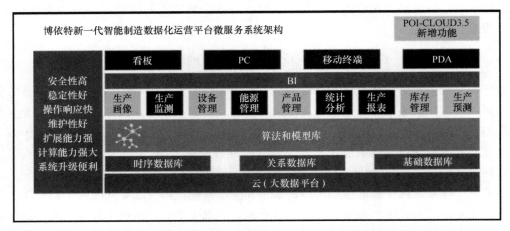

图 15-28　博依特新一代智能制造数据化运营平台微服务系统架构及其特点

博依特公司自主研发的《工业互联网微服务架构下的基础材料行业生产数据化运营解决方案》被国家工信部评为 2019 年工业互联网试点示范项目。已在全国轻化工业的造纸、陶瓷及水泥等行业推广应用。

2. 博依特数据化运营平台在维达纸业的应用

在博依特 POI-CLOUD3.5 的基础上，博依特公司与维达纸业共同开发了适用于维达纸业的数据化运营平台。维达数据化运营平台集成了在线数据采集、数据处理、数据存储、软测量模型以及数据实时监测和数据分析的数据化运营系统，实现了生产过程的数据化运营和部分过程的智能化。

在维达纸业运行的博依特数据化运营平台（POI-CLOUD 3.5）的主要功能如图 15-29 所示。

图 15-30 所示为维达数据化运营平台现场技术路线。维达企业端的数据经由数据采集

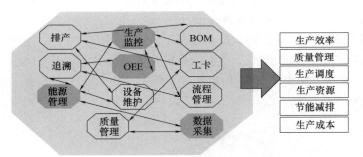

图 15-29　维达纸业数据化运营平台
（POI-CLOUD 3.5）的主要功能

服务器和边缘计算设备等组成的复杂异构存量集成系统（POI-D1.0）采集和处理后，通过数据通道（POI-DC3.0）送至生产数据化运营平台，经平台内各类模型软件的分析和优化计算后的信息送工业交互（POI-Ⅱ2.0）和管理信息系统应用和显示。

为了集中实现数据的在线采集，在生产过程中，对能够实现在线测量的生产过程的关键参数增加了传感器以及智能电表等数据采集装置。为了沉淀生产过程数据，利用阿里云平台对采集的数据进行实时处理和存储。然后利用这些沉淀的过程参数，对于不能实现在线测量的生产过程关键参数建立软测量模型。在平台中开发了能源管理系统和设备管理系统，建立了能源在线管理、设备状态监视、物联管理、设备效率监测、产品质量管理、生产信息管理

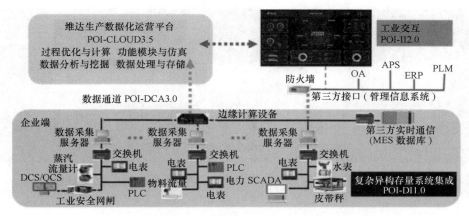

图 15-30　维达纸业生产数据化运营平台现场技术路线

等子模块。利用互联网技术以及可视化技术，在数据管理系统上实现了生产过程的能耗、生产运行数据的实时可视监测。并且，通过数据挖掘技术，对生产过程的数据进行分析，找到生产过程的节能潜力，为生产过程的节能和运行优化提供参考。

数据化运营及智能化运营平台在维达企业的多年应用，给企业带来如下明显的效果和价值：

（1）能耗智能预测

维达纸业利用数据运营平台采集的用电数据，通过数据挖掘技术，分析了其生产过程的用电特征，同时基于智能混合算法建立了轻化工业过程能耗预测模型。预测模型的预测趋势和实际基本一致，预测模型的精准度在 97％ 以内。图 15-31 为电耗预测模型在维达纸业从 2018 年 10 月 7 日到 2019 年 10 月 8 日的预测结果与实际应用能耗曲线。

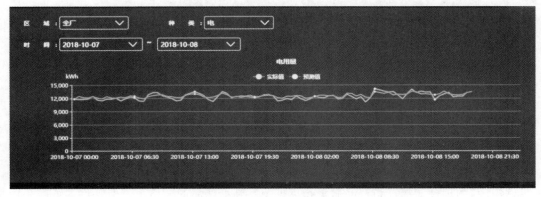

图 15-31　能耗智能预测

能耗智能预测，使企业能科学合理地采购和应用能源，提高了能效。

（2）智能用电设备调度

维达纸业利用数据运营平台读取的实时数据，应用平台内基于智能优化算法建立的多目标用电调度模型，根据模型计算的调度信息实时控制生产过程设备的运行。该模型解决了生产工段间歇性用电设备在满足生产需求的前提下，智能（自主）地实现错峰用电，解决了降低成本的问题。该模型已用于维达纸业（浙江）有限公司的 2 条生产线上，每条生产线一年可节约大约 10 万元的用电成本。图 15-32 为设备用电智能调度结果示意图。

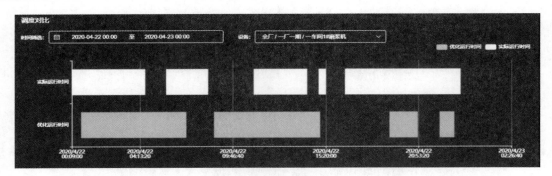

图 15-32　设备用电智能调度

（3）纸张干燥过程运行优化节能

纸张干燥过程是轻化工业过程蒸汽能耗最大的过程，优化节能的潜力大。在维达纸业数据运营平台中配有基于机理＋数据驱动方法建立的干燥部运行优化模型，其中有基于智能方法建立的软测量模型，用于解决纸张干燥过程关键过程参数无法直接测量的问题，包括烘缸表面温度、横幅温度、横幅湿度、气罩排风温度和湿度等。利用机理＋数据驱动的方法建立的干燥部运行优化模型，可智能地解决纸张存在的过干燥和干燥不足的问题，解决纸张干燥过程在线实时运行优化问题，从而保证了纸张的质量指标又降低了干燥部蒸汽和电的耗用，节约了成本。实践应用证明，平台的干燥部智能优化能力能为维达企业的吨纸气耗节约 9％的成本。图 15-33 为维达干燥部优化结果示意图。

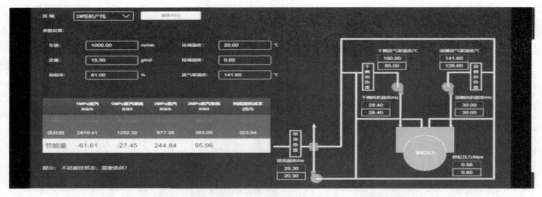

图 15-33　纸张干燥过程运行优化节能结果

（4）纸张产品物理性能指标的软测量与实时预测

纸张产品物理性能指标指产品质量指标，关系到纸产品的合格率。但是许多纸产品物理性能指标无法在线测量，或者要采用破坏性的取样离线测量，既影响了产品的成品率，又难于实时快速地测量。在维达纸业数据运营平台中配有基于大数据和智能算法建立的纸张产品物理性能指标（包括：松厚度、抗张强度和柔软度等）的软测量模型。该软测量模型能够在线直接测量出纸张产品的物理性指标，解决了许多物理指标检测需破坏性采样离线检测，测试周期长，结果反馈滞后，检测样品人为因素影响不具有代表性等问题，从而保证了产品质量的实时监测，为产品质量的在线运行优化提供实时快速的数据依据。平台中建立的纸张产品物理指标软测量模型的精准度均在 95％以内，达到了当前软测量方法达到的精准度要求。图 15-34 为纸张抗张强度的软测量实时预测结果示意图。

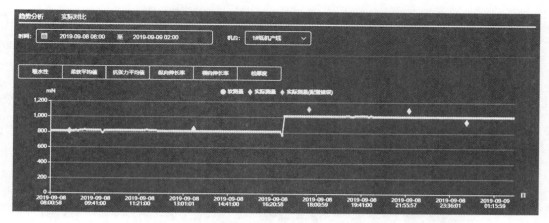

图 15-34 纸张抗张强度实时预测结果

（5）智能优化排产

在维达纸业数据运营平台中配有基于多目标混合优化算法建立的排产优化模型。该优化模型能够帮助维达纸业在紧急销售订单进来时，平台系统可提供紧急插单管理功能，根据紧急销售订单重排生产计划和排产结果，平台可给出最合适生产的纸机的选择和插单时间的选择。一旦插单选择明确，平台系统会根据排产优化模型算出的插单结果，给出最新的排程建议，图 15-35 为智能排产结果示意图。与人工排产相比，排产优化模型比人工排产时间缩短6.8%，成本降低4.2%。

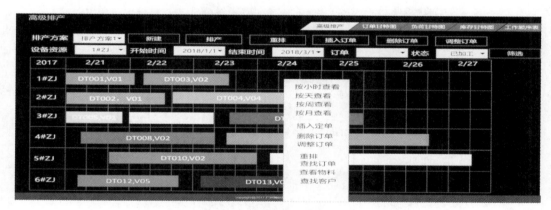

图 15-35 智能排产结果示意图

（二）基于工业互联网平台的设备智能诊断系统

图 15-36 所示是基于中化工业互联网平台的设备智能诊断与预测性维护系统的技术架构。该系统是针对流程制造业动力设备故障诊断及预测性维护应用需求，实现工程系统的故障预测与健康管理，促进企业生产经营效率提高。

通过振动传感器、高速采集器、边缘网关将动力设备运行时的状态参数采集传输到平台，在平台上结合设备机理模型、专家知识库、人工智能算法、大数据规则引擎等软件的处理分析，判断和预测设备故障状态，实现生产设备数字化管理，实现生产设备实时监测，快速识别设备异常，并优化设备管理流程，降低设备故障造成的生产停车以及备件折算成本，提高维保效率，提高生产运营效率。

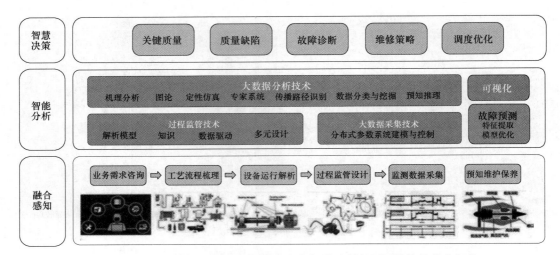

图 15-36 基于中化工业互联网平台的设备智能诊断与预测性维护技术架构
（资料来源：工业互联网产业联盟《工业互联网优秀应用案例》）

通过设备机理模型和典型故障数据库，建立大数据征兆库和规则库，设备终端采集的数据进行实时对比，及时发现异常并形成相应等级的告警信息和处理意见，供设备维修工程师进行现场处理。设备智能诊断系统采用过程监测、人工智能和大数据技术，实现系统自学习、自增强闭环。技术实现流程如图 15-37 所示。

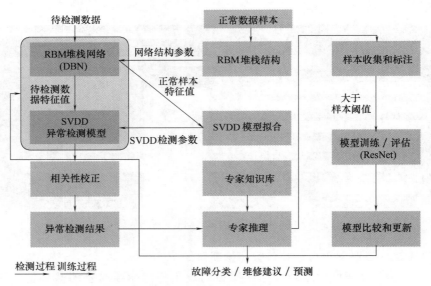

图 15-37 设备智能故障检测系统
（资料来源：工业互联网产业联盟《工业互联网优秀应用案例》）

上述设备智能诊断平台系统已在原油加工量 1200 万 t/a 的中化某石化厂实施应用。具有如下特点：

① 个性化定制不同的设备。针对特定设备建立完整的机理模型、故障征兆库、故障预测模型、故障原因分析、处理方式推荐、备件调配、人员管理全环节流程。

② 网络化协同管理。系统提供设备专家、运维工程师、维保工程师、人工智能系统多

方协同诊断服务。

③ 远程运维。设备智能诊断系统可进行远程运营管理，多用户、多角色、异地加密访问有效支撑远程运维。

（三）面向水泥制造行业工业互联网平台的架构与应用

图 15-38 所示是基于用友精智工业互联网平台面向水泥制造行业的系统架构。该应用覆盖企业经营管理、业务交易、生产过程管理、售后运行维护管理、供应链协同管理等领域。通过攻克边缘计算技术、泛在感知技术、异构数据融合技术、微服务池构建技术、工业 App 敏捷开发技术等关键技术，研发新一代面向水泥行业的工业互联网平台。

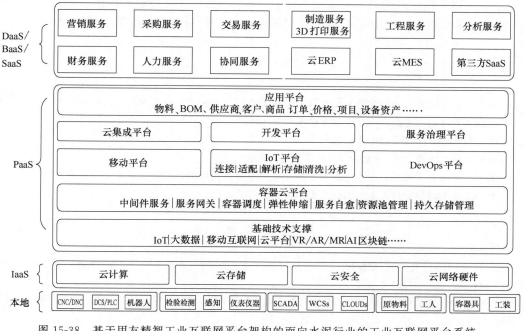

图 15-38　基于用友精智工业互联网平台架构的面向水泥行业的工业互联网平台系统
（资料来源：工业互联网产业联盟《工业互联网优秀应用案例》）

图 15-38 中各层次的作用分别是：

① 设备层。通过各种通信手段接入各种控制系统、数字化产品和设备、物料等，采集海量数据，实现数据向平台的汇集。

② IaaS 层。云基础设施层。基于虚拟化、分布式存储、并行计算、负载均衡等技术，实现网络、计算、存储等计算机资源的池化管理，根据需求进行弹性分配，并确保资源使用的安全与隔离，为用户提供完善的云基础设施服务。用友精智平台的 IaaS 层，主要与 IaaS 提供商华为、阿里等合作。

③ PaaS 层。由基础技术支撑平台、容器云平台、工业物联网平台、应用开发平台、移动平台、云集成平台、服务治理平台以及 DevOps 平台等组成。在基础设施、数据库、中间件、服务框架、协议、表示层，平台支持开放协议与行业标准，具有广泛的开放性，适配不同 IaaS 平台，建设丰富的工业 PaaS 业务功能组件，包括通用类业务功能组件、工具类业务功能组件、面向工业场景类业务功能组件。

④ SaaS/BaaS/DaaS 层。基于四级数据模型建模，保证社会级、产业链级、企业级和组

织级的统一以及多级映射，提供大量基于 PaaS 平台开发的 aaS/BaaS/DaaS 应用服务，应用覆盖交易、物流、金融、采购、营销、财务、设备、设计、加工、制造、3D 打印服务、数据分析、决策支撑等全要素，为工业互联网生态体系中的成员企业提供各种应用服务。

面向水泥制造行业工业互联网平台的应用，实现了企业与外部分销商、客户、供应商、运输商的互联互通，广泛使用物联网技术实现物流设备、生产设备与业务系统的互联互通，从而实现了下列应用亮点：

① 集中采购与电子采购，规范采购流程，实现阳光采购，使采购流程成本下降 70%，采购成本节约 8%；

② 通过物联模块全面打通设备与 MES、ERP 的连接，自动采集物耗、能耗数据，实现精细管理。降低企业能耗 10%，设备利用率提高 10%，计划维修准确率提高至 90%。

思 考 题

1. 为什么制造业要从自动化向智能化转型？简述全厂综合自动化与企业智能化的异同点。
2. 实现企业智能化应具有哪三个基本的要素？
3. 智能制造包含哪四个的基本内容？
4. 什么叫信息物理系统（CPS)？CPS 的本质是什么？
5. 工业互联网包含哪三大技术体系？工业互联网要重点构建的是哪三大优化闭环系统？
6. 简述工业互联网平台的本质内涵及其基本体系架构。

参 考 文 献

[1] ［德］奥拓·布劳克曼，著. 智能制造：未来工业模式和业态的颠覆与重构［M］. 张潇，郁汲，译. 北京：机械工业出版社；2015.
[2] 国家制造强国建设战略咨询委员会，中国工程院战略咨询中心，编著. 智能制造［M］. 北京：电子工业出版社；2016.
[3] 安筱鹏，主编. 重构-数字化转型的逻辑［M］. 北京：电子工业出版社，2019.
[4] 王喜文，主编. 工业 4.0：最后一次工业革命［M］. 北京：电子工业出版社，2015.
[5] 周济，等. 面向新一代智能制造的人—信息—物理系统（HCPS）［J］. Engineering，2019（7）.
[6] 工业互联网产业联盟. 工业互联网体系架构（版本 2.0），2020 年 4 月.
[7] 刘焕彬，李继庚. 关于工业 4.0 及构建智能造纸企业的几点思考［J］. 造纸科学与技术，2016（3）.
[8] 刘焕彬，李继庚. 构建智能浆纸企业的关键技术与实施案例［J］. 中华纸业，2016，21：36-44.
[9] 李继庚，刘焕彬，等. 中国造纸工业智能化转型升级路径的探讨与实践［J］. 中国造纸，2020（8）.